MOTORES ELÉTRICOS
›› E ACIONAMENTOS

O autor

Frank D. Petruzella tem uma extensa prática no campo de acionamento de motores elétricos, bem como muitos anos de experiência de ensino e de publicação de livros na área. Antes de se dedicar exclusivamente ao ensino, ele atuou como aprendiz e eletricista de instalação e manutenção. Mestre em Ciências pela Niagara University e Bacharel em Ciências pela State University of New York College-Buffalo, tem formação também em Eletrotécnica e Eletrônica pelo Erie County Technical Institute.

P498s   Petruzella, Frank D.
          Motores elétricos e acionamentos / Frank D. Petruzella ; tradução: José Lucimar do Nascimento ; revisão técnica: Antonio Pertence Júnior. – Porto Alegre : AMGH, 2013.
          xii, 359 p. : il. color. ; 25 cm.

          ISBN 978-85-8055-257-7

          1. Engenharia elétrica. 2. Motores – sistemas de controle. I. Título.

          CDU 621.313.13

Catalogação na publicação: Ana Paula M. Magnus – CRB 10/2052

FRANK D. PETRUZELLA

MOTORES ELÉTRICOS
›› E ACIONAMENTOS

Tradução

José Lucimar do Nascimento
Engenheiro Eletrônico e de Telecomunicações (PUC/MG)
Especialista em Sistemas de Controle (UFMG)
Professor e Coordenador de Ensino do CETEL

Revisão técnica

Antonio Pertence Júnior, MSc
Mestre em Engenharia (UFMG)
Engenheiro Eletrônico e de Telecomunicações (PUC/MG)
Pós-graduado em Processamento de Sinais pela Ryerson University, Canadá
Professor da Universidade FUMEC/MG
Membro da Sociedade Brasileira de Eletromagnetismo (SBMAG)

McGraw Hill Education | bookman

AMGH Editora Ltda.
2013

Obra originalmente publicada sob o título *Electric Motors and Control Systems*, *1st Edition*
ISBN 0073521825 / 9780073521824

Original edition copyright ©2010, The McGraw-Hill Global Education Holdings, LLC, New York, New York 10020.
All rights reserved.

Portuguese language translation copyright ©2013, AMGH Editora Ltda., a Grupo A Educação S.A. company.
Todos os direitos reservados.

Gerente editorial: *Arysinha Jacques Affonso*

Colaboraram nesta edição:

Editora: *Verônica de Abreu Amaral*

Assistente editorial: *Danielle Teixeira*

Capa: *Maurício Pamplona*

Projeto gráfico: *Paola Manica*

Leitura final: *Monica Stefani e Lolita Beretta*

Editoração: *Techbooks*

Reservados todos os direitos de publicação, em língua portuguesa, à
AMGH EDITORA LTDA., uma empresa do GRUPO A EDUCAÇÃO S.A.
A série TEKNE engloba publicações voltadas à educação profissional, técnica e tecnológica.
Av. Jerônimo de Ornelas, 670 – Santana
90040-340 – Porto Alegre – RS
Fone: (51) 3027-7000   Fax: (51) 3027-7070

É proibida a duplicação ou reprodução deste volume, no todo ou em parte, sob quaisquer
formas ou por quaisquer meios (eletrônico, mecânico, gravação, fotocópia, distribuição na Web
e outros), sem permissão expressa da Editora.

Unidade São Paulo
Av. Embaixador Macedo Soares, 10.735 – Pavilhão 5 – Cond. Espace Center
Vila Anastácio – 05095-035 – São Paulo – SP
Fone: (11) 3665-1100   Fax: (11) 3667-1333

SAC 0800 703-3444 – www.grupoa.com.br

IMPRESSO NO BRASIL
PRINTED IN BRAZIL
Impresso sob demanda na Meta Brasil a pedido de Grupo A Educação.

Agradecimentos

O esforço de muitas pessoas é necessário para desenvolver e aperfeiçoar um livro. Entre estas pessoas estão os revisores e consultores que indicaram áreas de interesse e pontos fortes e fizeram recomendações de alterações. Em reconhecimento às pessoas que deram contribuições úteis na elaboração do livro *Motores Elétricos e Acionamentos*, apresentamos seus nomes a seguir. A todos que ofereceram comentários e sugestões, os nossos agradecimentos.

Mark Bohnet
Northwest Iowa Community College

Keith Bunting
Randolph Community College

Frank Bowick
Algonquin College

Deborah Carper
Owens Community College & Monroe County Community College

Bill Carruthers
eInstruction

James W. Cuccia
Alamo Community College

Keith Dinwiddie
Ozarks Technical Community College

David Felin
Ozarks Technical Community College

Larry Hartsock
Southern State Community College

Karl Parr
Wake Technical College

Bill Lamprich
Louisiana Technical College-Northwest

Jim Ramming
Vatterott College

Ernie Schaffer
San Diego Electrical Training

Richard Vining
Orange County Electrical Training

Philip Weinsier
Bowling Green State University-Firelands

Freddie Williams
Lanier Technical College

Prefácio

Este livro foi escrito para um curso que apresenta ao leitor uma ampla gama de tipos de motores e sistemas de acionamento. Ele fornece uma visão geral do funcionamento, da seleção, da instalação, do acionamento e da manutenção de um motor elétrico. Todo esforço foi feito nesta primeira edição para apresentar as informações mais atualizadas, refletindo as necessidades atuais da indústria.

A abordagem ampla torna este livro viável para uma grande variedade de cursos de motores e acionamentos. O conteúdo é adequado para faculdades, instituições técnicas e escolas profissionalizantes. Iniciantes e profissionais experientes em eletricidade vão encontrar neste livro referências valiosas ao NEC (National Electric Code), bem como informações sobre manutenção e técnicas de análise de defeitos. Os profissionais envolvidos na manutenção e reparação de motores encontrarão neste livro uma referência útil.

O texto é abrangente e inclui a abordagem do funcionamento dos motores em conjunto com seus circuitos de acionamento associados. São estudadas as tecnologias de motores mais antigos e mais recentes. Os tópicos abordados vão desde tipos de motores e acionamentos até a instalação e manutenção de controladores convencionais, acionamentos de motores eletrônicos e controladores lógicos programáveis.

Entre os recursos encontrados unicamente neste livro de motores e acionamento estão:

Capítulos autossuficientes. Cada capítulo constitui uma unidade completa e independente de estudo. Todos os capítulos são divididos em elementos concebidos para servir como lições individuais. Os professores podem escolher facilmente capítulos ou partes de capítulos que atendam suas necessidades curriculares específicas.

Funcionamento dos circuitos. Quando é necessária a compreensão do funcionamento do circuito, uma lista de marcadores sintetiza a sua operação. As listas são usadas no lugar de parágrafos, pois são especialmente úteis para explicar os passos sequenciados de uma operação de acionamento do motor.

Integração de diagramas com fotos. Quando a operação de uma parte do equipamento é ilustrada por meio de um diagrama, uma fotografia do dispositivo é incluída. Este recurso aumenta o nível de reconhecimento de dispositivos associados a sistemas de motor e acionamento.

Situações de análise de defeitos. A análise de defeitos é um recurso importante de qualquer curso de motores e acionamentos. As situações de análise de defeitos nos capítulos são elaboradas para que os estudantes, com o auxílio do professor, desenvolvam uma abordagem sistemática para a análise de defeitos.

Discussão e questões de raciocínio crítico. Estas questões abertas são elaboradas para que os estudantes reflitam sobre o assunto abordado no capítulo. Na maioria dos casos, elas permitem uma variedade de respostas e proporcionam uma oportunidade para o estudante compartilhar mais do que apenas fatos.

Material de apoio

Para os professores

Um Manual do Professor em inglês está disponível *online* para os professores que adotarem este livro. O site da editora (**http://www. grupoa. com.br/tekne**) também disponibiliza para download arquivos que contêm apresentações em PowerPoint e banco de testes. Este material está em inglês e é exclusivo para professores.

Para os alunos

Acesse vídeos exclusivos no site **www.grupoa.com.br/tekne**. Basta inserir o código da raspadinha no verso da capa.

Sumário

capítulo 1
Segurança no local de trabalho 1
Parte 1
    Proteção contra choques elétricos 2
Parte 2
    Aterramento, bloqueio e normas 9

capítulo 2
Interpretação de diagramas elétricos 19
Parte 1
    Símbolos, abreviações e diagramas ladder 20
Parte 2
    Diagramas multifilar, unifilar e em bloco 28
Parte 3
    Conexões dos terminais de um motor 32
Parte 4
    Placa de identificação do motor e terminologia 41
Parte 5
    Dispositivos de partida manuais e magnéticos de motores 47

capítulo 3
Transformadores e sistemas de distribuição de energia para motores 53
Parte 1
    Sistemas de distribuição de energia elétrica 54
Parte 2
    Princípios do transformador 63
Parte 3
    Conexões do transformador e sistemas 69

capítulo 4
Dispositivos de acionamento de motores 79
Parte 1
    Chaves acionadas manualmente 80

Parte 2
    Chaves acionadas mecanicamente 87
Parte 3
    Sensores 93
Parte 4
    Atuadores 105

capítulo 5
Motores elétricos 113
Parte 1
    Princípio de funcionamento do motor 114
Parte 2
    Motores de corrente contínua 118
Parte 3
    Motores de corrente alternada trifásicos 131
Parte 4
    Motores CA monofásicos 140
Parte 5
    Unidades de acionamento de motor de corrente alternada 146
Parte 6
    Especificação de motor 150
Parte 7
    Instalação do motor 158
Parte 8
    Manutenção e análise de defeito em motores 164

capítulo 6
Contatores e dispositivos de partida de motores . 175
Parte 1
    Contator magnético 176
Parte 2
    Especificação de contatores, encapsulamentos e contatores de estado sólido 187
Parte 3
    Dispositivos de partida de motores 194

capítulo 7
Relés 205
Parte 1
    Relés de acionamento eletromecânicos 206
Parte 2
    Relés de estado sólido 211
Parte 3
    Relés temporizadores 215
Parte 4
    Relés biestáveis 222
Parte 5
    Lógica de acionamento de relés 227

capítulo 8
Circuitos de acionamento de motores 231
Parte 1
    Requisitos do NEC para instalação de motores 232
Parte 2
    Partida do motor 241
Parte 3
    Operações de inversão e pulsar em um motor 254
Parte 4
    Operação de parada de um motor 262
Parte 5
    Velocidade de motor 266

capítulo 9
A eletrônica no acionamento de motores 271
Parte 1
    Diodos semicondutores 272
Parte 2
    Transistores 278
Parte 3
    Tiristores 286
Parte 4
    Circuitos integrados (CIs) 293

capítulo 10
Instalação de inversor de frequência e CLP 303
Parte 1
    Fundamentos do acionamento de motores CA 304
Parte 2
    Instalação de um inversor de frequência e
    parâmetros de programação 312
Parte 3
    Fundamentos de unidades de acionamento
    de motores CC 328
Parte 4
    Controladores lógicos programáveis (CLPs) 336

Índice 349

Visão geral do livro

Motores Elétricos e Acionamentos oferece uma organização atrativa em cada capítulo que ajuda os estudantes a dominar os conceitos e a terem êxito além da sala de aula.

Motores Elétricos e Acionamento contém as informações mais atualizadas sobre funcionamento, seleção, instalação, acionamento e manutenção de motores elétricos. O livro fornece um equilíbrio entre conceitos e aplicações para oferecer aos estudantes uma estrutura acessível onde é apresentada uma ampla variedade de tipos de motores e sistemas de acionamento.

Objetivos do capítulo

Fornece uma descrição dos conceitos apresentados no capítulo. Esses objetivos constituem um roteiro para estudantes e professores sobre o assunto tratado.

Objetivos do capítulo

» Apresentar os fatores elétricos que determinam a gravidade de um choque elétrico.

» Destacar os princípios gerais da segurança em eletricidade, incluindo o uso de vestuário e de equipamento de proteção.

» Explicar o aspecto de segurança do aterramento na instalação de um motor elétrico.

» Descrever as etapas básicas de um procedimento de bloqueio.

» Mostrar as funções das diferentes organizações responsáveis pelas normas e pelos padrões do setor de energia elétrica.

Diagramas de circuitos

Quando uma nova operação de um circuito é apresentada, um diagrama com dísticos resume a operação. Os diagramas são usados no lugar de texto, pois fornecem uma forma resumida e mais acessível das etapas envolvidas na operação de acionamento do motor.

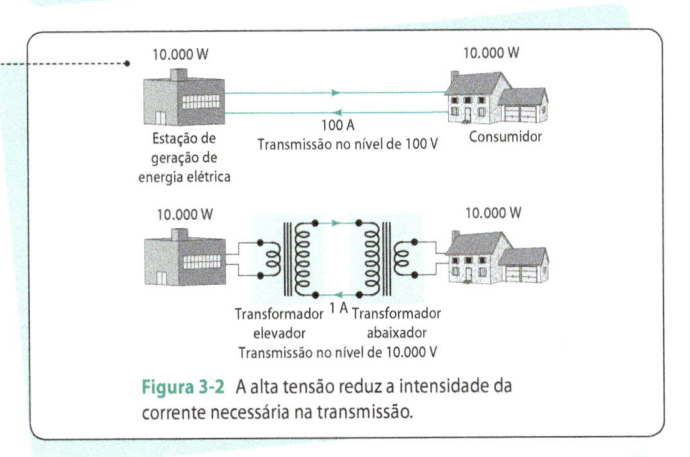

Figura 3-2 A alta tensão reduz a intensidade da corrente necessária na transmissão.

Diagramas com fotos

Quando a operação de uma parte do equipamento é ilustrada, uma foto do dispositivo é incluída. A integração de diagramas com fotos proporciona aos estudantes um melhor reconhecimento dos dispositivos associados com motores e sistemas de acionamento.

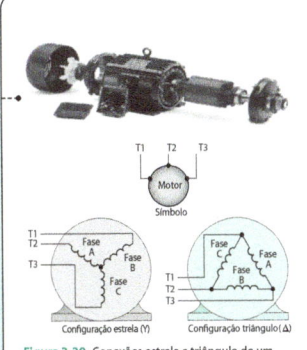

Figura 2-29 Conexões estrela e triângulo de um motor trifásico.
Foto cedida pela Leeson, www.leeson.com.

Conexões de motores de múltiplas velocidades

Alguns motores trifásicos, conhecidos como motores de múltiplas velocidades, são projetados para fornecer duas faixas distintas de velocidade. A velocidade de um motor de indução depende do número de polos que o motor possui e da frequência da fonte de alimentação. A alteração do número de polos fornece velocidades específicas que correspondem ao número de polos selecionados. Quanto maior o número de polos por fase, mais lenta é a rotação (RPM – rotações por minuto) do motor.

$$RPM = 120 \times \frac{\text{Frequência}}{\text{Número de polos}}$$

Os motores de duas velocidades com enrolamentos individuais podem ser reconectados, usando um controlador, para obter diferentes velocidades. O circuito controlador serve para mudar as cone-

Situações de análise de defeitos

Essas situações são elaboradas para ajudar os estudantes a desenvolver uma abordagem sistemática na análise de defeitos, que é de grande importância neste curso.

> **Situações de análise de defeitos**
>
> 1. Uma chave defeituosa especificada para 10 A CC em uma determinada tensão é substituída por uma especificada para 10 A CA na mesma tensão. O que é mais provável de acontecer? Por quê?
> 2. A resistência de uma bobina de solenoide CA suspeita, especificada para 2 A a 120 V, é medida com um ohmímetro e apresenta uma resistência de 1 Ω. Isso significa que a bobina está em curto-circuito? Por quê?
> 3. Os contatos NA e NF de um relé com uma bobina que funciona com tensão de 12 V CC devem ser testados na bancada quanto a falhas usando um ohmímetro. Desenvolva uma descrição completa, incluindo o diagrama do circuito, do procedimento a ser seguido.
> 4. Um sinalizador luminoso de 12 V é substituído incorretamente por um especificado para 120 V. Qual deve ser o resultado?
> 5. Quais valores de tensão são tipicamente produzidos pelos termopares?
> 6. Um sensor fotoelétrico por interrupção de feixe parece falhar na detecção de pequenas garrafas em uma linha transportadora de alta velocidade. O que poderia estar criando esse problema?

Questões de revisão

Cada capítulo é dividido em tópicos elaborados na forma de aulas proporcionando aos professores e estudantes a flexibilidade de selecionar os que melhor representam as suas necessidades. As questões de revisão seguem cada tópico para reforçar os novos conceitos apresentados.

> **Parte 1**
>
> **Questões de revisão**
>
> 1. Qual é o objetivo básico de um motor elétrico?
> 2. De modo geral, os motores são classificados de duas formas. Quais são elas?
> 3. Em que sentido se deslocam as linhas de fluxo de um ímã?
> 4. Como a eletricidade produz magnetismo?
> 5. Por que a bobina do estator do motor é construída com um núcleo de ferro?
> 6. Como é invertida a polaridade dos polos de uma bobina?
> 7. Em geral, o que faz um motor elétrico girar?
> 8. Em que sentido se move um condutor percorrido por uma corrente quando colocado perpendicularmente a um campo magnético?
> 9. Aplicar a regra da mão direita para o motor em um condutor percorrido por uma corrente e colocado em um campo magnético indica o movimento para baixo. O que poderia ser feito para inverter o sentido do movimento do condutor?
> 10. Quais são os dois principais critérios usados para classificar motores?

Tópicos para discussão e questões de raciocínio crítico

Essas questões abertas foram elaboradas para que os estudantes revisem o assunto abordado no capítulo. Elas abordam todos os tópicos apresentados em cada capítulo e permitem que os estudantes mostrem a compreensão dos conceitos abordados.

> **Tópicos para discussão e questões de raciocínio crítico**
>
> 1. Liste os problemas elétricos e mecânicos típicos que podem causar falha de operação em uma chave fim de curso acionada mecanicamente.
> 2. Como uma chave de fluxo pode ser usada em um sistema de proteção contra incêndios em uma edificação?
> 3. A verificação da resistência de um termopar bom deve indicar uma leitura de resistência "baixa" ou "infinita"? Por quê?
> 4. Como é realizado o ajuste de faixa de uma chave de nível?
> 5. Um motor de passo não pode ser verificado diretamente na bancada a partir de uma fonte de alimentação. Por quê?

Material de apoio

Para os professores

Um Manual do Professor em inglês está disponível *online* para os professores que adotarem este livro. O site da editora (**http://www.grupoa.com.br/tekne**) também disponibiliza para download arquivos que contêm apresentações em PowerPoint e banco de testes. Este material está em inglês e é exclusivo para professores.

capítulo 1

Segurança no local de trabalho

A segurança é a prioridade número um em qualquer local de trabalho. Todos os anos, acidentes elétricos causam graves ferimentos e mortes, e muitas das vítimas são jovens que acabaram de iniciar suas carreiras profissionais. Eles estão envolvidos em acidentes que resultam da falta de cuidado, das pressões e distrações do novo emprego, ou da falta de compreensão sobre eletricidade. Este capítulo vai conscientizá-lo dos perigos associados à energia elétrica e dos riscos que podem existir no trabalho ou em centros de treinamento.

Objetivos do capítulo

» Apresentar os fatores elétricos que determinam a gravidade de um choque elétrico.

» Destacar os princípios gerais da segurança em eletricidade, incluindo o uso de vestuário e de equipamento de proteção.

» Explicar o aspecto de segurança do aterramento na instalação de um motor elétrico.

» Descrever as etapas básicas de um procedimento de bloqueio.

» Mostrar as funções das diferentes organizações responsáveis pelas normas e pelos padrões do setor de energia elétrica.

Parte 1

Proteção contra choques elétricos

Choque elétrico

O corpo humano conduz eletricidade. Mesmo baixas correntes causam graves danos à saúde. Os resultados podem ser espasmos, queimaduras, paralisia muscular ou morte, dependendo da intensidade da corrente que flui através do corpo, do caminho percorrido e da duração da exposição.

O principal fator para determinar a gravidade de um choque elétrico é a intensidade da corrente elétrica que passa através do corpo. O valor desta corrente depende da tensão e da resistência do caminho que ela segue no corpo.

A resistência elétrica (R) é a oposição ao fluxo de corrente em um circuito e é medida em ohms (Ω). Quanto menor for a resistência do corpo, maior será o fluxo da corrente e também o risco potencial de choque elétrico. A resistência do corpo pode ser dividida em externa (resistência da pele) e interna (resistência dos tecidos e do sistema circulatório). A pele seca é um bom isolante; já a umidade diminui a resistência da pele, o que explica por que a intensidade do choque é maior quando as mãos estão molhadas. A resistência interna é baixa, devido ao sal e ao teor de umidade do sangue. A resistência do corpo apresenta um grande grau de variação. Um choque pode ser fatal para uma pessoa e, para outra, causar apenas um desconforto breve. Os valores típicos de resistência do corpo são:

- Pele seca – 100.000 a 600.000 Ω
- Pele úmida – 1.000 Ω
- Parte interna do corpo (da mão para o pé) – 400 a 600 Ω
- De uma orelha a outra – 100 Ω

A pele fina ou molhada é muito menos resistente do que a pele espessa ou seca. Quando a resistência da pele é baixa, a corrente pode causar pouco ou nenhum dano à pele, mas queimar gravemente órgãos internos e tecidos. Por outro lado, uma pele com resistência elevada pode produzir queimaduras graves na pele, mas impedir a corrente de entrar no corpo.

A tensão (E) é a pressão que produz um fluxo de corrente elétrica em um circuito e é medida na unidade denominada volt (V). O valor de tensão que representa perigo de morte varia de um indivíduo para outro, devido a diferenças na resistência do corpo e a doenças cardíacas. Geralmente, qualquer valor de tensão acima de 30 V é considerado perigoso.

A corrente elétrica (I) é a taxa de fluxo de elétrons em um circuito e é medida em ampères (A) ou em miliampères (mA). Um miliampère é um milésimo de ampère. O valor da corrente que flui através do corpo de uma pessoa depende da tensão e da resistência. A corrente no corpo é calculada usando a seguinte fórmula da lei Ohm:

$$\text{Corrente} = \frac{\text{Tensão}}{\text{Resistência}}$$

Se você entrar em contato direto com 120 volts e a resistência do seu corpo for 100.000 Ω, então a corrente será:

$$I = \frac{120\,V}{100.000\ \Omega}$$
$$= 0,0012\,A$$
$$= 1,2\,mA\ (0,0012 \times 1.000)$$

Este valor está exatamente no limiar da percepção, de modo que será produzido apenas um formigamento.

Se você estiver suado e descalço, então a sua resistência para a terra (solo) pode ser tão baixa quanto 1.000 ohms. Neste caso, a corrente será:

$$I = \frac{120\,V}{1.000\ \Omega} = 0,12\,A = 120\,mA$$

Este é um choque letal, capaz de produzir fibrilação ventricular (rápidas contrações irregulares do coração) e de causar a morte!

A tensão não é uma indicação tão segura de intensidade de choque porque a resistência do corpo varia tanto que é impossível prever qual será o valor da corrente resultante. O valor da corrente que passa através do corpo e o tempo de exposição são talvez os dois critérios mais confiáveis de intensidade de choque. Uma vez que a corrente elétrica entra no corpo, ela segue preferencialmente através do sistema circulatório, em vez da pele externa. A Figura 1-1 ilustra a intensidade relativa da corrente elétrica e o seu efeito sobre o corpo. Não é necessária uma corrente muito alta para causar um choque doloroso ou até mesmo fatal. Uma corrente de 1 mA (1/1000 de ampère) pode ser sentida. Uma corrente de 10 mA produzirá um choque de intensidade suficiente para impedir o acionamento voluntário dos músculos, o que explica por quê, em alguns casos, a vítima de um choque elétrico é incapaz de desfazer o contato com o condutor enquanto a corrente está fluindo. Uma corrente de 100 mA através do corpo durante um tempo de um segundo ou mais pode ser fatal. Geralmente, qualquer fluxo de corrente acima de 0,005 A, ou 5 mA, é considerado perigoso.

Uma pilha de lanterna de 1,5 V pode fornecer uma corrente mais do que suficiente para matar um ser humano, ainda assim é segura de manusear. Isso porque a resistência da pele humana é elevada o bastante para limitar o fluxo de corrente elétrica. Em circuitos de baixa tensão, a resistência restringe o fluxo de corrente para valores muito baixos. Portanto, há pouco perigo de um choque elétrico. Por outro lado, tensões mais altas podem forçar correntes suficientes através da pele para produzir um choque. O perigo de um choque prejudicial aumenta à medida que a tensão aumenta.

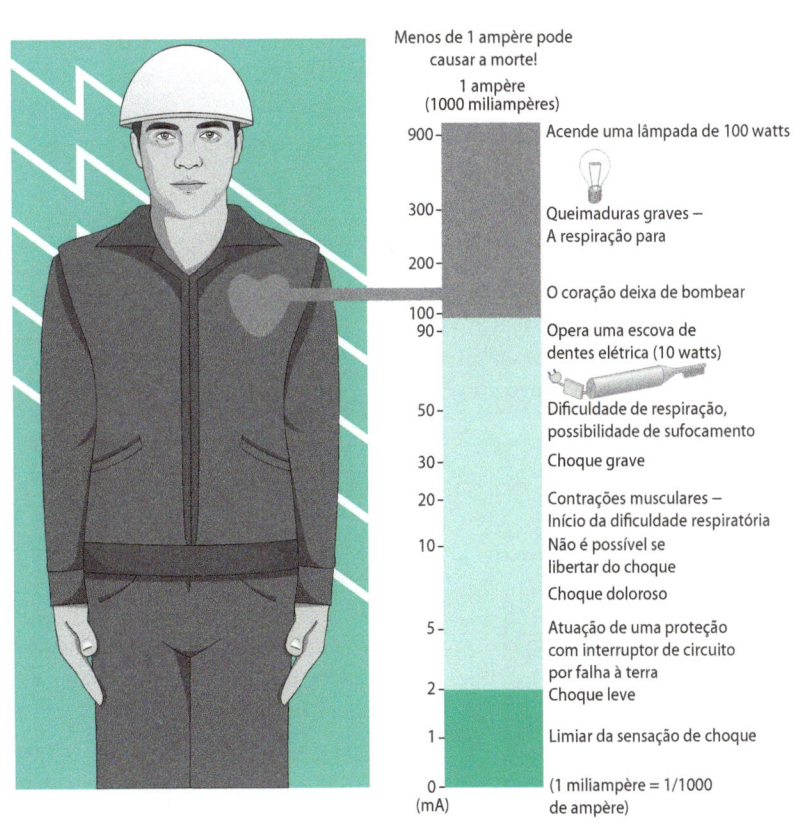

Figura 1-1 Intensidade relativa e efeito da corrente elétrica sobre o corpo humano.

O caminho através do corpo é outro fator de influência no efeito de um choque elétrico. Por exemplo, uma corrente da mão para o pé, que passa através do coração e parte do sistema nervoso central, é muito mais perigosa do que um choque entre dois pontos no mesmo braço (Figura 1-2).

A corrente alternada (CA) na frequência comum de 60 Hz é de três a cinco vezes mais perigosa que a corrente contínua (CC) com os mesmos valores de tensão e corrente. A corrente contínua tende a causar uma contração convulsiva dos músculos, muitas vezes afastando a vítima da exposição à corrente. Os efeitos da corrente alternada sobre o corpo dependem muito do valor da frequência: correntes de baixa frequência (50-60 Hz) são geralmente mais perigosas do que correntes de alta frequência. A corrente alternada provoca espasmos musculares, muitas vezes "congelando" a mão (a parte do corpo que mais seguidamente faz o contato elétrico) no circuito. A mão cerrada aperta a fonte de corrente, resultando em exposição prolongada com queimaduras graves.

A lesão mais comum relacionada à eletricidade é a queimadura. Os tipos principais de queimaduras são:

- **Queimaduras elétricas**, que são provenientes da corrente elétrica que flui através dos tecidos ou ossos. A queimadura pode ser apenas na superfície da pele ou atingir camadas mais profundas.

- **Queimaduras de arco**, que resultam de uma temperatura extremamente alta (por exemplo, 19.500°C) causada por um arco elétrico bem próximo do corpo. Os arcos elétricos podem ocorrer como resultado de um contato elétrico fraco ou de falhas de isolação.

- **Queimaduras térmicas de contato**, que resultam do contato da pele com superfícies superaquecidas de componentes. Podem ser causadas pelo contato com partes dispersas provenientes da explosão associada com um arco elétrico.

Se uma pessoa sofre um choque severo, é importante libertá-la da corrente elétrica de forma segura tão rapidamente quanto possível. Não toque na pessoa até que a alimentação elétrica seja desligada. Você não pode ajudar tornando-se uma segunda vítima. A vítima deve ser atendida imediatamente por uma pessoa treinada em RCP (ressuscitação cardiopulmonar).

Equipamentos de proteção individual

Os locais de trabalho de construção e fabricação são, por natureza, potencialmente perigosos. Por esta razão, a segurança tornou-se um fator cada vez mais importante no ambiente de trabalho. Particularmente na indústria elétrica, a segurança é, sem dúvida, prioridade absoluta, devido à natureza perigosa da atividade. Uma operação segura depende, em grande parte, de todo o pessoal estar informado e consciente dos riscos potenciais. A sinalização e as etiquetas (*tags*) de segurança indicam as áreas ou tarefas que podem representar um perigo para o pessoal e/ou equipamento, e fornecem avisos específicos de perigo, assim como instruções de segurança (Figura 1-3).

Para realizar um trabalho com segurança, deve ser usada uma roupa de proteção apropriada. Para cada local de trabalho e atividade, há um vestuá-

Figura 1-2 Percursos típicos da corrente elétrica que interrompem o batimento cardíaco.

Da cabeça para o pé | De uma mão para o pé oposto | De uma mão para outra

Figura 1-3 Placas comuns de advertência.

rio específico que deve ser usado (Figura 1-4). Os seguintes pontos devem ser observados:

1. Capacetes, sapatos de segurança e óculos de proteção devem ser usados em áreas onde são especificados. Além disso, os capacetes devem ser aprovados para a finalidade do trabalho elétrico que está sendo realizado. **Capacetes de metal são inaceitáveis!**

2. Abafadores de segurança ou protetores de ouvido devem ser usados em ambientes com ruído.

3. A roupa deve estar ajustada (sem folgas) para evitar o perigo de embaraçar em partes móveis das máquinas. Evitar o uso de vestuário de fibra sintética, como poliéster, pois esse tipo de material pode derreter ou sofrer ignição quando exposto a altas temperaturas, aumentando a gravidade de uma queimadura. Para evitar isso, as vestimentas devem ser de algodão.

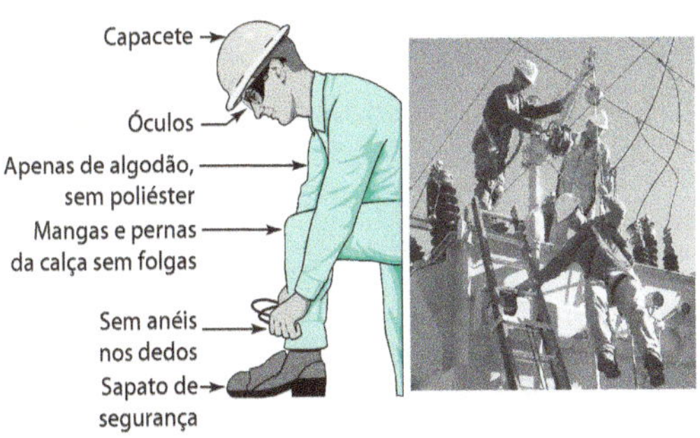

4. Retire todas as joias de metal quando trabalhar em circuitos energizados; ouro e prata são excelentes condutores de eletricidade.

5. Prenda o cabelo longo ou mantenha-o curto para trabalhar em torno de máquinas.

Uma grande variedade de equipamentos de segurança elétrica (Figura 1-5) está disponível para evitar ferimentos causados pela exposição a circuitos elétricos vivos (energizados). Os profissionais da área elétrica devem estar familiarizados com as normas de segurança, como a NFP-70E* que diz respeito ao tipo de equipamento de proteção necessário e à forma como deve ser cuidado. Para certificar-se de que o equipamento de proteção elétrica está em condições de uso, conforme a sua finalidade, ele deve ser inspecionado a cada dia antes do uso e imediatamente após qualquer incidente que gere uma suspeita razoável de dano. Todos os equipamentos de proteção elétrica devem ser listados e podem incluir:

Equipamento de proteção emborrachado – As luvas de borracha são utilizadas para evitar que a pele entre em contato com cir-

Figura 1-4 Deve ser usado um vestuário adequado para cada local de trabalho e para cada atividade de trabalho.
Foto cedida pela Capital Safety, www.capitalsafety.com.

Figura 1-5 Equipamentos de segurança em eletricidade.
Fotos cedidas por ©Lab Safety Supply, Inc. Janesville, WI.

_____
* N. de T.: A norma mencionada é adotada nos Estados Unidos. No Brasil, a norma que trata de equipamentos de proteção é a Norma Regulamentadora Nº 6 (NR6).

cuitos energizados. Uma cobertura de couro externa é usada para proteger a luva de borracha de punções e outros danos. Mantas de borracha são utilizadas para prevenir o contato com condutores energizados ou com partes do circuito, quando se trabalha próximo a circuitos energizados expostos. Todo equipamento de proteção de borracha deve ser identificado com a tensão adequada e a data da última inspeção. É importante que o valor da tensão de isolação de luvas e mantas de borracha tenha uma especificação de tensão que corresponda à do circuito ou equipamento em que são usadas. Nas luvas isolantes, deve ser feito um teste de ar junto com a inspeção. Gire a luva rapidamente ou movimente-a para baixo de modo a inflá-la e prender o ar dentro dela. Aperte a palma da mão, os dedos e o polegar para detectar qualquer fuga de ar. Se a luva não passar nessa inspeção, deve ser descartada.

Vestuário de proteção – Equipamentos de proteção especial disponíveis para aplicações de alta tensão incluem luvas e botas de alta tensão, capacetes de proteção, óculos e protetores de face não condutores, mantas de quadros de distribuição e roupas de alta visibilidade.

Vara de manobra em linha viva – As varas são ferramentas isoladas concebidas para operação manual de desconexão de chaves em linhas de alta tensão, inserção e remoção de fusíveis, bem como ligação e remoção de aterramento temporário em circuitos de alta tensão. Uma vara de manobra em linha viva é feita de duas partes: a cabeça, ou cabeçote, e a haste isolante. A cabeça pode ser de metal ou de plástico endurecido, enquanto a seção de isolamento pode ser de madeira, plástico ou outros materiais isolantes eficazes.

Sonda de curto-circuito – As sondas são usadas em circuitos desenergizados para descarregar qualquer capacitor carregado ou cargas estáticas acumuladas que ainda podem estar presentes quando o circuito é desenergizado. Além disso, quando se trabalha com circuitos de alta tensão, ou próximo a eles, as sondas de curto-circuito devem ser ligadas e permanecer como uma precaução de segurança adicional no caso de qualquer aplicação acidental de tensão ao circuito. Ao instalar uma sonda de curto-circuito, primeiro conecte o clipe de teste em um bom contato de terra (GND). Em seguida, segure a ponta de prova de curto-circuito pela alça e enganche a extremidade da sonda sobre a parte ou terminal a ser aterrado. Ao aterrar circuitos ou componentes, nunca toque em alguma parte de metal da sonda de curto-circuito.

Protetor facial – Os protetores faciais, ou viseiras, indicados devem ser usados durante todas as operações de comutação em que há risco de danos aos olhos ou ao rosto devido a arcos elétricos, *flashes*, ou quedas de objetos resultantes de uma explosão elétrica.

Tomando as devidas precauções, não há razão para você sofrer um grave choque elétrico. Um choque elétrico é uma clara advertência de que as medidas adequadas de segurança não foram observadas. Para manter um nível elevado de segurança em atividades que envolvem eletricidade, há uma série de precauções que devem ser seguidas. Certamente, sua empresa deve adotar requisitos de segurança próprios. No entanto, há requisitos essenciais:

- Nunca tome um choque elétrico de propósito.
- Mantenha o material ou equipamento a pelo menos três metros de distância de linhas aéreas de alta tensão.
- Não feche qualquer chave a menos que você esteja familiarizado com o circuito que ela controla e saiba por que está aberta.
- Ao trabalhar em qualquer circuito, adote medidas para assegurar que a chave de acionamento não será acionada em sua ausência. As chaves devem ser trancadas com

cadeado e exibir avisos de advertência (**bloqueio/sinalização**).
- Sempre que possível, evite trabalhar em circuitos vivos (energizados).
- Ao instalar novas máquinas, certifique-se de que o quadro está aterrado de forma eficaz e permanente.
- Sempre considere os circuitos "vivos" até que você tenha certeza de que estão "mortos" (desenergizados). A presunção, neste momento, pode matá-lo. É uma boa prática fazer a medição antes de iniciar o trabalho em um circuito supostamente desenergizado.
- Evite tocar os objetos aterrados durante o trabalho com equipamentos elétricos.
- Lembre-se de que, mesmo com um sistema de acionamento de 120 V, pode muito bem existir uma tensão maior no painel. Sempre trabalhe ciente da existência de tensões mais elevadas. (Mesmo que você esteja testando um sistema de 120 V, é muito provável que haja, na proximidade, uma alimentação de 240 V ou 480 V.)
- Não se aproxime de equipamentos elétricos no momento em que são acionados. Isto é particularmente importante em circuitos de alta tensão.
- Faça conexões elétricas seguras, mesmo em instalações temporárias para ensaios. Às vezes precisamos fazer conexões alternativas, mas devemos fazê-las suficientemente seguras para que não proporcionem risco elétrico.

- Ao trabalhar com equipamentos energizados contendo tensões superiores a aproximadamente 30 V, trabalhe apenas com uma mão. Manter uma das mãos distante do equipamento reduz bastante a possibilidade de passagem de uma corrente através do tórax.
- Descarregue os capacitores de forma segura antes de manuseá-los. Os capacitores conectados em circuitos de acionamento do motor podem armazenar uma carga letal por um tempo considerável após o desligamento das tensões dos circuitos. Embora o artigo 460 do National Electric Code (NEC) exija uma descarga automática dentro de um minuto, nunca considere que a descarga automática esteja funcionando! Sempre verifique se não há tensão presente.

Os espaços confinados são encontrados em quase todos os locais de trabalho. A Figura 1-6 ilustra exemplos típicos de espaços confinados. Em geral, um espaço confinado é um espaço fechado, ou parcialmente fechado, que:

- Em princípio, não foi essencialmente projetado ou destinado à ocupação humana.
- Tem uma entrada ou saída restrita por localização, tamanho ou forma.
- Pode representar risco à saúde e à segurança de qualquer pessoa que entre nesse local devido a seu projeto, construção, localização, ou atmosfera; por causa dos materiais

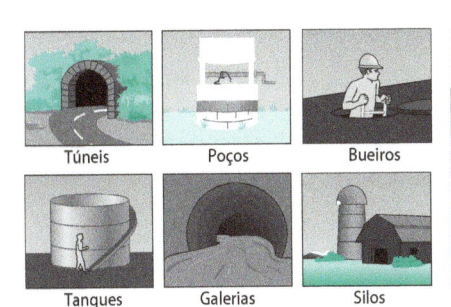

Figura 1-6 Espaços confinados.
Foto cedida pela Capital Safety, www.capitalsafety.com.

ou substâncias nele contidos; pelas atividades de trabalho a serem realizadas nesse espaço; ou pelos riscos de segurança, mecânicos e de processo que apresentam.

Todos os riscos encontrados em um espaço de trabalho regular também estão presentes em um espaço confinado. No entanto, eles podem ser ainda mais perigosos em um espaço confinado. Entre os perigos em espaços confinados estão a má qualidade do ar, o risco de incêndio, o ruído, as partes móveis dos equipamentos, as temperaturas extremas, a pouca visibilidade e a falha de barreira que resulta em inundação ou na liberação de escoamento livre de sólido. Um espaço confinado que requer permissão para entrada (PET – permissão para entrada e trabalho) é um espaço confinado que tem salubridade específica e riscos de segurança associados. Esse tipo de espaço confinado requer uma avaliação de procedimentos em conformidade com as normas da OSHA (Occupational Safety and Health Administration) antes da entrada de alguém*.

---

* N. de T.: No Brasil, a legislação específica se encontra na NBR 14.787 (Espaços Confinados – Prevenção de Acidentes, Procedimentos e Medidas de Proteção) e na NR 33 (Espaços Confinados).

Parte 1

Questões de revisão

1. A gravidade de um choque elétrico aumenta ou diminui em cada uma das seguintes situações?
   a. Uma diminuição na tensão da fonte.
   b. Um aumento no fluxo de corrente através do corpo.
   c. Um aumento na resistência do corpo.
   d. Uma diminuição do tempo de exposição.
2. a. Calcule o fluxo de corrente (em ampères e miliampères) que teoricamente passa pelo corpo de uma vítima de choque elétrico que entra em contato com uma fonte de alimentação de 120 V. Considere uma resistência total de 15.000 Ω (pele, corpo e contatos de terra).
   b. Que efeito, se houver, essa intensidade de corrente provavelmente teria sobre o corpo?
3. Normalmente é considerado seguro manipular a bateria de uma lanterna de 6 volts, capaz de fornecer 2 A de corrente. Por quê?
4. Por que uma CA na frequência de 60 Hz é considerada potencialmente mais perigosa que uma CC com os mesmos valores de tensão e corrente?
5. Defina o equipamento de segurança em eletricidade que deve ser usado para executar cada uma das tarefas:
   a. Uma operação de comutação em que existe um risco de dano aos olhos ou ao rosto devido a um arco elétrico.
   b. Uso de um multímetro para verificar a tensão de linha em um sistema trifásico de 480 V.
   c. Abertura manual de uma chave em um circuito de alta tensão.
6. Descreva o procedimento de segurança a ser seguido para conectar sondas de curto-circuito em circuitos desenergizados.
7. Liste três equipamentos de proteção individual de uso necessário na maioria dos locais de trabalho.

» Parte 2

» Aterramento, bloqueio e normas

Aterramento e ligação permanente

Práticas adequadas de aterramento protegem as pessoas contra os perigos de choque elétrico e garantem o funcionamento correto dos dispositivos de proteção de sobrecorrente. O aterramento intencional é necessário para a operação segura de sistemas elétricos e equipamentos. Já o aterramento não intencional ou acidental é considerado uma falha nos sistemas de instalações elétricas ou circuitos.

Aterramento é a conexão intencional de um condutor que transporta corrente para a terra. Para sistemas de instalações elétricas CA em edifícios e estruturas semelhantes, esta conexão de terra é feita no lado da linha do equipamento de serviço e em uma fonte de alimentação, tal como um transformador da concessionária de energia elétrica. As principais razões para o aterramento são:

- Limitar surtos de tensão causados por raios, operações das concessionárias de energia elétrica ou contato acidental com linhas de tensão superior.
- Fornecer uma referência de terra que estabilize a tensão em condições normais de operação.
- Facilitar a operação de dispositivos de sobrecorrente, como disjuntores, fusíveis e relés em condições falhas à terra.

Ligação permanente é a união permanente de partes metálicas que não são destinadas ao transporte de corrente durante o funcionamento normal. Essa ligação cria um caminho condutor elétrico que pode transportar corrente com segurança em condições de falha à terra. As principais razões para a ligação permanente são:

- Estabelecer um caminho eficaz para a corrente de falha que facilite a operação de dispositivos de proteção de sobrecorrente.
- Minimizar o risco de choque para as pessoas, fornecendo um caminho de baixa impedância até a terra. A ligação permanente limita a tensão de toque quando partes metálicas, que não transportam corrente, são inadvertidamente energizadas por uma falha à terra.

A norma exige que todos os metais utilizados na construção de um sistema elétrico sejam ligados, ou conectados, ao sistema de aterramento. A intenção é fornecer um caminho de baixa impedância de volta até o transformador da concessionária de energia elétrica para que as falhas provoquem rapidamente o desligamento do circuito. A Figura 1-7 ilustra o caminho da corrente de falha à terra necessário para garantir que os dispositivos de sobrecorrente sejam acionados de forma a abrir o circuito. O solo não é considerado um caminho eficaz para a corrente de falha à terra. A resistência do solo é

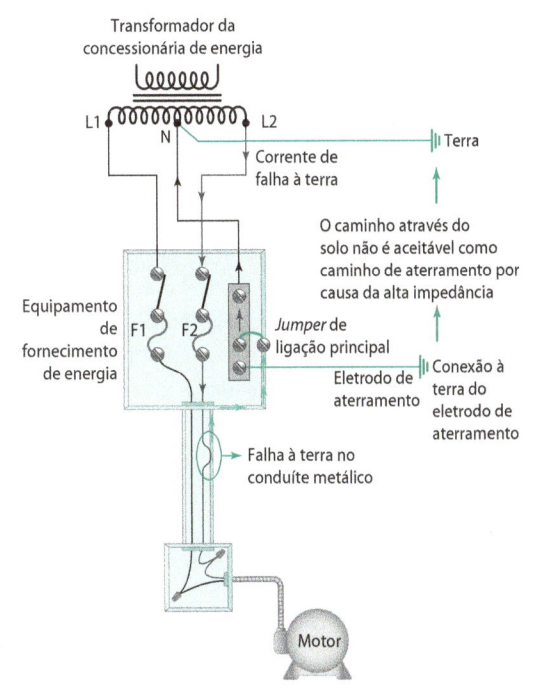

Figura 1-7 Percurso da corrente em falha à terra.

tão alta que pouquíssima corrente de falha retorna para a fonte de alimentação através do solo. Por esta razão, o *jumper** de ligação principal é usado para proporcionar a conexão entre o condutor de serviço aterrado e o condutor de aterramento do equipamento no fornecedor de energia. *Jumpers* de ligação podem estar localizados ao longo do sistema elétrico, mas o *jumper* de ligação principal está localizado apenas no fornecedor de energia. O aterramento é realizado por meio da conexão do circuito a um cano de água metálico subterrâneo, à estrutura metálica de um edifício, a um eletrodo embutido no concreto, ou a uma malha de terra.

Um sistema de aterramento tem duas partes distintas: o aterramento do sistema e o aterramento do equipamento. O aterramento do sistema é a conexão elétrica de um dos condutores de corrente do sistema elétrico no ponto de terra. O aterramento do equipamento é a conexão elétrica de todas as partes metálicas do equipamento, que não transportam corrente para a terra. Entre os condutores que constituem o sistema de aterramento, temos:

Condutor de aterramento do equipamento é um condutor elétrico que proporciona um caminho de terra de baixa impedância entre equipamentos elétricos e caixas dentro do sistema de distribuição. A Figura 1-8 mostra a conexão para esse tipo de condutor. Os enrolamentos de um motor elétrico normalmente são isolados de todas as partes metálicas expostas que não transportam corrente. No entanto, se o sistema de isolamento falhar, a carcaça do motor poderá tornar-se energizada com a tensão de linha. Qualquer pessoa que entre em contato com uma superfície aterrada e a carcaça energizada do motor ao mesmo tempo pode ferir-se gravemente ou morrer. Um aterramento eficaz da carcaça do motor obriga que esta tenha o mesmo potencial zero que a terra, impedindo um acidente grave.

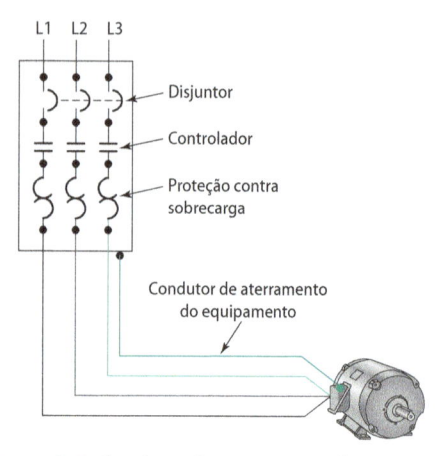

Figura 1-8 Condutor de aterramento do equipamento.

Condutor aterrado é um condutor que foi intencionalmente conectado à terra.

Condutor do eletrodo de aterramento é um condutor usado para conectar o condutor de aterramento do equipamento ou o condutor aterrado (no fornecimento de energia ou no sistema derivado separadamente) ao(s) eletrodo(s) de aterramento. Um sistema de derivação separado é um sistema que fornece energia elétrica derivada (obtida) de uma fonte diferente daquela de fornecimento principal, tal como o secundário de um transformador de distribuição.

Uma falha à terra é definida como uma conexão elétrica involuntária entre um condutor não aterrado de um circuito elétrico e condutores que normalmente não transportam corrente, caixas metálicas, eletrocalhas metálicas, equipamento metálico ou o solo. O disjuntor de falha à terra (GFCI) é um dispositivo que pode detectar pequenas correntes de falha à terra. O GFCI é de ação rápida: a unidade desliga a corrente ou interrompe o circuito dentro de 1/40 de segundo após o seu sensor detectar uma fuga tão pequena quanto 5 miliampères (mA). A maioria dos circuitos são protegidos contra sobrecorrente por fusíveis ou disjuntores de 15 ampères ou mais. Essa proteção é adequada contra curtos-circuitos e sobrecargas.

---

* N. de T.: *Jumper* é um termo técnico normalmente usado na forma original em inglês que significa uma ligação móvel entre dois pontos de um circuito.

As correntes de falha à terra podem ser muito menores do que 15 ampères e ainda serem perigosas.

A Figura 1-9 mostra o circuito simplificado de uma tomada elétrica GFCI. O dispositivo compara a intensidade da corrente no condutor sem conexão à terra (fase) com a intensidade de corrente no condutor aterrado (neutro). Sob condições normais de operação, as duas correntes serão iguais em valor. Se a corrente no condutor neutro se torna menor do que a corrente no condutor fase, existe uma condição de falha à terra. O valor da diferença de corrente retorna para a fonte pelo caminho de falha à terra. Sempre que a corrente de falha à terra excede aproximadamente 5 mA, o dispositivo automaticamente abre o circuito da tomada.

Os GFCIs são utilizados com êxito para reduzir riscos elétricos em canteiros de obras. As normas de proteção de falha à terra da OSHA foram consideradas necessárias e adequadas para a segurança e saúde dos empregados. Segundo a OSHA, é de responsabilidade do empregador fornecer: (1) interruptores de falha à terra em canteiros de obras para pontos de tomada em uso e que não fazem parte da instalação elétrica permanente do edifício ou estrutura, ou (2) um programa certificado de aterramento de equipamento em canteiros de obras abrangendo todos os conjuntos de cabos, tomadas que não fazem parte da instalação elétrica permanente do edifício ou estrutura e equipamentos conectados por cabos e plugues que estão disponíveis para uso pelos funcionários.

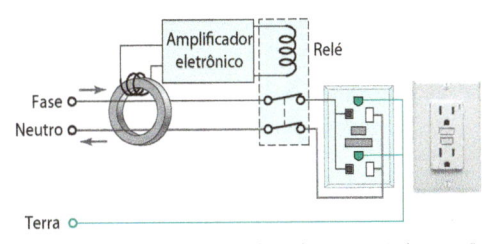

Bloqueio e sinalização

O *bloqueio* (*lockout*) elétrico é o processo de desligamento da fonte de energia elétrica e da instalação de uma trava que impede a fonte de ser ligada. A *sinalização* (*tagout*) elétrica é o processo de colocação de uma etiqueta de perigo na fonte de energia elétrica, o que indica que o equipamento não pode ser ativado até que a etiqueta de perigo (*danger*) seja removida (Figura 1-10). Este procedimento é necessário para a segurança do profissional, pois garante que nenhum acionamento inadvertido energize o equipamento durante seu trabalho. O bloqueio elétrico e a sinalização são utilizados na manutenção de equipamentos elétricos que não requerem energia para a realização do serviço, como no alinhamento ou na substituição de um motor ou de um componente de acionamento.

Bloqueio significa atingir um estado zero de energia enquanto o equipamento está em manutenção. Apenas pressionar um botão de parada para desligar a máquina não fornecerá segurança ao profissional de manutenção. Alguém que trabalha na área pode simplesmente religá-la. Mesmo um acionamento separado automatizado poderia ser ativado para substituir os acionamentos manuais. É essencial que todos os intertravamentos ou sistemas dependentes também sejam desativados. Estes poderiam alimentar, mecanica ou eletrica-

Figura 1-9 Tomada GFCI.
Foto cedida pela The Leviton manufacturing Company, www.leviton.com.

Figura 1-10 Dispositivos de bloqueio/sinalização.
Fotos cedidas pela Panduit Corporation, www.panduit.com.

mente, o sistema que está sendo isolado. É importante testar o botão de partida antes de retomar qualquer trabalho a fim de verificar se todas as possíveis fontes de energia foram isoladas.

A *etiqueta de perigo* tem a mesma importância e finalidade que uma trava e é utilizada sozinha apenas quando um bloqueio não for adequado ao meio de desconexão. As etiquetas de perigo devem ser firmemente fixadas no dispositivo de desconexão com o nome do profissional, sua função e o procedimento que está sendo executado.

Apresentamos a seguir os passos básicos de um procedimento de bloqueio:

- **Prepare-se para o desligamento da máquina:** Registre todos os procedimentos de bloqueio na fábrica em um manual de segurança. Este manual deve estar disponível no local de trabalho para todos os funcionários e prestadores de serviço. A administração deve ter políticas e procedimentos para bloqueios de segurança, bem como educar e treinar todos os envolvidos no bloqueio de equipamentos elétricos ou mecânicos. Identifique a localização de todas as chaves, fontes de energia, acionamentos, intertravamentos e outros dispositivos que necessitam ser bloqueados, a fim de isolar o sistema.
- **Desligamento de máquinas ou equipamentos:** Pare o funcionamento de todos os equipamentos utilizando os acionamentos situados nas máquinas ou próximos a elas.
- **Isolamento de máquinas ou equipamentos:** Desligue a chave (não acione a chave se ela ainda estiver sob carga). Afaste-se da caixa e mova o rosto para o lado contrário enquanto operar a chave com a mão esquerda (se a chave estiver no lado direito da caixa).
- **Uso de bloqueio e sinalização:** Bloqueie a chave de desligamento na posição OFF. Se as chaves do painel forem do tipo disjuntor, verifique se a barra de bloqueio atravessa o próprio disjuntor e não apenas a tampa do painel. Alguns painéis de disjuntores contêm fusíveis que devem ser removidos como parte do processo de bloqueio. Se este for o caso, use um saca-fusível para removê-los. Use uma trava inviolável com chave, que deve ser mantida com a mesma pessoa que fez o bloqueio. Fechaduras com combinação, com chave mestra e com mais de uma chave não são recomendadas.

Coloque uma etiqueta na trava com a assinatura da pessoa que realiza a manutenção e também com a data e a hora da manutenção. Pode haver vários bloqueios e etiquetas na chave desconectada se houver mais de uma pessoa trabalhando na máquina. A trava e a etiqueta do operador da máquina (e/ou do operador de manutenção) devem ser colocadas, assim como as do supervisor.

- **Descarga de energia armazenada:** Todas as fontes de alimentação que têm a capacidade de, inesperadamente, acionar, energizar ou liberar energia devem ser identificadas e bloqueadas ou ter a energia liberada.
- **Verificação de isolamento:** Use um medidor de tensão para determinar a tensão presente no lado da chave ou do disjuntor conectado à linha. Quando todas as fases de saída têm tensão nula com o lado da linha viva, você pode verificar o isolamento. Certifique-se de que o seu voltímetro está funcionando corretamente realizando o teste de três pontos antes de cada utilização: primeiro, teste o seu voltímetro em uma fonte de tensão viva conhecida na faixa de tensão igual à do circuito com que você trabalhará. Em seguida, verifique a presença de tensão no equipamento que você bloqueou (Figura 1-11). Finalmente, para assegurar que o voltímetro está funcionando corretamente, teste novamente a fonte viva conhecida.
- **Remoção de bloqueio/sinalização:** Remova as etiquetas e os cadeados quando o trabalho estiver concluído. Cada indivíduo deve remover o seu próprio cadeado e etiqueta. Se houver mais de um cadeado, a pessoa respon-

Figura 1-11 Teste para verificação da existência de tensão.
Foto reproduzida com a permissão da Fluke, www.fluke.com.

sável pelo trabalho é a última a remover o seu cadeado. Antes de religar a alimentação, verifique se todas as proteções estão no local e se todas as ferramentas, cadeados e aparelhos utilizados na manutenção foram removidos. Certifique-se de que todos os funcionários estão afastados da máquina.

Normas e padrões do setor de energia elétrica

Saúde e segurança ocupacional

Em 1970, o Congresso dos Estados Unidos criou a Occupational Safety and Health Administration (OSHA), a agência reguladora responsável por normas e padrões de saúde e segurança ocupacional nos Estados Unidos*. O objetivo da OSHA é garantir condições seguras e saudáveis de trabalho para homens e mulheres por meio do cumprimento dos padrões desenvolvidos no âmbito da lei, incentivando e ajudando os governos estaduais a melhorar e ampliar sua própria segurança ocupacional e programas de saúde e fornecendo pesquisas, informações, formação e treinamento no campo da saúde e segurança ocupacional.

Os inspetores da OSHA vistoriam as companhias para ter certeza de que estão seguindo as normas de segurança prescritas. A OSHA também inspeciona e aprova produtos de segurança. Os padrões elétricos da OSHA foram elaborados para proteger os trabalhadores expostos a perigos como choque elétrico, eletrocussão, incêndios e explosões.

National Electrical Code (NEC)

O código nacional de eletricidade dos Estados Unidos, o National Electrical Code (NEC), compreende um conjunto de regras que, quando aplicadas adequadamente, fornecem segurança às instalações elétricas e equipamentos. Este padrão mínimo de segurança elétrica é amplamente adotado e tem como objetivo principal "salvaguardar as pessoas e propriedades dos perigos decorrentes da utilização da eletricidade". As normas contidas no NEC quando são incorporadas às diferentes regulamentações de cidades e comunidades que lidam com instalações elétricas em residências, plantas industriais e edifícios comerciais. O NEC é o código mais adotado no mundo e muitas jurisdições o adotam em sua totalidade, sem exceções, alterações locais ou suplementos.

Cada *Artigo* do Código abrange um assunto específico. Por exemplo, o Artigo 430 do NEC aborda os motores e todos os circuitos elétricos associados, proteções de sobrecorrente e sobrecarga e assim por diante. A instalação de centros de acionamento de motores (CCMs) é abordada no Artigo 408, e os equipamentos condicionadores de ar, no Artigo 440. Cada regra do Código é chamada de *Seção do Código*. Uma Seção do Código pode ser dividida em subseções. Por exemplo, a regra que estabelece que os dispositivos de desligamento de um motor devem estar nas proximidades do motor e da máquina acionada está contida na Seção 430.102 (B).

---

* N. de T.: No Brasil, a Legislação de Segurança do Trabalho compõe-se de Normas Regulamentadoras, leis complementares, como portarias e decretos, e convenções internacionais da Organização Internacional do Trabalho ratificadas pelo Brasil. A NR 10 é uma Norma Regulamentadora relacionada à segurança em eletricidade.

O termo "nas proximidades" é definido pelo Código como uma distância visível não maior do que 15 metros. (Artigo 100 – definições).

O Artigo 430, que aborda motores, é o mais longo do Código, pois as características de carga de um motor diferem muito de cargas de aquecimento ou de iluminação, assim, o método de proteção dos condutores do ramo de circuito contra corrente excessiva é ligeiramente diferente. Os ramos de circuitos que não contêm motores são protegidos contra sobrecorrente, enquanto os ramos de circuitos de motores são protegidos contra condições de sobrecarga, bem como falhas à terra e curtos-circuitos. O diagrama unifilar da Figura 1-12 ilustra parte da terminologia de sistemas de motores utilizada em todo o NEC e pelos fabricantes de equipamentos de acionamento de motores.

O uso de equipamentos elétricos em locais perigosos aumenta o risco de incêndio ou explosão. Locais perigosos podem conter gás, poeira (por exemplo, de grãos, de metais, de madeira ou de carvão) ou fibras têxteis (ou de produtos de madeira) suspensas no ar. Uma parte substancial do NEC é dedicada à discussão de locais perigosos, porque os equipamentos elétricos podem se tornar fontes de ignição em áreas voláteis. Os Artigos 500 a 504 e 510 a 517 fornecem classificações e normas de instalação para o uso de equipamentos elétricos nesses locais. Exemplos de técnicas de proteção que podem ser usadas em determinados locais classificados como de risco são aparelhos à prova de explosão, equipamentos à prova de ignição e equipamentos purgados e pressurizados. A Figura 1-13 mostra uma botoeira liga/desliga (*start/stop*) projetada para atender às exigências de áreas de risco.

National Fire Protection Association (NFPA)

A associação de combate a incêndios dos Estados Unidos, a National Fire Protection Association (NFPA), desenvolve normas que regem as práticas de construção de edifícios e operações elétricas*. A maior e mais influente organização de segurança contra incêndios no mundo, a NFPA já publicou quase 300 códigos e padrões, incluindo o NEC, com a missão de impedir a perda de vidas e de patrimônio. A prevenção de incêndios é uma parte muito importante de qualquer programa de segurança. A

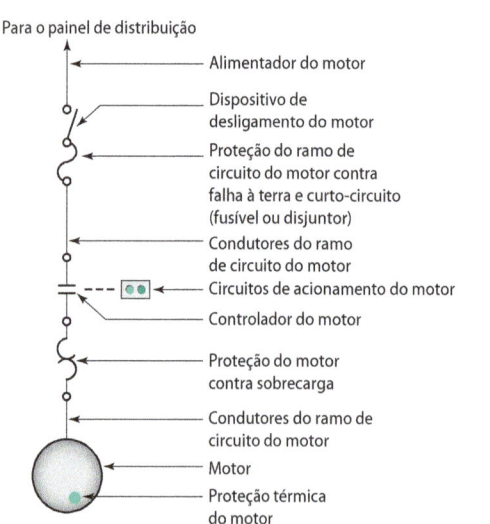

Figura 1-12 Terminologia de sistemas de motores.

Figura 1-13 Botoeira projetada para áreas de risco. Foto cedida pela Rockwell Automation, www.rockwellautomation.com.

---

* N. de T.: No Brasil, temos base Legal de prevenção de incêndios ditada pela Portaria 3.214/78 – Norma Regulamentadora 23 do Ministério do Trabalho e Emprego, além de Leis Estaduais e Municipais. Grande parte das normas utilizadas no Brasil e no mundo para prevenção de incêndios no tocante a equipamentos, sistemas e treinamentos, são originárias da NFPA.

Figura 1-14 ilustra os tipos mais comuns de extintores de incêndio e suas aplicações. Os ícones encontrados no extintor de incêndio indicam os tipos de incêndio para os quais os extintores devem ser usados.

É importante saber onde os extintores de incêndio estão localizados e como usá-los. No caso de um incêndio no sistema elétrico, os seguintes procedimentos devem ser adotados:

1. Dispare o alarme de incêndio mais próximo para alertar todas as pessoas no local de trabalho, bem como os bombeiros.
2. Se possível, desligue a fonte de energia elétrica.
3. Utilize um extintor de incêndio de dióxido de carbono ou de pó seco para apagar o fogo. **Em nenhuma circunstância use água**, pois o fluxo de água pode conduzir eletricidade através de seu corpo, causando um choque grave.
4. Certifique-se de que todas as pessoas deixem a zona de perigo de forma ordenada.
5. Não retorne às instalações a menos que seja recomendado.

Existem quatro classes de incêndios, categorizadas de acordo com o tipo de material em chamas (veja a Figura 1-14):

- **Classe A:** incêndios alimentados por materiais que, quando queimam, deixam resíduos sob a forma de cinzas, como madeira, papel, tecido, borracha e certos plásticos.
- **Classe B:** incêndios que envolvem líquidos e gases inflamáveis, como gasolina, solvente de tinta, óleo de cozinha, propano, gás de cozinha (GLP) e acetileno.
- **Classe C:** incêndios que envolvem a instalação elétrica energizada ou equipamentos, como motores e caixas de painel.
- **Classe D:** incêndios que envolvem metais combustíveis, como magnésio, titânio, sódio, zircônio e potássio.

Nationally Recognized Testing Laboratory (NRTL)

O Artigo 100 do NEC define os termos *rotulado* e *listado*, que estão relacionados com a avaliação de produtos. Rotulado ou listado indicam a parte do equipamento elétrico ou material que foi testada e avaliada para a finalidade a que se destina. Os produtos grandes o suficiente para carregar um rótulo são normalmente rotulados, enquanto os produtos menores em geral são listados. Qualquer modificação de uma parte do equipamento elétrico no campo pode anular o rótulo ou a lista.

De acordo com as normas de segurança da OSHA, laboratório de ensaios reconhecido nacionalmente (Nationally Recognized Testing Laboratory – NRTL), deve-se testar produtos elétricos quanto à conformidade com as normas nacionais e padrões antes que eles possam ser listados ou rotulados. O maior e mais conhecido laboratório de ensaios nos Estados Unidos é o Underwriters' Laboratories, identificado com o logotipo mostrado na Figura 1-15. O objetivo desse laboratório é estabelecer, manter e operar laboratórios para a investigação de materiais, aparelhos, produtos, construções, equipamentos, métodos e sistemas com relação aos perigos que afetam a vida e o patrimônio.

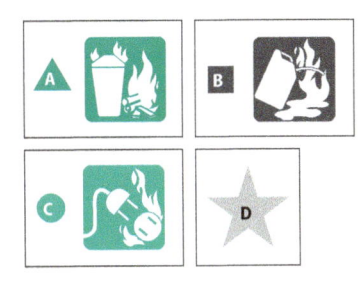

Figura 1-14 Tipos de extintores de incêndio e suas aplicações.

Figura 1-15 Logotipo do Underwriters' Laboratories.

National Electrical Manufacturers Association (NEMA)

A associação nacional de fabricantes do setor elétrico dos Estados Unidos, a National Electrical Manufacturers Association (NEMA), define e recomenda padrões de segurança para equipamentos elétricos. Os padrões estabelecidos pela NEMA auxiliam os usuários na seleção adequada de equipamentos de acionamento industrial. Como exemplo, os padrões NEMA fornecem informações práticas sobre avaliação, testes, desempenho e fabricação de dispositivos de acionamento de motores, como gabinetes, contatores e dispositivos de partida.

International Electrotechnical Commission (IEC)

A comissão internacional de eletrotécnica, a International Electrotechnical Commission (IEC), é uma organização baseada na Europa composta por comitês nacionais de mais de 60 países. Existem basicamente dois grandes padrões mecânicos e elétricos para motores: NEMA, na América do Norte, e IEC, na maior parte do restante do mundo. Dimensionalmente, os padrões IEC são expressos no sistema métrico. Embora os padrões NEMA e IEC usem diferentes unidades de medidas e termos, eles são essencialmente análogos na especificação, e na maioria das aplicações comuns, são em grande parte intercambiáveis. Os padrões NEMA tendem a ser mais conservadores, permitindo mais espaço para "interpretações de projeto", como tem sido a prática dos Estados Unidos. Inversamente, os padrões IEC tendem a ser mais específicos, mais categorizados – alguns dizem mais precisos – e projetados com menor capacidade de sobrecarga. Como exemplo, uma especificação NEMA de um dispositivo de partida de motor será tipicamente maior do que a IEC.

Institute of Electrical and Electronics Engineers (IEEE)

O Institute of Electrical and Electronics Engineers (IEEE) é uma associação técnica profissional cujo principal objetivo é fomentar e estabelecer desenvolvimentos técnicos e avanços nos padrões elétricos e eletrônicos. Autoridade líder em áreas técnicas, com suas publicações técnicas, conferências e atividades de padronização baseadas no consenso, o IEEE produz mais de 30% da literatura mundial de engenharia elétrica e eletrônica. Por exemplo, o padrão IEEE 142 fornece todas as informações necessárias para um bom projeto de aterramento.

Parte 2

Questões de revisão

1. Explique como o aterramento do quadro de um motor pode impedir que alguém receba um choque elétrico.
2. Compare os termos *aterramento* e *ligação permanente*.
3. Qual é a quantidade mínima de corrente de fuga para terra necessária para ativar um interruptor de circuito de falha à terra?
4. Apresente as sete etapas envolvidas em um procedimento de bloqueio/sinalização.
5. A chave de desligamento deve ser aberta como parte de um procedimento de bloqueio. Explique a maneira segura de fazer isso.
6. Qual é o objetivo principal do NEC?
7. Como são aplicadas as normas contidas no NEC?

8. Explique a diferença entre um Artigo e uma Seção de Código.
9. O que indicam os ícones encontrados na maioria dos extintores?
10. O que significa um dispositivo elétrico rotulado ou listado pelo UL?
11. Liste três dispositivos de acionamento de motores especificados pela NEMA.
12. Compare os padrões NEMA e IEC para motores.

Situações de análise de defeitos

1. A tensão entre a caixa de um motor trifásico de 208 V e uma tubulação de metal aterrada é medida em 120 V. O que isso significa? Por quê?
2. Um interruptor de circuito de falha à terra não fornece proteção contra sobrecarga. Por quê?
3. Uma parte listada de um equipamento elétrico não é instalada de acordo com as instruções do fabricante. Discuta por que isso anulará a listagem.
4. Uma vara de manobra em linha viva é usada para abrir manualmente uma chave de alta tensão. Por que é importante certificar-se de que nenhuma carga está conectada ao circuito quando a chave é aberta?

Tópicos para discussão e questões de raciocínio crítico

1. Um trabalhador A entra em contato com um fio vivo e recebe um choque suave. Um trabalhador B entra em contato com o mesmo fio vivo e recebe um choque fatal. Discuta algumas das razões pelas quais isso pode ocorrer.
2. Uma vítima fatal por eletrocussão é encontrada com o punho ainda fechado firmemente em torno do condutor vivo com o qual entrou em contato. O que isso indica?
3. Por que os pássaros descansam com segurança em linhas de alta tensão sem receber um choque?
4. Você foi indicado para explicar o procedimento de bloqueio da empresa para novos funcionários. Descreva a forma mais eficaz de fazer isso.
5. Visite o *site* de um dos grupos envolvidos com códigos e padrões elétricos e faça um relato dos serviços oferecidos.

capítulo 2

Interpretação de diagramas elétricos

Diferentes tipos de desenhos elétricos são usados na representação de motores e seus circuitos de comando. A fim de facilitar a elaboração e interpretação de desenhos elétricos, são utilizados certos símbolos padrão. Para interpretar desenhos de motores elétricos, é necessário conhecer tanto o significado dos símbolos quanto o funcionamento do equipamento. Este capítulo abordará o uso de símbolos em desenhos elétricos, bem como explicará a terminologia de motores ilustrando-a com aplicações práticas.

Objetivos do capítulo

» Apresentar os símbolos usados com frequência em diagramas de motores e de sistemas de acionamento.

» Trabalhar com a interpretação e o desenho de diagramas ladder (diagramas de contatos).

» Trabalhar com a interpretação dos diagramas elétrico, unifilar e em bloco.

» Mostrar as conexões de terminais para diferentes tipos de motores.

» Explicar as informações encontradas na placa de identificação do motor.

» Introduzir a terminologia utilizada em circuitos de motores.

» Descrever o funcionamento de dispositivos de partida de motores manual e magnético.

» Parte 1

» Símbolos, abreviações e diagramas ladder

Símbolos de motores

Um circuito de acionamento de motor é definido como uma forma de conectar e desconectar o motor da fonte de alimentação. Os símbolos usados para representar os diferentes componentes de um sistema de acionamento de motor são considerados um tipo de abreviação técnica. O uso de símbolos torna os diagramas de circuitos menos complicados e mais fáceis de interpretar.

Nos sistemas de acionamento de motores, os símbolos e as linhas relacionadas mostram como as partes de um circuito estão interconectadas. Infelizmente, nem todos os símbolos elétricos e eletrônicos são padronizados. Encontramos símbolos ligeiramente diferentes utilizados por fabricantes diferentes. Além disso, às vezes os símbolos não se parecem com a coisa real, assim, é aprender o que os símbolos significam. A Figura 2-1 mostra alguns dos símbolos típicos utilizados em diagramas de circuitos de motores.

Abreviações de termos relacionados a motores

Uma abreviatura é uma forma reduzida de representar uma palavra ou frase. Letras maiúsculas são usadas para a maioria das abreviaturas. A lista a seguir resume algumas das abreviaturas normalmente utilizadas nos diagramas de circuitos de motores.

CA	corrente alternada
ARM	armadura
AUTO	automático
DISJ	disjuntor
COM	comum
CR	relé de acionamento
TC	transformador de corrente
CC	corrente contínua
FD	frenagem dinâmica
FLD	campo (*field*)
FWD	direto (*forward*)
GND	terra (*ground*)
HP	*horsepower*
L1, L2, L3	linha de conexões de alimentação
LS	chave fim de curso (*limit switch*)
MAN	manual
MTR	motor
M	dispositivo de partida de motor
NEG	negativo
NF	normalmente fechado
NA	normalmente aberto
OL	relé de sobrecarga (*overload*)
φ	fase
LP	luz piloto
POS	positivo
POT	potência
PRI	primário
PB	botoeira (*push button*)
RET	retificador
REV	reverso
RH	reostato
SSW	chave de segurança (*safety switch*)
SEC	secundário
1φ	monofásico
SOL	solenoide

Chave de dois polos sem fusível   Chave de três polos sem fusível   Chave de três polos com fusível   NEMA 1   NEMA 3R   NEMA 4, 4X e Aço inox 5   NEMA 12

(a) Chave de desconexão

(b) Disjuntor tripolar

Relé térmico de sobrecarga   Relé de sobrecarga de estado sólido   Classe R   Classe G

(c-d) Relés de sobrecarga (OL)

(e-f) Fusíveis

(g) Dispositivo magnético de partida de motor trifásico

Botoeira normalmente aberta de contato momentâneo

Botoeira normalmente fechada de contato momentâneo

H1   H3   H2   H4

X2   X1

(h) Transformador de acionamento

Combinação de botoeiras normalmente aberta e normalmente fechada de contato momentâneo

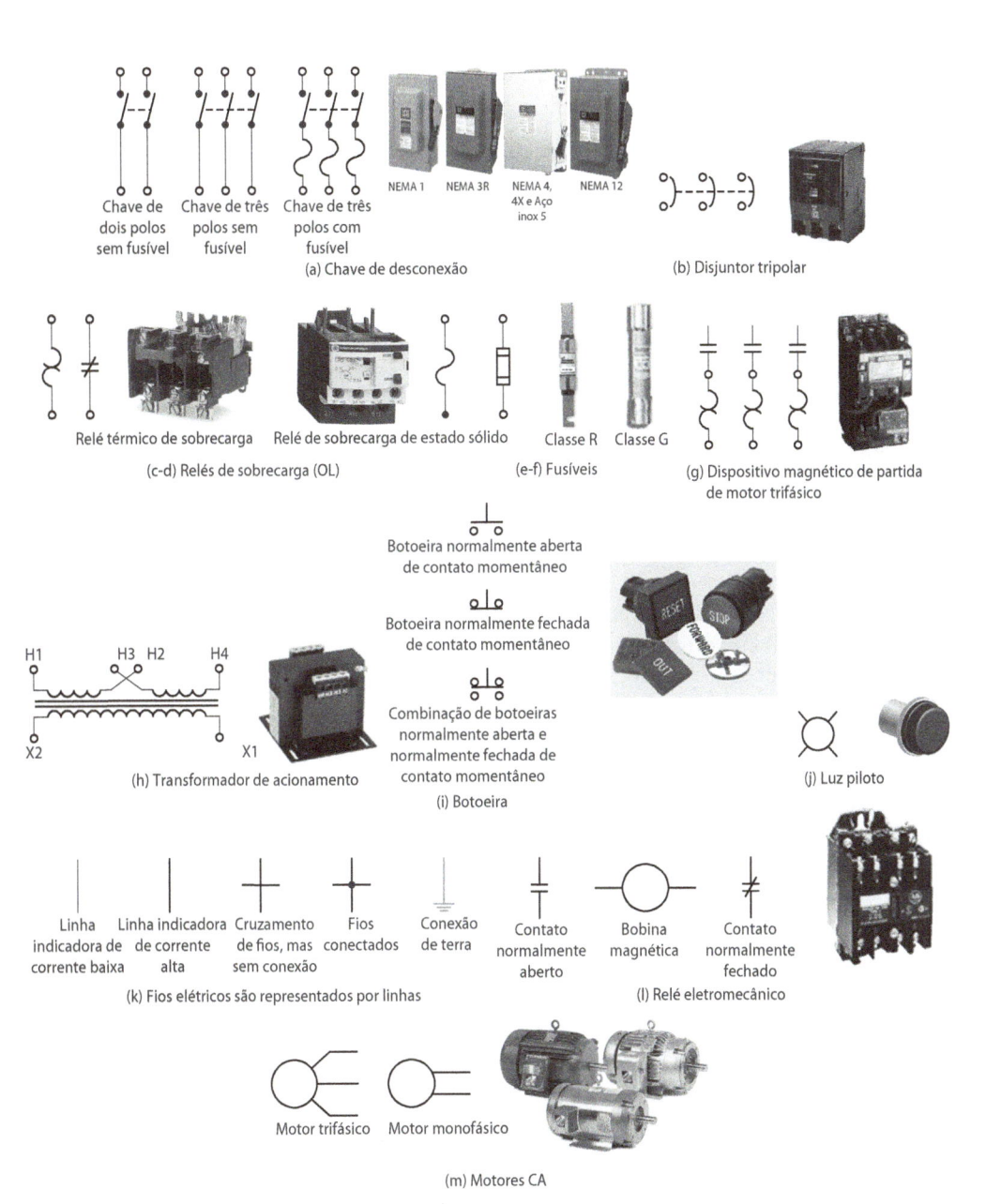

(i) Botoeira

(j) Luz piloto

Linha indicadora de corrente baixa   Linha indicadora de corrente alta   Cruzamento de fios, mas sem conexão   Fios conectados   Conexão de terra   Contato normalmente aberto   Bobina magnética   Contato normalmente fechado

(k) Fios elétricos são representados por linhas

(l) Relé eletromecânico

Motor trifásico   Motor monofásico

(m) Motores CA

Figura 2-1 Símbolos de dispositivos de acionamento de motores.
Fotos a-d, g: este material, com reprodução autorizada, tem *copyrights* da Schneider Electric; e-f: cortesia da Cooper Bussmann, www.bussmann.com; h-j, l: fotos cedidas pela Rockwell Automation, www.rockwellautomation.com; m: foto reproduzida com a permissão da ©Baldor Electric Company, www.baldor.com.

SW	chave (*switch*)
T1, T2, T3	conexões nos terminais do motor
3ϕ	trifásico
TD	atraso de tempo (*delay time*)
TRANS	transformador

Diagramas ladder de acionamento de motores

Os desenhos de circuitos de acionamento de motores fornecem informações sobre o funcionamento do circuito, a localização de dispositivos e equipamentos e instruções sobre as conexões. Os símbolos usados para representar chaves consistem em pontos de nó (pontos onde os dispositivos de circuitos se interconectam com outros), barras de contato e o símbolo específico que identifica determinado tipo de chave, como ilustrado na Figura 2-2. Embora um dispositivo de acionamento possa ter mais de um conjunto de contatos, somente os contatos usados no circuito são representados nos diagramas de acionamento.

Uma variedade de diagramas de acionamento e desenhos é utilizada para instalação, manutenção e análise de defeito em sistemas de acionamento de motores. Entre eles estão os diagramas ladder (de contatos), elétricos, unifilares e em bloco. Um *diagrama ladder* (considerado por alguns uma forma de diagrama esquemático) concentra-se no funcionamento do circuito elétrico, e não na localização física dos dispositivos. Por exemplo, duas botoeiras podem estar fisicamente nas extremidades opostas de um longo transportador, mas eletricamente lado a lado no diagrama ladder. Os diagramas ladder, como o mostrado na Figura 2-3, são desenhados com duas linhas verticais e

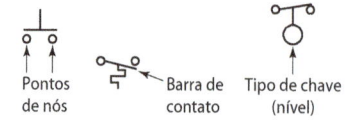

Figura 2-2 Símbolos de chaves e suas partes.

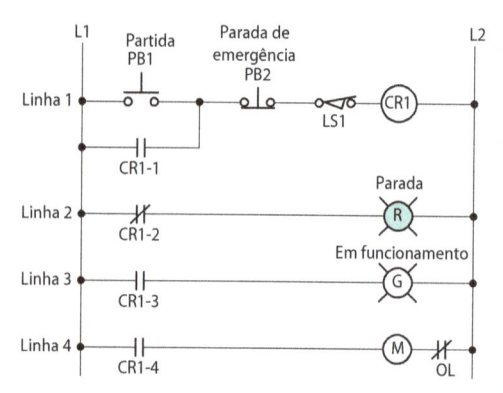

Figura 2-3 Diagrama ladder típico.

um número qualquer de linhas horizontais. As linhas verticais (denominadas trilhos) conectam-se à fonte de energia e são identificadas como linha 1 (L1) e linha 2 (L2). As linhas horizontais (denominadas degraus) são ligadas entre L1 e L2 e contêm o circuito de acionamento. Os diagramas ladder são projetados para serem "lidos" como um livro, começando no canto superior esquerdo e lendo da esquerda para a direita e de cima para baixo.

Como os diagramas ladder são fáceis de interpretar, eles são frequentemente usados na análise do funcionamento de um circuito. A maioria dos controladores lógicos programáveis (CLPs) usa o conceito do diagrama ladder como base para a linguagem de sua programação.

A maioria dos diagramas ladder ilustra apenas os circuitos de acionamento monofásicos conectados a L1 e L2, e não mostra o circuito de potência trifásico de alimentação do motor. A Figura 2-4 mostra tanto o diagrama de potência quanto o de acionamento. Nos diagramas que incluem o circuito de acionamento e de potência podemos ver as linhas dos condutores que transportam correntes baixas e altas. As linhas grossas são utilizadas para os circuitos de potência que têm maior corrente, e as linhas finas, para os circuitos de acionamento, que são de correntes menores. Os condutores que se cruzam mas não possuem contato elétrico são representados por linhas que se cruzam sem um ponto no cruzamento. Os cruzamentos de condutores que possuem con-

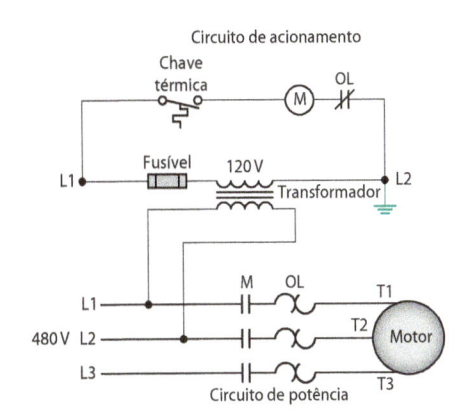

Figura 2-4 Diagrama do circuito de potência e de acionamento de um motor.

tato elétrico são representados por um ponto na junção. Na maioria dos casos, a tensão de acionamento é obtida diretamente do circuito de potência ou a partir de um transformador abaixador conectado ao circuito de potência. O uso de um transformador permite uma tensão menor (120 V CA) para o circuito de acionamento, enquanto o circuito de potência do motor tem uma alimentação trifásica de tensão maior (480 V CA) para um funcionamento mais eficiente do motor.

Um diagrama ladder fornece informações necessárias que facilitam o acompanhamento da sequência de operação do circuito. Essa característica é importante na análise de defeito, uma vez que mostra, de forma simples, o efeito que a abertura ou o fechamento de vários contatos tem nos outros dispositivos do circuito. Todas as chaves e contatos de relés são classificados como normalmente aberto (NA) ou normalmente fechado (NF)*. As posições desses contatos desenhadas nos diagramas são características elétricas de cada dispositivo e representam a posição do contato sem o dispositivo estar conectado ao circuito. Esse estado às vezes é denominado desenergizado. É importante entender isso porque é o estado desenergizado que é representado no circuito. A posição desenergizada refere-se à posição do componente quando o circuito está desenergizado, ou sem alimentação. Este ponto de referência é muitas vezes utilizado como ponto de partida na análise do funcionamento do circuito.

Um método comum utilizado para identificar a bobina do relé e os contatos acionados por ela é colocar uma ou mais letras em um círculo que representa a bobina (Figura 2-5). Cada contato que é acionado por essa bobina terá a(s) letra(s) da bobina escrita(s) próximo ao símbolo do contato. Algumas vezes, quando existem vários contatos acionados por uma bobina, é adicionado um número à letra para indicar o número do contato. Embora existam significados padrão dessas letras (em geral, do nome do dispositivo), a maioria dos diagramas fornece uma lista mestra para mostrar seu significado.

Uma *carga* é um componente de circuito que tem resistência e consome energia elétrica fornecida de L1 para L2. Bobinas de acionamento, solenoides, buzinas e lâmpadas-piloto são exemplos de cargas. Pelo menos um dispositivo de carga deve ser inserido em cada linha do diagrama ladder. Sem um dispositivo de carga, os dispositivos de acionamento seriam comutados de um estado de circuito aberto para um curto-circuito entre L1 e

CR – Relé de acionamento   M2 – Dispositivo de partida Nº2
M1 – Dispositivo de partida Nº1   M3 – Dispositivo de partida Nº3

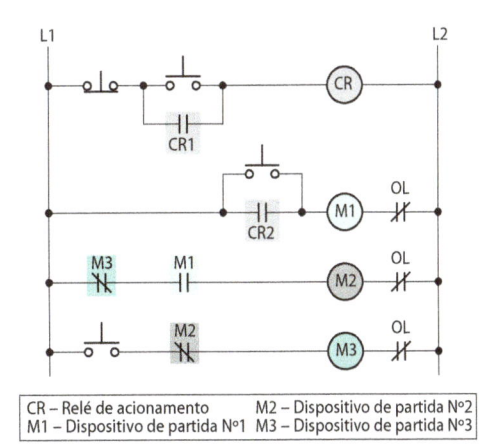

Figura 2-5 Identificação de bobinas e contatos associados.

---

* N. de T.: O leitor encontrará também as denominações em inglês NO (*normal open*) e NC (*normal close*) que equivalem, respectivamente, a NA e NF.

L2. Os contatos dos dispositivos de acionamento, como chaves, botoeiras e relés, têm resistência elétrica nula no estado ligado. A conexão de contatos em paralelo com uma carga também pode resultar em um curto-circuito quando o contato fechar. A corrente do circuito percorrerá o caminho de menor resistência através do contato fechado, curto-circuitando a carga energizada.

Normalmente, as cargas são colocadas no lado direito do diagrama ladder, próximas a L2, e os contatos no lado esquerdo, próximos, a L1. Uma exceção a essa regra é a colocação dos contatos normalmente fechados controlados pelo dispositivo de proteção de sobrecarga do motor. Esses contatos são desenhados no lado direito da bobina do dispositivo de partida do motor, como mostra a Figura 2-6. Quando é necessário que duas ou mais cargas sejam energizadas simultaneamente, elas devem ser conectadas em paralelo. Isso garantirá que toda a tensão de linha a partir de L1 e L2 aparecerá em cada carga. Se as cargas fossem conectadas em série, nenhuma delas receberia toda a tensão de linha necessária para o funcionamento adequado. Lembre-se de que, em uma conexão de cargas em série, a tensão aplicada é dividida entre cada uma das cargas. Em uma conexão de cargas em paralelo a tensão em cada carga é a mesma e o valor é igual ao da tensão aplicada.

Os dispositivos de acionamento, como chaves, botoeiras, chaves fim de curso e chaves de pressão, acionam cargas. Os dispositivos de partida de uma carga são normalmente conectados em paralelo, enquanto os dispositivos que param uma carga são conectados em série. Por exemplo, quando existe mais de um botão de partida controlando a mesma bobina do dispositivo de partida do motor, estes são conectados em paralelo, enquanto os botões de parada são conectados em série (Figura 2-7). Todos os dispositivos de acionamento são identificados com uma nomenclatura apropriada para o dispositivo, por exemplo, parada (*stop*) e partida (*start*). Da mesma forma, todas as cargas necessitam de abreviaturas para indicar o tipo de carga (por exemplo, M para a bobina do dispositivo de partida). Muitas vezes é usado um sufixo numérico adicional para diferenciar vários dispositivos do mesmo tipo. Por exemplo, um circuito de acionamento com dois dispositivos de partida de motor pode identificar as bobinas como M1 (contatos 1-M1, 2-M1, etc.) e M2 (contatos 1-M2, 2-M2, etc.)

À medida que a complexidade do circuito de acionamento aumenta, seu diagrama ladder aumenta de tamanho, sendo mais difícil de ler e localizar quais contatos são controlados e por qual bobina. A **numeração de linhas** é utilizada para auxiliar na leitura e compreensão de diagramas ladder maiores. Cada linha do diagrama ladder é identificada (linha 1, 2, 3, etc.), da mais alta para a mais baixa. Uma linha é definida como um caminho completo de L1 a L2 que contém uma carga. A Figura 2-8 ilustra a identificação de cada linha, em um diagrama com três linhas distintas:

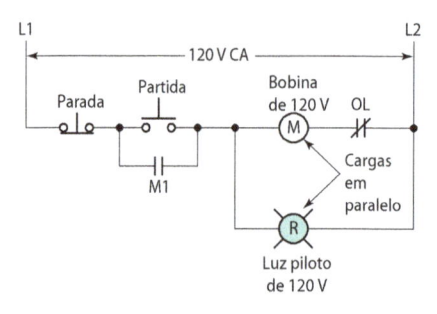

Figura 2-6 As cargas são colocadas à direita e os contatos à esquerda.

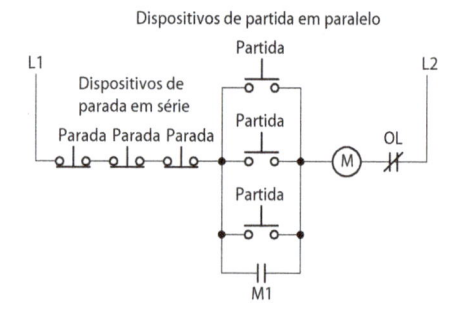

Figura 2-7 Dispositivos de parada conectados em série e dispositivos de partida conectados em paralelo.

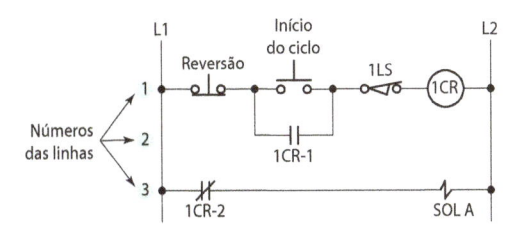

Figura 2-8 Diagrama ladder com a indicação dos números das linhas.

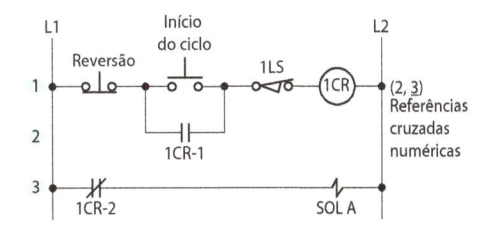

Figura 2-9 Sistema de referência cruzada numérica.

- O caminho para a **linha 1** é feito através da botoeira de reversão, da botoeira de início do ciclo, da chave fim de curso 1LS e da bobina 1CR.
- O caminho para a **linha 2** é feito através da botoeira de reversão, do contato do relé 1CR-1, da chave fim de curso 1LS e da bobina 1CR. Observe que as linhas 1 e 2 são identificadas como duas linhas separadas, embora acionamentom a mesma carga. A razão para isto é que a botoeira de início do ciclo ou o contato do relé 1CR-1 completa o trajeto de L1 para L2.
- O caminho para a **linha 3** é completado através do contato do relé 1CR-2 e do solenoide SOL A.

A *referência cruzada numérica* é usada com a numeração de linha para localizar contatos auxiliares controlados por meio de bobinas no circuito de acionamento. Às vezes, os contatos auxiliares no diagrama ladder não estão próximos da bobina que controla a sua operação. Para localizar esses contatos, os números das linhas são listados à direita de L2 entre parênteses na linha da bobina que controla a sua operação. No exemplo mostrado na Figura 2-9:

- Os contatos da bobina 1CR aparecem em duas localizações diferentes no diagrama de linha.
- Os números entre parênteses à direita do diagrama identificam a localização da linha e o tipo dos contatos controlados pela bobina.
- Os números que aparecem entre parênteses para contatos normalmente abertos não têm identificações especiais.
- Os números usados para contatos normalmente fechados são identificados com sublinhado ou sobrelinha no número para distingui-los de contatos normalmente abertos.
- Neste circuito, a bobina do relé de acionamento 1CR controla dois conjuntos de contatos: 1CR-1 e 1CR-2. Isto é mostrado pelo código numérico 2, 3.

Algum tipo de *identificação de fio* é necessário para conectar corretamente os condutores do circuito de acionamento aos componentes correspondentes no circuito. O método utilizado para a identificação de fio varia para cada fabricante. A Figura 2-10 ilustra um método onde a cada ponto comum no circuito é atribuído um número de referência:

- A numeração começa com todos os fios que estão conectados no lado L1 da fonte de alimentação identificados com o número 1.
- Continuando na parte superior esquerda do diagrama com a linha 1, um novo número é designado sequencialmente para cada fio do outro lado do componente.
- Fios eletricamente comuns são identificados com os mesmos números.
- Uma vez identificado o primeiro fio conectado diretamente a L2 (neste caso, 5), todos os outros fios conectados diretamente a L2 serão identificados com o mesmo número.
- O número de componentes na primeira linha do diagrama ladder determina o número do fio dos condutores conectados diretamente a L2.

A Figura 2-11 ilustra um método alternativo de atribuição de números aos fios. Neste método, to-

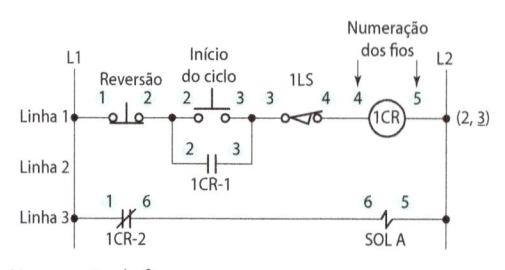

Figura 2-10 Numeração de fios.
Foto cedida pela Ideal Industries, www.idealindustries.com.

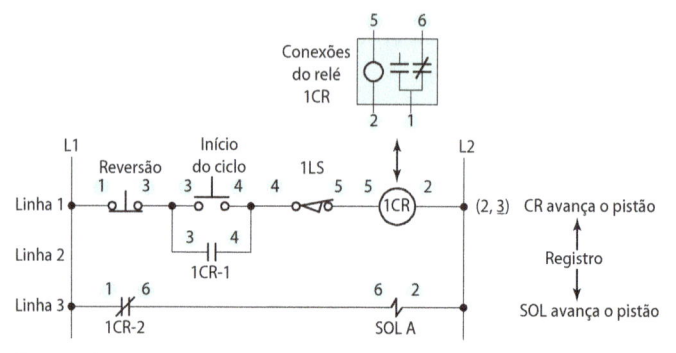

Figura 2-11 Identificação alternativa de fios com registro.

dos os fios conectados diretamente a L1 são identificados por 1, enquanto todos aqueles conectados a L2 são identificados por 2. Após todos os fios com 1 e 2 serem identificados, os números restantes são atribuídos em uma ordem sequencial, iniciando na parte superior esquerda do diagrama. Este método tem como vantagem o fato de que todos os fios conectados diretamente a L2 são sempre identificados como 2. Os diagramas ladder também podem conter uma série de descrições localizadas à direita de L2, usadas para registrar a função do circuito controlado pelo dispositivo de saída.

Uma linha tracejada normalmente indica uma ligação mecânica. Não cometa o erro de interpretar uma linha tracejada como parte do circuito elétrico. Na Figura 2-12, as linhas tracejadas verticais nas botoeiras de avanço e retorno indicam que os seus contatos normalmente fechados e normalmente abertos são conectados mecanicamente. Assim, pressionando a botoeira, um conjunto de contatos será aberto e outro, fechado. A linha tracejada

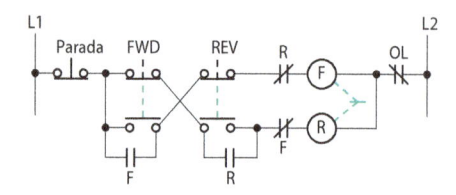

Figura 2-12 Representação de funções mecânicas.

entre as bobinas F e R indica que as duas são mecanicamente interligadas. Portanto, as bobinas F e R não podem fechar os contatos simultaneamente, devido à ação de intertravamento mecânico do dispositivo.

Quando é necessário um transformador de acionamento para ter uma de suas linhas de secundário aterrada, a conexão de terra deve ser feita de modo que um aterramento acidental no circuito de acionamento não acione o motor ou torne a botoeira de parada ou o acionamento inoperante. A Figura 2-13a ilustra o secundário de um trans-

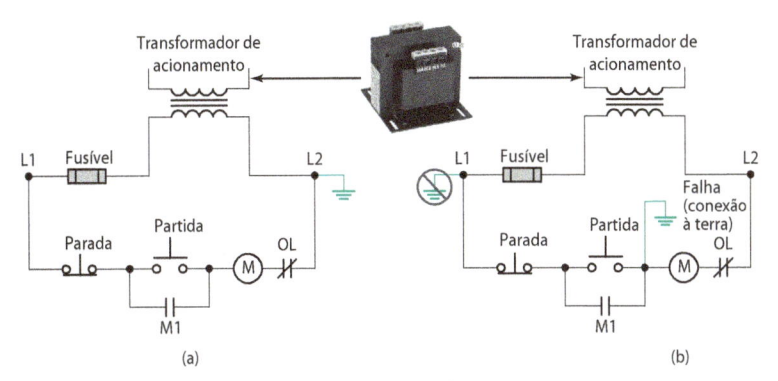

Figura 2-13 Conexão do transformador de acionamento ao ponto de terra: (a) transformador de acionamento devidamente aterrado para o lado L2 do circuito; (b) transformador de acionamento aterrado inadequadamente no lado L1 do circuito.
Foto cedida pela Rockwell Automation, www.rockwellautomation.com.

formador de acionamento devidamente aterrado no lado L2 do circuito. Quando o circuito está em operação, todo o circuito à esquerda da bobina M não pode ter conexão com o ponto de terra (esta é a parte "viva" do circuito). Uma falha representada por uma conexão à terra em um circuito que não pode ser aterrado criará uma condição de curto-circuito, fazendo o fusível do transformador de acionamento se abrir. A Figura 2-13b mostra o mesmo circuito com aterramento inadequado em L1. Neste caso, uma falha representada por um curto-circuito para o ponto de terra à esquerda da bobina M iria *energizá-la*, acionando o motor inesperadamente. O fusível não atuaria de forma a abrir o circuito e o acionamento da botoeira de parada não desenergizaria a bobina M. Seria muito provável ocorrer lesões pessoais e danos ao equipamento. Isso deixa claro que os dispositivos de saída devem ser conectados diretamente no *lado do aterramento* do circuito.

Parte 1

Questões de revisão

1. Defina o termo *circuito de acionamento do motor*.
2. Por que são usados símbolos para representar os componentes em diagramas elétricos?
3. Um circuito elétrico contém três lâmpadas-piloto. Que símbolo aceitável pode ser usado para designar cada lâmpada?
4. Descreva a estrutura básica de um diagrama ladder elétrico.
5. As linhas são utilizadas para representar fios elétricos nos diagramas.
   a. Como os fios que conduzem alta corrente são diferenciados dos que conduzem baixa corrente?
   b. Como são diferenciados os fios que se cruzam sem conexão elétrica dos que se cruzam com conexão elétrica?
6. Os contatos de uma botoeira se abrem quando ela é pressionada. Que tipo de classificação essa botoeira tem? Por quê?
7. Um relé identificado por TR contém três contatos. Que codificação aceitável poderia

ser usada para identificar cada um dos contatos?

8. Uma linha em um diagrama ladder necessita que duas cargas, cada uma especificada para a tensão de linha total, sejam energizadas quando uma chave for fechada. Que tipo de conexão deve ser usada para as cargas? Por quê?

9. Um dos requisitos para uma aplicação particular de um motor é que as seis chaves de pressão sejam fechadas para permitir que o motor seja acionado. Que tipo de conexão deve ser feita com essas chaves?

10. As etiquetas de identificação de fio de vários fios de um painel elétrico são examinadas e é constatado que elas têm o mesmo número. O que isso significa?

11. Uma linha tracejada que representa uma função mecânica em um diagrama elétrico é confundida com um condutor e, em função disso, é realizada uma conexão elétrica. Quais são os dois tipos de problemas que isso pode causar?

» Parte 2

» Diagramas multifilar, unifilar e em bloco

Diagramas multifilares

Os diagramas multifilares são usados para mostrar as conexões ponto a ponto entre componentes de um sistema elétrico e, algumas vezes, a relação física de uns com os outros. Eles podem incluir números de identificação atribuídos a condutores em diagrama ladder e/ou códigos de cores. Bobinas, contatos, motores e semelhantes são mostrados na posição real em que seriam encontrados em uma instalação. Esses diagramas são úteis na instalação de sistemas porque as conexões podem ser feitas exatamente conforme mostradas no diagrama. Um diagrama multifilar fornece as informações necessárias para de fato realizar a instalação elétrica de um dispositivo ou grupo de dispositivos ou para rastrear fisicamente a fiação na análise de defeito. No entanto, é difícil determinar o funcionamento do circuito a partir desse tipo de desenho.

Os diagramas multifilares são fornecidos para a maioria dos dispositivos elétricos. A Figura 2-14 ilustra um diagrama multifilar típico para um dispositivo de partida de motor. Esse diagrama mostra, o mais próximo possível, a localização real de todas as partes do dispositivo. Os terminais abertos

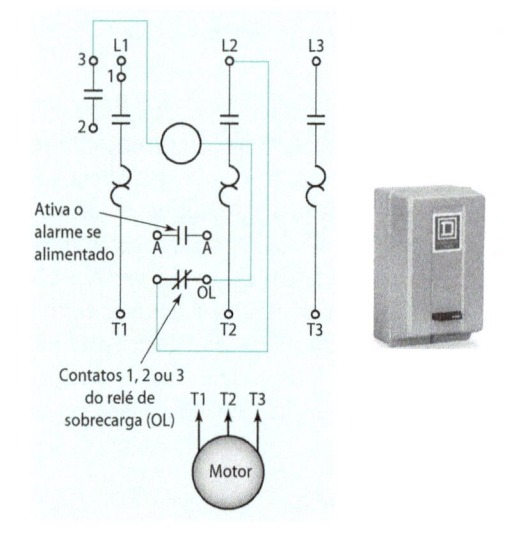

Figura 2-14 Diagrama multifilar típico de um dispositivo de partida de motor.
Este material e *copyrights* associados são de propriedade da Schneider Electric, que autorizou o seu uso.

(marcados com um círculo vazado) e as setas representam conexões feitas pelo usuário. Note que as linhas em negrito indicam o circuito de potência, enquanto as linhas mais finas são usadas para mostrar o circuito de acionamento.

O encaminhamento dos fios nos cabos e conduítes, como ilustrado na Figura 2-15, é uma parte importante de um diagrama multifilar. Um diagrama de leiaute de conduíte indica o início e o término dos conduítes elétricos e mostra o trajeto aproximado percorrido por qualquer conduíte em curso de um

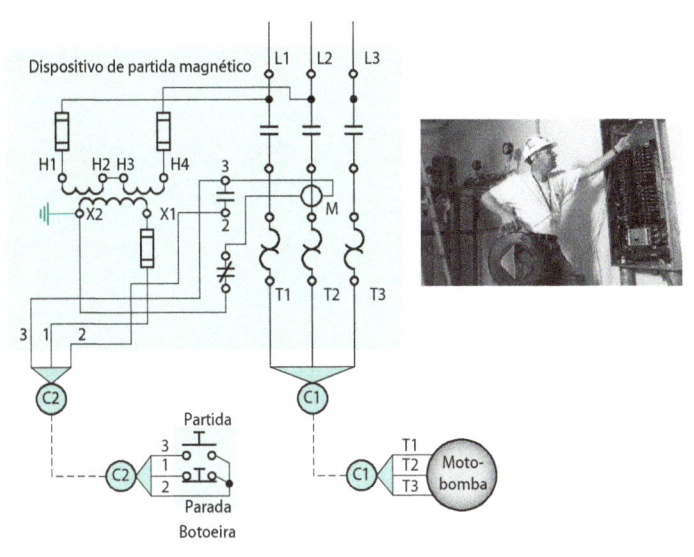

Figura 2-15 Encaminhamento de fios em cabos e conduítes.
Foto cedida pela Ideal Industries, www.idealindustries.com.

ponto para outro. A programação de conduíte e cabo, integrada com um desenho dessa natureza, tabula cada um dos conduítes quanto a número, tamanho, função e utilidade, bem como inclui número e tamanho dos fios a serem encaminhados no conduíte.

Os diagramas multifilares mostram os detalhes de conexões reais. Raramente eles tentam mostrar os detalhes completos do painel ou da fiação do equipamento. O diagrama multifilar da Figura 2-15 é reduzido a uma forma mais simples na Figura 2-16, com as conexões internas do dispositivo de partida magnético omitidas. Os fios no conduíte C1 fazem parte do circuito de potência e são dimensionados para os requisitos de corrente do motor. Os fios no conduíte C2 fazem parte do circuito de acionamento de baixa tensão e são dimensionados para os requisitos de corrente do transformador de acionamento.

Os diagramas multifilares são muitas vezes usados em conjunto com os diagramas ladder para simplificar a compreensão do processo de acionamento. Um exemplo disso está ilustrado na Figura 2-17. O diagrama multifilar mostra tanto o circuito de potência quanto o de acionamento. Um diagra-

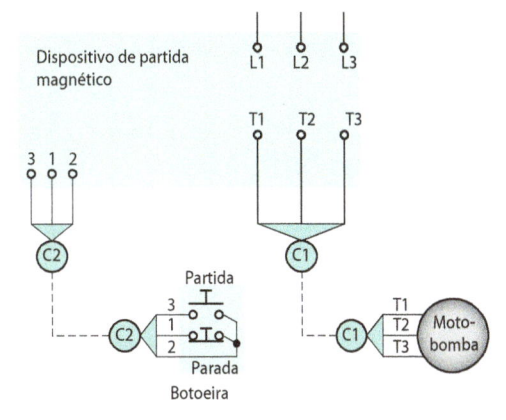

Figura 2-16 Diagrama multifilar com as conexões internas do dispositivo de partida magnético omitidas.

ma ladder separado do circuito de acionamento é incluído para dar uma compreensão mais clara do seu funcionamento. Seguindo o diagrama ladder, podemos ver que a luz piloto será acionada sempre que o dispositivo de partida for energizado. O circuito de potência foi omitido para maior clareza, uma vez que pode ser rastreado facilmente no diagrama multifilar (linhas grossas).

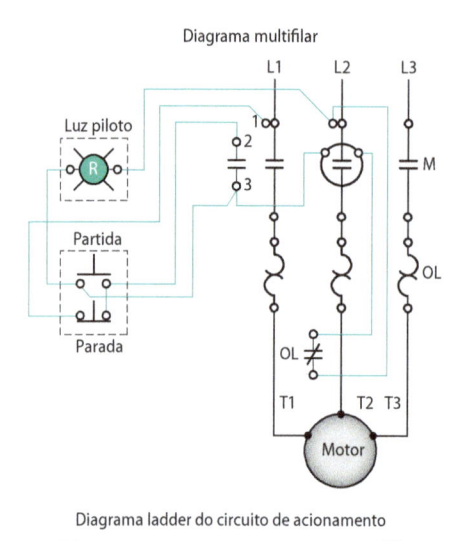

Figura 2-17 Combinação de diagramas multifilar e ladder.

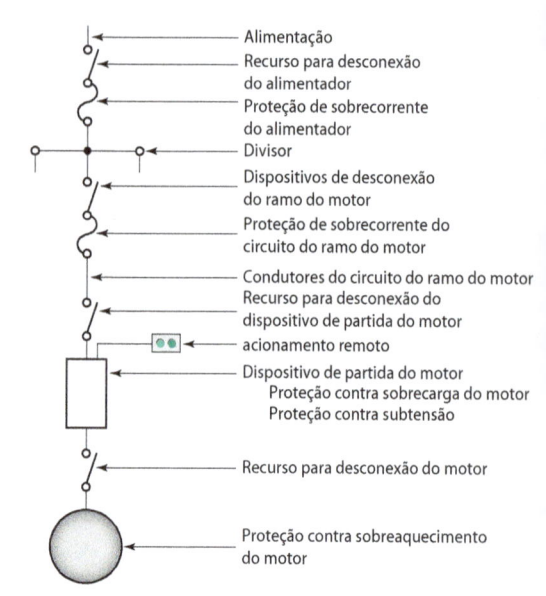

Figura 2-18 Diagrama unifilar da instalação de um motor.

Diagramas unifilares

O diagrama unifilar usa símbolos ao longo de uma única linha para mostrar todos os componentes principais de um circuito elétrico. Alguns fabricantes de equipamentos de acionamento de motores usam um desenho unifilar, como o mostrado na Figura 2-18, como um mapa de estradas no estudo de instalações de acionamento de motores. A instalação é reduzida à forma mais simples possível, mas ainda mostra os requisitos essenciais e equipamentos no circuito.

Os sistemas de energia elétrica são redes extremamente complicadas que podem ser geograficamente distribuídas por áreas muito grandes. Na maior parte, elas também são redes trifásicas, em que cada circuito de potência é constituído por três condutores e todos os dispositivos, como geradores, transformadores, disjuntores e desligadores instalados nas três fases. Estes sistemas podem ser tão complexos que um diagrama convencional completo mostrando todas as ligações é impraticável. Quando o caso for este, a utilização de um diagrama unifilar é uma forma concisa de apresentar o arranjo básico dos componentes do sistema de energia elétrica. A Figura 2-19 mostra um diagrama unifilar de um pequeno sistema de

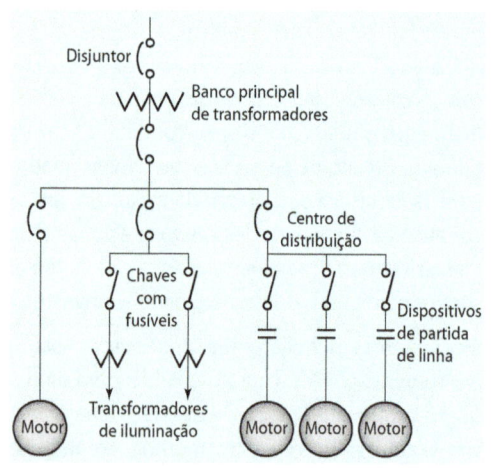

Figura 2-19 Diagrama unifilar de um sistema de distribuição de energia elétrica.

distribuição de energia elétrica. Estes tipos de diagramas também são chamados de diagramas "verticais de potência".

Diagramas em bloco

Um diagrama em bloco representa as principais partes funcionais de um sistema elétrico/eletrônico com blocos, em vez de símbolos. Os componentes individuais e fios não são mostrados. Em vez disso, cada bloco representa circuitos elétricos que executam funções específicas no sistema. As funções que os circuitos realizam são escritas em cada bloco. As setas que conectam os blocos indicam o sentido geral dos trajetos das correntes.

A Figura 2-20 mostra um diagrama em bloco do acionamento de um motor CA por meio de frequência variável. Uma unidade de frequência CA variável controla a velocidade de um motor CA variando a frequência de alimentação do motor. Essa unidade também regula a tensão de saída proporcional à frequência de saída para proporcionar uma relação relativamente constante (volts por hertz; V/Hz) entre tensão e frequência, como exigido pelas características do motor CA para produzir o torque adequado. A função de cada bloco é resumida a seguir:

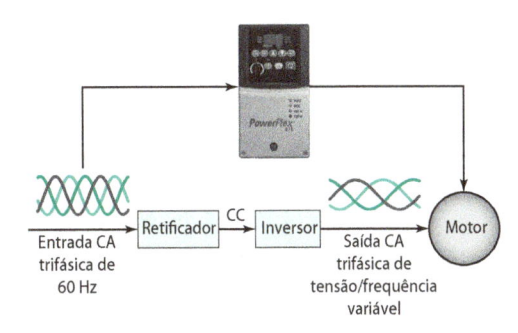

Figura 2-20 Diagrama em bloco de um equipamento de acionamento de um motor CA por meio de frequência variável.
Foto cedida pela Rockwell Automation, www.rockwellautomation.com.

- Uma fonte trifásica de 60 Hz alimenta o bloco retificador.
- O **bloco retificador** é um circuito que converte, ou retifica, a tensão CA trifásica em uma tensão CC.
- O **bloco inversor** é um circuito que inverte, ou converte, a tensão de entrada CC de volta para uma tensão CA. O inversor é constituído por chaves eletrônicas que comutam, ligando e desligando a tensão CC para produzir uma saída CA controlável na frequência e tensão desejadas.

Parte 2

Questões de revisão

1. Qual é o propósito principal de um diagrama multifilar?
2. Além de números, que outro método pode ser usado para identificar os fios em um diagrama multifilar?
3. Que papel um diagrama multifilar pode desempenhar na análise de defeito em um circuito de acionamento de um motor?
4. Liste os tipos mais prováveis de informações a serem encontradas na programação de cabos e conduítes para a instalação de um motor.
5. Explique o propósito de se usar um diagrama multifilar em conjunto com um diagrama ladder do circuito de acionamento de um motor.
6. Qual é o propósito principal de um diagrama unifilar?
7. Qual é o propósito principal de um diagrama em bloco?
8. Explique a função dos blocos retificador e inversor em uma unidade de acionamento de motor CA de frequência variável.

≫ Parte 3

≫ Conexões dos terminais de um motor

Classificação dos motores

Os motores elétricos são um elemento importante da nossa economia industrial e comercial há mais de um século. A maioria das máquinas industriais atualmente em uso são acionadas por motores elétricos. As indústrias deixariam de funcionar sem o projeto, a instalação e a manutenção dos sistemas de acionamento de motores. Em geral, os motores são classificados de acordo com o tipo de alimentação utilizada (CA ou CC) e o princípio de operação. A "árvore genealógica" de tipos de motores é bastante extensa, como descrito a seguir.

Nos Estados Unidos, o Institute of Electrical and Electronics Engineers (IEEE) estabelece as normas para as metodologias de teste e ensaio de motores, enquanto a National Electrical Manufacturers Association (NEMA) prepara os padrões de desempenho de motores e suas classificações. Além disso, os motores devem ser instalados de acordo com o Artigo 430 do National Electric Code (NEC).

Conexões de motores CC

As aplicações industriais utilizam motores de corrente contínua porque a relação velocidade-torque pode ser facilmente variada. Os motores CC têm uma velocidade que pode ser controlada suavemente até zero, seguida imediatamente pela aceleração na direção oposta. Em situações de emergência, os motores CC podem fornecer mais de cinco vezes o torque nominal sem parar. A frenagem dinâmica (a energia gerada pelo motor CC é transferida para uma grade de resistores) ou a frenagem regenerativa (a energia gerada pelo motor CC é realimentada para a fonte de alimentação do motor) podem ser obtidas com motores de corrente contínua em aplicações que exigem paradas rápidas, eliminando, ou reduzindo, a necessidade do freio mecânico.

A Figura 2-21 mostra os símbolos utilizados para identificar as partes básicas de um motor composto de corrente contínua (CC). A parte rotativa do motor é denominada armadura, e a parte estacionária, estator, que contém os enrolamentos dos campos em série e *shunt*. Em máquinas CC, A1 e A2 sempre indicam os terminais da armadura, S1 e S2 indicam os terminais do campo em série e F1 e F2 indicam os terminais do campo *shunt*.

O tipo de excitação de campo é o que distingue um tipo de motor CC de outro; a construção da armadura nada tem a ver com a classificação. Existem três tipos de motores CC classificados de acordo com o método de excitação de campo:

- Um motor CC *shunt* (Figura 2-22) usa um enrolamento de campo *shunt*, de resistência comparativamente alta, composto de várias espiras de fio fino, conectado em paralelo (*shunt*) com a armadura.
- Um motor CC série (Figura 2-23) utiliza um enrolamento de campo em série, de resistência muito baixa, constituído por poucas espiras de fio grosso e conectado em série com a armadura.
- Um motor CC composto (Figura 2-24) utiliza uma combinação de um campo *shunt* (muitas espiras de fio fino) em paralelo com a armadura, e um campo série (poucas espiras de fio grosso) em série com a armadura.

Todas as conexões mostradas nas Figuras 2-22, 2-23 e 2-24 são para rotação no sentido anti-horário e no sentido horário de frente para a extremidade oposta da unidade (extremidade do comutador). Um dos propósitos da aplicação de marcações nos terminais dos motores de acordo com uma norma é ajudar a fazer as conexões quando um sentido de rotação previsível for necessário. Este é o caso quando a rotação no sentido contrário pode resultar em operação insegura

Diagrama de classificação de motores

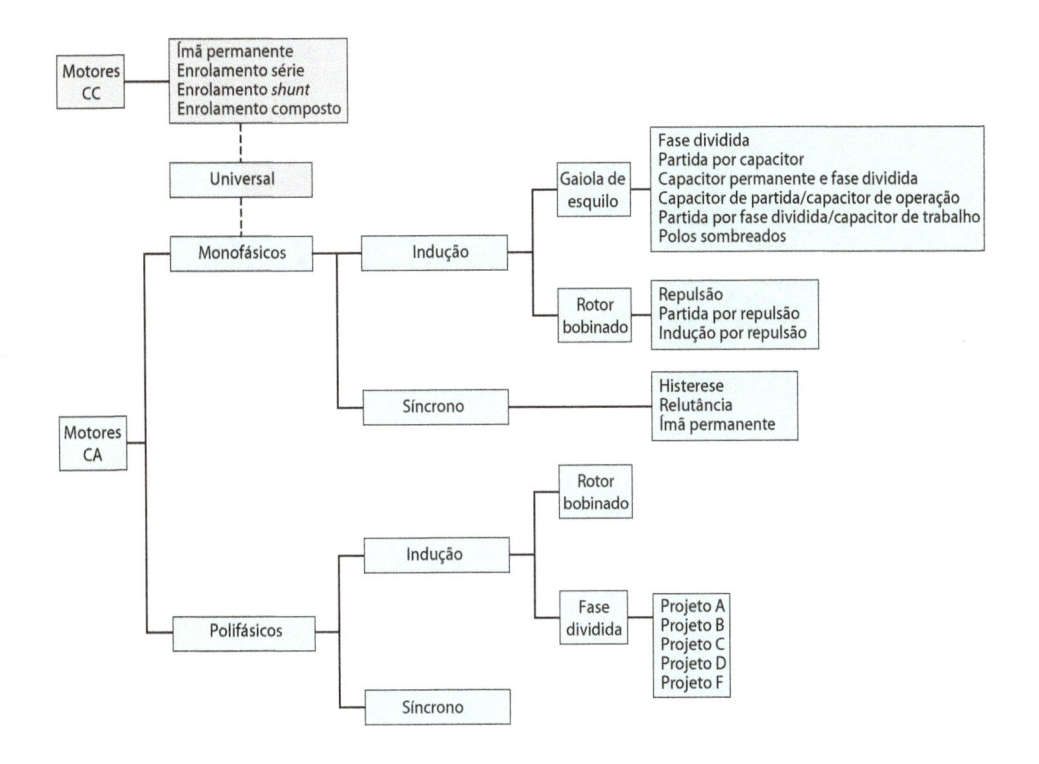

- **Motores CC**
  - Ímã permanente
  - Enrolamento série
  - Enrolamento *shunt*
  - Enrolamento composto
  - Universal (tracejado)

- **Motores CA**
  - **Monofásicos**
    - Indução
      - Gaiola de esquilo
        - Fase dividida
        - Partida por capacitor
        - Capacitor permanente e fase dividida
        - Capacitor de partida/capacitor de operação
        - Partida por fase dividida/capacitor de trabalho
        - Polos sombreados
      - Rotor bobinado
        - Repulsão
        - Partida por repulsão
        - Indução por repulsão
    - Síncrono
      - Histerese
      - Relutância
      - Ímã permanente
  - **Polifásicos**
    - Indução
      - Rotor bobinado
      - Fase dividida
        - Projeto A
        - Projeto B
        - Projeto C
        - Projeto D
        - Projeto F
    - Síncrono

ou em danos. As marcações dos terminais são normalmente usadas para marcar apenas terminais cujas conexões devem ser feitas a partir de circuitos externos.

O sentido de rotação de um motor de corrente contínua depende do sentido do campo magnético e do sentido da corrente na armadura. Se qualquer um dos sentidos, do campo ou da corrente, através da armadura, for invertido, a rotação do motor será invertida. No entanto, se os dois fatores forem invertidos ao mesmo tempo, o motor continuará a girar no mesmo sentido.

Conexões de motores CA

O motor de indução CA é a tecnologia de motor dominante atualmente, pois representa mais de 90% da capacidade de motores instalados. Os motores de indução estão disponíveis nas configurações monofásica (1ϕ) e trifásica (3ϕ) em tamanhos que variam de frações de potência a dezenas de milhares de cavalos de potência. Eles podem

Campo *shunt*
F1 —⌇⌇⌇— F2

Campo série
S1 —⌇⌇⌇— S2

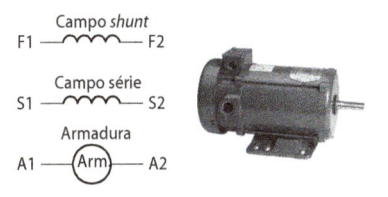

Armadura
A1 —(Arm)— A2

Figura 2-21 Partes de um motor composto CC. Foto reproduzida com a permissão da ©Baldor Electric Company, www.baldor.com.

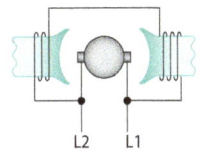

Sentido anti-horário		Sentido horário	
Linha 1	Linha 2	Linha 1	Linha 2
F1-A1	F2-A2	F1-A2	F2-A1

Figura 2-22 Conexões de um motor CC *shunt* padrão para rotações nos sentidos horário e anti-horário.

Sentido anti-horário			Sentido horário		
Linha 1	Ligação	Linha 2	Linha 1	Ligação	Linha 2
A1	A2-S1	S2	A2	A1-S1	S2

Figura 2-23 Conexões de um motor CC série padrão para rotações nos sentidos horário e anti-horário.

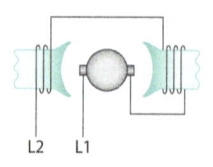

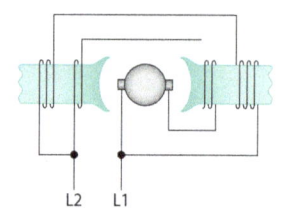

Sentido anti-horário			Sentido horário		
Linha 1	Ligação	Linha 2	Linha 1	Ligação	Linha 2
F1-A1	A2-S1	F2-S2	F1-A2	A1-S1	S2-F2

Figura 2-24 Conexões de um motor CC composto (cumulativo) padrão para rotações nos sentidos horário e anti-horário. Para conexões compostas diferenciais, inverter S1 e S2.

funcionar com velocidades fixas – sendo as mais comuns de 900, 1200, 1800 ou 3600 RPM – ou ser equipados com uma unidade de acionamento de velocidade ajustável.

Os motores de corrente alternada (CA) mais usados, em sua grande maioria, têm a configuração gaiola de esquilo (Figura 2-25), assim chamada por causa da gaiola de alumínio ou de cobre embutida dentro do rotor de ferro laminado. Não existe conexão elétrica física com a gaiola de esquilo. A corrente no rotor é induzida pelo campo magnético rotativo do estator. Os modelos com rotor bobinado, em que as bobinas de fio envolvem os enrolamentos do rotor, também estão disponíveis. Estes são caros, mas oferecem um maior acionamento das características de desempenho do motor, de modo que são mais utilizados para torque especial e em aplicações de aceleração e velocidade ajustável.

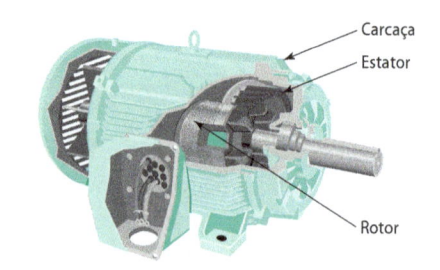

Figura 2-25 Motor de indução CA trifásico em gaiola de esquilo.
Desenho cedido pela Siemens, www.siemens.com.

Conexões de motores monofásicos

A maioria dos motores CA monofásicos de indução são construídos com capacidades de frações de potência (hp) para tensões de alimentação de 120 a 240 V e 60 Hz. Embora existam diversos tipos de motores monofásicos, eles são basicamente idênticos, exceto quanto às formas de partida. O motor de fase dividida (*split-fase motor*) é muito utilizado em aplicações de partida média (Figura 2-26). O funcionamento do motor de fase dividida é resumido a seguir:

- O motor tem um enrolamento de partida e um principal, ou de operação, que são energizados na partida do motor.
- O enrolamento de partida produz uma diferença de fase na partida do motor e é comutado por uma chave centrífuga quando a velocidade de operação é alcançada. Quando o motor atinge cerca de 75% de sua velocidade de carga nominal, o enrolamento de partida é desligado do circuito.
- A faixa de capacidade dos motores de fase dividida varia até cerca de ½ hp. Suas aplicações populares incluem ventiladores, eletrodomésticos, como lavadoras e secadoras, e ferramentas, como pequenas serras e furadeiras onde a carga é aplicada após o motor ter atingido a sua velocidade de operação.

- A rotação do motor pode ser invertida trocando entre si os terminais do enrolamento de partida ou do enrolamento principal, mas não de ambos. Geralmente, o padrão da indústria é inverter os terminais do enrolamento de partida.

Em um motor de fase dividida de dupla tensão (Figura 2-27), o enrolamento de operação é dividido em duas partes e pode ser conectado para operar a partir de uma fonte de 120 ou 240 V. Os dois enrolamentos de operação são ligados em série, quando alimentados a partir de uma fonte de 240 V, e em paralelo para uma operação em 120 V. O enrolamento de partida é conectado nas linhas de alimentação de tensão baixa e, para uma tensão alta, é conectado de uma linha para o ponto médio do enrolamento de operação. Isso garante que todos os enrolamentos receberão 120 V, que é a tensão para a qual foram projetados. Para inverter o sentido de rotação de um motor de fase dividida de dupla tensão, basta trocar os dois terminais do enrolamento de partida. Os motores de dupla tensão são conectados na tensão desejada conforme o diagrama de conexão na placa de identificação.

A dupla tensão nominal do motor de fase dividida é 120/240 V. No caso de motores de dupla tensão,

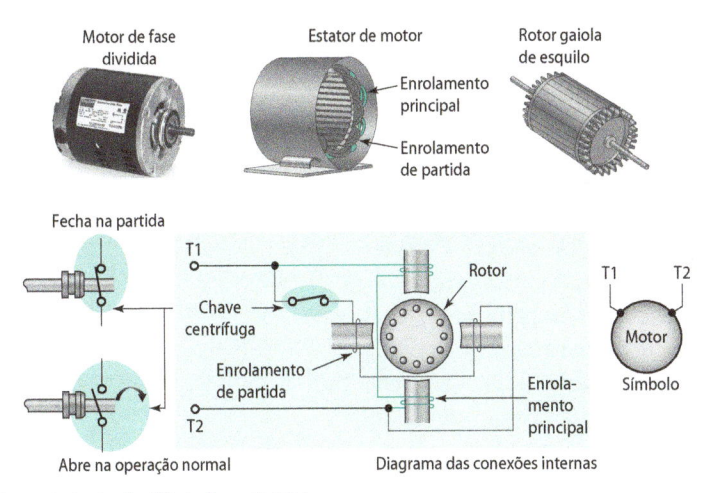

Figura 2-26 Motor de indução CA de fase dividida.
Foto cedida pela Grainger, www.grainger.com.

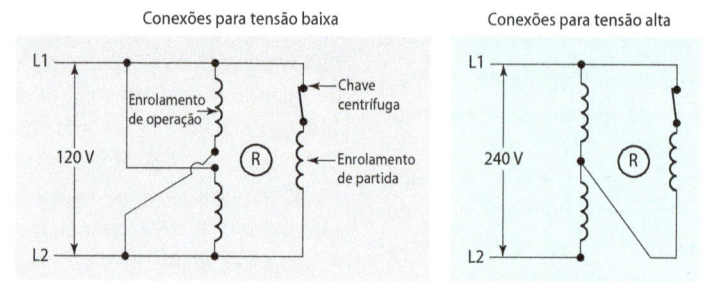

Figura 2-27 Conexões do estator de um motor de fase dividida de duas tensões.

a tensão maior é a escolhida quando as duas estão disponíveis. Quando alimentado em 120 ou 240 V, o motor drena a mesma quantidade de potência elétrica e produz a mesma quantidade de potência mecânica (hp). No entanto, quando a tensão é dobrada de 120 para 240 V, a corrente é reduzida pela metade. A operação do motor nesse nível em corrente reduzida permite que você use condutores de menor diâmetro do circuito e reduz as perdas de potência na linha.

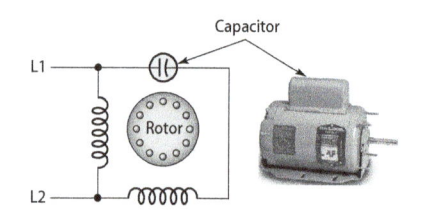

Figura 2-28 Motor com capacitor permanente. Foto reproduzida com a permissão de ©Baldor Electric Company, www.baldor.com.

Muitos motores monofásicos usam um capacitor em série com um dos enrolamentos do estator para otimizar a diferença de fase entre os enrolamentos de partida e de operação no momento da partida. O resultado é um torque de partida maior do que o produzido em um motor de fase dividida. Existem três tipos de motores com capacitor: **capacitor de partida**, em que o capacitor faz parte do circuito apenas durante a partida; **capacitor permanente**, em que o capacitor faz parte do circuito tanto na partida quanto na operação; **dois capacitores**, no qual existem dois valores de capacitância, um na partida e outro na operação. O motor com capacitor permanente, ilustrado na Figura 2-28, utiliza um capacitor permanentemente conectado em série com um dos enrolamentos do estator. Este projeto é de mais baixo custo do que os dos motores com capacitor de partida que incorporam um sistema de chaveamento do capacitor, e é usado em instalações que incluem compressores, bombas, máquinas-ferramentas, condicionadores de ar, transportadores, sopradores, ventiladores e outras aplicações de partida mais difícil.

Conexões de motores trifásicos

O motor de indução CA trifásico é o mais usado em aplicações comerciais e industriais. Normalmente os motores monofásicos de maior potência não são utilizados porque são ineficientes em comparação com os motores trifásicos. Além disso, os motores monofásicos não conseguem partir sem um circuito auxiliar, como os motores trifásicos.

Os motores CA de grandes potências em geral são trifásicos. Todos os motores trifásicos são construídos internamente com algumas bobinas enroladas individualmente. Independentemente do número de bobinas individuais, elas são sempre interconectadas (em série ou em paralelo) para produzir três enrolamentos distintos, denominados fase A, fase B e fase C. Todos os motores trifásicos são conectados de modo que as fases são ligadas nas configurações estrela (Y) ou triângulo (Δ), conforme ilustrado na Figura 2-29.

Conexões de motores de dupla tensão

É uma prática comum a fabricação de motores trifásicos que podem ser conectados para operar em diferentes níveis de tensão. A especificação de múltipla tensão mais comum para motores trifásicos é 208/230/460 V. Sempre consulte as especificações do motor na placa de identificação para verificar a tensão adequada e o diagrama de conexão para saber como conectar o motor à fonte de tensão.

A Figura 2-30 ilustra a identificação de terminais e a tabela de conexão para um motor trifásico de dupla tensão conectado em estrela e de nove terminais. Uma extremidade de cada fase é conectada às outras fases internamente de forma permanente. Cada bobina de fase (A, B, C) é dividida em duas partes iguais que são conectadas em série (para uma tensão de operação alta) ou em paralelo (para uma tensão de operação baixa). Conforme a nomenclatura NEMA, estes terminais são marcados de T1 a T9. As conexões de alta tensão e baixa tensão são dadas na tabela junto com a caixa de terminais do motor. O mesmo princípio da conexão de bobinas em série (alta tensão) e em paralelo (baixa tensão) é aplicado em motores trifásicos de dupla tensão conectados em estrela-triângulo. Em todos os casos, consulte o diagrama de ligações fornecido com o motor para assegurar a ligação correta no nível de tensão desejado.

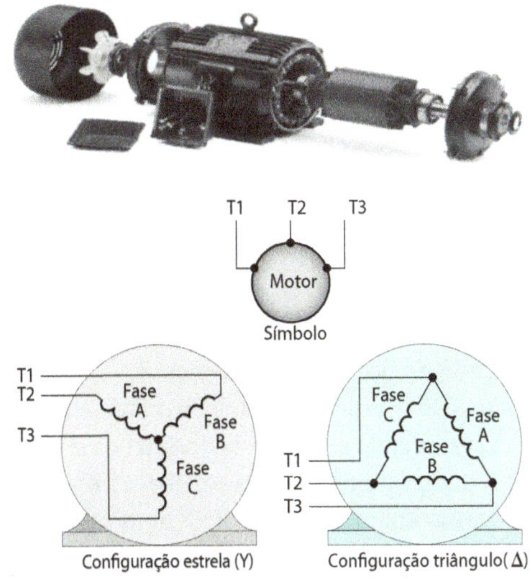

Conexões de motores de múltiplas velocidades

Alguns motores trifásicos, conhecidos como motores de múltiplas velocidades, são projetados para fornecer duas faixas distintas de velocidade. A velocidade de um motor de indução depende do número de polos que o motor possui e da frequência da fonte de alimentação. A alteração do número de polos fornece velocidades específicas que correspondem ao número de polos selecionados. Quanto maior o número de polos por fase, mais lenta é a rotação (RPM – rotações por minuto) do motor.

$$RPM = 120 \times \frac{\text{Frequência}}{\text{Número de polos}}$$

Os motores de duas velocidades com enrolamentos individuais podem ser reconectados, usando um controlador, para obter diferentes velocidades. O circuito controlador serve para mudar as cone-

Figura 2-29 Conexões estrela e triângulo de um motor trifásico.
Foto cedida pela Leeson, www.leeson.com.

Tabela de conexões

Tensão	L1	L2	L3	Interligação
Baixa	1-7	2-8	3-9	4-5-6
Alta	1	2	3	4-7, 5-8, 6-9

Conexões para alta tensão

Conexões para baixa tensão

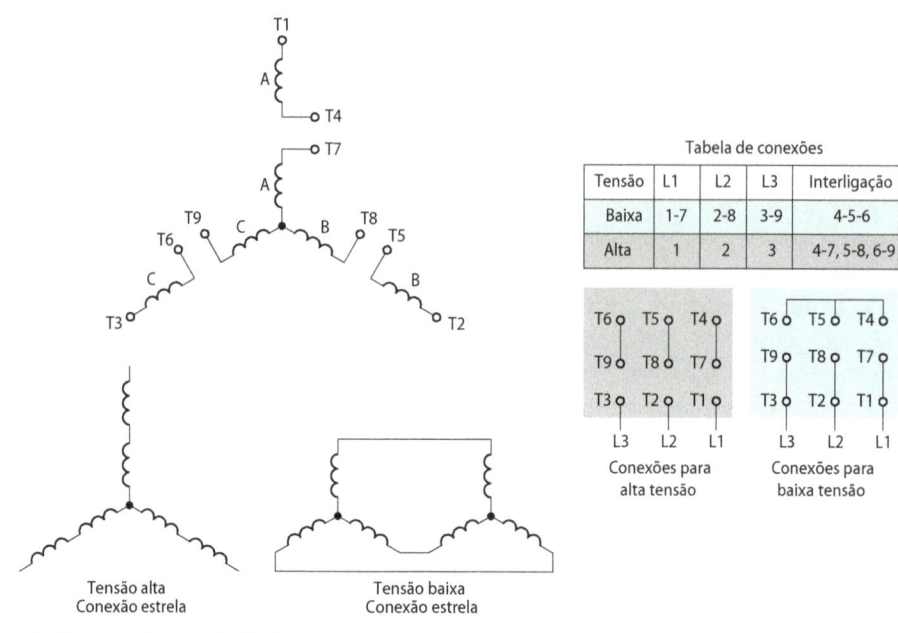

Tensão alta
Conexão estrela

Tensão baixa
Conexão estrela

Figura 2-30 Conexões estrela de dupla tensão.

xões dos enrolamentos do estator. Esses motores são enrolados para uma velocidade, mas quando o enrolamento é reconectado, o número de polos magnéticos no estator é duplicado e a velocidade do motor é reduzida à metade da velocidade original. Este tipo de reconexão não deve ser confundido com a reconexão de motores trifásicos de dupla tensão. No caso de motores de velocidades múltiplas, a reconexão resulta em um motor com um número diferente de polos magnéticos. Estão disponíveis três tipos de motores de duas velocidades de enrolamentos individuais: potência constante, torque constante e torque variável. A Figura 2-31 mostra as conexões para um motor trifásico de duas velocidades e potência constante e um controlador.

Para inverter o sentido de rotação de qualquer motor trifásico conectado em estrela ou triângulo, basta inverter ou trocar quaisquer dois dos três condutores de alimentação do motor. Na prática, o padrão é trocar entre si L1 e L3, como ilustrado na Figura 2-32. Quando estamos co-

nectando um motor, geralmente o sentido de rotação não é conhecido até a partida do motor. Neste caso, o motor pode ser conectado de forma temporária a fim de determinar o sentido de rotação, antes de fazer as conexões permanentes. Em certas aplicações, uma inversão não intencional no sentido de rotação do motor pode resultar em sérios danos. Quando for este o caso, são usados relés de falta de fase e de inversão de fase para proteger os motores, as máquinas e as pessoas dos perigos resultantes de falta de fase ou inversão de fase.

A velocidade de um motor de indução CA depende de dois fatores: do número de polos do motor e da frequência da fonte de alimentação aplicada. Em unidades de acionamento de motores de frequência variável, a velocidade variável de um motor de indução é conseguida ao variar a frequência da tensão aplicada ao motor. Quanto menor for a frequência, mais lenta será a rotação do motor. Os motores de indução padrão podem ser negativamente afetados quando acionados por inver-

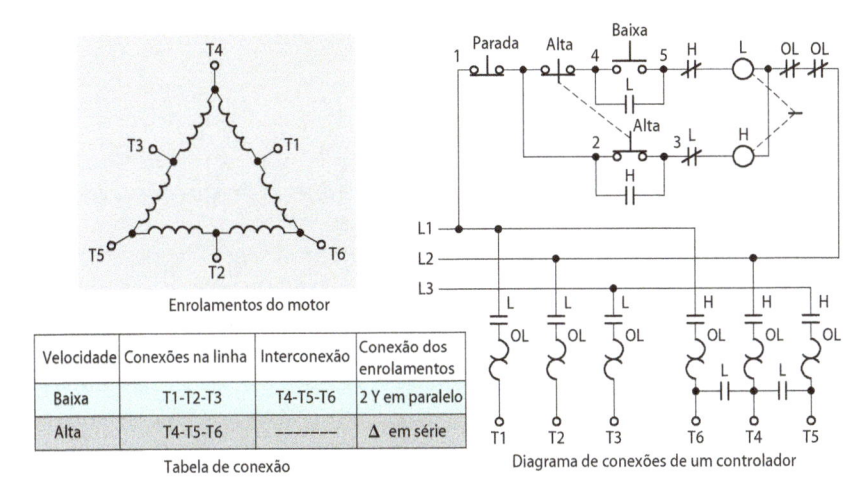

Figura 2-31 Motor trifásico de duas velocidades e potência constante e controlador.

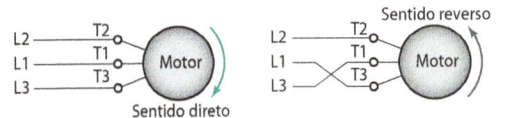

Velocidade	Conexões na linha	Interconexão	Conexão dos enrolamentos
Baixa	T1-T2-T3	T4-T5-T6	2 Y em paralelo
Alta	T4-T5-T6	————	Δ em série

Tabela de conexão

Diagrama de conexões de um controlador

Figura 2-32 Inversão do sentido de rotação de um motor trifásico.

sores de frequência. *Inverter duty* e *vector duty* descrevem uma classe de motores que são capazes de operar a partir de inversores de frequência. A elevação da temperatura baixa nesta classe de motores é realizada com melhores sistemas de isolamento, materiais ativos adicionais (ferro e cobre) e/ou ventiladores externos para melhor arrefecimento em baixa velocidade de operação. Um motor do tipo *inverter duty* é mostrado na Figura 2-33. Parte deste projeto inclui um ventilador de refrigeração independente para resfriar o motor de modo que ele possa operar dentro de uma ampla faixa de velocidade sem qualquer problema de aquecimento.

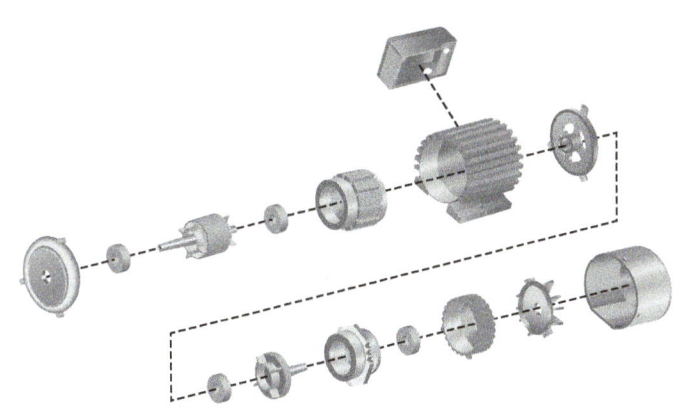

Figura 2-33 Motor *inverter duty*.
Foto cedida pela Adlee Powertronic, Ltd., www.adlee.com.

Parte 3

Questões de revisão

1. Em geral, quais são as duas formas de classificação dos motores?
2. Liste as três principais organizações envolvidas com normas para motores e requisitos de instalação nos Estados Unidos.
3. Quais são as duas características de operação do motor CC que o torna útil para aplicações industriais?
4. Qual das partes de um motor de corrente contínua é identificada pelas seguintes designações de terminais?
   a. A1 e A2
   b. S1 e S2
   c. F1 e F2
5. Liste os três tipos gerais de motores CC.
6. Quais são os dois fatores que determinam o sentido de rotação de um motor CC?
7. Em que configurações de fase os motores de indução CA estão disponíveis?
8. Quais termos são usados para identificar as partes estacionária e girante de um motor de indução CA?
9. Descreva as conexões elétricas externas de um motor de indução CA com rotor gaiola de esquilo.
10. Descreva a sequência de partida de um motor de fase dividida.
11. Suponha que o sentido de rotação de um motor de fase dividida precisa ser invertido. Como isso é feito?
12. Um motor de fase dividida de dupla tensão deve ser conectado a uma tensão baixa. Como deve ser a conexão dos dois enrolamentos de operação?
13. Você tem a opção de acionar um motor de dupla tensão tanto na tensão baixa quanto na tensão alta. Quais são as vantagens de acioná-lo na tensão alta?
14. Qual é a principal vantagem do motor com capacitor em relação ao tipo padrão de fase dividida?
15. Como são identificados os três enrolamentos distintos de um motor trifásico?
16. Geralmente, os motores CA de grande potência são trifásicos. Por quê?
17. Quais são as duas configurações básicas utilizadas para a conexão de todos os motores trifásicos?
18. De acordo com a nomenclatura NEMA, como são chamados os terminais de um motor trifásico de dupla tensão com nove terminais?
19. Descreva a relação entre a velocidade de um motor de indução trifásico e o número de polos por fase.
20. Suponha que o sentido de rotação de um motor trifásico precisa ser invertido. Como isso é feito?
21. Descreva a relação entre a velocidade de um motor de indução trifásico e a frequência da fonte de alimentação.
22. Por que os motores de indução CA *inverter duty* devem ser usados em conjunto com inversores de frequência?

» Parte 4

» Placa de identificação do motor e terminologia

A placa de identificação do motor (Figura 2-34) contém informações importantes sobre a ligação e utilização do motor. Uma parte importante para possibilitar a substituição de motores é garantir que as informações da placa de identificação sejam comuns entre os fabricantes.

Informações necessárias na placa de identificação segundo o NEC

Fabricante do motor

Este campo inclui o nome e logotipo do fabricante junto com códigos de catálogo, números de peças e números de modelos utilizados para identificar um motor. Cada fabricante utiliza um sistema único de codificação.

Tensão nominal

A tensão nominal é abreviada por V na placa de identificação do motor e indica a tensão na qual o motor foi projetado para operar. A tensão de um motor é geralmente determinada pela fonte de alimentação na qual deve ser conectado. A NEMA requer que o motor seja capaz de desenvolver sua potência nominal para o valor da tensão de placa ±10%, embora não necessariamente com aumento da temperatura nominal. Assim, espera-se que um motor com uma tensão nominal de placa de 460 V opere adequadamente entre 414 e 506 V.

A tensão pode ser uma especificação simples, como 115 V, ou, para motores de dupla tensão, uma especificação como 115/230 V. A maioria dos motores de 115/230 V saem de fábrica configurados para 230 V. Um motor configurado para 115 V que é alimentado com 230 V queima imediatamente. Um motor configurado para 230 V que é alimentado com 115 V operará em velocidade menor, provocando sobreaquecimento e desligamento.

As tensões de um motor padrão NEMA são:

Motores monofásicos – 115, 230, 115/230, 277, 460 e 230/460 V

Motores trifásicos até 125 hp – 208, 230, 460, 230/460, 575, 2300 e 4000 V

Motores trifásicos acima de 125 Hp – 460, 575, 2300 e 4000 V

Ao lidar com motores, é importante distinguir o sistema nominal das tensões de placa. A seguir, apresentamos exemplos das diferenças entre os dois.

Corrente nominal

A corrente nominal de placa do motor é abreviada por A ou AMPS. O valor da corrente de placa é a corrente de carga total para a carga nominal, tensão nominal e frequência nominal. Os motores com carga menor que a total consomem uma corrente menor que a corrente nominal de placa. Do mesmo modo, os motores sobrecarregados consomem mais corrente do que a corrente nominal de placa.

Os motores com duas tensões nominais também têm duas correntes nominais. Um motor de dupla

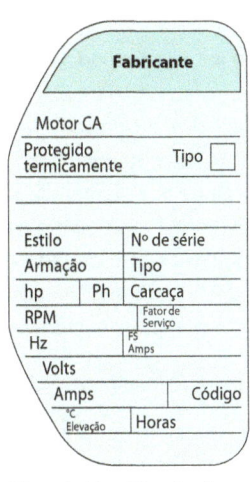

Figura 2-34 Placa de identificação de um motor.

tensão que opera em uma tensão maior que a nominal terá uma corrente nominal menor. Por exemplo, um motor com potência nominal de ½ hp, 115/230 V e 7,4/3,7 A terá uma corrente nominal de 3,7 A quando operar a partir de uma fonte de alimentação de 230 V.

Frequência de linha

A frequência de linha nominal de um motor é abreviada na placa de identificação como CY ou CYC (ciclo) ou Hz (hertz). Um ciclo é uma onda completa de tensão ou corrente alternada. Hertz é a unidade de frequência e é igual ao número de ciclos por segundo. Nos Estados Unidos, o padrão é 60 ciclos/segundo (Hz), enquanto em outros países, 50 Hz (ciclos) é mais comum.*

Especificação de fase

A especificação de fase de um motor é representada na placa de identificação por ϕ. A especificação de fase é listada como corrente contínua (CC), corrente monofásica alternada (1ϕ CA) ou corrente trifásica alternada (3ϕ CA).

Velocidade do motor

A velocidade nominal de um motor é indicada na placa de identificação em rotações por minuto (RPM). Esta velocidade nominal do motor não é a velocidade exata de operação, mas a velocidade aproximada em que um motor gira ao fornecer a potência nominal a uma carga.

O número de polos do motor e a frequência da fonte de alimentação determinam a velocidade de um motor CA. A velocidade de um motor de corrente contínua é determinada pelo valor da tensão de alimentação e/ou pela intensidade da corrente de campo.

Temperatura ambiente

A especificação da temperatura ambiente de um motor é abreviada por AMB ou °C na placa de

Tensão nominal do sistema	Tensão de placa
120 V	115 V
208 V	200 V
240 V	230 V
480 V	460 V
600 V	575 V
2.400 V	2.300 V
4.160 V	4.000 V
6.900 V	6.600 V

identificação de um motor. A temperatura ambiente é a temperatura do ar em torno do motor. Em geral, a temperatura ambiente máxima para os motores é 40°C ou 104°F, a menos que o motor seja projetado especificamente para uma temperatura diferente e indique isso na sua placa de identificação.

Os motores que operarem com carga nominal, ou próxima a esse valor, terão a vida útil reduzida se operarem com uma temperatura ambiente superior a essa especificação. Se a temperatura ambiente for superior a 40°C, deve ser usado um motor de potência maior ou um motor especialmente desenvolvido para operar em uma temperatura ambiente maior.

Elevação de temperatura

A elevação de temperatura do motor permissível é abreviada por °C/elevação na placa de identificação do motor. Isso indica o valor da temperatura do enrolamento do motor acima da temperatura ambiente por causa do calor gerado a partir da corrente consumida pelo motor em plena carga. Esse parâmetro também é interpretado como o quão mais quente um motor opera em condições nominais acima da temperatura em torno dele.

Classe de isolamento

A isolação do motor evita que os enrolamentos estabeleçam um curto-circuito entre si e com a carcaça do motor. O tipo de isolação usado em um

---

* N. de T.: No Brasil, a frequência da rede elétrica é 60 Hz.

motor depende da temperatura de operação em que o motor funcionará. À medida que o calor em um motor aumenta além da faixa de temperatura de isolamento, a vida útil do isolamento e do motor é reduzida.

As classes de isolamento do padrão NEMA são dadas por classificações alfabéticas de acordo com a sua especificação de temperatura máxima. Um motor que substitui outro deve ter a mesma classe de isolação ou uma especificação de temperatura maior do que o motor substituído. As quatro principais classificações NEMA de isolamento de motores são as seguintes:

Classificação NEMA	Temperaturas máximas de operação
A	221° F (105° C)
B	226° F (130° C)
F	311° F (155° C)
H	356° F (180° C)

Regime de serviço

Os regimes de serviço, ou ciclos de trabalho, são listados na placa de identificação do motor como DUTY ou REGIME DE SERVIÇO. Os motores são classificados de acordo com o tempo estimado de operação em plena carga para um regime de serviço contínuo ou intermitente. Os motores especificados para um regime de serviço contínuo são identificados com CONT na placa de identificação, enquanto os motores de regime de serviço intermitente são identificados com INTER.

Os motores de regime de serviço contínuo são especificados para operar continuamente sem qualquer dano ou redução em sua vida útil. Os motores de propósitos gerais são normalmente especificados para um regime de serviço contínuo. Os motores de regime de serviço intermitente são especificados para operar continuamente apenas por curtos períodos de tempo e, em seguida, devem parar e esfriar antes de reiniciar.

Potência nominal

A potência nominal do motor é abreviada na placa de identificação como HP. Os motores abaixo de 1 HP são expressos com potência fracionária e os motores de 1 ou mais HP são denominados motores de potência integral. A potência nominal é uma medida a plena carga da potência que o motor pode produzir em seu eixo sem reduzir sua vida útil. A NEMA estabelece padrões de potências nominais de motores de 1 a 450 hp.

Alguns pequenos motores de potência fracionária são especificados em watts (1 hp = 746 W). As especificações de motores pela International Electrotechnical Commission (IEC) são dadas em quilowatts (kW). Quando uma aplicação exigir uma potência situada entre dois valores padrão, a potência maior deve ser escolhida para que o motor forneça a potência apropriada a fim de acionar a carga.

Classificação NEC

É usada uma letra do alfabeto como código de projeto para o motor segundo o National Electric Code (NEC). Quando os motores CA partem com tensão máxima aplicada, consomem uma corrente de linha "de surto" ou "de rotor travado" maior do que a corrente nominal a plena carga. O valor desta corrente elevada é utilizado para dimensionar o disjuntor e o fusível em conformidade com os requisitos estabelecidos pelo NEC. Além disso, a corrente de partida é importante em algumas instalações onde altas correntes de partida podem causar uma queda de tensão que talvez afete outros equipamentos.

As placas de identificação dos motores vêm com uma letra na forma de código para designar a especificação de rotor travado do motor em quilovolt-ampères (kVA) pela potência nominal. As letras deste código, que vão de A a V, estão listadas no Artigo 430 do NEC. Como exemplo, a especificação M permite de 10,0 a 11,19 kVA por hp de potência.

Letra de identificação do projeto

A letra de identificação do projeto é uma indicação da forma da curva torque-velocidade do motor. As letras de identificação do projeto mais comuns são A, B, C, D e E.

O projeto B é o motor padrão industrial, que tem torque de partida razoável com corrente de partida moderada e bom desempenho global para a maioria das aplicações industriais.

Informações opcionais na placa de identificação

Fator de serviço

O fator de serviço (abreviado por FS na placa de identificação) é um multiplicador aplicado à potência nominal do motor para indicar um aumento da potência de saída (ou capacidade de sobrecarga) que o motor é capaz de fornecer sob certas condições. Por exemplo, um motor de 10 hp com um fator de serviço de 1,25 desenvolve com segurança 125% da potência nominal, ou 12,5 hp. Geralmente, os fatores de serviço dos motores elétricos indicam que um motor pode:

- Lidar com uma sobrecarga ocasional conhecida.
- Proporcionar um fator de segurança quando o meio ambiente ou a condição de serviço não estão bem definidos, especialmente para motores elétricos de propósito geral.
- Operar a uma temperatura mais fria do que o normal em carga nominal, aumentando a vida útil do isolamento.

Os valores comuns de fator de serviço são 1,0, 1,15 e 1,25. Quando a placa de identificação não listar um fator de serviço, esse parâmetro deve ser considerado 1,00. Em alguns casos, a corrente de operação com carga em fator de serviço também é indicada na placa de identificação como corrente em fator de serviço (IFS).

Carcaça do motor

A seleção da carcaça do motor depende da temperatura ambiente e das condições em torno dele. As duas classificações gerais de carcaça de motor são aberta e totalmente fechada. Um motor aberto tem aberturas de ventilação que permitem a passagem de ar externo em torno dos enrolamentos do motor. Um motor totalmente fechado é construído para evitar a troca livre de ar entre o interior e o exterior da armação, mas não é suficientemente fechado para ser denominado hermético.

Dimensões da armação

Refere-se a um conjunto de dimensões físicas dos motores conforme estabelecido pela NEMA e pela IEC. As dimensões da armação incluem o tamanho físico, a construção, as dimensões e outras características físicas de um motor. Quando substituímos um motor, selecionamos as mesmas dimensões da armação, independentemente de o fabricante garantir que o mecanismo de montagem e as posições dos furos serão os mesmos.

Em termos de dimensões, os padrões NEMA são expressos em unidades inglesas, e os padrões IEC, no sistema métrico. Os dois padrões, NEMA e IEC, usam letras como códigos para indicar dimensões mecânicas específicas, mais um número como código para o tamanho geral da armação.

Código	kVA/hp	Código	kVA/hp
A	0–3,14	L	9,0–9,99
B	3,15–3,54	M	10,0–11,19
C	3,55–3,99	N	11,2–12,49
D	4,0–4,49	P	12,5–13,99
E	4,5–4,99	R	14,0–15,99
F	5,0–5,59	S	16,0–17,99
G	5,6–6,29	T	18,0–19,99
H	6,3–7,09	U	20,0–22,39
J	7,1–7,99	V	22,4 e acima
K	8,0–8,99		

Classificação NEC

Eficiência

Incluída na placa de identificação de muitos motores, a eficiência de um motor é uma medida da eficácia com a qual o motor converte a energia elétrica em energia mecânica. A eficiência do motor varia a partir do valor nominal, dependendo da porcentagem de carga aplicada ao motor. A maioria dos motores opera perto de sua eficiência máxima com carga nominal.

Os motores energeticamente eficientes, também chamados de motores *premium* ou de alta eficiência, são de 2 a 8% mais eficientes que os motores padrão. Um motor é considerado "energeticamente eficiente" se atender ou exceder os níveis de eficiência listados na publicação MG1 da NEMA. Os motores energeticamente eficientes devem seu alto desempenho a melhorias no projeto e tolerâncias de fabricação mais precisas.

Fator de potência

As letras F.P., quando marcadas na placa de identificação de motores, representam fator de potência. A especificação do fator de potência de um motor representa o fator de potência do motor para carga e tensão nominal. Os motores são cargas indutivas e têm fatores de potência inferiores a 1,0, geralmente entre 0,5 e 0,95, dependendo da capacidade especificada. Um motor com um baixo fator de potência consumirá mais corrente para a mesma potência que um motor com um alto fator de potência. O fator de potência de motores de indução varia com a carga e diminui significativamente quando o motor opera abaixo de 75% da carga plena.

Proteção térmica

A proteção térmica, quando marcada na placa de identificação do motor, indica que o motor foi projetado e fabricado com um dispositivo de proteção térmica próprio. Existem vários tipos de dispositivos de proteção que podem ser embutidos em um motor e usados para detectar excessiva elevação de temperatura (sobrecarga) e/ou fluxo de corrente. Estes dispositivos, ao detectar sobrecarga, desconectam o motor da fonte de alimentação a fim de evitar danos ao isolamento dos enrolamentos do motor.

Os principais tipos de protetores térmicos de sobrecarga incluem dispositivos de rearme manual e automático que detectam tanto corrente quanto temperatura. Com dispositivos de rearme automático, após o motor esfriar, este dispositivo de circuito de interrupção elétrica restaura automaticamente a alimentação do motor. Com dispositivos de rearme manual, o dispositivo de circuito de interrupção elétrica tem um botão externo localizado no compartimento do motor que deve ser manualmente pressionado para restaurar a alimentação do motor. A proteção com rearme manual deve ser fornecida quando o religamento automático do motor, após esfriar, pode causar danos pessoais ao acionar o motor de forma inesperada. Alguns motores de baixo custo não têm proteção térmica interna e contam com uma proteção externa entre o motor e a fonte de alimentação para a segurança.

Diagramas de conexões

Os diagramas de conexões são encontrados na placa de identificação de alguns motores, ou podem estar localizados no interior da caixa de terminais do motor ou ainda em uma placa de conexão especial. O diagrama indica as conexões específicas para os motores de dupla tensão. Alguns motores podem operar em qualquer sentido de rotação, dependendo de como as conexões do motor são feitas, e esta informação também pode ser fornecida na placa de identificação.

Guia para terminologia de motores

A terminologia é de extrema importância na compreensão do acionamento de motores elétricos. A seguir são listados os termos mais comuns. Cada um destes termos será discutido em detalhes à medida que forem encontrados no livro.

Acionamento momentâneo Operação momentânea. Pequeno movimento de uma máquina acionada.

Botoeira Chave mestra que é um êmbolo ou botão operado manualmente para acionar um dispositivo, montado em módulos com mais de um botão.

Chave seletora Chave acionada manualmente que tem a mesma construção das botoeiras, porém gira uma manivela para ativar os contatos. O came rotativo pode ser instalado com índices incrementais de modo que as posições múltiplas podem ser utilizadas para selecionar as operações exclusivas.

Contato auxiliar Contato de um dispositivo de comutação acrescentado aos contatos do circuito principal. Acionado por um contator ou dispositivo de partida.

Contator Tipo de relé usado para comutação da alimentação.

Contator magnético Contator acionado de forma eletromecânica.

Acionamento remoto Controla a iniciação ou a mudança de função do dispositivo elétrico de um ponto remoto.

Corrente de rotor travado Corrente medida com o rotor travado e com a tensão e frequência nominais aplicadas ao motor.

Dispositivo de partida Controlador elétrico usado para iniciar, parar e proteger um motor ligado.

Dispositivo de partida automática Usa um dispositivo de partida automática. Completamente controlado pela chave mestra ou piloto ou algum outro dispositivo de detecção.

Dispositivo de partida de múltipla velocidade Controlador elétrico com duas ou mais velocidades (com reversão ou sem reversão) e partida com tensão plena ou reduzida.

Dispositivo de partida por tensão reduzida Aplica uma tensão de alimentação reduzida no motor durante a partida.

Escorregamento Diferença entre a velocidade real (RPM do motor) e a velocidade síncrona (rotação do campo magnético).

Frenagem por inversão de tensão Frenagem por rotação reversa. O motor desenvolve força retardadora.

Liberação em baixa tensão (LBT) Somente acionamento magnético; religamento automático. Acionamento de alimentação a dois fios. Uma falha de alimentação desconecta o fornecimento de energia; quando a alimentação é restaurada, o controlador reinicia automaticamente.

Partida direta Método de partida de motor. Conecta o motor diretamente na linha de alimentação na partida ou operação (também chamado de tensão plena).

Proteção em baixa tensão (PBT) Somente acionamento magnético; religamento não automático. Um acionamento a três fios. Uma falha de alimentação desliga o fornecimento de energia; quando a alimentação é restaurada, faz-se necessário religamento manual.

Relé Usado em circuitos de acionamento e acionado pela mudança em um circuito elétrico para controlar um dispositivo no mesmo circuito ou em outro. Especificado em ampères.

Relé de sobrecarga Proteção contra sobrecorrente na operação. Atua quando há corrente excessiva. Não fornece necessariamente proteção contra curto-circuito. Provoca e mantém uma interrupção na alimentação do motor.

Temporizador Dispositivo-piloto, também considerado um relé de tempo, que fornece um tempo ajustável para executar a sua função. Pode ser acionado por motor, solenoide ou eletronicamente.

Torque A força de torção ou giro que provoca uma rotação no objeto. Existem dois tipos de torque considerados nos motores: torque de partida e torque de operação.

Parte 4

Questões de revisão

1. Interprete o que cada uma das seguintes informações de uma placa de identificação de um motor especifica:
   a. Tensão nominal
   b. Corrente nominal
   c. Especificação de fase
   d. Velocidade do motor
   e. Temperatura ambiente
   f. Elevação de temperatura
   g. Classe de isolação
   h. Regime de serviço
   i. Potência nominal
   j. Classificação NEC
   k. Letra de identificação do projeto
2. Liste três aplicações onde pode ser desejável um motor com fator de serviço superior a 1,0.
3. Que fatores entram na seleção de uma carcaça de motor adequada?
4. Por que é importante considerar as dimensões da armação quando substituímos um motor?
5. A que se deve a maior eficiência dos motores energeticamente eficientes?
6. De que forma a especificação do fator de potência de um determinado motor afeta sua corrente de operação?
7. A placa de identificação indica que o motor tem proteção térmica. O que exatamente isso significa?
8. Determine a terminologia de motor usada para descrever cada item a seguir:
   a. A corrente consumida por um motor ainda em repouso com tensão e frequência nominais aplicadas.
   b. A força de torção ou giro de um motor.
   c. A diferença de velocidade entre a rotação do campo magnético de um motor e a rotação do eixo do rotor.
   d. Um dispositivo que fornece um período de tempo ajustável para executar uma função.
   e. Usado em circuitos de acionamento e acionado por uma mudança em um circuito elétrico para controlar um dispositivo no mesmo circuito ou em outro.
   f. Proteção do motor contra sobrecorrente na operação.
   g. Frenagem de um motor pela reversão no sentido de rotação.
   h. Aplicação de uma tensão reduzida no motor durante a partida.

» *Parte 5*

» Dispositivos de partida manuais e magnéticos de motores

Dispositivo de partida manual

Os dispositivos de partida manuais de motores são uma maneira muito básica de fornecer alimentação para um motor. Um circuito de acionamento manual requer que o operador acione o motor diretamente no local do dispositivo de partida. A Figura 2-35 mostra um exemplo de um circuito de partida manual de um motor trifásico. A linha tracejada através dos contatos indica um dispositivo de partida manual (em oposição a um dispositivo de partida magnético). Os fios de entrada da alimentação (L1, L2 e L3) são conetados na parte superior dos contatos, e os lados opostos dos contatos estão conectados aos elementos térmicos de sobrecarga. Os terminais de conexão do motor (T1, T2 e T3) conectam o motor 3ϕ.

Os dispositivos de partida manuais são acionados por mecanismos manuais de partida/parada localizados na parte frontal do compartimento do dispositivo de partida. O mecanismo de partida/parada

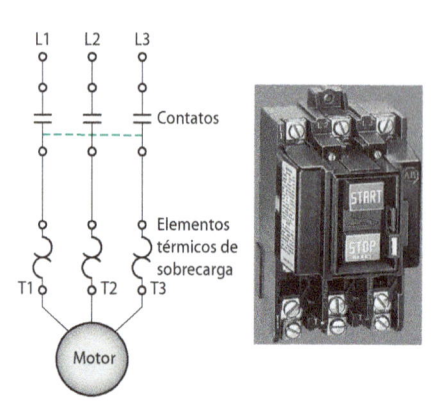

Figura 2-35 Dispositivo de partida manual de motor.
Cortesia da Rockwell Automation, www.rockwellautomation.com

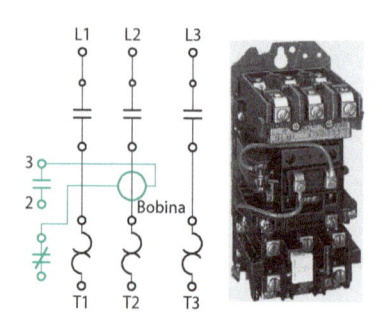

Figura 2-36 Dispositivo de partida magnético trifásico típico instalado na linha (tensão plena).
Cortesia da Rockwell Automation, www.rockwellautomation.com

move os três contatos de uma só vez para fechar (partir) ou abrir (parar) o circuito do motor. O NEC exige que um dispositivo de partida não só ligue e desligue o motor, mas também proteja-o contra sobrecargas. Os três dispositivos térmicos de proteção contra sobrecarga são instalados para abrir mecanicamente os contatos do dispositivo de partida quando uma condição de sobrecarga é detectada. Os dispositivos trifásicos de partida manual são usados em aplicações de baixa potência, como prensas de perfuração e serras de mesa, onde não é necessária uma botoeira remota para acionamento.

Dispositivo de partida magnético

Os dispositivos de partida magnéticos permitem que um motor seja controlado a partir de qualquer localização. A Figura 2-36 mostra um dispositivo de partida magnético trifásico típico instalado na linha (tensão plena). Nesta figura são mostrados os terminais de linha, os terminais de carga, a bobina do dispositivo de partida do motor, os relés de sobrecarga e os contatos de retenção auxiliares. Quando a bobina do dispositivo de partida é energizada, os três principais contatos e o contato de retenção fecham. Se ocorrer uma condição de sobrecarga, o contato normalmente fechado (NF) do relé abre. Em adição ao circuito de potência, o fabricante fornece uma fiação do circuito de acionamento. Neste caso, a fiação do circuito pré-ligado de acionamento consiste em duas conexões para a bobina do dispositivo de partida. Um lado da bobina do dispositivo de partida já vem ligado de fábrica no contato do relé de sobrecarga, e o outro lado, no contato de retenção.

Os circuitos magnéticos de acionamento de motor são divididos em dois tipos básicos: o circuito de acionamento a dois fios e o circuito de acionamento a três fios. Os circuitos de acionamento a dois fios são projetados para partida e parada do motor quando um dispositivo de acionamento remoto, como um termostato ou uma botoeira, é ativado ou desativado. A Figura 2-37 mostra um circuito típico de acionamento a dois fios. Observe que o circuito tem apenas dois fios que vão do dispositivo de acionamento ao dispositivo de partida magnético. O dispositivo de partida magnético opera automaticamente em resposta ao estado do dispositivo de acionamento sem a assistência de um operador. Quando os contatos do dispositivo de acionamento fecham, a bobina do dispositivo de partida recebe alimentação, energizando-o. Como resultado, o motor é conectado à linha de alimentação por meio dos contatos. A bobina do dispositivo de partida é desenergizada quando os contatos do dispositivo de acionamento abrem, comutando o motor para o estado desligado.

Os sistemas de acionamento a dois fios fornecem uma *liberação em baixa tensão*, mas não uma *pro-*

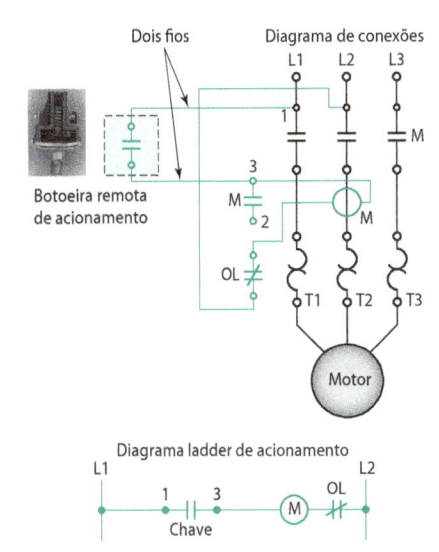

Figura 2-37 Circuito de acionamento a dois fios.
Cortesia da Honeywell, www.honeywell.com.

teção em baixa tensão. Eles usam um dispositivo de acionamento com um tipo de contato permanente em vez de um contato momentâneo. Se o motor parar por uma interrupção de alimentação, o dispositivo de partida desenergiza (liberação em baixa tensão), mas também reenergiza se o dispositivo de acionamento mantém-se fechado quando o circuito de alimentação é restaurado. Não é fornecida uma proteção em baixa tensão, já que não há uma forma de o operador ser automaticamente protegido do circuito uma vez que a alimentação é restaurada. Os circuitos de acionamento a dois fios são usados em máquinas que operam automaticamente onde a característica de religamento automático é desejável e não proporciona risco de as pessoas serem feridas se o equipamento reiniciar a operação repentinamente após uma falha de alimentação. Os acionamentos de bombas de depósito e os compressores de geladeira são duas aplicações comuns dos sistemas de acionamento a dois fios.

O acionamento a três fios fornece uma *proteção em baixa tensão*. O dispositivo de partida desliga quando há uma falha de alimentação, mas não religa automaticamente quando a tensão de alimentação retorna. O acionamento a três fios usa um dispositivo de acionamento com contato momentâneo e um circuito de retenção para fornecer proteção contra falhas de alimentação. A Figura 2-38 mostra um circuito de acionamento a três fios típico. A operação do circuito é resumida da seguinte forma:

- Três fios interligam a botoeira partida/parada com o dispositivo de partida.
- O circuito usa uma botoeira de parada com contato normalmente fechado (NF) e um contato de retenção (M) normalmente aberto (NA).
- Quando o contato momentâneo do botão de partida é fechado, a tensão da linha é aplicada na bobina do dispositivo de partida para energizá-lo.
- Os três contatos principais (M) fecham para aplicar tensão ao motor.
- O contato auxiliar M fecha para estabelecer um circuito em torno do botão de partida.
- Quando o botão de partida é liberado, a bobina do dispositivo de partida permanece

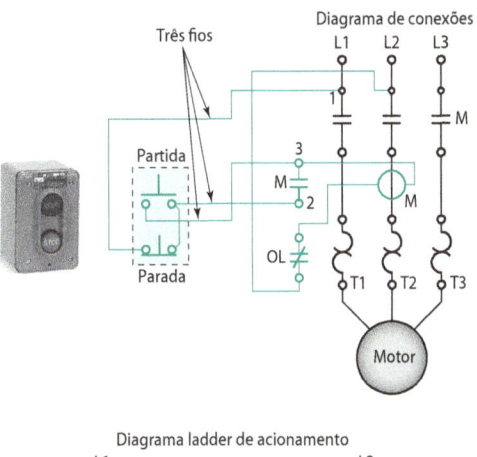

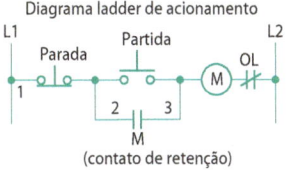

Figura 2-38 Circuito de acionamento a três fios.
Material e *copyrights* associados são de propriedade da Schneider Electric, que permitiu o uso.

energizada pelo contato auxiliar M fechado (também conhecido como contato de retenção, selo ou memória), e o motor continua a operar.
- Quando o contato momentâneo do botão de parada é acionado, toda a tensão na bobina do dispositivo de partida é retirada. Os contatos principais são abertos junto com o contato de retenção, e o motor para.
- O dispositivo de partida desliga sem tensão ou com tensão baixa e não pode ser reenergizado a menos que a tensão de linha retorne e o botão de partida seja fechado.

Basicamente o acionamento a três fios utiliza um circuito de manutenção que consiste em um contato de retenção conectado em paralelo com o botão de partida. Quando o dispositivo de partida desliga, o contato de retenção abre-se e interrompe o circuito da bobina até que o botão de partida seja pressionado para religar o motor. No caso de falta de energia, o circuito de manutenção é projetado para proteger contra o religamento automático quando a energia retorna. Esse tipo de proteção deve ser utilizado onde acidentes ou danos podem resultar de partidas inesperadas. Todos os dispositivos de partida do circuito são conectados em paralelo enquanto aqueles que param o circuito são conectados em série.

Parte 5

Questões de revisão

1. Qual é o estado dos contatos, fechado ou aberto, de um dispositivo de partida manual de um motor?
2. Uma vantagem do dispositivo de partida magnético de motor em relação ao tipo manual é que ele permite que um motor seja controlado a partir de qualquer local. O que torna isso possível?
3. Em um circuito de acionamento a dois fios de um motor, a energia falta e retorna. O que acontecerá? Por quê?
4. Descreva o caminho da corrente no circuito de retenção encontrado em um circuito de acionamento a três fios de um motor.

Situações de análise de defeitos

1. O calor é o maior inimigo de um motor. Discuta de que forma o não cumprimento de cada um dos seguintes parâmetros da placa de identificação do motor pode causar um superaquecimento do motor: (a) tensão nominal; (b) corrente nominal; (c) temperatura ambiente; (d) regime de serviço.
2. Duas bobinas de relés de acionamento idênticas são incorretamente conectadas em série, em vez de em paralelo, em uma fonte de 230 V. Discuta como isso pode afetar a operação do circuito.
3. Um circuito magnético de acionamento a dois fios de um motor que controla o ventilador de um forno usa um termostato para ligar e desligar automaticamente um motor. Uma chave de um polo deve ser instalada ao lado do termostato remoto e conectada de modo que, quando fechada, substitua o acionamento automático e permita que o ventilador opere todas as vezes independentemente da configuração do termostato. Desenhe um diagrama ladder de acionamento de um circuito que realize esta função.

4. Um circuito magnético de acionamento a três fios de um motor usa uma botoeira de partida/parada remota para ligar e desligar o motor. Suponha que o botão de partida é pressionado, mas a bobina do dispositivo de partida não é energizada. Liste as possíveis causas do problema.
5. Como é obtida a tensão de acionamento na maioria dos circuitos de acionamento de motor?
6. Suponha que você precisa comprar um motor para substituir outro com as especificações apresentadas a seguir. Visite o *site* de um fabricante de motores e relate as especificações e os preços de um motor substituto.

Potência (hp)	10
Tensão	200
Hertz	60
Fase	3
Ampères em carga plena	33
RPM	1725
Dimensões da armação	215T
Fator de serviço	1,15
Especificação	40C AMB-CONT
Código de rotor bloqueado	J
Código de projeto NEMA	B
Classe de isolação	B
Eficiência em plena carga	85,5
Fator de potência	76
Carcaça	ABERTA

Tópicos para discussão e questões de raciocínio crítico

1. Por que os contatos dos dispositivos de acionamento são colocados apenas em série com as cargas?
2. Registre todos os dados da placa de identificação de um motor qualquer e faça uma breve descrição do que cada item especifica.
3. Pesquise na Internet diagramas de conexão de motor elétrico. Registre todas as informações dadas sobre a conexão dos seguintes tipos de motores:
   a. Motor composto CC
   b. Motor de indução CA monofásico de dupla tensão
   c. Motor de indução CA trifásico de duas velocidades
4. O motor de indução CA gaiola de esquilo é o tipo mais usado atualmente. Por quê?

capítulo 3

Transformadores e sistemas de distribuição de energia para motores

Os transformadores transferem energia elétrica de um circuito elétrico para outro por meio de indução mútua eletromagnética. Em seu sentido mais amplo, um sistema de distribuição refere-se à forma como a energia elétrica é transmitida a partir dos geradores para os seus vários pontos de utilização. Neste capítulo, vamos estudar o papel dos transformadores nos sistemas de acionamento e distribuição de energia para motores.

Objetivos do capítulo

>> Descrever os princípios usados para transmitir energia com eficiência a partir do gerador da usina para os consumidores.

>> Mostrar as diferentes partes e funções de uma subestação.

>> Diferenciar a entrada de fornecimento de energia, os alimentadores e os circuitos secundários do sistema de distribuição de energia elétrica dentro de um edifício.

>> Apresentar a função e os tipos de eletrodutos utilizados em sistemas de distribuição de energia elétrica.

>> Explicar a função de quadros, painéis e centros de acionamento de motores.

>> Expor a teoria de funcionamento de um transformador.

>> Mostrar como conectar corretamente transformadores monofásicos e trifásicos como parte do circuito de acionamento e de potência de um motor.

» Parte 1

» Sistemas de distribuição de energia elétrica

Sistemas de transmissão

O sistema de estação central de geração e distribuição de energia elétrica permite que a energia seja produzida em um local para uso imediato em outro local a quilômetros de distância. A transmissão de grandes quantidades de energia elétrica por distâncias relativamente longas é realizada de forma mais eficiente usando altas tensões. A Figura 3-1 ilustra os estágios de transformação em um sistema de distribuição para fornecer energia elétrica a um consumidor comercial ou industrial.

Sem transformadores, a distribuição generalizada de energia elétrica seria impraticável. Os transformadores são dispositivos elétricos que transferem energia de um circuito elétrico para outro por acoplamento magnético. Sua finalidade em um sistema de distribuição de energia elétrica é converter energia em um nível de tensão CA para outro nível na mesma frequência. Altas tensões são utilizadas em linhas de transmissão para reduzir a intensidade da corrente. A potência transmitida em um sistema é proporcional à tensão multiplicada pela corrente. Se a tensão for elevada, a corrente pode ser reduzida para um valor menor, enquanto a mesma potência ainda é transmitida. Devido à redução da corrente em alta tensão, a espessura e o custo da fiação são bastante reduzidos. A redução da corrente também minimiza a queda de tensão (IR) e o valor da potência perdida (I^2R) nas linhas.

Os circuitos da Figura 3-2 ilustram como a utilização de alta tensão reduz a intensidade da corrente de transmissão necessária para uma dada carga. A sua operação é resumida a seguir:

- 10.000 W de potência devem ser transmitidos.
- Quando transmitidos em 100 V, a corrente necessária para transmissão seria de 100 A:

  $P = V \times I = 100\,V \times 100\,A = 10.000\,W$

- Quando a tensão de transmissão é elevada para 10.000 V, um fluxo de corrente de apenas 1 A é necessário para transmitir os mesmos 10.000 W de potência:

  $P = V \times I = 10.000\,V \times 1\,A = 10.000\,W$

Existem algumas limitações à utilização de alta tensão no transporte de energia e nos sistemas de distribuição. Quanto maior a tensão, mais difícil e cara torna-se a forma segura de isolar entre si os fios da linha, bem como os fios da linha para a terra. A utilização de transformadores nos sistemas de energia elétrica possibilita a geração de eletricidade no maior nível de tensão adequado para a geração e, ao mesmo tempo, permite que esta tensão seja alterada a um nível de tensão maior e mais econômico para a transmissão. Para os consumidores, os transformadores permitem

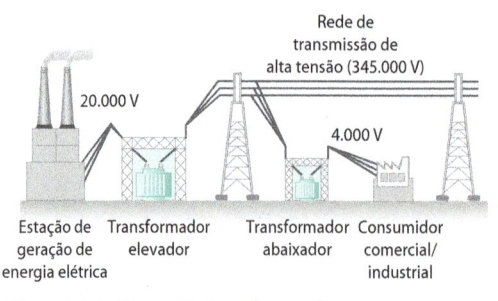

Figura 3-1 Etapas de transformação em um sistema de distribuição de energia elétrica.

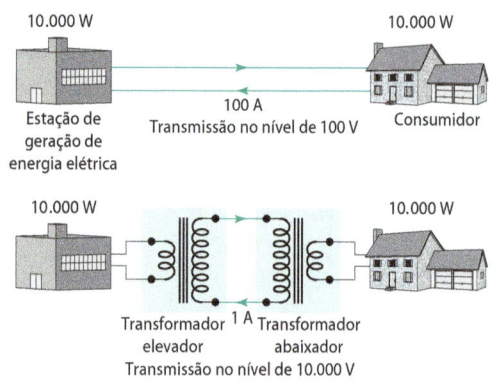

Figura 3-2 A alta tensão reduz a intensidade da corrente necessária na transmissão.

que a tensão seja reduzida a uma tensão mais segura e mais adequada para uma determinada carga.

Os transformadores de linha de transmissão, usados para elevar ou abaixar a tensão, possibilitam a conversão entre tensões altas e baixas e, por conseguinte, entre as correntes baixas e altas (Figura 3-3). Pelo uso de transformadores, cada estágio do sistema pode ser operado em um nível de tensão apropriado. Os sistemas de energia elétrica monofásicos de três fios são normalmente fornecidos para consumidores residenciais, enquanto os sistemas trifásicos são fornecidos para consumidores comerciais e industriais.

Subestações

A energia elétrica sai das linhas de transmissão e é abaixada para as linhas de distribuição. Isso pode acontecer em vários estágios. O local onde a conversão da *transmissão* para a *distribuição* ocorre é a subestação de energia elétrica, que possui transformadores que abaixam os níveis de tensão da transmissão para os níveis de tensão da distribuição. Basicamente, uma subestação de energia elétrica consiste em um equipamento instalado para comutação, alteração ou regulação de tensões de linha. As subestações representam um ponto seguro no sistema da rede elétrica para desligar a energia em caso de problemas, bem como um local conveniente para fazer medições e verificar o funcionamento do sistema.

As necessidades de energia elétrica de alguns consumidores são tão grandes que eles são alimentados por subestações individuais dedicadas. Estas *subestações* secundárias formam o coração do sistema de distribuição de uma planta industrial ou edifício comercial. Elas recebem a energia elétrica da concessionária de energia e abaixam a tensão para um valor nominal de uso de 600 V ou menos para distribuição em todo o edifício. As subestações oferecem um painel de comutação integrado e um grupo de transformadores. Uma subestação típica é mostrada na Figura 3-4. As subestações são montadas e testadas na fábrica e, portanto, exigem um mínimo de trabalho para instalação no local. Uma subestação desse tipo é completamente fechada em todos os lados com folhas de metal (exceto nas aberturas de ventilação e janelas de visualização necessárias), de modo que nenhuma das partes vivas fique exposta. O acesso ao interior do gabinete é fornecido apenas através de portas intertravadas ou painéis aparafusados removíveis.

A Figura 3-5 ilustra o diagrama unifilar para uma subestação típica, que consiste nas seguintes partes:

Comutadores primários de alta tensão – Esta seção incorpora as terminações dos cabos do alimentador primário e comutador principal, todos alojados em uma caixa de metal revestido.

Seção do transformador – Esta seção abriga o transformador que abaixa a tensão primária para o nível de tensão de utilização. Os transformadores, que são do tipo seco e refrigerado a ar, são usados universalmente porque

Figura 3-3 Transformador de rede de distribuição.
Foto cedida pela ABB, www.abb.com.

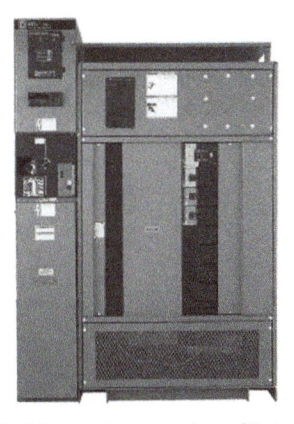

Figura 3-4 Subestação montada na fábrica.
O material e os *copyrights* associados são de propriedade da Schneider Electric, que permitiu o uso.

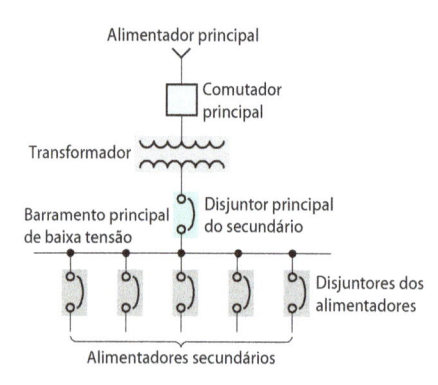

Figura 3-5 Diagrama unifilar de uma subestação típica.

não exigem a construção de um cofre especial à prova de fogo.

Seção de distribuição de baixa tensão – Esta seção, que é um quadro de distribuição, fornece proteção e acionamento para os circuitos do alimentador de baixa tensão. Pode conter chaves com fusíveis ou disjuntores em caixa moldada, além de instrumentos para a medição de tensão, corrente, potência, fator de potência e energia. O comutador secundário se destina ao desligamento no caso de sobrecarga ou falhas no circuito secundário alimentado a partir do transformador; o comutador primário deve ser desligado se ocorrer um curto-circuito ou uma falha à terra no próprio transformador.

Antes de tentar fazer qualquer trabalho em uma subestação, primeiro as cargas devem ser desligadas do transformador e bloqueadas. Em seguida, o primário do transformador deve ser desligado, bloqueado e, caso forneça mais de 600 V, aterrado temporariamente.

Sistemas de distribuição

Os sistemas de distribuição usados para fornecer energia ao longo de grandes instalações comerciais e industriais são complexos. A alimentação deve ser distribuída por vários quadros de distribuição secundária, transformadores e quadros de distribuição terminal (Figura 3-6), sem o sobreaquecimento de qualquer componente ou quedas inaceitáveis de tensão. Esta alimentação é usada para aplicações como iluminação, aquecimento, refrigeração e máquinas acionadas por motores.

O diagrama unifilar para um sistema elétrico de distribuição típico é mostrado na Figura 3-7. Em geral, o sistema de distribuição é dividido nas seguintes partes:

Entrada de alimentação a partir da concessionária – Esta seção inclui os condutores para a distribuição de energia do sistema de fornecimento de eletricidade para as instalações a serem alimentadas.

Alimentadores – Um alimentador é um conjunto de condutores com origem em um centro de distribuição principal e alimenta um ou mais centros de distribuição de circuitos ou ramos secundários. Esta seção inclui condutores para o fornecimento de energia a partir da localização do equipamento de alimentação da concessionária até o dispositivo de sobrecorrente no ramo final do circuito; esse dispositivo protege cada equipamento de utilização. Os alimentadores principais têm origem no local do equipamento de alimentação da concessionária, enquanto os subalimentadores têm origem em quadros de distribuição terminal ou centros de distribuição em locais diferentes do local do equipamento de alimentação da concessionária.

Circuitos terminais – Esta seção inclui condutores que levam a energia do ponto do dispositivo de sobrecorrente final para o equipamento de utilização. Cada alimentador, subalimentador e condutor de ramo de circuito precisa de sua própria proteção de sobrecorrente na forma de um disjuntor ou chave fusível.

A seleção correta dos condutores para alimentadores e ramos de circuitos deve levar em conta os requisitos de ampacidade, curto-circuito e queda de tensão. A **ampacidade** de um condutor refere-se à intensidade máxima de corrente que o condutor pode transportar com seguran-

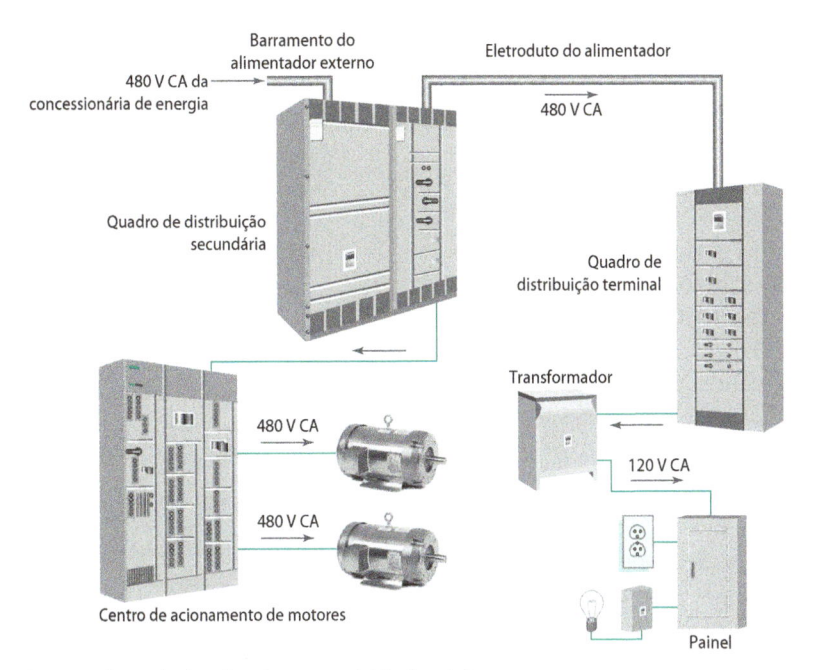

Figura 3-6 Sistema típico de distribuição comercial/industrial.
Foto cedida pela Siemens, www.siemens.com.

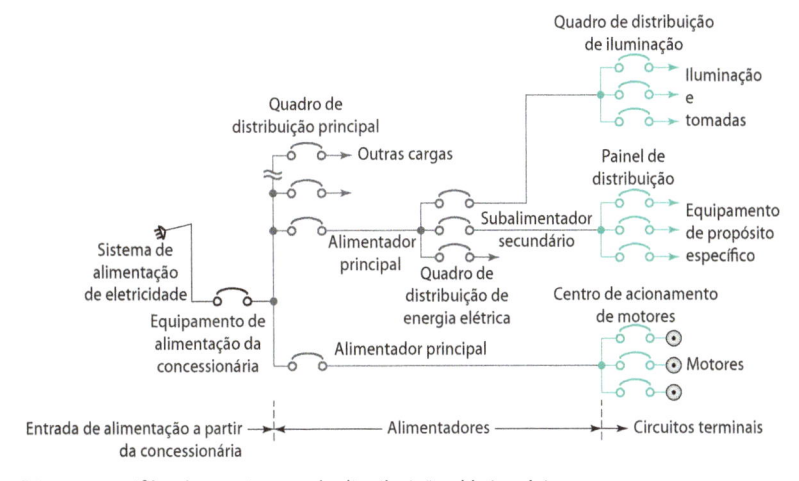

Figura 3-7 Diagrama unifilar de um sistema de distribuição elétrica típico.

ça, sem superaquecer. A ampacidade nominal dos condutores em um eletroduto depende do material do condutor, do diâmetro e da especificação de temperatura, do número de condutores que transportam corrente no eletroduto e da temperatura ambiente.

O National Electric Code (NEC) contém tabelas que listam a ampacidade para tipos aprovados de dimensões de condutores, isolamento e condições de funcionamento. As regras do NEC relativas às instalações de motores específicos serão abordadas ao longo deste livro. Os profissionais de instalação devem sempre seguir o NEC, as normas aplicáveis estaduais e locais, as instruções dos fabricantes e as especificações de projeto para a instalação de motores e controladores.

Todos os condutores instalados em um prédio devem ser devidamente protegidos, geralmente instalando-os em eletrodutos. Os *eletrodutos* proporcionam espaço, apoio e proteção mecânica para os condutores e minimizam os riscos de choques elétricos e incêndios. Os tipos mais utilizados de eletrodutos encontrados nas instalações de motores estão ilustrados na Figura 3-8 e incluem:

Conduítes – Os conduítes estão disponíveis nos tipos rígido e flexível, metálicos e não metálicos. Eles precisam ser devidamente apoiados e ter pontos de acesso suficientes para facilitar a instalação dos condutores. Os conduítes devem ser grandes o suficiente para acomodar o número de condutores, geralmente com uma taxa de preenchimento de 40%.

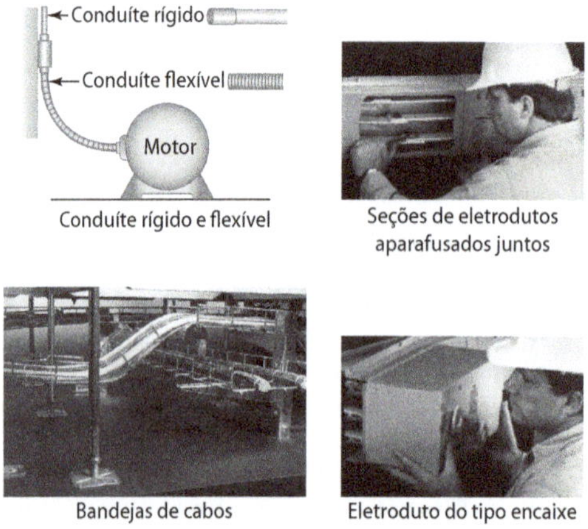

Bandejas de cabo – As bandejas de cabo são usadas para apoiar os cabos de alimentador quando alguns deles devem ser guiados a partir do mesmo local. Elas consistem em condutores de alimentação grossos guiados por calhas ou bandejas.

Eletrodutos de baixa impedância (duto de barramento) – Os eletrodutos são usados em edifícios para alimentadores de altas correntes. Eles consistem em barramentos de altas correntes em dutos ventilados.

Eletrodutos de encaixe – Estes eletrodutos são usados para sistemas de distribuição aéreos. Eles fornecem capacidades convenientes de derivações para o equipamento de utilização.

Quadros de distribuição secundária e terminais

O NEC define um *quadro de distribuição secundária* como um único painel ou grupo de painéis montados com barramentos, dispositivos de sobrecorrente e instrumentos. A Figura 3-9 mostra uma combinação típica de entrada de alimentação a partir da concessionária e quadro de distribuição

Figura 3-8 Os tipos mais comuns de eletrodutos.
Fotos de eletrodutos cedidas pela Siemens, www.siemens.com. Foto de bandeja de cabos cedida pela Hyperline Systems (www.hyperline.com). Os *copyrights* são de propriedade da Hyperline Systems ou do criador original do material.

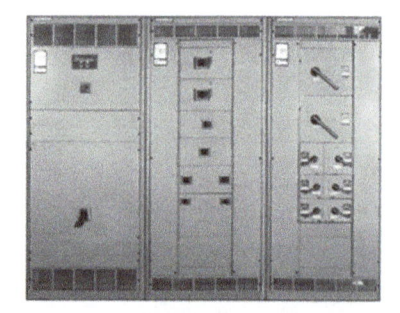

Figura 3-9 Combinação de quadro de distribuição secundária com entrada de alimentação a partir da concessionária.
Foto cedida pela Siemens, www.siemens.com.

secundária instalada em um edifício comercial. A entrada de alimentação a partir da concessionária é o ponto de entrada da energia elétrica no edifício. O quadro de distribuição secundária tem o espaço e as disposições de montagem exigidas pela concessionária local para a medição de seus equipamentos e para a alimentação de entrada. O quadro de distribuição secundária também controla a alimentação e a proteção do sistema de distribuição por meio de chaves, fusíveis, disjuntores e relés de proteção. Os quadros de distribuição secundária que têm mais de seis chaves ou disjuntores devem incluir uma chave principal para proteger ou desligar todos os circuitos.

Um *quadro de distribuição terminal* contém um grupo de dispositivos de proteção, como disjuntores ou fusíveis, para iluminação, tomadas de conveniência e circuitos terminais de distribuição de energia (Figura 3-10). Os quadros de distribuição terminal (por vezes denominados centros de cargas) são colocados dentro de um armário, ou caixa de disjuntores, que é acessível apenas a partir da parte dianteira, e têm frentes mortas. A frente morta é definida no NEC como não tendo expostas as partes sob tensão do lado de operação do equipamento. O quadro de distribuição terminal é normalmente alimentado a partir do quadro de distribuição secundária e mais adiante divide o sistema de distribuição de energia em partes menores. Os quadros de distribuição terminal compõem a parte do sistema de distribuição de energia elétrica em que se encontra o último estágio de proteção para as cargas e seus circuitos de acionamento. Os quadros adequados como equipamentos de fornecimento de energia são marcados pelo fabricante.

A Figura 3-11 mostra a conexão interna típica para um quadro de distribuição terminal trifásico de 277/480 V a quatro fios equipado com disjuntores. Este sistema comum usado em instalações industriais e comerciais é capaz de alimentar tanto cargas trifásicas quanto monofásicas. Pode-se obter 277 V para a iluminação fluorescente entre o neutro (N) e qualquer linha viva. Entre quaisquer duas das três linhas vivas (A-B-C) obtém-se 480 V trifásico para a alimentação de motores.

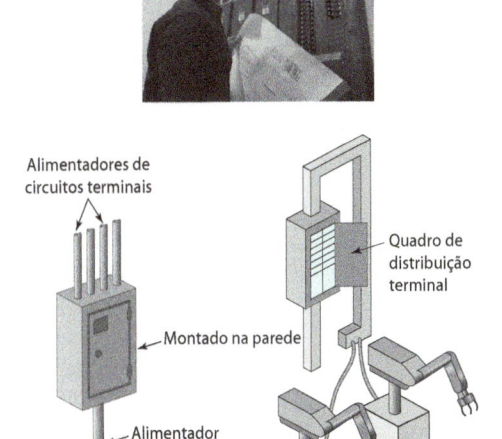

Figura 3-10 Instalações típicas de quadros de distribuição terminal.
Material e *copyrights* associados são de propriedade da Schneider Electric, que permitiu o uso.

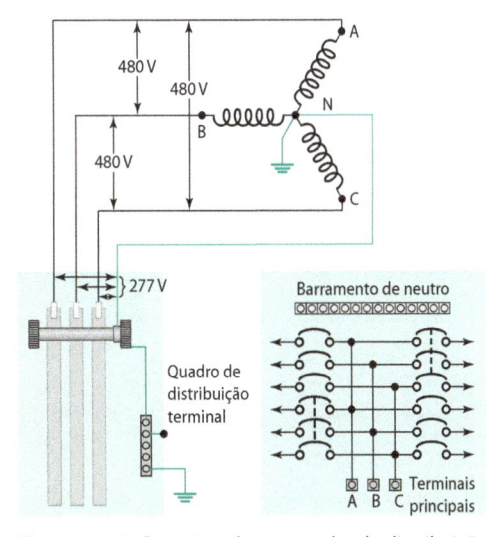

Figura 3-11 Conexões de um quadro de distribuição terminal trifásico de 277/480 V a quatro fios.

Um aterramento adequado e as ligações no sistema de distribuição de energia elétrica e, particularmente, nos quadros de distribuição terminal são muito importantes. O aterramento é a conexão à terra, enquanto a ligação é a conexão de partes metálicas que proporciona um caminho de baixa impedância para a corrente de falha a fim de ajudar na atuação rápida do dispositivo de proteção de sobrecorrente e remover a corrente perigosa das partes metálicas suscetíveis a serem energizadas. O *jump* de ligação principal promove o *aterramento do sistema*. Se há um transformador imediatamente antes do quadro de distribuição terminal, deve-se ligar o barramento de neutro ou o condutor neutro ao metal do quadro e ao eletrodo de aterramento sem revestimento (nu), como ilustrado na Figura 3-12.

O NEC exige que armários, armações e similares dos quadros de distribuição terminal sejam ligados a um condutor de aterramento do equipamento e não apenas à terra. Deve ser instalada no equipamento uma barra de terminais de aterramento separada e ligada ao quadro de distribuição terminal para a terminação do alimentador e dos condutores de aterramento do equipamento no circuito terminal (Figura 3-13). O barramento de aterramento do equipamento não é isolado e é montado dentro do quadro de distribuição terminal e conectado diretamente ao metal do gabinete.

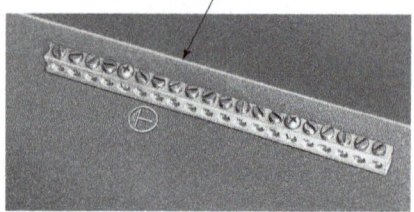

Figura 3-13 Barramento de aterramento do equipamento.
Material e *copyrights* associados são de propriedade da Schneider Electric, que permitiu o uso.

Uma *barra de terminais* é definida como uma ligação comum entre dois ou mais circuitos. O NEC exige que barras de terminais sejam localizadas de modo a serem protegidas contra danos físicos e fixadas firmemente no local. As barras de terminais trifásicos são necessárias para se ter as fases em sequência, de modo que o instalador possa ter a mesma disposição das fases em cada ponto de terminação em qualquer painel ou quadro de distribuição secundária. Conforme estabelecido pela NEMA, a disposição das fases em barramentos trifásicos deve ser A, B, C de frente para trás, de cima para baixo ou da esquerda para a direita, estando de frente para o quadro de distribuição secundária ou terminal (Figura 3-14).

Os quadros de distribuição terminal podem ser dois tipos: disjuntor principal ou terminal principal. Os quadros de distribuição terminal do tipo disjuntor principal têm os cabos de alimentação de entrada conectados no lado da linha de um disjuntor que, por sua vez, alimenta o quadro de distribuição terminal. O disjuntor principal desliga a alimentação do quadro de distribuição terminal e protege o sistema contra curto-circuito e sobrecarga. Um quadro de distribuição terminal do tipo terminal principal não tem um disjuntor principal. Os cabos de alimentação de entrada são conectados direta-

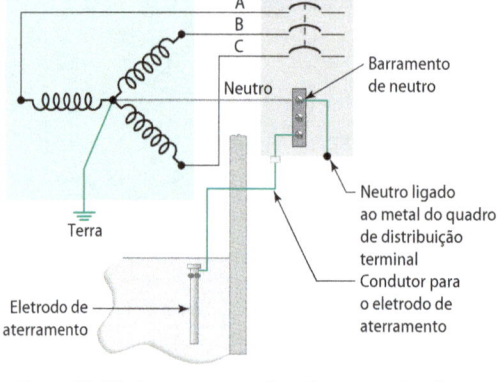

Figura 3-12 Aterramento e ligação no quadro de distribuição terminal.

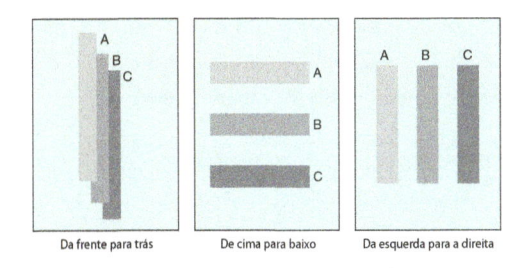

Figura 3-14 Arranjo de fase em um barramento trifásico.

mente nas barras de terminais. A proteção de sobrecarga primária não é fornecida como uma parte integrante do quadro de distribuição terminal. Essa proteção deve ser implementada externamente. Em geral, é necessário rotular os terminais dos circuitos do quadro de distribuição terminal ou então ter um diagrama de conexões. Um esquema (às vezes chamado de numeração NEMA) usa números ímpares de um lado e pares do outro, conforme ilustrado na Figura 3-15.

Centros de acionamento de motores (CCMs)

Às vezes, uma instalação comercial ou industrial exige que muitos motores sejam controlados a partir de um local central. Quando este for o caso, a potência de entrada, o circuito de acionamento, a proteção de sobrecarga e sobrecorrente necessária e qualquer transformação de potência são combinados em um centro conveniente, chamado de *centro de acionamento de motores*.

Um centro de acionamento de motores é uma estrutura modular projetada especificamente para encaixe de unidades de acionamento de motor. A Figura 3-16 ilustra um centro de acionamento de motores típico, formado por uma montagem de módulos compostos principalmente de uma combinação de dispositivos de partida de motores que contêm uma chave de segurança e um dispositivo de partida magnético colocados em um mesmo gabinete. O centro

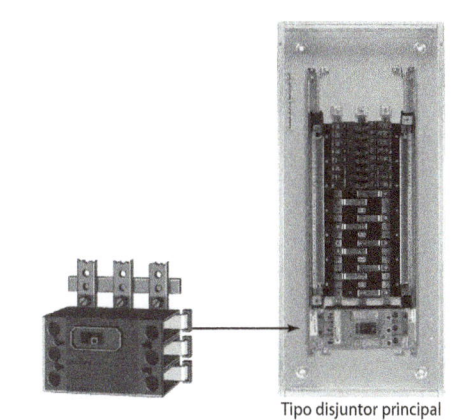

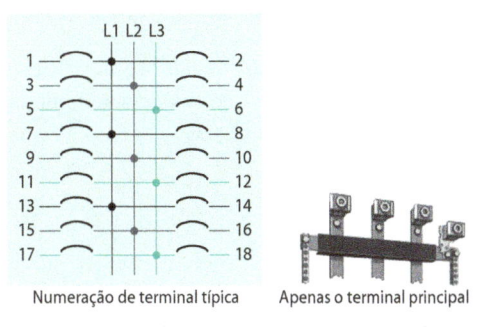

Figura 3-15 Configurações de quadro de distribuição terminal.
Foto cedida pela Siemens, www.siemens.com.

de acionamento é construído com uma ou mais seções verticais, e cada uma tem um número de espaços para dispositivos de partida de motores. As dimensões dos espaços são determinadas pelas especificações de potência dos dispositivos de partida individuais. Assim, um dispositivo de partida que controla um motor de 10 hp ocupará menos espaço que um dispositivo de partida que controlará um motor de 100 hp.

Um centro de acionamento de motores é um conjunto de controladores de motor com um barramento comum. A estrutura comporta e acomoda unidades de acionamento, um barramento comum para distribuição de alimentação para as unidades de acionamento e uma rede de fios para acomodar as cargas de entrada e saída e os fios de acionamento. Cada unidade é montada

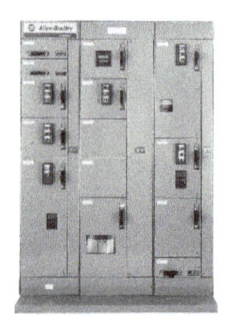

Figura 3-16 Centro de acionamento de motor típico.
Foto cedida pela Rockwell Automation, www.rockwellautomation.com.

em um compartimento individual e isolado com uma porta própria. Os centros de acionamento de motores não são limitados a acomodar apenas os dispositivos de partida de motores, mas também podem abrigar muitas unidades como as ilustradas na Figura 3-17, inclusive:

- Contatores
- Dispositivos de partida NEMA e IEC sem reversão de tensão plena
- Dispositivos de partida NEMA e IEC com reversão de tensão plena
- *Soft starter*
- Unidades de acionamento CA de frequência variável
- Controladores lógicos programáveis (CLPs)
- Controladores de motor de estado sólido
- Transformadores
- Medição analógica ou digital
- Disjuntores do alimentador
- Desligamento do alimentador por fusível

Contator de iluminação • Dispositivo de partida sem reversão de tensão plena • Dispositivo de partida com reversão de tensão plena

Unidade de medição

Controlador lógico programável (CLP) • Soft starter • Unidade de acionamento de frequência variável

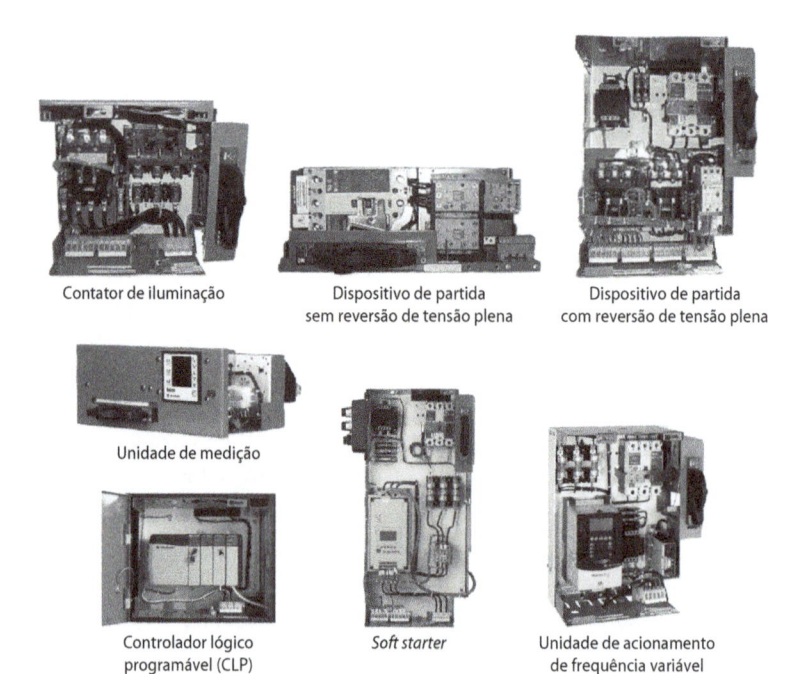

Figura 3-17 Unidades típicas de centros de acionamento de motores.
Foto cedida pela Rockwell Automation, www.rockwellautomation.com.

Parte 1

Questões de revisão

1. a. Por que são usadas altas tensões na transmissão de energia elétrica por longas distâncias?
   b. Quais são as limitações do uso de alta tensão nos sistemas de transmissão?
2. a. Se 1MW de energia elétrica for transmitida com uma tensão de 100 V, calcule a intensidade de corrente que os condutores seriam obrigados a transportar.
   b. Calcule a intensidade do fluxo de corrente no condutor para a mesma quantidade de energia e uma transmissão com tensão de 100.000 V.
3. Compare o tipo de alimentação CA fornecido normalmente para clientes residenciais com o fornecido para clientes comerciais e industriais.
4. a. Descreva a função básica de uma subestação.
   b. Quais são as três partes de uma subestação típica?
5. Liste três fatores levados em consideração na seleção de condutores para alimentadores e circuitos terminais.
6. Quando motores e seus controladores são instalados, que regulamentos devem ser seguidos?
7. a. Que tipos de conduíte são normalmente utilizados em instalações de motores?
   b. Liste vários requisitos de instalação para a passagem de fios em conduítes.
8. Compare as funções de um quadro de distribuição secundária, de um quadro de distribuição terminal e de um centro de acionamento de motores como partes de um sistema de distribuição de energia elétrica.

» Parte 2

» Princípios do transformador

Funcionamento do transformador

Um transformador é utilizado para transferir energia de um circuito de CA para outro. Os dois circuitos são acoplados por um campo magnético que está ligado a ambos, em vez de ser ligado por um condutor elétrico. Essa transferência de energia pode envolver aumento ou diminuição da tensão, mas a frequência será a mesma em ambos os circuitos. Além disso, um transformador não altera os níveis de potência entre circuitos. Se colocarmos 100 VA em um transformador, sairá 100 VA (menos uma pequena quantidade de perdas). A eficiência média de um transformador é superior a 90%, em parte porque um transformador não tem partes móveis. Um transformador funciona apenas com tensão CA, porque nenhuma tensão é induzida se não houver alteração no campo magnético. A operação de um transformador a partir de uma fonte de tensão constante CC provocará uma corrente CC de grande intensidade, o que pode danificar o transformador.

A Figura 3-18 ilustra uma versão simplificada de um transformador monofásico (1ϕ). O transformador consiste em dois condutores elétricos, chamados de enrolamento primário e enrolamento secundário. O enrolamento primário é alimentado a partir de uma corrente alternada, o que cria um campo magnético variável ao seu redor. De acordo com o princípio da *indutância mútua*, o enrolamento secundário, que está dentro desse campo magnético variável, tem uma tensão induzida nele. Em sua forma mais básica, um transformador é constituído de:

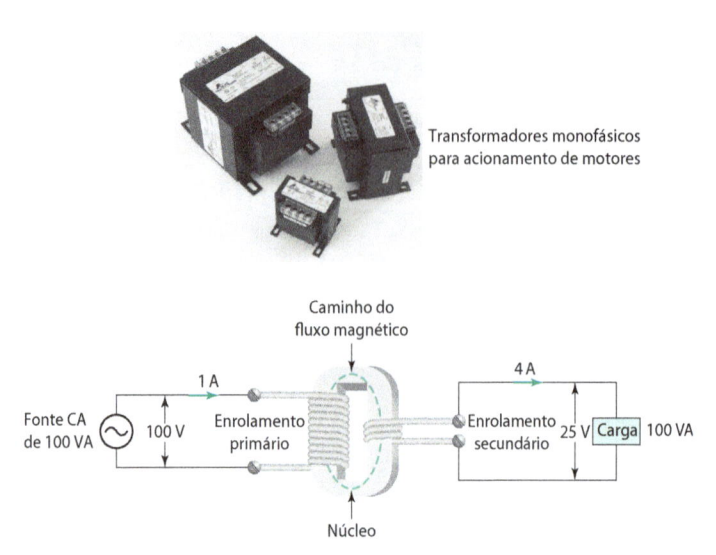

Figura 3-18 Versão simplificada de um transformador monofásico (1ɸ).
Foto cedida pela Acme Electric Corporation, www.acmepowerdist.com.

- **Núcleo**, que proporciona um caminho para as linhas magnéticas de força.
- **Enrolamento primário**, o qual recebe energia da fonte.
- **Enrolamento secundário**, que recebe energia do enrolamento primário e passa para a carga.
- **Encapsulamento**, o que protege os componentes de sujeira, umidade e danos mecânicos.

Os fundamentos que regem o funcionamento de um transformador estão resumidos a seguir:

- Se o primário tem mais espiras que o secundário, temos um transformador abaixador, que reduz a tensão.
- Se o primário tem menos espiras que o secundário, temos um transformador elevador, que aumenta a tensão.
- Se o primário tem o mesmo número de espiras do secundário, a tensão que sai no secundário terá o mesmo valor da tensão de entrada no primário. Esse é o caso de um transformador *de isolamento*.
- Em certos casos excepcionais, uma grande bobina de fio pode servir tanto como o primário quanto como o secundário. Este é o caso dos *autotransformadores*.
- A quantidade de volt-ampères (VA) ou quilo-volt-ampères (kVA) no primário de um transformador será igual ao do secundário menos uma pequena quantidade de perdas.

Transformador de tensão e de corrente e relação de espiras

A relação de espiras entre os enrolamentos primário e secundário de um transformador é conhecida como *relação de espiras* e é o mesmo que a *relação de tensão* do transformador. Por exemplo, se um transformador tem uma relação de espiras de 10:1, para cada 10 espiras no enrolamento primário, haverá uma espira no enrolamento secundário. Colocar 10 V no enrolamento primário reduzirá a tensão e produzirá uma saída de 1 V no enrolamento secundário. O oposto é verdadeiro para um transformador com relação de espiras de 1:10. Um transformador com uma relação de espiras de 1:10 teria uma espira no enrolamento primário para cada 10 espiras no enrolamento secundário. Neste caso, colocar 10 V no enrolamento primário elevará a tensão no enrolamento secundário para 100 V. O número real de espiras não é importante, apenas a relação de espiras. Um aparelho de teste que mede a relação de espiras, como o mostrado na Figura 3-19, pode medir diretamente a relação de espiras de transformadores monofásicos e trifásicos. Qualquer desvio a partir dos valores nominais indica problemas em enrolamentos do transformador e nos circuitos de núcleo magnético.

A relação de tensão de um transformador ideal (que não tenha perdas) é diretamente proporcional à relação de espiras, enquanto a relação de corrente é inversamente proporcional à relação de espiras:

$$\frac{\text{Espiras do primário}}{\text{Espiras do secundário}} = \frac{\text{Tensão no primário}}{\text{Tensão no secundário}} = \frac{\text{Corrente no secundário}}{\text{Corrente no primário}}$$

A tabela a seguir mostra exemplos de algumas relações comuns de espiras de transformadores monofásicos baseadas nas especificações de tensões do primário e do secundário.

Tensão no primário	Tensão no secundário	Relação de espiras
480 V	240 V	2:1
480 V	120 V	4:1
480 V	24 V	20:1
600 V	120 V	5:1
600 V	208 V	2,88:1
208 V	120 V	1,73:1

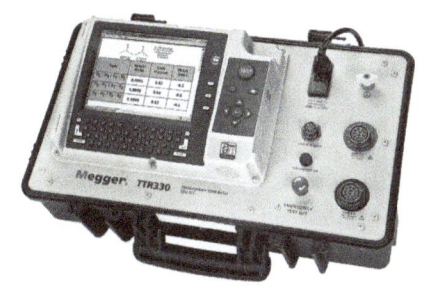

Figura 3-19 Aparelho de teste de relação de espiras de transformador.
Foto cedida pela Megger, www.megger.com/us.

A Figura 3-20 mostra o diagrama esquemático de um transformador elevador enrolado com 900 espiras no enrolamento primário e 1800 espiras no enrolamento secundário. Assim como uma unidade elevadora, esse transformador converte uma potência de baixa tensão e alta corrente em uma potência de alta tensão e baixa corrente. As equações do transformador que se aplicam a este circuito são as seguintes:

$$\text{Relação de espiras} = \frac{\text{Número de espiras no primário}}{\text{Número de espiras no secundário}}$$
$$= \frac{900}{1800} = \frac{1}{2} = \text{Relação de espiras de 1:2}$$

Se a tensão de um enrolamento e a relação de espiras são conhecidas, a tensão no outro enrolamento pode ser determinada.

$$\text{Tensão no primário} = \text{Tensão no secundário} \times \text{Relação de espiras}$$
$$= 240\,V \times \frac{1}{2} = 120\,V$$

$$\frac{\text{Corrente no secundário}} = \frac{\text{Corrente no primário}}{\text{Relação de espiras}}$$
$$= \frac{120}{\frac{1}{2}} = 120 \times 2 = 240\,V$$

Se a corrente de um enrolamento e a relação de espiras são conhecidas, a corrente do outro enrolamento pode ser determinada.

$$\frac{\text{Corrente no primário}} = \frac{\text{Corrente no secundário}}{\text{Relação de espiras}}$$
$$= \frac{5\,A}{\frac{1}{2}} = 5 \times 2 = 10\,A$$

$$\text{Corrente no secundário} = \text{Corrente no primário} \times \text{Relação de espiras}$$
$$= 10\,A \times \frac{1}{2} = 5\,A$$

A Figura 3-21 mostra o diagrama esquemático de um transformador abaixador enrolado com 1.000 espiras no enrolamento primário e 50 espiras no enrolamento secundário. Como uma unidade abaixadora, este transformador converte uma potência de alta tensão e baixa corrente em uma potência de baixa tensão e alta corrente. Um fio de

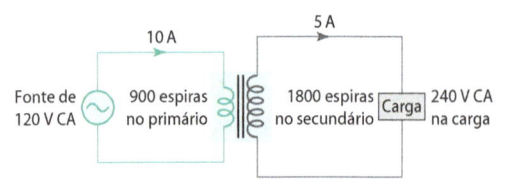

Figura 3-20 Transformador elevador.

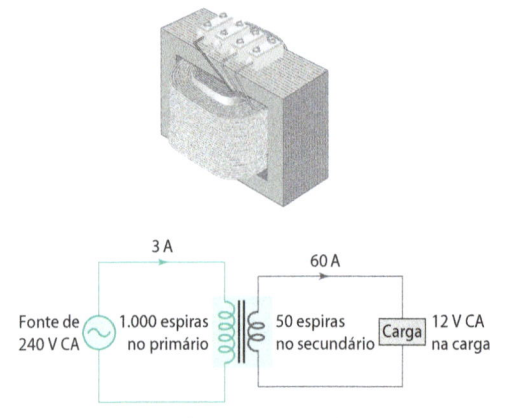

Figura 3-21 Transformador abaixador.

diâmetro maior é usado no enrolamento secundário para que ele possa operar com uma corrente maior. O enrolamento primário, que não precisa conduzir tanta corrente, pode ser feito com um fio de diâmetro menor. As equações do transformador que se aplicam a este circuito são as mesmas que as de um transformador elevador:

$$\text{Relação de espiras} = \frac{\text{Número de espiras no primário}}{\text{Número de espiras no secundário}}$$

$$= \frac{1000}{50} = \frac{20}{1} = \text{Relação de espiras de 20:1}$$

Se a tensão de um enrolamento e a relação de espiras são conhecidas, a tensão do outro enrolamento pode ser determinada.

$$\text{Corrente no primário} = \text{Corrente no secundário} \times \text{Relação de espiras}$$

$$= 12\,\text{V} \times \frac{20}{1} = 240\,\text{V}$$

$$\text{Corrente no secundário} = \frac{\text{Corrente no primário}}{\text{Relação de espiras}}$$

$$= \frac{240}{\frac{20}{1}} = 240 \times \frac{1}{20} = 12\,\text{V}$$

Se a corrente de um enrolamento e a relação de espiras são conhecidas, a corrente do outro enrolamento pode ser determinada.

$$\text{Corrente no primário} = \frac{\text{Corrente no secundário}}{\text{Relação de espiras}}$$

$$= \frac{60\,\text{A}}{\frac{20}{1}} = 60 \times \frac{1}{20} = 3\,\text{A}$$

$$\text{Corrente no secundário} = \text{Corrente no primário} \times \text{Relação de espiras}$$

$$= 3\,\text{A} \times \frac{20}{1} = 60\,\text{A}$$

Um transformador ajusta automaticamente a sua corrente de entrada para satisfazer os requisitos da corrente de saída ou de carga. Se não houver carga conectada ao enrolamento secundário, flui no enrolamento primário apenas uma pequena quantidade de corrente, conhecida como *corrente de magnetização* (também chamada de corrente de excitação). Normalmente, o transformador é projetado de maneira que a potência consumida pela corrente de magnetização é apenas o suficiente para superar as perdas no núcleo de ferro e na resistência do fio com o qual o primário é enrolado. Se o circuito do secundário do transformador for submetido a uma sobrecarga ou curto-circuito, a corrente no primário também aumenta intensamente. É por esta razão que um fusível é colocado em série com o enrolamento primário para proteger tanto o circuito primário quanto o secundário de corrente excessiva. O parâmetro mais crítico de um transformador é sua qualidade de isolação. Um defeito de um transformador pode ser atribuído, na maioria dos casos, a uma queda na isolação de um ou mais enrolamentos.

Para uma carga puramente resistiva, de acordo com a lei de Ohm, a intensidade da corrente no enrolamento secundário é igual à tensão no secundário dividida pelo valor da resistência de carga conectada no circuito secundário (considera-se insignificante a resistência da bobina do enrolamento). A Figura 3-22 mostra o diagrama

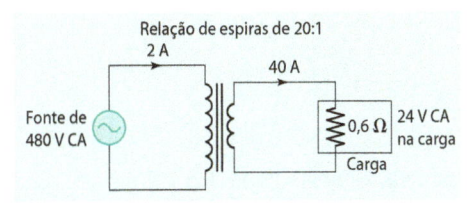

Figura 3-22 Transformador abaixador conectado a uma carga resistiva.

esquemático de um transformador abaixador com uma relação de espiras de 20:1 conectada a uma carga resistiva de 0,6 Ω. As equações do transformador que se aplicam a este circuito são as seguintes:

$$\text{Corrente no enrolamento secundário} = \frac{\text{Tensão no secundário}}{\text{Resistência de carga}}$$

$$= \frac{24\,V}{0,6\,\Omega} = 40\,A$$

$$\text{Corrente no enrolamento primário} = \frac{\text{Corrente no enrolamento secundário}}{\text{Relação de espiras}}$$

$$= \frac{40\,A}{\frac{20}{1}} = 40 \times \frac{1}{20} = 2\,A$$

Especificação de potência do transformador

Assim como as especificações de potência designam a capacidade de potência de um motor elétrico, a especificação em kVA de um transformador indica sua capacidade de potência de saída máxima. As especificações em kVA dos transformadores são calculadas como segue:

Cargas monofásicas: $kVA = \dfrac{I \times E}{1.000}$

Cargas trifásicas: $kVA = \dfrac{I \times E \times \sqrt{3}}{1.000}$

A especificação de potência máxima de um transformador pode ser determinada na placa de identificação do transformador. Os transformadores são especificados em volt-ampères (VA) ou quilovolt-ampères (kVA). Lembre-se de que volt-ampères é a potência total fornecida ao circuito a partir da fonte e inclui as potências real (watts) e reativa (VAR). Geralmente, as correntes de carga máxima do primário e do secundário não são fornecidas. Se a especificação volt-ampère for dada junto com a tensão do primário, então a corrente de carga máxima do primário pode ser determinada utilizando as seguintes equações:

Monofásico: Corrente de carga máxima $= \dfrac{VA}{\text{Tensão}}$ ou $\dfrac{kVA \times 1.000}{\text{Tensão}}$

Trifásico: Corrente de carga máxima $= \dfrac{kVA \times 1.000}{1,73 \times \text{Tensão}}$

A Figura 3-23 mostra o diagrama de um transformador monofásico de 25 kVA, com uma tensão nominal de 480 V no primário e 240 V no secundário. As correntes de carga máxima no primário e no secundário são calculadas como segue:

$$\text{Corrente no primário para carga máxima} = \frac{kVA \times 1.000}{\text{Tensão}}$$

$$= \frac{25\,kVA \times 1.000}{480\,V} = 52\,A$$

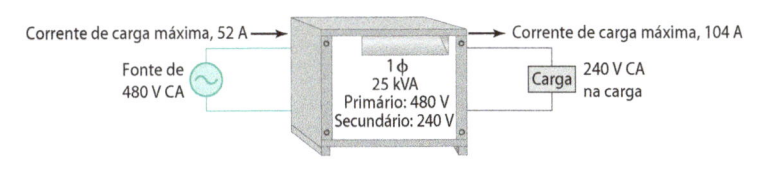

Figura 3-23 Transformador monofásico de 25 kVA, especificado para corrente de carga máxima em 480/240 V.

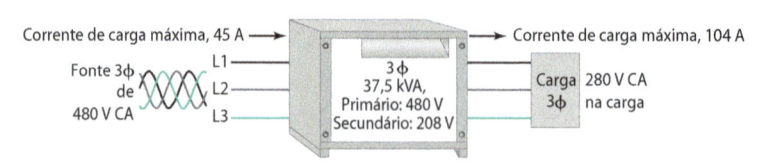

Figura 3-24 Transformador trifásico de 37,5 kVA, especificado para carga máxima em 480/240 V.

$$\text{Corrente no secundário para carga máxima} = \frac{kVA \times 1.000}{\text{Tensão}}$$

$$= \frac{25\ kVA \times 1.000}{240\ V}$$

$$= 104\ A$$

A Figura 3-24 mostra o diagrama para um transformador trifásico de 37,5 kVA com tensão nominal de 480 V no primário e 208 V no secundário. As especificações de corrente do primário e do secundário para carga máxima são calculadas como segue:

$$\text{Corrente no primário para carga máxima} = \frac{kVA \times 1.000}{1,73 \times \text{Tensão}}$$

$$= \frac{37,5\ kVA \times 1.000}{1,73 \times 480\ V}$$

$$= 45\ A$$

$$\text{Corrente no secundário para carga máxima} = \frac{kVA \times 1.000}{1,73 \times \text{Tensão}}$$

$$= \frac{37,5\ kVA \times 1.000}{1,73 \times 208\ V}$$

$$= 104\ A$$

Parte 2

Questões de revisão

1. Defina os termos *primário* e *secundário* conforme se aplicam aos enrolamentos do transformador.
2. Com que base um transformador é classificado como *abaixador* ou *elevador*?
3. Explique como ocorre a transferência de energia em um transformador.
4. Em um transformador ideal, o que representa a relação entre:
    a. A relação de espiras e a relação de tensão?
    b. A relação de tensão e a relação de corrente?
    c. As potências do primário e do secundário?
5. Um transformador abaixador com uma relação de espiras de 10:1 tem a tensão de 120 V CA aplicada a seu enrolamento da bobina do primário. Um resistor de carga de 3 Ω é conectado na bobina do secundário. Considerando as condições de um transformador ideal, calcule:
    a. A tensão no enrolamento da bobina do secundário
    b. A corrente no enrolamento da bobina do secundário
    c. A corrente no enrolamento da bobina do primário
6. Um transformador elevador tem uma corrente de 32 A no primário e uma tensão aplicada de 240 V. A bobina do secundário tem uma corrente de 2 A. Considerando as condições de um transformador ideal, calcule:
    a. A potência de entrada do enrolamento primário
    b. A potência de saída do enrolamento secundário
    c. A tensão no enrolamento secundário
    d. A relação de espiras

7. O que significa o termo corrente de excitação ou de *magnetização do transformador*?
8. Por que um fusível colocado em série com o enrolamento primário protege tanto o circuito no primário quanto no secundário contra corrente excessiva?
9. A especificação de potência de um transformador é dada em watts ou volt-ampères? Por quê?
10. Um enrolamento primário de um transformador tem 900 espiras e o enrolamento secundário tem 90 espiras. Qual dos enrolamentos do transformador tem o condutor com diâmetro maior? Por quê?
11. O primário de um transformador é especificado para 480 V e o secundário para 240 V. Qual enrolamento do transformador tem o condutor com diâmetro maior? Por quê?
12. Um transformador monofásico é especificado para 0,5 kVA, uma tensão no primário de 480 V e uma tensão no secundário de 120 V. Qual é a carga máxima que pode ser alimentada pelo secundário?

» Parte 3

» Conexões do transformador e sistemas

Polaridade do transformador

A *polaridade* do transformador se refere ao sentido relativo ou polaridade da tensão induzida entre os terminais de alta e de baixa tensão de um transformador. Uma compreensão da polaridade do transformador é essencial nas conexões de transformadores monofásicos e trifásicos. O conhecimento da polaridade também é necessário para conectar transformadores de potencial e de corrente a medidores de potência e relés de proteção.

Em transformadores de potência, os terminais do enrolamento de alta tensão são marcados com H1 e H2 e os terminais do enrolamento de baixa tensão são marcados com X1 e X2 (Figura 3-25). Por convenção, H1 e X1 têm a mesma polaridade, o que significa que quando H1 é instantaneamente positivo, X1 também é. Essas marcas são usadas na conexão adequada dos terminais quando transformadores monofásicos são conectados em paralelo, em série e em configuração trifásica.

Na prática, os quatro terminais em um transformador monofásico são montados de uma forma padrão, para que o transformador tenha tanto a polaridade *aditiva* quanto a *subtrativa*. A localização dos terminais H e X determina se a polaridade é aditiva ou subtrativa. Diz-se que um transformador tem polaridade aditiva quando o terminal H1 é diagonalmente oposto ao terminal X1. Da mesma forma, um transformador tem polaridade subtrativa quando o terminal H1 é adjacente ao terminal X1. A Figura 3-26 ilustra as marcações nos terminais de um transformador aditivo e subtrativo junto com um circuito de teste que pode ser usado para verificar as marcações. Também é mostrado um instrumento de verificação de polaridade de transformador que opera com bateria e que realiza o mesmo teste.

Transformadores monofásicos

Os transformadores usados no acionamento de motores são projetados para reduzir as tensões de alimentação para os circuitos de acionamento do motor. A maioria dos motores CA usados no comércio e na indústria funciona a partir de sistemas de

Figura 3-25 Marcas da polaridade do transformador. Foto cedida pela Rockwell Automation, www.rockwellautomation.com.

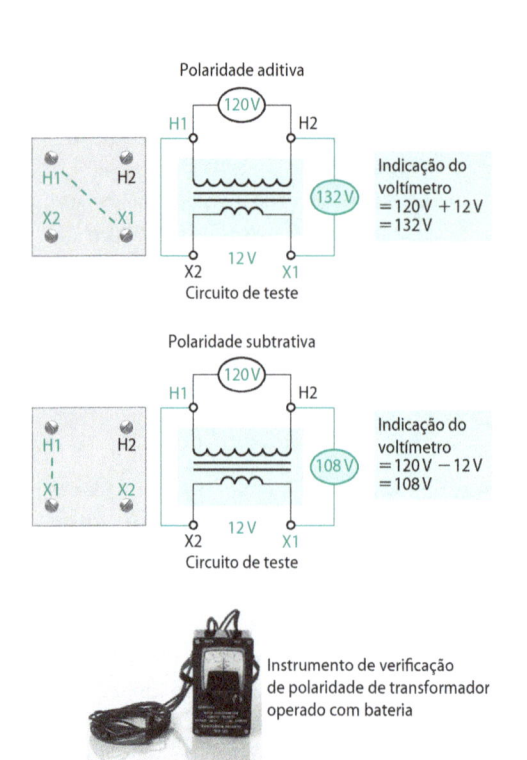

Figura 3-26 Marcas nos terminais do transformador aditivo e subtrativo.
Foto cedida pela Tesco, www.tesco-advent.com.

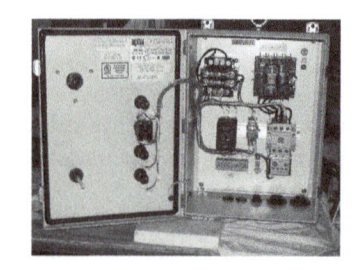

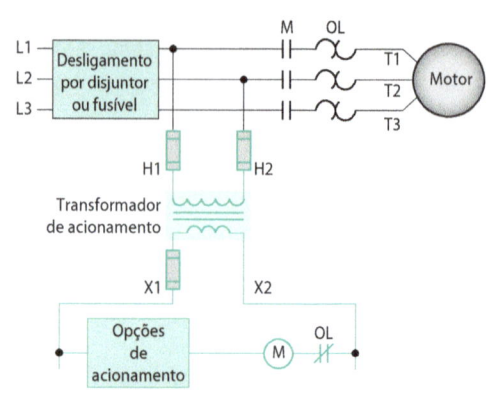

Figura 3-27 Conexão do transformador de acionamento de um motor.
Foto cedida pela Superior Panels, www.superiorpanels.com.

alimentação CA trifásica na faixa de 208 a 600 V. Entretanto, os sistemas de acionamento para esses motores geralmente operam em 120 V. A principal desvantagem do uso de uma tensão de acionamento mais alta é que essas tensões mais altas podem ser muito mais letais do que a de 120 V. Além disso, nos sistemas de acionamento com tensão mais alta conectados diretamente às linhas de alimentação, quando ocorre um curto-circuito no circuito de acionamento, o fusível se abre ou o disjuntor desarma, mas não pode fazê-lo de imediato. Em alguns casos, contatos rápidos, como os dos botões de parada ou dos relés, podem permanecer juntos ("soldados") antes de o dispositivo de proteção atuar.

São instalados transformadores abaixadores quando os componentes do circuito de acionamento não são especificados para a tensão da linha. A Figura 3-27 mostra a conexão típica para um transformador abaixador usado no acionamento de motores. O lado do primário (H1 e H2) do transformador de acionamento está conectado na tensão da linha, enquanto a tensão no secundário (X1 e X2) será a tensão necessária para os componentes de acionamento.

Existem transformadores com uma, duas ou mais derivações no primário. A versatilidade dos transformadores com duas e mais derivações no primário permite a redução na tensão de acionamento a partir de uma variedade de tensões de alimentação para atender a diversas aplicações. A Figura 3-28 mostra as conexões de um transformador típico com dois primários usado para abaixar tensões de 240 ou 480 V para 120 V. As conexões do primário do transformador são identificadas como H1, H2, H3 e H4. A bobina do transformador entre H1 e H2 e a outra, entre H3 e H4, são especificadas para 240 V cada uma. As conexões de baixa tensão do secundário do transformador, X1 e X2, podem fornecer 120 V a partir de uma linha de 240 ou 480 V. Se o transformador for usado para abaixar para 120 V uma linha de 480 V, os enrolamentos do primário são conectados em série por meio de um fio *jumper* ou uma conexão metálica. Quando o transformador é usado para abaixar 240 V para 120 V, os dois enrolamentos do primário devem ser conectados entre si em paralelo.

O secundário do transformador de acionamento pode ou não ser aterrado. Onde o aterramento é fornecido, o lado X2 do circuito, comum às bobinas, deve ser aterrado no transformador de acionamento. Isso garantirá que um aterramento acidental no circuito de acionamento não promoverá a partida do motor ou tornará inoperante o botão de parada ou acionamento. Uma necessidade adicional para todos os transformadores de acionamento é que eles sejam protegidos por fusíveis ou disjuntores. Dependendo da instalação, essa proteção pode ser colocada no primário, no secundário ou em ambos. A Figura 3-29 mostra uma proteção com fusível tanto no primário quanto no secundário do transformador e a conexão de terra certa para um sistema de acionamento aterrado. Os fusíveis devem ser dimensionados adequadamente para o circuito de acionamento. A Seção 430.72 do NEC lista os requisitos para a proteção de transformadores usados em circuitos de acionamento de motores.

Transformadores trifásicos

Grandes quantidades de energia são geradas e transmitidas usando sistemas trifásicos de alta tensão. As tensões de transmissão podem ser abaixadas várias vezes antes de chegarem ao motor, ou seja, à carga. Essa transformação é realizada usando transformadores conectados em *estrela* ou *triângulo* ou uma combinação dos dois. A Figura 3-30 ilustra algumas das conexões estrela e triângulo comuns em transformadores trifásicos. As conexões são nomeadas conforme a maneira como os enrolamentos são conectados dentro do transformador. As marcas de polaridade são fixadas em qualquer transformador e as conexões são feitas de acordo com elas.

Os transformadores que alimentam motores podem ser conectados no lado da carga (secundário) na configuração estrela ou triângulo. Dois tipos de sistemas de distribuição secundária geralmente usados são o sistema trifásico a três fios e o sistema trifásico a quatro fios. Em ambos, as tensões no secundário são as mesmas nas três fases. O sistema trifásico em triângulo a três fios é usado para cargas balanceadas e consiste nos três

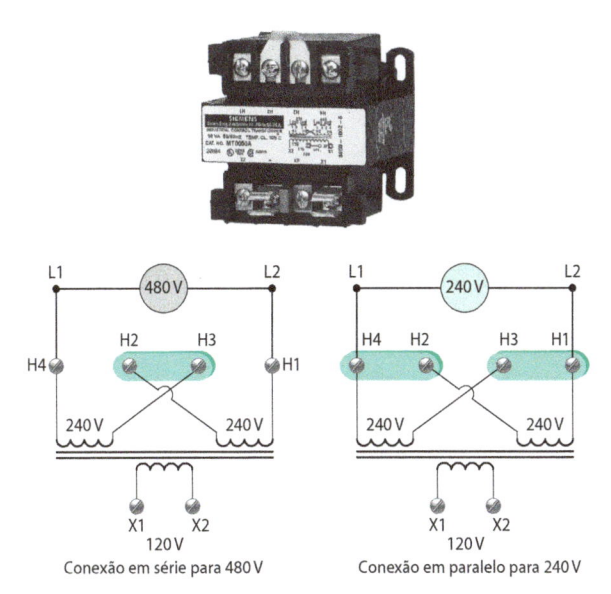

Figura 3-28 Conexões de um transformador típico de tensão dupla 480 e 240V.
Foto cedida pela Siemens, www.siemens.com.

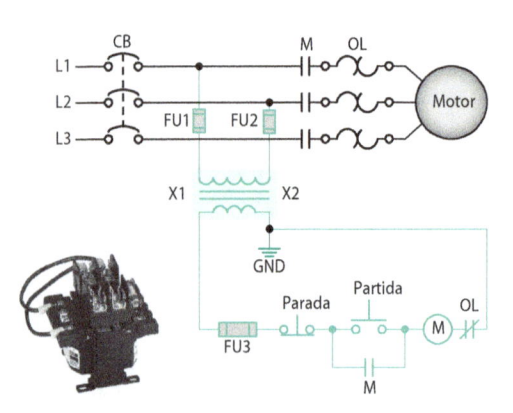

Figura 3-29 Proteção com fusível tanto no primário quanto no secundário do transformador e a conexão de terra certa para um sistema de acionamento aterrado. Foto cedida por SolaHD, www.solahd.com.

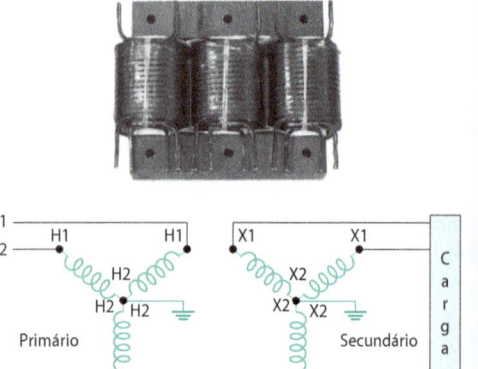

Conexão de um transformador trifásico em estrela-estrela

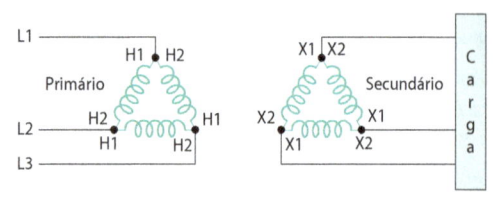

Conexão de um transformador trifásico em triângulo-triângulo

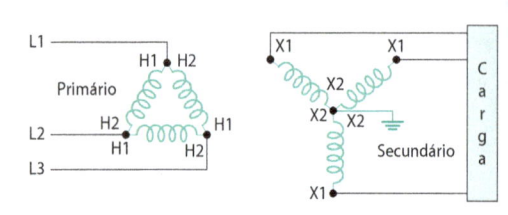

Conexão de um transformador trifásico em triângulo-estrela

Figura 3-30 Conexões comuns de transformadores em estrela e triângulo.

enrolamentos do transformador conectados extremidade com extremidade. A Figura 3-31 mostra a conexão de um transformador trifásico a três fios em triângulo alimentando um motor trifásico. Para um transformador conectado em triângulo:

- A tensão de fase (E_{fase}) do secundário do transformador é sempre igual à tensão de linha (E_{linha}) da carga.
- A corrente de linha (I_{linha}) na carga é igual à corrente de fase (I_{fase}) no secundário do transformador multiplicada por 1,73.

$$\text{kVA (transformador)} = \frac{I_{linha} \times E_{linha} \times \sqrt{3}}{1.000}$$

- A constante 1,73 é a raiz quadrada de 3 e é usada porque os enrolamentos de fase do transformador estão separados entre si por 120 graus elétricos.

A outra distribuição trifásica geralmente usada é o sistema trifásico a quatro fios. A Figura 3-32 mostra um sistema trifásico a quatro fios conectado em estrela. Os enrolamentos das três fases são conectados em um ponto comum, denominado neutro. Por isso, nenhum dos enrolamentos é afetado pelos outros dois. Portanto, o sistema trifásico a quatro fios conectado em estrela é usado para cargas não equilibradas. As fases são separadas entre si por 120 graus elétricos; no entanto, elas têm um ponto comum. Para um transformador conectado em estrela:

- A tensão fase-fase (entre duas fases) é igual à tensão fase-neutro multiplicada por 1,73.
- A corrente de linha é igual à corrente de fase.

$$\text{kVA (transformador)} = \frac{I_{linha} \times E_{linha} \times \sqrt{3}}{1.000}$$

- As configurações comuns são 480Y/127V e 208Y/120 V.

A configuração triângulo-estrela é a mais usada na conexão de transformadores trifásicos. Uma transformação de tensão triângulo-estrela é mos-

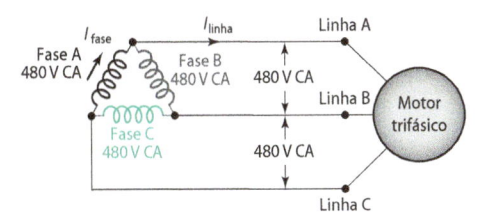

Figura 3-31 Conexões de um transformador trifásico a três fios em triângulo alimentando um motor trifásico.

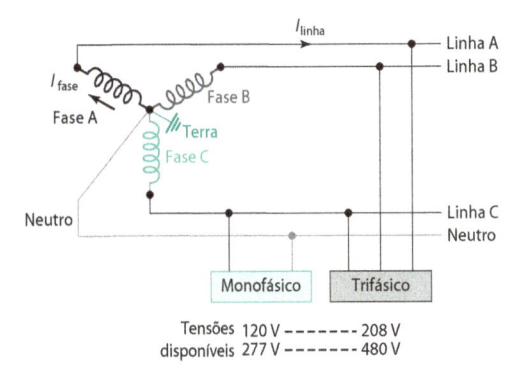

Figura 3-32 Sistema de distribuição trifásico a quatro fios conectado em estrela.

trada na Figura 3-33. O secundário proporciona um ponto de neutro para fornecer uma alimentação linha-neutro para cargas monofásicas. O ponto de neutro também é aterrado por razões de segurança. As cargas trifásicas são alimentadas em 208 V, enquanto a tensão para cargas monofásicas é 208 V ou 120 V. Quando o secundário do transformador alimenta grandes cargas não equilibradas, o enrolamento primário em triângulo fornece um melhor equilíbrio de corrente para a fonte primária.

O *autotransformador*, mostrado na Figura 3-34, é um transformador que consiste em um único enrolamento com pontos de conexão elétricos denominados derivações (*taps*). Cada derivação corresponde a uma tensão diferente de modo que efetivamente uma parte do mesmo indutor se comporta tanto como parte do enrolamento primário como do secundário. Não há isolação elétrica entre os circuitos de entrada e saída, ao contrário do transformador tradicional de dois enrolamentos. A relação entre as tensões do secundário e do primário é igual à relação do número de espiras da derivação em que eles estão conectados. Por exemplo, conectando a derivação de 50% (no meio) e a parte de baixo da saída do autotransformador, teremos metade da tensão de entrada. Por necessitar de menos enrolamentos e de um núcleo pequeno, um autotransformador para algumas aplicações de energia é mais leve e menos dispendioso que um transformador de dois enrolamentos. Um *autotransformador variável* é aquele em que a conexão de saída é feita por meio de uma escova deslizante. Os autotransformadores variáveis são muito usados onde as tensões CA ajustáveis são necessárias.

Um autotransformador como dispositivo de partida de motor, como o mostrado na Figura 3-35, reduz a corrente de partida do motor ao usar um autotransformador de três bobinas na linha antes do motor para reduzir a tensão aplicada aos terminais do motor. Ao diminuir a tensão, a corrente drenada da linha é reduzida durante a partida. Durante o período da partida, o motor é conectado às derivações de tensão reduzida no autotransformador. Assim que o motor acelera, ele é automaticamente conectado à tensão plena da linha.

Transformadores para instrumentos

Os transformadores para instrumentos são pequenos transformadores empregados em conjunto com instrumentos como amperímetros, voltímetros, medidores de potência e relés usados para fins de proteção (Figura 3-36). Esses transformadores diminuem a tensão ou a corrente de um circuito para um valor baixo, podendo ser usado com eficácia e segurança para a operação de instrumentos. Os transformadores para instrumentos também proporcionam isolação entre o instrumento e a alta tensão do circuito de potência.

Um transformador de potencial (tensão) funciona pelo mesmo princípio de um transformador de potência padrão. A principal diferença é que a capacidade de um transformador de potencial é

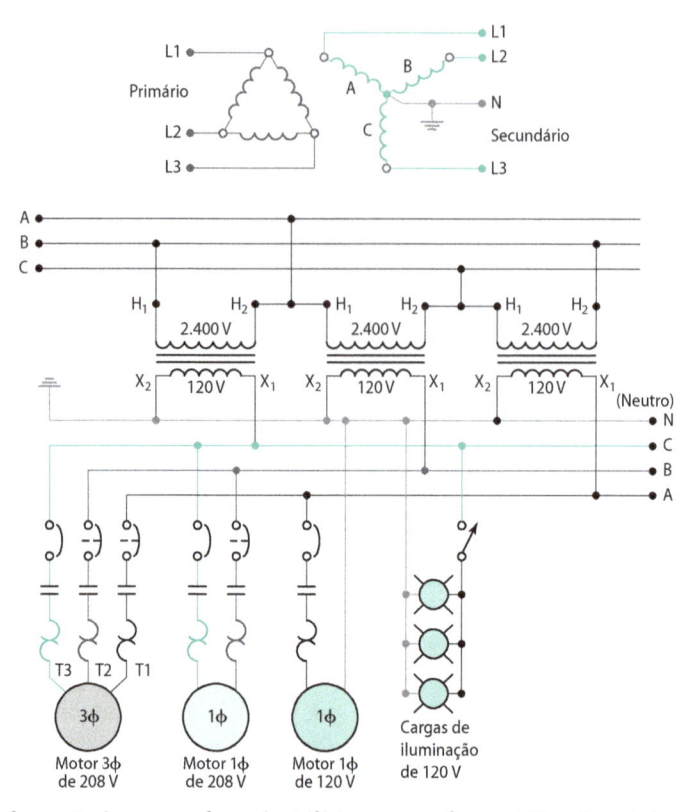

Figura 3-33 Configuração de um transformador trifásico a quatro fios em triângulo-estrela.

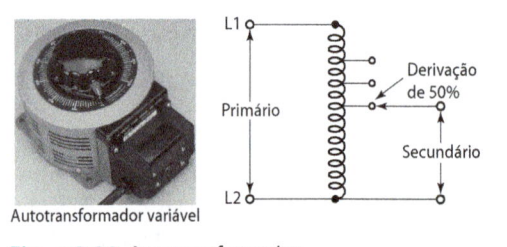

Figura 3-34 Autotransformador.
Foto cedida pela Superior Electric, www.superiorelectric.com.

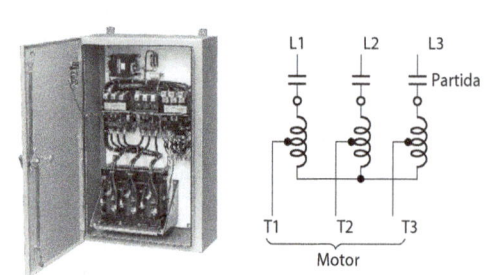

Figura 3-35 Dispositivo de partida de motor com autotransformador.
Foto cedida pela Rockwell Automation, www.rockwellautomation.com.

relativamente pequena em comparação com os transformadores de potência. Os transformadores de potencial têm especificações de potência típicas de 100 a 500 VA. O secundário, o lado da tensão baixa, é geralmente enrolado para 120 V, o que possibilita o uso de instrumentos padrão com especificações de bobina de potencial de 120 V. O lado do primário é projetado para ser conectado em paralelo com o circuito a ser monitorado.

Um transformador de corrente é um transformador que tem o seu primário conectado em série com o condutor da linha. O condutor passa pelo centro do transformador, como ilustra a Figura 3-37, e constitui uma espira do primário. Um transformador de corrente alimenta o instrumento e/ou dispositivo de

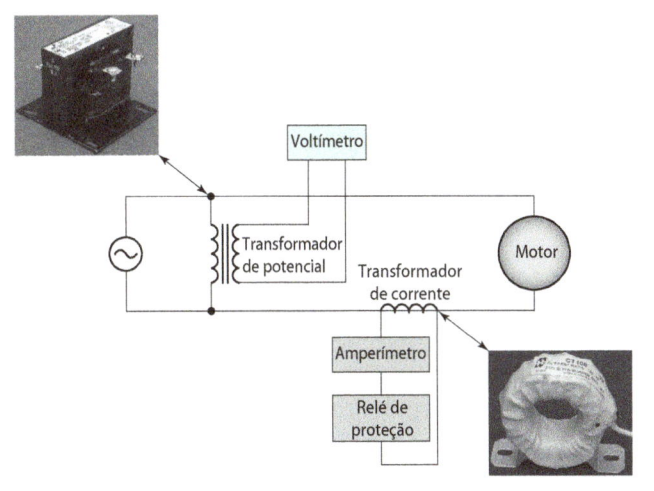

Figura 3-36 Transformadores para instrumentos.
Fotos cedidas pela Hammond Manufacturing, www.hammondmfg.com.

proteção, com uma pequena corrente que é proporcional à corrente principal. O enrolamento secundário, que consiste em muitas espiras, é projetado para produzir um valor padrão de 5 A quando a corrente especificada flui pelo primário. O circuito secundário de um transformador de corrente nunca deve ser aberto quando há corrente no enrolamento primário. Se não houver carga conectada ao secundário, este transformador se comporta elevando a tensão a um patamar perigoso, por causa da alta relação de espiras. Portanto, um transformador de corrente deve ter sempre seu secundário em curto-circuito quando não estiver conectado a uma carga externa.

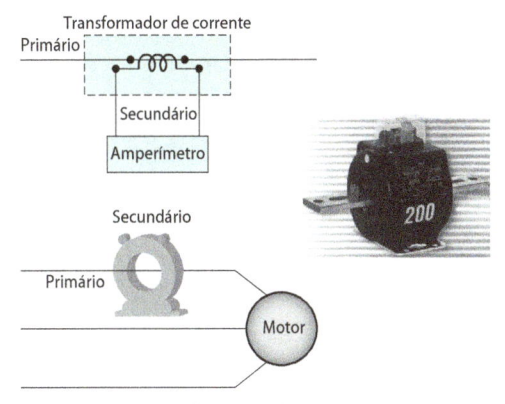

Figura 3-37 Transformador de corrente.
Foto cedida pela ABB, www.abb.com.

Parte 3

Questões de revisão

1. Explique como os terminais de alta e de baixa tensão de um transformador de potência monofásico são identificados.
2. Um teste de polaridade é feito no transformador mostrado na Figura 3-38.
    a. Que tipo de polaridade é indicado?
    b. Qual é o valor da tensão no enrolamento secundário?

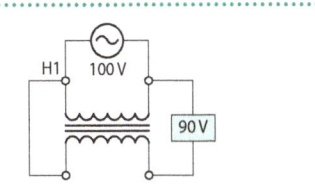

Figura 3-38 Circuito para a questão de revisão 2.

c. Redesenhe o diagrama com os terminais sem marcação do transformador corretamente indicados.
3. O circuito de acionamento para um motor trifásico de 480 V normalmente opera em qual tensão? Por quê?
4. Um transformador de acionamento com duplo primário (240/480 V) opera a partir de um sistema trifásico de 480 V. Como os dois enrolamentos do primário devem ser conectados entre si? Por quê?
5. Para o circuito de acionamento de motor da Figura 3-39, suponha que ele esteja aterrado *incorretamente*, em X1, em vez de corretamente, em X2, como mostrado. Com esta conexão incorreta, explique como o circuito de acionamento funcionaria se o ponto 2 do botão de parada fosse acidentalmente aterrado.

6. Quais são os dois tipos básicos de configurações de transformador trifásico?
7. A tensão fase-neutro de um sistema trifásico de distribuição a quatro fios conectado em estrela é especificada como 277 V. Qual seria sua especificação de tensão fase-fase?
8. Por que é necessário aplicar a constante 1,73 ($\sqrt{3}$) em cálculos de circuitos trifásicos?
9. Explique a diferença básica entre os circuitos do primário e do secundário de um transformador de tensão padrão e de um autotransformador.
10. Como os autotransformadores são usados para reduzir a corrente de partida de grandes motores trifásicos?
11. Dê dois exemplos de como os transformadores para instrumentos são utilizados.
12. Compare a conexão do primário de um transformador de potencial com a de um transformador de corrente.
13. Que medida de segurança importante deve ser seguida ao usar transformadores de corrente em circuitos vivos?
14. A especificação de corrente do enrolamento primário de um transformador de corrente é 100 A e a do seu secundário é 5 A. Um amperímetro conectado no secundário indica 4 A. Qual é o valor do fluxo de corrente no primário?

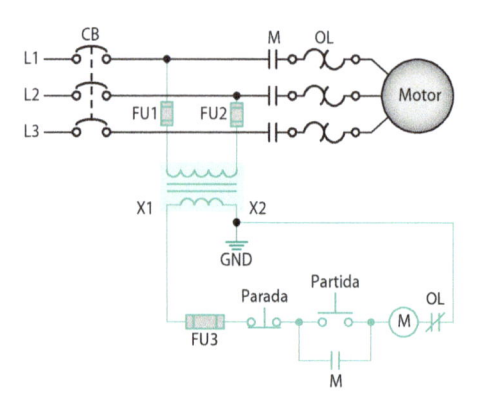

Figura 3-39 Circuito para a questão de revisão 5.

Situações de análise de defeitos

1. O transformador de acionamento da partida de um motor trifásico conectado direto à linha é testado e constata-se que o enrolamento secundário está aberto. Discuta o que poderia ocorrer se fosse feita uma tentativa para operar temporariamente o sistema de acionamento diretamente a partir de duas das três linhas de alimentação trifásica.

2. Os dois enrolamentos primários de um transformador de acionamento com duplo primário (240 V ou 480 V) podem ser conectados em paralelo para reduzir a tensão de linha de 240 V para uma tensão de acionamento de 120 V. Considerando que os dois enrolamentos do primário estão conectados incorretamente em série, em vez de paralelo, qual seria o efeito disso no circuito de acionamento?

Tópicos para discussão e questões de raciocínio crítico

1. Discuta como a energia elétrica pode ser distribuída dentro de um pequeno conjunto comercial ou industrial.
2. Pesquise as especificações para um quadro de distribuição terminal a quatro fios capaz de alimentar cargas monofásicas e trifásicas. Inclua em seus resultados:
   - Todas as especificações elétricas
   - O leiaute do barramento interno
   - As conexões para cargas monofásicas e trifásicas

capítulo 4

Dispositivos de acionamento de motores

Os dispositivos de acionamento são componentes que controlam a potência fornecida a uma carga elétrica. Os sistemas de acionamento de motor utilizam uma grande variedade de dispositivos de acionamento. Os dispositivos de acionamento de motores introduzidos neste capítulo abrangem desde uma simples botoeira até os sensores de estado sólido mais complexos. Os termos e as aplicações práticas apresentados aqui ilustram como a seleção de um dispositivo de acionamento depende da aplicação específica.

Objetivos do capítulo

» Reconhecer chaves acionadas manualmente em geral encontradas em circuitos de acionamento de motores e explicar o funcionamento delas.

» Identificar chaves acionadas mecanicamente em geral encontradas em circuitos de acionamento de motores e explicar o funcionamento delas.

» Identificar diferentes tipos de sensores e explicar como eles detectam e medem a presença de alguma coisa.

» Descrever as características de funcionamento de um relé, um solenoide, uma válvula solenoide, um motor de passo e um motor CC sem escovas.

» Parte 1

» Chaves acionadas manualmente

Dispositivos de acionamento primário e auxiliar

Um dispositivo de acionamento é um componente que controla a potência fornecida a uma carga elétrica. Todos os componentes utilizados nos circuitos de acionamento de motores são classificados como dispositivos de acionamento primário ou dispositivos de acionamento auxiliar. Um *dispositivo de acionamento primário*, como um contator de motor, dispositivo de partida ou controlador, conecta a carga na linha. Um *dispositivo de acionamento auxiliar*, como um relé ou contato de chave, é utilizado para ativar o dispositivo de acionamento primário. Os dispositivos de serviço auxiliar não devem ser utilizados para comutar cargas de potência a menos que sejam exclusivamente especificados para isso. Os contatos selecionados para os dispositivos de acionamento primário e auxiliar devem ser capazes de lidar com a tensão e a corrente a serem comutadas. A Figura 4-1 mostra um circuito de acionamento de motor típico que inclui dispositivos de acionamento primário e auxiliar. Na aplicação mostrada, o fechamento do contato da chave de dois estados completa o circuito para energizar a bobina do contator M. Isso, por sua vez, fecha os contatos do contator para completar o circuito de alimentação principal do motor.

Chaves de dois estados

Uma chave acionada manualmente é controlada pela mão. As *chaves de dois estados*, ilustradas na Figura 4-2, são exemplos de chaves acionadas manualmente. Uma chave de dois estados usa um mecanismo de alavanca para implementar uma comutação de ação rápida de contatos elétricos. Esse tipo de comutação ou de arranjo de contatos é especificado por uma abreviação apropriada como a seguir:

SPST – um polo, uma posição (*single pole, single throw*)

SPDT – único polo, duas posições (*single pole, double throw*)

DPST – dois polos, uma posição (*double pole, single throw*)

DPDT – dois polos, duas posições (*double pole, double throw*)

As especificações elétricas para chaves são expressas em termos da tensão de interrupção máxima e da corrente que podem operar. As especificações de corrente CA e CC dos contatos não são as mesmas para uma dada chave. A especificação de corrente CA será maior que a CC para valores equivalentes de tensão. A razão para isso é que a corrente CA é zero duas vezes durante cada ciclo, o que reduz a probabilidade de formação de arco elétrico entre os contatos. Além disso, maiores tensões de decaimento são geradas em CC que contêm dispo-

Figura 4-1 Dispositivos de acionamento primário e auxiliar.
Foto cedida pela Rockwell Automation, www.rockwellautomation.com.

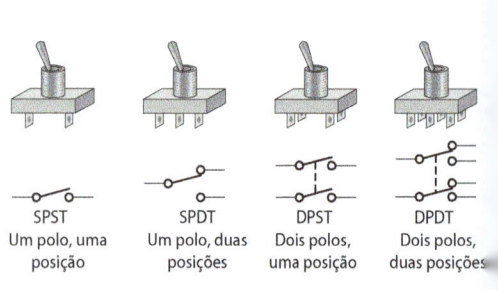

Figura 4-2 Chaves de dois estados.

sitivos de carga do tipo indutivo. As especificações de tensão e corrente de chaves representam valores máximos e podem ser utilizadas em circuitos com tensões e correntes abaixo destes níveis, mas nunca acima.

Botoeiras

As *botoeiras* (chaves de pressão do tipo *pushbuttons*) são muito usadas em aplicações de acionamento de motor para partida e parada de motores, bem como para controlar e substituir funções do processo. Uma botoeira funciona por pressão de um botão que abre ou fecha os contatos. A Figura 4-3 mostra os tipos mais usados de símbolos de botoeiras e a ação de comutação. As abreviações NA (normalmente aberto) e NF (normalmente fechado) representam o estado dos contatos da chave quando ela não está ativada. Uma botoeira NA fecha um circuito quando é pressionada e retorna à sua posição aberta quando o botão é liberado. A botoeira NF abre o circuito quando é pressionada e retorna à sua posição fechada quando o botão é liberado.

Em uma botoeira de contatos invertidos, os contatos da seção superior são NF, e os da seção inferior, NA. Quando o botão é pressionado, os contatos inferiores são fechados após os contatos superiores abrirem. A Figura 4-4 mostra uma botoeira de contatos invertidos usada em um circuito de

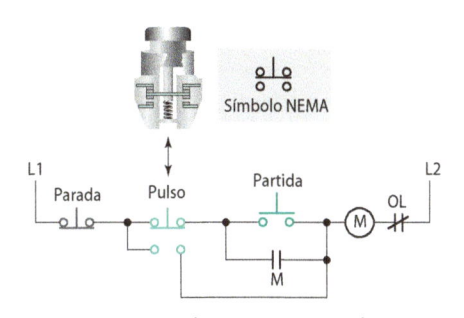

Figura 4-4 Botoeira de contatos invertidos e circuito de acionamento de motor.

acionamento de motor pulso-partida-parada. O funcionamento desse circuito é resumido a seguir:

- Pressionando o botão de partida, o circuito da bobina M é fechado, provocando a partida do motor e a manutenção desse estado pelo contato de retenção M.
- Com a bobina M desenergizada e o botão pulso pressionado em seguida, o circuito da bobina M é fechado. O contato de M fecha, mas o circuito de retenção não é completado, enquanto o contato NF de pulso estiver aberto.

Quando há um ou mais botões em um encapsulamento comum, este é denominado módulo de botoeira (Figura 4-5). Os encapsulamentos elétricos são projetados para proteger seu conteúdo contra condições ambientais que podem gerar problemas de operação, como poeira, sujeira, óleo,

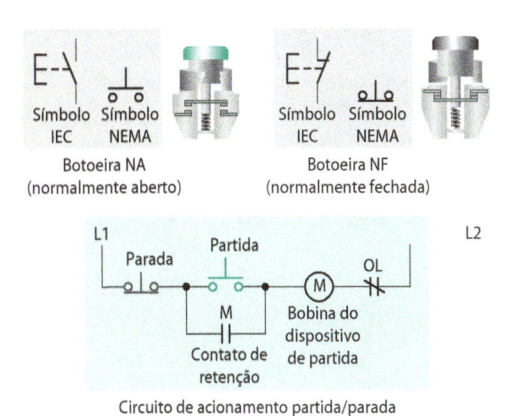

Figura 4-3 Símbolos de botoeiras e ações de comutação.

Figura 4-5 Módulo de botoeira – NEMA tipo 1. Material e *copyrights* associados são de propriedade da Schneider Electric, que permitiu o uso.

água, materiais corrosivos e variações extremas de temperatura. Os tipos de encapsulamentos são padronizados pela National Electrical Manufacturers Association (NEMA). Os tipos de encapsulamentos NEMA são selecionados de acordo com o ambiente em que o equipamento está instalado. Uma lista parcial de tipos de encapsulamento específicos é dada a seguir.

A fabricação de botoeiras é feita no modelo NEMA de 30 mm e no modelo menor IEC de 22 mm, conforme ilustrado na Figura 4-6. O tamanho está relacionado com o diâmetro do orifício circular onde é montado o botão de pressão nos diâmetros de 30 ou 22 milímetros. As partes de uma botoeira consistem basicamente em um operador, uma placa de rótulo e um bloco de contato.

Operador – O operador é a parte da botoeira que é pressionada, puxada ou girada para ativar os seus contatos. Os operadores vêm em muitas cores, formas e tamanhos diferentes projetados para aplicações de acionamento específicas. As botoeiras embutidas têm o atuador embutido com o anel de montagem e são muitas vezes utilizadas para botões de partida que precisam ser protegidos contra acionamento acidental. As botoeiras com extensor têm os atuadores salientes cerca de ¼ de polegada além do anel de montagem e permitem um acionamento fácil porque o operador da máquina não precisa colocar o dedo diretamente sobre o atuador para

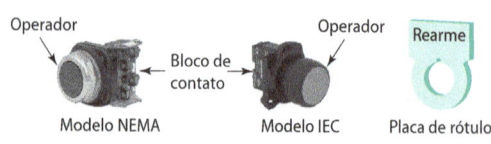

Figura 4-6 Conjunto típico de botoeiras.
Fotos cedidas pela Rockwell Automation, www.rockwellautomation.com.

Tipos de encapsulamento NEMA

Tipo	Aplicação	Condições de serviço
1	Interna	Comuns
3	Externa	Poeira trazida pelo vento, chuva, granizo e gelo no encapsulamento
3R	Externa	Queda de chuva e gelo no encapsulamento
4	Interna/externa	Poeira trazida pelo vento e pela chuva, respingos de água, água direto da mangueira e gelo no encapsulamento
4X	Interna/externa	Corrosão, poeira e chuva trazida pelo vento, respingos de água, água direto da mangueira e gelo no encapsulamento
6	Interna/externa	Submersão temporária ocasional até uma profundidade limitada
6P	Interna/externa	Submersão prolongada até uma profundidade limitada
7	Ambientes internos classificados como Classe I, Grupos A, B, C ou D conforme definido pelo NEC	Resistir e conter uma explosão interna o suficiente de modo que uma mistura explosiva de gás e ar na atmosfera não seja inflamada
9	Ambientes internos classificados como Classe II, Grupos E ou G conforme definido pelo NEC	Poeira
12	Interna	Poeira, sujeira e gotejamento de líquidos não corrosivos
13	Interna	Poeira, água pulverizada, óleo e líquido de arrefecimento não corrosivo

acionar a botoeira. A botoeira do tipo cabeça de cogumelo tem um atuador que se estende além do anel de montagem e tem um diâmetro maior que o de uma botoeira padrão. Devido a seu tamanho e forma, as botoeiras do tipo cabeça de cogumelo são mais facilmente vistas e acionadas e, por isso, são usadas como botões de parada de emergência. Os operadores de botoeiras semiencobertos contêm um anel de guarda, que se estende além da metade superior do botão. Isso ajuda a evitar acionamento acidental, permitindo um acesso fácil, particularmente com o polegar. Os operadores de máquinas que usam luvas encontram maior facilidade em pressionar botões semiencobertos do que botões embutidos. Unidades de operador de botões iluminados usam frequentemente diodos emissores de luz (LED) integrados para fornecer a iluminação desejada.

Placa de rótulo – As placas de rótulo são as etiquetas fixadas em torno de uma botoeira para identificar o seu propósito. Elas vêm em muitos tamanhos, cores e línguas (o inglês é muito comum). Como exemplos de textos de rótulos temos: PARTIDA (START), PARADA (STOP), DIRETO (FWD), REVERSO (REV), PULSO (JOG), PARA CIMA (UP), PARA BAIXO (DOWN), LIGA (ON), DESLIGA (OFF), REARME (RESET) e OPERAR (RUN).

Bloco de contato – O bloco de contato é a parte da montagem da botoeira que é ativada quando o botão é pressionado. O bloco de contato pode abrigar muitos conjuntos de contatos que abrem e fecham quando a botoeira é acionada. A configuração de contatos normal permite um conjunto de contatos, sendo um normalmente aberto e um normalmente fechado, dentro de um bloco de contato. Uma botoeira pode conter contatos empilhados que mudam de estado com o acionamento de um simples botão.

Os contatos do bloco de contato em si são mantidos em uma posição pela força de uma mola e retornam a essa posição normal, ON ou OFF (ligado ou desligado), quando o operador é liberado. No entanto, quando os blocos de contato estão ligados a um operador de botoeira, a sua ação de comutação é determinada em parte pelo operador. Os operadores de botoeiras de comando estão disponíveis para operação *momentânea* ou *com retenção*. Os operadores de botoeiras do tipo momentâneo retornam aos seus estados normais, ON ou OFF, logo que o operador é liberado. Ao contrário dos operadores de botoeiras momentâneos, os tipos com retenção requerem que pressionemos e soltemos o operador para mudar o estado dos contatos e, para mudar novamente o estado dos contatos, devemos pressionar e liberar o operador pela segunda vez.

Os circuitos de acionamento de motores a três fios padrão utilizam um circuito de retenção em conjunto com operadores momentâneos de botoeiras de partida/parada para iniciar e parar um motor. As chaves de *parada de emergência* são dispositivos que os usuários manipulam para realizar o desligamento completo de uma máquina, sistema ou processo. As botoeiras de parada de emergência instaladas nos circuitos de acionamento de motores normalmente têm contatos do tipo retenção e cabeças do tipo cogumelo. O uso de contatos com retenção nas botoeiras de parada de emergência evita o processo de reinicialização do motor até que a botoeira com retenção seja fisicamente rearmada. Segundo as regulamentações da Occupational Safety and Health Administration (OSHA), é necessário que, uma vez ativado o interruptor de parada de emergência, o processo de acionamento não pode ser iniciado novamente até que a chave de parada atuada seja rearmada para a posição ligado. A Figura 4-7 mostra um circuito de acionamento típico que inclui uma botoeira de parada de emergência. Os contatos com retenção normalmente fechados se abrem quando a botoeira é pressionada e se mantêm abertos até que sejam rearmados manualmente. Uma vez que os contatos de parada de emergência são mantidos abertos pelo mecanismo do operador da botoeira, o motor não funciona se o botão de partida for pressionado. Para reiniciar o motor após a botoeira de parada de emergência

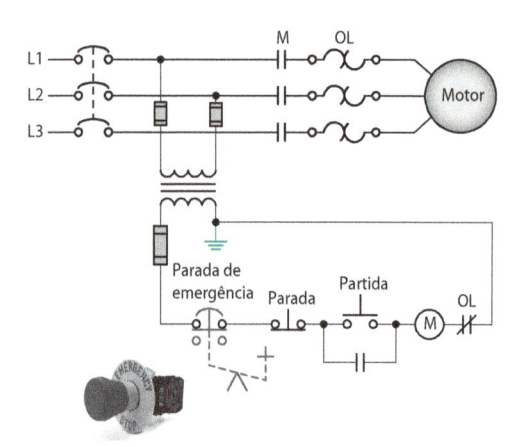

Figura 4-7 Botoeira de parada de emergência.
Foto cedida pela Rockwell Automation, www.rockwellautomation.com.

ser ativada, deve-se primeiro rearmar a botoeira de parada de emergência e, em seguida, pressionar o botão de partida.

Sinalizadores luminosos

Os sinalizadores luminosos (ou luzes piloto) fornecem uma indicação visual do estado de muitos processos controlados por motores, permitindo que as pessoas em locais remotos observem o estado atual da operação. Eles são normalmente usados para indicar se um motor está ou não em funcionamento. A Figura 4-8 mostra o circuito com botoeiras de partida/parada com um sinalizador luminoso conectado para indicar quando o dispositivo de partida está energizado. Para esta aplicação, o sinalizador que tem no símbolo a letra R (*red*), conforme a Figura 4-8, é energizado para mostrar quando o motor está em funcionamento, pois o motor e o circuito de acionamento estão em um local um pouco remoto.

Os sinalizadores estão disponíveis para tensão integral ou tensões mais baixas. Um *sinalizador com transformador*, como o mostrado na Figura 4-9, utiliza um transformador abaixador para reduzir a tensão de operação fornecida para a lâmpada. A tensão no primário do transformador é compatível com a tensão de entrada de L1 e L2, enquanto a tensão do secundário é compatível com a lâmpa-

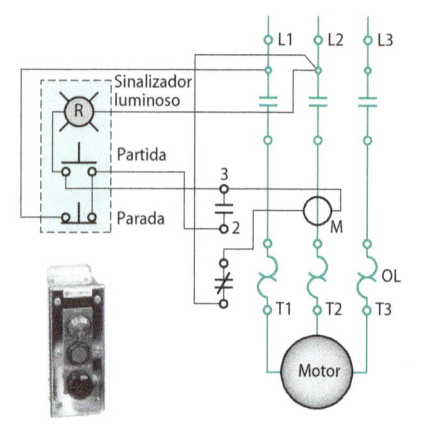

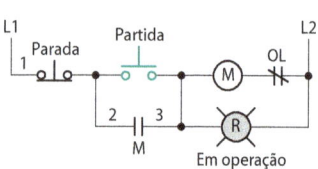

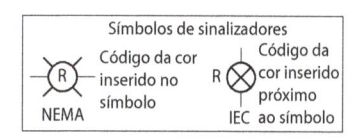

Figura 4-8 Botoeiras de partida/parada remotas com sinalizador de funcionamento.
Foto cedida pela Rockwell Automation, www.rockwellautomation.com.

da. A tensão mais baixa da lâmpada pode fornecer uma margem de segurança caso a lâmpada precise ser substituída enquanto o circuito de acionamento ainda estiver energizado. Também estão disponíveis unidades de sinalização que utilizam LEDs integrados, que operam de 6 a 24 V, CA ou CC.

Figura 4-9 Sinalizador com transformador.
Foto cedida pela Rockwell Automation, www.rockwellautomation.com.

Os sinalizadores de dupla entrada "*push-to-test*" são projetados para reduzir o tempo necessário para solucionar uma suspeita de defeito da lâmpada. Os sinalizadores *push-to-test* podem ser energizados a partir de dois sinais de entrada separados da mesma tensão. Isso é feito por meio da conexão do terminal "teste" na segunda entrada de sinal conforme ilustrado nos circuitos *push-to-test* na Figura 4-10. Pressionando o sinalizador *push-to-test*, a entrada de sinal normal para a luz é aberta, enquanto o caminho direto para L1 é fechado, acionando a lâmpada se a unidade não estiver com defeito.

Chave seletora

A diferença entre uma botoeira e uma chave seletora é o mecanismo de operação. O operador de uma chave seletora é girado (em vez de pressionado) para abrir e fechar os contatos dos blocos de contatos associados. As posições da chave são estabelecidas girando o botão do operador para a direita ou para a esquerda. Estas chaves podem ter duas ou mais posições para o seletor com contatos que operam com retenção ou momentâneos, que retornam pela ação de uma mola.

O circuito da Figura 4-11 é um exemplo de uma chave seletora de três posições usada para selecionar três modos de operação para o acionamento de uma motobomba. A operação do circuito é resumida a seguir:

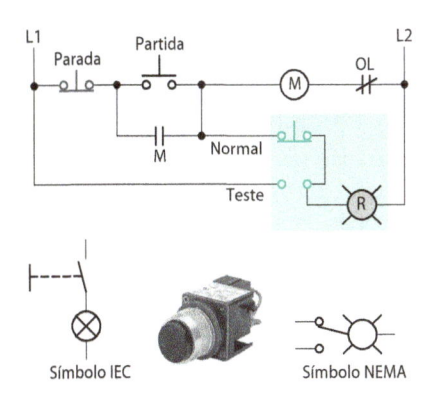

Figura 4-10 Sinalizador *push-to-test*.
Foto cedida pela Rockwell Automation, www.rockwellautomation.com.

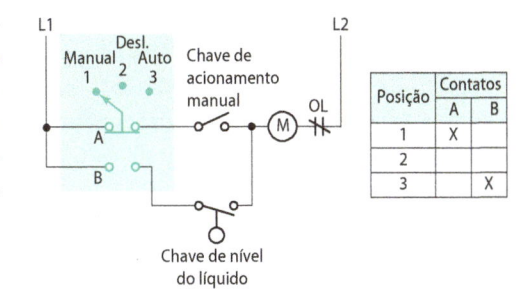

Figura 4-11 Chave seletora de três posições.
Foto cedida pela Rockwell Automation, www.rockwellautomation.com.

Posição	Contatos	
	A	B
1	X	
2		
3		X

- Na posição MANUAL, a bomba pode ser acionada fechando a chave de acionamento manual. Ela pode ser parada abrindo a chave de acionamento manual ou selecionando a posição DESL. na chave seletora. A chave de nível do líquido não tem efeito, tanto na posição MANUAL quanto na posição DESL.
- Quando for selecionado AUTO, a chave de nível do líquido controla a bomba. Em um nível predeterminado, a chave de nível do líquido fecha, acionando a bomba. Em outro nível predeterminado, a chave de nível do líquido se abre, parando a bomba.
- A posição do contato da chave seletora e o estado resultante são identificados por meio da tabela mostrada. Os contatos são identificados como A e B, e as posições, como 1, 2 e 3. Um X na tabela indica que o contato está fechado naquela posição específica.

Chave tambor

Uma *chave tambor* consiste em um conjunto de contatos que se movem e um conjunto de contatos estacionários que abrem e fecham conforme o eixo da chave é girado. As chaves tambor de reversão são projetadas para a partida e para a reversão de motores por meio da conexão deles diretamente na linha. A chave tambor pode ser usada com motores gaiola de esquilo, motores monofásicos projetados para reversão de operação e motores CC compostos dos tipos série e *shunt*. A Figura 4-12 mostra como uma chave tambor é conectada para reverter o sentido de rotação de um motor trifásico. A reversão do sentido de rotação é realizada com a troca entre si de duas das três linhas da fonte de alimentação do motor. As configurações internas da chave e as conexões resultantes do motor, para os sentidos direto e reverso, são mostradas nas tabelas. Observe que a chave tambor é usada apenas como um meio para controlar o sentido de rotação do motor e não fornece proteção contra sobrecarga e sobrecorrente. Uma regra a ser usada com a maioria dos motores é que eles devem parar completamente antes da reversão do sentido de rotação.

Posições manuais		
Sentido direto	Desligado	Sentido reverso
1●—●2	1● ●2	1● ●2
3●—●4	3● ●4	3●—●4
5●—●6	5● ●6	5●—●6

Conexões do motor	
Sentido direto	Sentido reverso
L1-a-T1	L1-a-T3
L3-a-T3	L3-a-T1
L2-a-T2	L2-a-T2

Figura 4-12 Chave tambor usada para a reversão do sentido de rotação de um motor trifásico.
Material e *copyrights* associados são de propriedade da Schneider Electric, que permitiu o uso.

Parte 1

Questões de revisão

1. Cite três exemplos de dispositivos de acionamento primários para acionamento de motores.
2. Cite três exemplos de dispositivos auxiliares de acionamento de motor.
3. O que significam os termos *normalmente aberto* e *normalmente fechado* quando usados na definição da ação de comutação de uma botoeira?
4. Os tipos de encapsulamentos usados para os dispositivos de acionamento de motores têm sido padronizados pela NEMA. Que critérios são adotados para classificar os tipos de encapsulamentos NEMA?
5. Cite as três partes básicas de uma botoeira.
6. Compare a operação de operadores de botoeiras do tipo *momentâneo* e *com retenção*.
7. Qual é o requisito da OSHA para o rearme de botões de parada de emergência?
8. Um sinalizador luminoso deve ser conectado para indicar quando um dispositivo de partida magnético é energizado. Em qual componente do circuito o sinalizador deve ser conectado?
9. Explique como um sinalizador *push-to-test* funciona.
10. Compare a maneira como os contatos de uma botoeira e de uma chave seletora são comutados.
11. Quando um interruptor de tambor é utilizado para iniciar e reverter um motor gaiola de esquilo trifásico, como a ação de reversão é realizada?

» Parte 2

» Chaves acionadas mecanicamente

Chaves fim de curso

Uma chave acionada mecanicamente é controlada automaticamente por fatores como posição, pressão e temperatura. A *chave fim de curso*, ilustrada na Figura 4-13, é um tipo muito comum de dispositivo de acionamento de motor acionado mecanicamente. As chaves fim de curso são projetadas para operar apenas quando um limite predeterminado é alcançado, e são geralmente acionadas pelo contato com um objeto, como um ressalto. Estes dispositivos tomam o lugar dos operadores humanos e são muitas vezes utilizados nos circuitos de acionamento de processos de máquinas para comandar a partida, a parada ou a reversão de motores.

As chaves fim de curso são constituídas de duas partes principais: o corpo e a cabeça do operador (também chamado de atuador). No corpo da chave estão embutidos os contatos que são abertos ou fechados em resposta ao movimento do atuador. Os contatos podem ser do tipo normalmente aberto (NA), normalmente fechado (NF), momentâneo (retorno por ação de mola) ou com retenção. Os termos *normalmente aberto* e *normalmente fechado* se referem ao estado dos contatos quando a chave está no estado normal desativado. A Figura 4-14

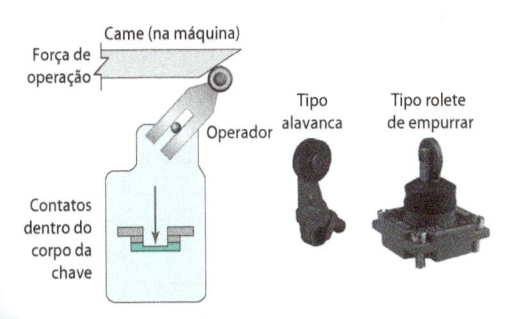

Figura 4-13 Chave fim de curso.
Material e *copyrights* associados são de propriedade da Schneider Electric, que permitiu o uso.

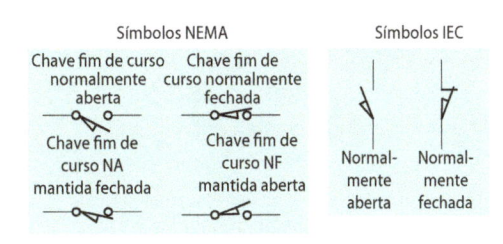

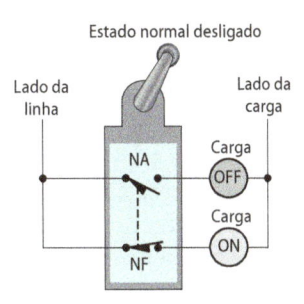

Figura 4-14 Símbolos de chaves fim de curso e configuração.

mostra os símbolos padrão utilizados para representar os contatos das chaves fim de curso:

- O símbolo de uma chave fim de curso NA mantida fechada indica que o contato é conectado como um contato NA, porém, quando o circuito está no estado normal desligado (*off*), alguma parte da máquina mantém o contato fechado.
- O símbolo de uma chave fim de curso NF mantida aberta indica que o contato é conectado como um contato NF e alguma parte da máquina, no seu estado normal desligado (*off*), mantém o contato aberto.
- Um bloco de contato com um conjunto de contatos NA e NF é a configuração mais comum. Quando temos dois ou mais conjuntos de contatos em uma chave fim de curso, os quais são eletricamente isolados, devemos conectar as cargas que esses contatos estão controlando no mesmo lado da linha.

As chaves fim de curso vêm com uma grande variedade de operadores (Figura 4-15) projetados para uma ampla gama de aplicações incluindo:

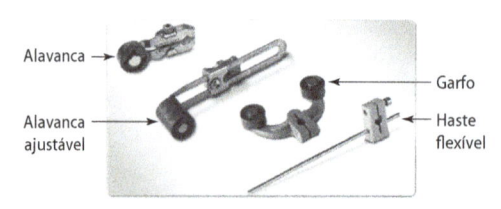

Figura 4-15 Operadores de chaves fim de curso.
Foto cedida pela Eaton Corporation, www.eaton.com.

- *Tipo alavanca*, que consiste em um único braço com um rolo ligado na extremidade para ajudar a evitar o desgaste. O comprimento da alavanca pode ser fixo ou ajustável. Os tipos ajustáveis são usados em aplicações que exigem o ajuste do comprimento do atuador ou da haste.
- *Alavanca garfo*, projetada para aplicações onde o objeto de atuação se desloca em dois sentidos. Uma aplicação típica é um carro de máquina que alterna automaticamente para frente e para trás.
- *Haste flexível*, usada em aplicações que requerem a detecção de um objeto em movimento a partir de qualquer direção em vez de um ou dois sentidos ao longo de um único plano. Eles podem ser de aço, plástico, Teflon ou de nylon e estão conectados à chave fim de curso por uma mola flexível.
- *Tipo rolete*, que opera por meio de um movimento para frente na direção da chave fim de curso. Ele tem a menor quantidade de deslocamento em comparação com outros tipos e é normalmente usado para evitar a ultrapassagem de uma peça de máquina ou objeto. Os contatos da chave fim de curso são conectados de modo a parar o movimento do objeto para frente quando ele entra em contato com o rolete.

Uma aplicação comum das chaves fim de curso é limitar o deslocamento de dispositivos operados eletricamente, como portas, transportadores, guinchos, mesas de trabalho de máquinas-ferramentas e similares. A Figura 4-16 mostra o circuito de acionamento de partida e parada de um motor

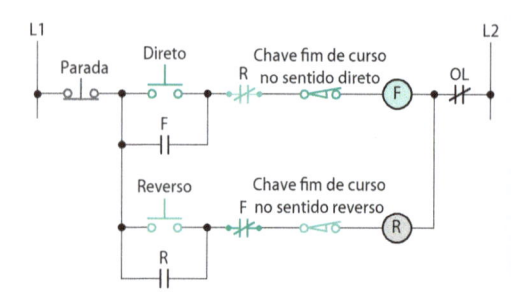

Figura 4-16 Chaves fim de curso que fornecem proteção contra sobrecurso.

nos sentidos direto e reverso com duas chaves fim de curso que proporcionam proteção contra sobrecurso. A operação do circuito é resumida a seguir:

- Pressionar a botoeira "direto", de contato momentâneo, completa o circuito em que está a bobina F, fechando o contato normalmente aberto de retenção e selando o circuito para a bobina do dispositivo de partida direta.
- No mesmo instante, o contato normalmente fechado de intertravamento F abre para impedir o acionamento do motor no sentido reverso.
- Para inverter o sentido de rotação do motor, o operador deve primeiro pressionar a botoeira de parada para desenergizar a bobina F e, em seguida, pressionar a botoeira "reverso".
- Se a posição de sobrecurso for alcançada em qualquer um dos sentidos, direto ou reverso, a respectiva chave fim de curso NF abrirá para impedir a continuação do deslocamento naquele sentido.
- O sentido direto também é intertravado com o contato normalmente fechado R.

A *microchave fim de curso*, mostrada na Figura 4-17, é uma chave de ação rápida em um pequeno encapsulamento. As chaves de ação rápida são chaves mecânicas que produzem uma movimentação rápida dos contatos de uma posição para outra, sendo úteis em situações que requerem abertura ou fechamento rápido de um circuito. Em uma chave de ação rápida, a comutação real do circuito ocorre em uma velocidade

Figura 4-17 Microchave fim de curso de ação rápida.
Foto cedida pela Cherry, www.cherrycorp.com.

Conjunto de chaves   Encapsulamento   Símbolo

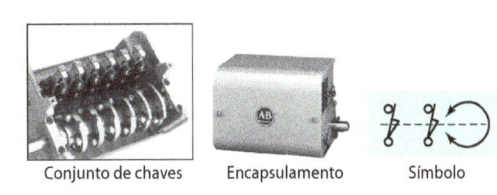

Figura 4-18 Chave fim de curso rotativa com came.
Foto cedida pela Rockwell Automation, www.rockwellautomation.com.

fixa, independentemente do quão rápido ou lento o mecanismo de ativação se mova.

Uma diferença entre as chaves fim de curso tradicionais e as microchaves fim de curso é a configuração elétrica dos contatos da chave. As microchaves usam contatos de um polo e duas posições que têm um terminal conectado como um ponto comum entre os contatos normalmente aberto e normalmente fechado, em vez de dois contatos isolados eletricamente. O corpo da microchave normalmente é de plástico moldado, que oferece um nível limitado de isolação elétrica e proteção física para os contatos. Logo, estas chaves são montadas dentro de encapsulamentos onde há um menor risco de danos físicos. Quando utilizadas em conjunto com portas, as microchaves fim de curso funcionam como dispositivos de segurança que são intertravados com o circuito de acionamento para evitar uma ação dentro do processo se a porta não estiver no lugar.

A *chave fim de curso rotativa com came*, mostrada na Figura 4-18, é um dispositivo de acionamento que detecta a rotação angular do eixo dentro de 360 graus e, em seguida, ativa os contatos. Elas são usadas com máquinas com um ciclo repetitivo de operação, onde o movimento é correlacionado com a rotação do eixo. O conjunto dessa chave consiste em uma ou mais chaves de ação rápida operadas por cames montados em um eixo. Os cames são independentemente ajustáveis para operar em diferentes pontos dentro de uma rotação completa de 360 graus.

Dispositivos de controle de temperatura

Os dispositivos de controle de temperatura (também denominados termostatos, dependendo da aplicação) monitoram a temperatura ou as variações de temperatura em um processo. Embora existam muitos tipos disponíveis, todos eles atuam em função de alguma variação de temperatura específica de um ambiente. As chaves de temperatura abrem ou fecham quando uma determinada temperatura é atingida. Os dispositivos de controle de temperatura são utilizados em aplicações de aquecimento ou arrefecimento onde a temperatura deve ser mantida dentro de limites preestabelecidos. Os símbolos utilizados para representar chaves de temperatura são mostrados na Figura 4-19.

Termostato programável

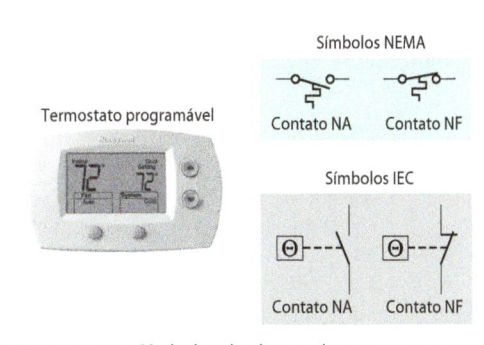

Símbolos NEMA
Contato NA   Contato NF

Símbolos IEC
Contato NA   Contato NF

Figura 4-19 Símbolos de chaves de temperatura.
Foto cedida pela Honeywell, www.honeywell.com.

As chaves de temperatura são projetadas para trabalhar com alguns princípios operacionais diferentes. Estes dispositivos normalmente incluem elementos sensores e contatos de comutação alojados como uma única montagem mecânica. Essas chaves podem abrir ou fechar com o aumento da temperatura, dependendo de sua construção interna. A chave de temperatura com *tubo capilar*, ilustrada na Figura 4-20, opera com base no princípio de que um líquido sensível à temperatura vai se expandir e contrair com uma variação na temperatura. A pressão no sistema varia na proporção da temperatura e é transmitida para o fole através do bulbo e do tubo capilar. À medida que a temperatura sobe, a pressão no tubo aumenta. Da mesma forma, quando a temperatura é reduzida, a pressão no tubo diminui. O movimento do fole, por sua vez, é transmitido por meio de uma conexão mecânica para acionar uma chave de precisão correspondente a um ajuste predeterminado. As chaves de temperatura do tipo tubo capilar podem ser conectadas a um bulbo remoto contendo um fluido, que permite que a chave esteja afastada do bulbo sensor e do ambiente ou processo sob controle.

A Figura 4-21 mostra o diagrama de conexão para o acionamento automático do ventilador de um motor de 230 V e potência fracionária que utiliza uma chave de temperatura. As chaves de temperatura especificadas para operar com a corrente do motor podem ser utilizadas com dispositivos de partida manual de motores de potência fracionária. Observe que é empregado um dispositivo de partida manual de duplo polo. Este tipo de dispositivo de partida é necessário quando os dois terminais de linha do motor devem ser comutados, como ocorre com uma fonte monofásica de 230 V. Quando a chave seletora de três posições estiver na posição AUTO, o termostato reage a um aumento acima da temperatura predefinida e automaticamente liga o ventilador do motor. Quando a temperatura fica abaixo do valor predefinido, os contatos se abrem para desligar o ventilador do motor.

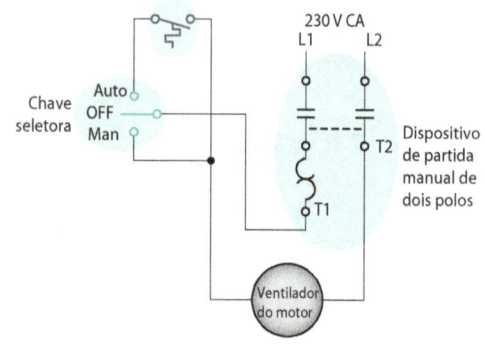

Figura 4-21 Chave de temperatura usada como parte do circuito de acionamento do motor.

Pressostatos

Os pressostatos (chaves de pressão) servem para monitorar e controlar a pressão de líquidos e gases. Eles são normalmente usados para monitorar um sistema e, no caso de a pressão atingir um nível perigoso, para abrir válvulas de alívio ou desligar o sistema. As três categorias de pressostatos para ativar contatos elétricos são: pressão positiva, vácuo (pressão negativa) e pressão diferencial. Os símbolos utilizados para representar pressostatos são mostrados na Figura 4-22.

Os pressostatos são encontrados em muitos tipos de indústrias e aplicações. Eles são empregados para controlar sistemas pneumáticos, mantendo

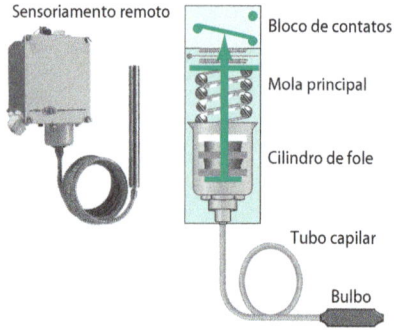

Figura 4-20 Chave de temperatura com tubo capilar.
Foto cedida pela Georgin, www.georgin.com.

Símbolos NEMA para contatos de pressostatos

- Contato NA
- Contato NF

Símbolos IEC para contatos de pressostatos

- Contato NA
- Contato NF

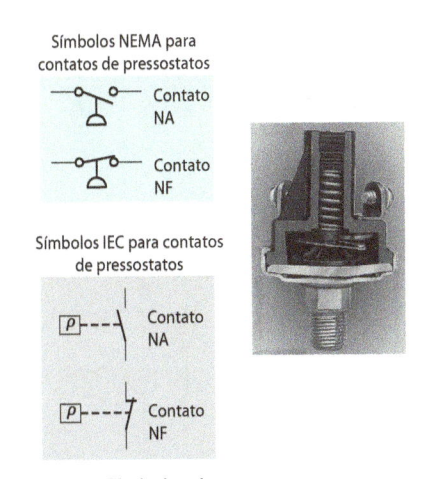

Figura 4-22 Símbolos de pressostatos.
Foto cedida pela Honeywell, www.honeywell.com.

as pressões predefinidas entre dois valores. O circuito de um compressor mostrado na Figura 4-23 consiste em um motor que aciona o compressor, um compressor e um tanque. O funcionamento do circuito é resumido a seguir:

- O pressostato é utilizado para parar o motor quando a pressão do tanque atinge um limite predefinido.
- Quando a pressão predefinida do sistema é alcançada, os contatos NF do pressostato se abrem para desenergizar a bobina do dispositivo de partida do motor e desligar automaticamente o motor do compressor.

- Para evitar a partida e a parada do motor em torno do ponto de ajuste (*set point*) do pressostato, este tipo de pressostato tem um diferencial embutido que permite que ele feche em uma pressão predefinida e, em seguida, abra em um valor de pressão maior. Isso é conhecido como intervalo (*span*) de pressão.

Chaves de nível e de fluxo

Uma *chave de nível* serve para detectar a altura de uma coluna de líquido. As chaves de nível fornecem acionamento automático para motobombas que bombeiam líquido de um reservatório ou para um tanque. Essa chave deve ser instalada acima do tanque ou reservatório e a boia precisa estar no líquido para a chave de nível funcionar. Para a operação do tanque, um conjunto do operador da boia está fixado à chave de nível por meio de uma haste, corrente ou cabo. A chave de nível é acionada de acordo com a localização da boia no líquido.

Existem vários tipos de chaves de nível. Um deles usa uma haste que tem uma boia montada sobre uma extremidade, como ilustrado na Figura 4-24. Nesta aplicação, a chave de nível é usada para controlar o motor da bomba em um tanque de enchi-

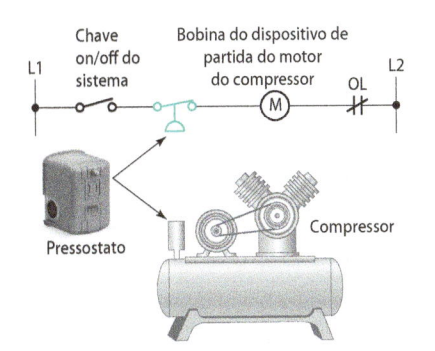

Figura 4-23 Pressostato usado como parte de um sistema de acionamento de compressor.
Material e *copyrights* associados são de propriedade da Schneider Electric, que permitiu o uso.

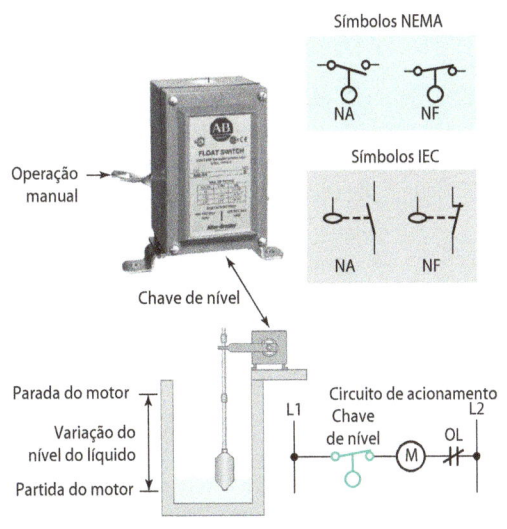

Figura 4-24 Símbolos de chaves de nível e circuito.
Foto cedida pela Rockwell Automation, www.rockwellautomation.com.

mento automático. O funcionamento do circuito é resumido a seguir:

- Os contatos da chave de nível são abertos quando a boia obriga a alavanca a atingir a posição superior.
- Quando o nível do líquido diminui, a boia e a haste se movem para baixo.
- Quando a boia atinge o nível baixo predefinido, os contatos da chave de nível se fecham, ativando o circuito e acionando o motor da bomba para encher novamente o tanque.
- Os pontos de parada ajustáveis na haste determinam a quantidade de movimento que deve ocorrer antes de os contatos da chave de nível se abrirem ou fecharem.

Uma *chave de fluxo* (vazão) serve para detectar o movimento de ar ou líquido por um duto ou uma tubulação. Em certas aplicações, é essencial ser capaz de determinar se o fluido está se deslocando no duto, na tubulação ou em outro conduíte e responder de acordo com essa determinação. Um dos tipos mais simples de chave de fluxo é a do tipo pá, ilustrada na Figura 4-25. A pá se estende para dentro do tubo e se move para fechar os contatos elétricos da chave de fluxo quando o fluxo do fluido é suficiente para superar a tensão da mola na pá. Quando o fluxo para, os contatos se abrem. Na maioria das chaves de fluxo do tipo pá, a tensão da mola é ajustável, permitindo diferentes ajustes de taxa de fluxo.

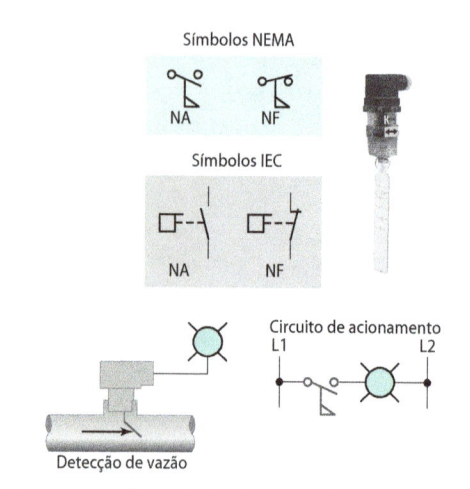

Figura 4-25 Símbolo de chaves de fluxo e circuito. Foto cedida pela Kobold Instruments, www.kobold.com.

Parte 2

Questões de revisão

1. Defina o termo *chave acionada mecanicamente*.
2. De que forma as chaves fim de curso são normalmente acionadas?
3. Uma aplicação de acionamento necessita de uma chave fim de curso com um contato NF com retenção. Isso implica que tipo de conexão?
4. Liste quatro tipos comuns de cabeças presentes nos operadores de chaves fim de curso.
5. Qual é a característica de operação importante de uma microchave fim de curso de ação rápida?
6. De que forma a configuração do contato de uma chave fim de curso tradicional difere da de uma microchave fim de curso?
7. Para que tipos de aplicações de acionamento de máquinas as chaves fim de curso rotativas com came são mais adequadas?
8. Como o fluido de uma chave de temperatura de tubo capilar aciona seu bloco de contatos elétricos?
9. Em que tipos de aplicações os pressostatos são usados?
10. Compare o funcionamento de uma chave de nível com o de uma chave de fluxo.

❯❯ Parte 3

❯❯ Sensores

Os *sensores* são dispositivos usados para detectar, e muitas vezes medir, a magnitude de algo. Eles operam ao converter variações mecânicas, magnéticas, térmicas, ópticas e químicas em tensões e correntes elétricas. Os sensores são em geral classificados por aquilo que medem e desempenham um papel importante em modernos processos de controle na fabricação. As aplicações típicas dos sensores são ilustradas na Figura 4-26 e incluem sensores de luz, de pressão e de código de barras.

Sensores de proximidade

Os sensores de proximidade detectam a presença de um objeto (geralmente denominado alvo) sem contato físico. A detecção da presença de sólidos, como metais, vidro e materiais plásticos, bem como da maioria dos líquidos, é feita por meio de um sensor de campo magnético ou eletrostático. Estes sensores eletrônicos são completamente encapsulados para proteger contra vibração excessiva, líquidos, produtos químicos e agentes corrosivos encontrados no ambiente industrial.

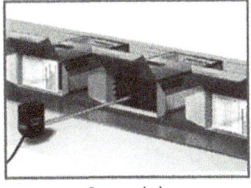

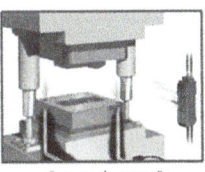

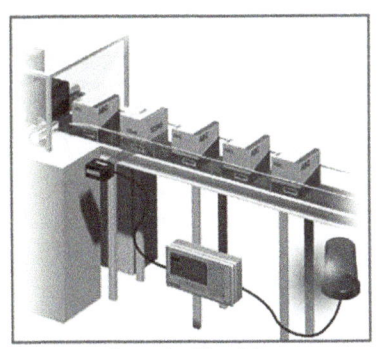

Os sensores de proximidade estão disponíveis em vários tamanhos e configurações para atender aos requisitos de diferentes aplicações. Uma das configurações mais comuns é o tipo cilíndrico, que abriga o sensor em um cilindro de metal ou de polímero com rosca na parte externa do encapsulamento. A Figura 4-27 mostra uma chave de proximidade do tipo cilíndrica junto com os símbolos usados para representá-la. O encapsulamento com rosca permite que o sensor seja facilmente ajustado em uma estrutura.

Sensores de proximidade indutivos

Os sensores de proximidade operam com diferentes princípios, dependendo do tipo de material a ser detectado. Quando uma aplicação necessita detectar um alvo metálico sem contato físico, um *sensor de proximidade do tipo indutivo* é empregado. Estes sensores servem para detectar tanto os metais ferrosos (contendo ferro) quanto os não ferrosos (como alumínio, cobre e latão).

Os sensores de proximidade indutivos funcionam com base no princípio elétrico da indutância, onde uma corrente alternada induz uma força eletromotriz (FEM) em um objeto-alvo. O diagrama em bloco para um sensor de proximidade indutivo é mostrado na Figura 4-28 e seu funcionamento é resumido a seguir:

- O circuito oscilador gera um campo eletromagnético de alta frequência que se irradia a partir da extremidade do sensor.

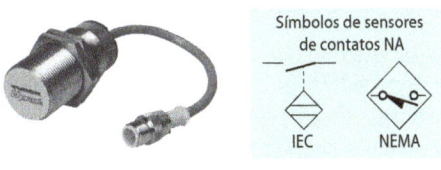

Figura 4-26 Aplicações típicas de sensores.
Fotos cedidas pela Keyence Canada Inc., www.keyence.com.

Figura 4-27 Sensor de proximidade e símbolos.
Foto cedida pela Turck, www.turck.com.

Figura 4-28 Sensor de proximidade indutivo.

- Quando um objeto metálico entra no campo, correntes parasitas são induzidas na superfície do objeto.
- As correntes parasitas no objeto absorvem parte da energia irradiada a partir do sensor, o que resulta em uma perda de energia e mudança na intensidade da oscilação.
- O circuito de detecção do sensor monitora a intensidade da oscilação e dispara a saída, um dispositivo de estado sólido, para um nível específico.
- Uma vez que o objeto de metal deixa a área de detecção, a oscilação retorna para o seu valor inicial.

O tipo de metal e o tamanho do alvo são fatores importantes que determinam o alcance eficaz da detecção do sensor. Metais ferrosos podem ser detectados até 2 polegadas (aproximadamente 5 cm) de distância, enquanto a maioria dos metais não ferrosos requer uma distância mais curta, em geral a 1 polegada (2,54 cm) do dispositivo. O ponto no qual o sensor de proximidade reconhece um alvo que se aproxima é denominado *ponto de operação* (Figura 4-29). O ponto, relacionado ao alvo que se afasta, que faz o dispositivo voltar ao seu estado normal é chamado de *ponto de liberação*. A maioria dos sensores de proximidade vem com um LED indicador de status para possibilitar a verificação da ação de comutação da saída. A área entre os pontos de operação e de liberação é conhecida como *zona de histerese*. A histerese é especificada como uma porcentagem do valor nominal da faixa de detecção e é necessária para evitar repiques nas saídas dos sensores de proximidade quando submetidos a choques e vibrações, movimentos lentos de alvos ou perturbações menores, como ruído elétrico e desvio de temperatura.

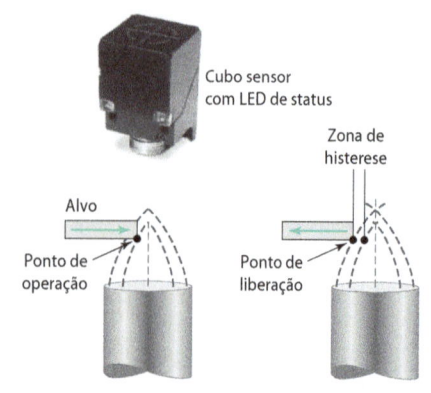

Figura 4-29 Faixa de detecção de um sensor de proximidade.
Foto cedida pela Eaton Corporation, www.eaton.com.

A maioria das aplicações de sensor opera com 24 V CC ou 120 V CA. A Figura 4-30 ilustra conexões típicas de sensores de dois e três fios. O sensor de proximidade CC de três fios (Figura 4-30a) tem os terminais conectados diretamente nas linhas positiva e negativa. Quando o sensor é atuado, o circuito conecta o fio do sinal no lado positivo da linha se a operação do sensor for normalmente aberto (NA). Se a operação dele for NF, o circuito desconecta o fio do sinal no lado positivo da linha.

A Figura 4-30b ilustra a conexão típica de um sensor de proximidade a dois fios conectado em série com a carga. Eles são fabricados para tensões de alimentação CC ou CA. No estado desligado, uma corrente suficiente deve fluir pelo circuito para manter o sensor ativo. A corrente deste estado desligado é denominada corrente de fuga e em geral está na faixa de 1 a 2 mA. Quando a chave for acionada, uma corrente normal passará pela carga. Tenha em mente que os sensores são basicamente dispositivos auxiliares, como dispositivos de partida, contatores e solenoides, e não devem ser usados para operar um motor diretamente.

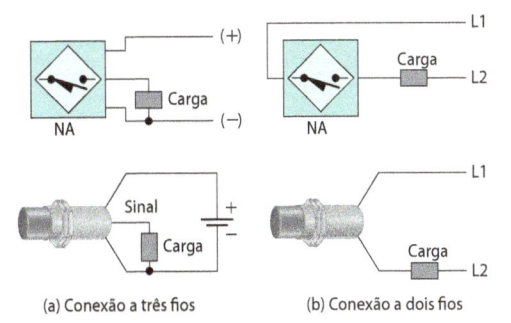

Figura 4-30 Conexões típicas de sensores a três e dois fios.

(a) Conexão a três fios
(b) Conexão a dois fios

Sensores de proximidade capacitivos

Os *sensores de proximidade capacitivos* são semelhantes aos de proximidade indutivos. As principais diferenças entre os dois tipos são que os sensores de proximidade capacitivos produzem um campo eletrostático, em vez de um campo eletromagnético, e são acionados tanto por materiais condutores quanto não condutores. Os sensores capacitivos contêm um oscilador de alta frequência junto com uma superfície de detecção formada por dois eletrodos de metal (Figura 4-31). Quando o alvo se aproxima da superfície do sensor, ele entra no campo eletrostático dos eletrodos e altera a capacitância do oscilador. Como resultado, o circuito do oscilador começa a oscilar e altera o estado de saída do sensor quando atinge certa amplitude. À medida que o alvo se afasta do sensor, a amplitude do oscilador diminui, comutando o sensor de volta ao seu estado original.

Os sensores de proximidade capacitivos detectam objetos metálicos, bem como os não metálicos, como papel, vidro, líquidos e tecido. Eles geralmente têm um alcance de detecção curto, de cerca de 1 polegada (2,54 cm), independentemente do tipo de material sendo detectado. Quanto maior for a constante dielétrica de um alvo, mais fácil será a detecção para o sensor capacitivo. Isso permite detectar materiais dentro de recipientes não metálicos, como ilustrado na Figura 4-32. Neste exemplo, o líquido tem uma constante dielétrica muito maior que a do recipiente de papelão, o que dá ao sensor a capacidade de "ver" através do recipiente e detectar o líquido. No processo mostrado, os recipientes vazios detectados são automaticamente desviados por meio da haste que os empurra.

Sensores fotoelétricos

Um *sensor fotoelétrico* é um dispositivo óptico de controle que opera pela detecção de um feixe visível ou invisível de luz, respondendo a uma variação na intensidade da luz recebida. Os sensores fotoelétricos são formados por dois tipos básicos de componentes: um transmissor (fonte de luz) e um receptor (sensor), como mostra a Figura 4-33. Estes dois componentes podem ou não ser acondicionados em unidades separadas. O funcionamento básico de um sensor fotoelétrico é resumido a seguir:

- O transmissor contém uma fonte de luz, geralmente um LED, junto com um oscilador.

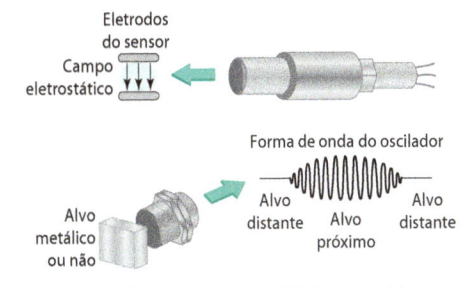

Figura 4-31 Sensor de proximidade capacitivo.

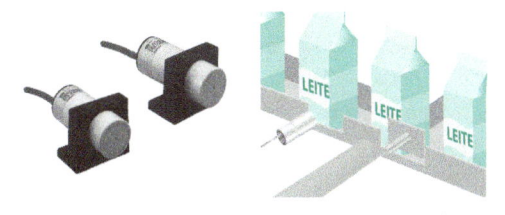

Figura 4-32 Detecção de líquido com sensor de proximidade capacitivo.
Foto cedida pela Omron Industrial Automation, www.omron.com.

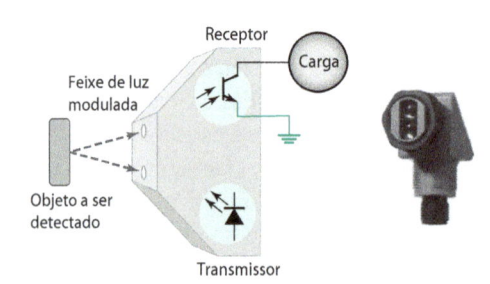

Figura 4-33 Sensor fotoelétrico.
Foto cedida pela SICK Inc., www.lsick.com.

- O oscilador modula, ou liga e desliga, o LED a uma alta taxa de velocidade.
- O transmissor envia um feixe de luz modulada para o receptor.
- O receptor decodifica o feixe de luz e comuta a saída do dispositivo, que faz interface com a carga.
- O receptor é sintonizado para a frequência de modulação do emissor, e apenas amplificará o sinal de luz dos pulsos na frequência específica.
- A maioria dos sensores permite o ajuste da quantidade de luz que fará a saída do sensor mudar de estado.
- O tempo de resposta está relacionado com a frequência dos pulsos de luz. Os tempos de resposta são importantes quando uma aplicação precisa detectar objetos muito pequenos, objetos que se movem a uma alta taxa de velocidade ou ambos.

A técnica de varredura refere-se ao método utilizado por sensores fotoelétricos para detectar objetos. Entre as técnicas comuns de varredura estão a interrupção de feixe, a retrorreflexão e a difusão. É importante entender as diferenças entre as técnicas de detecção fotoelétrica disponíveis para determinar qual sensor vai funcionar melhor em uma aplicação específica.

Varredura por interrupção de feixe

A técnica de varredura por *interrupção de feixe* (também denominada varredura direta) coloca o transmissor e o receptor em linha direta, um de frente para o outro, conforme ilustrado na Figura 4-34. O funcionamento do sistema é resumido a seguir:

- O receptor é alinhado com o feixe do transmissor para capturar a quantidade máxima de luz emitida a partir do transmissor.
- O objeto a ser detectado colocado na trajetória do feixe luminoso bloqueia a luz para o receptor e faz a saída do receptor mudar de estado.
- Como o feixe de luz percorre uma única direção, a varredura por interrupção de feixe fornece detecção de longo alcance. O alcance máximo de detecção é cerca de 7,6 metros.
- Esta técnica de varredura é o método mais confiável em áreas de muita poeira, névoa e outros tipos de contaminantes suspensos no ar que podem dispersar o feixe e também para o monitoramento de grandes áreas.
- Muitas vezes, um portão de garagem tem um sensor fotoelétrico de feixe direto montado perto do chão, que abrange toda a largura do portão. Para esta aplicação, o sensor detecta se nada está obstruindo a porta quando ela está sendo fechada.

Varredura por retrorreflexão

Em uma *varredura por retrorreflexão*, o transmissor e o receptor são alojados no mesmo encapsulamento. Este arranjo requer o uso de um refletor separado ou de uma fita reflexiva colocada em frente ao sensor para que a luz retorne ao receptor. Este sensor é projetado para responder a objetos que interrompam o feixe de luz normalmente mantido entre o

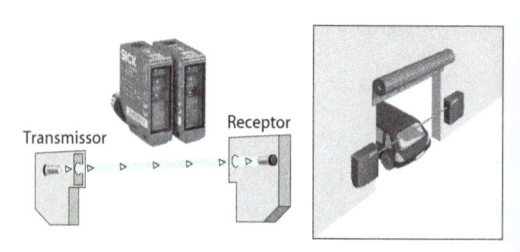

Figura 4-34 Varredura por interrupção de feixe.
Foto cedida pela SICK Inc., www.lsick.com.

transmissor e o receptor, conforme ilustra a Figura 4-35. Diferentemente de uma aplicação de interrupção do feixe direto, os sensores retrorreflexivos são utilizados para aplicações de médio alcance.

Os sensores de varredura retrorreflexivos podem não ser capazes de detectar alvos brilhantes, porque eles tendem a refletir a luz de volta para o sensor. Neste caso, o sensor não é capaz de diferenciar a luz refletida pelo alvo da refletida pelo refletor. Usando uma variação da varredura retrorreflexiva, a *varredura retrorreflexiva polarizada*, o sensor é projetado para superar este problema. Filtros de polarização são colocados na frente das lentes do emissor e do receptor, como ilustra a Figura 4-36. O filtro de polarização projeta o feixe do emissor em apenas um plano. Como resultado, esta luz é considerada polarizada. Um refletor de canto cúbico deve ser usado para girar a luz refletida de volta para o receptor. O filtro de polarização do receptor permite girar a luz que passa para o receptor.

Varredura por difusão

Em um *sensor de varredura por difusão* (também denomidado sensor de proximidade), o transmissor e o receptor estão alojados no mesmo encapsulamento, mas, ao contrário de dispositivos retrorreflexivos semelhantes, eles não dependem de qualquer tipo de refletor para retornar o sinal de luz para o receptor. Em vez disso, a luz do transmissor atinge o alvo e o receptor capta

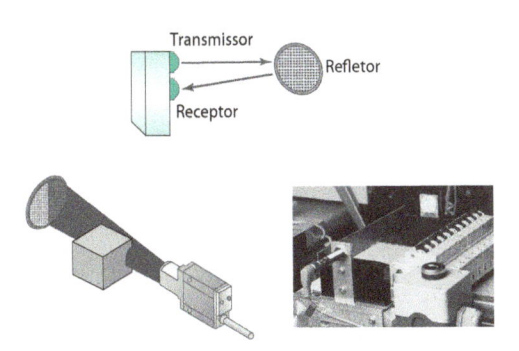

Figura 4-35 Sensor de varredura retrorreflexiva.
Foto cedida pelo ifm efector, www.ifm.com/us.

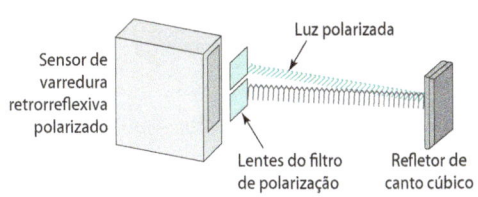

Figura 4-36 Sensor de varredura retrorreflexiva polarizado.
Foto cedida pela Banner Engineering Corp., www.bannerengineering.com.

parte da luz difundida (espalhada). Quando o receptor recebe luz refletida suficiente, a saída comuta de estado. Como uma pequena quantidade de luz chega ao receptor, seu alcance máximo de funcionamento está limitado a cerca de 1 metro. A sensibilidade do sensor pode ser ajustada para simplesmente detectar um objeto ou detectar certo ponto em um objeto que seja mais reflexivo. Muitas vezes, isto é feito usando várias cores com diferentes propriedades reflexivas. Na aplicação mostrada na Figura 4-37, um sensor de varredura difusa é usado para inspecionar a presença da marca de polaridade de um capacitor.

Fibra óptica

A *fibra óptica* não é uma técnica de varredura, mas outro método para a transmissão de luz. Os

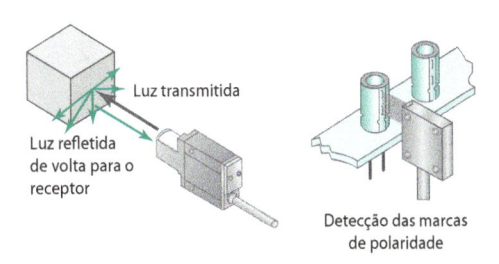

Figura 4-37 Sensor de varredura difusa.

sensores de fibra óptica usam um cabo flexível contendo fibras minúsculas que canalizam a luz do emissor para o receptor. As fibras ópticas podem ser usadas com sensores de varredura por interrupção de feixe, retrorreflexiva ou difusa, como ilustra a Figura 4-38. Na varredura por feixe direto, a luz é emitida e recebida em cabos individuais. Nas varreduras por retrorreflexão e por difusão, a luz é emitida e recebida pelo mesmo cabo.

Os sistemas de sensores de fibra óptica são totalmente imunes a todas as formas de interferência elétrica. O fato de uma fibra óptica não conter quaisquer partes móveis e transportar apenas luz significa que não há possibilidade de faíscas. Logo, ela pode ser usada com segurança mesmo nos ambientes mais perigosos, como refinarias de produção de gases, silos para grãos e nos destinados à mineração, à fabricação de produtos farmacêuticos e a processamento químico. Outra vantagem do uso de fibras ópticas é a facilidade oferecida aos usuários para guiá-las por áreas extremamente apertadas até o local de detecção. Certos materiais de fibra óptica, particularmente as fibras de vidro, têm temperaturas de funcionamento muito altas (232 °C e superior).

Sensores de efeito Hall

Os *sensores de efeito Hall* servem para detectar a proximidade e a intensidade de um campo magnético. Quando um condutor que transporta corrente é colocado em um campo magnético, uma tensão é gerada perpendicular tanto à corrente quanto ao campo. Este princípio é conhecido como efeito Hall. Uma chave com sensor de efeito Hall é construída a partir de uma pequena pastilha (*chip*) em circuito integrado (CI), como mostra a Figura 4-39. Um ímã permanente ou um eletroímã é usado para ligar ou desligar o sensor. O sensor é desligado quando não há um campo magnético e ligado quando estiver dentro de um campo magnético. Os sensores de efeito Hall são projetados em uma variedade de estilos de encapsulamentos. A seleção de um sensor com base no estilo do encapsulamento varia de acordo com a aplicação.

Os sensores de efeito Hall do tipo *analógico* produzem um sinal contínuo proporcional ao campo magnético detectado. Um sensor de efeito Hall analógico linear pode ser usado em conjunto com um núcleo de ferrite com entreferro para a medição de corrente, como ilustra a Figura 4-40. O campo magnético através da abertura (entreferro) no núcleo de ferrite é proporcional à corrente através do fio e, por conseguinte, a tensão gerada pelo efeito Hall é proporcional à corrente. Os alicates amperímetros que podem medir tanto corrente CA quanto CC utilizam um sensor de efeito Hall para detectar o campo magnético

Figura 4-38 Sensores de fibra óptica.
Fotos cedidas pela Omron Industrial Automation, www.ia.omron.com.

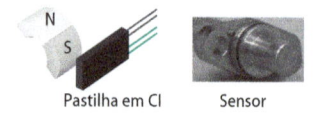

Figura 4-39 Sensor de efeito Hall.
Foto cedida pela Motion Sensors, Inc., www.motionsensors.com.

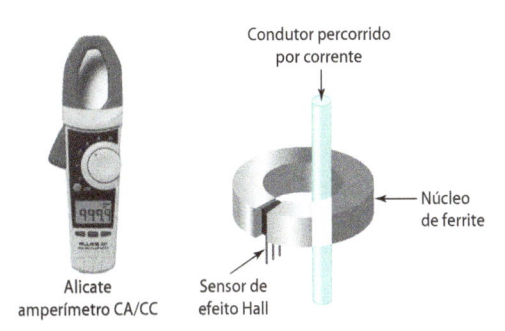

Figura 4-40 Sensor de efeito Hall usado para a medição de corrente.
Foto cedida pela Fluke, www.fluke.com. Reproduzido com permissão.

CC induzido na pinça. O sinal do dispositivo de efeito Hall é então amplificado e visualizado.

Os dispositivos de efeito Hall do tipo *digital* são utilizados em sensores de proximidade operados magneticamente. Nas aplicações industriais, eles podem servir para determinar a velocidade ou o sentido de rotação do eixo ou das engrenagens ao detectar flutuações no campo magnético.

Um exemplo desta aplicação, que envolve o monitoramento de velocidade de um motor, é ilustrado na Figura 4-41. O funcionamento do dispositivo é resumido a seguir:

- Quando o sensor estiver alinhado com o dente da engrenagem de ferro, o campo magnético terá sua intensidade máxima.
- Quando o sensor estiver alinhado com a abertura entre dentes, a intensidade do campo magnético é enfraquecida.
- Cada vez que o dente do alvo passa pelo sensor, a chave Hall é ativada e um pulso digital é gerado.
- Por meio da medição da frequência dos impulsos, a velocidade do eixo pode ser determinada.
- O sensor de efeito Hall é sensível à magnitude do fluxo e não à sua taxa de mudança. Dessa forma, o pulso digital de saída produzido é de amplitude constante, independentemente das variações de velocidade.
- Esta característica da tecnologia do efeito Hall permite que criemos sensores de velocidade que podem detectar alvos móveis arbitrariamente em velocidades baixas, ou ainda detectar a presença ou ausência de alvos inertes.

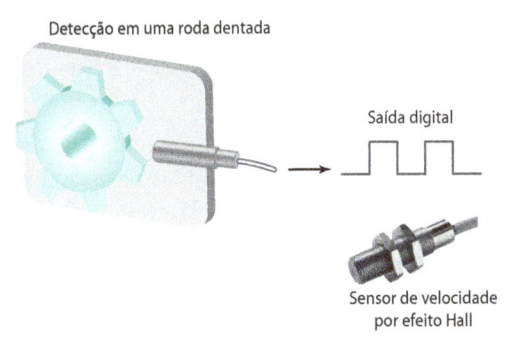

Figura 4-41 Monitoramento de velocidade usando um sensor de efeito Hall.
Foto cedida pela Hamlin, www.hamlin.com.

Sensores ultrassônicos

Um *sensor ultrassônico* funciona enviando ondas sonoras de alta frequência em direção ao alvo e medindo o tempo que leva para os pulsos retornarem. O tempo necessário para este eco retornar para o sensor é diretamente proporcional à distância ou altura do objeto porque o som tem uma velocidade constante.

A Figura 4-42 mostra uma aplicação prática em que o sinal de eco que retorna é eletronicamente convertido para uma saída de 4 a 20 mA que fornece uma taxa de vazão monitorada para dispositivos de controle externos. Os valores de 4 a 20 mA representam o intervalo de medição do sensor. O ponto de ajuste de 4 mA em geral é colocado perto do fundo do tanque vazio, que é a maior distância medida a partir do sensor. O ponto de ajuste de 20 mA é colocado perto do topo do tanque cheio, que é a menor distância medida a partir do sensor. O sensor gera um sinal proporcional a partir de 4 mA, quando o tanque está vazio, até 20 mA, quando o tanque está cheio. Os sensores de ultrassom detec-

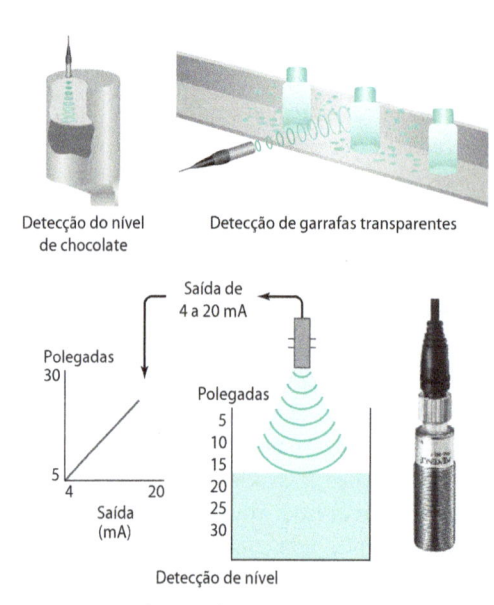

Figura 4-42 Sensor ultrassônico.
Foto cedida pela Keyence Canadá Inc., www.keyence.com.

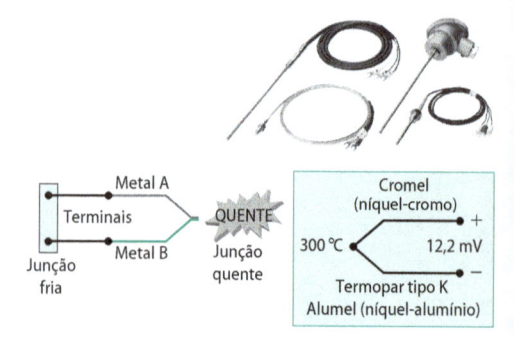

Figura 4-43 Sensor de calor termopar.
Foto cedida pela Omron Industrial Automation, www.ia.omron.com.

tam sólidos, líquidos, objetos granulados e têxteis. Além disso, eles permitem a detecção de diferentes objetos, independentemente da cor e transparência, portanto, são ideais para o monitoramento de objetos transparentes.

Sensores de temperatura

Existem muitos tipos de sensores de temperatura que usam várias tecnologias e têm configurações diferentes. Os quatro tipos básicos de sensores de temperatura geralmente usados são o termopar, o detector de temperatura resistivo (RTD), o termistor e o sensor na forma de CI.

Termopar

Um *termopar* (TC – *termocouple*) é um sensor que mede temperaturas e é o mais utilizado para o controle industrial. Os termopares funcionam com base no princípio de que quando dois metais diferentes são unidos, uma tensão CC previsível é gerada que está relacionada com a diferença de temperatura entre a junção quente e a junção fria (Figura 4-43). A junção quente (junção de medição) é a extremidade unida do termopar exposta ao processo no qual se deseja medir a temperatura. A junção fria (junção de referência) é a extremidade do termopar mantida a uma temperatura constante, para fornecer um ponto de referência. Por exemplo, um termopar tipo K, quando aquecido a uma temperatura de 300 °C na junção quente, produz 12,2 mV na junção fria.

O sinal produzido por um termopar é uma função da *diferença* de temperatura entre a ponta da sonda (junção quente) e a outra extremidade do termopar (junção fria). Por esta razão, é importante que a junção fria (ou referência) seja mantida a uma temperatura constante conhecida para produzir medições de temperatura com precisão. Na maioria das aplicações, a junção fria é mantida a uma temperatura conhecida (de referência), enquanto a outra extremidade está ligada a uma sonda.

Uma sonda de termopar consiste em um fio de termopar alojado dentro de um tubo metálico. A parede desse tubo é denominada revestimento da sonda. A ponta do termopar está disponível em três estilos: aterrada, não aterrada e exposta, como ilustra a Figura 4-44.

Os tipos de metais usados em um termopar se baseiam em condições de funcionamento previs-

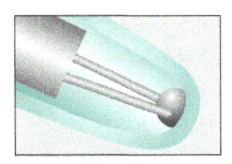

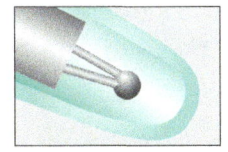

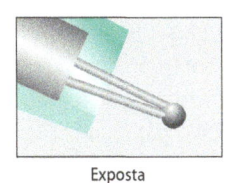

Figura 4-44 Estilos da ponta do termopar.

tas, como a faixa de temperatura e o ambiente de trabalho. Tipos diferentes de termopar têm curvas de saída de tensão muito diferentes. Quando é necessário substituir um termopar, é importante que o tipo de termopar utilizado na substituição corresponda ao original. Também é necessário que o termopar ou o fio de extensão do termopar do tipo adequado seja usado em todo o percurso, desde o elemento sensor até o elemento de medição. Grandes erros podem ocorrer se esta prática não for seguida.

Detector de temperatura resistivo

Os *detectores de temperatura resistivos* (RTDs – *resistance temperature detectors*) são dispositivos sensores de temperatura de fio enrolado que funcionam com base no princípio do coeficiente de temperatura positivo (PTC – *positive temperature coefficient*) dos metais, isto é, a resistência elétrica dos metais é diretamente proporcional à temperatura. Quanto mais quentes eles se tornam, maior é o valor da sua resistência elétrica. Esta variação proporcional é precisa e repetitiva e, portanto, permite a medição consistente da temperatura pela detecção da resistência elétrica. A platina é o material mais utilizado em RTDs devido à sua superioridade em relação a limite de temperatura, linearidade e estabilidade. Os RTDs estão entre os sensores de temperatura mais precisos disponíveis, sendo encontrados normalmente encapsulados em sondas para detecção e medição de temperatura externa ou embutidos em dispositivos onde eles medem a temperatura como parte da função do dispositivo. A Figura 4-45 ilustra como um RTD é utilizado em um sistema de controle de temperatura. O controlador utiliza o sinal proveniente do sensor RTD para monitorar a temperatura do líquido no tanque e, assim, controlar as linhas de aquecimento e de resfriamento.

Termistores

Os *termistores* são descritos como resistores termicamente sensíveis que exibem alterações na resistência com as variações de temperatura. Esta variação de resistência com a temperatura pode resultar em um coeficiente de temperatura negativo (NTC – *negative temperature coefficient*) de resistência, em que a resistência diminui com o aumento na temperatura (termistor NTC). Quando a resistência aumenta com o aumento da temperatura, o resultado é um termistor com coeficiente de temperatura positivo (PTC). Os termistores embora tendam a ser mais precisos que RTDs e termopares, têm uma faixa de temperatura muito mais limitada. Sua área de detecção é pequena, assim como sua massa, o que permite um tempo de resposta relativamente rápido nas medições. A Figura 4-46 mostra o símbolo de circuito usado para representar termistores e as configurações comuns. Um ter-

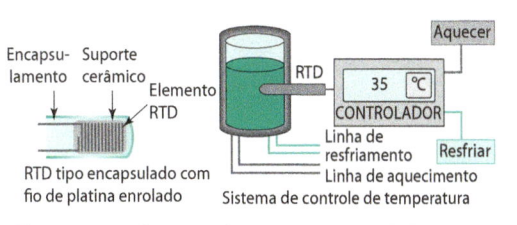

Figura 4-45 Detector de temperatura resistivo.

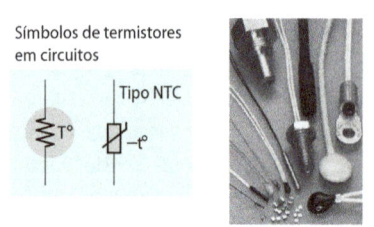

Figura 4-46 Termistores.
Foto cedida pela Measurement Specialties, www.meas-spec.com.

mistor colocado em um motor elétrico é utilizado para complementar a proteção contra sobrecarga padrão ao monitorar a temperatura do enrolamento do motor.

Circuito integrado

Os sensores de temperatura em *circuito integrado* (CI) (Figura 4-47) usam uma pastilha de silício para o elemento de detecção. A maioria é bastante pequena e seu princípio de funcionamento baseia-se no fato de que os diodos semicondutores têm uma curva característica de tensão *versus* corrente sensível à temperatura. Apesar de limitado no intervalo de temperatura (abaixo de 200 °C), os sensores de temperatura em CI produzem uma saída muito linear ao longo da sua faixa de funcionamento. Existem dois tipos principais de sensores desse tipo: analógico e digital. Os sensores analógicos produzem uma tensão ou corrente proporcional à temperatura. Os sensores de temperatura digitais são semelhantes aos analógicos, mas em vez de reproduzir os dados em corrente ou tensão, eles convertem os dados para um formato digital de 1s e 0s, assim, os sensores de temperatura de saída digital são particularmente úteis quando fazem interface com um microcontrolador.

Sensores de velocidade e posição

Tacômetro

Os *tacogeradores* (tacômetros) proporcionam um meio conveniente de conversão de velocidade de rotação em um sinal de tensão analógico que pode ser utilizado para indicação de velocidade do motor e aplicações de controle. Um tacogerador é um pequeno gerador CA ou CC que produz uma tensão de saída (proporcional à velocidade RPM) cuja fase ou polaridade depende do sentido de rotação do rotor. O tacogerador CC tem geralmente excitação de campo magnético permanente. O campo do tacogerador CA é excitado por uma fonte CA constante. Em ambos os casos, o rotor do tacômetro é conectado de forma mecânica, direta ou indiretamente, à carga. A Figura 4-48 ilustra aplicações de controle de velocidade do motor em que um tacogerador é usado para fornecer uma tensão de realimentação para o controlador do motor que é proporcional à velocidade do motor. O acionamento do motor e

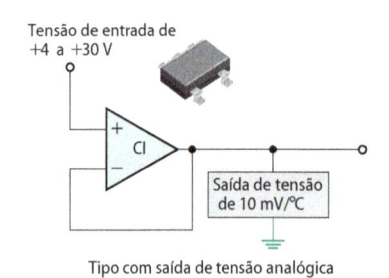

Figura 4-47 Sensor de temperatura em CI.

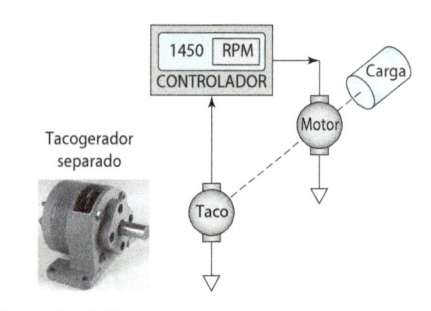

Figura 4-48 Tacogerador.
Foto cedida pela ATC Digitec, www.atcdigitec.com.

o tacogerador podem estar contidos no mesmo invólucro ou em invólucros separados.

Sensor magnético pickup

Um *sensor magnético pickup* é uma bobina enrolada em torno de uma sonda permanentemente magnetizada. Quando um objeto ferromagnético, como os dentes de uma engrenagem, passa através do campo magnético da sonda, a densidade de fluxo é modulada. Estas variações de fluxo induzem tensões CA na bobina. Um ciclo completo de tensão é gerado para cada objeto que passa. Ao medir a frequência deste sinal de tensão, a velocidade do eixo pode ser determinada. A Figura 4-49 mostra um sensor magnético *pickup* utilizado em conjunto com uma engrenagem de 60 dentes para medir o número do rotações (RPM) de um eixo que gira.

Encoder

Um *encoder* serve para converter o movimento linear ou rotativo em um sinal digital binário. Os encoders são usados, por exemplo, no controle robótico, onde as posições têm de ser determinadas com precisão. O encoder óptico ilustrado na Figura 4-50 utiliza uma fonte de luz que ilumina um disco óptico com linhas ou ranhuras que interrompem o feixe de luz que atinge o sensor óptico. Um circuito eletrônico conta as interrupções do feixe de luz e gera pulsos digitais na saída do encoder.

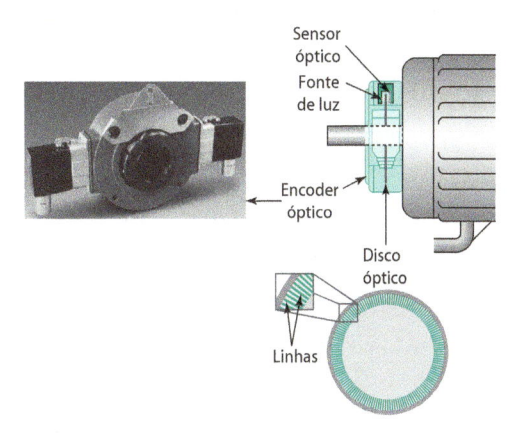

Figura 4-50 Encoder óptico.
Foto cedida pela Avtron, www.avtron.com.

Medição de vazão

Muitos processos dependem de medições precisas de vazão de fluido. Embora exista uma variedade de maneiras de medir a vazão de um fluido, a abordagem mais comum é converter a energia cinética que o fluido tem em alguma outra forma mensurável. Isso pode ser tão simples como conectar uma pá a um potenciômetro, ou tão complexo como conectar palhetas rotativas a um sistema sensor de pulsos ou a um tacômetro.

Medidores de vazão tipo turbina

Os medidores de vazão *tipo turbina* representam a forma mais comum de medição e controle de produtos líquidos em operações industriais, químicas e petrolíferas. Os medidores de vazão tipo turbina, como os moinhos de vento, utilizam a sua velocidade angular (velocidade de rotação) para indicar a velocidade do fluxo. O funcionamento de um medidor de vazão do tipo turbina é ilustrado na Figura 4-51. Sua construção básica consiste em um rotor de turbina com pás instalado em um tubo de fluxo. O rotor de pás gira em torno do seu eixo na proporção da taxa de vazão

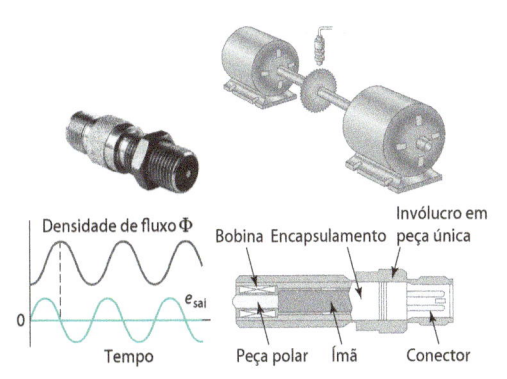

Figura 4-49 Sensor magnético *pickup*.
Foto cedida pela Daytronic, www.daytronic.com.

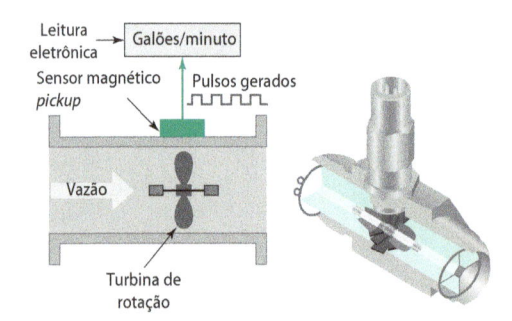

Figura 4-51 Medidor de vazão tipo turbina.

do líquido através do tubo. Um sensor magnético *pickup* é posicionado o mais próximo possível do rotor. O fluido que passa através do tubo faz o rotor girar, o qual gera impulsos na bobina *pickup*. A frequência dos impulsos é então transmitida para leitura eletrônica e exibida como galões por minuto.

Medidores de vazão tipo alvo

Os medidores de vazão *tipo alvo* inserem um alvo, normalmente um disco plano com uma haste de extensão, orientado perpendicularmente ao sentido do fluxo. Eles medem então a força de arrasto no alvo inserido e a convertem em velocidade do fluxo. Uma vantagem do medidor de vazão alvo em relação a outros outros tipos é a sua capacidade de medir fluidos corrosivos ou extremamente sujos. A Figura 4-52 mostra um medidor de vazão alvo típico. A vazão do fluido faz o disco alvo e o braço de alavanca sofrerem uma deflexão contra uma mola. Um ímã permanente fixado no braço da alavanca e um sensor de efeito Hall montado dentro da unidade de *display* convertem o movimento angular do alvo em um sinal elétrico que aciona um *display* de taxa de vazão.

Medidores de vazão magnéticos

Os medidores de vazão *magnéticos*, também conhecidos como medidores de vazão eletromagnéticos ou de indução, obtêm a velocidade do fluxo ao medir as variações da tensão induzida do fluido condutivo que passa através de um campo magnético controlado. A Figura 4-53 mostra um medidor de vazão magnético que pode ser usado com fluidos condutores de eletricidade e não oferece restrição à vazão. Uma bobina na unidade estabelece um campo magnético. Se um líquido condutivo passar através desse campo magnético, uma tensão, proporcional à velocidade média do fluxo, é induzida – quanto mais rápida a taxa de fluxo, maior a tensão. Essa tensão é captada por eletrodos sensores e usada para calcular a taxa de fluxo.

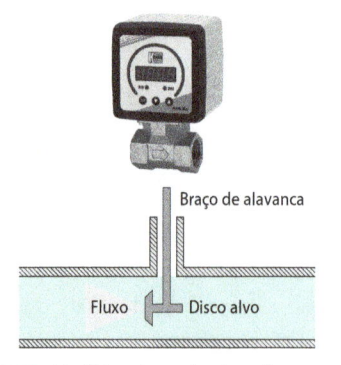

Figura 4-52 Medidor de vazão tipo alvo.
Foto cedida pela Kobold Instruments, www.kobold.com.

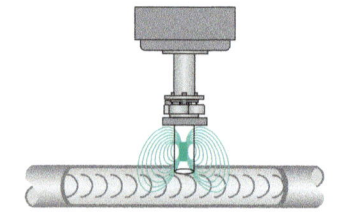

Figura 4-53 Medidor de vazão magnético.

Parte 3

Questões de revisão

1. Em geral, como funciona um dispositivo sensor auxiliar?
2. Qual é a principal característica de um sensor de proximidade?
3. Liste os componentes principais de um sensor indutivo de proximidade.
4. Explique o termo *histerese* que se aplica a um sensor de proximidade.
5. Como um sensor de dois fios é conectado em relação à carga que ele controla?
6. De que maneira o campo de detecção de um sensor de proximidade capacitivo difere daquele de um sensor de proximidade indutivo?
7. Para que tipo de alvo um sensor de proximidade capacitivo seria selecionado em vez de um do tipo indutivo?
8. Descreva o princípio de funcionamento de um sensor fotoelétrico.
9. Nomeie as três técnicas de varredura mais comuns para sensores fotoelétricos.
10. Quais são as vantagens dos sistemas de detecção por fibra óptica?
11. Cite o princípio de funcionamento de um sensor de efeito Hall.
12. Cite o princípio de funcionamento de um sensor ultrassônico.
13. Liste os quatro tipos básicos de sensores de temperatura e descreva o princípio de funcionamento de cada um deles.
14. Compare a forma como um tacômetro e um sensor magnético *pickup* são utilizados na medição de velocidade.
15. Cite o princípio de funcionamento de um encoder óptico.
16. Que abordagem geralmente é adotada para a medição da vazão de fluido?
17. Liste três tipos comuns de medidores de vazão.

❯❯ Parte 4

❯❯ Atuadores

Relés

Um *atuador*, no sentido elétrico, é qualquer dispositivo que converte um sinal elétrico em movimento mecânico. Um *relé* eletromecânico é um tipo de atuador que comuta mecanicamente circuitos elétricos. Os relés desempenham um papel importante em muitos sistemas de acionamento de motores. Além de fornecer lógica de acionamento pela comutação de múltiplos circuitos de acionamento, eles são utilizados para acionar cargas auxiliares de baixa corrente, como contatores e bobinas de dispositivos de partida, luzes auxiliares e alarmes sonoros.

A Figura 4-54 mostra um típico relé de acionamento eletromecânico. Este relé consiste em uma bobina enrolada em um núcleo de ferro para formar um eletroímã. Quando a bobina é alimentada por um sinal de acionamento, o núcleo torna-se magnetizado, criando um campo magnético que atrai o braço de ferro da armadura. Como resultado, os contatos na armadura se fecham. Quando a corrente na bobina é desligada, a armadura retorna à sua posição normal, desenergizada, pela ação da mola e os contatos na armadura se abrem.

A Figura 4-55 ilustra uma aplicação simples de um relé de acionamento usado em um circuito de acionamento de motor. O relé permite que a alimentação do motor, através do circuito de alta potência, seja comandada por uma chave de proximidade de dois fios de baixa potência. Neste exemplo, a chave de proximidade aciona a bobina do relé cujos contatos acionam a bobina M do dispositivo de partida do motor. O funcionamento do circuito de acionamento é resumido a seguir:

- Com a chave ligada, em qualquer momento que os contatos da chave de proximidade se fecharem, a bobina do relé CR será energizada.
- Isso por sua vez fará os contatos normalmente abertos de CR fecharem o caminho para a passagem de corrente ao dispositivo de partida do motor M. Esse dispositivo energizado fecha os contatos M no circuito de potência, promovendo a partida do motor.
- Quando o sensor de proximidade abre, a bobina de CR é desenergizada, abrindo seus contatos, o que, por sua vez, desenergiza a bobina M e abre os contatos M no circuito de potência para parar o motor.

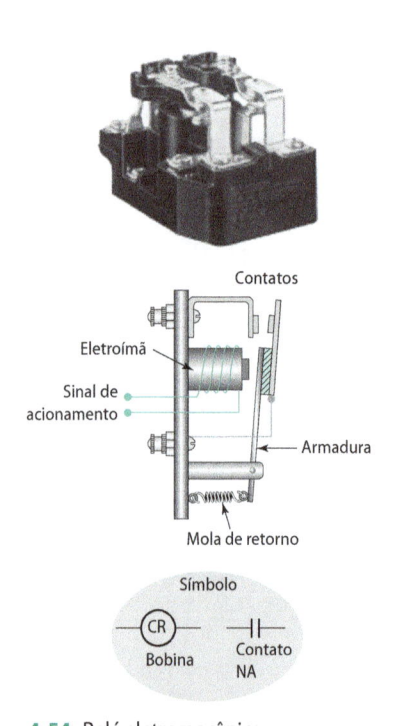

Figura 4-54 Relé eletromecânico.
Foto cedida pela Tyco Electronics, www.tycoelectronics.com.

Solenoides

Um *solenoide* eletromecânico é um dispositivo que usa energia elétrica para provocar, magneticamente, uma ação de acionamento mecânico. Um solenoide é constituído por uma bobina, uma armação e um êmbolo (ou armadura, como às vezes é chamado). A Figura 4-56 mostra a construção básica e o funcionamento de um solenoide. A bobina e a armação formam a parte fixa. Quando a bobina é energizada, ela produz um campo magnético que atrai o êmbolo, puxando-o para a armação e, dessa

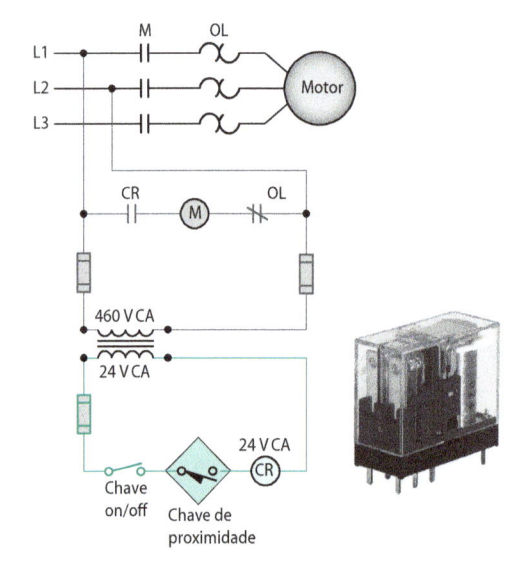

Figura 4-55 Circuito de acionamento do motor com relé.
Foto cedida pela IDEC Corporation, www.IDEC.com/usa, RJ relay.

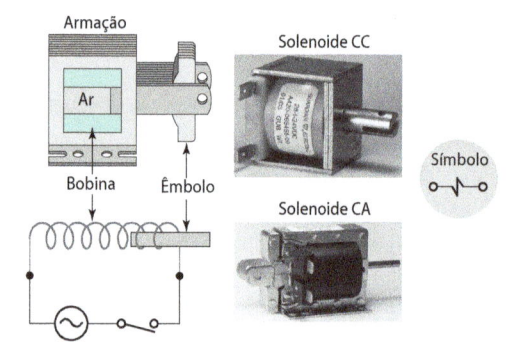

Figura 4-56 Construção e funcionamento de um solenoide.
Fotos cedidas pelas Guardian Electric, www.guardian-electric.com.

forma, criando um movimento mecânico. Quando a bobina é desenergizada, o êmbolo retorna para a sua posição normal por meio da gravidade ou da assistência de uma mola montada dentro do solenoide. A armação e o êmbolo de um solenoide CA são construídos com peças laminadas, em vez de um pedaço sólido de ferro, para limitar correntes parasitas (correntes de Foucault) induzidas pelo campo magnético.

A escolha da utilização de solenoides com bobinas CC ou CA é normalmente predeterminada pelo tipo de fonte de alimentação disponível. A maioria das aplicações usa solenoides CC. As principais diferenças entre solenoides CC e CA são:

- Os solenoides CA tendem a ser mais potentes na posição totalmente aberta do que os CC, devido à corrente de partida em curso máximo que pode ser mais de 10 vezes a corrente na posição fechada.
- A corrente da bobina para os solenoides CC é limitada apenas pela resistência da bobina. A resistência da bobina de um solenoide CA é muito baixa, de modo que a corrente que flui é limitada essencialmente pela reatância indutiva da bobina.
- Os solenoides CA devem fechar completamente para que a corrente de partida diminua para seu valor normal. Se um êmbolo de um solenoide CA ficar preso na posição aberta, a queima da bobina é provável. Os solenoides CC têm a mesma corrente em todo o seu curso e não podem sobreaquecer por fechamento incompleto.
- Os solenoides CA são geralmente mais rápidos do que os CC, mas com uma variação de poucos milissegundos no tempo de resposta, dependendo do ponto do ciclo em que o solenoide é energizado. Os solenoides CC são mais lentos, porém repetem seus tempos de fechamento com precisão para uma determinada carga.
- Um bom solenoide CA, corretamente utilizado, deve ser silencioso quando fechado, mas apenas porque a sua tendência fundamental

a zumbir foi superada pelo projeto correto e pela montagem precisa. Sujeira nas superfícies de contato ou sobrecarga mecânica podem torná-lo barulhento. Um solenoide DC é naturalmente silencioso.

Existem duas categorias principais de solenoides: lineares e rotativos. O sentido do movimento, rotativo ou linear, baseia-se no conjunto mecânico no qual o circuito eletromagnético é encaixado. Os solenoides rotativos incorporam um projeto mecânico que converte o movimento linear em rotativo. Os solenoides lineares são geralmente classificados como de puxar (o caminho eletromagnético puxa o êmbolo para dentro do corpo do solenoide) ou de empurrar (o eixo do êmbolo é empurrado para fora da caixa da armação).

A Figura 4-57 ilustra os aplicativos comuns para solenoides lineares e rotativos. A aplicação do solenoide linear mostrada é usada em processos de rejeição de peças em que a interface eletrônica com um sensor produz um sinal de acionamento para o solenoide. Na aplicação do solenoide rotativo, o solenoide é utilizado em uma esteira de triagem para controlar uma porta de desvio.

Válvulas solenoides

As válvulas solenoides são dispositivos eletromecânicos que funcionam ao passar uma corrente elétrica através de um solenoide, alterando assim

Solenoide linear   Solenoide rotativo

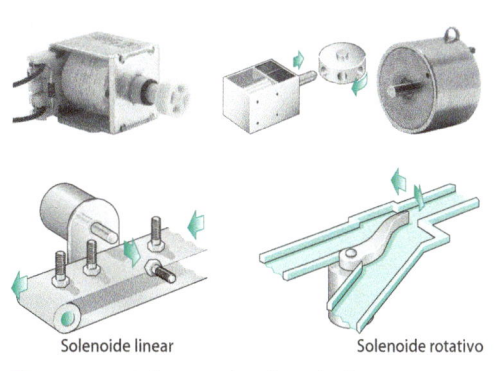

Figura 4-57 Aplicações de solenoides lineares e rotativos.
Fotos e arte cedidas pela Ledex, www.ledex.com.

o estado da válvula. Normalmente, existe um elemento mecânico, que muitas vezes é uma mola, que mantém a válvula na sua posição padrão. Uma válvula solenoide é uma combinação de uma bobina de solenoide e uma válvula, que controla o fluxo de líquidos, gases, vapor e outros meios. Quando eletricamente energizadas, elas abrem, fecham ou direcionam o fluxo.

A Figura 4-58 mostra a construção e o princípio de funcionamento de uma típica válvula solenoide de fluido. O corpo da válvula contém um orifício no qual um disco ou um obturador é posicionado para restringir ou permitir o fluxo. O fluxo através do orifício é restringido ou permitido, dependendo se a bobina do solenoide está energizada ou desenergizada. Quando a bobina é energizada, o núcleo é puxado para dentro da bobina de solenoide para abrir a válvula. A mola retorna a válvula para a sua posição original fechada quando a corrente da bobina é desenergizada. A válvula deve ser instalada com o sentido do fluxo de acordo com a seta moldada no lado do corpo da válvula.

As válvulas solenoides são normalmente usadas como parte do processo de enchimento e esvaziamento de um tanque. A Figura 4-59 mostra o circuito para a operação de enchimento e esvaziamento de um tanque. O funcionamento do circuito de acionamento é resumido a seguir:

- Considerando que o nível de líquido do tanque é igual ou inferior à marca de nível vazio, pressionar momentaneamente o botão ENCHER energizará o relé de acionamento 1CR.
- Os contatos $1CR_1$ e $1CR_2$ se fecham para selar a bobina de 1CR e energizar a válvula solenoide A normalmente fechada para iniciar o enchimento do tanque.
- À medida que o reservatório enche, a chave sensora de nível vazio normalmente aberta se fecha.
- Quando o líquido atinge o nível cheio, a chave sensora de nível cheio normalmente fechada

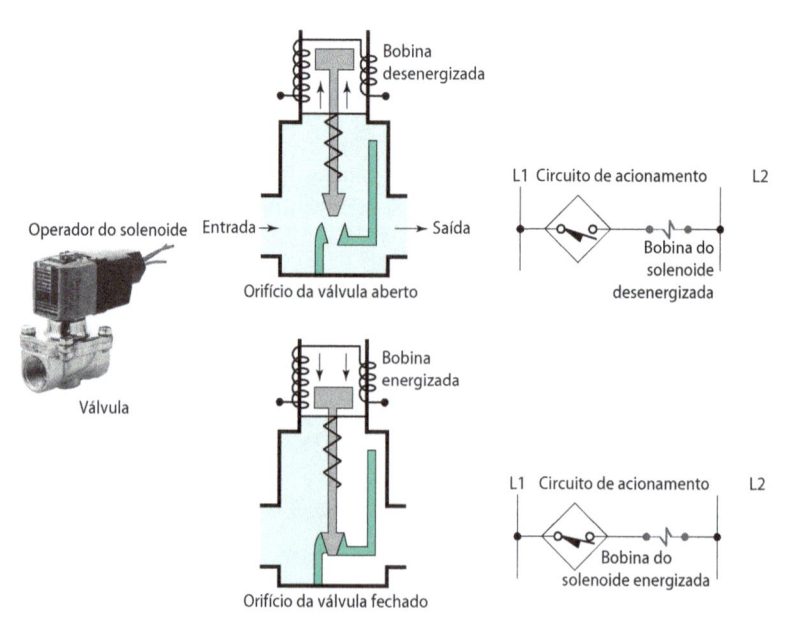

Figura 4-58 Válvula solenoide.
Foto cedida pela ASCO Valve Inc., www.ascovalve.com.

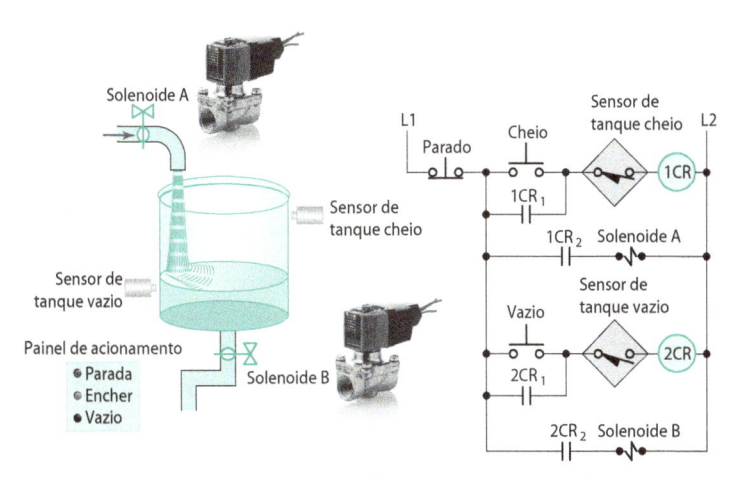

Figura 4-59 Operação de enchimento e esvaziamento de um tanque por meio do acionamento de solenoides.
Foto cedida pela ASCO Valve Inc., www.ascovalve.com.

se abre, abrindo o circuito da bobina do relé 1CR e comutando a válvula solenoide para seu estado desenergizado (fechada).

- Toda vez que o nível do líquido do tanque estiver acima da marca de nível vazio, pressionar momentaneamente o botão ESVAZIAR energizará o relé de acionamento 2CR.
- Os contatos $2CR_1$ e $2CR_2$ se fecham para selar a bobina de 2CR e energizar a válvula solenoide B normalmente fechada para iniciar o esvaziamento do tanque.
- Quando o líquido atingir o nível vazio, a chave sensora de nível vazio se abre, abrindo o circuito da bobina do relé 2CR e comutando a válvula solenoide B para o seu estado desenergizado (fechada).
- O botão de parada pode ser pressionado a qualquer momento para interromper o processo.

Motores de passo

Os motores de passo funcionam de forma diferente dos tipos padrão, que giram continuamente quando a tensão é aplicada aos seus terminais. O eixo de um motor de passo gira em incrementos separados quando os pulsos de comando elétrico são aplicados a ele na sequência correta. Cada revolução é dividida em um certo número de passos e ao motor tem de ser enviado um pulso de tensão para cada passo. A quantidade de rotação é diretamente proporcional ao número de pulsos, e a velocidade de rotação está relacionada à frequência dos pulsos. Um motor de 1 grau por passo necessita de 360 pulsos para completar uma revolução; o número de graus por passo é conhecido como *resolução*. Quando parado, um motor de passo se mantém inerentemente em sua posição. Os sistemas com movimentos em passos são usados com mais frequência nos sistemas de controle de "malha aberta", onde o controlador "diz" ao motor apenas quantos passos deve se mover e com que velocidade, mas sem ter como saber em que posição o motor está.

O movimento produzido por um pulso é preciso e repetível, por isso os motores de passo são tão eficazes para aplicações de posicionamento de carga. A conversão de movimento rotativo em linear no interior de um atuador linear é realizada por meio de uma porca de rosca e um parafuso de avanço. Geralmente, os motores de passo produzem menos de 1 hp e, portanto, são frequentemente usados em aplicações de controle de posição de baixa potência. A Figura 4-60 mostra uma unidade de acionamento/

Figura 4-60 Unidade de acionamento/motor de passo.
Foto cedida pela Oriental Motor, www.orientalmotor.com.

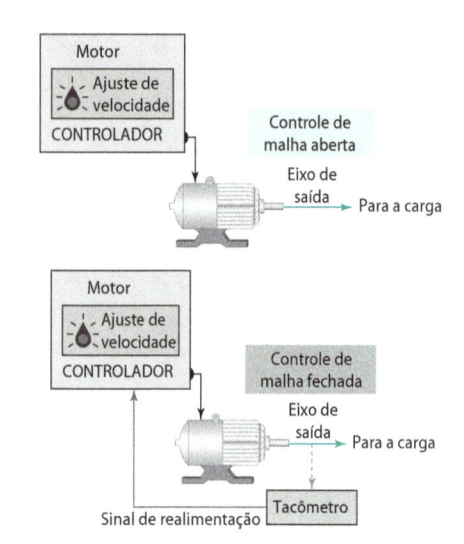

Figura 4-61 Sistemas de acionamento de motor em malha aberta e malha fechada.

motor de passo junto com uma aplicação rotativa e outra linear.

Servomotores

Todos os servomotores funcionam em malha fechada, enquanto os motores de passo funcionam em malha aberta. Os esquemas de controle em malha fechada e malha aberta são ilustrados na Figura 4-61. O *controle de malha aberta* é sem realimentação (*feedback*), por exemplo, quando o controlador informa ao motor de passo quantos passos deve se mover e com que velocidade, mas não verifica onde o motor está. O *controle de malha fechada* compara a realimentação de velocidade ou posição com a velocidade ou posição definida e gera um comando modificado para tornar o erro menor. O erro é a diferença entre a velocidade ou posição desejada e a velocidade ou posição real.

A Figura 4-62 mostra um sistema servomotor típico em malha fechada. O controlador do motor controla o funcionamento do servomotor ao enviar sinais de comando de velocidade ou posição para o amplificador que aciona o servomotor. Um dispositivo de realimentação, como um encoder de posição e um tacômetro para velocidade, podem ser incorporados dentro do servomotor ou montados remotamente, muitas vezes na própria carga. Estes fornecem as informações de realimentação de velocidade e de posição do servomotor que o controlador compara com o seu perfil de movimento programado e as utiliza para alterar a sua posição ou velocidade.

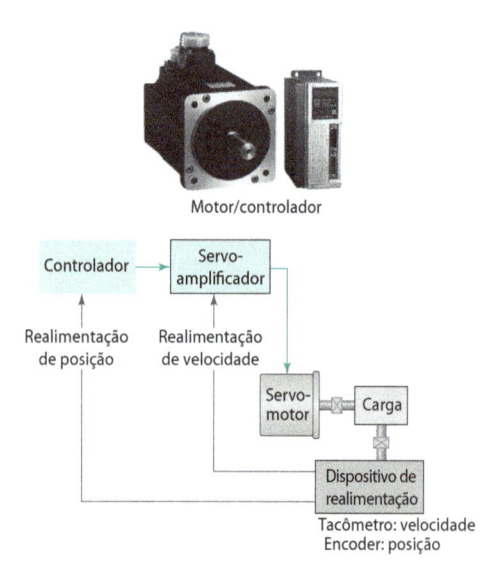

Figura 4-62 Servos sistema em malha fechada.
Foto cedida pela GSK CNC, www.gskcnc.com.

Enquanto os motores de passo são CC, um servomotor pode ser CC ou CA. Três tipos básicos de servomotores são utilizados em sistemas servo modernos: servomotores CA, baseados em projetos de motores de indução; servomotores CC, baseados em projetos de motores CC; e servomotores CA ou CC sem escovas.

Um *servomotor CC sem escovas* é mostrado na Figura 4-63. Como o nome sugere, os motores CC sem escovas não têm escovas ou mecanismos de comutação; em vez disso, eles são comutados eletronicamente. O estator é normalmente trifásico (A-B-C), como o de um motor de indução, e o rotor tem ímãs permanentes montados na superfície. São usados três sensores de efeito Hall (H1-H2-H3) para detectar a posição do rotor, e a comutação é realizada eletronicamente, com base nos sinais dos sensores de efeito Hall de entrada. Estes sinais são decodificados pelo controlador e usados para controlar o circuito da unidade de acionamento, que energiza as bobinas do estator na sequência de rotação correta. Portanto, o motor necessita da unidade de acionamento eletrônica para funcionar.

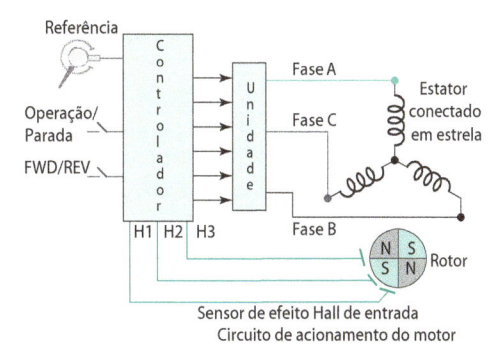

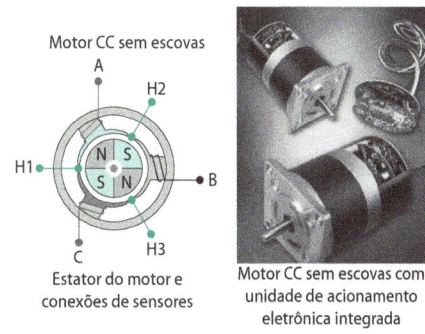

Figura 4-63 Motores CC sem escovas com unidade de acionamento integrada.
Foto cedida pela ElectroCraft, www.electrocraft.com.

Parte 4

Questões de revisão

1. Defina o termo *atuador* que se aplica a um circuito elétrico.
2. De que forma os relés eletromagnéticos são empregados nos sistemas de acionamento de motores?
3. Quais são as duas principais partes de um relé eletromagnético?
4. Descreva como funciona um solenoide elétrico.
5. Que tipo de solenoide (CC ou CA) é construído com peças de aço laminado em vez de peças sólidas? Por quê?
6. Por que as bobinas magnéticas CA provavelmente superaquecerão se o êmbolo ficar preso na posição aberta quando energizado?
7. De que forma o desenho de um solenoide rotativo difere de um linear?
8. Uma válvula solenoide é uma combinação de quais dois elementos?
9. Explique como a rotação é feita em um motor de passo.
10. Qual é a diferença básica entre um sistema de posicionamento em malha aberta e em malha fechada ou um sistema de controle de velocidade de um motor?
11. O que todos os servomotores têm em comum?
12. O que substitui as escovas em um motor CC sem escovas?

Situações de análise de defeitos

1. Uma chave defeituosa especificada para 10 A CC em uma determinada tensão é substituída por uma especificada para 10 A CA na mesma tensão. O que é mais provável de acontecer? Por quê?
2. A resistência de uma bobina de solenoide CA suspeita, especificada para 2 A a 120 V, é medida com um ohmímetro e apresenta uma resistência de 1 Ω. Isso significa que a bobina está em curto-circuito? Por quê?
3. Os contatos NA e NF de um relé com uma bobina que funciona com tensão de 12 V CC devem ser testados na bancada quanto a falhas usando um ohmímetro. Desenvolva uma descrição completa, incluindo o diagrama do circuito, do procedimento a ser seguido.
4. Um sinalizador luminoso de 12 V é substituído incorretamente por um especificado para 120 V. Qual deve ser o resultado?
5. Quais valores de tensão são tipicamente produzidos pelos termopares?
6. Um sensor fotoelétrico por interrupção de feixe parece falhar na detecção de pequenas garrafas em uma linha transportadora de alta velocidade. O que poderia estar criando esse problema?

Tópicos para discussão e questões de raciocínio crítico

1. Liste os problemas elétricos e mecânicos típicos que podem causar falha de operação em uma chave fim de curso acionada mecanicamente.
2. Como uma chave de fluxo pode ser usada em um sistema de proteção contra incêndios em uma edificação?
3. A verificação da resistência de um termopar bom deve indicar uma leitura de resistência "baixa" ou "infinita"? Por quê?
4. Como é realizado o ajuste de faixa de uma chave de nível?
5. Um motor de passo não pode ser verificado diretamente na bancada a partir de uma fonte de alimentação. Por quê?

capítulo 5

Motores elétricos

Um motor elétrico converte energia elétrica em energia mecânica usando campos magnéticos que interagem entre si. Os motores elétricos são usados para uma variedade de operações nas áreas residenciais, comerciais e industriais. Este capítulo trata do princípio de funcionamento de diferentes tipos de motores elétricos CC, universais e CA.

Objetivos do capítulo

>> Apresentar o princípio de funcionamento do motor elétrico.

>> Descrever a construção, as conexões e as características de funcionamento de diferentes tipos de motores CC.

>> Descrever a construção, as conexões e as características de funcionamento de diferentes tipos de motores CA.

>> Aplicar os procedimentos utilizados na análise de defeito de sistemas de motores.

Parte 1

Princípio de funcionamento do motor

Magnetismo

Os motores elétricos são utilizados para converter energia elétrica em energia mecânica e representam uma das invenções mais úteis na indústria elétrica; 50% da eletricidade produzida nos Estados Unidos é usada para alimentar motores.

Um motor elétrico funciona com base em magnetismo e correntes elétricas. Existem dois tipos básicos de categorias de motores: CA e CC. Estes dois tipos usam as mesmas partes fundamentais, mas com variações que lhes permitem operar com dois tipos diferentes de fonte de alimentação.

O magnetismo é a força que produz a rotação de um motor. Portanto, antes de discutir o funcionamento básico do motor, cabe uma breve revisão de magnetismo. Lembre-se de que um ímã permanente atrai e mantém materiais magnéticos, como ferro e aço, quando tais objetos estão perto ou em contato com o ímã. O ímã permanente é capaz de fazer isso por causa de sua força magnética inerente, denominada *campo magnético*. Na Figura 5-1, o campo magnético de um ímã permanente em forma de barra é representado pelas *linhas de fluxo*. Essas linhas de fluxo ajudam a visualizar o campo magnético de qualquer ímã, mesmo que, na verdade, representem um fenômeno invisível. O número de linhas de fluxo varia de um campo magnético para outro, e quanto mais forte for o campo magnético, maior será o número de linhas de fluxo. Considera-se que as linhas de fluxo têm um sentido de movimento do polo N para o S de um ímã, como mostrado no diagrama.

Eletromagnetismo

Um tipo semelhante de campo magnético é produzido em torno de um condutor que transporta corrente. A força do campo magnético é diretamente proporcional à intensidade da corrente no condutor e tem a forma de círculos concêntricos em torno do fio. A Figura 5-2 ilustra o campo magnético em torno de um condutor retilíneo percorrido por uma corrente. Existe uma relação entre o sentido da corrente no condutor e o sentido do campo magnético criado. Conhecida como *regra da mão esquerda para o condutor*, ela usa o fluxo de elétrons do negativo para o positivo como a base para o sentido da corrente. Quando você coloca sua mão esquerda de modo que seu polegar aponte no sentido do fluxo de elétrons, os dedos curvados apontam no sentido das linhas de fluxo que circundam o condutor.

Quando um condutor de corrente é enrolado na forma de uma bobina, as linhas de fluxo produzidas pelas espiras formam um campo magnético mais forte. O campo magnético produzido por uma bobina que transporta corrente se assemelha ao de um ímã permanente (Figura 5-3). Tal como acontece com um ímã permanente, essas

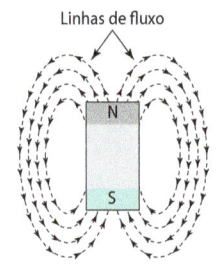

Figura 5-1 Campo magnético de um ímã permanente em barra.

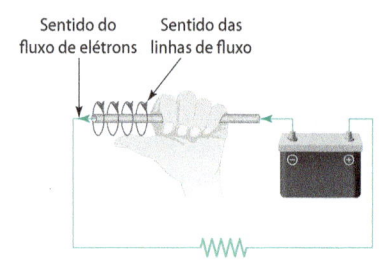

Figura 5-2 Campo magnético em torno de um condutor retilíneo transportando uma corrente.

linhas de fluxo deixam o norte da bobina e retornam à bobina pelo seu polo sul. O campo magnético de uma bobina de fio é muito maior que o campo magnético em torno do fio antes de ele assumir a forma de uma bobina e pode ser ainda mais reforçado com a colocação de um núcleo de ferro no centro da bobina. O núcleo de ferro apresenta menor resistência às linhas de fluxo do que o ar, aumentando assim a força do campo. É exatamente esta a forma como uma bobina do estator do motor é construída: utilizando uma bobina de fio com um núcleo de ferro. A polaridade dos polos de uma bobina inverte sempre que a corrente através da bobina inverter. Sem este fenômeno, o funcionamento dos motores elétricos não seria possível.

Rotação do motor

Um motor elétrico gira como resultado da interação de dois campos magnéticos. Uma das leis bem conhecidas do magnetismo é que polos "iguais" (N-N ou S-S) se repelem, enquanto polos "opostos" (N-S) se atraem. A Figura 5-4 ilustra como a atração e a repulsão dos polos magnéticos podem ser usadas para produzir uma força de rotação. A operação é resumida como segue.

- O eletroímã é a parte móvel (armadura), e o ímã permanente, a parte fixa (estator).
- Polos magnéticos iguais se repelem, fazendo a armadura (ou induzido) começar a girar.

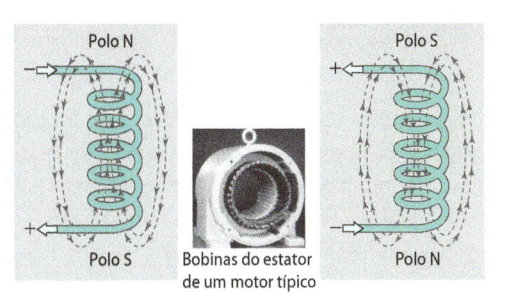

Figura 5-3 Campo magnético produzido por uma bobina transportando uma corrente.
Foto cedida pela Electrical Apparatus Service Association, www.easa.com.

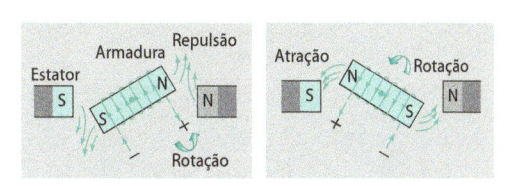

Figura 5-4 Princípio de funcionamento do motor.

- Após girar um pouco, a força de atração entre os polos opostos se torna forte o suficiente para manter o ímã permanente em rotação.
- O eletroímã continua a girar até que os polos opostos estejam alinhados. Neste ponto, o rotor normalmente para por causa da atração entre os polos opostos.
- Comutação é o processo de inversão da corrente de armadura no momento em que os polos opostos da armadura e do campo estão frente a frente, invertendo assim a polaridade do campo induzido.
- Os polos iguais da armadura e do campo então se repelem, fazendo a armadura continuar a girar.

Quando um condutor transportando corrente é colocado em um campo magnético, há uma interação entre o campo magnético produzido pela corrente e o campo permanente, o que leva o condutor a experimentar uma força. A magnitude da força sobre o condutor será diretamente proporcional à corrente que ele carrega. Um condutor que transporta uma corrente, ao ser colocado em um campo magnético perpendicularmente a ele, tende a mover-se em ângulos retos em relação ao campo, conforme ilustra a Figura 5-5.

Um método simples para determinar o sentido do movimento de um condutor de corrente em um campo magnético é a *regra da mão direita para o motor*. Para aplicar esta regra, o polegar e os dois primeiros dedos da mão direita são dispostos em ângulos retos entre si, com o dedo indicador apontando no sentido das linhas de força magnéticas do campo e o dedo médio apontando no senti-

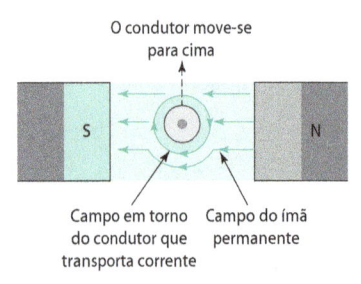

Figura 5-5 Um condutor que transporta corrente, colocado em um campo magnético.

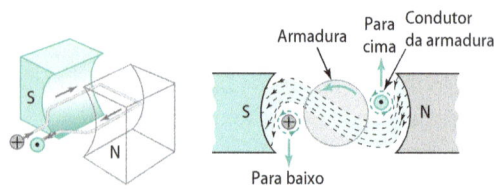

(a) Torque produzido por uma armadura de uma bobina de espira única.

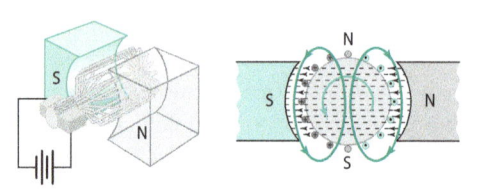

(b) Torque produzido pela armadura de uma bobina de várias espiras.

Figura 5-7 Desenvolvimento do torque do motor.

do do fluxo de corrente de elétrons (− para +) no condutor. O polegar então apontará no sentido do movimento do condutor. Aplicando a regra da mão direita no motor da Figura 5-6, o condutor se moverá para cima através do campo magnético. Se a corrente através do condutor for revertida, o condutor se moverá para baixo. Note que a corrente do condutor está em ângulo reto com o campo magnético. Isso é necessário para provocar o movimento porque nenhuma força é sentida por um condutor se a corrente e o sentido do campo são paralelos.

A Figura 5-7a ilustra como o *torque* do motor (força rotacional) é produzido por uma bobina ou espira de fio que transporta corrente colocada em um campo magnético. A rotação resulta da interação dos campos magnéticos gerados pelos ímãs permanentes e do fluxo de corrente através da bobina da armadura. Esta interação dos dois campos magnéticos provoca uma flexão das linhas de força. Quando as linhas tendem a endireitar-se, elas fazem a espira sofrer um movimento de rotação. O condutor da esquerda é forçado para baixo, e o condutor da direita, forçado para cima, causando uma rotação da armadura no sentido anti-horário. A armadura de um motor real é constituída de muitas bobinas de condutores, conforme ilustra a Figura 5-7b. Os campos magnéticos destes condutores combinam-se para formar o campo de armadura resultante com polos norte e sul que interagem com os do campo do estator principal para exercer um torque contínuo sobre a armadura.

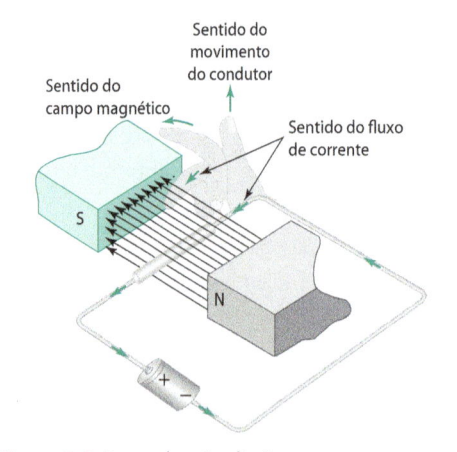

Em geral, os motores são classificados de acordo com o tipo de energia usada (CA ou CC) e o princípio de funcionamento do motor. Existem várias classificações principais dos motores de uso comum; cada uma especifica as características apropriadas a aplicações específicas. A Figura 5-8 mostra uma classificação dos tipos de motores mais comuns.

Figura 5-6 Regra da mão direita para o motor.

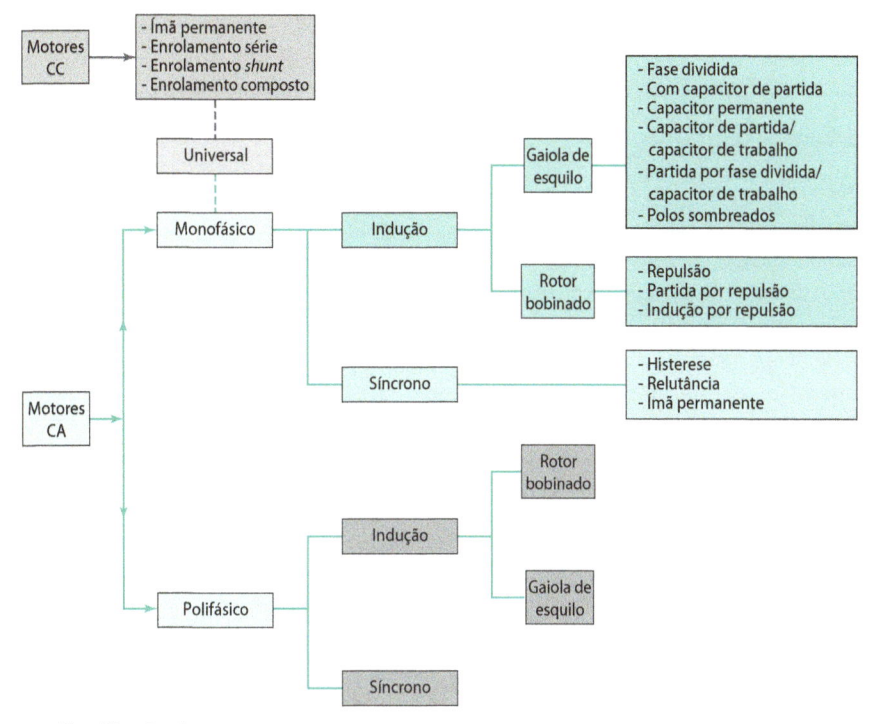

Figura 5-8 Classificação dos motores comuns.

Parte 1

Questões de revisão

1. Qual é o objetivo básico de um motor elétrico?
2. De modo geral, os motores são classificados de duas formas. Quais são elas?
3. Em que sentido se deslocam as linhas de fluxo de um ímã?
4. Como a eletricidade produz magnetismo?
5. Por que a bobina do estator do motor é construída com um núcleo de ferro?
6. Como é invertida a polaridade dos polos de uma bobina?
7. Em geral, o que faz um motor elétrico girar?
8. Em que sentido se move um condutor percorrido por uma corrente quando colocado perpendicularmente a um campo magnético?
9. Aplicar a regra da mão direita para o motor em um condutor percorrido por uma corrente e colocado em um campo magnético indica o movimento para baixo. O que poderia ser feito para inverter o sentido do movimento do condutor?
10. Quais são os dois principais critérios usados para classificar motores?

» Parte 2

» Motores de corrente contínua

Os motores de corrente contínua não são usados tanto quanto os do tipo de corrente alternada porque todos os sistemas de energia elétrica fornecem corrente alternada. Entretanto, para aplicações especiais, é vantajoso transformar a corrente alternada em corrente contínua a fim de usar os motores CC. Os motores de corrente contínua são usados onde torque preciso e acionamento de velocidade são exigidos para satisfazer as necessidades da aplicação. Exemplos incluem guindastes, transportadores e elevadores.

A construção de um motor CC (Figura 5-9) é consideravelmente mais complicada e dispendiosa que a de um motor CA, principalmente por causa do comutador, das escovas e de enrolamentos da armadura. A manutenção do conjunto escova/comutador encontrado em motores CC é significativa comparada com a de projetos de motores CA. Um motor de indução CA não necessita de comutador ou escovas, e a maioria usa barras no rotor de gaiola em vez de fios de enrolamentos de cobre. Alguns tipos de motores CC, classificados de acordo com o tipo de campo, são de ímã permanente, série, *shunt* e composto.

Parâmetros importantes utilizados para prever o desempenho do motor CC são a velocidade, o torque e a potência (hp):

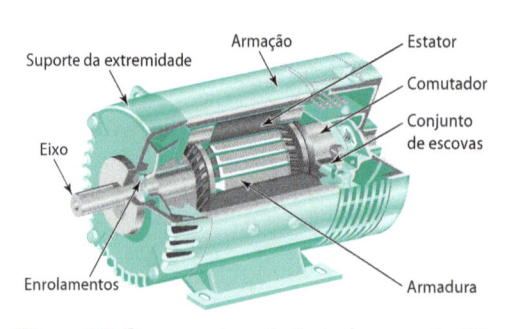

Figura 5-9 Componentes principais de um motor CC.

Velocidade: Refere-se à velocidade de rotação do eixo do motor e é medida em rotações por minuto (RPM).

Torque: Refere-se à força de rotação fornecida pelo eixo do motor. O torque consiste na força que age sobre o raio. As unidades padrão de torque utilizadas na indústria são libras-polegadas (lb-pol.) ou libra-pé (lb-pé).

Potência: Refere-se à taxa na qual o trabalho é feito. Como exemplo, um hp é equivalente a levantar 33.000 libras (15 kg) a uma altura de 1 metro em 1 minuto. Um hp também é equivalente a 746 watts de energia elétrica. Portanto, você pode usar watts para calcular potência em hp e vice-versa.

Motor CC de ímã permanente

Os *motores CC de ímã permanente* usam ímãs permanentes para fornecer o fluxo do campo principal e eletroímãs para fornecer o fluxo da armadura. O movimento do campo magnético da armadura é obtido comutando a corrente entre as bobinas no interior do motor. Esta ação é chamada de *comutação*. A Figura 5-10 ilustra a operação de um motor de ímã permanente simples. O funcionamento do circuito é resumido a seguir:

- A corrente que flui através da bobina da armadura, a partir da fonte de tensão CC, faz a armadura se comportar como um eletroímã.
- Os polos da armadura são atraídos pelos polos do campo de polaridade oposta, fazendo a armadura girar no sentido horário (Figura 5-10a).
- Quando os polos da armadura estão alinhados com os polos do campo, as escovas estão no intervalo (*gap*) no comutador e nenhuma corrente flui na armadura (Figura 5-10b). Neste ponto, as forças de atração e repulsão magnéticas param e a inércia faz a armadura passar por este ponto neutro.
- Uma vez passado o ponto neutro, a corrente flui através da bobina da armadura no sentido inverso por causa da ação de inversão do comutador (Figura 5-10c). Isso, por sua vez,

(a) Os polos da armadura são atraídos pelos polos do campo de polaridade oposta.

(b) Nenhuma corrente flui na abertura do comutador.

(c) Fluxo de corrente através da bobina da armadura no sentido reverso.

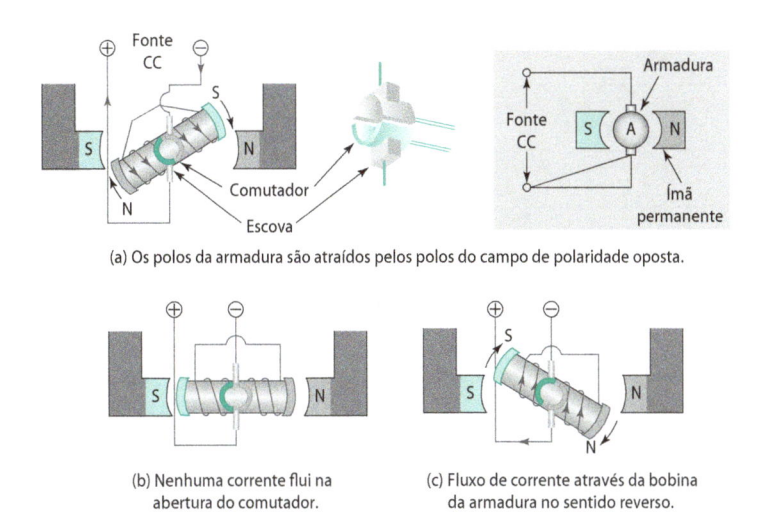

Figura 5-10 Funcionamento de um motor CC de ímã permanente.

inverte a polaridade dos polos da armadura, o que resulta na repulsão de polos iguais e na continuação da rotação no sentido horário.

- O ciclo se repete com o fluxo de corrente através da armadura invertido pelo comutador, uma vez a cada ciclo para produzir uma rotação contínua da armadura no sentido horário.

A Figura 5-11 mostra um motor CC de ímã permanente. O motor é constituído por duas partes principais: um alojamento contendo os ímãs de campo e uma armadura que consiste em bobinas de fio enroladas em ranhuras em um núcleo de ferro e conectadas a um comutador. As escovas, em contato com o comutador, transportam corrente para as bobinas. Os motores de ímã permanente produzem torque elevado em comparação com os motores com campos produzidos por enrolamentos. No entanto, os motores de ímã permanente são limitados em capacidade de manipulação de carga, por isso, são usados principalmente para aplicações de baixa potência.

A força que faz rodar a armadura do motor resulta da interação entre dois campos magnéticos (o do estator e o da armadura). Para produzir um torque constante a partir do motor, estes dois campos devem permanecer constantes em magnitude e na orientação relativa, o que é possível com a construção da armadura como uma série de pequenas seções conectadas aos segmentos de um comutador, conforme ilustrado na Figura 5-12. A conexão elétrica é feita para o comutador por meio de duas escovas. Podemos ver que, se a armadura gira um sexto de uma volta no sentido horário, a corrente nas bobinas 3 e 6 muda de sentido. À medida que as escovas passam pelos sucessivos segmentos do comutador, a corrente nas bobinas conectadas a esses segmentos muda de sentido. O comutador pode ser considerado uma chave que mantém a orientação correta da corrente nas bobinas da armadura (induzido) para produzir um torque unidirecional constante.

O sentido de rotação de um motor CC de ímã permanente é determinado pelo sentido da corrente através da armadura. Inverter a polaridade

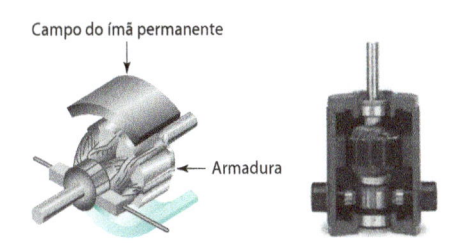

Figura 5-11 Motor CC de ímã permanente.
Foto cedida pela Leeson, www.leeson.com.

Figura 5-12 Comutação da armadura ou efeito de chaveamento.
Foto cedida pela Microchip, www.microchip.com.

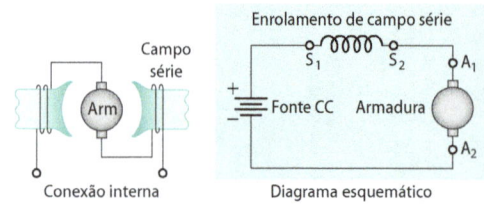

As correntes nas bobinas 3 e 6 mudam de sentido

Figura 5-14 Motor CC tipo série.

da tensão aplicada à armadura inverte o sentido de rotação, como ilustra a Figura 5-13. O acionamento de velocidade variável de um motor de ímã permanente é obtido ao variar o valor da tensão aplicada à armadura. A velocidade do motor varia diretamente com o valor da tensão aplicada na armadura. Quanto maior for o valor da tensão de armadura, mais rápido o motor girará.

Motor CC série

Os motores CC com campo gerado por enrolamentos são geralmente classificados como enrolamento série, enrolamento *shunt* ou enrolamento composto. A conexão de um motor CC do *tipo série* é ilustrada na Figura 5-14. Um motor CC com enrolamento série consiste em um enrolamento campo série (identificado pelos símbolos S1 e S2) conectado em série com a armadura (identificada pelos símbolos A1 e A2). Visto que o campo do enrolamento série é conectado em série com a armadura, ele transportará o mesmo valor de corrente que passa através da armadura. Por esta razão, os enrolamentos do campo série são feitos a partir de um fio mais grosso com capacidade suficiente para conduzir a corrente nominal de carga total do motor. Devido ao grande diâmetro do fio do enrolamento série, ele tem apenas algumas espiras e um valor de resistência muito baixo.

Um motor CC de enrolamento série tem um circuito de campo e de armadura de baixa resistência. Assim, quando a tensão é inicialmente aplicada a ele, a corrente é elevada ($I = E/R$). A vantagem da corrente elevada é que os campos magnéticos no interior do motor são fortes, produzindo um torque (força de rotação) elevado, o que é ideal para acionar cargas mecânicas muito pesadas. A Figura 5-15 mostra curvas características de torque-velocidade para um motor CC série. Note que a velocidade varia muito entre as situações sem carga e carga nominal. Logo, estes motores não podem

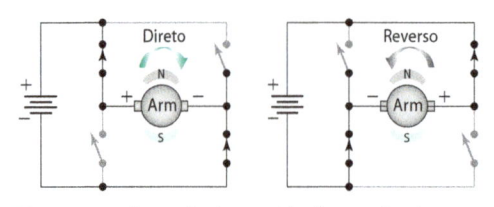

Figura 5-13 Inversão do sentido da rotação de um motor de ímã permanente.

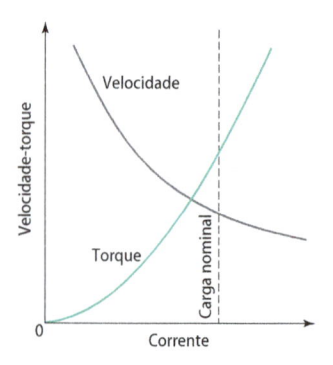

Figura 5-15 Curvas características velocidade-torque para um motor CC série.

ser usados quando é necessária uma velocidade constante com cargas variáveis. Além disso, o motor funciona rápido com uma carga leve (corrente baixa) e de forma bem mais lenta conforme a carga do motor aumenta. Devido à sua capacidade para acionar cargas muito pesadas, os motores série são frequentemente usados em guindastes, guinchos e elevadores que podem drenar milhares de ampères na partida. *Atenção: A velocidade sem carga de um motor série pode aumentar até o ponto de danificar o motor. Por esta razão, ele nunca deve ser operado sem uma carga de algum tipo acoplada.*

Motor CC *shunt*

A conexão de um motor CC *tipo shunt* (paralelo) é ilustrada na Figura 5-16. Um motor CC com enrolamento *shunt* consiste em um campo *shunt* (identificado pelos símbolos F1 e F2) conectado em paralelo com a armadura. Este motor é chamado *shunt* porque o campo está em paralelo, ou "*shunt*", com a armadura. O enrolamento de campo *shunt* é constituído de muitas espiras de fio fino, tendo uma resistência muito alta e um fluxo de corrente baixo em comparação com o enrolamento de campo série.

A Figura 5-17 mostra as curvas características de velocidade-torque para um motor CC *shunt*. Uma vez que o enrolamento de campo é conectado diretamente na fonte de alimentação, a corrente através do campo é constante. A corrente de campo não varia de acordo com a velocidade do motor, tal como no motor série, logo, o torque do motor *shunt* varia apenas com a corrente através da armadura. Na partida, em que a velocidade é muito baixa, o motor tem um torque muito pequeno. Depois que o motor atinge a RPM nominal, seu torque está em sua plenitude potencial. Uma das principais vantagens de um motor shunt é sua velocidade constante. Ele funciona quase com a mesma velocidade tanto com carga quanto sem carga. Além disso, ao contrário do motor série, o motor *shunt* não acelera a uma velocidade alta quando nenhuma carga é acoplada. Os motores *shunt* são particularmente adequados para aplicações como transportadores, onde a velocidade constante é desejada e um alto torque de partida não é necessário.

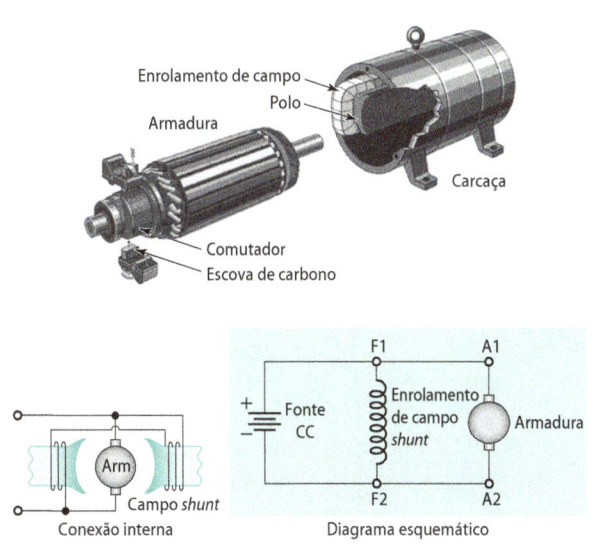

Figura 5-16 Motor CC tipo *shunt*.
Foto cedida pela Siemens, www.siemens.com.

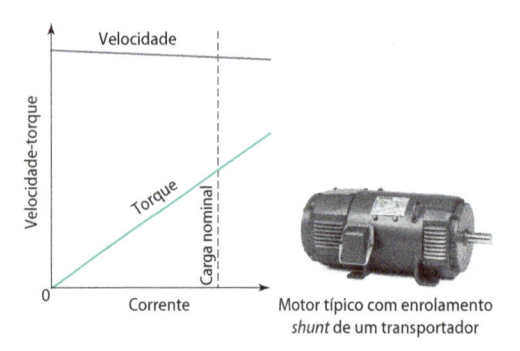

Figura 5-17 Curvas características velocidade-torque para um motor CC *shunt*.
Foto reproduzida com a permissão da © Baldor Electric Company, www.baldor.com.

O enrolamento de campo de um motor *shunt* pode ser excitado separadamente ou conectado na mesma fonte de tensão da armadura. A Figura 5-18 ilustra a conexão de um motor *shunt* excitado separadamente. Uma vantagem de excitar separadamente o campo *shunt* é que um dispositivo de acionamento CC de velocidade variável pode ser usado para proporcionar um acionamento independente do campo e da armadura.

Motor CC composto

Um motor CC de enrolamento composto é uma combinação dos tipos com enrolamento *shunt* e enrolamento série. Este tipo de motor CC tem dois enrolamentos de campo, como mostra a Figura 5-19. Um deles é um campo *shunt* em paralelo com a armadura; o outro é um campo série que está conectado em série com a armadura. O campo *shunt* dá a este tipo de motor a vantagem da velocidade

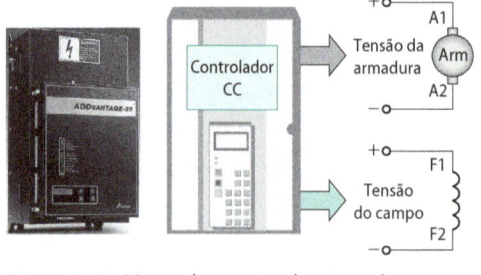

Figura 5-18 Motor *shunt* excitado separadamente.

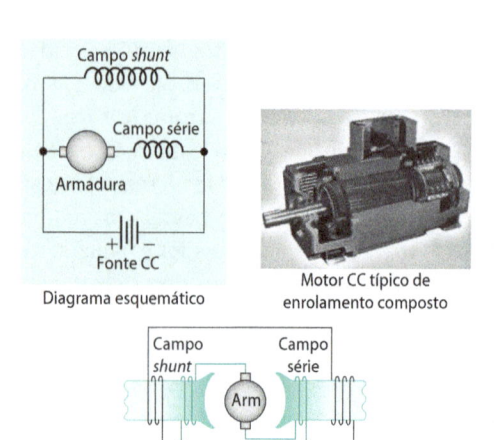

Figura 5-19 Motor CC tipo composto.
Foto cedida pela ABB, www.abb.com.

constante de um motor *shunt* regular. O campo série permite que este motor consiga desenvolver um grande torque quando o motor é ligado a uma carga pesada. Este motor é normalmente conectado de modo composto-aditivo para que, sob a carga, o fluxo dos campos série e *shunt* estejam no mesmo sentido para reforçar o fluxo do campo total.

A Figura 5-20 mostra uma comparação das curvas características velocidade-torque para um motor CC composto-aditivo *versus* os tipos série e *shunt*. A velocidade do motor composto varia um pouco mais que a dos motores *shunt*, mas não tanto quanto a dos motores série. Além disso, os motores CC tipo composto têm um torque de partida relativamente grande – muito maior que o dos motores *shunt*, porém menor que o dos motores série. O enrolamento *shunt* pode ser conectado como um *shunt*-longo aditivo ou como um motor composto *shunt*-curto. Para o *shunt*-curto, o campo *shunt* é conectado em paralelo apenas com a armadura, ao passo que com o *shunt*-longo o campo *shunt* é conectado em paralelo tanto com o campo série quanto com a armadura. Existe uma pequena diferença nas características de operação dos motores *shunt*-longo e *shunt*-curto. Estes motores são geralmente usados onde sejam atendidas condições

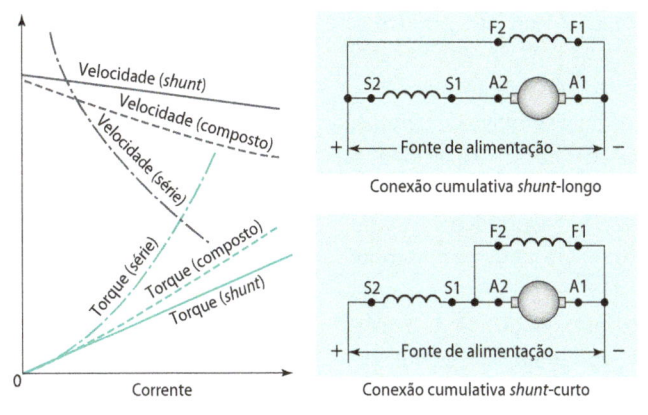

Figura 5-20 Conexões do motor CC aditivo composto e características de velocidade-torque.

severas de partida e a necessidade de velocidade constante ao mesmo tempo.

Sentido de rotação

O sentido de rotação de um motor CC bobinado depende do sentido do campo e do sentido da corrente na armadura. Se o sentido da corrente de campo ou da corrente de armadura de um motor CC bobinado for invertido, a rotação do motor será invertida. Entretanto, se estes dois fatores forem invertidos simultaneamente, o motor continuará girando no mesmo sentido.

Para um motor CC de enrolamento série, alterar a polaridade da armadura ou do enrolamento de campo série muda o sentido de rotação. Ao trocar simplesmente a polaridade da tensão aplicada, a polaridade de ambos os enrolamentos, série e armadura, é alterada e o sentido de rotação do motor permanece o mesmo.

A Figura 5-21 mostra os diagramas dos circuitos de potência e acionamento para um sistema de partida típico de um motor CC com reversão usado para acionar um motor série nos sentidos direto e reverso. Nesta aplicação, a inversão de polaridade da tensão de armadura muda o sentido de rotação. O funcionamento do circuito é resumido a seguir:

- Quando a bobina do dispositivo de partida F é energizada, os contatos principais de F se

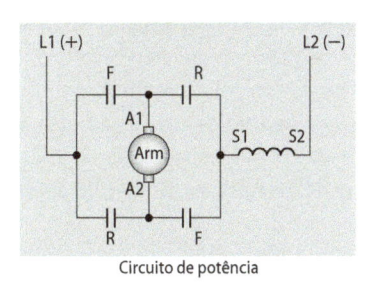

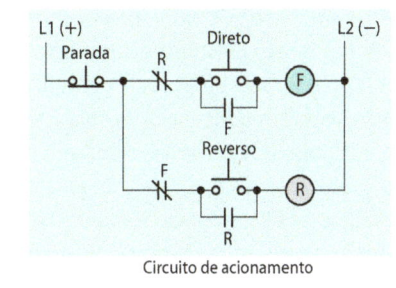

Figura 5-21 Sistema de partida de motor CC série com reversão.
Material e copyrights associados são de propriedade da Schneider Electric, que permitiu o uso.

fecham, conectando A1 no lado positivo da fonte de alimentação e A2 no lado negativo para acionar o motor no sentido direto.
- Quando a bobina do dispositivo de partida R é energizada, os contatos principais de R se fecham, invertendo a polaridade da armadura de modo que A2 agora é positivo e A1 é negativo, e o motor passa a operar no sentido reverso.
- Note que para os dois sentidos, direto e reverso, a polaridade do campo série permanece inalterada, com S1 positivo em relação a S2: só a polaridade da armadura é alterada.
- O circuito está eletricamente intertravado por meio dos contatos de acionamento auxiliares R e F normalmente abertos (NA). Isso impede que as bobinas dos dispositivos de partida F e R sejam energizadas ao mesmo tempo e na realidade coloquem em curto-circuito o circuito de armadura do motor.
- Se o botão de inversão for pressionado enquanto a operação estiver no sentido direto, a bobina do dispositivo de partida R não poderá ser energizada enquanto o circuito da bobina estiver aberto pelo contato NF de F. A fim de alterar o sentido de rotação, o botão de parada deve ser pressionado primeiro para desenergizar a bobina do dispositivo de partida F e permitir que os contatos NF de F retornem para a posição fechado.

Como em um motor CC série, o sentido da rotação de um motor CC *shunt* e composto pode ser invertido por meio da troca de polaridade do enrolamento da armadura ou do enrolamento de campo. A Figura 5-22 mostra o diagrama do circuito de potência para a partida com reversão de um típico motor CC composto e *shunt*. O padrão da indústria é inverter a corrente de armadura, mantendo a corrente nos campos *shunt* e série no mesmo sentido. Para o motor de enrolamento composto, isso garante uma conexão aditiva (os dois campos se somam) nos dois sentidos de rotação.

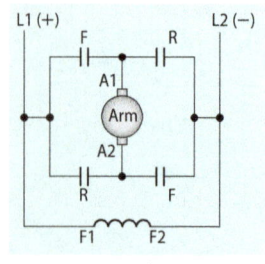

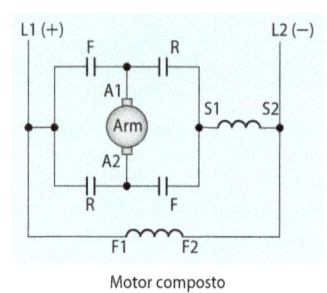

Figura 5-22 Reversão de motor CC composto e *shunt*.

Força contraeletromotriz (FCEM) no motor

À medida que a armadura gira em um motor CC, as bobinas da armadura cortam o campo magnético do estator e induzem uma tensão, ou força eletromotriz (FEM), nestas bobinas. Isso ocorre em um motor como um subproduto de sua rotação e, por vezes, é considerado a ação geradora de um motor. Como esta tensão induzida se opõe à tensão terminal aplicada, ela é chamada de *força contra-eletromotriz* (FCEM), algumas vezes denominada *força eletromotriz inversa*. Esta força é uma forma de resistência que se opõe e limita a corrente de armadura, conforme ilustra a Figura 5-23.

O efeito global da FCEM é que esta tensão será subtraída da tensão terminal do motor, de modo que o enrolamento da armadura do motor verá uma tensão potencial menor. A FCEM é igual à tensão aplicada menos a queda $I_A R_A$ no circuito da armadura. A corrente de armadura, de acordo com a lei de Ohm, é igual a:

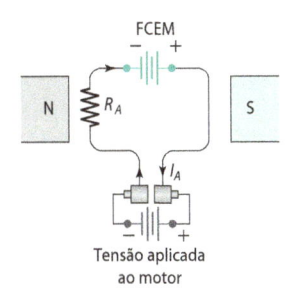

Figura 5-23 Motor FCEM.

$$I_A = \frac{V_{MTR} - FCEM}{R_A}$$

em que I_A = corrente de armadura

V_{MTR} = tensão terminal do motor

FCEM = força contraeletromotriz

R_A = resistência do circuito da armadura

EXEMPLO 5-1

Problema: A armadura de um motor CC de 250 V drena 15 A quando opera com carga plena e tem uma resistência de 2 Ω. Determine a FCEM produzida pela armadura quando opera com carga plena.

Solução:

$$I_A = \frac{V_{MTR} - FCEM}{R_A}$$

$$\begin{aligned} FCEM &= V_{MTR} - (I_A \times R_A) \\ &= 250\,V - (15\,A \times 2\,\Omega) \\ &= 250 - 30 \\ &= 220\,V \end{aligned}$$

A FCEM é diretamente proporcional à velocidade da armadura e à intensidade do campo. Ou seja, a FCEM aumenta ou diminui se a velocidade aumentar ou diminuir, respectivamente. O mesmo é verdadeiro se a intensidade do campo aumentar ou diminuir. No momento da partida do motor, a armadura não está girando, assim, não há FCEM gerada na armadura. A tensão total da linha é aplicada na armadura, e ela drena uma quantidade relativamente grande de corrente. Neste ponto, o único fator de limitação de corrente através da armadura é a resistência relativamente baixa dos enrolamentos. Conforme o motor adquire velocidade, uma força contraeletromotriz é gerada na armadura, que se opõe à tensão terminal aplicada e rapidamente reduz a intensidade de corrente da armadura.

O motor é projetado para, ao atingir sua velocidade plena sem carga, gerar uma FCEM quase igual à tensão de linha aplicada. Apenas uma corrente suficiente flui para manter esta velocidade. Quando uma carga é aplicada ao motor, a sua velocidade diminui, o que reduz a FCEM, e mais corrente é drenada pela armadura para acionar a carga. Assim, a carga de um motor regula a velocidade, afetando a FCEM e o fluxo de corrente.

Reação da armadura

O campo magnético produzido pelo fluxo de corrente através dos condutores da armadura distorce e enfraquece o fluxo vindo dos polos do campo principal. Esta distorção e o enfraquecimento do campo do estator do motor são conhecidos como *reação da armadura*. A Figura 5-24 mostra a posição do plano neutro em condições de funcionamento do motor sem carga e com carga. À medida que cada segmento do comutador passa sob uma escova, esta curto-circuita cada bobina na armadura. Note que as bobinas A e B da armadura são posicionadas em relação às escovas para que, no instante em que cada uma é curto-circuitada, ela esteja se movendo em paralelo ao campo principal, de modo que não haja tensão induzida nelas nesse ponto. Quando o motor opera com carga, devido à reação da armadura, o plano neutro é deslocado para trás, em oposição ao sentido de rotação. Como resultado, a reação da armadura afeta a operação do motor ao:

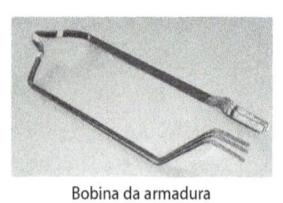

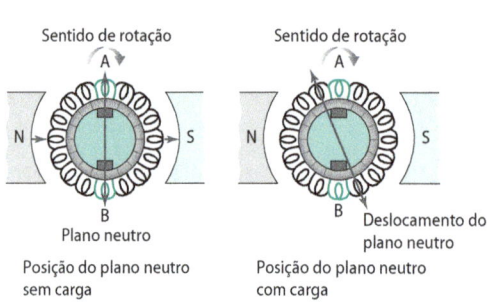

Figura 5-24 Posição do plano neutro sob condições de funcionamento do motor com carga e sem carga.
Foto cedida pela Rees Electric Company, www.ReesElectric-Company.com.

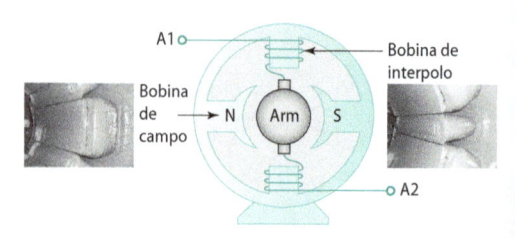

Figura 5-25 Interpolos são colocados entre os polos do campo principal.
Fotos cedidas pela ERIKS UK, www.eriks.co.uk.

- Deslocar o plano neutro no sentido oposto ao da rotação da armadura.
- Reduzir o torque do motor como resultado do enfraquecimento do campo magnético.
- Formar arcos nas escovas devido a um curto-circuito da tensão induzida nas bobinas submetidas à comutação.

Quando a carga sobre o motor flutua, o plano neutro se desloca para trás e para frente entre as posições sem carga e com carga plena. Para pequenos motores CC, as escovas são definidas em uma posição intermediária para produzir uma comutação aceitável com todos os valores de carga. Em grandes motores CC são colocados interpolos (também denominados polos de comutação) entre os polos do campo principal, como ilustrado na Figura 5-25, para minimizar os efeitos da reação da armadura. Estes polos estreitos têm poucas espiras de fio grosso conectadas em série com a armadura. A intensidade do campo de interpolo varia com a corrente da armadura. O campo magnético gerado pelos interpolos é projetado para ser igual e oposto ao produzido pela reação da armadura para todos os valores de corrente de carga e melhora a comutação.

Regulação de velocidade

A *regulação de velocidade* é a medida da capacidade de um motor para manter a sua velocidade desde uma situação sem carga até a carga plena sem uma variação na tensão aplicada à armadura ou aos campos. Um motor tem boa regulação de velocidade se a variação entre a velocidade sem carga e a velocidade a plena carga for pequena, com outras condições sendo constantes. Como exemplo, se a regulação de velocidade for de 3% para um motor especificado para 1500 RPM sem carga aplicada, então isso significa que a velocidade diminuirá até 45 RPM (1500 × 3%) com carga plena no motor. A regulação de velocidade de um motor de corrente contínua é proporcional à resistência da armadura e é geralmente expressa como uma porcentagem da velocidade base do motor. Os motores CC que têm uma resistência de armadura muito baixa apresentam uma melhor regulação de velocidade. A regulação de velocidade é a razão entre a perda de velocidade (a diferença entre as velocidades sem carga e com carga plena) e a velocidade a plena carga, sendo calculada da seguinte forma (quanto menor o percentual, melhor a regulação de velocidade):

$$= \frac{\text{Velocidade sem carga} - \text{velocidade a plena carga}}{\text{Velocidade a plena carga}} \times 100$$

EXEMPLO 5-2

Problema: Um motor shunt CC gira com uma velocidade sem carga de 1.775 RPM. Quando é aplicada uma carga plena, a velocidade diminui ligeiramente para 1.725 RPM. Determine a regulação de velocidade percentual.

Solução:
Regulação de velocidade percentual

$$= \frac{\text{Velocidade sem carga} - \text{velocidade a plena carga}}{\text{Velocidade a plena carga}} \times 100$$

$$= \frac{1.725 \text{ RPM} - 1.725 \text{ RPM}}{1.725 \text{ RPM}} \times 100$$

$$= \frac{50}{1.725} \times 100$$

$$= 2,9\%$$

Variação da velocidade de um motor CC

A *velocidade base* listada na placa de identificação de um motor CC é uma indicação de quão rápido o motor gira com a tensão nominal de armadura e a corrente nominal de carga para uma corrente nominal de campo (Figura 5-26). Os motores CC podem operar abaixo da velocidade base ao reduzir o valor da tensão aplicada à armadura, e acima da velocidade base ao reduzir a corrente de campo. Além disso, a velocidade máxima do motor também pode ser listada na placa de identificação. *Atenção: A operação de um motor acima da sua velocidade máxima pode causar danos ao equipamento e ao pessoal. Quando apenas a velocidade de base é listada, verifique com o fornecedor antes de utilizá-lo acima da velocidade especificada.*

Talvez a maior vantagem dos motores CC seja o acionamento de velocidade. Em aplicações de velocidade ajustável controlada pela armadura, o campo é conectado a uma fonte de tensão constante e a armadura é conectada a uma fonte de tensão ajustável e independente (Figura 5-27). Ao aumentar ou diminuir a tensão da armadura, a velocidade do motor aumenta ou diminui proporcionalmente. Por exemplo, um motor sem carga pode girar a 1200 RPM com 250 V aplicados à armadura e 600 RPM com 125 V. Os motores CC controlados pela armadura são capazes de fornecer o torque nominal em qualquer velocidade entre zero e a velocidade base (nominal) do motor. A potência varia na proporção direta da velocidade, e 100% da potência nominal é desenvolvida apenas com 100% da velocidade nominal do motor com torque nominal.

Os motores *shunt* podem ser feitos para operar acima da velocidade base por enfraquecimento de campo. A partida do motor é normalmente realizada com corrente de campo máxima para fornecer fluxo máximo para um torque de partida máximo. A diminuição da corrente de campo enfraquece o fluxo e aumenta a velocidade. Além disso, uma redução na corrente de campo resultará

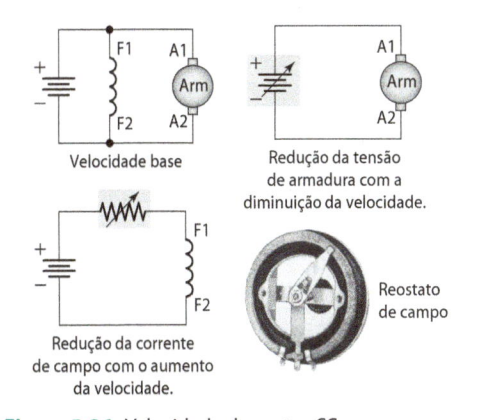

Figura 5-26 Velocidade do motor CC.
Foto cedida pela Jenkins Electric Company, www.jenkins.com.

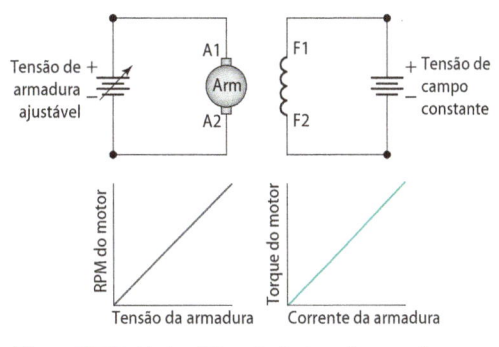

Figura 5-27 Motor CC controlado pela armadura.

em uma FCEM gerada menor e em um fluxo de corrente de armadura maior para uma determinada carga do motor. Um método simples para controlar o campo é inserir um resistor em série com a fonte de tensão de campo, o que é útil para adequar a velocidade de um motor ideal para a aplicação. Um método opcional mais sofisticado utiliza uma fonte de campo de tensão variável.

O acionamento coordenado das tensões de armadura e de campo para a faixa de velocidade estendida é ilustrado na Figura 5-28. Primeiro, o motor é controlado pela tensão de armadura para um torque constante, operando com potência variável até a velocidade base. Uma vez atingida a velocidade base, o acionamento de enfraquecimento de campo é aplicado para uma potência constante, com torque variável, operando até a velocidade máxima especificada do motor. *Atenção: Se um Motor CC sofrer uma perda de corrente de excitação em funcionamento, o motor começará a acelerar imediatamente para a velocidade máxima que a carga permitir. Isso pode resultar praticamente em uma explosão do motor, se a carga for leve. Por esta razão, deve ser fornecida, no circuito de acionamento do motor, alguma forma de proteção contra perda de campo, que automaticamente pare o motor no caso de a corrente de campo ser interrompida ou ficar abaixo de um valor seguro.*

Unidades de acionamento de um motor CC

Em geral os dispositivos de partida magnéticos de um motor CC servem para iniciar e acelerar os motores à velocidade normal e fornecer proteção contra sobrecarga. Ao contrário dos dispositivos de partida de motor, as *unidades de acionamento* são projetadas para fornecer, além de proteção, o acionamento preciso de velocidade, torque, aceleração, desaceleração e sentido de rotação dos motores. Além disso, muitas unidades de acionamento de motor são capazes de comunicação de alta velocidade com controladores lógicos programáveis (CLPs) e outros controladores industriais.

Uma unidade de acionamento (*drive*) de motor é um dispositivo eletrônico que usa diferentes tipos de técnicas de acionamento de estado sólido. Um capítulo posterior sobre *eletrônica de potência* descreve como esses dispositivos de estado sólido funcionam. A Figura 5-29 mostra o diagrama em bloco para uma típica unidade de acionamento de motor CC eletrônica de velocidade variável. Essa unidade de acionamento é constituída por duas seções básicas: a de *potência* e a de *acionamento*. O funcionamento do sistema de acionamento é resumido a seguir:

- A potência controlada para o motor CC é fornecida a partir da seção de potência, formada

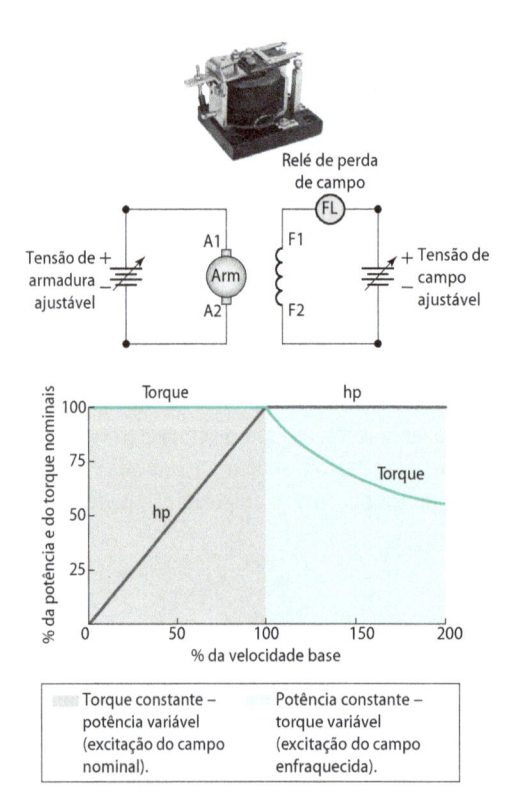

Figura 5-28 Motor CC com armadura e campo controlados.
Foto cedida pela Jenkins Electric Company, www.jenkins.com.

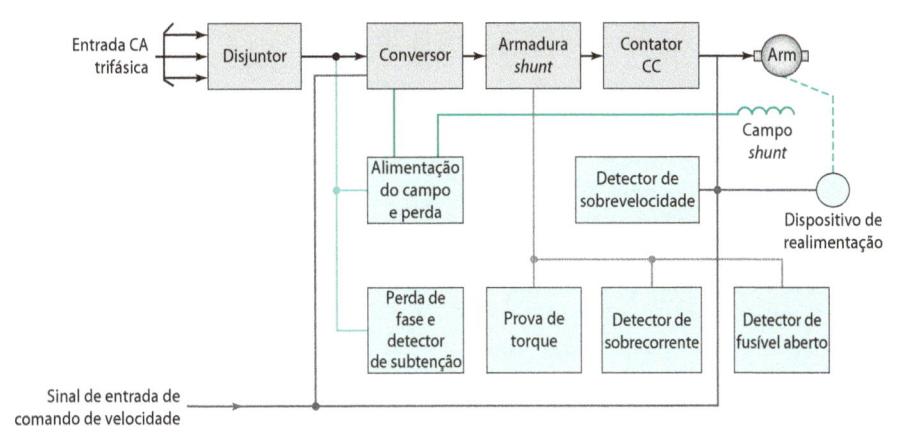

Figura 5-29 Diagrama em bloco de uma unidade de acionamento de um motor CC.

por disjuntor, conversor, armadura *shunt* e contator CC.
- O conversor retifica a alimentação CA trifásica, convertendo-a em CC para o motor CC.
- Atingir um acionamento preciso do motor exige meios para avaliar o desempenho do motor e compensar automaticamente qualquer variação dos níveis desejados. Este é o trabalho da seção de acionamento, constituída pelo sinal de entrada de comando de velocidade, bem como por várias realimentações e sinais de erro usados para controlar a saída da seção de potência.

As unidades de acionamento de um motor CC usam um campo *shunt* excitado separadamente por causa da necessidade de variar a tensão de armadura ou a corrente de campo. Ao variar a tensão de armadura, o motor produz torque total, mas a velocidade varia. No entanto, quando a corrente de campo é variada, a velocidade do motor e o torque variam. A Figura 5-30 mostra uma unidade de acionamento de um motor CC utilizada para proporcionar um acionamento muito preciso do funcionamento de um sistema transportador. Além de administrar a velocidade e o torque do motor, ela fornece aceleração e desaceleração controladas nos sentidos direto e reverso do funcionamento do motor.

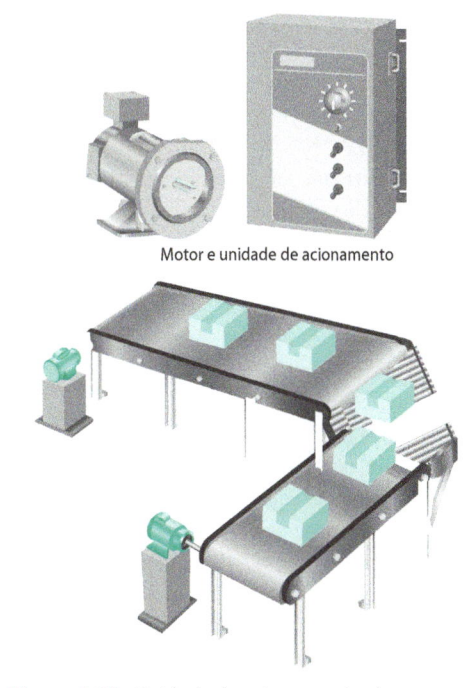

Figura 5-30 Unidade de acionamento de um motor CC.

Parte 2

Questões de revisão

1. Cite duas razões pelas quais os motores CC são raramente a primeira escolha na maioria das aplicações.
2. Que tipos especiais de processos podem garantir a utilização de um motor CC?
3. Explique a função do comutador na operação de um motor CC.
4. a. Como é alterado o sentido de rotação de um motor de ímã permanente?
   b. Como é controlada a velocidade de um motor de ímã permanente?
5. Resuma as características de torque e velocidade de um motor CC série.
6. Por que um motor CC série não deve ser operado sem algum tipo de carga acoplada a ele?
7. De que maneira o enrolamento do campo *shunt* de um motor *shunt* difere do enrolamento do campo série de um motor de série?
8. Compare o torque de partida e de carga em função das características de velocidade do motor de enrolamento série com os do tipo *shunt*.
9. Como são conectados os enrolamentos série e *shunt* de um motor CC de enrolamento composto em relação à armadura?
10. De que maneira é conectado um motor composto aditivo?
11. Compare as características de torque e velocidade de um motor composto com as de motores série e *shunt*.
12. Como o sentido de rotação de um motor CC bobinado pode ser alterado?
13. Explique como é produzida a FCEM em um motor CC.
14. Um motor CC de 5 hp e 230 V tem uma resistência de armadura de 0,1 Ω e uma corrente de armadura em plena carga de 20 A. Determine:
    a. o valor da corrente de armadura na partida
    b. o valor da FCEM com plena carga
15. a. O que é a reação da armadura de um motor?
    b. Cite três efeitos que a reação da armadura tem sobre o funcionamento de um motor CC.
16. Explique como os interpolos minimizam os efeitos da reação da armadura.
17. a. Um motor especificado para 1.750 RPM sem carga tem uma regulação de velocidade de 4%. Calcule a velocidade do motor a plena carga.
    b. De que forma a resistência da armadura de um motor CC afeta a sua regulação de velocidade?
18. a. Como é definida a velocidade base de um motor CC?
    b. Como é controlada a velocidade de um motor CC abaixo da velocidade base?
    c. Como é controlada a velocidade de um motor CC acima da velocidade base?
19. Com o acionamento de tensão de armadura de um motor CC *shunt*, qual é o efeito sobre o torque nominal e a potência quando a tensão de armadura é aumentada?
20. Com o acionamento da corrente de campo de um motor CC *shunt*, qual é o efeito sobre o torque nominal e a potência quando a tensão de armadura é aumentada?
21. Proteção contra perda de campo deve ser fornecida para os motores CC. Por quê?
22. Liste algumas funções de acionamento encontradas em uma unidade de acionamento de motor CC que normalmente não seriam fornecidas por um dispositivo de partida magnético de um motor CC tradicional.

» Parte 3

» Motores de corrente alternada trifásicos

Campo magnético girante

A principal diferença entre os motores CA e CC é que o campo magnético gerado pelo estator gira no caso dos motores CA. Um *campo magnético girante* é o ponto mais importante do funcionamento de todos os motores CA. O princípio é simples. Um campo magnético criado no estator gira eletricamente em torno de um círculo. Outro campo magnético criado no rotor segue a rotação deste campo padrão por ser atraído e repelido pelo campo do estator. Como o rotor tem a liberdade de girar, ele segue o campo magnético rotativo no estator.

A Figura 5-31 ilustra o conceito de um campo magnético girante que se aplica ao estator de um motor CA trifásico. A operação é resumida a seguir:

- Três conjuntos de enrolamentos são colocados com 120 graus elétricos de separação, e cada conjunto é ligado a uma fase da fonte de alimentação trifásica.
- Quando a corrente trifásica passa através dos enrolamentos do estator, é produzido um efeito de campo magnético girante que percorre o interior do núcleo do estator.
- A polaridade do campo magnético girante é mostrada nas seis posições selecionadas marcadas em intervalos de 60 graus nas ondas senoidais que representam a corrente que flui nas três fases, A, B e C.
- No exemplo mostrado, o campo magnético gira em torno do estator no sentido horário.
- Simplesmente trocar quaisquer duas das três fases de alimentação nos enrolamentos do estator promove uma inversão no sentido de rotação do campo magnético.
- O número de polos é determinado pelo número de vezes que um enrolamento de fase é exibido. Neste exemplo, cada enrolamento aparece duas vezes, por isso, este é um estator de dois polos.

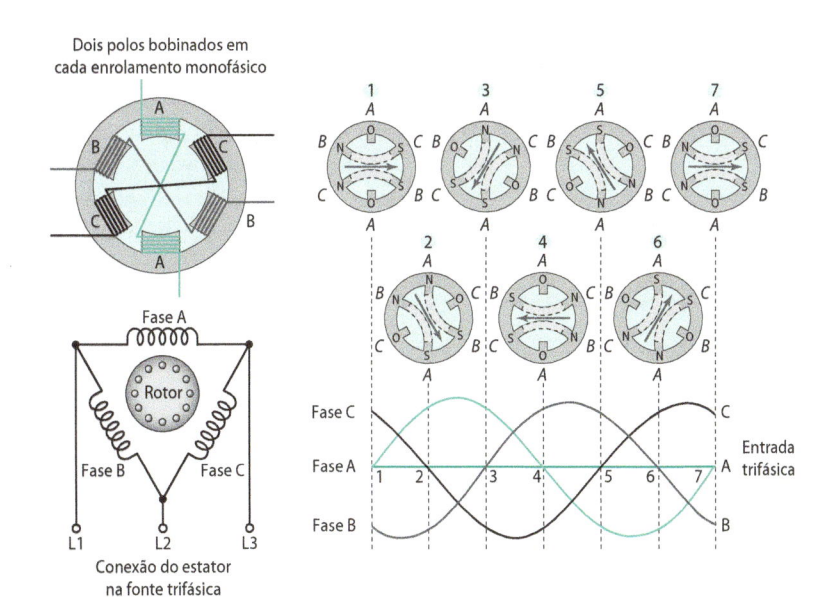

Figura 5-31 Campo magnético girante.

Existem duas maneiras de definir a velocidade de um motor CA: pela velocidade síncrona e pela velocidade real. A *velocidade síncrona* de um motor CA é a velocidade de rotação do campo magnético do estator. Esta é a velocidade teórica, ou matemática, ideal do motor, visto que o rotor vai girar sempre a uma taxa ligeiramente menor. A *velocidade real* é a velocidade à qual o eixo gira. A placa de identificação da maioria dos motores CA informa a velocidade real em vez da velocidade síncrona (Figura 5-32).

A velocidade do campo magnético girante varia diretamente com a frequência da fonte de alimentação e inversamente com o número de polos construídos no enrolamento do estator: ou seja, quanto maior a frequência, maior é a velocidade, e quanto maior o número de polos, menor a velocidade. Os motores projetados para uso em 60 Hz têm velocidades síncronas de 3.600, 1.800, 1.200, 900, 720, 600, 514 e 450 RPM. A velocidade síncrona de um motor CA é calculada pela fórmula:

$$S = \frac{120\,f}{P}$$

em que

S = velocidade síncrona em RPM

f = frequência, Hz, da fonte de alimentação

P = número de polos em cada um dos enrolamentos monofásicos

EXEMPLO 5-3

Problema: Determine a velocidade síncrona de um motor CA de quatro polos conectado a uma fonte de 60 Hz.

Solução:

$$S = \frac{120\,f}{P}$$

$$= \frac{120 \times 60}{4}$$

$$= 1.800\ \text{RPM}$$

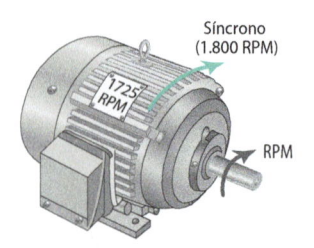

Figura 5-32 Velocidades síncrona e real.

Motor de indução

O *motor CA de indução* é, de longe, o mais usado porque é relativamente simples e pode ser construído a um custo menor do que outros tipos. Os motores de indução são trifásicos ou monofásicos. O motor de indução é assim chamado porque nenhuma tensão externa é aplicada ao seu rotor. Não há anéis deslizantes ou qualquer excitação CC fornecida ao rotor. Em vez disso, a corrente CA no estator induz uma tensão através de uma abertura de ar dentro do enrolamento do rotor para produzir corrente no rotor e um campo magnético associado (Figura 5-33). Os campos magnéticos do estator e do rotor então interagem e fazem o rotor girar.

O enrolamento do estator de um motor trifásico consiste em três grupos separados de bobinas, denominadas *fases* e designadas por A, B e C. As fases são deslocadas uma da outra por 120 graus elétricos e contêm o mesmo número de bobinas conectadas para o mesmo número de polos. Os polos se referem a uma bobina ou grupo de bobi-

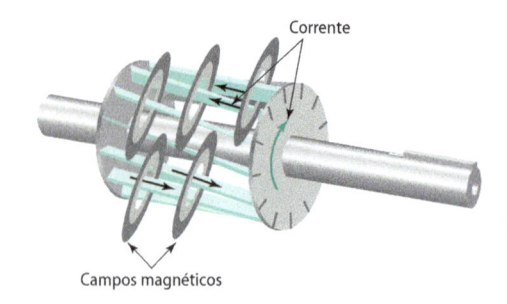

Figura 5-33 Corrente induzida no rotor.

nas enroladas para produzir uma unidade de polaridade magnética. O estator é enrolado de forma que o número de polos seja sempre um número par, referindo-se ao número total de polos norte e sul por fase. A Figura 5-34 mostra uma ligação de bobinas para um motor de indução trifásico de quatro polos conectado em estrela.

Motor de indução gaiola de esquilo

O rotor do motor de indução pode ser do tipo bobinado ou gaiola de esquilo. A maioria das aplicações comerciais e industriais emprega um motor de indução trifásico gaiola de esquilo. A Figura 5-35 mostra um motor de indução gaiola de esquilo. O rotor é construído usando um determinado número de barras individuais curto-circuitadas nas extremidades por anéis e dispostas em uma configuração de roda de hamster ou gaiola de esquilo.

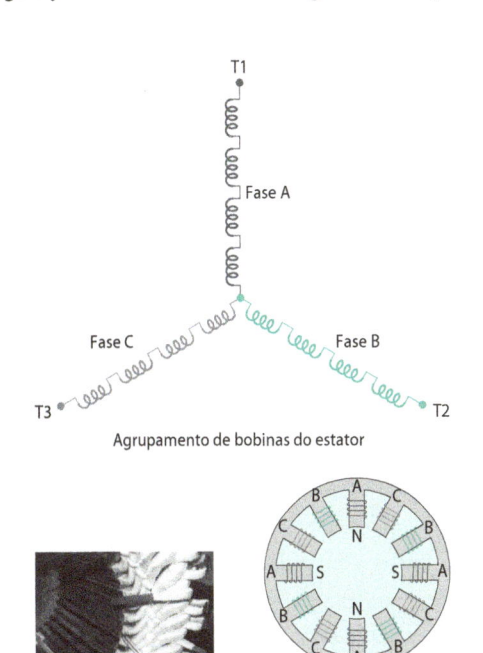

Figura 5-34 Bobinas do estator para um motor trifásico de indução de quatro polos conectado em estrela.
Foto cedida pela Swiger Coil LLC., www.swigercoil.com.

Quando a tensão é aplicada ao enrolamento do estator, um campo magnético girante é criado. Este campo magnético girante induz uma tensão no rotor; como as barras do rotor são essencialmente bobinas de espira única, isso provoca correntes nas barras do rotor. Estas correntes do rotor estabelecem seu próprio campo magnético, que interage com o campo magnético do estator para produzir um torque. O torque resultante gira o rotor no mesmo sentido de rotação do campo magnético produzido pelo estator. Nos motores de indução modernos, o tipo mais comum de rotor tem condutores de alumínio fundido e anéis de curto-circuito nas extremidades.

A resistência do rotor em gaiola de esquilo tem um importante efeito sobre o funcionamento do motor. Um rotor de alta resistência desenvolve um elevado torque de partida com uma baixa corrente. Um rotor de baixa resistência desenvolve baixo escorregamento e alta eficiência em plena carga. A Figura 5-36 mostra como o torque do motor varia com a velocidade do rotor para motores de indução NEMA tipo gaiola de esquilo:

Projeto NEMA tipo B – Considerado o tipo padrão, com torque de partida normal, corrente de partida baixa e baixo escorregamento em plena carga. Adequado para uma ampla variedade de aplicações, como ventiladores e sopradores, que exigem normais binário de arranque.

Projeto NEMA tipo C – Possui uma resistência de rotor maior que a do tipo padrão, o que melhora o fator de potência do rotor na partida, proporcionando mais torque de partida. No entanto, quando está com carga, esta resistência adicional produz um maior escorregamento. Usado para equipamentos como uma bomba, que requer um elevado torque de partida.

Projeto NEMA tipo D – Sua resistência de rotor ainda maior produz uma quantidade máxima de torque de partida. Este tipo é adequado

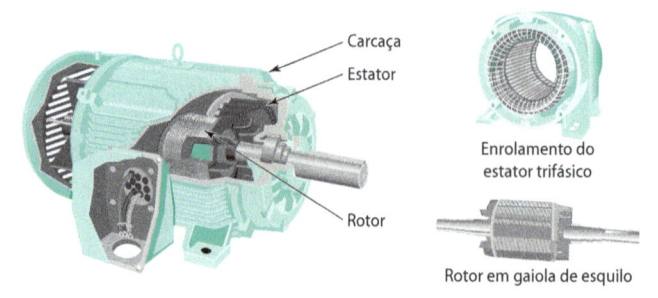

Figura 5-35 Motor de indução gaiola de esquilo.

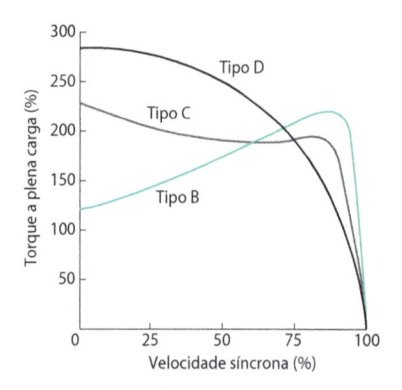

Figura 5-36 Características velocidade-torque de um motor gaiola de esquilo.

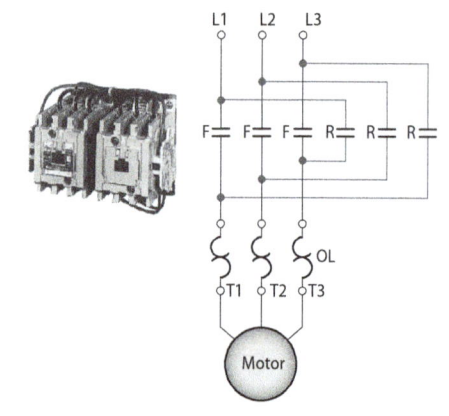

Figura 5-37 Circuito de potência para reversão de rotação de um motor trifásico.
Foto cedida pela Eaton Corporation, www.eaton.com.

para equipamentos com inércia muito elevada como gruas e guindastes.

As características de funcionamento do motor em gaiola de esquilo são:

- O motor opera normalmente em velocidade constante, próxima da velocidade síncrona.
- As grandes correntes de partida exigidas por este motor podem resultar em variações na tensão de linha.
- A permuta entre quaisquer duas das três linhas de alimentação do motor inverte o seu sentido de rotação. A Figura 5-37 mostra o circuito de potência de reversão de um motor trifásico. Os contatos de F referentes ao sentido de rotação direto, quando fechados, conectam L1, L2 e L3 aos terminais do motor T1, T2 e T3, respectivamente. Os contatos de R referentes ao sentido de rotação reverso, quando fechados, conectam L1, L2 e L3 aos terminais do motor T3, T2 e T1, respectivamente, e o motor agora funcionará no sentido oposto.
- Uma vez dada a partida, o motor continuará girando com uma perda de fase, como um motor monofásico. A corrente drenada das duas linhas restantes quase dobrará e o motor superaquecerá. Com o motor em repouso e sem uma das fases, a partida não ocorre.

O rotor não gira na velocidade síncrona, mas tende a escorregar para trás. O escorregamento é o que permite que um motor gire. Se o rotor girasse à mesma velocidade que o campo, não haveria qualquer movimento relativo entre o rotor e o campo e não haveria tensão induzida. Devido ao escorregamento do rotor em relação ao campo magnético girante do estator, tensão e corrente são induzidas no rotor. A diferença entre a velocidade da rotação do campo magnético e do rotor de um motor de indução é conhecida como *escorregamento,* sendo expressa como uma porcentagem da velocidade síncrona:

$$\text{Escorregamento percentual} = \frac{\text{Velocidade síncrona} - \text{Velocidade real}}{\text{Velocidade síncrona}} \times 100$$

O escorregamento aumenta com a carga e é necessário para produzir torque útil. A quantidade usual de escorregamento em um motor trifásico de 60 Hz é 2 ou 3%.

A colocação de carga em um motor de indução é semelhante à de um transformador pois a operação de ambos envolve a alteração do fluxo concatenado com relação ao enrolamento primário (estator) e ao enrolamento secundário (rotor). A corrente sem carga é baixa e semelhante à corrente de excitação em um transformador. Assim, ela é composta de um componente de magnetização que cria o fluxo rotativo e de um componente ativo pequeno que fornece as perdas de atrito do vento e de fricção do rotor, mais as perdas do ferro do estator. Quando o motor de indução está sob carga, a corrente do rotor desenvolve um fluxo que se opõe e, por conseguinte, enfraquece o fluxo do estator. Isso permite que mais corrente flua nos enrolamentos do estator, assim como um aumento na corrente no secundário de um transformador resulta em um aumento correspondente na corrente do primário.

Você deve lembrar que o fator de potência (FP) é definido como a razão entre a potência (watts) real (ou verdadeira) e a potência (volt-ampères) aparente e uma medida da eficácia com que a corrente absorvida por um motor é convertida em trabalho útil. A corrente de excitação de um motor e a potência reativa permanecem aproximadamente a mesma que na situação sem carga. Por este motivo, sempre que um motor funciona sem carga, o fator de potência é muito baixo em comparação com quando ele opera com carga plena. Em plena carga, o FP varia de 70% para pequenos motores a 90% para motores maiores, os motores de indução operam com eficiência máxima se eles forem dimensionados corretamente para a carga que vão acionar. Os motores super dimensionados não só operam de forma ineficiente, mas também têm um custo mais elevado do que os corretamente dimensionados.

Quando um motor é ligado, durante o período de aceleração, o motor drena uma corrente de partida alta. Esta corrente de partida também é chamada de *corrente de rotor bloqueado*. Os motores de indução comuns, com tensão nominal na partida, têm correntes de partida de rotor bloqueado até 6 vezes a corrente a plena carga que está na placa de identificação. A corrente de rotor bloqueado depende em grande parte do tipo do projeto das barras do rotor e pode ser determinada a partir das letras do código de projeto NEMA indicadas na placa de identificação. Um motor com corrente de rotor bloqueado alta pode criar quedas de tensão nas linhas de energia, o que causa uma questionável cintilação na iluminação e problemas de operação em outros equipamentos. Além disso, um motor que drena corrente excessiva sob condições de rotor bloqueado é mais provável que cause desarmes por transientes nos dispositivos de proteção do motor durante a partida.

Um motor de velocidade única tem uma velocidade nominal em que opera quando alimentado

---

EXEMPLO 5-4

Problema: Determine a porcentagem de escorregamento de um motor de indução que tem uma velocidade síncrona de 1.800 RPM e uma velocidade real de 1.750 RPM.

Solução:
Escorregamento percentual

$$= \frac{\text{Velocidade síncrona} - \text{Velocidade real}}{\text{Velocidade síncrona}} \times 100$$

$$= \frac{1.800 - 1.750}{1.800} \times 100$$

$$= 2{,}78\%$$

com tensão e frequência nominais. Um motor de múltiplas velocidades opera em mais de uma velocidade, dependendo da forma como os enrolamentos são conectados a fim de formar números diferentes de polos magnéticos. Os motores com enrolamentos de uma e duas velocidades são chamados de *motores de polos consequentes*. A baixa velocidade em um motor de polos consequentes de enrolamento único é sempre metade da velocidade mais elevada. Se os requisitos ditam uma velocidade em qualquer outra fração, deve ser usado um motor de dois enrolamentos. Nos motores de *enrolamento separado*, um enrolamento separado é instalado para cada velocidade desejada.

Os motores de enrolamento único de polos consequentes têm os enrolamentos do estator dispostos de modo que o número de polos possa ser alterado por meio da inversão de algumas das correntes de bobina. A Figura 5-38 mostra um motor trifásico de enrolamento único em gaiola de esquilo de dupla velocidade com acesso externo a seis terminais do estator. Ao fazer as conexões designadas com esses terminais, os enrolamentos podem ser conectados em triângulo série ou em estrela paralelo. A conexão triângulo série resulta em velocidade baixa e a conexão estrela paralelo resulta em velocidade alta. A faixa de torque é a mesma nas duas velocidades. Se o enrolamento for tal que a conexão triângulo série produz a velocidade alta e a conexão estrela paralelo a velocidade baixa, a especificação de potência é a mesma nas duas velocidades.

Os motores CA de indução de velocidade única são frequentemente fornecidos com múltiplos terminais externos para diferentes especificações de tensões em aplicações de frequência fixa. Os terminais múltiplos são projetados para permitir reconexões de série para paralelo, de estrela para triângulo ou uma combinação destas. A Figura 5-39 mostra as conexões típicas para dupla tensão, estrela e delta, tanto série quanto paralelo. Essas conexões não devem ser confundidas com as conexões dos motores de indução polifásicos de múltiplas velocidades. No caso de motores com múltiplas velocidades, as conexões resultam em um motor com um número diferente de polos magnéticos e, por conseguinte, uma velocidade síncrona diferente a uma dada frequência.

Motor de indução de rotor bobinado

O motor de indução de rotor bobinado (às vezes chamado de motor de anéis coletores) é uma variação do motor de indução de gaiola padrão. Os

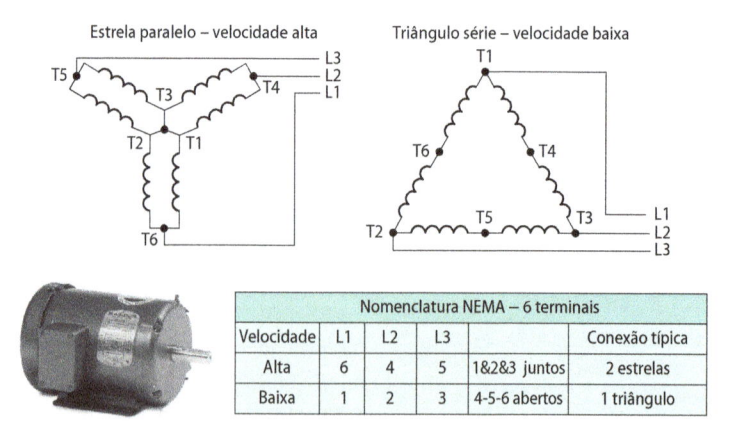

Nomenclatura NEMA – 6 terminais					
Velocidade	L1	L2	L3		Conexão típica
Alta	6	4	5	1&2&3 juntos	2 estrelas
Baixa	1	2	3	4-5-6 abertos	1 triângulo

Figura 5-38 Motor de enrolamento único trifásico de duas velocidades em gaiola de esquilo.
Foto reproduzida com a permissão da © Baldor Electric Company, www.baldor.com.

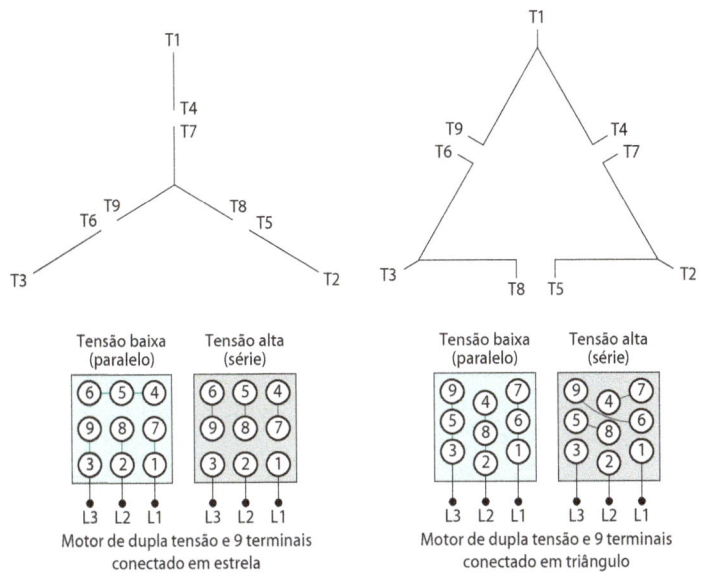

Figura 5-39 Conexões típicas para um motor de dupla velocidade com conexões estrela e triângulo tanto série quanto paralelo.

motores de rotor bobinado têm um enrolamento trifásico no rotor, que tem terminação em anéis coletores, como ilustrado na Figura 5-40. O funcionamento deste motor é resumido a seguir.

- Os anéis coletores do rotor são conectados nos resistores de partida a fim de proporcionar um acionamento da corrente e da velocidade na partida.
- Na partida do motor, a frequência da corrente que flui através dos enrolamentos do rotor é cerca de 60 Hz.
- Até atingir a velocidade máxima, a frequência da corrente do rotor fica abaixo de 10 Hz até cerca de um sinal CC.

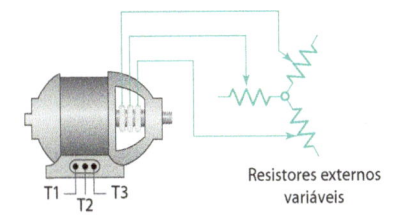

Figura 5-40 Motor de indução de rotor bobinado.

- Na partida, a resistência externa no circuito do rotor é máxima e gradualmente reduzida a zero, quer manual ou automaticamente.
- Isso resulta em um torque de partida muito elevado a partir de zero até a velocidade máxima com uma corrente de partida relativamente baixa.
- Com resistência externa nula, as características do motor de rotor bobinado se aproximam das do motor de gaiola de esquilo.
- A permuta entre quaisquer dois terminais de alimentação do estator inverte o sentido de rotação.

Um motor de rotor bobinado é usado para aplicações de velocidade constante que requerem um torque de partida mais intenso do que o obtido com o tipo gaiola. Com uma carga de alta inércia, um motor de indução de gaiola padrão pode sofrer danos no rotor durante a partida devido à potência dissipada pelo rotor. Com um motor de rotor bobinado, as resistências secundárias são selecionadas para proporcionar curvas de torque ótimas e elas podem ser dimensionadas para suportar a carga de energia sem falhas. Colocar em movimento uma carga de alta inércia com um motor de gaiola padrão exigiria entre 400 e 550% de corrente de partida até 60 segundos. A partida da mesma máquina com um motor de rotor bobinado (motor de anéis coletores) exigiria cerca de 200% de corrente por cerca de 20 segundos. Por esta razão, os motores do tipo rotor bobinado são frequentemente usados em capacidades maiores, em vez dos motores tipo gaiola de esquilo.

Os motores de rotor bobinado também são utilizados para aplicações de velocidade variável. Para usar um motor de rotor bobinado como uma unidade de acionamento de velocidade ajustável, as resistências de acionamento do rotor devem ser especificadas para corrente contínua. Se o motor é utilizado apenas para uma aceleração baixa ou alto torque de partida, mas depois opera na velocidade máxima durante o ciclo de trabalho, então os resistores serão removidos do circuito quando o motor estiver na velocidade nominal. Neste caso, eles terão um ciclo de trabalho especificado apenas para o momento da partida. A velocidade varia com esta carga, de modo que eles não devem ser utilizados onde é necessária uma velocidade constante em cada valor ajustado de acionamento, como para máquinas-ferramentas.

Motor síncrono trifásico

O *motor síncrono* trifásico é exclusivo e especializado. Como o nome sugere, este motor funciona a uma velocidade constante desde a condição sem carga até a carga máxima em sincronismo com a frequência da linha. Assim como nos motores de indução de gaiola de esquilo, a velocidade de um motor síncrono é determinada pelo número de pares de polos e pela frequência de linha.

Um motor síncrono trifásico é mostrado na Figura 5-41. A operação deste motor é resumida a seguir.

- Tensão CA trifásica é aplicada aos enrolamentos do estator e um campo magnético girante é produzido.

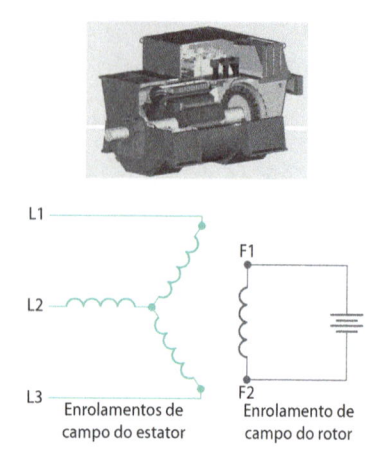

Figura 5-41 Motor síncrono trifásico.
Foto cedida pela ABB, www.abb.com.

- Tensão CC é aplicada ao enrolamento do rotor e um segundo campo magnético é produzido.
- O rotor então se comporta como um ímã e é atraído pelo campo rotativo do estator.
- Esta atração exerce um torque no rotor e o faz girar na velocidade síncrona do campo girante do estator.
- O rotor não necessita da indução magnética a partir do campo do estator para a sua excitação. Como resultado, o motor tem escorregamento zero em relação ao motor de indução, que requer escorregamento para produzir torque.

Os motores síncronos não são autossuficientes na partida e, portanto, necessitam de um método para colocar o rotor em movimento até próximo à velocidade síncrona antes de a alimentação CC do rotor ser aplicada. Normalmente a partida de um motor síncrono é como a de um motor de indução de gaiola por meio da utilização de enrolamentos de amortecimento especiais do rotor. Além disso, existem dois métodos básicos para proporcionar corrente de excitação para o rotor. Um deles consiste em utilizar uma fonte CC externa com corrente fornecida aos enrolamentos por meio de anéis deslizantes. O outro método é ter um excitador montado sobre o eixo comum do motor. Este arranjo não requer a utilização de anéis coletores e escovas.

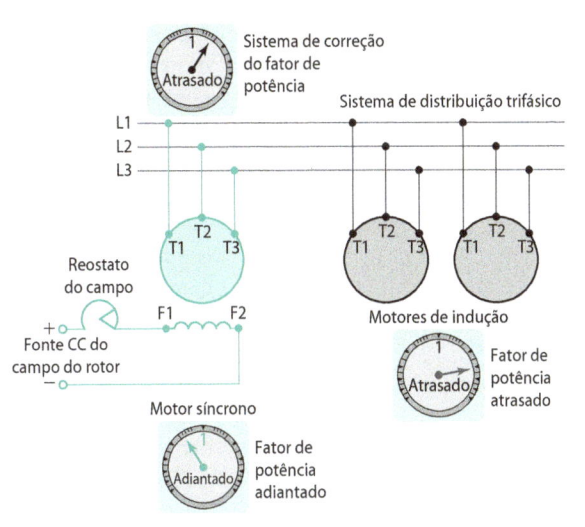

Figura 5-42 Motor síncrono usado para corrigir o fator de potência.

O fator de potência atrasado de um sistema elétrico pode ser corrigido por sobre-excitação do rotor de um motor síncrono operando dentro do mesmo sistema. Isso produz um fator de potência adiantado, cancelando o fator de potência atrasado das cargas indutivas (Figura 5-42). Um campo CC subexcitado produz um fator de potência atrasado e, por esta razão, é raramente usado. Quando o campo é normalmente excitado, o motor síncrono funciona com um fator de potência unitário. Os motores síncronos trifásicos podem ser utilizados para correção do fator de potência, enquanto realizam sua função principal, por exemplo, acionar um compressor. No entanto, se não for necessária a potência mecânica de saída, ou ela pode ser fornecida de outras formas rentáveis, a máquina síncrona continua a ser útil como um meio de controlar o fator de potência. Ela faz o mesmo trabalho que um banco de capacitores estáticos. Uma máquina como essa é denominada condensador ou capacitor síncrono.

Parte 3

Questões de revisão

1. Um campo magnético girante é o principal fator na operação de um motor CA. Faça uma breve descrição do seu princípio de funcionamento.
2. Compare a velocidade síncrona e a velocidade real de um motor CA.
3. Calcule a velocidade síncrona de um motor CA de seis polos alimentado por uma fonte de tensão padrão.
4. Por que o motor de indução é assim chamado?
5. Descreva o princípio de funcionamento de um motor de indução trifásico de gaiola de esquilo.
6. Explique o efeito que a resistência do rotor tem na operação de um motor de indução de gaiola de esquilo.
7. Como o sentido de rotação de um motor de gaiola de esquilo é invertido?

8. O que acontece se um motor de indução trifásico de gaiola de esquilo perder uma fase estando em funcionamento?
9. Defina o termo *escorregamento* em relação a um motor de indução.
10. Calcule o escorregamento percentual de um motor de indução tendo uma velocidade síncrona de 3.600 RPM e uma velocidade nominal real de 3.435 RPM.
11. Qual é o efeito da carga no fator de potência de um motor CA?
12. Qual é o valor típico da corrente do motor com rotor bloqueado?
13. Como é determinada a velocidade de um motor de indução?
14. Explique a diferença entre motores de indução de múltiplas velocidades com polos consequentes e com enrolamento separado.
15. Normalmente, na partida de um motor de indução de rotor bobinado com resistência externa máxima no circuito do rotor, esta resistência é gradualmente reduzida para zero. Como isso afeta o torque e a corrente de partida?
16. Como o sentido de rotação de um motor de indução de rotor bobinado é alterado?
17. Quando um motor de rotor bobinado é usado como uma unidade de acionamento de velocidade ajustável, em vez de apenas para fins de partida, qual deve ser o ciclo de trabalho das resistências do rotor?
18. Cite duas vantagens do uso de motores síncronos trifásicos em uma planta industrial.

>> Parte 4

>> Motores CA monofásicos

A maioria dos aparelhos domésticos e empresariais opera com uma fonte CA monofásica, por isso, os motores CA monofásicos têm uso generalizado. Um motor de indução monofásico é maior que um motor trifásico para a mesma potência. Em funcionamento, o torque produzido por um motor monofásico é pulsante e irregular, contribuindo para um fator de potência e eficiência muito mais baixo em comparação a um motor polifásico. Os motores CA monofásicos estão disponíveis em potências desde fracionárias até 10 hp, e todos usam um rotor gaiola de esquilo sólido.

O motor de indução monofásico opera pelo princípio da indução, tal como um motor trifásico. Diferentemente dos motores trifásicos, eles não são autossuficientes na partida. Enquanto um motor trifásico de indução estabelece um campo girante que pode promover a partida do motor, um motor monofásico precisa de um auxílio na partida. Uma vez em funcionamento, o motor de indução monofásico desenvolve um campo magnético girante. No entanto, antes de o rotor começar a girar, o estator produz apenas um campo estacionário pulsante.

A partida de um motor monofásico pode ser feita ao girar mecanicamente o seu rotor e, em seguida, rapidamente aplicar a alimentação. No entanto, em geral estes motores usam algum tipo de partida automática. Os motores monofásicos de indução são classificados pelas suas características de partida e operação. Os três tipos básicos de motores monofásicos de indução são de fase dividida, de fase dividida com capacitor e de polos sombreados.

Motor de fase dividida

Um motor de indução monofásico de fase dividida usa um rotor de gaiola idêntico ao de um motor trifásico. A Figura 5-43 mostra a construção e as interconexões de um motor de fase dividida. Para produzir um campo magnético girante, a corrente monofásica é dividida em dois enrolamentos, o enrolamento de *trabalho* principal e um enrolamento de *partida* auxiliar, que está deslocado no estator por 90 graus elétricos do enrolamento de trabalho. O enrolamento de partida é conectado em série

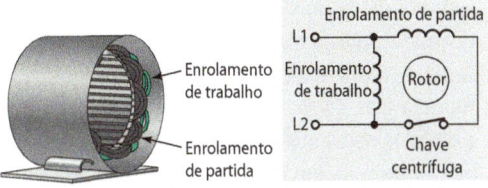

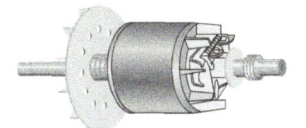

Figura 5-43 Motor de indução de fase dividida.

com uma chave, acionada de forma centrífuga ou elétrica, para desconectá-lo quando a velocidade de partida atinge cerca de 75% da velocidade a plena carga.

O deslocamento de fase é obtido pela diferença na reatância indutiva dos enrolamentos de partida e de trabalho, bem como pelo deslocamento físico dos enrolamentos no estator. O enrolamento de partida é enrolado na ranhura no topo do estator com poucas espiras de um fio de menor diâmetro. O enrolamento de trabalho tem muitas espiras de um fio de maior diâmetro enrolado nas ranhuras na parte inferior do estator que dão a ele uma reatância indutiva maior que a do enrolamento de partida.

A maneira como os dois enrolamentos de um motor de fase dividida produzem um campo magnético girante é ilustrada na Figura 5-44 e é resumida a seguir.

- Quando a tensão de linha CA é aplicada, a corrente no enrolamento de partida se adianta da corrente no enrolamento de trabalho cerca de 45 graus elétricos.
- Visto que o magnetismo produzido por estas correntes segue o mesmo padrão de onda, as duas ondas senoidais podem ser consideradas as formas de onda do eletromagnetismo produzido pelos dois enrolamentos.
- À medida que as alternâncias na corrente (e no magnetismo) continuam, a posição dos polos norte e sul muda no que parece uma rotação no sentido horário.
- Ao mesmo tempo, o campo girante "corta" os condutores da gaiola de esquilo do rotor e induz uma corrente neles.
- Esta corrente cria polos magnéticos no rotor, que interagem com os polos do campo magnético girante no estator para produzir torque do motor.

Uma vez que o motor está em funcionamento, o enrolamento de partida deve ser removido do circuito. Visto que o enrolamento de partida é de um fio de menor diâmetro, uma corrente permanente

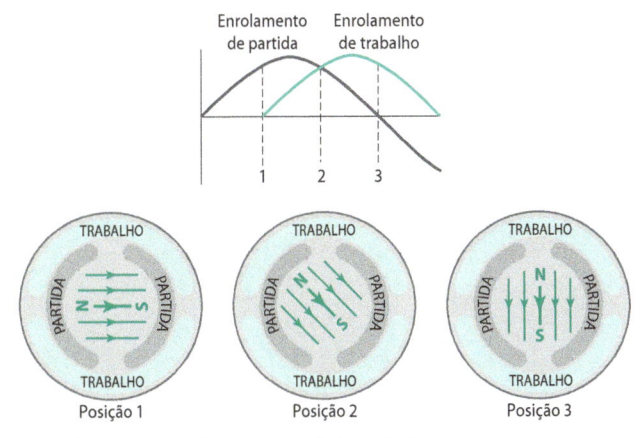

Figura 5-44 Campo magnético girante de um motor de fase dividida.

através dele causaria a queima do enrolamento. Uma chave mecânica centrífuga ou eletrônica de estado sólido pode ser usada para desconectar automaticamente o enrolamento de partida do circuito. O funcionamento de uma chave do tipo centrífuga é ilustrado na Figura 5-45. Ela consiste em um mecanismo centrífugo que roda sobre o eixo do motor e interage com uma chave fixa estacionária cujos contatos são conectados em série com o enrolamento de partida. Quando o motor se aproxima da sua velocidade normal de funcionamento, a força centrífuga supera a força da mola, permitindo a abertura dos contatos e a desconexão do enrolamento de partida da fonte de alimentação; o motor continua então em operação exclusivamente com seu enrolamento de trabalho. Os motores que utilizam esta chave centrífuga fazem um barulho diferente de clique na partida e na parada, conforme a chave centrífuga abre e fecha.

A chave centrífuga se torna uma fonte de problemas se ela deixa de operar adequadamente. Se a chave não fecha quando o motor para, o circuito do enrolamento de partida fica aberto. Como resultado, quando o circuito do motor é energizado novamente, o motor não gira e simplesmente produz um zumbido baixo. Em geral o enrolamento de partida é projetado para operar com a tensão de linha apenas por um curto intervalo durante a partida. Uma falha na abertura da chave centrífuga dentro de alguns segundos após a partida pode causar carbonização ou queima do enrolamento de partida.

O motor de indução de fase dividida é o tipo mais comum de motor monofásico. Seu projeto simples torna-o mais barato que outros tipos de motores monofásicos. Os motores de fase dividida são considerados de torque de partida baixo ou moderado. As capacidades típicas variam até cerca de ½ hp. A inversão dos terminais do enrolamento de partida ou de trabalho, mas não de ambos, altera o sentido de rotação de um motor de fase dividida. Aplicações comuns de motores de fase dividida incluem ventiladores, sopradores, máquinas de escritório e ferramentas, como pequenas serras ou furadeiras, onde a carga é aplicada após o motor ter obtido a sua velocidade de operação.

Os motores de fase dividida de dupla tensão têm terminais que permitem conexão externa para diferentes tensões de linha. A Figura 5-46 mostra um motor monofásico padrão NEMA com enrolamentos de trabalho de dupla tensão. Quando o motor é operado em baixa tensão, os dois enrolamentos de trabalho e o enrolamento de partida são todos conectados em paralelo. Para operar com tensão maior, os dois enrolamentos de trabalho são conectados em série, e o enrolamento de partida é conectado em paralelo com um dos enrolamentos de trabalho.

Figura 5-45 Operação da chave centrífuga.

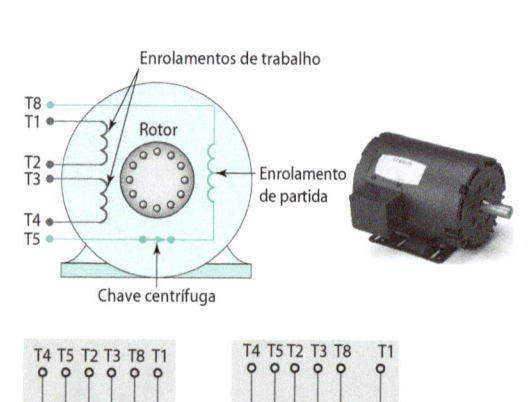

Figura 5-46 Conexões de um motor de fase dividida de dupla tensão.
Foto cedida pela Leeson, www.leeson.com.

Motor de fase dividida com capacitor

O *motor com capacitor de partida*, ilustrado na Figura 5-47, é uma versão modificada do motor de fase dividida. Um capacitor conectado em série com o enrolamento de partida cria um deslocamento de fase de cerca de 80 graus entre os enrolamentos de partida e de trabalho, o que é bem mais elevado que os 45 graus de um motor de fase dividida, resultando em um maior torque de partida. Os motores com capacitor de partida fornecem mais do que o dobro do torque de partida com uma corrente de partida um terço menor do que o motor de fase dividida. Assim como o motor de fase dividida, o motor com capacitor de partida também possui um mecanismo de partida, que pode ser uma chave mecânica centrífuga ou eletrônica de estado sólido. Essa chave desconecta não só o enrolamento de partida, mas também o capacitor quando o motor atinge cerca 75% da velocidade nominal.

O motor com capacitor de partida é mais caro do que um de fase dividida comparável devido ao custo adicional do capacitor de partida. No entanto, a faixa de aplicação é muito maior por causa do maior torque e da menor corrente de partida.

O trabalho do capacitor é melhorar o torque de partida e não o fator de potência, uma vez que ele está no circuito apenas durante alguns segundos no momento da partida. O capacitor se torna uma fonte de problemas se ele abre ou entra em curto-circuito. Um capacitor em curto-circuito provoca uma intensidade de corrente excessiva no enrolamento de partida, enquanto um capacitor aberto impede a partida do motor.

Os *motores com capacitor de partida de duas velocidades* têm terminais que permitem conexões externas para velocidades baixas e altas. A Figura 5-48 mostra o diagrama de conexões de um motor bobinado com capacitor de partida de duas velocidades com dois conjuntos de enrolamentos de trabalho e de partida. Para a operação em velocidade baixa (900 RPM), o conjunto de enrolamentos de operação e de partida de seis polos se conecta à fonte, enquanto para a operação em velocidade alta (1.200 RPM), é usado o conjunto de enrolamentos de oito polos.

O motor com *capacitor permanente* não tem uma chave centrífuga nem um capacitor estritamente para a partida. Em vez disso, ele tem um capacitor de operação permanente conectado em série com o enrolamento de partida. Isso transforma o enrolamento de partida em um enrolamento auxiliar quando o motor atinge a velocidade de trabalho. Como o capacitor de operação é projetado para uso contínuo, ele não pode fornecer o impulso de partida do motor com capacitor de partida. Os torques de partida típicos para os motores de ca-

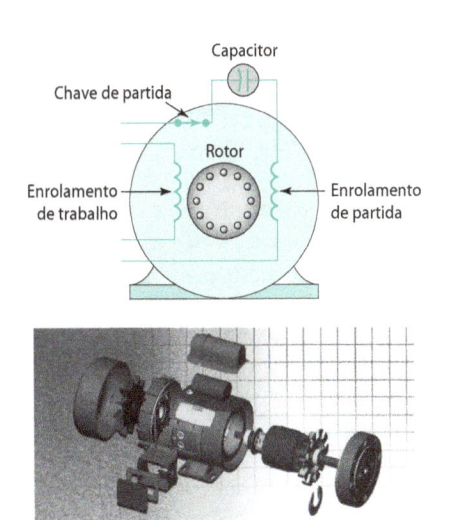

Figura 5-47 Motor com capacitor de partida.
Foto cedida pela Leeson, www.leeson.com.

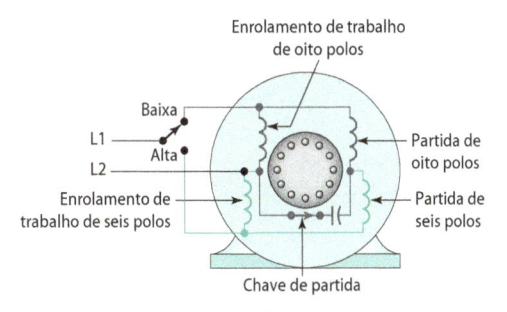

Figura 5-48 Motor bobinado com capacitor de partida de duas velocidades.

pacitor permanente são baixos, de 30 a 150% da carga nominal, de modo que estes motores não são adequados para aplicações de partida que exigem maior esforço.

Os motores de capacitor permanente são considerados os mais confiáveis dos motores monofásicos, principalmente porque não é necessária uma chave de partida. Os enrolamentos de trabalho e auxiliar são idênticos neste tipo de motor, permitindo sua reversão comutando o capacitor de um enrolamento para o outro, como ilustra a Figura 5-49. Os motores monofásicos operam com a rotação no sentido em que ocorre a partida, de modo que qualquer enrolamento que tenha o capacitor conectado a ele controlará o sentido. Os motores de fase dividida com capacitor permanente têm uma ampla variedade de aplicações que incluem ventiladores, sopradores que necessitam de baixo torque de partida e aplicações cíclicas intermitentes como mecanismos de ajuste e operadores de portas e portões de garagem, muitos dos quais também precisam de reversão instantânea. Visto que o capacitor é usado todo o tempo, ele também proporciona melhora do fator de potência do motor.

O *motor com capacitor de partida/capacitor de trabalho*, mostrado na Figura 5-50, utiliza tanto o capacitor de partida quanto o de trabalho localizados no compartimento na parte superior do motor. Na partida do motor, os dois capacitores são conectados em paralelo para produzir capacitância e torque de partida maiores. Assim que o motor acelera, a chave de partida desconecta o capacitor de partida do circuito. O capacitor de

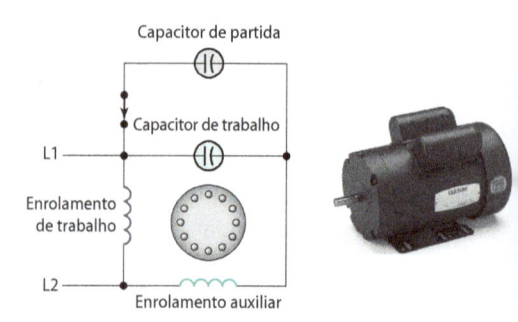

Figura 5-50 Motor com capacitor de partida/capacitor de trabalho.
Foto cedida pela Leeson, www.leeson.com.

partida do motor é geralmente do tipo eletrolítico, enquanto o capacitor de trabalho é embebido em óleo. O tipo eletrolítico oferece uma capacitância de alto valor em comparação com o seu equivalente de óleo. É importante notar que estes dois capacitores *não são* intercambiáveis, pois um capacitor eletrolítico utilizado em um circuito CA por mais de alguns segundos superaquecerá.

Os motores com capacitor de partida/capacitor de trabalho funcionam com baixas correntes de carga e maior eficiência. Entre outras coisas, isso significa que eles operam em temperaturas mais baixas do que outros tipos de motores monofásicos de potências comparáveis. Sua principal desvantagem é o preço mais elevado, que resulta de mais capacitores, além da chave de partida. Os motores com capacitores de partida/capacitores de trabalho são utilizados em uma ampla gama de aplicações monofásicas, principalmente para o acionamento de cargas mais pesadas que incluem máquinas de serraria, compressores de ar, bombas de água de alta pressão, bombas de vácuo e outras aplicações de alto torque. Eles estão disponíveis em capacidades de ½ a 25 hp.

Motor de polos sombreados

Ao contrário de outros tipos de motores monofásicos, os motores de polos sombreados têm apenas um enrolamento principal e nenhum enrolamen-

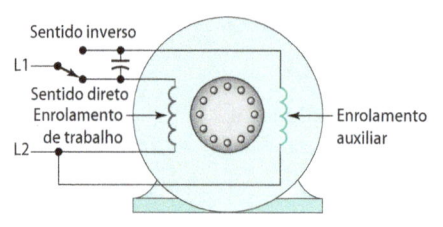

Figura 5-49 Conexão de um motor com capacitor permanente reversível.

to de partida ou chave. Como em outros motores de indução, a parte rotativa é um rotor de gaiola de esquilo. A partida ocorre mediante o uso de uma espira contínua de cobre em torno de uma pequena parte de cada polo do motor, como ilustra a Figura 5-51. A corrente nessa espira de cobre atrasa a fase do fluxo magnético nessa parte do polo suficiente para fornecer um campo rotativo. Este efeito de campo girante produz um torque de partida muito baixo em comparação com outras classes de motores monofásicos. Embora o sentido de rotação não seja normalmente reversível, alguns motores de polos sombreados são enrolados com dois enrolamentos principais que invertem o sentido do campo. O escorregamento no motor de polos sombreados não é um problema, pois a corrente no estator não é controlada por uma tensão contrária determinada pela velocidade do rotor, como em outros tipos de motores monofásicos. Portanto, a velocidade pode ser controlada simplesmente por variação da tensão, ou por um enrolamento com múltiplas derivações.

Os motores de polos sombreados são mais adequados para aplicações de baixo consumo de energia em aparelhos domésticos porque os motores têm torque de partida e especificações de eficiência baixos. Devido ao pequeno torque de partida, os motores de polos sombreados são construídos apenas para pequenas potências que variam de $\frac{1}{20}$ a $\frac{1}{6}$ hp. As aplicações para este tipo de motor incluem ventiladores, abridores de lata, sopradores e barbeadores elétricos.

Motor universal

O *motor universal*, mostrado na Figura 5-52, é construído como um motor CC do tipo série com um enrolamento de campo série (no estator) e um enrolamento de armadura (no rotor). Tal como no motor CC série, as bobinas de campo e armadura são conectadas em série. Como o nome indica, os motores universais podem ser operados com corrente contínua ou corrente alternada monofásica. A razão para isso é que um motor CC continua a girar no mesmo sentido se as correntes através da armadura e do campo são invertidas ao mesmo tempo. Isso é exatamente o que acontece quando o motor está conectado a uma fonte CA. Os motores universais também são denominados motores CA série ou motores CA com comutador.

Apesar de os motores universais serem projetados para funcionar com tensão CA ou CC, a maioria é utilizada para eletrodomésticos e ferramentas manuais portáteis que operam com alimentação CA monofásica. Ao contrário de outros tipos de motores monofásicos, os motores universais podem facilmente exceder uma rotação por ciclo da corrente principal, o que os torna úteis para aparelhos como liquidificadores, aspiradores de pó e secadores de cabelo, onde a alta velocidade é desejada. A velocidade do motor universal, assim como a do motor CC série, varia consideravelmente desde a situação sem carga até a plena carga, como pode ser observado quando aplicamos um esforço variável no motor universal de uma furadeira.

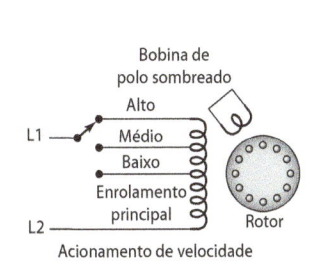

Figura 5-51 Motor de polo sombreado.

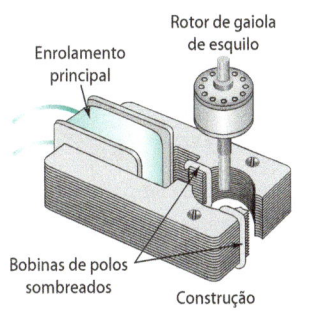

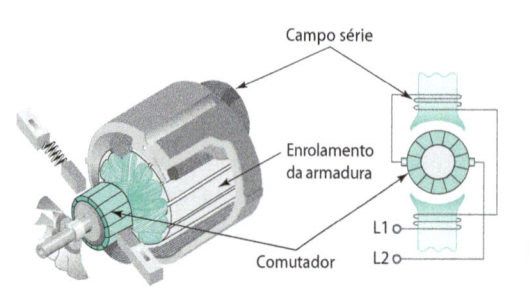

Figura 5-52 Motor universal.

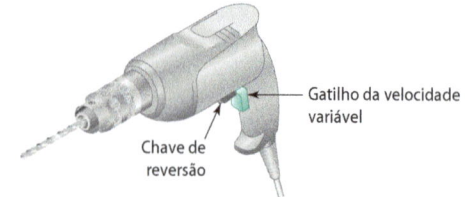

Figura 5-53 Acionamento de velocidade e do sentido de rotação do motor.

Tanto a velocidade quanto o sentido de rotação de um motor universal podem ser controlados, conforme ilustra a Figura 5-53. A inversão é realizada como em um motor CC série invertendo a corrente na armadura em relação ao campo série. A variação na tensão aplicada ao motor controla a velocidade.

Parte 4

Questões de revisão

1. Qual é a principal diferença entre os requisitos de partida para um motor de indução trifásico e monofásico?
2. a. Descreva a sequência de partida para um motor de indução de fase dividida.
   b. Como o seu sentido de rotação é invertido?
3. Os motores de fase dividida de dupla tensão possuem terminais para conexões externas em diferentes linhas de tensão. Como os enrolamentos de partida e de trabalho são conectados para as tensões de linha alta e baixa?
4. Qual é a principal vantagem dos motores com capacitores em relação aos de fase dividida?
5. Cite os três tipos de projetos de motor com capacitor.
6. Explique como é a partida de um motor de polos sombreados.
7. Que tipo de motor de corrente contínua é construído como um motor universal?

>> Parte 5

>> Unidades de acionamento de motor de corrente alternada

As unidades de acionamento CA, como a mostrada na Figura 5-54, acionam motores de indução CA, e têm capacidades de acionamento de velocidade, torque e potência semelhantes às de unidades de corrente contínua. As unidades de acionamento de velocidade ajustável tornaram os motores de indução CA de gaiola de esquilo tão controláveis e eficientes quanto os seus equivalentes CC. A velocidade do motor de indução CA depende do número de polos do motor e da frequência da tensão de alimentação aplicada. O número de polos no estator do motor pode ser aumentado ou diminuído, mas isso tem uma utilidade limitada. Embora a frequência da fonte de alimentação CA nos Estados Unidos seja fixa em 60 Hz, os avanços na eletrônica de potência viabilizaram a variação da frequência e, consequentemente, da velocidade, de um motor de indução.

Figura 5-54 Inversor de frequência para acionamento de motor CA.
Foto cedida pela Rockwell Automation, www.rockwellautomation.com.

Unidade de acionamento de frequência variável

A unidade de acionamento de frequência variável, ou de velocidade variável, é mais conhecida pelo nome *inversor de frequência*. O sistema de acionamento de velocidade de um motor CA geralmente é formado por um motor CA, um controlador e uma interface de operação. Em geral os motores trifásicos são preferidos, mas alguns tipos de motores monofásicos podem ser usados. Os motores projetados para velocidade fixa na tensão principal de operação são frequentemente utilizados, mas certas melhorias no projeto de motores padrão oferecem maior confiabilidade e melhor desempenho quando são acionados por inversores de frequência. Um diagrama simplificado de um inversor de frequência é mostrado na Figura 5-55. As três seções principais do controlador são:

- **Conversor** – Retifica a potência CA trifásica de entrada e a converte em CC.
- **Filtro CC** (também conhecido como barramento CC) – Fornece uma tensão CC retificada e suavizada.
- **Inversor** – Comuta a tensão CC ligando-a e desligando-a tão rapidamente que o motor recebe uma tensão pulsante que é semelhante a uma tensão CA. A taxa de comutação é controlada para variar a frequência da tensão CA simulada que é aplicada ao motor.

As características de um motor CA requerem que a tensão aplicada seja proporcionalmente ajusta-

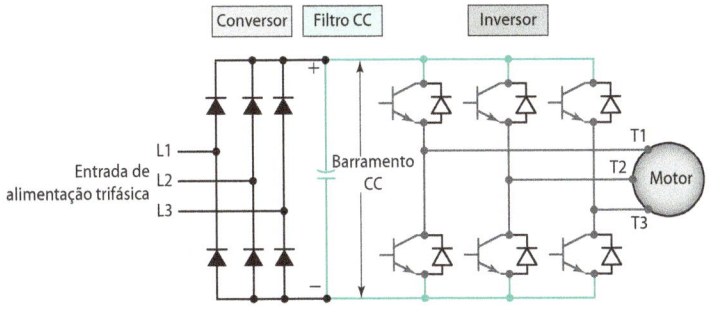

Figura 5-55 Controlador de uma unidade de inversor de frequência.
Foto cedida pela Computer Controls Corporation. www.versadrives.com.

da pelo inversor de frequência sempre que a frequência for alterada. Por exemplo, se um motor é projetado para operar a 460 Volts a 60 Hz, a tensão aplicada deve ser reduzida a 230 Volts quando a frequência for reduzida para 30 Hz, como ilustrado na Figura 5-56. Assim, a proporção de volts por hertz deve ser regulada para um valor constante (460/60 = 7,67 neste caso). O método mais comum usado para o ajuste da tensão do motor é chamado de modulação por largura de pulso (PWM – *pulse width modulation*). Com o acionamento de tensão PWM, as chaves do inversor são usadas para dividir a forma de onda de saída senoidal simulada em uma série de pulsos de tensão estreitos e modular a largura dos pulsos.

Com um dispositivo de partida CA padrão conectado à linha, tensão e frequência de linha são aplicadas ao motor e a velocidade depende unicamente do número de polos do estator do motor (Figura 5-57). Em comparação, um inversor de frequência

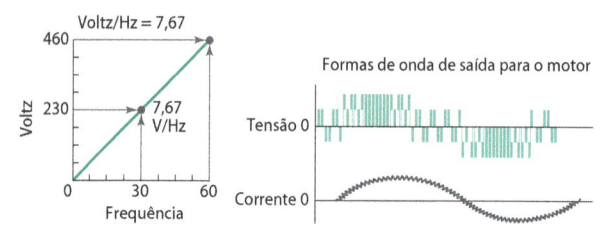

Figura 5-56 A relação volts por hertz é regulada para um valor constante.

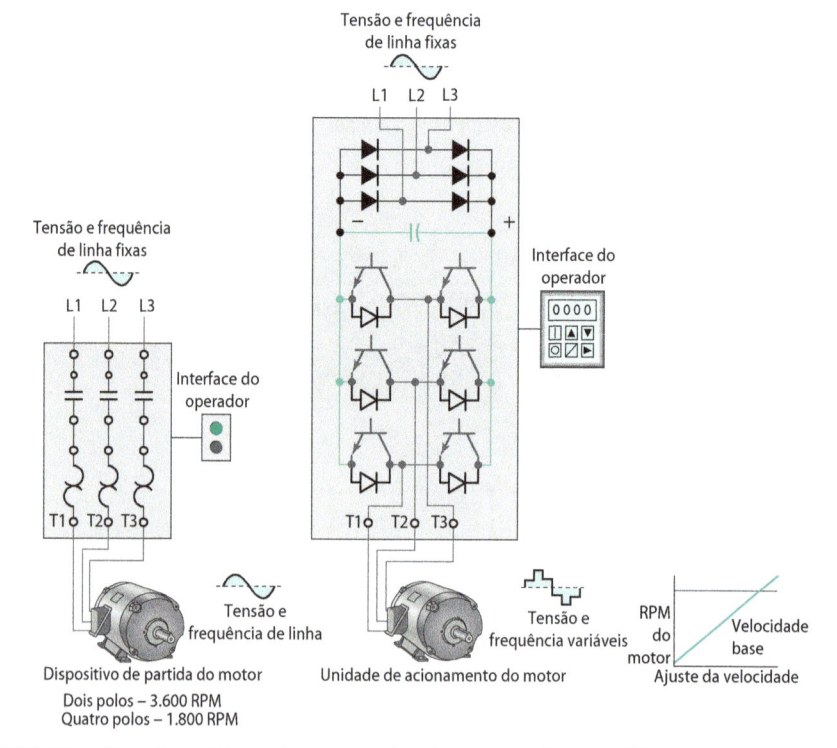

Figura 5-57 Dispositivo de partida e acionamento de acionamento do motor CA.

de um motor CA fornece tensão e frequência variáveis para o motor, o que determina a sua velocidade. Quanto maior for a frequência fornecida ao motor, mais rápido ele gira. A tensão de alimentação aplicada ao motor por meio do inversor de frequência pode reduzir a velocidade de um motor abaixo da velocidade base da placa de identificação, ou aumentar a velocidade para velocidade síncrona e superior. Os fabricantes de motores listam a velocidade máxima na qual seus motores podem operar com segurança.

Figura 5-58 Motor de indução CA para uso com inversores de frequência.
Reproduzido com a permissão de ©Baldor Electric Company. Foto cedida pela Baldor, www.baldor.com.

Motor para operar com inversor

Inverter duty e *vector duty* descrevem uma classe de motores CA de indução projetados especificamente para uso com inversores de frequência (Figura 5-58). As altas frequências de comutação e as variações rápidas da tensão de uma unidade de acionamento de um motor CA podem produzir picos de alta tensão nos enrolamentos dos motores CA padrão que excedem a tensão de ruptura da isolação. Além disso, o funcionamento de motores em baixa rotação por um tempo prolongado reduz o fluxo de ar de arrefecimento, o que resulta em um aumento na temperatura. Os motores do tipo *inverter duty* e *vector duty* especificados pela NEMA usam materiais de isolação de alta temperatura que suportem picos de tensão e temperaturas de operação maiores, o que reduz o estresse sobre o sistema de isolação.

Os motores CA frequentemente acionam cargas variáveis como bombas e sistemas hidráulicos e de ventilação. Nestas aplicações, a eficiência do motor geralmente é baixa devido à operação com cargas baixas e pode ser melhorada usando um inversor de frequência no lugar de controladores de velocidade, como em correias e polias, válvulas borboleta, amortecedores de ventiladores e embreagens magnéticas. Por exemplo, uma bomba ou ventilador, controlado por um inversor de frequência, girando em meia velocidade consome apenas um oitavo da energia em comparação com um que gira em velocidade máxima, o que resulta em uma economia de energia considerável.

Parte 5

Questões de revisão

1. Liste as três seções básicas de um inversor de frequência e descreva a função de cada uma delas.
2. Um motor de indução especificado para 230 volts a 60 Hz é acionado por um inversor de frequência. Quando a frequência é reduzida a 20 Hz, para que valor a tensão deve ser reduzida a fim de manter a relação volts por hertz?
3. Como uma unidade de acionamento CA varia a velocidade de um motor de indução?
4. Os motores de indução CA dos tipos *inverter duty* e *vector duty* são frequentemente especificados para uso com inversores de frequência. Por quê?

» Parte 6

» Especificação de motor

Os motores CA e CC vêm em muitas formas e capacidades. Alguns são motores elétricos padronizados para aplicações de uso geral, enquanto outros são destinados a tarefas específicas. Em qualquer caso, os motores elétricos devem ser especificados para satisfazer os requisitos das máquinas sobre as quais eles são utilizados sem exceder a temperatura nominal do motor elétrico. A seguir são apresentados alguns parâmetros importantes de motor e de carga que devem ser considerados na especificação.

Especificação da potência mecânica

A *especificação da potência mecânica* dos motores é expressa em hp ou watts (W): 1 hp = 746 W. Dois fatores importantes que determinam a potência mecânica de saída são o torque e a velocidade. Estes estão relacionados à potência em hp por uma fórmula básica, que afirma que:

$$\text{Potência (hp)} = \frac{\text{Torque} \times \text{Velocidade}}{\text{Constante}}$$

em que

o torque é expresso em lb/pé.
a velocidade é expressa em RPM.

O valor da constante depende da unidade utilizada para o torque. Para esta combinação, a constante é de 5.252.

Quanto mais lento for o funcionamento do motor, mais torque deve ser produzido para fornecer a mesma quantidade de potência. Para suportar o maior torque, os motores lentos precisam de componentes de maior capacidade do que os motores de maior velocidade de mesmo nível de potência. Por esta razão, os motores mais lentos são geralmente maiores, mais pesados e mais caros do que os motores mais rápidos de potência equivalente.

Corrente

Corrente a plena carga, também conhecida como *corrente nominal*, é a quantidade de ampères que se espera que o motor consuma sob condições de carga plena (torque). A corrente nominal a plena carga do motor é usada para dimensionar os elementos sensores de sobrecarga para o circuito do motor.

Corrente de rotor bloqueado, também conhecida como *corrente de energização*, é a quantidade de corrente que se espera que o motor consuma sob condições de partida quando a tensão total é aplicada.

Corrente de fator de serviço é o valor da corrente que o motor consumirá quando for submetido a uma porcentagem de sobrecarga igual ao fator de serviço indicado na placa de identificação do motor. Por exemplo, um fator de serviço 1,15 indica que o motor operará com 115% da corrente normal de funcionamento por tempo indeterminado sem danos.

Letras do código NEMA

As letras do código NEMA são atribuídas a motores para o cálculo da corrente de rotor bloqueado em ampères com base na relação de quilovolt-ampères por potência. Os dispositivos de proteção contra sobrecorrente devem ser definidos acima da corrente de rotor bloqueado do motor para impedir que o dispositivo de proteção atue na partida do rotor do motor. As letras variam em ordem alfabética de A a V conforme o aumento no valor da corrente de rotor bloqueado.

Corrente RB (motores monofásicos)
$$= \frac{\text{Valor da letra do código} \times \text{hp} \times 1.000}{\text{Tensão nominal}}$$

Corrente RB (motores trifásicos)
$$= \frac{\text{Valor da letra do código} \times \text{hp} \times 577}{\text{Tensão nominal}}$$

Código de rotor bloqueado, kVA/hp			
A	0–3,15	G	5,6–6,3
B	3,15–3,55	H	6,3–7,1
C	3,55–4,0	J	7,1–8,0
D	4,0–4,5	K	8,0–9,0
E	4,5–5,0	L	9,0–10,0
F	5,0–5,6	M	10,0–11,2

Letra de identificação do projeto

A NEMA definiu quatro projetos de motores CA padrão usando as letras A, B, C e D para atender requisitos específicos representados por diferentes aplicações de cargas. A *letra de identificação do projeto* denota características de desempenho do motor relacionadas a torque, corrente de partida e escorregamento. O projeto B é o mais comum e possui torque de partida relativamente alto com correntes de partida razoáveis. Os outros projetos são usados somente em aplicações especializadas.

Eficiência

A *eficiência* do motor é a relação entre a potência mecânica de saída e a potência elétrica de entrada, geralmente expressa como uma porcentagem. A potência de entrada do motor é transferida para o eixo como potência de saída ou é perdida na forma de calor através do corpo do motor. Entre as perdas de potência associadas com a operação de um motor estão:

Perda no núcleo, que representa a energia necessária para magnetizar o material do núcleo (conhecido como histerese) e as perdas devidas à criação de pequenas correntes elétricas que percorrem o núcleo (conhecidas como correntes de Foucault).

Perdas na resistência do estator e do rotor, que representam a perda de aquecimento I^2R devido ao fluxo de corrente (I) através da resistência (R) dos enrolamentos do estator e do rotor, também conhecidas como *perdas no cobre*.

Perdas mecânicas, que incluem o atrito nos rolamentos do motor e do ventilador de refrigeração.

Perdas por correntes parasitas, que são as perdas que restam após as perdas no cobre (primário e secundário), as perdas no núcleo e as perdas mecânicas. O maior contribuinte para as perdas por correntes parasitas é a energia harmônica gerada quando o motor opera sob carga. Esta energia é dissipada como correntes nos enrolamentos de cobre, componentes de fluxo harmônico nas partes de ferro e fugas no núcleo laminado.

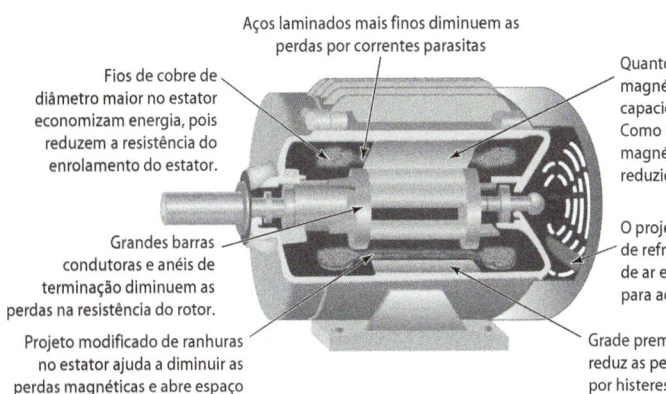

Figura 5-59 Motor de eficiência energética.

Eficiência dos motores

A eficiência dos motores elétricos varia entre 75 e 98%. Os *motores eficientes* consomem menos energia porque são fabricados com materiais e técnicas de alta qualidade, como ilustrado na Figura 5-59. Para ser considerado eficiente em termos energéticos, o desempenho de um motor deve igualar ou exceder os valores de eficiência à carga plena fornecidos pela NEMA na publicação MG-1.

Dimensões de carcaça

Os motores vêm em *dimensões de carcaça* variadas para corresponder às exigências da aplicação. Em geral, as dimensões de carcaça aumentam com o aumento de potência ou com a diminuição da velocidade. A fim de promover a padronização na indústria de motores, a NEMA prescreve tamanhos de carcaça padrão para certas dimensões de motores padrão. Como exemplo, um motor com um tamanho de carcaça 56 terá sempre uma altura de eixo acima da base de 3 ½ polegadas.

Frequência

Esta é a *frequência* da linha de alimentação elétrica para a qual um motor CA é projetado para operar. Os motores elétricos na América do Norte são projetados para operar com alimentação de 60 Hz, enquanto a maioria do resto do mundo usa 50 Hz*. É importante garantir que os equipamentos projetados para operar em 50 Hz sejam propriamente projetados ou convertidos para proporcionar uma vida útil boa operando em 60 Hz. Como exemplo, em um sistema trifásico, uma variação na frequência de 50 para 60 Hz pode resultar em um aumento de 20% na rotação do rotor.

Velocidade a plena carga

A *velocidade a plena carga* representa a velocidade aproximada em que o motor funcionará quando estiver fornecendo torque ou potência nominal. Como exemplo, um motor de quatro polos fun-cionando a 60 Hz pode ter uma especificação de 1.725 RPM a plena carga, enquanto sua velocidade síncrona é de 1.800 RPM.

Requisitos de carga

Os *requisitos de carga* devem ser considerados na escolha do motor adequado para uma determinada aplicação. Isso é especialmente verdadeiro em aplicações que requerem acionamento de velocidade. Requisitos importantes que um motor deve atender no acionamento de uma carga são torque e potência em relação à velocidade.

- **Cargas de torque constante** – Com um torque constante, a carga é constante em toda a faixa de velocidade, como ilustrado na Figura 5-60. À medida que a velocidade aumenta, o torque necessário se mantém constante, enquanto a potência aumenta ou diminui na proporção da velocidade. Entre as aplicações típicas de torque constante estão transportadores, guindastes e dispositivos de tração. Nestas aplicações, conforme a velocidade aumenta, o torque necessário permanece constante, enquanto a potência aumenta ou diminui na proporção da velocidade. Por exemplo, um transportador de carga exige aproximadamente o mesmo torque a 5 pés/min assim como a 50 pés/min. No entanto, a potência requerida aumenta com a velocidade.

- **Cargas de torque variável** – O torque variável é encontrado em cargas que exigem baixo torque à baixa velocidade e valores de torque que aumentam com o aumento de velocidade (Figura 5-61). Exemplos de cargas que exibem características de torque variável são ventiladores centrífugos, bombas e sopradores. Ao dimensionar motores para cargas de torque variável, é importante proporcionar torque e potência adequados na velocidade máxima.

- **Cargas de potência constante** – Cargas de potência constante exigem alto torque a baixas velocidades e baixos torques a velocidades elevadas, o que resulta em potência constante em qualquer velocidade (Figura 5-62). Um

---

* N. de T.: A rede elétrica no Brasil também é de 60 Hz.

Figura 5-60 Carga de torque constante.
Foto cedida pela Gilmore-Kramer, www.gilmorekramer.com.

Figura 5-61 Carga de torque variável.
Foto cedida pela ITT Goulds Pumps, www.gouldspumps.com.

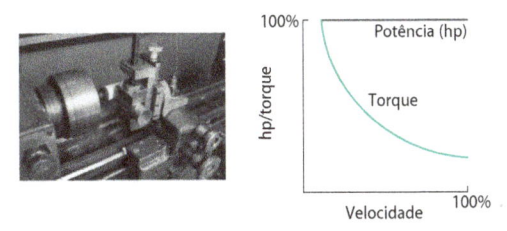

Figura 5-62 Carga de potência constante.
Foto cedida pela Torchmate, www.torchmate.com.

exemplo deste tipo de carga é um torno. Em baixas velocidades, o torneiro mecânico faz cortes mais profundos, utilizando elevados níveis de torque. Em altas velocidades, o operador faz passes de acabamento que exigem muito menos torque. Outros exemplos são furadeiras e fresadoras.

Cargas de inércia elevada – Inércia é a tendência de um objeto que está em repouso a permanecer em repouso ou de um objeto que está em movimento de se manter em movimento. Uma carga de inércia elevada é aquela que exige mais para colocá-la em movimento ou em repouso. Um alto torque é necessário para colocar a carga em movimento, mas um torque menor serve para mantê-la em movimento. As cargas de inércia elevada são normalmente associadas com máquinas que usam volantes para fornecer a maior parte da energia de operação. Entre as aplicações estão grandes ventiladores, sopradores, prensas e máquinas de lavar comerciais.

Especificações de temperatura para motores

Um sistema de isolamento do motor separa os componentes elétricos uns dos outros, evitando curtos-circuitos e, assim, queima e falhas nos enrolamentos. O maior inimigo da isolação é o calor, por isso, é importante estar familiarizado com as diferentes especificações, a fim de manter o motor operando dentro dos limites seguros de temperatura.

A **temperatura ambiente** é a máxima temperatura ambiente segura em torno do motor se ele vai funcionar continuamente à carga plena. Na partida do motor, a temperatura começa a subir acima da temperatura do ar, ou ambiente, em torno dele. Na maioria dos casos, a temperatura ambiente padronizada é de 40 °C (104 °F). Embora esta especificação padrão represente um ambiente muito quente, aplicações especiais podem exigir motores com uma maior capacidade de temperatura, como 50 ou 60 °C.

O **aumento de temperatura** é o valor da variação de temperatura que se pode esperar no enrolamento dentro do motor a partir da condição sem operação (frio) até a condição de operação contínua à carga plena. O calor que causa o aumento da temperatura resulta das perdas elétricas e mecânicas e é uma característica de projeto do motor.

A **dedução de ponto quente** deve ser feita para a diferença entre a temperatura medida do enrolamento e a temperatura real do ponto mais quente dentro do enrolamento, geralmente de 5 a 15 °C, dependendo do tipo de construção do motor. A soma do aumento de temperatura, da dedução de ponto quente e da temperatura ambiente não deve exceder a especificação de temperatura do isolamento.

A **classe de isolamento** de um motor é designada por uma letra de acordo com a temperatura que é capaz de suportar sem grave deterioração de suas propriedades de isolação.

Regime de serviço

O regime de serviço refere-se ao período de tempo em que um motor deverá operar sob carga plena. As especificações do motor de acordo com o período de funcionamento são *serviço contínuo* e *serviço intermitente*. Os motores especificados para serviço contínuo devem funcionar de forma contínua sem qualquer dano ou redução da vida útil do motor. Os motores de uso geral normalmente são especificados para serviço contínuo. Os motores de serviço intermitente são especificados para períodos curtos de funcionamento e, em seguida, necessitam de parada e resfriamento antes de reiniciar. Por exemplo, os motores de guindastes e guinchos são muitas vezes especificados para serviço intermitente.

Torque

Torque do motor é a força de torção exercida pelo seu eixo. A curva de torque/velocidade na Figura 5-63 mostra como a produção de torque de um motor varia ao longo das diferentes fases do seu funcionamento.

Torque de rotor bloqueado, também chamado **torque de partida**, é produzido por um motor quando ele é inicialmente energizado com tensão nominal. É a quantidade de torque disponível para vencer a inércia de um motor parado. Muitas cargas exigem um torque maior para entrar em movimento do que para se manter em movimento.

Torque mínimo é o menor torque gerado por um motor à medida que ele acelera a partir do repouso até a velocidade de operação. Se um motor for adequadamente dimensionado para a carga, o torque mínimo será breve. Se o torque mínimo do motor for menor do que o exigido pela carga, o motor superaquecerá e será danificado. Alguns motores não têm um valor de torque mínimo porque o menor ponto da curva

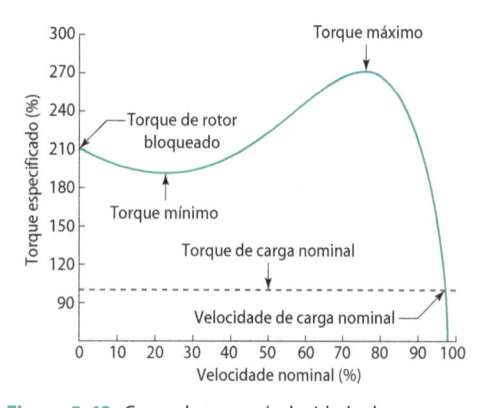

Figura 5-63 Curva de torque/velocidade de um motor.

de torque/velocidade pode ocorrer no ponto de rotor bloqueado. Neste caso, o torque mínimo é o mesmo que o torque de rotor bloqueado.

Torque máximo é a quantidade máxima de torque que um motor pode alcançar sem ser danificado. O torque máximo de um motor de indução típico varia de 200 a 300% do torque à carga plena. Um torque máximo maior é necessário em aplicações que podem sofrer sobrecargas frequentes. Um exemplo disso é uma correia transportadora. Muitas vezes, a correia transportadora tem mais produtos colocados sobre ela do que o permitido pela especificação. Um torque máximo maior permite que o transportador continue a funcionar sob estas condições sem causar danos de origem térmica ao motor.

Torque nominal (TN) é produzido por um motor funcionando com potência e velocidade nominais. A vida útil de operação é diminuída de forma significativa em motores que funcionam continuamente em níveis superiores ao torque nominal (a plena carga).

Carcaças de motores

As *carcaças de motores* são projetadas para fornecer proteção adequada, dependendo do ambiente em que o motor tem de operar. A seleção da carcaça adequada é muito importante para a operação segura de um motor. O uso de uma carcaça imprópria para a aplicação afeta significativamente o desempenho do motor e sua vida útil. As duas classificações gerais de carcaças de motores são *aberta* e *totalmente fechada*, exemplos das quais são mostrados na Figura 5-64. Um motor de carcaça aberto tem aberturas de ventilação, o que permite a passagem do ar exterior sobre e em torno dos enrolamentos do motor. Um motor totalmente fechado é construído para impedir a livre troca de ar entre o interior e o exterior da carcaça, mas não é suficientemente fechado para ser denominado hermético.

As categorias aberto e totalmente fechado são subdivididas em projeto da carcaça, tipo de isolação e/ou método de arrefecimento. Os representantes mais comuns destes tipos são:

Carcaça aberta   Carcaça totalmente fechada

Figura 5-64 Carcaça de motores.
Foto cedida pela ©Baldor Eletric Company, www.baldor.com

- **Motores abertos à prova de gotejamento (ODP – *open drip-proof*)** são motores abertos em que todas as aberturas de ventilação são construídas de forma que gotas de líquido ou partículas sólidas que caem sobre o motor em qualquer ângulo de 0 a 15 graus a partir da vertical não podem entrar na máquina. Este é o tipo mais comum e é projetado para uso em áreas industriais não perigosas e relativamente limpas.

- **Motores totalmente fechados arrefecidos por ventilador (TEFC – *totally enclosed, fan-cooled*)** são motores equipados para arrefecimento exterior por meio de uma ventoinha integrada ao motor, porém na parte externa à carcaça. Estes são projetados para uso em áreas extremamente molhadas, sujas ou empoeiradas.

- **Motores totalmente fechados, não ventilados (TENV – *totally enclosed, nonventilated*)** são motores limitados a capacidades menores (normalmente menos de 5 hp), em que a área da superfície do motor é grande o suficiente para irradiar e transmitir o calor para o ar exterior sem um ventilador externo ou fluxo de ar. Eles são particularmente eficazes nas aplicações têxteis em que um ventilador poderia ter dificuldade para girar por causa dos fiapos dos tecidos.

Os motores para **locais perigosos** são projetados com carcaças adequadas para ambientes em que estão presentes explosivos, vapores ou poeiras inflamáveis, ou então sejam susceptíveis de estarem presentes. Estes motores especiais são necessários para garantir que qualquer falha interna no motor não inflamará o vapor ou a poeira. Cada motor aprovado para locais perigosos possui uma placa de identificação UL que indica que o motor é aprovado para esse serviço. Esta etiqueta identifica o motor como projetado para operação em locais de Classe I ou Classe II. A classe define as características físicas dos materiais perigosos presentes no local em que o motor será usado. Os dois tipos de motores mais comuns para locais perigosos são os de Classe I, à prova de explosão, e de Classe II, resistentes à ignição de poeira.

Os motores à prova de explosão só se aplicam a ambientes de Classe I, que são aqueles que envolvem líquidos, vapores e gases potencialmente explosivos. Os motores resistentes à ignição de poeira são utilizados em ambientes que contêm poeiras combustíveis, como carvão, grãos ou farinha. Alguns motores podem ser aprovados para locais de Classe I e II.

Métrica para motores

Quando precisamos substituir um motor com métrica IEC instalado em um equipamento importado, a maneira mais prática de fazer isso é usar um motor de reposição de métrica exata. Quando substitutos diretos não estão disponíveis, devemos considerar o seguinte:

- Os motores são especificados em quilowatts (kW), em vez de hp. Para converter de quilowatts para hp, multiplique a especificação do motor em kW por 1,34. Por exemplo, um motor de 2 kW equivale a cerca de 2,7 hp e o equivalente NEMA mais próximo é 3 hp.
- Os motores podem ser especificados para a frequência de 50 Hz em vez de 60 Hz. A tabela a seguir mostra uma comparação de velocidades de motores de indução de 50 e 60 Hz.
- Os padrões NEMA e IEC usam códigos com letras para indicar dimensões mecânicas específicas, além de códigos numéricos para o tamanho das carcaças de uma forma geral. O tamanho das carcaças dos motores IEC são fornecidos em dimensões métricas, impossibilitando conseguir uma intercambiabilidade completa com os tamanhos de carcaças NEMA.
- Apesar de haver alguma correlação entre as carcaças de motores NEMA e IEC, nem sempre é possível mostrar uma referência cruzada direta de um padrão para o outro. Assim como a NEMA, a IEC tem designações que indicam a proteção fornecida por uma carcaça de motor. No entanto, onde a designação NEMA está em palavras, como "aberto à prova de gotejamento" ou "totalmente fechado arrefecido por ventilador", a IEC utiliza dois dígitos para a designação do índice de proteção (IP). O primeiro dígito indica o quanto o motor

Velocidade (RPM)

Polos	Frequência de 50 Hz		Frequência de 60 Hz	
	Síncrona	A plena carga (típica)	Síncrona	A plena carga (típica)
2	3.000	2.850	3.600	3.450
4	1.500	1.425	1.800	1.725
6	1.000	950	1.200	1.150
8	750	700	900	850

está protegido contra a entrada de objetos sólidos; o segundo dígito refere-se à entrada de água.
- Na IEC, as classes de isolamento de enrolamento são equivalentes às da NEMA e, em todos os casos, salvo em raras exceções, usam as mesmas letras para as designações.
- As especificações NEMA e IEC de regime de serviço são diferentes. Onde a NEMA designa serviço contínuo ou intermitente, a IEC usa oito designações de regime de serviço.
- CE é um acrônimo para a expressão em francês *Conformité Européene* e é semelhante às marcas UL ou CSA da América do Norte. Entretanto, ao contrário das marcas UL (Underwriters Laboratories) ou CSA (Canadian Standards Association), que exigem testes em laboratório independente, o fabricante do motor, por meio de uma "autocertificação", pode aplicar a marca CE em seus produtos indicando que foram projetados para os padrões apropriados.

Parte 6

Questões de revisão

1. Quais são os dois fatores que determinam a potência mecânica de saída de um motor?
2. Explique o que cada uma das seguintes especificações de corrente de motor representa: (a) corrente a plena carga; (b) corrente de rotor bloqueado; (c) corrente do fator de serviço.
3. O que designa a letra do código NEMA na placa de identificação de um motor?
4. Que tipo de projeto de motor NEMA seria selecionado para o acionamento de uma bomba que requer um torque de partida elevado com baixa corrente de partida?
5. Liste quatro tipos de perdas do motor que afetam a sua eficiência.
6. Que especificação do motor define as suas dimensões físicas?
7. Um motor de uma máquina importada especificado para 50 Hz é operado em 60 Hz. Que efeito, se houver, isso terá sobre a velocidade do motor? Por quê?
8. Seria aceitável substituir um motor com especificação de isolamento A, segundo a NEMA, por outro com especificação de isolamento F? Por quê?
9. Explique os requisitos de carga básicos para os seguintes tipos de cargas acionadas por motor: (a) de torque constante; (b) de potência constante; (c) de torque variável.
10. Explique o que representa cada uma das seguintes especificações de temperatura do motor: (a) temperatura ambiente, (b) elevação de temperatura, (c) dedução da temperatura de ponto quente.
11. A que se refere a especificação do regime de serviço de um motor?
12. Liste os quatro tipos de torque associados com a operação de um motor.
13. O que determina a seleção de um tipo de carcaça de motor para uma dada aplicação?
14. Que tipo de carcaça de motor seria mais adequado para áreas extremamente úmidas, sujas e empoeiradas?
15. Determine a especificação de potência equivalente NEMA para um motor com especificação de 11 kW.

» Parte 7

» Instalação do motor

O conhecimento de técnicas de instalação adequadas é fundamental para o funcionamento de um motor. A seguir estão alguns procedimentos importantes na instalação de motores que precisam ser considerados.

Fundação

Uma fundação rígida é essencial para o mínimo de vibração e um alinhamento adequado entre o motor e a carga. A melhor fundação é a feita de concreto, principalmente para grandes motores e acionamentos de cargas.

Montagem

A menos que especificado de outro modo, os motores podem ser montados em qualquer posição ou em qualquer ângulo. Monte os motores de forma segura na base de montagem do equipamento ou em uma superfície rígida e plana, de preferência metálica. Uma base ajustável facilita a instalação do motor, o tensionamento e a substituição de correias. Os tipos comuns de suportes de motor são apresentados na Figura 5-65 e incluem:

- **Base rígida,** que é aparafusada, soldada ou fundida na estrutura principal e permite que o motor seja rigidamente montado no equipamento.

- **Base resiliente**, que tem isolamento ou anéis resilientes entre a base de montagem do motor e a base para absorver vibração e ruído. Um condutor está embutido no anel para completar o circuito para fins de aterramento.

- **NEMA – montagem na face C**, que tem uma face usinada com um piloto na extremidade do eixo que permite a montagem direta com uma bomba ou outro equipamento de acoplamento. Os parafusos passam através da peça montada até o furo com rosca na face do motor.

Alinhamento de motor e de carga

O desalinhamento entre o eixo do motor e o eixo de carga provoca vibração desnecessária e falha devido a problemas mecânicos. Falha prematura dos rolamentos do motor e/ou da carga pode ser

Figura 5-65 Os tipos comuns de montagens de motores.
Foto cedida pela Leeson, www.leeson.com.

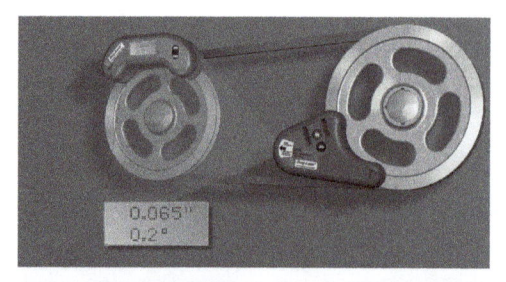

Alinhamento de eixo   Alinhamento de roldana

Figura 5-66 *Kit* de alinhamento a laser.
Fotos cedidas pela Damalini, www.damalini.com.

resultado de desalinhamento. Diferentes tipos de dispositivos de alinhamento, como o *kit* de alinhamento a laser mostrado na Figura 5-66, são usados para o alinhamento de motor e de carga. O posicionamento do motor ou a colocação de um calço (pedaço fino de metal) sob os pés do motor muitas vezes fazem parte do processo de alinhamento.

Os *motores com acionamento direto*, como o nome indica, fornecem torque e velocidade para a carga diretamente. O acoplamento do motor é usado para conectar mecanicamente o eixo do motor posicionado de forma axial com o eixo do equipamento. O acoplamento direto do eixo do motor para acionar a carga resulta em uma relação de velocidade 1:1. Para motores com acoplamento direto, o eixo do motor tem de ser centrado com o eixo da carga para otimizar a eficiência de operação. Um acoplamento flexível admite que o motor acione a carga enquanto admite desalinhamentos leves.

O *acoplamento por engrenagens ou polias/correias* pode ser usado nos casos em que a aplicação requer velocidade disponível diferente da padrão. Velocidades variáveis são possíveis ao disponibilizar várias relações de engrenagens ou polias com diâmetros variáveis. A correspondência de um motor com uma carga envolve transformação de potência entre eixos, com frequência a partir de um eixo de alta velocidade/baixo torque para o eixo da carga com baixa velocidade/alto torque. Correias múltiplas são muitas vezes utilizadas em conjunto, a fim de aumentar a transmissão de potência. Se as roldanas são de tamanhos diferentes, a menor girará mais rápido que a maior. A alteração nas relações de polia não muda a potência, apenas o torque e a velocidade. A fórmula a seguir é usada para calcular a velocidade e os tamanhos de polia de sistemas de acionamentos de correias.

$$\frac{\text{RPM do motor}}{\text{RPM do equipamento}} = \frac{\text{Diâmetro da polia do equipamento}}{\text{Diâmetro da polia do motor}}$$

As *correias em Y* são normalmente usadas para transmissão de potência. Elas têm a parte inferior plana, os lados inclinados e transmitem movimento entre duas polias. Na manutenção de um sistema de transmissão por correias, elas devem ser verificadas quanto à tensão correta e ao alinhamento, conforme ilustra a Figura 5-68. A correia deve ser apertada o suficiente para não escorregar, mas não tão apertada que sobrecarregue os rolamentos do motor. A deflexão da correia deve ser de 1/64 polegadas por polegada de extensão. Um medidor de tensão da correia é usado para assegurar a tensão especificada da correia. O desalinhamento é uma das causas mais comuns de falha prematura da correia. O desalinhamento *angular* é um desalinhamento causado pelos dois eixos que não estão em paralelo; o desalinhamento *paralelo* é causado por dois eixos que são paralelos, mas as

---

EXEMPLO 5-5

Problema: Um motor aciona uma carga (Figura 5.67). O motor opera em 1.725 RPM e tem uma polia com diâmetro de 2 polegadas; a carga deve operar em 1.150 RPM. Qual é o tamanho da polia necessária para a carga?

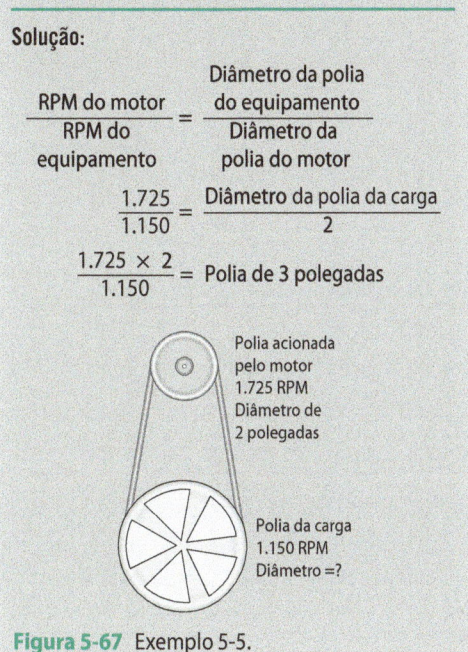

Solução:

$$\frac{\text{RPM do motor}}{\text{RPM do equipamento}} = \frac{\text{Diâmetro da polia do equipamento}}{\text{Diâmetro da polia do motor}}$$

$$\frac{1.725}{1.150} = \frac{\text{Diâmetro da polia da carga}}{2}$$

$$\frac{1.725 \times 2}{1.150} = \text{Polia de 3 polegadas}$$

Polia acionada pelo motor
1.725 RPM
Diâmetro de 2 polegadas

Polia da carga
1.150 RPM
Diâmetro =?

Figura 5-67 Exemplo 5-5.

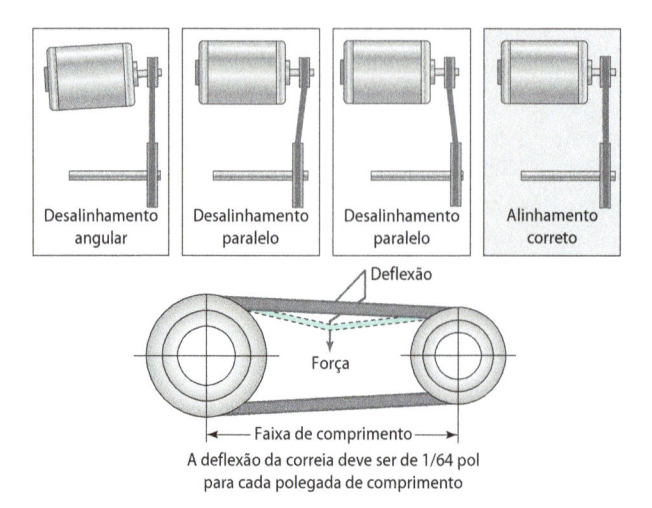

Figura 5-68 A manutenção de um sistema de correia de transmissão.

polias não estão na mesma linha perpendicular aos eixos paralelos.

Rolamentos do motor

O eixo de rotação de um motor é suspenso nas extremidades por rolamentos que fornecem um suporte relativamente rígido para o eixo de saída. Os motores vêm equipados com diferentes tipos de rolamentos devidamente lubrificados para impedir o contato metal-metal do eixo do motor (Figura 5-69). O lubrificante utilizado é geralmente graxa ou óleo. A maioria dos motores construídos hoje tem rolamento selado, que deve ser verificado periodicamente para

Figura 5-69 Rolamentos de motor.
(a) Foto cedida pela Canadian Babbitt Blarings, www.cbb.ca. (b-d) Fotos cedidas pela The Timken Company.

assegurar se a vedação não foi comprometida e o lubrificante do rolamento perdido. Para instalações que utilizam motores mais antigos que requerem lubrificação regular, isso deve ser feito regularmente em conformidade com as recomendações do fabricante.

- Os **mancais tipo manga** utilizados em pequenos motores leves consistem em um cilindro de bronze ou latão, um pavio e um reservatório. O eixo do motor gira em uma manga de bronze ou latão e é lubrificado com óleo do reservatório pelo pavio, que transfere o óleo do reservatório para a manga. Os motores de grande porte (de 200 cv ou mais) são frequentemente equipados com grandes mancais tipo manga divididos montados na metade superior e inferior do flange do motor. A parte interna destes mancais é geralmente envolvida com um material chamado *babbitt* (liga de chumbo). Os mancais tipo manga são equipados com reservatórios de óleo, visor, indicadores de nível e provisão de dreno.

- Os **rolamentos de esferas** são o tipo mais comum de rolamento. Eles carregam cargas pesadas e podem suportar aplicações mais severas. Em um rolamento de esferas, a carga é transmitida do anel externo para a esfera, e da esfera para o anel interno. Os rolamentos vêm em três estilos: permanentemente lubrificados, blindados e rolamentos que necessitam de lubrificação por meio de válvula de graxa. Por razões óbvias, a falta de lubrificação dos rolamentos danifica o motor; o excesso de graxa envolve os rolamentos e causa aquecimento na operação, encurtando sua vida útil. Lubrificante em excesso pode se alojar dentro do motor, acumulando sujeira e provocando a deterioração do isolamento e superaquecimento.

- Os **rolamentos de roletes** são utilizados em motores de grande porte para cargas com correias. Nestes rolamentos, o rolete é um cilindro, de modo que este distribui a carga sobre uma área mais abrangente, permitindo que o rolamento lide com cargas muito maiores do que um rolamento de esferas.

- Os **rolamentos de anel ranhurado** consistem em dois anéis ranhurados e um conjunto de roletes que são projetados para lidar com forças axiais normais maiores exercidas sobre o eixo dos motores, como é o caso de algumas aplicações de ventiladores e de bombas de lâminas. Os motores montados verticalmente em geral usam rolamentos de anel ranhurado.

Conexões elétricas

Os padrões NEMA e o Artigo 430 do NEC, bem como normas estaduais e locais, fornecem requisitos específicos para as instalações elétricas e mecânicas e recomendações que abordam motores e comando de motores. O motor deve ser conectado a uma fonte de alimentação que corresponde aos valores nominais de tensão e frequência indicados na placa do motor. Depois de verificar se os requisitos da tensão de alimentação estão corretos, então é possível fazer as conexões de terminais do motor. As conexões dos enrolamentos do estator devem ser feitas conforme mostrado no diagrama de conexão da placa de identificação ou de acordo com o diagrama elétrico na parte interna da tampa do painel.

Aterramento

Tanto o motor quanto o equipamento ou aparelho no qual ele está conectado deve ser aterrado, como precaução contra os perigos de choque elétrico e descarga eletrostática. Isso é feito por meio de um condutor de aterramento do equipamento que estabelece um caminho ou circuito para a corrente de falha à terra para facilitar a operação do dispositivo contra sobrecorrente. O condutor de aterramento do equipamento pode ser um condutor (isolado ou nu) atuando com os condutores do circuito ou, onde calhas metálicas são utilizadas, a calha pode ser o condutor de aterramento do equipamento. A cor verde é reservada para um condutor de aterramento isolado. Além de prevenir choques elétricos, o aterramento de uma unidade de acionamento eletrônica de motor também ajuda a reduzir o ruído elétrico indesejado que pode interferir no funcionamento correto dos circuitos eletrônicos de acionamento do motor.

Correntes elétricas são induzidas no eixo do rotor do motor e buscam o caminho de menor resistência para a terra – geralmente os rolamentos do motor. Tensões se acumulam no eixo do rotor até que excedam a capacidade dielétrica do lubrificante do rolamento do motor; então ocorrem descargas de tensão em um pulso curto para a terra através do rolamento. A descarga aleatória e frequente tem um efeito de máquina de descarga elétrica (EDM), que causa corrosão de elementos rolantes e pistas do rolamento, o que eventualmente pode levar à falha do rolamento. Isso acontece com mais frequência em motores CA controlados por inversores de frequência. Por esta razão, o aterramento adequado é crucial na armação do motor, entre o motor e o inversor e o inversor e a terra. Aterrar o eixo do motor com a instalação de um dispositivo de aterramento, como mostra a Figura 5-70, evita danos nos rolamentos, dissipando correntes do eixo para a terra.

Dimensão do condutor

A dimensão dos condutores do circuito do ramo motor é determinada de acordo com o Artigo 430 do NEC, com base na corrente a plena carga do motor e ampliada onde necessário para limitar a queda de tensão. Um fio subdimensionado entre o motor e a fonte de alimentação do motor limita a capacidade de partida e provoca sobreaquecimento do motor.

EXEMPLO 5-6

Problema: Que dimensões de condutores THW CU são necessárias para um único motor trifásico de 230 V e 15 hp de gaiola de esquilo?

Solução:
Passo 1 Determine a corrente nominal (a plena carga) do motor a fim de determinar a dimensão do condutor. O Artigo 430.6 do NEC requer que as Tabelas 430.247 a 430.250 sejam usadas para determinar a corrente nominal *e não* a especificação de placa. A Tabela 430.250 aborda motores trifásicos de corrente alternada e, com essa tabela, identificamos que para um motor de 10 hp e 208 V, a corrente a plena carga é 42 A.

Passo 2 A Tabela 430.22 requer que os condutores do circuito que alimenta um único motor tenham uma ampacidade não inferior a 125% da corrente nominal do motor. Portanto,

Ampacidade especificada = 42 A x 125%
= 52,5 A

Passo 3 De acordo com a Tabela 310.16, a dimensão necessária do condutor será:

6 AWG THW CU

Figura 5-70 Anel de aterramento no eixo do motor.
Foto cedida pela Electro Static Technology – an ITW Co., www.est-aegis.com.

Níveis de tensão e equilíbrio

As *tensões do motor* devem ser mantidas tão próximas quanto possível das da placa de identificação, com um desvio máximo de 5%. Apesar de os motores serem projetados para operar dentro de 10% da tensão de placa de identificação, grandes variações de tensão podem ter efeitos negativos no torque, no escorregamento, na eficiência, na corrente, no fator de potência, na temperatura e na vida útil em serviço.

Tensões do motor desequilibradas aplicadas a um motor de indução polifásico podem causar correntes desequilibradas, resultando em sobreaquecimento dos enrolamentos do estator do motor e das barras do rotor, diminuição da vida da isolação e desperdício de energia sob a forma de calor. Quando as tensões trifásicas de linha não são iguais em magnitude, diz-se que elas estão desequilibradas. O desequilíbrio de tensão pode ampliar o percentual de desequilíbrio de corrente nos enrolamentos do estator de um motor em até 6 a 10 vezes o percentual de desequilíbrio de tensão. O desequilíbrio de tensão aceitável é tipicamente não mais do que 1%. Quando existe um desequilíbrio de tensão de 2% ou mais, medidas devem ser tomadas para determinar e corrigir a origem do desequilíbrio. Nos casos em que o desequilíbrio de tensão excede 5%, não é aconselhável operar o motor. O desequilíbrio de tensão é calculado como:

Porcentagem do desequilíbrio de tensão =

$$\frac{\text{Máximo desvio de tensão a partir da tensão média}}{\text{Tensão média}} \times 100$$

Máximo desvio da tensão média = 480 − 453 = 27 V.

Porcentagem do desequilíbrio de tensão =

$$\frac{\text{Máximo desvio de tensão a partir de tensão média}}{\text{Tensão média}} \times 100$$

$$= \frac{27}{453} \times 100$$

$$= 5,96\%$$

EXEMPLO 5-7

Problema: Qual é a porcentagem do desequilíbrio de tensão para a tensão de alimentação trifásica de 480 V, 435 V e 455 V (Figura 5-71)?

Solução:

$$\text{Desvio da tensão média} = \frac{480 + 435 + 445}{3}$$

$$= \frac{1360}{3}$$

$$= 453\,V$$

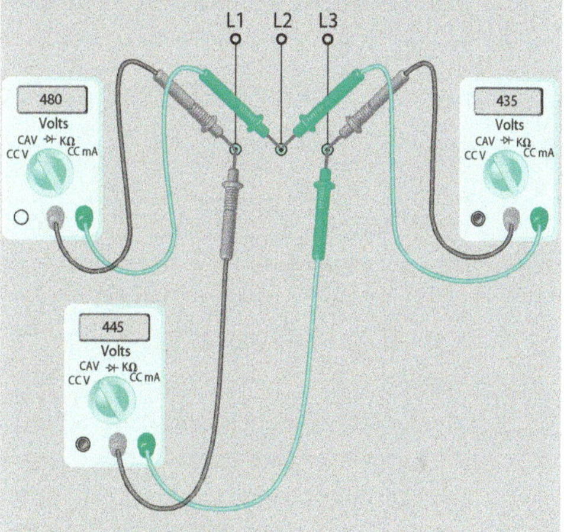

Figura 5-71 Exemplo 5-7.

Proteção térmica embutida

Os relés de sobrecarga montados no dispositivo de partida do motor protegem o motor por meio do monitoramento da corrente do motor e do calor gerado no interior do motor. Entretanto, eles não monitoram a intensidade real do calor gerado dentro do enrolamento. Os motores sujeitos a condições como ciclos de partida excessivos, altas temperaturas ambientes ou condições de ventilação inadequadas podem produzir uma rápida acumulação de calor, que não é detectada pelo relé de sobrecarga. Para minimizar tais riscos, é aconselhável o uso de motores com *protetores tér-*

micos embutidos que detectam a temperatura dos enrolamentos do motor na maioria das aplicações. Esses dispositivos podem ser integrados no circuito de acionamento para oferecer proteção adicional ao motor contra sobrecarga ou conectados em série com os enrolamentos do motor em motores monofásicos menores, como ilustra a Figura 5-72. Os tipos básicos incluem:

Rearme automático: Após o motor esfriar, este protetor por interrupção de linha restaura a alimentação automaticamente. Ele não deve ser usado onde rearmes inesperados podem ser perigosos.

Rearme manual: Este protetor por interrupção de linha tem um botão externo que deve ser empurrado para restaurar a alimentação do motor. É necessário onde o rearme inesperado poderia ser perigoso, como em serras, transportadores, compressores e outras máquinas.

Detectores resistivos de temperatura: Resistores de precisão são montados no motor e usados em conjunto com um instrumento para a detecção de altas temperaturas.

Parte 7

Questões de revisão

1. Liste três tipos comuns de montagens de motores.
2. Um motor com uma polia de 3 polegadas que opera a uma velocidade de 3.600 RPM é acoplado a um equipamento com uma polia de 8 polegadas de diâmetro. Calcule a velocidade da carga acionada.
3. Liste quatro tipos básicos de rolamento e cite uma aplicação típica para cada um.
4. Como um motor pode ser danificado por causa de uma lubrificação excessiva no rolamento de esfera?
5. Qual artigo do NEC lida especificamente com requisitos para motores elétricos?
6. Por que é desejável aterrar, além da estrutura, o eixo do motor?
7. De que forma o subdimensionamento da fiação entre o motor e a fonte de alimentação afeta a operação do motor?
8. Que efeitos negativos as tensões de linha trifásica desequilibradas podem ter na operação de um motor?
9. Em que tipo de aplicação é aconselhável usar protetores térmicos embutidos com rearme manual?

>> Parte 8

>> Manutenção e análise de defeito em motores

Manutenção de motores

Em geral, os motores são máquinas muito confiáveis que requerem pouca manutenção. Embora um motor elétrico típico seja um item de baixa manutenção, ele ainda requer uma manutenção regular para atingir o tempo de vida útil mais longo possível.

Inspeções periódicas

Para minimizar problemas em motores é fundamental programar inspeções de rotina e serviço. Mantenha registros de todas as manutenções programadas e procedimentos realizados. A frequência e os procedimentos da manutenção de rotina variam muito entre as aplicações. Os motores devem ser inspecionados periodicamente quanto a alinhamento do eixo, aperto na fixação da base do motor e condição da correia e seu tensionamento.

Cuidados com a escova e o comutator

Para motores CC, remova as tampas e faça verificações no desgaste da escova, na tensão da mola e no desgaste (ou em marcas) do comutador. Substitua as escovas se há alguma chance de que elas não vão durar até a próxima data de inspeção. O comutador deve estar limpo, liso e ter uma superfície polida de cor castanho onde as escovas deslizam. Observe as escovas enquanto o motor está funcionando. As escovas devem deslizar suavemente no comutador com pouca ou nenhuma faísca e não trepidar.

Testes de isolamento dos enrolamentos

Duas vezes por ano meça a resistência dos enrolamentos e do enrolamento para o ponto de terra a fim de identificar problemas de isolamento. Os motores que foram inundados ou que têm baixas leituras no *megger** devem ser cuidadosamente limpos e secos antes de serem energizados. A seguir são apresentados valores mínimos de resistência de isolamento do motor:

Resistência de isolação para a tensão nominal mínima do motor	
600 V e abaixo	1,5 MΩ
2.300 V	3,5 MΩ
4.000 V	5,0 MΩ

Mantenha os motores limpos

Limpe, escove, aspire ou sopre a sujeira acumulada na armação e nas passagens de ar do motor.

---

* N. de T.: Equipamento usado para medir a resistência elétrica em megaohms.

Os motores sujos em funcionamento esquentam quando a sujeira grossa isola o quadro, e passagens obstruídas reduzem o fluxo de ar de arrefecimento. O calor diminui a vida útil do isolamento e, finalmente, provoca falha no motor.

Mantenha os motores secos

Os motores usados continuamente não são propensos a problemas de umidade. Esses problemas podem surgir em motores com utilização intermitente ou que ficam em estado de espera para entrar em operação. Procure colocar o motor em funcionamento pelo menos algumas horas por semana para eliminar a umidade. Tenha cuidado para que vapor e água não sejam dirigidos para as aberturas dos motores à prova de gotejamento.

Verifique a lubrificação

Lubrifique os motores de acordo com as especificações do fabricante. Aplique graxas ou óleos de alta qualidade com cuidado para evitar contaminação por sujeira ou água.

Verifique se há calor, ruído e vibração excessivos

Verifique a estrutura do motor e os rolamentos quanto a calor excessivo ou vibração. Ouça com atenção qualquer ruído anormal no motor. Todos indicam uma possível falha do sistema. Rapidamente identifique e elimine a fonte de calor, ruído ou vibração.

Excesso de partidas é a principal causa de falhas nos motores

O alto fluxo de corrente durante a partida contribui com uma grande quantidade de calor para o motor. Para motores de 200 hp e abaixo, o tempo de aceleração máximo que um motor conectado a uma carga de alta inércia pode tolerar é cerca de 20 segundos. O motor não deve exceder mais do que aproximadamente 150 "partidas-segundos" por dia.

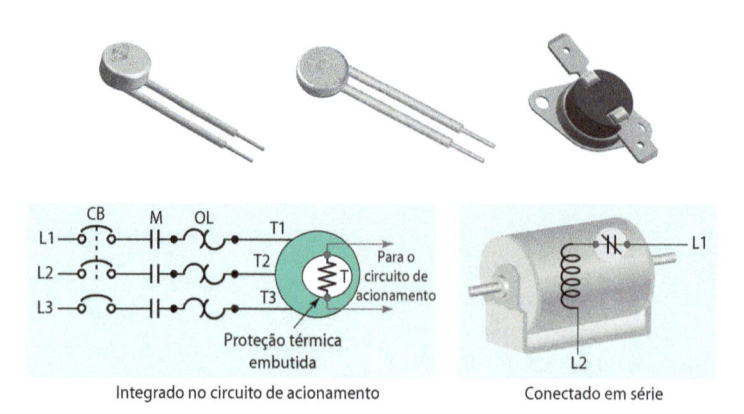

Figura 5-72 Proteção térmica embutida no motor.
Fotos cedidas pela Microtherm, www.microtherm.com.

Análise de defeito em motores

As falhas de motor elétrico podem ocorrer devido a falhas em um componente mecânico ou a falhas no circuito elétrico. Qualquer tipo de teste elétrico envolve riscos, e a complacência pode levar a lesões! Quando se trabalha em qualquer tipo de motor, para reduzir o risco de lesões:

- Desligue a alimentação do motor e faça os procedimentos completos de bloqueio e sinalização antes de realizar o serviço ou a manutenção.
- Descarregue todos os capacitores antes de realizar a manutenção no motor.
- Mantenha sempre as mãos e as vestimentas distantes das partes em movimento.
- Certifique-se de que os guardas de segurança necessários estejam no local antes de dar partida no equipamento.

O contato elétrico é a causa de 20% de todas as mortes na construção. Nunca trabalhe em equipamentos energizados, a menos que isso seja absolutamente necessário para exame, ajuste, reparo ou manutenção. Quando tiver que trabalhar em um equipamento energizado, use sempre o equipamento de proteção individual (EPI) e ferramentas e equipamentos adequados. Adote como regra nunca trabalhar sozinho em um equipamento energizado. Sempre tenha um companheiro de trabalho com você, em caso de emergência.

Os instrumentos mais utilizados para a análise de defeito em motores são o multímetro, o alicate amperímetro, o megômetro e o termômetro infravermelho. Esses instrumentos, mostrados

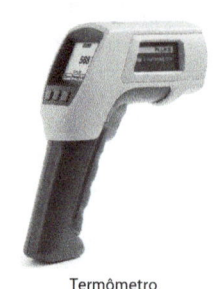

Figura 5-73 Instrumentos utilizados para análise de defeito em motores.
Fotos reproduzidas com a permissão da Fluke, www.fluke.com.

na Figura 5-73, são usados para medir tensão, corrente, resistência, resistência de isolamento e temperatura.

O sistema de motor básico consiste em fonte de alimentação, controlador, motor e carga acionada. Quando ocorre um problema de motor, primeiro é necessário encontrar em qual das partes do sistema está o defeito. Fontes de alimentação e controladores podem falhar assim como o próprio motor. A carga mecânica do motor pode aumentar devido a um aumento do tamanho da carga que o motor está acionando, ou devido a uma falha nos rolamentos ou mecanismos de acoplamento. A sobrecarga mecânica é a principal causa de falha no motor.

Guias de análise de defeitos

Uma vez determinado que o motor está com defeito, podemos prosseguir para identificar o problema com o motor. Um guia de análise de defeitos descreve uma ampla variedade de problemas de motores.

Geralmente, as categorias são dispostas de acordo com os sintomas, oferecendo breves sugestões sobre o que procurar ao investigar falhas do motor e muitas vezes fornecendo aconselhamento sobre a forma de resolver o problema, uma vez identificado. As orientações a seguir são um exemplo de um guia de análise de defeitos que apresenta sintomas de falhas comuns à maioria dos tipos de motores.

1. Sintoma: O motor falha na partida. Possíveis causas:

   Fusível queimado ou disjuntor desarmado. Verifique a tensão na entrada e na saída do dispositivo de proteção contra sobrecorrente. Se há tensão na entrada, mas não na saída, o fusível está queimado ou o disjuntor está desarmado. Verifique a especificação do fusível ou disjuntor. Ele deve ser de pelo menos 125% da corrente do motor a plena carga.

   Relé de sobrecarga do motor desarma na partida. Permita que o relé de sobrecarga esfrie e rearme-o. Se o motor faz o relé de sobrecarga abrir depois de um curto período, verifique o motor quanto a curtos-circuitos e falhas à terra. Verifique a corrente de carga máxima do motor e compare-a com a configuração do relé de sobrecarga.

   Baixa tensão ou nenhuma tensão aplicada ao motor. Verifique a tensão nos terminais do motor. A tensão deve ser em torno de 10% da indicada na placa de identificação do motor. Determine a causa da baixa tensão. Suporte de fusível solto e conexões soltas nos terminais da chave seccionadora ou disjuntor podem resultar em baixa tensão no motor.

   Sobrecarga mecânica. Gire o eixo do motor para ver se a ligação com a carga é o problema. Verifique se há rolamentos travados. Verifique o entreferro entre o estator e o rotor. Reduza a carga ou tente operar o motor sem carga aplicada.

   Defeitos nos enrolamentos do motor. Verifique a resistência dos enrolamentos do motor para saber se estão abertos ou em curto-circuito ou se há uma falha à terra de algum enrolamento. Uma indicação de infinito no ohmímetro em um conjunto de enrolamentos significa que algum está aberto em algum lugar – às vezes é em uma extremidade do enrolamento acessível para o reparo. Um curto-circuito em apenas algumas espiras do enrolamento, apesar de difícil de detectar, resulta em sobreaquecimento do motor. Uma maneira de testar um enrolamento em curto-circuito é comparar a sua leitura da resistência com a de um enrolamento idêntico reconhecidamente em bom estado.

   Motor queimado. Se um ou mais dos enrolamentos do motor parece enegrecido e cheira a queimado, é mais provável que ele esteja queimado e precisa ser substituído.

2. Sintoma: O motor superaquece. Possíveis causas:

Carga. Uma regra básica é que o motor não deve ficar tão quente que não possa ser tocado. Verifique a leitura do amperímetro e compare-a com a corrente de carga máxima do motor. Para uma leitura de corrente maior do que a normal, reduza a carga ou substitua o motor por um de maior porte.

Refrigeração insuficiente. Remova qualquer acúmulo de detritos no motor e em torno dele.

Temperatura ambiente. Temperatura ambiente maior do que o normal. Tome medidas para melhorar a ventilação do motor e/ou diminuir a temperatura ambiente.

Rolamentos e alinhamento. Rolamentos ruins ou acoplamento com desalinhamento podem aumentar o atrito e o calor.

Fonte de tensão. Se a tensão de funcionamento for muito alta ou muito baixa, o motor operará a uma temperatura mais elevada. Corrija a tensão para em torno de 10% da especificação do motor.

3. Sintoma: Ruído do motor excessivo e vibração. Possíveis causas:

Rolamentos. Com o motor parado, tente mover delicadamente o eixo para cima e para baixo a fim de detectar o desgaste do rolamento. Use um estetoscópio para verificar ruídos nos rolamentos. Quando o cabo de uma chave de fenda é colocado no ouvido e a lâmina na carcaça do enrolamento, a chave de fenda amplificará o barulho, como um estetoscópio. Substitua rolamentos desgastados ou soltos. Substitua o óleo (ou a graxa) sujo ou desgastado.

Mecanismo de acoplamento. Verifique se o eixo do motor ou carga está torto. Corrija se necessário. Meça o alinhamento dos acoplamentos. Realinhe se necessário.

Peças soltas. Aperte todos os componentes soltos no motor e na carga. Verifique os prendedores do motor e da carga. Mecanismos centrífugos, escovas, anéis de deslizamento e comutadores podem causar ruído devido ao desgaste e folgas destes mecanismos.

4. Sintoma: Motor produz um choque elétrico quando tocado. Possível causa:

Aterramento. O condutor de aterramento do equipamento está partido ou desconectado. Enrolamento do motor em curto-circuito com a carcaça. Verifique na caixa de conexões do motor se há conexões frouxas, isolação danificada ou terminais em contato elétrico com a carcaça.

5. Sintoma: A proteção de sobrecarga do motor desarma continuamente. Possível causa:

Carga. Excesso de carga. Verifique se a carga não está presa. Remova a carga do motor e meça a corrente sem carga. Ela deve ser notavelmente menor do que a especificação com carga máxima estampada na plaqueta de identificação.

Temperatura ambiente muito alta. Verifique se o motor está recebendo ar para uma refrigeração adequada.

Protetor de sobrecarga pode estar com defeito. Substitua o protetor de motor por um com especificação correta.

Enrolamento em curto-circuito ou aterrado. Inspecione os enrolamentos quanto a defeitos e fios soltos ou cortes que podem criar um caminho para a terra.

Quadros de análise de defeitos

Os quadros de análise de defeitos são usados para identificar rapidamente problemas comuns e possíveis caminhos de ação corretiva. A seguir apresentamos exemplos que pertencem a tipos de motores específicos.

Motores monofásicos

Problema	Causa provável e diretrizes para ação
Zumbido em motor de fase dividida e ele opera normalmente com assistência manual na partida.	A chave centrífuga não funciona adequadamente. Desmonte o mecanismo. Limpe os contatos. Ajuste a tensão da mola. Substitua a chave.
Zumbido em motor com partida por capacitor e ele opera normalmente com assistência manual.	Chave centrífuga (o mesmo que para o motor de fase dividida). Capacitor com defeito. Teste o capacitor. Caso esteja com defeito, substitua-o.
Capacitores de partida falham continuamente.	O motor não está atingindo a velocidade rápido o suficiente porque não está corretamente dimensionado. O motor está ciclando com muita frequência. Os fabricantes de capacitores recomendam não mais do que 20 partidas de 3 segundos por hora. A chave de partida pode estar com defeito, impedindo que o motor abra o circuito do enrolamento de partida.
Falha do capacitor de operação.	Temperatura ambiente muito alta. Possível surto de alimentação para o motor causado por transientes de tensão elevada. Se o problema for comum, instale um protetor contra surtos.
Faíscas em motor universal.	Escovas novas não devidamente assentadas. Faça o assentamento das escovas usando uma lixa fina para ajustar aos contornos do comutador. Escovas gastas ou como se tivessem adesivo. Substitua as escovas ou limpe o suporte da escova. Bobinas da armadura abertas ou em curto-circuito. Substitua a armadura.

Motores trifásicos

Problema	Causa provável e diretrizes para ação
Ausência de uma fase – queda de uma fase do sistema trifásico. O motor não entra em funcionamento, mas caso já esteja operando, pode continuar com aumento de corrente e diminuição de capacidade. O motor emite um som de alta frequência.	Um fusível queimado ou uma seção de um disjuntor desarmada. Verifique em cada uma das três linhas de alimentação se a tensão está correta.
Tensão trifásica desequilibrada – as tensões de todas as fases de uma fonte de alimentação trifásica não são iguais. Um desequilíbrio de tensão de 3,5% entre as fases provoca uma elevação de temperatura de 25ºC no motor. O motor opera acima da temperatura normal e com eficiência reduzida.	Fusível queimado no banco de capacitores para correção do fator de potência – localize e substitua o fusível. Cargas assimétricas nas fases – distribua as cargas de forma mais uniforme no circuito trifásico. Tensões desequilibradas provenientes da concessionária de energia elétrica – se as tensões recebidas estão substancialmente desequilibradas, entre em contato com a concessionária de energia elétrica e solicite a correção do problema. Distorção harmônica – A presença de distorção harmônica na tensão aplicada ao motor aumentará a temperatura do motor, o que poderia resultar em danos ao isolamento e possíveis falhas. Localize as fontes dos harmônicos e use filtros de harmônicos para controlá-los ou reduzi-los.
Motor de indução de rotor bobinado não consegue partir ou parte e funciona de forma irregular.	Resistores rotóricos externos. Procure falhas no banco de resistores quando fizer a análise de defeitos. Limpe os anéis coletores e verifique as escovas quanto a desgaste e pressão adequada.
Aumento dos tempos de partida do motor síncrono ou aceleração irregular.	Enrolamentos de amortecimento com defeito ou danificados – O histórico dos testes de partida, que registra as correntes do estator durante a partida, pode auxiliar a determinar se esses enrolamentos foram degradados ao longo da vida do motor.

Motores de corrente contínua

Problema	Causa provável e diretrizes para ação
Arco excessivo nas escovas.	Escovas desgastadas ou como se tivessem adesivo. Substitua as escovas ou limpe os seus suportes. Posição da escova incorreta em relação ao plano neutro. Gire a escova para a posição correta a fim de ajudar na comutação. Sobrecarga. Meça a corrente para o motor e compare-a com a corrente a plena carga. Se necessário, reduza a carga do motor. Comutador sujo. A superfície do comutador deve estar limpa e brilhante; arranhões leves e descoloração podem ser removidos com uma lixa de papel. Arranhões/sulcos profundos exigem que o comutador seja usinado e rebaixado. Falhas na armadura. Teste os enrolamentos da armadura para verificar se estão abertos ou em curto-circuito e corrija ou substitua o motor. Falhas no enrolamento de campo. Teste os enrolamentos quanto a circuito aberto, curto-circuito e falha à terra e corrija ou substitua o motor.
Desgaste precoce das escovas.	Material, tipo ou classe de escova errado. Substitua por escovas recomendadas pelo fabricante. Tensionamento incorreto da escova. Ajuste o tensionamento da escova para que ela deslize livremente no comutador. Substitua as molas da escova se a tensão medida conforme o parâmetro for insuficiente.

Fluxograma de análise de defeitos

Um fluxograma, ou árvore, de análise de defeitos pode ser usado para guiá-lo pelas etapas do processo de análise de defeitos. Um fluxograma de análise de defeitos é sequencial por natureza, e sua simplicidade muitas vezes economiza tempo para chegar à origem do problema no motor. A seguir apresentamos um exemplo típico de um fluxograma de análise de defeitos usado para determinar a causa do sobreaquecimento de um motor de indução trifásico de gaiola.

Problema – sobreaquecimento do motor

Passo 1
A temperatura ambiente está muito alta? — SIM → Reduza a temperatura ambiente, aumente a ventilação ou instale um motor de maior capacidade.
↓ NÃO

Passo 2
O motor é muito pequeno para as condições atuais de operação? — SIM → Instale um motor de maior capacidade.
↓ NÃO

Passo 3
A partida do motor é muito frequente? — SIM → Reduza o número de ciclos de partida ou use um motor de maior capacidade.
↓ NÃO

Passo 4
Verifique a carcaça do motor. Ela está coberta de sujeira, que funciona como isolação e impede o resfriamento adequado? — SIM → Limpe, raspe ou aspire a sujeira acumulada na carcaça.
↓ NÃO

Passo 5
Verifique as aberturas de exaustão do ar. O fluxo de ar é leve ou inconsistente, indicando pouca ventilação? — SIM → Remova as obstruções ou sujeiras que impedem a livre circulação de ar. Se necessário, limpe as passagens internas de ar.
↓ NÃO

Passo 6
Verifique a corrente de entrada enquanto o motor aciona a carga. Ela é excessiva, indicando uma sobrecarga? — NÃO → Vá para o passo 11
↓ SIM

Passo 7
O equipamento acionado representa uma sobrecarga? — SIM → Reduza a carga ou instale um motor de maior capacidade.
↓ NÃO

(continua)

Problema – sobreaquecimento do motor *(continuação)*

Passo 8
Há desalinhamento, rolamentos ruins ou componentes danificados provocando atrito excessivo no acionamento da máquina ou no sistema de transmissão de potência? ➡ **SIM** ➡ Repare ou substitua os componentes defeituosos.
↓ NÃO

Passo 9
O rolamento do motor está seco? ➡ **SIM** ➡ Lubrifique. O motor ainda drena corrente excessiva?
↓ NÃO ↓ SIM

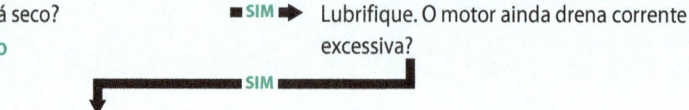

Passo 10
Danos nos mancais, fricção no ventilador, eixo empenado ou fricção no rotor gera atrito interno excessivo? ➡ **SIM** ➡ Repare ou substitua o motor.
↓ NÃO

Passo 11
Os rolamentos estão ruins causando atrito excessivo? ➡ **SIM** ➡ Determine a causa para os rolamentos estarem ruins.
↓ NÃO

Passo 12
Verifique a tensão de fase. A tensão varia entre as fases? ➡ **SIM** ➡ Restaure as tensões para valores iguais em todas as fases.
↓ NÃO

Passo 13
A tensão está 10% acima ou abaixo da indicada na placa de identificação? ➡ **SIM** ➡ Restaure as tensões para os valores adequados ou instale um motor adequado para as tensões existentes.
↓ NÃO

Passo 14
Verifique o estator. Alguma bobina está aterrada ou em curto-circuito? ➡ **SIM** ➡ Repare as bobinas ou substitua o motor.

Parte 8

Questões de revisão

1. Do ponto de vista da segurança, qual é o primeiro passo antes de realizar qualquer tipo de manutenção em um sistema de motor?

2. Cite cinco tarefas comuns de manutenção de um motor que devem ser realizadas como

parte de um programa de manutenção preventiva.
3. Descreva como testar cada um dos supostos problemas de motor.
   a. Fusível queimado ou disjuntor desarmado.
   b. Baixa tensão aplicada ao motor.
   c. Enrolamentos do motor com defeito.
4. Cite cinco possíveis causas de superaquecimento do motor.
5. A chave centrífuga de um motor de fase dividida falhou e permanece aberta todo o tempo. Como isso afeta o funcionamento do motor?
6. A chave centrífuga de um motor com partida por capacitor falha e permanece fechada todo o tempo. Como isso afeta o funcionamento do motor?
7. Liste quatro possíveis causas de desequilíbrio das tensões da fonte de alimentação de um circuito de motor trifásico.
8. Liste cinco possíveis causas de arco excessivo nas escovas de um motor CC.

Situações de análise de defeitos

1. Suponha que as etiquetas utilizadas para identificar os seis terminais de um motor CC de enrolamento composto tenham sido perdidas ou suspeita-se que estejam colocadas incorretamente.
   a. Descreva como um ohmímetro deve ser usado para identificar os terminais da armadura, do campo *shunt* e do campo série.
   b. Que operação de teste deve ser feita para garantir a conexão cumulativa dos campos *shunt* e série?
2. Um dos fusíveis da linha trifásica de um motor de indução de gaiola de esquilo queimou enquanto o motor estava em funcionamento.
   a. O motor continuará a girar? Por quê?
   b. De que maneira esta condição de operação pode danificar o motor?
   c. O motor será capaz de partir novamente por conta própria? Por quê?
3. Um capacitor de partida defeituoso de um motor que tem especificação de 130 μF e 125 V CA é substituído com por um com especificação de 64 μF e 125 V CA. O que acontecerá?
4. A velocidade de um motor é reduzida pela metade, utilizando duas polias de tamanhos diferentes. Quais devem ser os diâmetros relativos das polias do motor e da carga?
5. Percebe-se que um motor está quente ao ser tocado. Isso sempre indica que ele está operando a uma temperatura muito elevada? Explique.

Tópicos para discussão e questões de raciocínio crítico

1. Explique como um rotor de gaiola de esquilo produz um campo magnético.
2. Cite os diferentes tipos de medições em um motor usadas na análise de defeitos.
3. Por que um motor monofásico não tem torque de partida se apenas um único enrolamento for usado?
4. Como identificamos os enrolamentos de partida e de trabalho de um motor monofásico a partir de uma inspeção visual do estator?
5. Organize em ordem decrescente de torque os seguintes motores monofásicos: fase dividida, universal, polo sombreado e com capacitor.
6. Como o escorregamento afeta a velocidade do motor?
7. Descreva a principal diferença física e elétrica entre os três principais tipos de motores trifásicos.
8. Um motor monofásico pode ser operado a partir de uma fonte de alimentação trifásica? Explique.

9. Suponha que você vai comprar um *kit* de alinhamento laser de motor e carga. Pesquise fornecedores na Internet e prepare um relatório sobre os recursos e a operação de um *kit* que você compraria.
10. Um motor com eficiência energética produz a mesma potência (hp) de saída no eixo, mas usa menos energia de entrada (kW) que um motor padrão. Visite o *site* de um fabricante de motores e compare o preço e as características de um motor padrão com um de eficiência energética equivalente.
11. Explique por que os motores são mais eficientes à carga plena.

capítulo 6

Contatores e dispositivos de partida de motores

Dispositivos de partida de motores e contatores são usados para comutação de circuitos de alimentação. Ambos usam uma pequena corrente de acionamento para energizar ou desenergizar as cargas ligadas a eles. Este capítulo aborda como contatores e dispositivos de partida de motores são utilizados no acionamento de cargas motorizadas ou não.

Objetivos do capítulo

» Apresentar as aplicações básicas dos contatores.

» Explicar como a supressão de arcos é aplicada aos contatos.

» Discutir os principais fatores no dimensionamento de um contator e na seleção do tipo de invólucro.

» Diferenciar entre um contator e um dispositivo de partida de motor.

» Explicar o funcionamento e a operação de um relé de sobrecarga de motor.

» Comparar os tipos NEMA e IEC de contatores e dispositivos de partida.

» Descrever o funcionamento de um contator e de um dispositivo de partida de estado sólido.

❯❯ Parte 1

❯❯ Contator magnético

A National Electrical Manufacturers Association (NEMA) define um contator magnético como um dispositivo de acionamento magnético usado para estabelecer ou interromper repetidamente a alimentação de um circuito elétrico. O contator magnético tem operação similar ao relé eletromecânico. Os dois têm uma característica importante em comum: os contatos operam quando a bobina é energizada. Geralmente, ao contrário dos relés, os contatores são projetados para conectar e desconectar a alimentação de cargas em circuitos elétricos que excedem 15 A sem sofrer dano. A Figura 6-1 mostra um típico contator magnético NEMA usado para a comutação de uma carga acionada por um motor CA em que a proteção de sobrecarga não é necessária ou é fornecida separadamente. Além dos três contatos de potência, um contato auxiliar normalmente aberto de retenção (selo) é fornecido para acomodar uma botoeira de acionamento de três fios.

Existem dois circuitos envolvidos na operação de um contator magnético: o circuito de acionamento e o circuito de potência. O circuito de acionamento é conectado à bobina, e o circuito de potência aos contatos principais de potência. O princípio de funcionamento de um contator de três polos magnéticos é ilustrado na Figura 6-2. Quando a tensão é aplicada nos terminais da bobina, a corrente flui através dela criando um campo magnético. A bobina, por sua vez, magnetiza a estrutura de ferro estacionária, tornando-a um eletroímã. O eletroímã atrai a armadura para si, puxando os contatos móveis e fixos em conjunto. Então, a fonte de alimentação do lado da linha é conectada no lado da carga. Geralmente um contator está disponível em configurações de contatos de dois, três ou quatro polos.

Comutação de cargas

Os contatores são usados em conjunto com dispositivos auxiliares para controlar automaticamente cargas de altas correntes. O dispositivo auxiliar, com capacidade de operar com correntes limitadas, é utilizado para a corrente que aciona a bobina do contator, cujos contatos são usados para comutar correntes de cargas bem maiores. A Figura 6-3 ilustra um contator utilizado com dispositivos auxiliares para o acionamento de temperatura e nível de líquido de um reservatório. Nesta aplicação, a bobina do contator é conectada aos sensores de temperatura e nível para abrir e fechar automaticamente os contatos de potência para a comutação das cargas, que são a válvula solenoide e o elemento de aquecimento.

Os contatores podem ser utilizados para a comutação de cargas acionadas por motores quando uma proteção contra sobrecarga for acrescentada. O uso mais comum de um contator é em conjunto com um relé de sobrecarga montado em um dispositivo de partida de um motor CA. A Figura 6-4 mostra um contator IEC empregado em conjunto com um módulo de relé de sobrecarga para comutar um motor. Um acionamento a dois ou a três fios pode ser usado para comutar o motor. O circuito de acionamento a dois normalmente aparece em aplicações em que a operação de um circuito é automática como em bombas, aquecedores elétricos e compressores de ar em que o dispositivo auxiliar promove a partida do motor automaticamente conforme a necessidade. O circuito de acionamento a três fios é similar ao a dois

Figura 6-1 Contator magnético típico.
Foto cedida pela Rockwell Automation, www.rockwellautomation.com.

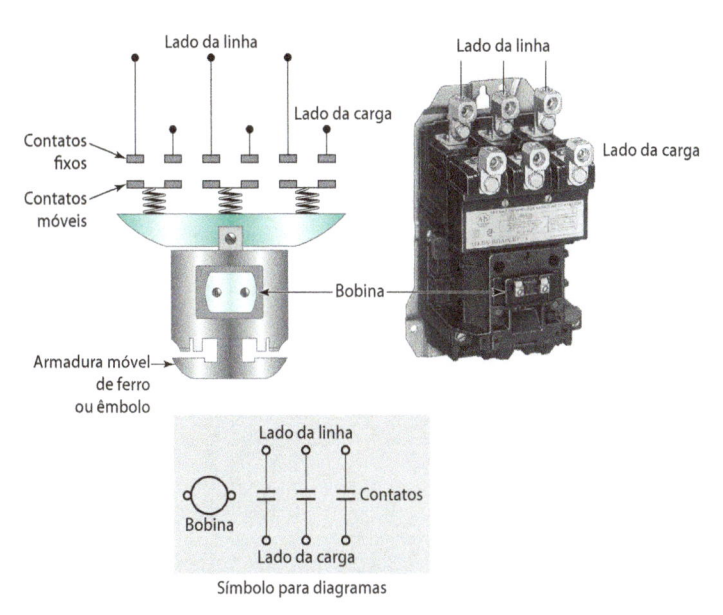

Figura 6-2 Contator magnético de três polos.
Foto cedida pela Rockwell Automation, www.rockwellautomation.com.

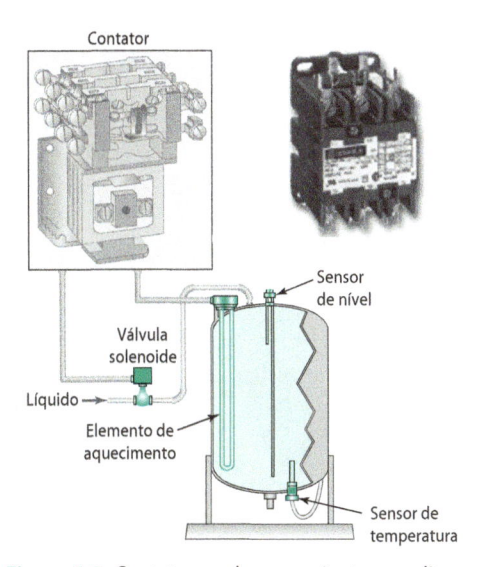

Figura 6-3 Contator usado em conjunto com dispositivos auxiliares.
Material e *copyrights* associados são de propriedade da Schneider Electric, que permitiu o uso.

motor controlado por botoeiras momentâneas de partida/parada. Neste caso, as botoeiras devem ser pressionadas para energizar ou desenergizar a bobina do contator. Geralmente, as botoeiras de partida/parada servem para iniciar e terminar os processos no sistema.

O contator pode lidar com alta tensão, porém mantendo-a completamente afastada do operador, aumentando assim a segurança de uma instalação. Quando este for o caso, um transformador abaixador de acionamento é usado para diminuir o nível de tensão CA necessário ao circuito de acionamento. Normalmente, o secundário do transformador é especificado para 12, 24 ou 120 V, enquanto as tensões no primário podem ser de 208, 230, 240, 460, 480 ou 600 V. Em todos os casos, a tensão na bobina do contator precisa ser igual à tensão do circuito de acionamento.

Os contatos auxiliares de um contator têm uma especificação de corrente muito menor que a dos contatos principais e são usados nos circuitos de acionamento para intertravamento, retenção e indicação de *status*. A Figura 6-5 mostra o circui-

fios, exceto por ter um conjunto extra de contatos usado para retenção (selo) do circuito. A aplicação mais comum do acionamento a três fios é um

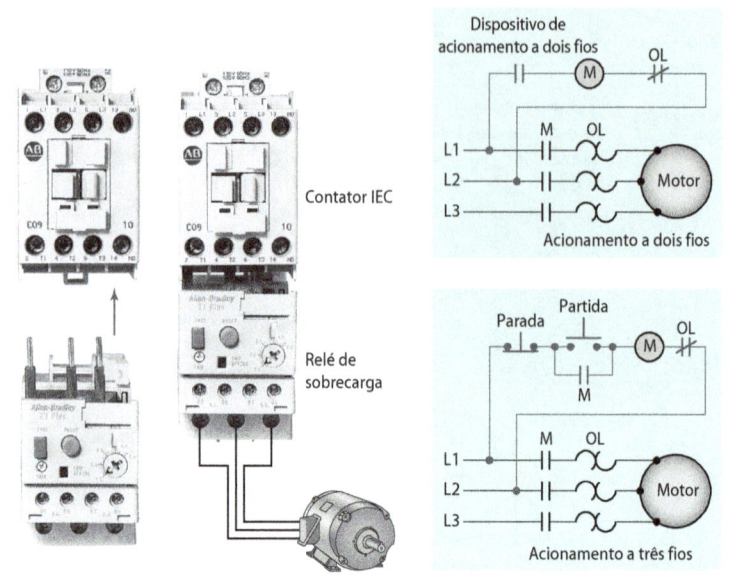

Figura 6-4 Contator IEC utilizado em combinação com um módulo de relé de sobrecarga para comutar um motor.
Foto cedida pela Rockwell Automation, www.rockwellautomation.com.

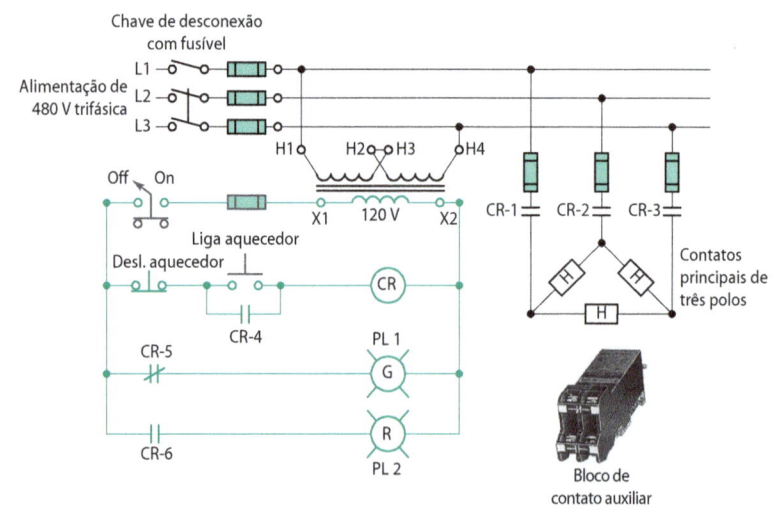

Figura 6-5 Circuito de aquecimento controlado por um contator magnético.
Foto cedida pela Rockwell Automation, www.rockwellautomation.com.

to esquemático para um sistema de aquecimento trifásico controlado por um contator magnético de três polos e acionado por um circuito de acionamento a três fios. A operação do circuito é resumida a seguir:

- Um transformador de acionamento é utilizado para reduzir a tensão de linha de 480 para 120 V para fins de acionamento.
- O circuito de acionamento a três fios é usado para comutar a alimentação para os elementos de aquecimento.

- Com a chave on/off (liga/desliga) fechada, a botoeira "liga aquecedor" é pressionada para energizar a bobina CR do contator.
- Os contatos principais de potência CR-1, CR-2 e CR-3 fecham, energizando os elementos de aquecimento com a tensão de linha.
- O contato auxiliar CR-4 fecha, fazendo a retenção (selo) da botoeira "liga aquecedor" e mantendo o circuito da bobina fechado.
- Ao mesmo tempo, o contato auxiliar CR-5 abre para desligar (*off*) a luz piloto verde com a letra G (*green*) no símbolo e o contato CR-6 fecha para ligar (*on*) a luz piloto vermelha com a letra R (*red*) no símbolo.
- Pressionar a botoeira "desliga aquecedor" ou abrir a chave on/off desenergiza a bobina, retornando o circuito para o seu estado desligado.

Os *contatores de finalidades específicas* são especialmente projetados para aplicações como condicionamento de ar, refrigeração, aquecimento resistivo, processamento de dados e iluminação. Os contatores para iluminação proporcionam um acionamento eficaz para edifícios de escritórios, instalações industriais, hospitais, estádios e aeroportos. Eles podem ser usados para manipular a comutação de lâmpadas de tungstênio (filamento incandescente) ou de reator (fluorescente e de vapor de mercúrio), bem como outras cargas em geral não acionadas por motor. Os contatores podem ser elétrica ou mecanicamente retidos. Com um *contator eletricamente retido*, a bobina precisa ser energizada continuamente todo o tempo em que os contatos principais estão fechados. Os contatores mecanicamente retidos exigem apenas um pulso de corrente na bobina para mudar de estado. Uma vez mudado o estado, uma trava mecânica mantém a posição dos contatos principais, de modo que a alimentação de acionamento pode ser removida, resultando em um contator mais silencioso, mais frio e mais eficiente. A Figura 6-6 mostra exemplos de contatores de iluminação mecânica e eletricamente retidos montados em gabinetes.

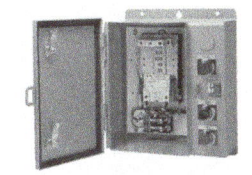

Contator eletricamente retido

Contator mecanicamente retido

Figura 6-6 Contatores de iluminação elétrica e mecanicamente retidos.
Fotos cedidas pela Eaton Corporation. www.eaton.com.

A Figura 6-7 mostra um contator de iluminação mecanicamente retido de bobina dupla e circuitos associados. Os circuitos de iluminação são monofásicos e, geralmente, especificados para 120 ou 277 V*. A operação do circuito é resumida a seguir:

- Quando o botão é pressionado momentaneamente, a bobina do sistema de trava é energizada por meio dos contatos NF de remoção.
- Como resultado, o contator fecha e trava mecanicamente para fechar os contatos principais (M), acionando o conjunto de lâmpadas, desde que o circuito disjuntor esteja fechado.
- Os contatos de remoção da bobina mudam de estado (de NF para NA e vice-versa) alternativamente com uma mudança na posição de travamento do contator.
- Para destravar o contator, desligando assim as lâmpadas, a botoeira off é pressionada momentaneamente, destravando o contator para abrir os contatos M.
- Visto que as bobinas de trava e destrava não são projetadas para serviço contínuo, elas são automaticamente desligadas pelos contatos de remoção da bobina para evitar que ela queime acidentalmente caso a botoeira seja mantida pressionada.

A Figura 6-8 mostra o diagrama de um contator de iluminação mecanicamente retido com uma única bobina de operação que é energizada momenta-

---
* N. de T.: Estes valores de tensão são usados na iluminação pública nos Estados Unidos. No Brasil, esta tensão é de 127 ou 220 V.

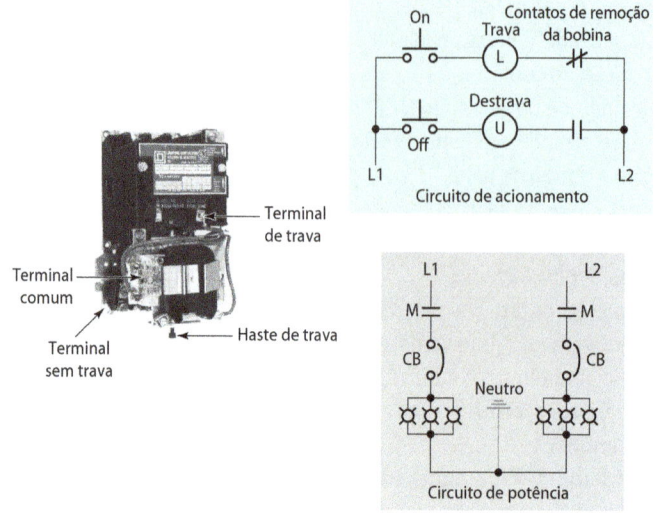

Figura 6-7 Contator de iluminação mecanicamente retido.
Material e *copyrights* associados são de propriedade da Schneider Electric, que permitiu o uso.

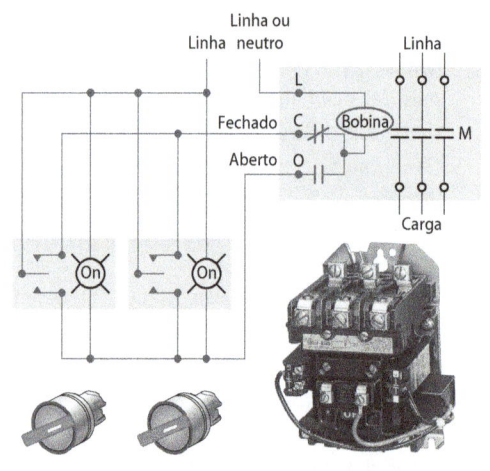

Figura 6-8 Contator de iluminação mecanicamente retido com uma única bobina de operação.
Foto cedida pela Rockwell Automation, www.rockwellautomation.com.

neamente para fechar ou abrir o contator. Nesta aplicação, o contator de iluminação é controlado a partir de duas estações de acionamento remotas (de três posições, momentânea e desligamento central). Cada estação de acionamento é equipada com uma lâmpada que indica o estado aberto ou fechado dos contatos principais do contator de iluminação. Uma grande variedade de dispositivos de acionamento automático, como controladores lógicos programáveis (CLPs) e sistemas de gerenciamento de energia, também pode fazer interface com o contator.

Partes de um contator

A Figura 6-9 ilustra três mecanismos de operação dos contatores magnéticos: alavanca angular (cotovelo), ação horizontal e badalo. Os mecanismos de operação do contator devem ser inspecionados periodicamente para um funcionamento adequado sem contatos "colados" ou engripados. O circuito magnético do mecanismo de acionamento consiste em aço maleável com alta permeabilidade e baixo magnetismo residual. A atração magnética desenvolvida pela bobina deve ser suficiente para fechar a armadura, agindo contra a força da gravidade e da mola do contato.

A bobina do contator é moldada em uma resina epóxi para aumentar a vida útil e a resistência à umidade. Sua forma varia em função do tipo de contator (Figura 6-10). Um entreferro (espaço de ar) permanente entre o circuito magnético no estado fechado impede a retenção da armadura em função do magnetismo residual.

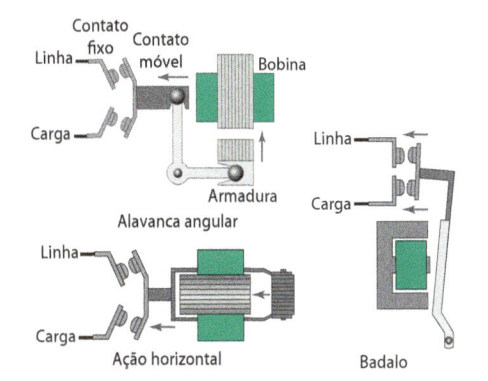

Figura 6-9 Mecanismos de operação dos contatores magnéticos.

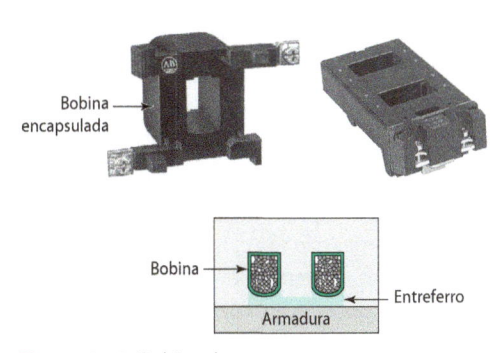

Figura 6-10 Bobina do contator.
Foto cedida pela Rockwell Automation, www.rockwellautomation.com.

Se uma bobina apresenta evidências de sobreaquecimento (se estiver rachada, derretida ou com isolamento queimado), ela deverá ser substituída. Para medir a resistência da bobina, desligue um dos terminais da bobina e meça a resistência ajustando o ohmímetro para sua escala de menor resistência. Para uma bobina com defeito, a medida será zero ou infinito, o que indica uma bobina em curto-circuito ou aberta, respectivamente.

As bobinas do contator têm espiras de fio isolado projetadas para dar os ampères-espira necessários para operar com pequenas correntes. Como os contatores são utilizados para controlar diferentes tensões de linha, a tensão utilizada para controlar a bobina, pode variar. Portanto, ao selecionar as bobinas, devemos escolher uma que corresponda à tensão de acionamento disponível. Os limites de operação de um contator estão entre 85 e 110% da tensão especificada para a bobina. Uma tensão de bobina que varia ±5% minimiza o desgaste dos contatos. A razão para isso é que tensões maiores aumentam a velocidade do eletroímã no fechamento; tensões menores diminuem essa velocidade. Estes dois fatores podem levar a um maior repique do contato no fechamento, tornando-se a causa principal de desgaste e erosão dos contatos.

As especificações de tensão da bobina magnética incluem as tensões nominal, de ligamento, de retenção (manutenção) e de desligamento. A tensão nominal refere-se à tensão de alimentação da bobina e deve coincidir com a fonte de alimentação do circuito de comando. A tensão de ligamento é o valor de tensão necessário para superar as forças mecânicas, como a gravidade e a tensão da mola, fazendo o fechamento dos contatos. A tensão de retenção é o valor necessário para manter os contatos na sua posição fechada após a tensão de ligamento ser atingida (a tensão de retenção normalmente é menor do que a de ligamento). Todos os contatores eletricamente retidos são sensíveis às quedas de tensão que ocorrem na fonte de alimentação. A tensão de desligamento é o valor de tensão abaixo do qual o campo magnético torna-se fraco para manter os contatos fechados.

As bobinas dos contatores CA e CC com as mesmas especificações de tensão não são normalmente intercambiáveis, pois em uma bobina CC apenas a resistência ôhmica dos fios limita o fluxo de corrente, enquanto em uma bobina CA tanto a resistência quanto a reatância (impedância) limitam o fluxo de corrente. As bobinas de contatores CC têm muitas espiras e uma alta resistência ôhmica em comparação com as bobinas CA.

Para uma bobina CC, como a corrente é limitada apenas pela resistência, a corrente através da bobina no fechamento é igual à corrente da bobina energizada em estado estacionário. No entanto, este não é o caso quando a bobina opera em CA. Com uma bobina CA desenergizada, parte do circuito magnético tem um entreferro porque a armadura ainda não foi puxada (Figura 6-11). Quando o contator fecha, a armadura fecha o circuito magnético, elevando a reatância indutiva da bobina e diminuindo a corrente. Isso resulta em uma corrente alta para fechar o contator e baixa para retê-lo. A corrente de partida para uma bobina CA pode variar de 5 a 20 vezes a corrente da bobina em regime permanente.

Quando a corrente de uma carga indutiva, como a bobina de um contator, é desligada, um pico de tensão muito elevado é gerado. Se não for suprimido, este pico de tensão pode atingir vários milhares de volts e produzir surtos prejudiciais de corrente. Isso é especialmente verdadeiro para as aplicações que requerem interface com componentes de estado sólido, como módulos de PLC. A Figura 6-12 mostra um módulo de supressão *RC* conectado em paralelo (diretamente) com a bobina do contator. O resistor e o capacitor conectado em série retardam a taxa de aumento da tensão transitória.

As bobinas do contator operadas a partir de uma fonte de alimentação CA estão sujeitas a variações no campo magnético ao redor delas. A atração de um eletroímã que funciona em corrente alternada é pulsante e igual a zero duas vezes em cada ciclo. Quando a corrente passa pelo zero, a força magnética diminui e tende a desprender a armadura. Quando o magnetismo e a força se restabelecem, a armadura é puxada de volta. Este movimento da armadura, para dentro e para fora, provoca zumbido ou trepidação do contator, gerando ruído e desgaste de suas partes móveis.

O ruído e desgaste das partes móveis do contator CA podem ser evitados pelo uso de *bobinas* ou *anéis de sombreamento*, como ilustra a Figura 6-13. Ao contrário da bobina do contator, as bobinas sombreadas não são conectadas eletricamente à fonte de alimentação, mas montadas para formar um par indutivo com a bobina do contator. A bobina de sombra consiste em uma única espira de material condutor (geralmente cobre ou alumínio) montada na face do conjunto magnético. Ela estabelece uma atração magnética auxiliar que está fora de fase com o campo principal e de

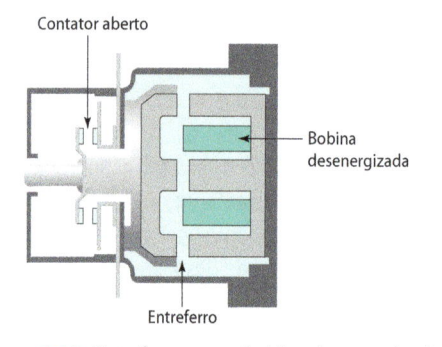

Figura 6-11 Entreferro com a bobina desenergizada.

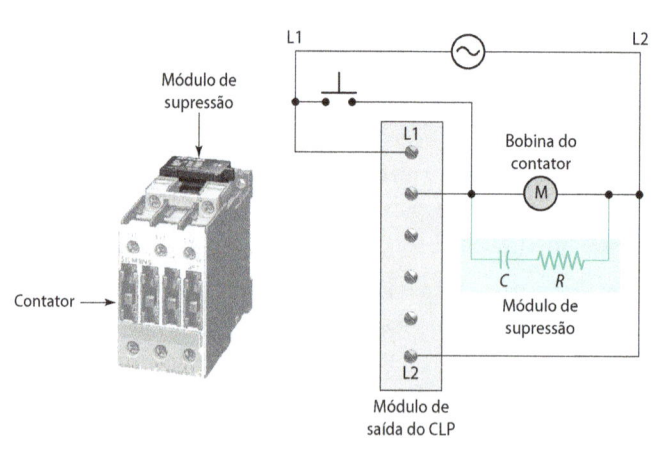

Figura 6-12 Módulo de supressão *RC*.
Foto cedida pela Siemens, www.siemens.com.

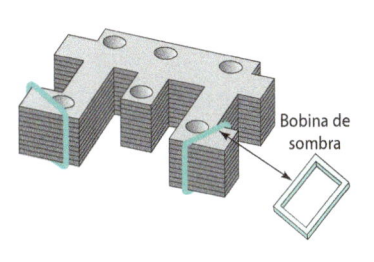

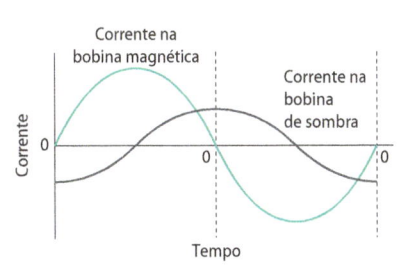

Figura 6-13 Bobina de sombra.

intensidade suficiente para manter a armadura apertada ao núcleo mesmo quando o campo magnético principal atingir o zero na onda senoidal. Com bobinas de sombra bem projetadas, os contatores CA podem operar silenciosamente. Uma bobina de sombra quebrada ou aberta tornará a sua presença conhecida; o contator imediatamente ficará ruidoso.

O núcleo e a armadura de um contator CA são feitos de aço laminado, enquanto os de um CC são sólidos. Isso ocorre porque não há correntes parasitas geradas em aplicações CC. As correntes parasitas são pequenas correntes induzidas nos materiais do núcleo e da armadura pela variação do campo magnético produzido pela corrente alternada na bobina do contator. Usar um núcleo de ferro sólido resultaria em uma maior circulação de correntes e, por esta razão, o núcleo das bobinas CA é constituído por uma pilha de lâminas finas isoladas.

Desalinhamento ou obstrução afetam a capacidade da armadura de assentar adequadamente quando energizada, aumentando o fluxo de corrente na bobina CA (Figura 6-14). Isso pode resultar de desgaste do pivô ou emperramento, corrosão ou acúmulo de sujeira ou danos na face polar devido ao impacto durante um longo período de tempo. Dependendo do aumento na intensidade da corrente, a bobina pode simplesmente aquecer, ou até queimar se o aumento de corrente for suficientemente grande e permanece por um tempo suficiente. Um alinhamento inadequado gerará um ligeiro zumbido vindo do contator na posição fechado. Um ruído intenso ocorrerá se a bobina de sombra for interrompida porque o eletroímã fará o contator trepidar.

Hoje, a maioria dos contatos do contator é feita de uma liga de prata de baixa resistência (Figura 6-15). Os contatos de prata são preferidos porque eles garantem uma resistência de contato menor que a de outros materiais mais baratos. Dependendo da capacidade do contator, os contatos de alimentação principal podem ser especificados para controlar algumas centenas de ampères. Na maioria das vezes inserções de prata são soldadas em contatos de cobre (na extremidade posterior), assim a prata transporta a corrente e o cobre transporta o arco na interrupção. A maioria dos fabricantes recomenda que os contatos de prata *nunca* sejam limados. Os contatos de prata não precisam ser limpos porque a coloração escura que aparece

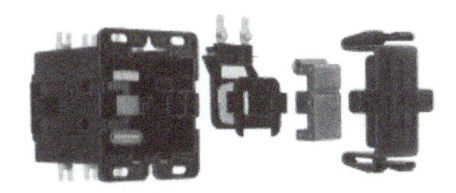

Figura 6-14 Alinhamento das partes do contator.
Material e *copyrights* associados são de propriedade da Schneider Electric, que permitiu o uso.

Figura 6-15 *Kit* de reparo de um contator.
Foto cedida pela Rockwell Automation. www.rockwellautomation.com.

é o óxido de prata, que é um condutor relativamente bom de eletricidade.

Os contatos estão sujeitos a desgaste elétrico e mecânico conforme estabelecem e interrompem correntes elétricas. Na maioria dos casos, o desgaste mecânico é mínimo comparado ao desgaste elétrico. O arco elétrico que surge quando os contatos estabelecem ou interrompem correntes causa desgaste elétrico ou erosão. Além disso, os contatos superaquecerão se transmitirem uma corrente muito maior, se não fecharem rápida e firmemente ou se abrirem com frequência. Qualquer uma destas situações provocará uma deterioração significativa das superfícies dos contatos e a operação incorreta do contator.

Supressão de arcos

Um dos principais motivos do desgaste dos contatos é o arco elétrico que ocorre quando os contatos são abertos com carga. À medida que os contatos abrem ainda haverá fluxo de corrente entre as superfícies dos contatos se a tensão entre os dois pontos for suficientemente alta (Figura 6-16). O caminho para esse fluxo continuado é pelo ar ionizado, que cria o arco. Conforme a distância entre os contatos aumenta, a resistência do arco aumenta, a corrente diminui e a tensão necessária para sustentar o arco através dos contatos aumenta.

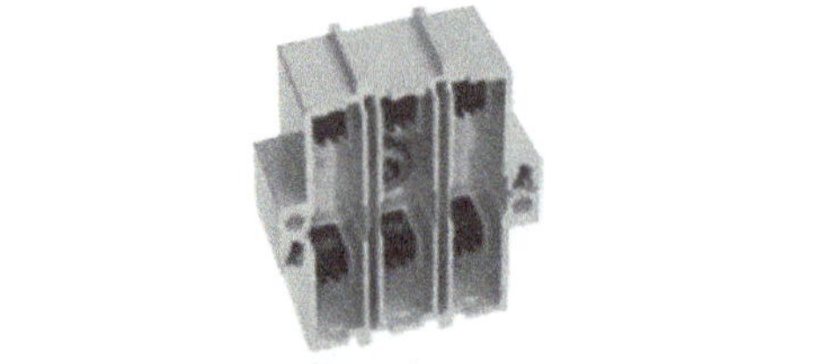

Finalmente, é atingida a distância na qual a tensão máxima de linha nos contatos é insuficiente para manter o arco. A corrente do arco pode criar um substancial aumento de temperatura na superfície dos contatos. Este aumento de temperatura pode ser alto o suficiente para fazer as superfícies de contato fundirem e emitirem metal vaporizado no espaço entre os contatos. Portanto, quanto mais cedo o arco é extinto, melhor; se for permitida a manutenção do arco, ele derreterá a superfície do contato. A maioria dos contatores possui algum tipo de câmara de arco para ajudar na extinção do arco.

Entre os fatores que contribuem significativamente para a formação de arcos nos contatos estão:

- **O nível de tensão e corrente a ser comutado.** Conforme aumenta a tensão e a corrente no circuito, o espaço entre os contatos que se abrem ioniza mais rapidamente em um caminho condutor.
- **Se a tensão a ser comutada é CA ou CC.** Os arcos de corrente contínua são consideravelmente mais difíceis de extinguir do que os arcos CA. Um arco CA é autoextinguível; o arco normalmente se extingue conforme o ciclo CA passa pelo zero. No caso de uma fonte CC, não há corrente zero, pois a corrente está sempre no mesmo sentido, de modo que não há propriedades naturais de extinção de arco.
- **O tipo de carga (resistiva *versus* indutiva).** Com cargas resistivas, a duração do arco é basicamente determinada pela velocidade na qual os contatos são separados. Com cargas indutivas, a liberação de energia armazenada no campo magnético serve para manter a corrente e causar picos de tensão. As cargas indutivas em circuitos CA são um problema menor do que em circuitos CC.
- **A rapidez com que o contator opera.** Quanto mais rápida a velocidade da separação de contato, mais rapidamente o arco será extinto.

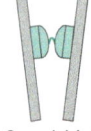

O arco inicia à medida que os contatos se abrem | A corrente flui através do ar ionizado | O arco é extinto à medida que a distância entre os contatos aumenta

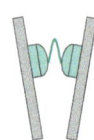

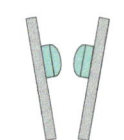

Câmara de arco

Figura 6-16 O arco elétrico ocorre quando os contatos são abertos sob carga.
Foto cedida pela Rockwell Automation, www.rockwellautomation.com.

Também pode ocorrer a formação de arcos nos contatores quando eles estão fechando, por exemplo, se os contatos se aproximam o suficiente para que a tensão de ruptura ocorra e o arco seja capaz de preencher o espaço aberto entre os contatos. Outra forma possível é se uma borda áspera de um contato toca o outro primeiro e derrete, provocando um caminho ionizado que permite o fluxo de corrente. Em qualquer caso, o arco dura até as superfícies de contato estarem completamente fechadas.

Uma grande diferença entre os contatores CA e CC são os requisitos elétricos e mecânicos necessários para a supressão de arcos criados na abertura e no fechamento dos contatos sob carga. Para combater a formação de arcos prolongados em circuitos CC, o mecanismo de comutação do contator é construído de modo que os contatos sejam separados rapidamente e com espaço de ar suficiente para extinguir o arco o mais rápido possível na abertura. Os contatores CC são maiores do que os equivalentes CA para permitir um espaço de ar adicional (Figura 6-17). É necessário também no fechamento dos contadores CC movê-los tão rapidamente quanto possível para evitar alguns dos mesmos problemas encontrados na abertura. Por esta razão, os contatores CC são projetados para serem mais rápidos do que os contatores CA.

Figura 6-17 Contator CC.
Foto cedida pela Hubbell Industrial Controls, www.hubbell-icd.com.

Uma rampa de arco ou anteparo é um dispositivo projetado para ajudar a limitar, dividir e arrefecer um arco, de modo que o arco seja menos suscetível de se sustentar. Existe uma rampa de arco voltaico para cada conjunto de contatos montada acima dos contatos móvel e fixo (Figura 6-18). As rampas de arco dividem o arco estabelecido nas pontas do contator enquanto interrompem a corrente para extinguir o arco. Além disso, elas fornecem barreiras entre as tensões de linha.

As rampas de arco elétrico utilizadas nos contatores CA são semelhantes em construção àquelas usadas nos contatores CC. No entanto, além das rampas de arco, a maioria dos contatores CC emprega bobinas magnéticas de extinção de arcos. As bobinas de supressão de arcos consistem em bobinas de cobre para alta corrente montadas acima dos contatos e conectadas em série com eles (Figura 6-19). O fluxo de corrente através da bobina de extinção de arcos cria um campo magnético entre os contatos que "sopra" o arco. Quando um arco é formado, ele cria um campo magnético em torno de si. O campo magnético do arco e o da bobina de extinção de arcos se repelem. O resultado é um empurrão para cima que faz o arco se alongar até que seja interrompido e extinto.

As bobinas de extinção de arcos raramente se desgastam ou dão problemas quando operadas dentro das especificações de tensão e corrente. As rampas de arco estão constantemente sujeitas ao calor intenso do arco e podem, eventualmente, ser consumidas pelo fogo, permitindo que o arco entre em curto-circuito com as peças polares de metal da extinção de arcos. Portanto, as rampas de arco devem ser inspecionadas regularmente e substituídas antes de queimarem.

Como parte do programa de manutenção preventiva, os contatores de maior capacidade devem ser verificados periodicamente quanto a desgaste e limpeza dos contatos, conexão dos terminais de derivação, liberdade de movimento da armadura, estrutura de extinção de arcos, conexões da bobina de extinção de arcos, tensão correta das molas dos contatos e espaço de ar correto. Normalmente

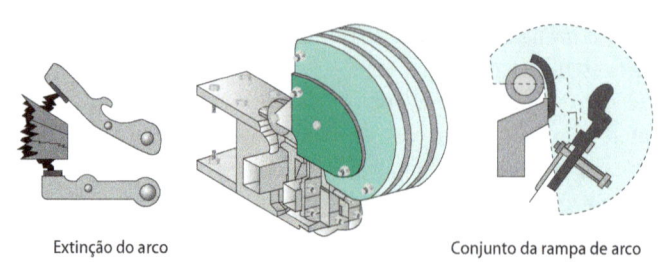

Figura 6-18 Rampa de arco.

Extinção do arco
Conjunto da rampa de arco

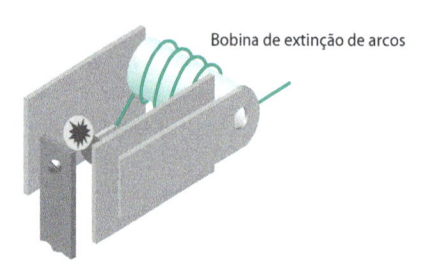

Figura 6-19 Bobina magnética de extinção de arcos elétricos.

Bobina de extinção de arcos

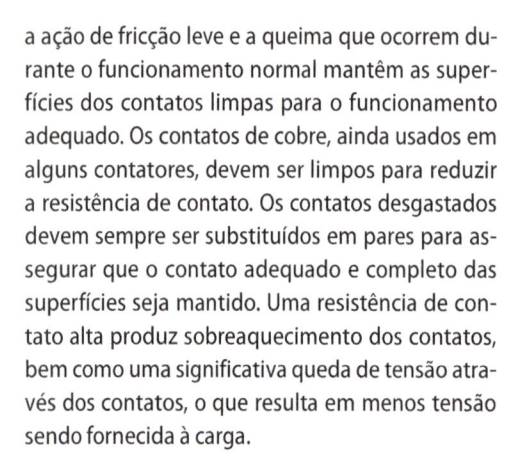

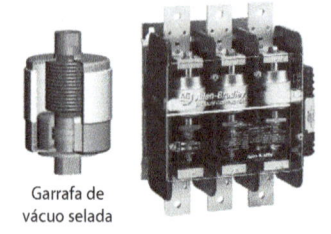

Figura 6-20 Contator a vácuo.
Foto cedida pela Rockwell Automation, www.rockwellautomation.com.

Garrafa de vácuo selada

a ação de fricção leve e a queima que ocorrem durante o funcionamento normal mantêm as superfícies dos contatos limpas para o funcionamento adequado. Os contatos de cobre, ainda usados em alguns contatores, devem ser limpos para reduzir a resistência de contato. Os contatos desgastados devem sempre ser substituídos em pares para assegurar que o contato adequado e completo das superfícies seja mantido. Uma resistência de contato alta produz sobreaquecimento dos contatos, bem como uma significativa queda de tensão através dos contatos, o que resulta em menos tensão sendo fornecida à carga.

Um contator a vácuo (Figura 6-20) comuta os contatos de potência dentro de uma garrafa de vácuo selada. Como o vácuo fornece um ambiente melhor do que o ar livre para interromper o arco, porque não existe ar para ionizar, o arco se extingue mais rapidamente. Alojados em garrafas de vácuo, o arco é isolado e os contatos são protegidos de poeira e corrosão. Comparado aos contatores convencionais, eles oferecem uma duração elétrica significativamente maior e são os dispositivos de comutação preferidos em aplicações com uma comutação de alta frequência para partida em serviço pesado e para tensões de linha acima de 600 V.

Parte 1

Questões de revisão

1. Qual é a definição NEMA para um contator magnético?
2. Dois circuitos estão envolvidos na operação de um contator magnético. Identifique estes circuitos e as partes do contator conectadas a cada um.
3. Faça uma breve descrição de como funciona um contator magnético.

4. Uma microchave, quando ativada, é usada para comutar corrente para a bobina de uma válvula solenoide por meio de um contator magnético. Em quais circuitos do contator cada dispositivo deve ser conectado?
5. Um contator magnético que tem uma bobina especificada para 24 V CA é alimentada a partir de uma fonte de alimentação de 240 V CA. O que deve ser usado para diminuir o nível de tensão para o valor nominal da bobina?
6. Compare o funcionamento dos contatores magnéticos elétrica e mecanicamente retidos.
7. Liste três tipos de mecanismos de operação para contatores magnéticos.
8. Por que a bobina do contator é moldada em uma resina epóxi?
9. Qual é o efeito negativo ao operar a bobina do contator acima ou abaixo da sua tensão nominal?
10. Que especificação da bobina do contator se refere ao valor de tensão abaixo do qual o campo magnético se torna muito fraco para manter os contatos fechados?
11. Explique por que a corrente de partida da bobina de um contator CA é muito maior do que a sua corrente de funcionamento normal.
12. Explique como uma bobina de sombreamento impede que um contator CA emita um zumbido.
13. Por que as partes de um contator CA são feitas de aço laminado?
14. De que forma um desalinhamento da armadura com o núcleo de um contator CA pode causar aquecimento da bobina do contator?
15. Por que os fabricantes recomendam que os contatos de prata descoloridos não sejam limados?
16. Por que os contatores exigem alguma forma de supressão de arcos?
17. A severidade do arco de contato aumenta ou diminui com cada uma das seguintes alterações?
    a. Uma diminuição no nível de tensão.
    b. O uso de uma fonte CA em vez de CC.
    c. Mudança da carga do tipo resistiva para o tipo indutiva.
    d. Um aumento na velocidade da separação dos contatos.
18. Por que é mais difícil extinguir um arco em contatos que conduzem corrente contínua do que quando conduzem corrente alternada?
19. Compare as características de projeto de contatores CA e CC.
20. Qual é a função de uma câmara de arco voltaico?
21. Explique o funcionamento da bobina de extinção de arcos utilizada em contatores CC.
22. Cite seis itens a serem verificados como parte da rotina da manutenção preventiva de grandes contatores.
23. a. Explique a principal vantagem da utilização de um contator a vácuo.
    b. Cite três aplicações comuns de comutação para contatores a vácuo.

≫ Parte 2

≫ Especificação de contatores, encapsulamentos e contatores de estado sólido

Especificações NEMA

A National Electric Manufacturers Association (NEMA) e a International Electrotechnical Commission (IEC) mantêm diretrizes para os contatores. Os padrões NEMA para os contatores diferem daqueles da IEC e é importante entender essas diferenças.

A filosofia dos padrões NEMA é fornecer permutabilidade elétrica entre os fabricantes para uma determinada capacidade NEMA. Como o cliente muitas vezes solicita um contator pela potência, pela corrente do motor e pelas especificações de tensão, e pode não saber a aplicação ou o ciclo de trabalho previsto para a carga, o contator NEMA é projetado por convenção com capacidade de reserva suficiente para garantir o desempenho em uma ampla faixa de aplicações.

A especificação de corrente contínua e a potência para tensões especificadas categorizam as especificações de tamanho NEMA. Guias com tamanhos de contatores NEMA CA e CC são mostrados na Figura 6-21. Devido ao uso de contatos de cobre em alguns contatores, a especificação de corrente para cada tamanho é uma especificação de 8 horas aberto – o contator deve ser acionado pelo menos uma vez a cada 8 horas, para evitar a formação de óxido de cobre sobre as pontas e o aquecimento excessivo do contato. Para contatores com contatos de prata a ligas de prata, a especificação de 8 horas é equivalente a um regime contínuo. A especificação de corrente NEMA é para cada contato principal e não para o contator como um todo. Como exemplo, o contator CA tripolar de tamanho 00 especificado para 9 A pode ser usado para comutar três diferentes cargas de 9 A simultaneamente. Especificações adicionais para potência total também são listadas. Ao selecionar, assegure-se sempre de que a especificação do contator ultrapasse a da carga a ser controlada. Os tamanhos de contatores NEMA são normalmente disponibilizados em uma variedade de tensões de bobina.

Conforme a especificação do número do tamanho NEMA aumenta, o mesmo acontece com a capacidade de corrente e o tamanho físico do contator. Contatos maiores são necessários para transportar e interromper correntes mais elevadas, e mecanismos mais robustos são necessários para abrir e fechar os contatos.

EXEMPLO 6-1

Problema: Use a tabela na Figura 6-21 para determinar o tamanho NEMA de um contator CA necessário para um elemento de aquecimento de 480 V, com uma especificação de corrente contínua de 80 A.

Solução: De acordo com a tabela, um contator de tamanho 2 é especificado para 45 A, enquanto um de tamanho 3 é especificado para 90 A. Visto que a carga está situada entre estes dois valores, deve ser usado o contator maior. O requisito de tensão é respeitado porque o controlador pode ser usado para qualquer tensão até 600 V.

Os contatores magnéticos também são especificados para o tipo de carga a ser utilizado ou para aplicações reais. As categorias de utilização de carga incluem:

- **Cargas não lineares**, como as lâmpadas de tungstênio para iluminação (relação de resistência quente-frio grande, em geral 10:1 ou superior; tensão e corrente em fase).
- **Cargas resistivas,** como elementos de aquecimento para fornos (resistência constante; corrente e tensão em fase).
- **Cargas indutivas**, como motores industriais e transformadores (baixa resistência inicial, até que o transformador torna-se magnetizado ou o motor atinja a velocidade nominal; corrente atrasada da tensão).
- **Cargas capacitivas**, como capacitores industriais para correção de fator de potência (baixa resistência inicial conforme o capacitor é carregado; corrente adiantada da tensão).

Especificações NEMA para contatores CA de 60 Hz e máximo de 600 V		Especificações NEMA de contatores CC para um máximo de 600 V	
Tamanho NEMA	Corrente em regime contínuo	Tamanho NEMA	Corrente em regime contínuo
00	9	1	25
0	18	2	50
1	27	3	100
2	45	4	150
3	90	5	300
4	135	6	600
5	270	7	900
6	540	8	1350
7	810	9	2500
8	1215		
9	2250		

Figura 6-21 Guia de tamanhos de contator NEMA.
Fotos cedidas pela Siemens, www.siemens.com.

Especificações IEC

Os contatores IEC, em comparação com os dispositivos NEMA, em geral são fisicamente menores para fornecer especificações maiores em um encapsulamento menor (Figura 6-22). Em média, os dispositivos IEC são de 30 a 70% menores do que os equivalentes NEMA. Os contatores IEC não são definidos por tamanhos padrão, ao contrário dos contatores NEMA. Em vez disso, a especificação IEC indica que um fabricante ou laboratório avaliou o contator quanto ao atendimento aos requisitos de algumas "aplicações" definidas. Com o conhecimento da aplicação podemos escolher o contator apropriado definindo a categoria de utilização correta. Isso possibilita reduzir o tamanho do contator e, portanto, o custo. O sistema de especificação IEC é subdividido em diferentes "categorias de utilização" que definem o valor da corrente que o contator deve conduzir, manter e interromper. As seguintes definições de categorias são as mais comuns usadas para os contatores IEC.

Categorias CA

CA-1: Aplica-se a todas as cargas CA em que o fator de potência é pelo menos 0,95. Estas são principalmente a cargas não indutivas ou pouco indutivas.

CA-3: Aplica-se a motores de gaiola de esquilo em que os contatos de alimentação são abertos enquanto o motor está funcionando. Ao ser acionado, o contator conduz a corrente de partida, que é de 5 a 8 vezes a corrente nominal do motor e, neste instante, a tensão nos terminais é de aproximadamente 20% da tensão de linha.

CA-4: Aplica-se a partida e frenagem de um motor de gaiola de esquilo durante um avanço lento ou em torque frenante reverso. Na energização, o contator fecha e conduz uma corrente de partida cerca de 5 a 8 vezes a corrente nominal. Na desenergização, o contator interrompe uma corrente da mesma magnitude que a nominal a uma tensão que pode ser igual à tensão de alimentação.

Categorias CC

CC-1: Aplica-se a todas as cargas CC em que a constante de tempo (L/R) é menor ou igual a 1 milésimo de segundo. Estas são principalmente cargas não indutivas ou pouco indutivas.

CC-2: Aplica-se ao desligamento de motores *shunt* quando estão em funcionamento. Ao ser acionado, o contator conduz uma corrente de partida em torno de 2,5 vezes o valor da corrente nominal especificada.

CC-3: Aplica-se a partida e frenagem de motores *shunt* durante avanço lento ou em torque frenante. A constante de tempo é inferior ou igual a 2 ms. Na energização, o contator conduz uma corrente similar à da categoria CC-2. Na desenergização, o contator interrompe uma corrente de valor aproximado a 2,5 vezes a de partida, sob uma tensão que pode ser maior do que a tensão de linha. Isso ocorre quando a velocidade do motor é baixa, porque a FEM contrária é baixa.

CC-5: Aplica-se na partida e na parada de um motor série durante avanço lento ou em torque frenante. A constante de tempo é inferior ou igual a 7,5 ms. Na energização, o contator conduz cerca de 2,5 vezes o valor da corrente de carga nominal. Na desenergização, o contator interrompe uma corrente igual em uma tensão que pode ser igual à tensão de linha.

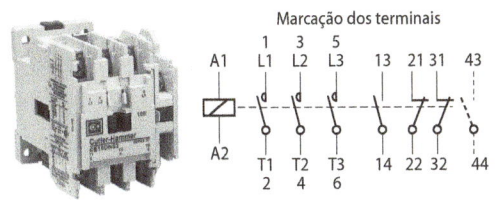

Figura 6-22 Contator tipo IEC.
Foto cedida pela Automation Direct, www.automationdirect.com.

Invólucros de contatores

Os contatores magnéticos fechados devem ser alojados em um invólucro aprovado com base no ambiente em que vão operar para fornecer proteção mecânica e elétrica. Normas elétricas determinam o tipo de invólucro a ser usado. Os ambientes mais severos requerem invólucros mais substanciais. Os fatores de ambientes severos considerados incluem:

- Exposição a vapores prejudiciais.
- Operação em lugares úmidos.
- Exposição à poeira excessiva.
- Susceptibilidade a vibrações, choques e inclinação.
- Susceptibilidade à alta temperatura do ar ambiente.

Existem dois tipos gerais de invólucros NEMA: invólucros para locais não perigosos e invólucros para locais perigosos. Os invólucros para locais não perigosos são subdivididos nas categorias a seguir:

- De propósito geral (menos caro)
- À prova d'água
- À prova de óleo
- À prova de poeira

Os invólucros para locais perigosos são extremamente caros, mas são necessários em algumas aplicações. Os invólucros à prova de explosão envolvem materiais forjados ou fundidos e vedações com tolerâncias de encaixes precisos. Os invólucros à prova de explosão são construídos de modo que uma explosão interna não escape do invólucro. Se uma explosão interna explodir o invólucro, pode acontecer uma explosão geral na área e incêndio. Os invólucros de locais perigosos são classificados em duas categorias:

- Vapores gasosos (acetileno, hidrogênio, gasolina, etc.).
- Poeiras combustíveis (pó de metal, pó de carvão, pó de grãos, etc.).

Todos os invólucros de sistemas elétricos e eletrônicos da indústria devem estar em conformidade com os padrões publicados pela NEMA para atender as necessidades das condições locais. A Figura 6-23 mostra invólucros NEMA que incluem:

NEMA Tipo 1   Tipo de propósito geral, que é o mais barato e usado em locais onde condições de serviço incomuns não existem.

NEMA Tipo 4 e 4X   À prova d'água e de poeira.

NEMA Tipo 12   Fornece um grau de proteção contra gotejamento de líquidos não corrosivos, queda de sujeira e poeira.

NEMA Tipo 7 e 9   Projetado para uso em locais perigosos.

Embora os invólucros sejam projetados para fornecer proteção em uma variedade de situações, a fiação interna e a construção física do dispositivo continuam as mesmas. Consulte o National Electric Code (NEC) e normas locais para determinar a seleção adequada de um invólucro para uma aplicação particular.

A IEC oferece um sistema para a especificação de invólucros de equipamentos elétricos em função do grau de proteção fornecido pelos invólucros. Ao contrário da NEMA, a IEC não especifica graus de proteção para as condições ambientais, como corrosão, ferrugem, gelo, óleo e líquidos de arrefecimento. Por essa razão, as designações de classificação de

Figura 6-23 Tipos de invólucros de contatores. Material e *copyrights* associados são de propriedade da Schneider Electric, que permitiu o uso.

invólucros IEC não podem ser exatamente igualadas às da NEMA. A tabela junto à Figura 6-24 proporciona um guia para a conversão dos números referentes aos tipos de invólucros NEMA para as denominações de classificação de invólucros IEC. Os tipos NEMA atendem ou excedem os requisitos de teste para as classificações IEC associadas. Logo, a tabela não deve ser usada para converter da classificação IEC para os tipos NEMA, e as conversões de NEMA para IEC devem ser verificadas mediante teste.

Contator de estado sólido

A comutação de estado sólido refere-se à interrupção de alimentação por meio eletrônico e não mecânico. A Figura 6-24 mostra um contator CA unipolar de estado sólido que usa comutação eletrônica. Em contraste com um contator magnético, um contator eletrônico é absolutamente silencioso e seus "contatos" nunca se desgastam. Os contatores estáticos são recomendados para aplicações que requerem uma alta frequência de comutação, como circuitos de aquecimento, secadores, motores de um e três polos e outras aplicações industriais.

O semicondutor mais comum de comutação de alta potência utilizado em contatores de estado sólido é o retificador controlado de silício (SCR). Um SCR é um dispositivo semicondutor de três terminais [anodo, catodo e porta (*gate*)] que funciona como o contato de potência de um contator magnético. Um sinal na porta, em vez de uma bobina eletromagnética, é usado para ligar o dispositivo, o que permite a passagem de corrente do catodo para o anodo. A Figura 6-25 mostra três tipos de construção de SCRs projetados para aplicações que envolvem grandes correntes: os tipos disco (também conhecido como tipo *puck*, o disco no jogo de hóquei), rosca e módulo. SCRs com rosca de terminal flexível têm um fio de porta, um terminal de catodo flexível e um terminal de catodo menor usado apenas para fins de acionamento. O calor gerado pelo SCR tem de ser dissipado; assim, todos os contatores têm algum meio para arrefecer o SCR. Um dissipador de calor de alumínio, com aletas para aumentar a área da superfície, é comumente usado para dissipar a energia para o ar.

O SCR, assim como um contato, está no estado ON (contato fechado) ou no estado OFF (contato aberto). SCRs são normalmente chaves desligadas que podem ser acionadas por um pulso de pequena corrente no eletrodo de porta. Uma vez ligado (ou *disparado*), o componente permanece então no estado de condução (ON) mesmo quando o sinal da porta é removido. Ele retorna para o estado desligado (bloqueado) somente se a corrente de anodo para catodo ficar abaixo de certo valor mínimo ou se o sentido da corrente for invertido. A este respeito, o SCR é análogo a um circuito com contator biestável – uma vez disparado o SCR, ele permanece ligado até que a corrente diminua até zero.

Número do tipo de invólucro NEMA	Designação de invólucro IEC
1	IP10
2	IP11
3	IP54
3R	IP14
3S	IP54
4 e 4X	IP56
5	IP52
6 e 6P	IP67
12 e 12K	IP52
13	IP54

Figura 6-24 Contator unipolar de estado sólido.

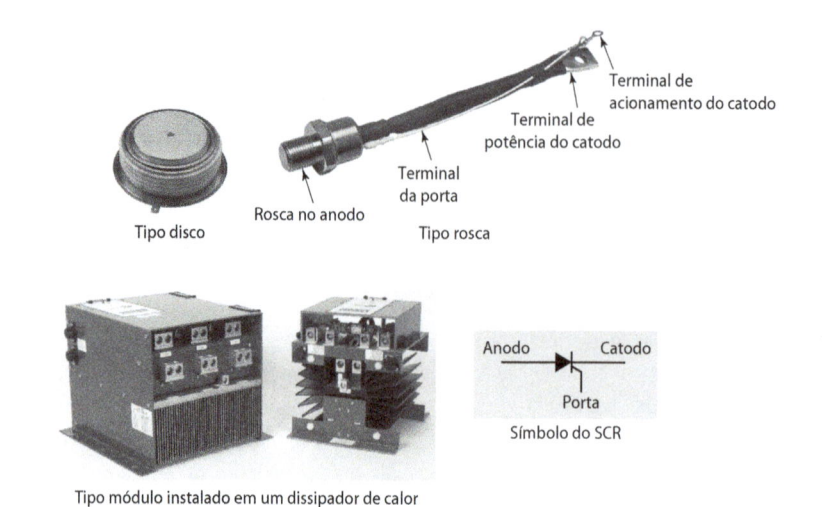

Figura 6-25 Semicondutor de comutação SCR.
Fotos dos tipos de disco e rosca cedidas pela Vishay Intertechology, www.vishay.com.
Foto do tipo módulo cedida pela Control Concepts, Inc., www.ccipower.com.

O circuito de teste de um SCR, mostrado na Figura 6-26, é uma prática ferramenta de diagnóstico para verificar SCRs suspeitos, bem como um auxílio para entender como eles funcionam. O funcionamento do circuito é resumido a seguir:

- Uma fonte de tensão CC é usada para alimentar o circuito e duas chaves tipo *pushbutton* são usadas para "travar" (ON) e "destravar" (OFF) o SCR, respectivamente.
- Fechar momentaneamente o botão ON conecta a porta ao anodo, permitindo que a corrente (sentido real) flua a partir do terminal negativo da bateria, passando pela junção porta-catodo, pela chave, pela lâmpada e de volta para a bateria.
- Essa corrente de porta deve fazer o SCR "travar" no estado ON, permitindo uma corrente direta do catodo para o anodo (sentido real) sem a necessidade de manter o disparo pela porta.
- Abrindo momentaneamente o botão OFF, a corrente que percorre o SCR e a lâmpada é interrompida. A luz apaga e permanece desligada até que o SCR seja disparado novamente, entrando em condução.
- Se a lâmpada permanecer acesa todo o tempo, isso é uma indicação de que o SCR está em curto-circuito.
- Se a lâmpada não acender quando o SCR é disparado, isso é uma indicação de que o SCR está aberto.

Visto que um SCR conduz corrente em apenas um sentido, são necessários dois SCRs para comutar uma alimentação CA monofásica. Os dois SCRs são conectados em antiparalelo (*back-to-back*), como mostra a Figura 6-27: um permite a passagem da corrente durante o semiciclo positivo e o outro durante o semiciclo negativo. Metade da corrente é conduzida por um SCR, e a corrente CA senoidal flui através da carga resistiva R quando as portas G1 e G2 são ativadas a 0 grau e 180 graus do sinal de entrada, respectivamente.

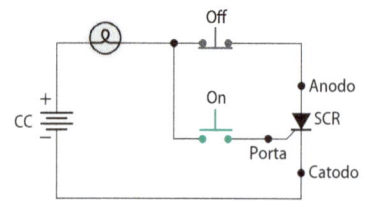

Figura 6-26 Circuito de testes de um SCR.

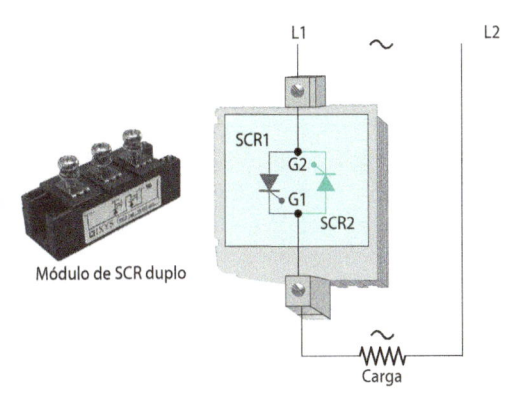

Figura 6-27 Conexões de SCRs para um contator monofásico.
Foto cedida pela Digi-Key Corporation, www.digikey.com.

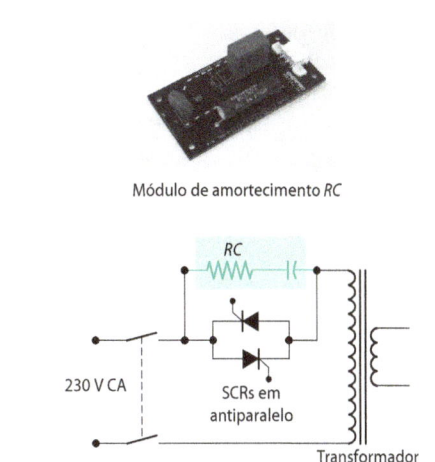

Figura 6-28 Circuito de amortecimento conectado ao SCR.
Foto cedida pela Enerpro, www.enerpro-mc.com.

As cargas indutivas e os transientes de tensão são vistos como problemas no acionamento de contatores CA de estado sólido porque poderiam promover disparos falsos colocando o SCR em condução. Por esta razão, para acionar uma carga indutiva, um circuito de amortecimento (*snubber*) é utilizado para melhorar o comportamento da comutação do SCR. A Figura 6-28 mostra um contator eletrônico, com um simples circuito de amortecimento *RC* usado para controlar uma carga indutiva (um transformador). O circuito de amortecimento consiste em um resistor e um capacitor conectados em série entre si e em paralelo com os SCRs. Este arranjo suprime qualquer ascensão rápida da tensão através do SCR para um valor que não provocará seu disparo.

A comutação abrupta de um SCR, particularmente em níveis elevados de correntes, pode causar transientes desagradáveis na linha de alimentação e criar interferência eletromagnética (EMI – *electromagnect inferference*). Ao comutar eletricamente um SCR no cruzamento zero da onda senoidal CA, ele permanece conduzindo metade do ciclo da onda senoidal e desliga no próximo cruzamento zero. Neste esquema, conhecido como *acionamento de cruzamento zero*, o SCR é ligado no cruzamento zero, ou próximo a ele, de modo que nenhuma corrente é comutada para a carga. O resultado é praticamente nenhum distúrbio na linha de alimentação ou geração de EMI.

Parte 2

Questões de revisão

1. Cite as duas principais associações que mantêm diretrizes padrão para contatores.
2. Quais são os três parâmetros listados para cada especificação de tamanho de contator NEMA?
3. Use o guia de tamanhos de contator NEMA para determinar o tamanho de um contator CC necessário para uma carga de 240 V com uma especificação de corrente contínua de 80 A.
4. Cite quatro tipos de categorias de cargas na utilização de contatores.

5. Compare as especificações NEMA e IEC para contatores quanto
   a. ao tamanho físico.
   b. à maneira como eles são especificados.
6. Por que os contatores são montados em invólucros?
7. Cite as quatro categorias de invólucros de contatores usados em locais não perigosos.
8. Descreva como os invólucros de contatores à prova de explosão são construídos.
9. O que são contatores de comutação de estado sólido?
10. Para que tipo de operação de comutação os contatores estáticos de estado sólido são mais adequados? Por quê?
11. Responda as perguntas a seguir com referência a SCRs de alta potência, que são semicondutores de comutação, utilizados em contatores de estado sólido.
    a. Que circuito do SCR é conectado em série com a carga, semelhante aos contatos de potência de um contator magnético?
    b. Que circuito do SCR recebe o sinal de acionamento que aciona o dispositivo colocando-o em condução?
    c. De que maneira a operação de um SCR é análoga à de um circuito de contator biestável?
    d. Que efeito as cargas indutivas e os transientes de tensão podem ter na operação normal de um SCR?
    e. Descreva o método normalmente usado para dissipar o calor gerado por um SCR.

» Parte 3

» Dispositivos de partida de motores

Dispositivos de partida magnéticos de motores

O uso básico do contator magnético é comutar a alimentação em elementos de aquecimento de resistência, iluminação, freios magnéticos e grandes válvulas solenoides industriais. Os contatores também podem ser usados para comutar motores se houver uma proteção de sobrecarga em separado. Na sua forma mais básica, um dispositivo de partida magnético de motor (Figura 6-29) é um contator com um dispositivo de proteção contra sobrecarga, conhecido como relé de sobrecarga (OL – *overload*), física e eletricamente acoplado. O dispositivo de proteção de sobrecarga protege o motor contra sobreaquecimento e queima. Normalmente os dispositivos de partida magnéticos vêm equipados de fábrica com alguns fios de acionamento instalados, os quais podem incluir:

- Um fio conectado a partir dos contatos do relé de sobrecarga para a bobina do dispositivo de partida.
- Um fio conectado do outro lado da bobina do dispositivo de partida para os contatos de retenção.
- Um fio conectado de L2 para o outro lado dos contatos do relé de sobrecarga (note que este fio deve ser removido quando é usado um transformador de acionamento).

Na sua forma mais simples e mais utilizada, o dispositivo de partida magnético de motor consiste em um contator magnético de dois, três ou quatro polos e um relé de sobrecarga montado em um invólucro adequado. Invólucros são essencialmente caixas que "alojam" os dispositivos de acionamento do motor, como contatores, dispositivos de partida do motor e botões. Eles podem ser construídos com folhas de metal de uso geral, à prova de poeira, à prova d'água, resistentes a explosões, ou ainda qualquer outra coisa exigida pela instalação para proteger os equipamentos de acionamento do motor e as pessoas. Os botões de partida e parada podem ser montados na tampa do invólucro. Botões de partida/parada montados separadamente também podem ser

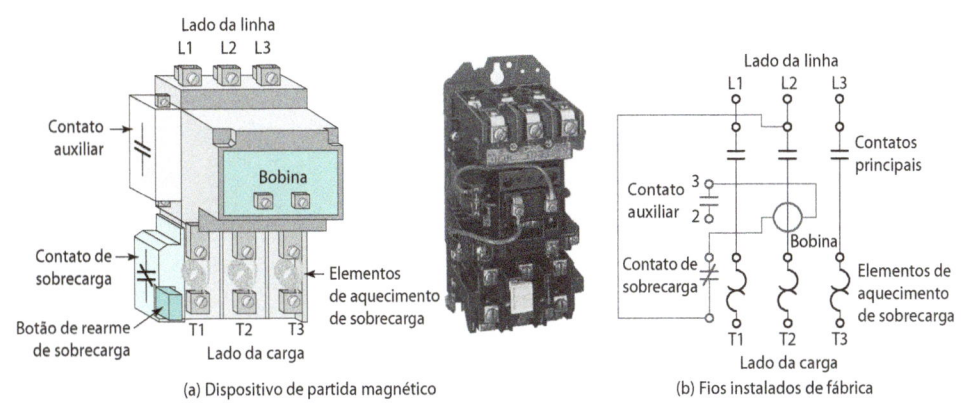

Figura 6-29 Dispositivo magnético de partida de motor.
Foto cedida pela Rockwell Automation, www.rockwellautomation.com.

(a) Dispositivo de partida magnético
(b) Fios instalados de fábrica

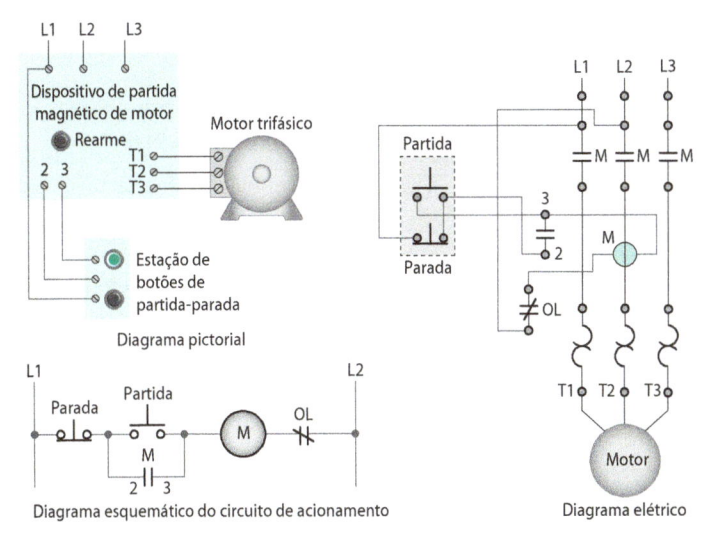

Figura 6-30 Dispositivo de partida magnético de motor com estação de botões de partida-parada montada separadamente.

usados, caso em que apenas o botão de rearme seria montado na tampa, conforme ilustra a Figura 6-30. Dispositivos de partida também são construídos em forma de armação, sem invólucro, para serem montados em um centro de acionamento de motor ou painel de acionamento em uma máquina. O circuito de acionamento de um dispositivo de partida magnético de motor é muito simples. Ele envolve apenas a energização da bobina do dispositivo de partida quando o botão de partida é pressionado e a desenergização quando o botão de parada é pressionado ou quando o relé de sobrecarga é ativado.

Proteção do motor contra sobrecorrente

Os circuitos do motor podem ser divididos em alguns requisitos principais do NEC para instalações de motores, como ilustrado na Figura 6-31. Eles incluem:

- Meios de desconexão do circuito do motor e do controlador.

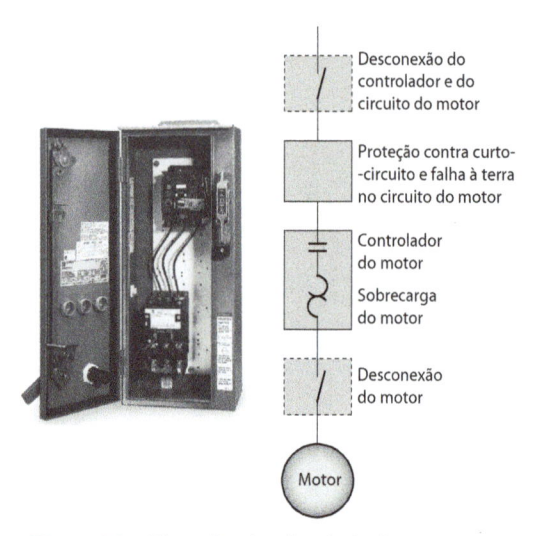

Figura 6-31 Blocos funcionais principais para operação do motor.
Material e *copyrights* associados são de propriedade da Schneider Electric, que permitiu o uso.

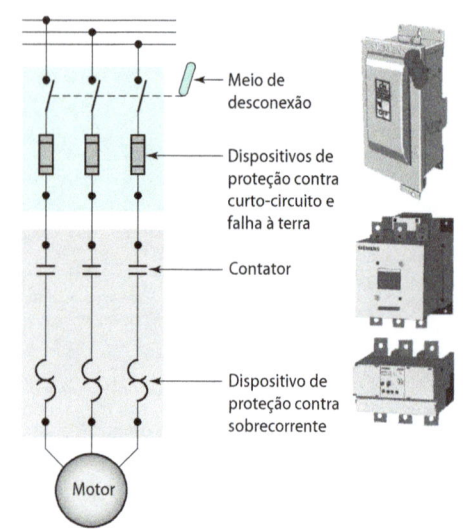

Figura 6-32 Proteção do motor contra sobrecorrente.
Foto cedida pela Siemens, www.siemens.com.

- Proteção contra curto-circuito e falha à terra no circuito do motor.
- Controlador do motor e proteção contra sobrecarga.
- Às vezes meios de desconexão do motor, denominados meios de desconexão "no motor".

Quando um motor de corrente alternada é energizado, ocorre uma alta corrente de partida. Durante o semiciclo inicial, com frequência esta corrente de partida é 20 vezes a corrente em plena carga. Após o primeiro semiciclo, o motor começa a girar e a corrente de partida diminui para 4 a 8 vezes a corrente normal por alguns segundos. Conforme o motor atinge a velocidade de funcionamento, a corrente diminui para o seu nível normal de funcionamento. Por causa da corrente de partida, os motores necessitam de dispositivos especiais de proteção contra sobrecarga que possam suportar as sobrecargas temporárias associadas com as correntes de partida e ainda proteger o motor de sobrecargas prolongadas.

As características de partida do motor tornam os requisitos de proteção do motor diferentes daqueles para outros tipos de cargas. Ao fornecer proteção de sobrecorrente para a maioria dos circuitos, utilizamos um fusível ou disjuntor que combina proteção de sobrecorrente com proteção contra curto-circuito e falha à terra. A proteção do motor contra sobrecorrente é em geral fornecida separadamente dos dispositivos de proteção contra curto-circuito e falha à terra, como ilustra a Figura 6-32. Além disso, o NEC também requer um meio de desconexão.

A proteção do motor contra sobrecorrente é resumida a seguir:

- **Proteção do motor contra curto-circuito e falha à terra.** Os fusíveis e disjuntores no alimentador e no circuito secundário protegem os circuitos do motor contra a corrente muito elevada de um curto-circuito ou de uma falha à terra. Os fusíveis e disjuntores conectados aos circuitos do motor devem ser capazes de ignorar a alta corrente de partida inicial e permitir que o motor absorva a corrente excessiva durante a partida e a aceleração.
- **Proteção contra sobrecarga.** Os dispositivos de sobrecarga se destinam a proteger os motores, os circuitos de acionamento dos moto-

res e os condutores do circuito secundário dos motores contra aquecimento excessivo devido a sobrecargas no motor e falhas na partida. A sobrecarga do motor pode incluir condições como um motor operando com uma carga excessiva ou com baixas tensões de linha, ou ainda, no caso de um motor trifásico, a perda de uma fase. Os dispositivos de sobrecarga do motor são mais frequentemente integrados no dispositivo de partida do motor.

A diferença básica entre um contator e um dispositivo de partida do motor é a adição de relés de sobrecarga, como mostra a Figura 6-33. O uso do contator é restrito a cargas como iluminação, fornos elétricos e outras cargas resistivas que possuem valores de corrente definidos. Os motores estão sujeitos a altas correntes de partida e períodos com carga, sem carga, com sobrecarga de curta duração e assim por diante. Eles devem ter dispositivos de proteção com a flexibilidade exigida pelo motor e pelo equipamento acionado. A finalidade da proteção contra sobrecarga é proteger os enrolamentos do motor do calor excessivo resultante da sobrecarga no motor. Os enrolamentos do motor não serão danificados quando a sobrecarga for por um curto período de tempo. No entanto, se a sobrecarga deve persistir, o aumento sustentado da corrente provocará a atuação do relé de sobrecarga, desligando o motor.

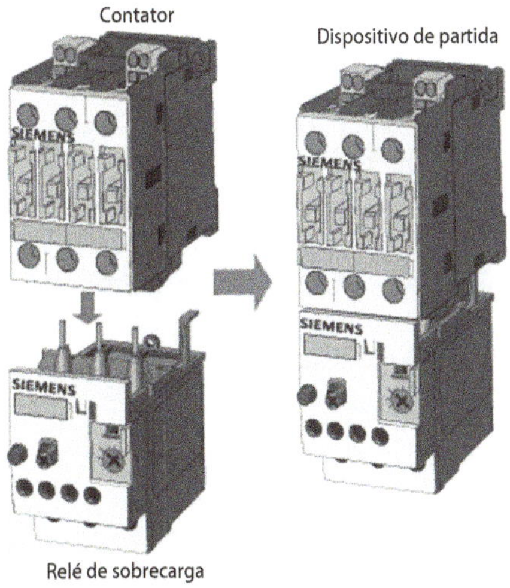

Relés de sobrecarga do motor

Os relés de sobrecarga são projetados para atender ao requisito de proteção especial dos circuitos de acionamento do motor. Os relés de sobrecarga:

- Permitem sobrecargas temporárias sem danos (como na partida do motor) sem interromper o circuito.
- Atuam abrindo o circuito se a corrente for alta o suficiente para provocar danos ao motor ao longo de um período de tempo.
- Podem ser rearmados uma vez que a sobrecarga for removida.

Os relés de sobrecarga são especificados por uma *classe de disparo*, que define o período de tempo necessário para o relé disparar em uma condição de sobrecarga. As classes de disparo mais comuns são Classe 10, Classe 20 e Classe 30. O relé de sobrecarga de Classe 10, por exemplo, desliga o motor da linha em 10 segundos ou menos a 600% da corrente a plena carga (que geralmente é tempo suficiente para que o motor alcance a velocidade máxima). A designação da classe é uma consideração importante na aplicação de relés de sobrecarga (OL) nos circuitos de acionamento do motor. Por exemplo, uma carga industrial de alta inércia pode necessitar de um relé de sobrecarga de Classe 30 que dispara em 30 segundos, em vez de um de Classe 10 ou 20.

Normalmente, os dispositivos de proteção contra sobrecarga têm um *indicador de disparo* integrado no aparelho para indicar ao operador que uma sobrecarga ocorreu. Os relés de sobrecarga podem ter um rearme manual ou automático. Um rearme manual requer a intervenção do operador, como pressionar um botão, para reiniciar o motor. Um rearme automático permite que o motor reinicie automaticamente, em geral após um período de resfriamento, o que dá ao motor um tempo de ar-

Figura 6-33 A diferença básica entre contator e dispositivo de partida do motor é a adição de relés de sobrecarga.
Foto cedida pela Siemens, www.siemens.com.

refecimento. Depois de o relé de sobrecarga disparar, a causa da sobrecarga deve ser investigada. Podem ocorrer danos no motor se rearmes repetidos forem executados sem corrigir a causa da atuação do relé de sobrecarga. A Figura 6-34 mostra um relé de sobrecarga tripolar de Classe 10 que apresenta um seletor de modo de rearme (manual ou automático). A configuração da corrente nominal permite que o relé seja configurado para a corrente a plena carga obtida na placa de identificação do motor e pode ser ajustado para o ponto de disparo desejado.

Os dispositivos de proteção contra sobrecarga externos, que são montados no dispositivo de partida, buscam controlar o aquecimento e arrefecimento de um motor detectando a corrente que flui para ele. A corrente consumida pelo motor é uma medida razoavelmente precisa da sua carga e, portanto, do seu aquecimento. Os relés de sobrecarga são classificados como térmicos, magnéticos ou eletrônicos.

Relés de sobrecarga térmicos

Um relé térmico utiliza um elemento térmico ligado em série com a alimentação do motor. A corrente que flui do contator do motor para o motor passa através dos elementos térmicos (um por fase) de sobrecarga do motor, que são montados no bloco do relé de sobrecarga. Cada relé de sobrecarga térmico (Figura 6-35) é formado pelo bloco de sobrecarga principal, que abriga os contatos, por um mecanismo de disparo com botão de rearme e por elementos térmicos intercambiáveis dimensionados para que o motor seja protegido. A quantidade de calor produzida aumenta com a corrente de alimentação. Se ocorrer uma sobrecarga, o calor produzido abre o conjunto de contatos, interrompendo o circuito. Instalar um elemento térmico diferente para o ponto de disparo necessário muda a corrente de disparo. Este tipo de proteção é muito eficaz porque o elemento térmico está muito próximo do aquecimento real dentro dos enrolamentos do motor e possui uma "memória" térmica para evitar o rearme imediato e reinício.

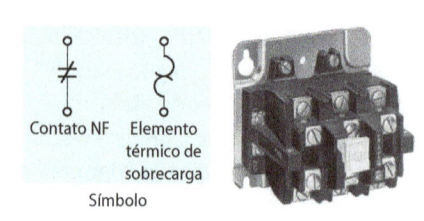

Figura 6-35 Relé de sobrecarga térmico.
Foto cedida pela Rockwell Automation, www.rockwellautomation.com.

Os relés de sobrecarga térmicos são subdivididos em dois tipos: liga de fusão e bimetálico. O *tipo liga de fusão*, ilustrado na Figura 6-36, utiliza o princípio de aquecer a solda ao seu ponto de fusão, e é constituído por uma bobina aquecedora, liga eutética e mecanismo para ativar o dispositivo de desarme quando ocorrer uma sobrecarga. O termo *eutético* significa facilmente derretido. A liga eutética no elemento aquecedor é um material que vai do estado sólido para o líquido sem passar por uma fase pastosa intermediária. A operação do dispositivo é resumida a seguir:

- Quando a corrente do motor ultrapassa o valor nominal, a temperatura sobe até o ponto em que a liga derrete; a roda de catraca fica, então, livre para girar, e a lingueta de contato se move para cima sob pressão da mola, permitindo que os contatos do circuito de acionamento sejam abertos.

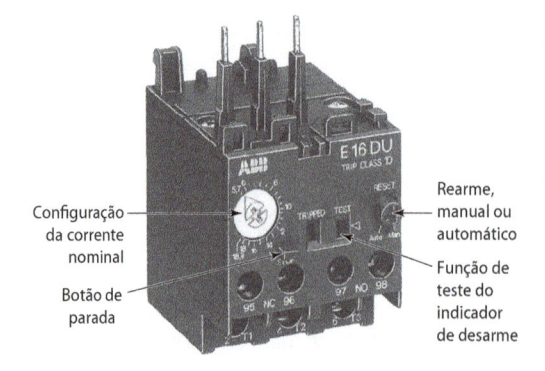

Figura 6-34 Indicador de desarme do relé de sobrecarga.
Foto cedida pelo ABB Group. www.abb.com.

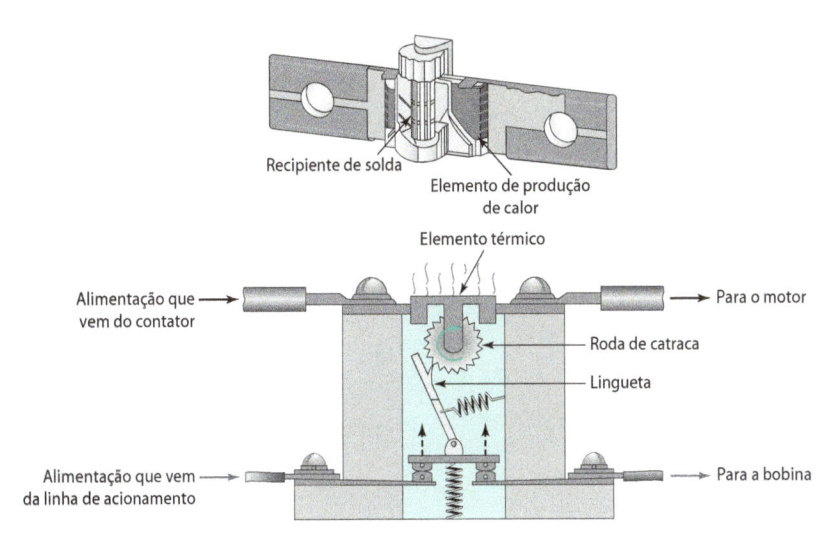

Figura 6-36 Relé de sobrecarga térmico tipo liga de fusão.

- Depois que o elemento de aquecimento esfria, a roda de catraca se mantém novamente parada e os contatos de sobrecarga podem ser rearmados.

O relé de sobrecarga térmico do *tipo bimetálico* ilustrado na Figura 6-37 utiliza uma tira bimetálica constituída por duas peças de metal dissimilar que estão permanentemente unidas por laminação. A operação do dispositivo é resumida a seguir:

- O aquecimento da tira bimetálica a faz dobrar porque os metais dissimilares expandem e contraem a taxas diferentes.
- Os elementos de aquecimento de sobrecarga conectados em série com o circuito do motor aquecem os elementos bimetálicos de disparo de acordo com a corrente de carga do motor.
- O movimento/deformação da tira bimetálica é usado como um meio de operação do mecanismo de desengate e de abertura dos contatos de sobrecarga normalmente fechados.

Com um relé de sobrecarga térmico, a mesma corrente que vai para as bobinas do motor (aquecendo o motor) também passa através dos elementos térmicos do relé de sobrecarga. O elemento térmico está conectado mecanicamente a um contato de sobrecarga (OL – *overload*) NF (Figura 6-38). Quando uma corrente excessiva passa através do elemento térmico por um tempo suficiente, o contato é acionado e se abre. Este contato está conectado em série com a bobina de acionamento do dispositivo de partida. Quando o contato se abre, a bobina do dispositivo de partida é desenergizada. Por sua vez, os contatos principais de potência do

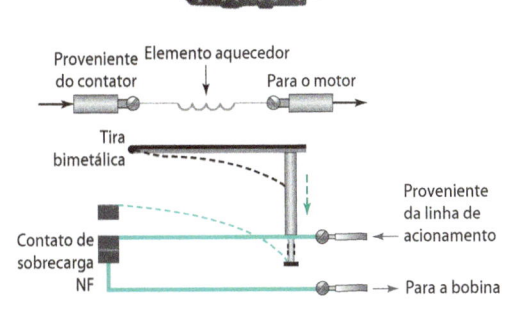

Figura 6-37 Relé de sobrecarga térmico tipo bimetálico.
Foto cedida pela Rockwell Automation, www.rockwellautomation.com.

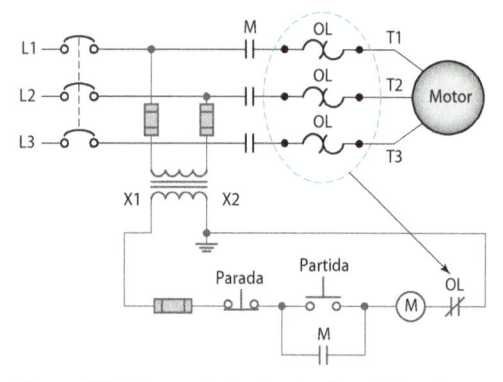

Figura 6-38 Operação do circuito do relé de sobrecarga térmico.

dispositivo de partida se abrem para desconectar o motor da linha de alimentação.

Os danos causados pela sobrecarga são responsáveis pela maioria das falhas do motor. A seleção do tamanho do aquecedor adequado para o relé de sobrecarga é fundamental para garantir uma proteção máxima do motor. Os aquecedores de sobrecarga para motores em serviço contínuo são selecionados a partir de tabelas ou gráficos de fabricantes, semelhantes ao ilustrado na Figura 6-39, e com base no cumprimento da Seção 430.20 do NEC. As tabelas de seleção normalmente listam os aquecedores de sobrecarga de acordo com a corrente a plena carga (FLC – *full-load current*). As listas mostram as faixas de correntes de motores com as quais eles devem ser utilizados, podendo ser em incrementos de 3 a 15% da corrente a plena carga. Quanto menor o incremento, mais próximo a seleção consegue relacionar o motor ao seu trabalho real.

Quando o elemento de aquecimento de sobrecarga é classificado de acordo com a FLC do motor, os cálculos exigidos pelo NEC para determinar o nível necessário de proteção já estão completos. Como exemplo, um elemento de sobrecarga avaliado em 10 A na tabela de seleção é destinado para uso com um motor que tem um FLC de 10 A. Normalmente, considera-se que o motor tenha um fator de serviço de 1,15 ou maior e uma elevação de temperatura não acima de 40°C, o que permite que o motor seja protegido até 125% da especificação da corrente a plena carga obtida na placa de identificação. Os padrões NEMA permitem a classificação dos elementos aquecedores de sobrecarga dessa maneira, mas exigem que o fabricante forneça fatores de conversão para a seleção de dispositivos para proteger motores que têm um fator de serviço menor que 1,15 ou uma elevação de temperatura acima de 40 °C.

Os relés de sobrecarga térmicos reagem ao calor, independentemente de sua origem. A temperatura ambiente afeta o tempo de disparo de um relé térmico. Temperaturas mais baixas aumentam o tempo de disparo, enquanto temperaturas maiores diminuem os tempos de disparo. Os relés de sobrecarga bimetálicos com compensação da temperatura ambiente são projetados para superar este problema. A tira bimetálica de compensação é usada junto com o bimetálico principal. À medida

Tipo do aquecedor (Nº)	Ampères de carga máxima							
	Tam. 00	Tam. 0	Tam. 1	Tam. 1P	Tam. 2	Tam. 3	Tam. 4	Tam. 5
W10	0,19	0,19	0,19					
W11	0,21	0,21	0,21					
W12	0,23	0,23	0,23					
W13	0,25	0,25	0,25					
W14	0,28	0,28	0,28					
W15	0,31	0,31	0,31					
...			4,08					
W43	4,52	4,52	4,52					226
W44	4,98	4,98	4,98					249
W45	5,51	5,51	5,51		5,80			276
W46	6,07	6,07	6,07					
W47	6,68	6,68	6,68					

Figura 6-39 Tabela para seleção de elemento aquecedor de sobrecarga do motor.

que a temperatura ambiente varia, os dois bimetálicos se dobram igualmente e o relé de sobrecarga não disparará.

Relés de sobrecarga eletrônicos

Ao contrário dos relés de sobrecarga eletromecânicos que passam corrente do motor por meio de elementos de aquecimento para proporcionar uma simulação indireta de aquecimento do motor, um relé de sobrecarga eletrônico mede a corrente do motor diretamente por meio de um *transformador de corrente*. Ele usa um sinal a partir do transformador de corrente, como ilustra a Figura 6-40, junto com componentes de medição em estado sólido precisos para fornecer uma indicação mais exata da condição térmica do motor. O circuito eletrônico calcula a temperatura média no interior do motor ao monitorar suas correntes de partida e de operação. Quando ocorre uma sobrecarga no motor, o circuito de acionamento atua para abrir os contatos NF do relé de sobrecarga.

A Figura 6-41 mostra um relé de sobrecarga eletrônico projetado para ser montado em um dispositivo de partida de dois componentes (contator e relé de sobrecarga). Não são usados aquecedores; a corrente a plena carga é ajustada em um seletor. Este relé de sobrecarga eletrônico especial é ajustável para correntes de motor a plena carga de 1 a 5 A. Esta ampla faixa de ajuste resulta na necessidade da metade dos números de catálogos como uma alternativa a um bimetálico para cobrir a mesma faixa de corrente. Um circuito separado de detecção de perda de fase incorporado no relé de sobrecarga permite que ele reaja rapidamente a uma condição de perda de fase. Um relé de desarme biestável autoconfinado contém um conjunto de contatos NF e NA isolados que fornecem as funções de desarme e rearme para os circuitos de acionamento. Sempre que uma condição de sobrecarga do motor é detectada, esses contatos mudam de estado e disparam o circuito de acionamento que interrompe o fluxo de corrente para o motor. O baixo consumo de energia do projeto eletrônico minimiza o problema da elevação de temperatura no interior dos gabinetes de acionamento.

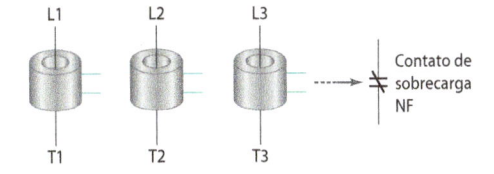

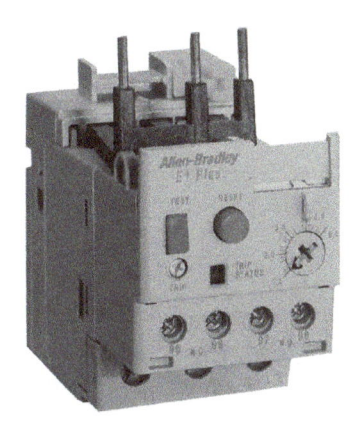

Figura 6-41 Relé de sobrecarga eletrônico de estado sólido.
Foto cedida pela Rockwell Automation, www.rockwellautomation.com.

Uma chave DIP (*dual-in-line package*) permite a seleção da classe de disparo (10, 15, 20 ou 30) e do modo de rearme (manual ou automático).

As vantagens dos relés de sobrecarga eletrônicos em relação aos tipos térmicos são as seguintes:

- Não há a necessidade de comprar, estocar, instalar ou substituir bobinas aquecedoras.
- Redução do calor gerado pelo dispositivo de partida.

Figura 6-40 Relés de sobrecarga eletrônicos que usam transformadores de corrente como sensores de corrente do motor.
Foto cedida pela Hammond Mfg. Co., www.hammondmfg.com.

- Economia de energia (até 24 W por dispositivo de partida) por meio da eliminação de bobinas de aquecimento.
- Insensibilidade às variações de temperatura nas proximidades.
- Alta precisão de disparo repetitivo (±2%).
- Facilmente ajustável em uma ampla faixa de correntes de motor a plena carga.

Embora os mecanismos de disparo por bimetálico e eutético ainda sejam utilizados, os relés de sobrecarga de estado sólido são mais populares para a maioria das instalações mais recentes de acionamento de motor. Apesar das diferenças entre acionamentos de motor segundo a NEMA e a IEC, os dois tipos têm um grande semelhança – o relé de sobrecarga de estado sólido. Existe uma pequena diferença entre os relés de sobrecarga de estado sólido usados nos dois padrões. Em algumas aplicações, o mesmo relé de sobrecarga de estado sólido pode ser usado em unidades NEMA e IEC, com o contator e o invólucro sendo as principais diferenças entre os dois.

Outra forma de relé de sobrecarga eletrônico é o tipo baseado em microprocessador frequentemente encontrado em inversores de frequência. Além de proteção do motor contra sobrecarga, outros recursos de proteção incluem sobretemperatura, sobrecorrente instantânea, falha à terra, falta de fase/reversão de fase/desequilíbrio de fase (tensão e corrente), sobretensão e subtensão. Algumas unidades podem contar o número de partidas por unidade de tempo programado e bloquear a sequência de partida, impedindo um ciclismo excessivo inadvertido.

Fusíveis de dois elementos

Os fusíveis de dois elementos (retardado), quando dimensionados adequadamente, fornecem proteção contra sobrecarga e falha. Este tipo de fusível contém dois elementos fusíveis com características de disparo térmicas e instantâneas que permitem que a corrente de partida do motor circule por um curto período de tempo sem fundir o fusível. A Figura 6-42 mostra a construção de um fusível de dois elementos. O funcionamento de um fusível de dois elementos é resumido a seguir:

- Em condições de sobrecarga sustentada, a mola de disparo rompe a liga de fusão calibrada do elemento de sobrecarga, liberando o conector. As inserções na Figura 6-42 representam um modelo do elemento de sobrecarga antes e depois.
- Uma falha de curto-circuito faz as porções restritas do elemento de curto-circuito vaporizarem, e começa a formação de arcos. Um material de preenchimento para extinção de arcos de granulometria especial extingue o arco, criando uma barreira isolante que força o fluxo de corrente para zero.

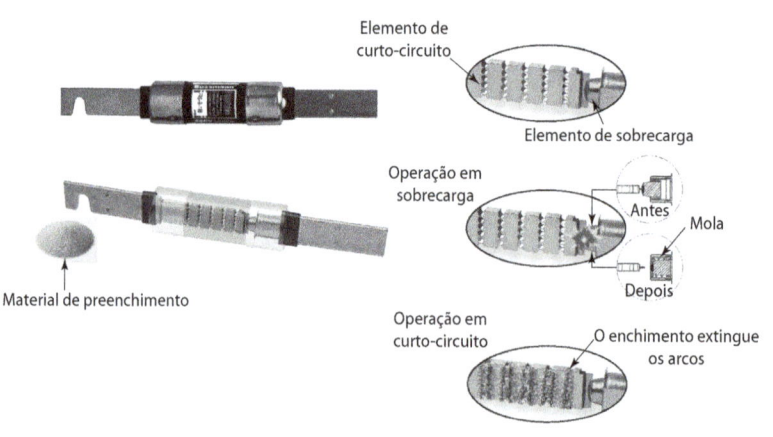

Figura 6-42 Fusível de dois elementos.
Cortesia da Cooper Bussmann, www.bussmann.com.

Parte 3

Questões de revisão

1. Cite os dois componentes básicos de um dispositivo magnético de partida de motor.
2. Quais fios de acionamento, instalados pelo fabricante, podem vir com o dispositivo de partida?
3. Liste quatro tipos comuns de invólucros de dispositivos de partida de motor.
4. Identifique os quatro principais requisitos do NEC para a instalação de motores.
5. Explique como funcionam os dispositivos de proteção do motor contra sobrecarga.
6. De que maneira normalmente é fornecida a proteção contra sobrecorrente do motor?
7. Descreva três características operacionais importantes dos relés de sobrecarga.
8. Suponha que um relé de sobrecarga seja especificado para a classe 20 de disparo. O que isso significa?
9. Compare as operações de rearme manual e automático dos relés de sobrecarga.
10. Liste as três formas de classificação dos relés de sobrecarga do motor.
11. Como os relés de sobrecarga térmicos fornecem um monitoramento indireto do aquecimento do motor?
12. Compare como o dispositivo de disparo é ativado em um relé de sobrecarga térmico do tipo liga de fusão (ponto eutético) e em um bimetálico.
13. Liste quatro fatores principais a serem considerados ao selecionar o tamanho apropriado do elemento de aquecimento no relé de sobrecarga térmico do motor.
14. Como a corrente do motor é detectada em um relé de sobrecarga eletrônico?
15. Liste cinco vantagens comparativas dos relés de sobrecarga eletrônicos em relação aos tipos térmicos.
16. Explique o princípio de funcionamento de um fusível de dois elementos (retardado).

Situações de análise de defeitos

1. Identifique as possíveis causas ou algo a ser investigado para cada um dos seguintes problemas relatados com um contator magnético ou dispositivo de partida de motor.
    a. Ruído na montagem da bobina.
    b. Falha na bobina.
    c. Desgaste excessivo no eletroímã.
    d. Superaquecimento da bobina de extinção.
    e. Calha do arco furada, gasta ou quebrada.
    f. Falha na partida.
    g. Vida curta do contato.
    h. *Shunt* flexível quebrado.
    i. Falha ao desprender.
    j. Falha de isolamento.
    k. Falha na extinção de arco.
    l. Uma sobrecarga que dispara em baixa corrente.
    m. Falha de disparo (queima do motor).
    n. Falha de rearme.
2. Uma bobina de contator magnético especificada para 24 V CA é substituída incorretamente com uma bobina de tamanho físico idêntico especificada para 24 V CC. Como isso pode afetar a operação do contator ou dispositivo de partida?
3. Os módulos de contator que usam SCR podem apresentar falhas, como curto-circuito e circuito aberto. Discuta sintomas que podem estar associados com cada tipo de falha.
4. Um dos três elementos de aquecimento do relé de sobrecarga térmico de um dispositivo de partida abriu o circuito devido a sobreaquecimento e deve ser substituído. Por que é recomendada a substituição do conjunto de três elementos de aquecimento em vez de apenas um?
5. Liste o que deve ser investigado para determinar a causa do disparo excessivo de um dispositivo de sobrecarga do motor.

Tópicos para discussão e questões de raciocínio crítico

1. O mais importante para a compreensão da proteção de condutores e motores é saber o significado de falha à terra, falha de curto-circuito e sobrecarga. Demonstre sua compreensão destes termos, citando exemplos de circuito de motor para cada um.
2. Explique como os relés de sobrecarga eletrônicos protegem contra perda de uma única fase.
3. Por que os contatores IEC e os dispositivos de partida são muito menores em tamanho do que os seus equivalentes NEMA?
4. Identifique os diferentes tipos de contatos encontrados em um dispositivo de partida magnético de motor e descreva a função que cada um executa.
5. Pesquise na Internet sobre invólucros de dispositivos de partida de motor e identifique o tipo NEMA que seria adequado para cada um dos seguintes ambientes:
    a. Em uma cabine de pintura
    b. Em uma sala de caldeira
    c. Em uma fábrica de ração de grãos
    d. Dentro de uma instalação para acionamentos de tornos
6. Dispositivos de proteção inerentes ao motor estão localizados no interior da carcaça do motor ou montados diretamente no motor e detectam com precisão o calor que está sendo gerado pelo motor. Desenhe o esquema para um circuito de acionamento a três fios padrão mostrando este tipo de dispositivo integrado ao circuito de acionamento.

capítulo 7

Relés

Muitas aplicações de motores na indústria e em acionamento de processos necessitam de relés como elementos críticos de acionamento. Os relés são usados principalmente como dispositivos de comutação em um circuito. Este capítulo explica o funcionamento dos diferentes tipos de relés e as vantagens e limitações de cada um. As especificações de relés também são apresentadas para mostrar como determinar o tipo de relé correto para diferentes aplicações.

Objetivos do capítulo

- Comparar relés eletromagnéticos, de estado sólido, de temporização e biestáveis em termos de construção e operação.
- Apresentar símbolos de relés utilizados em diagramas esquemáticos.
- Descrever diferentes tipos de aplicações de relés.
- Explicar como os relés são especificados.
- Descrever o funcionamento de relés temporizadores para ligar e para desligar.
- Discutir o uso de relés como elementos de acionamento em circuitos de motores.

» Parte 1

» Relés de acionamento eletromecânicos

Funcionamento do relé

Um *relé eletromecânico* (EMR) é mais bem definido como uma chave acionada por um eletroímã. O relé liga ou desliga uma carga no circuito energizando um eletroímã, que abre ou fecha os contatos conectados em série com uma carga. Um relé é constituído por dois circuitos: a bobina de entrada ou o circuito de acionamento e os contatos de saída ou o circuito de carga, como ilustra a Figura 7-1. Os relés são usados para controlar pequenas cargas de 15 A ou menos. Nos circuitos de motores, os relés eletromecânicos são frequentemente empregados para o acionamento de bobinas em contatores de motores e dispositivos de partida. Outras aplicações incluem a comutação de válvulas solenoides, lâmpadas piloto, alarmes audíveis e pequenos motores (1/8 hp ou menos).

O funcionamento de um relé é muito semelhante ao de um contator. A principal diferença entre um relé de acionamento e um contator é a capacidade e o número de contatos. Os contatos de relés de acionamento são relativamente pequenos, porque eles precisam lidar somente com pequenas correntes utilizadas em circuitos de acionamento. O pequeno tamanho dos contatos dos relés de acionamento permite que eles contenham vários contatos isolados.

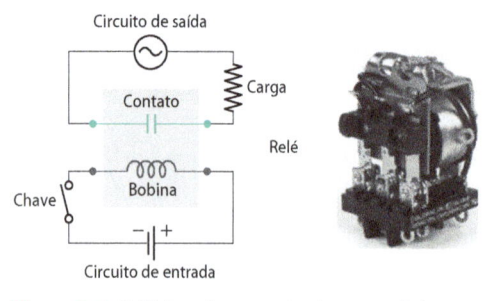

Figura 7-1 Relé de acionamento eletromecânico.
Foto cedida pela Tyco Electronics, www.tycoelectronics.com.

Geralmente um relé tem apenas uma bobina, mas pode ter qualquer número de contatos diferentes. Os relés eletromecânicos contêm contatos fixos e móveis, como ilustra a Figura 7-2. Os contatos móveis estão ligados à armadura. Os contatos são referidos como *normalmente aberto* (NA) e *normalmente fechado* (NF). Quando a bobina é energizada, ela produz um campo eletromagnético. A ação deste campo, por sua vez, move a armadura, fechando os contatos NA e abrindo os contatos NF. A distância que o êmbolo se move é geralmente curta – abaixo de ¼ de polegada ou menos. Uma letra é utilizada na maior parte dos esquemas para designar a bobina. A letra M frequentemente indica um dispositivo de partida de motor, enquanto CR é utilizado para o relé de acionamento. Os contatos associados terão as mesmas letras de identificação.

Os contatos normalmente abertos estão abertos quando não há fluxo de corrente através da bobina, mas se fecham logo que a bobina conduz uma corrente ou está energizada. Os contatos normalmente fechados estão fechados quando a bobina está desenergizada e se abrem quando a bobina é energizada. Cada contato é geralmente desenhado como aparece quando a bobina está desenergizada. Alguns relés de acionamento têm possibilidade para a mudança de contatos normalmente abertos para normalmente fechados, ou vice-versa. As opções variam desde uma simples inversão de contato até a remoção dos contatos e realocação com mudanças nos locais das molas.

Os relés servem para controlar várias operações de comutação por meio de uma corrente única e separada. Um conjunto bobina/armadura pode ser utilizado para acionar mais de um conjunto de contatos. Esses contatos podem ser normalmente abertos, normalmente fechados, ou qualquer combinação dos dois. Um simples exemplo deste tipo de aplicação é o acionamento do relé com duas lâmpadas piloto ilustrado na Figura 7-3. O funcionamento do circuito é resumido a seguir:

- Com a chave aberta, a bobina CR1 é desenergizada.

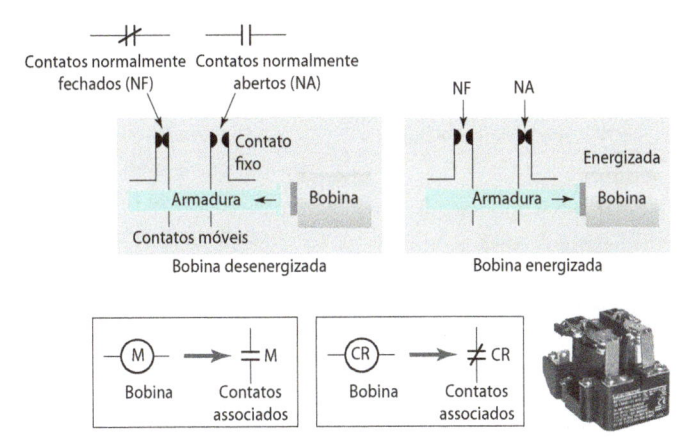

Figura 7-2 Bobina e contatos de um relé.
Foto cedida pela Eaton Corporation, www.eaton.com.

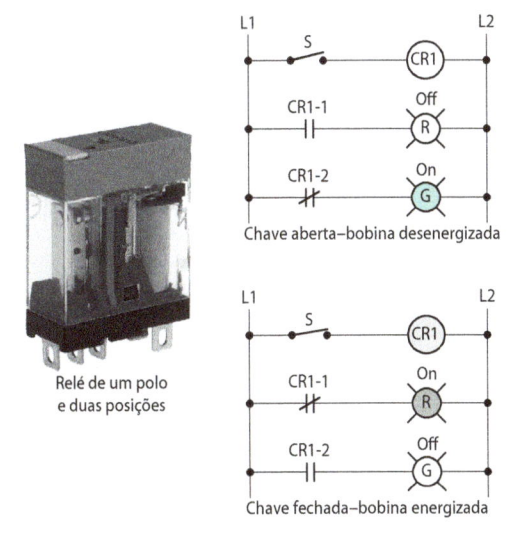

Figura 7-3 Operação de comutação do relé.
Foto cedida pela Digi-Key Corporation, www.digikey.com.

- O circuito para a lâmpada piloto verde é completado através do contato normalmente fechado CR1-2, de modo que esta lâmpada será acesa.
- Ao mesmo tempo, o circuito para a lâmpada piloto vermelha é aberto através do contato normalmente aberto CR1-1, de modo que esta lâmpada será desligada.
- Com a chave fechada, a bobina é energizada.
- O contato normalmente aberto CR1-1 fecha para ligar a lâmpada piloto vermelha.
- Ao mesmo tempo, o contato CR2-1 abre para desligar a lâmpada piloto verde.

Aplicações de relés

Os relés são extremamente úteis quando precisamos controlar um alto valor de corrente e/ou tensão a partir de um pequeno sinal elétrico. A bobina do relé, que produz o campo magnético, pode consumir apenas uma fração de um watt de potência, enquanto os contatos fechados ou abertos pelo campo magnético podem conduzir centenas de vezes a mesma quantidade de potência a uma carga.

Um relé pode ser empregado para controlar um circuito de carga de alta tensão a partir de um circuito de acionamento de baixa tensão, como ilustra o circuito na Figura 7-4. Isso é possível porque a bobina e os contatos do relé estão eletricamente isolados uns dos outros. A bobina do relé é energizada pela fonte de baixa tensão (12 V), enquanto os contatos interrompem o circuito de alta tensão (480 V). Abrir e fechar a chave energiza e desenergiza a bobina. Isso, por sua vez, fecha e abre os contatos para ligar e desligar a carga.

Um relé também serve para controlar um circuito de carga de alta corrente a partir de um circuito de acionamento de baixa corrente. Isso é possível porque a corrente que pode ser manipulada pelos contatos pode ser muito maior do que o necessário para operar a bobina do relé. As bobinas dos relés são capazes de ser controladas por sinais de baixa corrente de circuitos integrados e transistores, como ilustra a Figura 7-5. O funcionamento do circuito é resumido a seguir.

- O sinal de acionamento eletrônico liga ou desliga o transistor que, por sua vez, energiza ou desenergiza a bobina do relé.
- A corrente no circuito de acionamento com transistor e na bobina do relé é muito pequena em comparação com a da válvula solenoide.
- Transistores e circuitos integrados (CIs ou chips) devem ser protegidos contra o estreito pico de alta tensão produzido quando a bobina do relé é desligada.
- Neste circuito é conectado um diodo na bobina do relé para fornecer essa proteção.
- Note que o diodo é conectado invertido de modo que ele normalmente não conduzirá. A condução ocorre somente quando a bobina do relé é desligada; neste momento a corrente tenta continuar a fluir através da bobina e é desviada através do diodo sem causar danos.

Estilos de relé e especificações

Os relés de acionamento estão disponíveis em uma variedade de estilos e tipos. Um tipo comum é o relé de uso geral "cubo de gelo", assim chamado por causa de seu tamanho e forma e do invólucro de plástico que envolve os contatos. Embora os contatos não sejam substituíveis, este relé é projetado para ser conectado em um soquete, tornando a substituição rápida e simples no caso de falha. A Figura 7-6 mostra um relé "cubo de gelo" de oito pinos no estilo de encaixe. Este relé contém dois contatos de um polo e duas posições separados. Como o relé se encaixa em um soquete, as conexões dos fios são feitas no soquete, não no relé. A numeração na base do soquete designa um terminal com a posição do pino correspondente. Deve-se tomar cuidado para não confundir os números da base com os números de referência dos fios usados para rotular os fios de acionamento.

Opções de relés que ajudam na resolução de problemas também estão disponíveis. Um indicador on/off é instalado para indicar o estado (energizado ou desenergizado) da bobina do relé. Um botão de acionamento manual, conectado mecanicamente ao conjunto de contatos, pode ser utilizado para mover os contatos para sua posição energizada para fins de testes. Tenha cuidado ao exercer esta função, pois o circuito de comando da bobina é desviado e as cargas podem ser energizadas ou desenergizadas sem aviso prévio.

Assim como nos contatores, as bobinas e os contatos dos relés têm especificações separadas. As

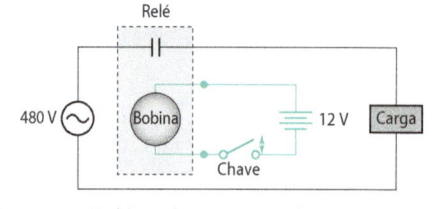

Figura 7-4 Relé usado para controlar um circuito de alta tensão a partir de um circuito de baixa tensão.

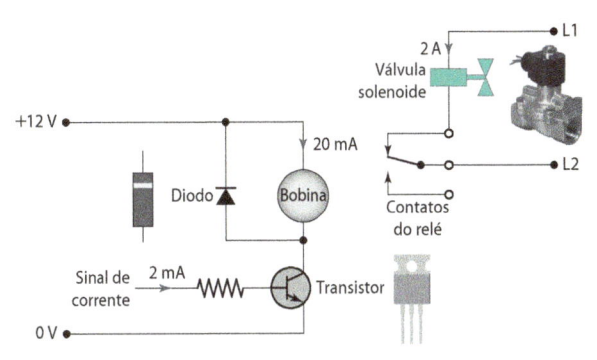

Figura 7-5 Uso de um relé para controlar um circuito de carga de alta corrente com um circuito de acionamento de baixa corrente.
Foto superior cedida pela Eaton Corporation, www.eaton.com; foto inferior cedida pela Fairchild Semiconductor, www.fairchildsemi.com.

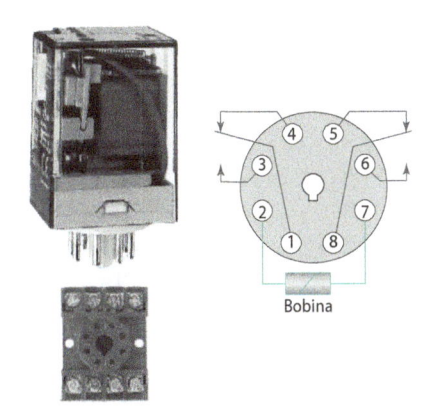

Figura 7-6 Relé "cubo de gelo" no estilo de encaixe.
Fotos cedidas pela Rockwell Automation, www.rockwellautomation.com.

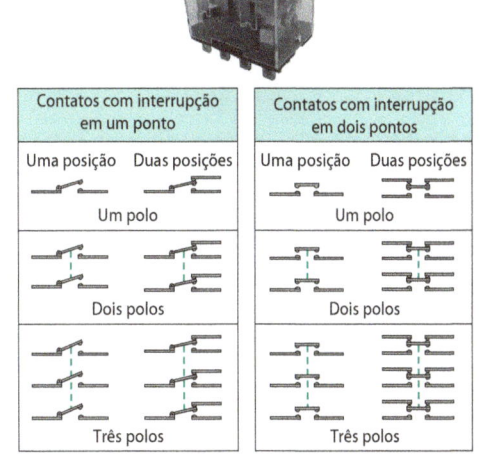

Figura 7-7 Arranjo de comutação de contatos de um relé comum.
Foto cedida pela Alibaba, www.alibaba.com. Com permissão de Yueqing Qianji Relay Co., Ltd.

bobinas do relé são geralmente especificadas por tipo de corrente de operação (CC ou CA), tensão ou corrente de operação normal, variação de tensão admissível na bobina (*pickup* e *dropout*), resistência e potência. As tensões de bobina de 12 V CC, 24 V CC, 24 V CA e 120 V CA são mais comuns. Bobinas de relés sensíveis que requerem uma corrente pequena como 4 mA a 5 V CC são usadas em circuitos de relé acionados por transistor ou circuitos integrados.

Os relés estão disponíveis em uma ampla faixa de configurações de comutação. A Figura 7-7 ilustra arranjos de comutação de contatos em relés comuns. Assim como os contatos de uma chave, os contatos de um relé são classificados pelo número de polos, posições e pontos de interrupção.

- O número de polos indica o número de circuitos completamente isolados que um contato de relé pode comutar. O contato de um polo pode conduzir a corrente através de um único circuito de cada vez enquanto um contato de dois polos pode conduzir a corrente através de dois circuitos simultaneamente.

- O termo *posição* se refere ao número de posições de contatos fechados por polo (um ou dois). O contato de uma posição pode controlar a corrente em apenas um circuito, enquanto o de duas posições pode controlar dois circuitos.
- O termo *interrupção* designa o número de pontos em um conjunto de contatos onde a corrente será interrompida durante a abertura dos contatos. Todos os contatos de relés são construídos com um ou dois pontos de interrupção. Os contatos com um ponto de interrupção têm baixas especificações de corrente porque interrompem a corrente em apenas um ponto.

Em geral, os contatos dos relés são especificados em termos da corrente máxima que são capazes de conduzir para um nível de tensão especificado e pelo seu tipo (CC ou CA). As especificações de corrente incluem:

- Capacidade dos contatos na partida
- Capacidade de condução normal ou contínua
- Capacidade de abertura ou interrupção

A capacidade de condução de corrente dos contatos é normalmente dada como um valor de corrente para uma carga resistiva. As lâmpadas de filamentos são resistivas, mas a variação da resistência tem um fator grande do estado frio até o estado de funcionamento. Este efeito é tão grande que a corrente de partida esperada pode ser de 10 a 15 vezes maior que o valor da corrente de estado estacionário. É uma prática normal reduzir em 20% as capacidades de carga resistiva dos contatos quando a carga for uma lâmpada. As cargas indutivas, como os transformadores, se comportam como dispositivos de armazenamento de energia e podem causar a formação excessiva de arcos nos contatos quando o relé interrompe o circuito. Para as cargas do tipo indutiva, as capacidades dos contatos são normalmente reduzidas em 50% da sua capacidade com carga resistiva.

Os contatos de relé muitas vezes têm duas especificações, CA e CC, que indicam o quanto de potência pode ser comutada através dos contatos. Uma maneira de determinar a máxima capacidade de potência dos contatos do relé é multiplicar a tensão nominal em volts pela corrente nominal em ampères. Dessa forma, temos a potência total em watts que um relé pode comutar. Por exemplo, um relé de 5 A (nominal) a 125 V CA também pode comutar de 2,5 A a 250 V CA. Da mesma forma, um relé de 5 A a 24 V CC pode comutar de 2,5 A a 48 V CC, ou ainda de 10 A a 12 V CC.

Parte 1

Questões de revisão

1. O que é um relé de acionamento eletromecânico?
2. Um relé envolve dois circuitos. Nomeie os dois circuitos e explique como eles interagem entre si.
3. Compare relés de acionamento com contatores.
4. Descreva a ação de comutação dos contatos normalmente abertos e normalmente fechados dos relés.
5. Descreva as três formas básicas em que os relés de acionamento são usados em circuitos elétricos e eletrônicos.
6. Um soquete de oito pinos de um relé "cubo de gelo" de base octal deve ser conectado a um circuito de acionamento que requer um conjunto de contatos NA e NF eletricamente isolados uns dos outros. Informe o número dos pinos das conexões que devemos usar em cada contato.

7. Quantos pontos de interrupção têm os contatos de um relé?
8. O que significa SPDT (*single pole double-throw*) para um contato?
9. Liste três tipos de especificações de correntes que podem ser feitas para contatos de relé.
10. A capacidade de condução de corrente de contatos é normalmente expressa como um valor de corrente para uma carga resistiva. Cite dois tipos de dispositivos de carga que requerem que este valor seja reduzido.
11. Quantos ampères de corrente um relé de contato especificado para 10 A a 250 V CA pode comutar com segurança a 125 V CA?

» Parte 2

» Relés de estado sólido

Operação

Um *relé de estado sólido* (SSR – *solid-state relay*) é um interruptor eletrônico que, ao contrário de um relé eletromecânico, não contém partes móveis. Embora os relés eletromecânicos e os de estado sólido sejam projetados para desempenhar funções similares, cada um alcança os resultados de diferentes maneiras. Ao contrário dos relés eletromecânicos, os de estado sólido não têm bobinas e contatos reais. Em vez disso, eles utilizam dispositivos semicondutores de comutação, como transistores bipolares, MOSFETs, retificadores controlados de silício (SCRs – *silicon-controlled rectifiers*), ou TRIACs montados em uma placa de circuito impresso. Todos os relés de estado sólido são construídos para operar como duas seções distintas: entrada e saída. O lado de entrada recebe um sinal de tensão a partir do circuito de acionamento e o lado de saída comuta a carga.

Os SSRs são fabricados em uma variedade de configurações que incluem os tipos disco e "cubo de gelo" (Figura 7-8). Na maioria das vezes é usado um quadrado ou retângulo no esquema para representar o relé. O circuito interno não é mostrado, apenas as conexões de entrada e saída com a caixa são dadas.

Assim como os relés eletromecânicos, os relés de estado sólido fornecem isolamento elétrico entre o circuito de acionamento de entrada e o de comutação da carga. Um método comum usado para fornecer isolamento é usar na seção de entrada um diodo emissor de luz (LED) que ativa um dispositivo fotodetector conectado à seção de saída. O dispositivo fotodetector ativa o lado de saída, acionando a carga. Os relés que usam este método de acoplamento entre os dois circuitos são ditos optoisolados.

Os relés de estado sólido são construídos com diferentes dispositivos principais de comutação, dependendo do tipo de carga a ser comutada. Se o relé é projetado para controlar uma carga CA, normalmente é usado um TRIAC como o semicondutor principal de comutação. A Figura 7-9 mostra um diagrama simplificado de um relé de estado sólido com acoplamento óptico usado para comutar uma carga CA. O funcionamento do circuito é resumido a seguir:

- Um fluxo de corrente é estabelecido por meio do LED conectado na entrada, quando as condições requerem que o relé seja ativado.
- O LED conduz e emite luz no fototransistor.
- O fototransistor conduz ligando o TRIAC e a alimentação CA na carga.
- A saída é isolada da entrada pelo simples arranjo de um LED com um fototransistor.

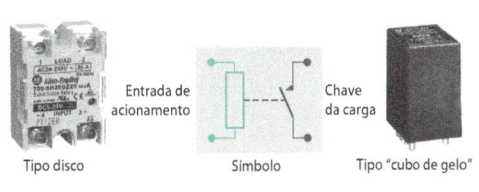

Figura 7-8 Relé de estado sólido (SSR). Foto cedida pela Rockwell Automation, www.rockwellautomation.com.

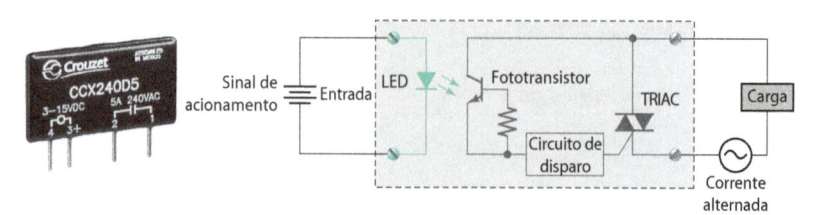

Figura 7-9 SSR com acoplamento óptico utilizado para cargas CA.
Foto cedida pela Custom Sensors & Technologies, www.cstsensors.com.

- Uma vez que um feixe de luz é utilizado como meio de acionamento, nenhum pico de tensão ou ruído elétrico produzido no lado da carga do relé pode ser transmitido para o lado do circuito de acionamento do relé.

Os relés de estado sólido projetados para uso com cargas CC têm um transistor de potência, em vez de um TRIAC, conectado ao circuito de carga, como mostra a Figura 7-10. O funcionamento do circuito é resumido a seguir:

- Quando a tensão de entrada liga o LED, o fotodetector, conectado à base do transistor, liga o transistor, permitindo que a corrente passe pela carga.
- A seção do LED do relé faz o papel da bobina no relé eletromecânico e necessita de uma tensão CC para o seu funcionamento.
- A seção do transistor do acoplador óptico no interior do SSR é equivalente aos contatos em um relé.

- Como os relés de estado sólido não têm partes móveis, o seu tempo de resposta de comutação é bem mais rápido do que o dos relés eletromecânicos. Por esta razão, quando as cargas devem ser comutadas contínua e rapidamente, o SSR deve ser escolhido.

Especificações

Aplicar o nível específico de tensão de captura ativa o circuito de acionamento do SSR. A maioria dos SSRs tem uma faixa de tensão variável de entrada, como de 5 V CC a 24 V CC. Esta faixa de tensão torna o SSR compatível com uma variedade de dispositivos de entrada eletrônicos. As especificações de tensão de saída variam de 5 V CC a 480 V CA. Embora os SSRs sejam projetados para uma corrente de saída abaixo de 10 A, os relés montados em dissipadores de calor são capazes de controlar até 40 A.

A maioria dos SSRs são dispositivos de um polo, já que os relés multipolares representam um grande problema para dissipação de potência. Quando múltiplos polos são necessários, pode ser usado um módulo de estado sólido multipolar. Outra solução é conectar vários circuitos de acionamento de SSRs em paralelo, conforme ilustra a Figura 7-11, para proporcionar a função equivalente a de um relé eletromagnético multipolar. Nesta aplicação, três relés unipolares de estado sólido são usados para comutar corrente em uma carga trifásica. A seção de entrada pode receber um sinal a partir de uma variedade de fontes, como os contatos do dispositivo ou sinais do sensor. Quando o contato do circuito de acionamento fecha, os três relés atuam para completar o percurso de corrente para a carga.

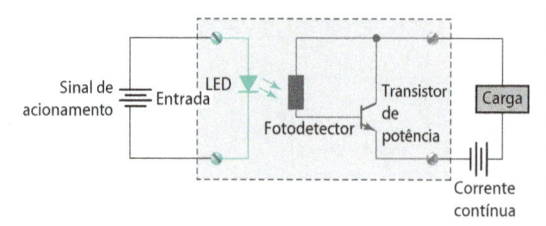

Figura 7-10 SSR com acoplamento óptico utilizado para cargas CC.
Foto cedida pela Futurlec, www.futurlec.com.

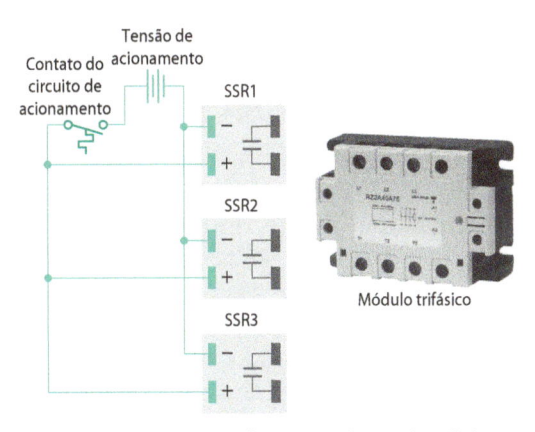

Figura 7-11 Conexões de um relé de estado sólido multipolar.
Foto cedida por Carlo Gavazzi, www.GavazziOnline.com.

A configuração de um SSR de um polo padrão funciona bem com um acionamento a dois fios; no entanto, quando se torna necessário usá-lo em um esquema de acionamento a três fios, surge o problema do circuito de retenção. Um relé adicional pode ser ligado em paralelo ao SSR para fazer o papel do contato de retenção. Outra solução é a utilização de um circuito de acionamento CC com um retificador controlado de silício (SCR) para fazer a retenção da carga. A Figura 7-12 mostra um circuito de acionamento de motor a três fios utilizando um relé de estado sólido e um SCR. A operação do circuito é resumida a seguir:

- O SCR não permite o fluxo de corrente do anodo (A) para o catodo (K) até que uma corrente seja aplicada na porta (G).
- Quando o botão de partida é pressionado, a corrente flui através da porta, que dispara a seção anodo-catodo do SCR e o circuito de acionamento do relé em condução.
- O SCR permanece em condução depois de o botão de partida ser liberado, e o circuito deve ser aberto para interromper o fluxo de corrente do anodo para o catodo. Isso é realizado ao pressionar o botão de parada.

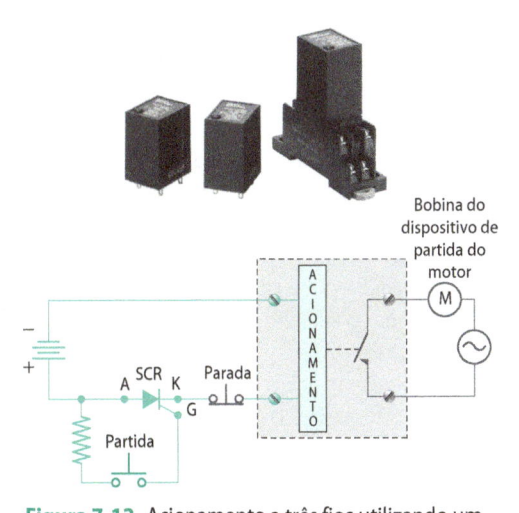

Figura 7-12 Acionamento a três fios utilizando um relé de estado sólido e um SCR.
Foto cedida pela Omron Industrial Automation, www.ia.omron.com.

Métodos de comutação

Os SSRs operam com alguns métodos de comutação diferentes. O tipo de carga é um fator importante na seleção do método de comutação.

- **Relé de comutação zero.** Um *relé de comutação zero* é projetado para ligar uma carga CA quando a tensão de acionamento é aplicada e a tensão na carga passa pelo zero. Os relés desligam a carga quando a tensão de acionamento é removida e a corrente na carga passa por zero. Isso permite que cargas resistivas, como lâmpadas de filamento, durem mais porque elas não são submetidas a transientes de tensões altas a partir da comutação da tensão e da corrente CA quando a onda senoidal está no pico. A Figura 7-13 mostra um diagrama simplificado de um SSR de comutação zero.
- **Relé de comutação de pico.** Um *relé de comutação de pico* é um SSR que liga a carga quando a tensão de acionamento está presente e a tensão na carga está no pico. O relé é desligado quando a tensão de acionamento é removida e a corrente na carga passa por zero. A comutação de pico é a preferida quando o circuito de saída é principalmente indutivo ou capacitivo e a tensão e a corrente estão aproximadamente 90 graus fora de fase. Nesse caso, quando a tensão é igual ou está próxima

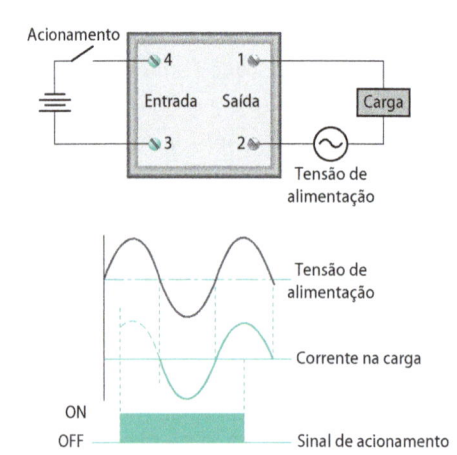

Figura 7-13 SSR de comutação zero.

do seu valor de pico, a corrente será igual ou estará próxima do seu valor de zero.

- **Relé de acionamento instantâneo.** Os *relés de acionamento instantâneo* são normalmente especificados quando a carga controlada é uma combinação de resistência e reatância. Neste caso, o ângulo de fase entre tensão e corrente varia, de modo que não há vantagem em desconectar a carga em qualquer momento específico da onda senoidal.

Os relés de estado sólido têm várias vantagens em relação aos tipos eletromecânicos:

- O SSR é mais confiável e tem uma vida mais longa porque não tem partes móveis.
- É compatível com circuitos contendo transistores e CIs e não gera tanta interferência eletromagnética.
- O SSR é mais resistente a choques e vibrações, tem um tempo de resposta muito mais rápido e não apresenta repique de contato.

Como qualquer dispositivo, os SSRs têm algumas desvantagens. O SSR contém semicondutores que são suscetíveis a danos causados por picos de tensão e corrente. Além disso, ao contrário dos contatos EMR, o semicondutor de comutação do SSR tem uma resistência significativa no estado ligado e uma corrente de fuga no estado desligado. Como resultado, em comparação com os relés eletromecânicos, eles produzem mais calor durante a operação normal e, se não forem devidamente arrefecidos, este calor prolongado pode reduzir a vida útil do relé.

Parte 2

Questões de revisão

1. Qual é a diferença fundamental entre um relé eletromecânico e um de estado sólido?
2. Um método comum utilizado nos SSRs para fornecer isolamento entre os circuitos de entrada e saída é a optoisolação. Apresente uma breve explicação de como isso ocorre.
3. Cite o tipo de semicondutor de comutação principal usado no acionamento de SSRs para
   a. Cargas CA.
   b. Cargas CC.
4. Um dado SSR tem uma tensão de acionamento de entrada especificada de 3 a 32 V CC. O que isso implica, no que diz respeito à atuação do relé?
5. Por que em geral os relés de estado sólido são construídos como um dispositivo de um polo?
6. Liste três modos comuns de comutação para SSRs.
7. Explique a vantagem obtida ao empregar um relé de comutação zero para controlar uma carga resistiva.
8. Cite três vantagens que os SSRs têm em comparação com os relés eletromecânicos.
9. Por que os relés de estado sólido geram mais calor durante o funcionamento normal do que os relés eletromecânicos?

Parte 3

Relés temporizadores

Os relés de temporização representam uma variação do relé de acionamento instantâneo padrão em que um atraso de tempo fixo ou ajustável acontece depois de uma mudança no sinal de acionamento, antes de a ação de comutação ocorrer. Tipos comuns de relés de temporização são mostrados na Figura 7-14. Os temporizadores permitem uma multiplicidade de operações em um circuito de acionamento para que a partida e a parada ocorram automaticamente em intervalos de tempo diferentes. O uso de temporizadores ajuda a eliminar o trabalho intensivo de tentar controlar manualmente cada passo de um processo.

Temporizadores no acionamento de motores

Entre as funções de um temporizador estão a temporização de um ciclo de operação, o retardo da partida ou da parada de uma operação e o acionamento de intervalos de tempo dentro de uma operação. Os *temporizadores no acionamento de motores* são utilizados para temporizar um ciclo de operações. Os tipos relógio síncrono, como mostra a Figura 7-15, usam um pequeno motor elétrico de relógio acionado a partir da linha de alimentação

Figura 7-14 Relés temporizadores.
Fotos cedidas pela Rockwell Automation, www.rockwellautomation.com.

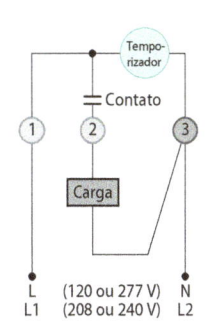

Relé temporizador de estado sólido | Relé temporizador pneumático | Relé temporizador de encaixe

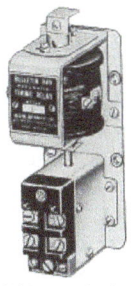

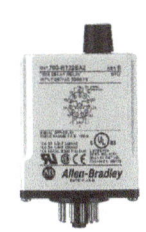

Figura 7-15 Temporizador de relógio síncrono.
Foto cedida pela Paragon Electrical Products, www.paragontimecontrols.com.

L L1 (120 ou 277 V) (208 ou 240 V) N L2

CA para manter o sincronismo com o tempo padrão. Uma conexão mecânica com o mecanismo do relógio controla os contatos. O funcionamento do dispositivo é resumido a seguir:

- O motor aciona o mecanismo e ativa os contatos normalmente aberto ou normalmente fechado.
- Um conjunto de guias on/off ajustáveis ao longo da roda de tempo do relógio aciona o contato aberto ou fechado.
- O motor do temporizador é alimentado com tensão contínua. Se a alimentação for desligada, a temporização terá um atraso igual ao tempo em que a alimentação esteve desligada, e o tempo correto deve ser reinicializado manualmente.
- Estes tipos de temporizadores são mais adequados para aplicações como iluminação e acionamento de água por aspersão onde o tempo exato não é crucial.

Temporizadores de amortecedor

Os *temporizadores de amortecedor* gerem a sua função de temporização controlando o fluxo de fluido ou de ar através de um pequeno orifício. O relé de temporização pneumático (ar) mostrado na Figura 7-16 utiliza um sistema de fole de ar para atingir o seu ciclo de temporização. O funcionamento deste dispositivo é resumido a seguir:

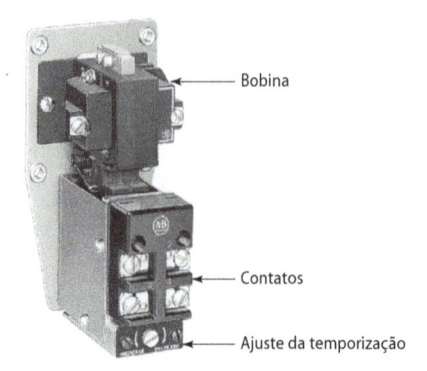

Figura 7-16 Temporizador pneumático.
Foto cedida pela Rockwell Automation, www.rockwellautomation.com.

- O projeto do fole permite a entrada de ar através de um orifício a uma taxa predeterminada para proporcionar incrementos de atraso de tempo.
- Logo que a bobina é energizada, ou desenergizada, o processo de temporização inicia, e a taxa de fluxo de ar determina a duração do atraso de tempo.
- Aberturas de orifícios menores restringem mais a taxa de fluxo, resultando em atrasos mais longos.
- Os temporizadores pneumáticos têm faixas ajustáveis relativamente pequenas. O intervalo de tempo para o temporizador mostrado é ajustável de 0,05 a 180 segundos com uma precisão de cerca de +10%.

Relés de temporização de estado sólido

Os *relés de temporização de estado sólido* usam circuitos eletrônicos para produzir suas funções de temporização. As duas grandes categorias de temporizadores de estado sólido são analógicos e digitais. Métodos diferentes são usados para controlar o período de tempo de atraso. Alguns usam um circuito de carga e descarga com resistor e capacitor (*RC*) para obter a base de tempo, enquanto outros usam relógios de quartzo como a base de tempo. Estes temporizadores eletrônicos são muito mais precisos que os equivalentes de amortecedor e podem variar a função de temporização desde uma fração de segundo até centenas de horas. A fim de manter suas operações de temporização, os temporizadores de estado sólido em geral são alimentados continuamente. Alguns são equipados com baterias ou memória interna para reter suas configurações durante falhas de alimentação.

As funções de temporização dos temporizadores de amortecedor são iniciadas quando a bobina eletromagnética é energizada ou desenergizada. Em comparação, as funções de temporização de um dispositivo de estado sólido são iniciadas quando o circuito eletrônico do temporizador é ativado, ou um sinal de disparo é recebido ou removido. Os temporizadores eletrônicos estão disponíveis em uma variedade de tensões de operação de entrada especificada. A Figura 7-17 mostra um relé de temporização de estado sólido comum. O funcionamento do dispositivo é resumido a seguir:

- As conexões fornecidas incluem contatos de temporização (C1, C2), entrada de tensão (L1, L2) e chave de disparo externa (S1, S2).
- Um período de tempo de atraso de 0,1 a 2 segundos é definido pelo ajuste de um potenciômetro interno localizado no painel frontal do temporizador.
- O temporizador é energizado continuamente, e a temporização é iniciada quando o circuito de disparo externo é fechado.

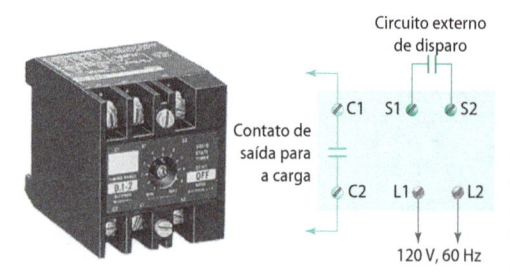

Figura 7-17 Conexões de um relé de temporização de estado sólido.
Foto cedida pela Rockwell Automation, www.rockwellautomation.com.

- O contato temporizado é permutável para temporização ao ligar ou ao desligar.

Funções de temporização

Há quatro funções de temporização básicas: temporização para ligar, temporização para desligar, monoestável e reciclar.

Temporizador para ligar

O temporizador para ligar é conhecido em inglês por DOE (*delay on energize*), que significa atraso para energizar. A contagem do tempo para o acionamento dos contatos inicia quando o temporizador é energizado; daí o termo *temporização para ligar*. A Figura 7-18 mostra o símbolo NEMA para o temporizador para ligar com contatos normalmente aberto (NA) e normalmente fechado (NF). O funcionamento do temporizador é resumido a seguir:

- Uma vez iniciado, os contatos do temporizador para ligar mudam de estado depois de um período de tempo definido.
- Depois que o tempo definido passou, todos os contatos normalmente abertos se fecham e todos os contatos normalmente fechados se abrem.
- Uma vez que os contatos mudam de estado, eles permanecem nessa posição até que a alimentação seja removida da bobina ou do circuito eletrônico.

O circuito mostrado na Figura 7-19 ilustra a função de temporização de um relé com retardo para ligar. Neste exemplo, um temporizador de amortecedor simples com um retardo de tempo configurado de 10 segundos pode ser considerado. A mesma operação é aplicável a temporizadores eletrônicos que executam uma função similar. O funcionamento do circuito é resumido a seguir:

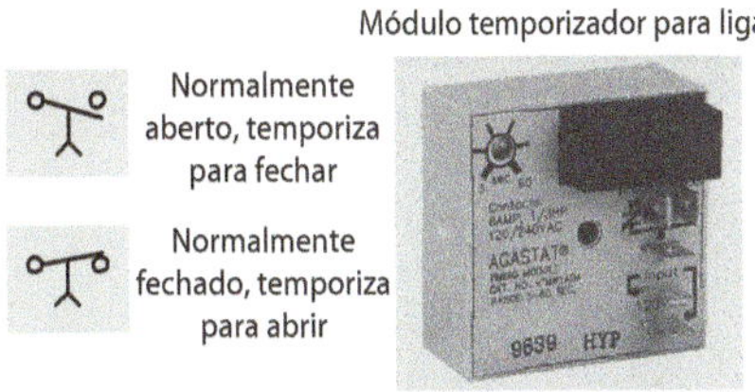

- Quando a chave é fechada, a alimentação é aplicada à bobina, mas os contatos têm um retardo para mudar de posição.
- Com a chave ainda fechada, após o tempo de 10 segundos, os contatos NA (TR1-1) fecham, energizando a carga 1, e os contatos NF (TR1-2) se abrem, desenergizando a carga 2.
- Se a chave for aberta em seguida, a bobina é desenergizada imediatamente, retornando os contatos temporizados para o seu estado normal, ligando a carga 1 e desligando a 2.

Temporizador para desligar

O temporizador para desligar é conhecido em inglês por DODE (*delay-on deenergize*). O funcionamento do temporizador para desligar é exatamente o oposto do temporizador para ligar. Quando a alimentação é aplicada à bobina, ou ao circuito eletrônico, os contatos temporizados mudam de estado imediatamente. No entanto, quando a alimentação é removida, há um atraso de tempo antes que os contatos temporizados mudem para suas posições normais desenergizados. A Figura 7-20 mostra os símbolos NEMA padrão e ilustra a função de temporização de um relé temporizador para desligar.

A Figura 7-21 mostra o diagrama de conexões para o bombeamento automático de um reservatório usando uma chave sensor de nível e um temporizador para desligar do tipo cubo de encaixe. O circuito de temporização de estado sólido aciona um relé eletromecânico interno ao temporizador. O funcionamento do circuito é resumido a seguir:

- Quando o nível sobe até o ponto A, o contato do sensor de nível se fecha para energizar a bobina do relé temporizador e fecha os contatos NA, energizando o dispositivo de partida da motobomba.

Figura 7-18 Contatos de um temporizador para ligar. Foto cedida pela Tyco Electronics, www.tycoelectronics.com.

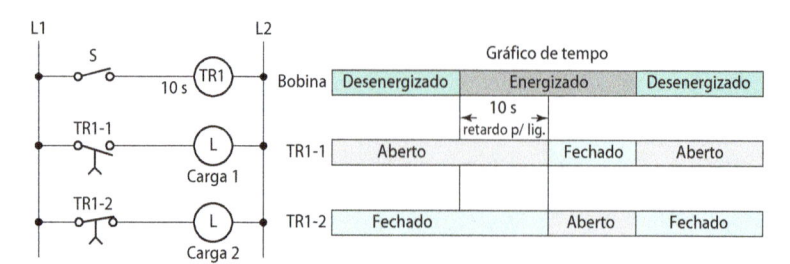

Figura 7-19 Circuito de um relé temporizador para ligar.

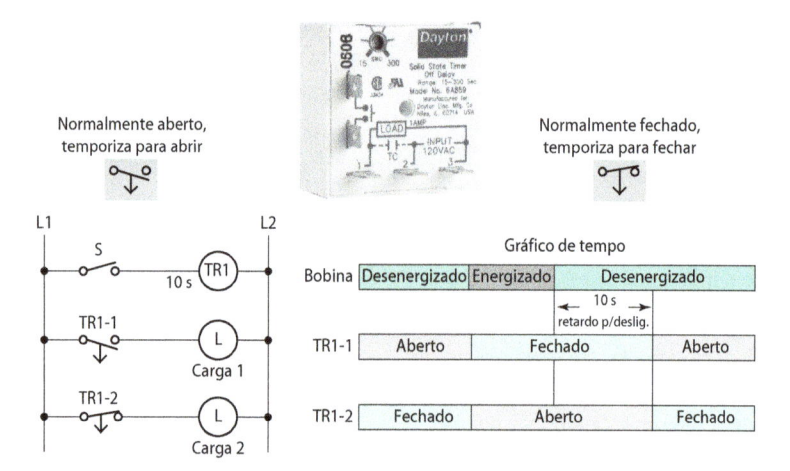

Figura 7-20 Temporizador com retardo para desligar.
Foto cedida pela Drillspot, www.DrillSpot.com.

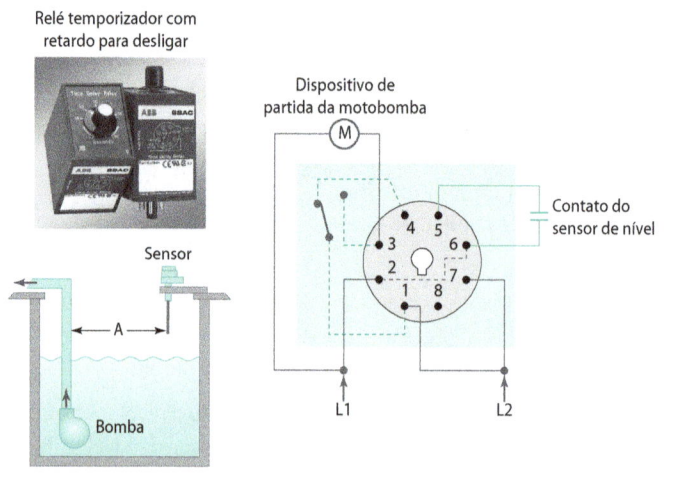

Figura 7-21 Circuito de bombeamento automático com temporizador para desligar.
Foto cedida pela ABB, www.abb.com.

- Isso liga imediatamente a bomba para iniciar a ação de bombeamento.
- Quando a altura do nível do recipiente diminui, os contatos do sensor se abrem e inicia a temporização.
- A bomba continua a esvaziar o reservatório pelo período do retardo de tempo do relé.
- Ao final do tempo, a bobina do relé desenergiza, e os contatos normalmente abertos do relé se abrem novamente, desligando a bomba.
- O temporizador tem um potenciômetro de ajuste de tempo que é programado para esvaziar o tanque até um nível desejado antes de desligar a bomba.

Temporizador monoestável

Com um temporizador monoestável, o fechamento momentâneo ou contínuo do circuito de disparo resulta em um único pulso temporizado na saída. O monoestável faz esta ação acontecer apenas uma vez, e, então, deve ser reiniciado se for para continuar operando. O circuito da Figura 7-22 ilustra as conexões e a função de temporização de um temporizador monoestável. O funcionamento do circuito é resumido a seguir:

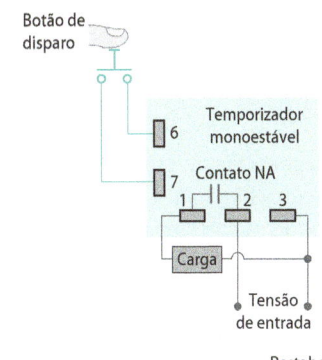

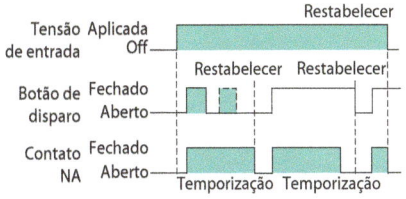

- A tensão de entrada deve ser aplicada antes e durante a temporização.
- No fechamento momentâneo ou contínuo do botão de disparo, a carga na saída é energizada.
- A carga continua energizada durante o período de temporização e, em seguida, volta ao seu estado normal desenergizada pronta para ser acionada em outro ciclo de operação.
- A abertura ou o religamento do botão de disparo durante a temporização não tem efeito sobre a temporização. O restabelecimento ocorre quando a temporização está completa e o botão de disparo estiver aberto.
- Se a alimentação for interrompida para um temporizador monoestável durante a temporização, esta é cancelada. Quando a alimentação é restaurada no temporizador, a função de temporização não começará de novo até que o monoestável tenha sido reiniciado.
- Os temporizadores monoestáveis não têm símbolos de contato dedicados. Em vez disso, os símbolos de contatos NA e NF são usados em referência ao temporizador que os controla.

Temporizador com reciclagem

Os contatos de um temporizador com reciclagem alternam entre os estados ON (ligado) e OFF (desligado) quando o temporizador é iniciado. Os circuitos de estado sólido dentro do dispositivo acionam um relé eletromagnético. O funcionamento dos temporizadores com reciclagem mostrados na Figura 7-23 é resumido a seguir:

- Após a aplicação da tensão de entrada, a primeira temporização (TD1) começa, e a saída permanece desenergizada ou desligada.

Figura 7-22 Temporizador monoestável.

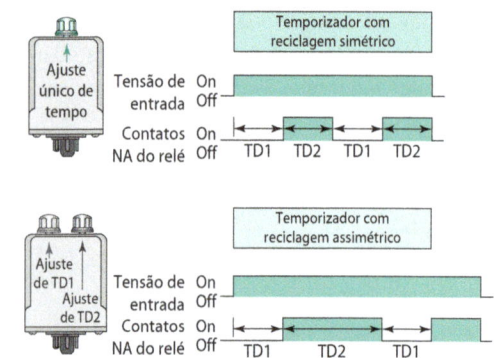

Figura 7-23 Temporizadores com reciclagem.

- No fim da primeira temporização, ou período desligado, a bobina do relé energiza, e a segunda temporização (TD2), ou período ligado, começa.
- Quando o segundo período de temporização termina, o relé desenergiza.
- Esta sequência de reciclagem continua até que a tensão de entrada seja removida.
- Em alguns temporizadores com reciclagem, o tempo ligado pode ser configurado como a primeira temporização. Remover a tensão de entrada reinicia a saída e as temporizações e retorna a sequência para a primeira temporização.
- Os temporizadores com reciclagem estão disponíveis em duas configurações: simétrica e assimétrica.
- Na temporização simétrica, os períodos ligado e desligado são iguais. A duração do período de tempo é ajustável, mas o tempo entre as operações ligado e desligado se mantém constante. Piscas são um exemplo de temporização simétrica.
- Os temporizadores assimétricos permitem ajustes independentes para os períodos ligado e desligado. Eles vêm equipados com botões de ajuste de tempo ligado e desligado individuais e usam símbolos de contatos NA e NF padrão em referência ao temporizador que os controla.

Temporizadores de multifunção e de CLP

Temporizador multifunção

O termo *temporizador multifunção* se refere a temporizadores que executam mais de uma função de temporização. Os temporizadores multifunção são mais versáteis, pois podem executar muitas funções diferentes de tempo e, portanto, são mais comuns. A Figura 7-24 mostra um temporizador multifunção digital capaz de realizar todas as funções de temporização básicas.

Temporizadores de CLP

Os controladores lógicos programáveis (CLPs) podem ser programados para operar como relés de temporização convencionais. A instrução do temporizador de PLC pode ser utilizada para ativar ou desativar um dispositivo após um intervalo de tempo predefinido. Uma vantagem do temporizador de PLC é que sua precisão de temporização e repetibilidade são extremamente elevadas. Os tipos mais comuns de instruções de temporizador de PLC são a TON (temporização para ligar), TOF (temporização para desligar) e RTO (temporização retentiva para ligar).

A Figura 7-25 ilustra como um CLP Pico de Allen-Bradley é conectado e programado a fim de implementar uma função de temporização para ligar. Esta aplicação aciona uma lâmpada piloto a qual-

Figura 7-24 Temporizador multifunção digital.
Foto cedida pela Omron Industrial Automation, www.ia.omron.com.

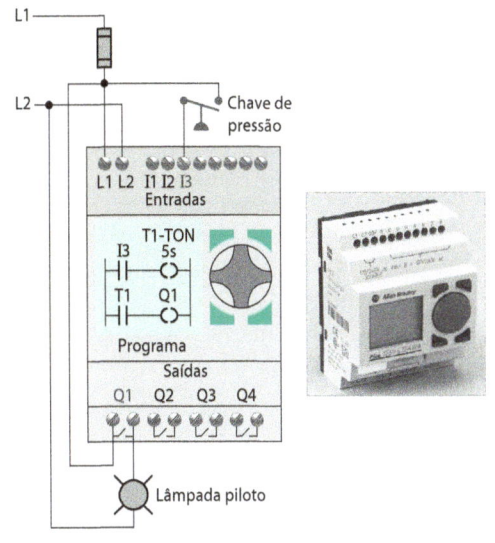

Figura 7-25 Temporizador para ligar programado em um CLP.
Foto cedida pela Rockwell Automation, www.rockwellautomation.com.

quer momento em que a chave de pressão fecha por um período sustentado de 5 segundos ou mais. O procedimento seguido é resumido a seguir:

- O interruptor de pressão é conectado à entrada de I3, e a lâmpada piloto, na saída Q1, de acordo com o diagrama de conexões.
- Em seguida, o programa de lógica ladder (lógica de contatos) é inserido usando o teclado frontal e o display LCD.
- Quando os contatos da chave de pressão se fecham, a bobina de temporização programada T1 é energizada, iniciando a temporização.
- Depois de 5 segundos, o contato do temporizador programado T1 se fecha para energizar a bobina do relé de saída Q1 e ligar a lâmpada piloto.
- A abertura dos contatos da chave de pressão a qualquer momento redefine o valor de temporização para zero.

Parte 3

Questões de revisão

1. De que maneira um relé temporizador difere de um relé de acionamento padrão?
2. Explique como os contatos são fechados e abertos em um temporizador de relógio síncrono.
3. Quais são as melhores aplicações para o temporizador de relógio síncrono?
4. Suponha que a alimentação seja desligada e mais tarde retornada para um temporizador de relógio síncrono. De que maneira isso afeta seu funcionamento?
5. Explique como é feita a temporização em um temporizador de amortecedor.
6. Compare o modo de funcionamento dos contatos instantâneos e temporizados de um temporizador de amortecedor.
7. Compare a faixa de temporização e a precisão dos temporizadores de estado sólido e de amortecedor.
8. Os temporizadores de amortecedor dependem de uma bobina eletromagnética para iniciar as suas funções de tempo. Como isso é feito com relés de estado sólido?
9. Liste quatro tipos básicos de funções de temporização.
10. Diga o que representam as abreviaturas em inglês de temporizador DOE e DODE.
11. Descreva a operação de comutação dos contatos NOTC (normalmente aberto com fechamento temporizado) e NCTO (normalmente fechado com abertura temporizada) de um temporizador para ligar.

12. Descreva a operação de comutação dos contatos NOTC (normalmente aberto com fechamento temporizado) e NCTO (normalmente fechado com abertura temporizada) de um temporizador para desligar.
13. Os contatos normalmente abertos de um temporizador monoestável são usados para controlar uma válvula solenoide. Explique o que ocorre quando a função de temporização é momentaneamente iniciada.
14. Considere que a alimentação seja desligada e mais tarde retornada para um temporizador monoestável. De que forma isso afeta sua operação?
15. Explique a operação de comutação dos contatos temporizados de um temporizador com reciclagem.
16. Compare como os contatos temporizados dos temporizadores com reciclagem simétricos e assimétricos podem ser configurados para operar.
17. Qual é classificação geral dos temporizadores multifunções?
18. Liste as três instruções de temporizadores de CLP mais comuns.

» Parte 4

» Relés biestáveis

Os relés biestáveis geralmente usam um mecanismo de bloqueio ou ímã permanente para manter os contatos em sua última posição, quando energizados, sem a necessidade de aplicação contínua da alimentação na bobina. Eles são especialmente úteis em aplicações em que há economia de energia, como em um dispositivo acionado por bateria, ou onde é desejável que um relé permaneça em uma posição se a alimentação for interrompida.

Relés biestáveis mecânicos

Os relés biestáveis mecânicos usam um mecanismo de bloqueio para manter seus contatos em sua posição até que sejam acionados para mudar de estado, geralmente ao energizar uma segunda bobina. A Figura 7-26 mostra um relé biestável mecânico de duas bobinas. A bobina de bloqueio requer apenas um único pulso de corrente para posicionar a trava e manter o relé na posição bloqueado. Do mesmo modo, a bobina de desbloqueio ou de liberação é alimentada momentaneamente para soltar a trava mecânica e retornar o relé para a posição desbloqueado.

A Figura 7-27 ilustra o funcionamento de um circuito com relé biestável mecânico de duas bobinas. Não existe uma posição "normal" para os contatos de um relé biestável. O contato é mostrado com o relé na condição desbloqueado – ou seja, como se a bobina de bloqueio fosse a última a ser energizada. O funcionamento do circuito é resumido a seguir:

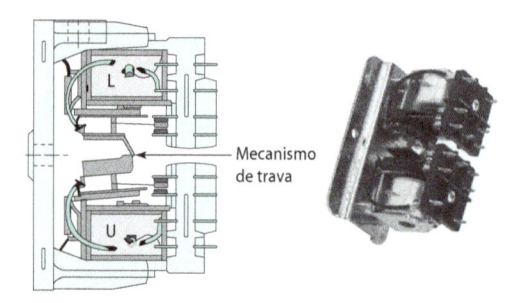

Figura 7-26 Relé biestável mecânico de duas bobinas.
Foto cedida pela Relay Service Company, www.relayserviceco.com.

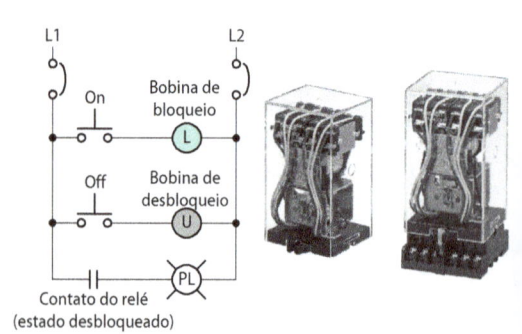

Figura 7-27 Operação de um circuito de relé biestável de duas bobinas.
Foto cedida pela Omron Industrial Automation, www.ia.omron.com.

- No estado desbloqueado, o circuito da lâmpada piloto está aberto, de modo que a luz está apagada.
- Quando o botão é acionado momentaneamente, a bobina de bloqueio é energizada para colocar o relé em sua posição bloqueado.
- Os contatos se fecham, completando o circuito da lâmpada piloto, de modo que a luz é ligada.
- Note que a bobina do relé não tem de ser continuamente energizada para manter os contatos fechados e a luz acesa. A única maneira de desligar a lâmpada é acionar o botão OFF, que energizará a bobina de desbloqueio e retornará os contatos para a posição aberta, estado desbloqueado.
- Nos casos de falta de alimentação, o relé permanecerá em seu estado original bloqueado ou desbloqueado quando a alimentação for restaurada. Este arranjo é por vezes denominado relé de memória.

Relés biestáveis magnéticos

Os relés biestáveis magnéticos são relés de bobina única projetados para serem sensíveis à polaridade. Quando a tensão é momentaneamente aplicada à bobina com uma polaridade predeterminada, o relé bloqueia. Um ímã permanente é usado para deixar os contatos na posição bloqueado, sem a necessidade de deixar a alimentação na bobina. Quando a polaridade é invertida e uma corrente é aplicada momentaneamente à bobina, a armadura é empurrada para fora da bobina, superando o efeito de retenção do ímã permanente, desbloqueando os contatos ou retornando-os ao estado inicial. A Figura 7-28 mostra um relé de bloqueio magnético de uma única bobina usado com um soquete de encaixe com base octogonal de 11 pinos. O sentido da corrente na bobina determina a posição dos contatos do relé. Pulsos repetidos na mesma entrada não têm efeito. Os contatos de um relé DPDT (dois polos e duas vias) podem lidar com cargas do circuito de acionamento e são mostrados com o relé na posição inicial.

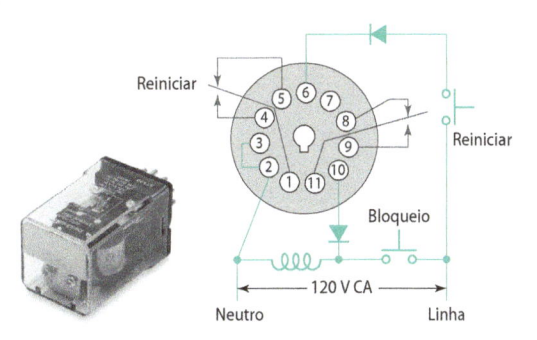

Figura 7-28 Relé de bloqueio magnético de bobina única.
Foto cedida pela Automation Direct, www.automationdirect.com.

Aplicações dos relés biestáveis

O relé biestável tem várias vantagens no projeto de circuitos elétricos. Por exemplo, é comum em um circuito de acionamento a necessidade de lembrar quando um determinado evento ocorre e não permitir certas funções uma vez ocorrido esse evento. A falta de uma peça em uma linha de montagem pode sinalizar o encerramento do processo ao energizar momentaneamente a bobina de desbloqueio. A bobina de bloqueio deverá ser energizada momentaneamente antes que outras operações possam ocorrer.

Outra aplicação para um relé de bloqueio envolve falha de alimentação. A continuidade do circuito durante falhas de alimentação é muitas vezes importante em equipamentos de processamento automático, onde uma sequência de operações tem de continuar a partir do ponto de interrupção após a energia ser restaurada, em vez de voltar para o início da sequência. Em aplicações similares a essa, é importante que não haja no acionamento do relé qualquer dispositivo que possa criar um risco de segurança se ele reiniciar depois de uma interrupção de alimentação.

Os relés biestáveis são úteis em aplicações em que deve haver economia de energia, como um dispositivo alimentado por bateria. A Figura 7-29 mostra um diagrama simplificado de um circuito de alarme biestável alimentado por bateria. O circuito

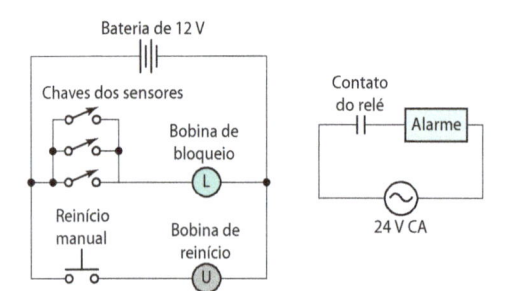

Figura 7-29 Circuito de alarme de travamento alimentado por bateria.

usa um relé biestável para economizar energia. Independentemente de o circuito ser reiniciado ou bloqueado, não há corrente sendo consumida na bateria. Fechar momentaneamente qualquer chave de sensor normalmente aberta bloqueará o relé, fechando o contato para alimentar o circuito do alarme. O botão reiniciar manual deve ser pressionado com todos os sensores no estado normal aberto para reiniciar o circuito.

Relés de impulso

Os relés de impulso (também conhecidos como relés de alternância) são uma forma de relé biestável que muda os contatos a cada pulso. Eles são utilizados em aplicações especiais, onde a otimização da utilização da carga é necessária pela equalização do tempo de operação de duas cargas. A Figura 7-30 mostra um relé de impulso de

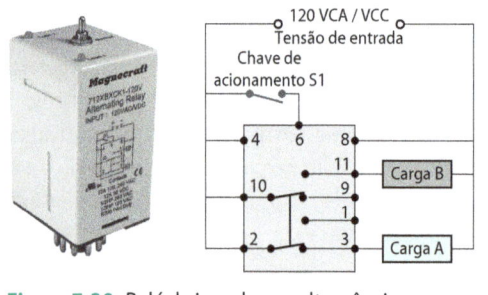

Figura 7-30 Relé de impulso ou alternância.
Foto cedida pela Magnecraft, www.magnecraft.com.

encaixe constituído de um relé biestável magnético operado por um circuito de direção de estado sólido. O funcionamento do circuito é resumido a seguir:

- Uma chave de acionamento externa, como uma chave de nível, uma chave manual, um relé de temporização, uma chave de pressão ou outro contato isolado, inicia a ação de alternância.
- A tensão de entrada deve ser aplicada em todos os momentos, e a tensão na chave de acionamento S1 deve ser proveniente da mesma fonte de alimentação de entrada da unidade (nenhuma outra tensão externa deve ser conectada a ela).
- Cada vez que a chave de acionamento S1 é aberta, os contatos de saída mudam de estado. LEDs indicam o estado do relé e qual carga é selecionada para operar.
- A falta de tensão de entrada reinicia a unidade; a carga A torna-se a primeira carga para a próxima operação.
- Para terminar a operação de alternância e fazer somente a carga selecionada operar, a chave de alternância localizada na parte superior do relé é deslocada para a posição A para bloquear a carga A, ou para a posição B para bloquear a carga B. Este recurso permite aos usuários selecionar uma das duas cargas ou alternar entre as duas.

Em certas aplicações de bombeamento, duas bombas idênticas são usadas para o mesmo trabalho. Uma unidade sobressalente é disponibilizada no caso de a primeira bomba falhar. No entanto, uma bomba totalmente ociosa pode se deteriorar e não proporcionar margem de segurança. Os relés de impulso evitam isso ao assegurar que as duas bombas tenham tempos de operação iguais. A Figura 7-31 mostra um circuito de relé de impulso utilizado com um sistema de bombeamento duplex em que é desejável igualar os tempos de operação das bombas. O funcionamento do circuito é resumido a seguir:

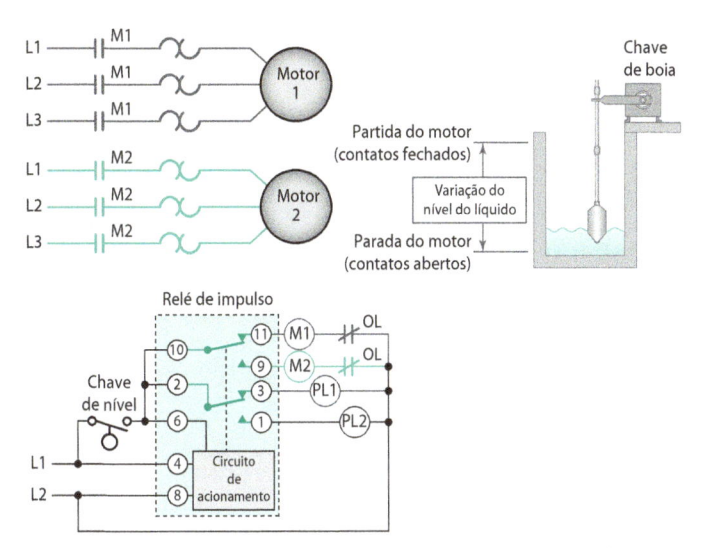

Figura 7-31 Circuito de relé de impulso usado com um sistema de bombeamento duplex.

- No estado desligado, a chave de boia está aberta, o relé de impulso está na posição da carga A e as duas cargas (M1 e M2) estão desligadas.
- Quando a chave de nível se fecha, ela energiza a primeira carga (M1) e o indicador PL1 remoto mostrando que a motobomba 1 está em operação. O circuito permanece neste estado enquanto a chave de boia permanecer fechada.
- Quando a chave de nível se abre, a primeira carga (M1) é desligada e o relé de impulso alterna para a posição da carga B.
- Quando a chave de nível se fecha novamente, ela energiza a segunda carga (M2) e o indicador PL2 remoto mostrando que a motobomba 2 está em operação.
- Quando a chave de nível se abre, a segunda carga (M2) é desligada, o relé de impulso alterna de volta para a posição da carga A e o processo pode ser repetido.

Os relés de impulso DPDT de *conexão cruzada* são usados em aplicações onde uma capacidade adicional pode ser necessária à operação alternada normal. Estes relés têm a capacidade de alternar as cargas de um sistema duplo durante a operação normal ou de operar as duas quando a demanda é elevada. A Figura 7-32 mostra a versão de contatos cruzados de um relé de impulso utilizada em um circuito de bombeamento duplo. O funcionamento do circuito é resumido a seguir:

- A chave seletora localizada no relé permite a seleção do modo de alternância ou de qualquer carga para operação contínua.
- LEDs indicam o *status* do relé de saída.
- Com o modo de alternância selecionado, se o nível no tanque nunca atingir o nível alto, apenas o ciclo da chave de nível de avanço e a operação normal de alternância vão ocorrer.
- Quando as chaves de nível de avanço e de atraso se fecharem ao mesmo tempo, por causa de um fluxo intenso para o tanque, as bombas A e B serão energizadas.
- Este sistema economiza energia, pois apenas uma bomba (inferior) está operando na maior parte do tempo; ainda que o sistema tenha capacidade de lidar com o dobro da carga.

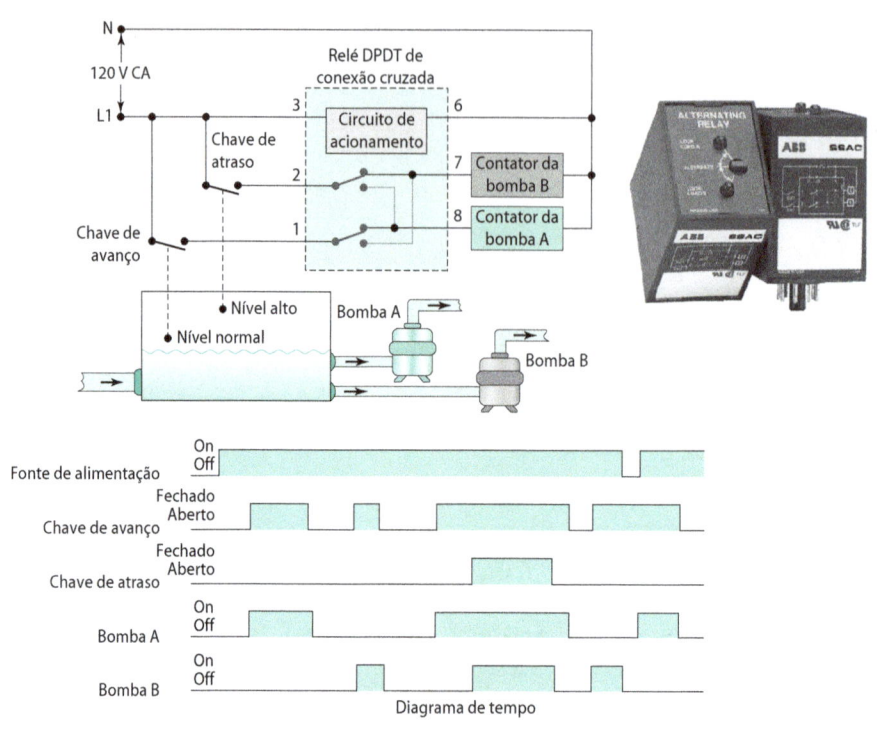

Figura 7-32 Versão DPDT de contatos de conexão cruzada de uma aplicação de bombeamento duplo. Foto cedida pela ABB, www.abb.com.

Parte 4

Questões de revisão

1. Quais são os dois métodos utilizados para manter os contatos de um relé biestável em sua última posição energizada?
2. Explique como um relé biestável mecânico de dupla bobina é bloqueado e desbloqueado.
3. Em que estado estão os contatos de um relé biestável normalmente mostrados nos diagramas?
4. Explique como um relé biestável magnético de bobina única é bloqueado e desbloqueado.
5. Suponha que ocorra uma falha de alimentação em um circuito que contém um relé biestável. Em que estado os contatos estarão quando a alimentação for restaurada?
6. Em que tipo de aplicações os relés de impulso são usados?
7. Que característica operacional adicional está disponível para uso com relés de impulso de conexão cruzada?

» Parte 5

» Lógica de acionamento de relés

Os sinais digitais são a linguagem dos computadores modernos. Estes sinais compreendem apenas dois estados, que podem ser expressos como ON (ligado) ou OFF (desligado). Um relé pode ser considerado de natureza digital, porque é basicamente um dispositivo ON/OFF de dois estados. É comum usar relés para tomar decisões de acionamento lógico em circuitos de acionamento de motores. A principal linguagem de programação para controladores lógicos programáveis (CLPs) é baseada em lógica de acionamento de relés e diagramas ladder.

Entradas e saídas de circuitos de acionamento

A maioria dos circuitos de acionamento elétricos pode ser dividida em duas seções separadas que consistem em entrada e saída. A seção de entrada fornece os sinais e inclui dispositivos como chaves acionadas manualmente e botoeiras, chaves de sensores acionadas automaticamente por meio de pressão, temperatura e nível, bem como contatos de relés. Em geral, os sinais de entrada iniciam ou interrompem o fluxo de corrente ao fechar ou abrir os contatos dos dispositivos de acionamento.

A seção de saída do circuito de comando fornece a ação e inclui dispositivos como contatores, dispositivos de partida de motores, unidades de aquecimento, bobinas de relés, luzes indicadoras e solenoides. As saídas são dispositivos de carga que executam direta ou indiretamente as ações da seção de entrada. A ação é considerada direta quando dispositivos como solenoides e lâmpadas piloto são energizadas como resultado direto da lógica de entrada. A ação é considerada indireta quando as bobinas de relés, contatores e dispositivos de partida são energizadas. Isso porque estas bobinas operam contatos, que na verdade controlam a carga.

Os circuitos de acionamento de motores podem ter uma ou mais entradas que controlam uma ou mais saídas. Uma combinação de dispositivos de entrada que detectam manual ou automaticamente uma condição – e a variação correspondente na condição desempenhada pelo dispositivo de saída – constitui-se no núcleo do acionamento do motor. A Figura 7-33 ilustra as entradas e saídas típicas de um diagrama ladder. A lógica de acionamento para o circuito é resumida a seguir:

- A bobina do relé CR é energizada quando a chave on/off é fechada e atua para fechar o contato CR-1 e abrir o contato CR-2.
- Para a sirene ser energizada e emitir som, o contato CR-1 e a chave fim de curso devem ser fechados.
- O solenoide é energizado e opera sempre que o contato CR-2 ou a chave de nível estiver fechada.
- Quando a chave de temperatura se fecha, a bobina do contator energiza e atua para fechar o contato C1. Ao mesmo tempo, o circuito da lâmpada piloto vermelha é completado, ligando-a.

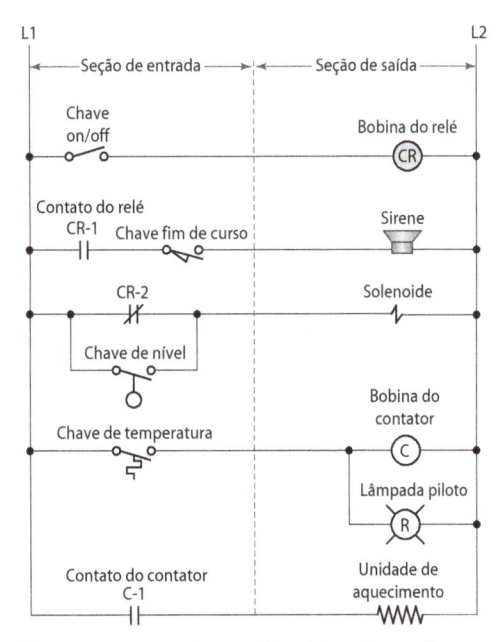

Figura 7-33 Entradas e saídas típicas de um diagrama de acionamento.

- A unidade de aquecimento é energizada e opera sempre que o contato C1 é fechado.

Função lógica AND

Lógica é a capacidade de tomar decisões quando um ou mais fatores diferentes devem ser levados em consideração. As funções lógicas de acionamento descrevem como as entradas interagem entre si para controlar as saídas e incluem as funções AND, OR, NOT, NAND e NOR. Nos circuitos eletrônicos, estas funções são implementadas usando circuitos digitais conhecidos como portas.

A função lógica *AND* funciona como um circuito em série, sendo usada quando duas ou mais entradas são conectadas em série e todas devem estar fechadas para energizar a carga na saída. A Figura 7-34 mostra uma simples aplicação da função AND. A maioria dos circuitos lógicos AND usa dispositivos de entrada normalmente abertos conectados em série. Nesta aplicação, as chaves de temperatura e de nível, que são as entradas, devem ser fechadas para energizar o solenoide de saída.

Função lógica OR

A função lógica *OR* funciona como um circuito paralelo, sendo usada quando duas ou mais entradas estão conectadas em paralelo e qualquer uma das entradas pode ser fechada para energizar a carga na saída. A Figura 7-35 mostra uma simples aplicação da função lógica OR. A maioria dos circuitos lógicos OR usa normalmente dispositivos de entrada abertos conectados em paralelo. Neste circuito, qualquer um dos dois botões de entrada pode ser fechado para energizar a bobina do dispositivo de partida da carga.

Funções lógicas combinacionais

Muitas vezes os circuitos de acionamento necessitam de mais de um tipo de função lógica quando as decisões mais complexas têm de ser tomadas. A Figura 7-36 mostra um exemplo de um circuito de *lógica combinacional* AND/OR. Nesta aplicação de acionamento, a saída é uma bobina de contator que é controlada por funções lógicas combinadas AND/OR. A chave on/off *e* (*and*) a chave fim de curso além do contato do sensor *ou* (*or*) do botão devem ser fechados para energizar a bobina do contator.

Função lógica NOT

Ao contrário das funções lógicas AND e OR, a função lógica *NOT* utiliza um único contato normalmente fechado em vez de um dispositivo de entrada normalmente aberto. A lógica NOT energiza a carga quando o sinal de acionamento está desli-

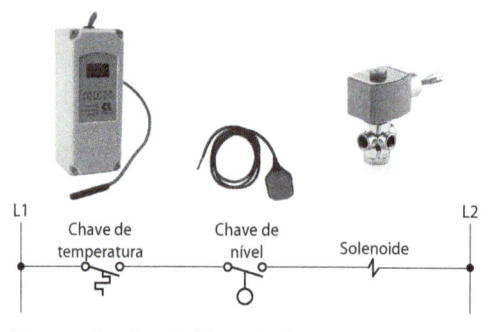

Figura 7-34 Função lógica AND.
Fotos da esquerda e do meio cedidas pela Drillspot, www.DrillSpot.com; foto da direita cedida pela ASCO Valve Inc., www.ascovalve.com.

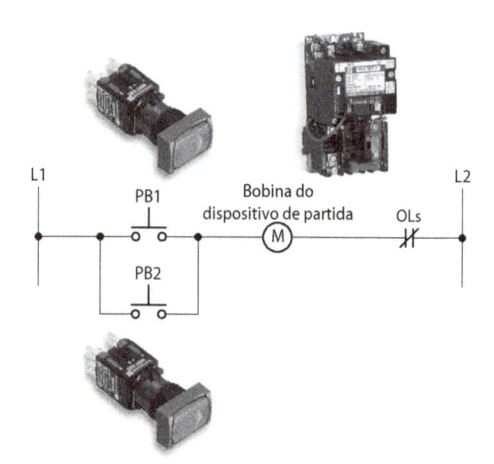

Figura 7-35 Função lógica OR.
Material e *copyrights* associados são de propriedade da Schneider Electric, que permitiu o uso.

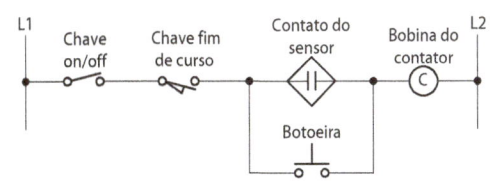

Figura 7-36 Lógica combinacional AND/OR.

gado. A Figura 7-37 mostra um exemplo da função lógica NOT utilizada para evitar o contato acidental com conexões elétricas vivas. A chave de segurança normalmente fechada funciona ao detectar a abertura de proteções, como portas e portões. Os contatos normalmente fechados das chaves de segurança são mantidos abertos com as portas fechadas. Quando a porta é aberta, a chave de segurança retorna ao seu estado normalmente fechado e o solenoide de desarme do disjuntor é energizado para remover toda a alimentação do circuito.

Função lógica NAND

A lógica *NAND* é uma combinação das lógicas AND e NOT em que dois ou mais contatos normalmente fechados são conectados em paralelo para controlar a carga. A Figura 7-38 mostra um exemplo da função lógica NAND usada no circuito de acionamento de uma operação de enchimento de um tanque duplo com líquido. Os dois tanques são interligados e cada um está equipado com uma chave de nível instalada no nível máximo. Um cir-

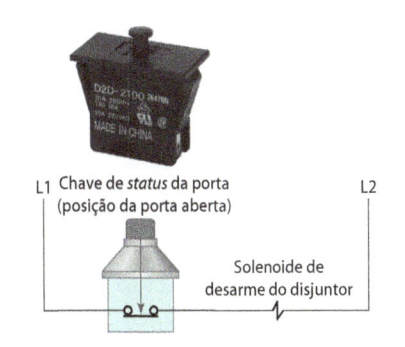

Figura 7-37 Função lógica NOT.
Foto cedida pela Omron Industrial Automation, www.ia.omron.com.

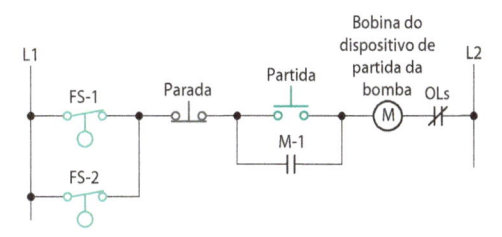

Figura 7-38 Função lógica NAND.

cuito de acionamento a três fios é utilizado, além de duas chaves de nível conectadas em paralelo que fornecem a lógica NAND do circuito. Com um ou ambos os tanques abaixo do nível máximo, ao pressionar momentaneamente o botão de partida, a bobina do dispositivo de partida é energizada, ligando o motor da bomba. As duas chaves de nível devem abrir para desligar o motor automaticamente. O botão de parada desliga o processo a qualquer momento.

Função lógica NOR

A lógica NOR é uma combinação das lógicas OR e NOT em que dois ou mais contatos normalmente fechados são conectados em série para controlar a carga. A Figura 7-39 mostra um exemplo da função lógica NOR usada com um acionamento a três fios para energizar o dispositivo de partida do motor. Neste circuito, a partida do motor pode ocorrer a partir de um único ponto, e sua parada, a partir de três pontos do circuito. Os três botões de parada normalmente fechados representam o circuito da função NOR. Uma vez energizado o circuito, se algum dos três botões de parada for pressionado, a bobina do dispositivo de partida M será desenergizada.

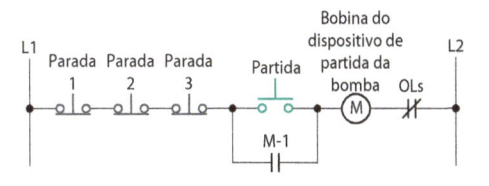

Figura 7-39 Função lógica NOR.

Parte 5

Questões de revisão

1. Por que um relé pode ser considerado de natureza digital?
2. Que tipo de controlador é baseado na lógica de acionamento de relés?
3. Compare as funções das seções de entrada e de saída de um circuito de acionamento elétrico.
4. Defina o termo *lógica* que se aplica aos circuitos de acionamento elétricos.
5. Qual configuração de contatos é logicamente equivalente à função AND?
6. Qual configuração de contatos é logicamente equivalente à função OR?
7. Que tipo de contato é logicamente associado com a função NOT?
8. Qual configuração de contatos é logicamente equivalente à função NAND?
9. Qual configuração de contatos é logicamente equivalente à função NOR?

Situações de análise de defeitos

1. Suspeita-se que um relé eletromecânico esteja com defeito. Como você faria para verificar a bobina do relé no circuito e fora dele? Como você faria para verificar os contatos do relé no circuito e fora dele?
2. Um relé de estado sólido com um circuito de acionamento especificado para 5 V CC tem um sinal positivo marcado em um dos terminais de conexão. O que isso significa no que diz respeito ao funcionamento do relé?
3. Considere que o semicondutor de comutação no interior de um relé de estado sólido tenha como defeito um curto-circuito. Como isso afetaria o funcionamento do circuito de saída? Como o funcionamento do circuito de saída seria afetado se ele tivesse como defeito um circuito aberto?
4. O funcionamento de um temporizador para ligar com um conjunto de contatos NOTC (normalmente aberto com fechamento temporizado) será testado no circuito por meio de medições de tensão. Descreva os procedimentos a serem seguidos para determinar se o circuito está funcionando corretamente.
5. Muitos relés de impulso vêm equipados com uma chave embutida utilizada para forçar manualmente o funcionamento de um motor em um sistema de motobomba duplo cada vez que o circuito é ativado. Discuta em que situação de análise de defeitos esse recurso pode ser utilizado.

Tópicos para discussão e questões de raciocínio crítico

1. Por que a tensão de captura de um relé eletromecânico é normalmente maior que a sua tensão de queda?
2. Durante a operação normal, os relés de estado sólido geram mais calor do que os tipos eletromagnéticos equivalentes. Explique por que a resistência no estado ligado e a corrente de fuga no estado desligado do semicondutor de comutação contribuem para isso.
3. Um relé biestável é às vezes denominado relé de memória. Por quê?
4. Projete e desenhe um circuito lógico combinacional que inclua as seguintes funções lógicas conectadas para controlar um solenoide de saída:
   - Dois botões conectados para implementar uma função lógica AND.
   - Três chaves fim de curso conectadas para implementar uma função lógica OR.
   - Uma chave de nível conectada para implementar uma função lógica NOT.

capítulo 8

Circuitos de acionamento de motores

Este capítulo apresenta uma visão adequada do projeto, da coordenação e da instalação de circuitos de acionamento de motores. Os tópicos abordados incluem requisitos de instalação do NEC, além de partida, parada, reversão e controle de velocidade de motores.

Objetivos do capítulo

» Explicitar o procedimento recomendado para a instalação básica de um motor segundo o Artigo 430 do NEC.

» Listar e descrever os métodos de partida de um motor.

» Apresentar o funcionamento dos circuitos de acionamento do motor para acionamento pulsado e reversão.

» Listar e descrever os métodos para parar um motor.

» Demonstrar a operação dos circuitos básicos de controle de velocidade.

❯❯ Parte 1

❯❯ Requisitos do NEC para instalação de motores

A compreensão das regras do National Electric Code (NEC) é fundamental para a instalação correta de circuitos de acionamento de motores. O **Artigo 430 do NEC** abrange aplicação e instalação de circuitos de motores, incluindo condutores, proteção contra curto-circuito e falha à terra, dispositivos de partida, desconexão e proteção contra sobrecarga. A Figura 8-1 mostra os elementos básicos de um circuito elétrico de motor abordados no NEC. O ramo do circuito do motor inclui o dispositivo de sobrecorrente final (chave de desligamento e fusíveis ou disjuntor), os condutores e o motor.

Dimensionamento dos condutores do circuito elétrico do motor

Os requisitos de instalação para condutores do circuito elétrico do motor são descritos no **Artigo 430 do NEC, Parte II**. Geralmente, os condutores do circuito elétrico do motor, que alimentam um único motor usado em uma aplicação de serviço contínuo, devem ter uma capacidade de corrente não inferior a 125% da corrente a plena carga (FLC – *full-load current*) do motor, conforme determinado pelo Artigo 430.6. Esta disposição é baseada na necessidade de fornecer uma corrente constante de operação maior que a corrente a plena carga especificada e proteção dos condutores por meio de dispositivos de proteção contra sobrecarga do motor ajustados acima da especificação de corrente a plena carga.

A especificação de corrente a plena carga mostrada na placa de identificação do motor *não* deve ser usada para determinar a capacidade de corrente dos condutores e das chaves ou proteção contra curto-circuito e falha à terra no circuito do motor, pois:

- A tensão de alimentação varia normalmente a partir da especificação de tensão do motor, e a corrente varia com a tensão aplicada.
- A especificação de corrente a plena carga real para motores de mesma potência pode variar, e requerer o uso de tabelas do NEC garante que, se um motor tem de ser substituído, isso poderá ser feito com segurança sem precisar fazer alterações em outros componentes do circuito.

A capacidade de corrente dos condutores é determinada pelas Tabelas de 430.247 até 430.250 e baseia-se na especificação dada na placa de identificação do motor. Entretanto, a proteção contra sobrecarga é baseada na especificação de potência e tensão na placa de identificação do motor. O uso do termo *especificação de corrente a plena carga* (FLC) indica a especificação da tabela, enquanto o uso do termo *especificação de ampères a plena carga* (FLA) indica a especificação real de placa. Isso esclarece se está sendo usada a capacidade de corrente da tabela ou da placa de identificação.

Os condutores de alimentadores que alimentam dois ou mais motores devem ter uma capacidade de corrente não inferior a 125% da especificação de corrente a plena carga do motor de maior especificação mais a soma das especificações de

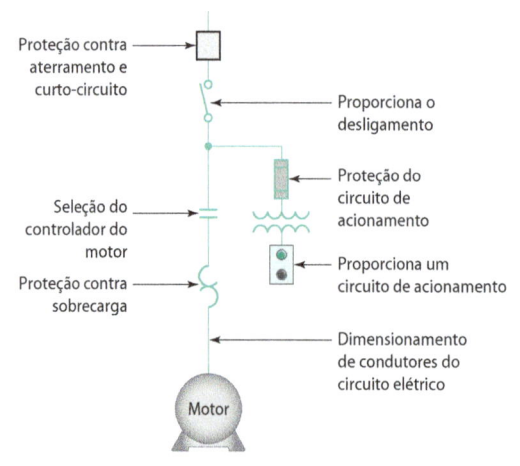

Figura 8-1 Elementos básicos de um circuito elétrico de motor abordados no NEC.

> **EXEMPLO 8-1**
>
> **Problema:**
>
> Usando a sua edição do NEC, determine a capacidade de corrente mínima dos condutores do circuito elétrico necessária para cada um dos motores a seguir:
>
> a. motor monofásico de 2 hp e 230 V.
> b. motor trifásico de 30 hp e 230 V com uma especificação FLA de 70 A na placa de identificação.
>
> **Solução:**
>
> a. A tabela NEC 430.248 mostra a FLC como 12 A. Logo, a capacidade de corrente necessária do condutor é $12 \times 125\% = 15$ A.
> b. A tabela NEC 430.250 mostra a FLC como 80 A. Logo, a capacidade de corrente necessária do condutor é $80 \times 125\% = 100$ A.

Proteção no circuito do motor

A proteção contra sobrecorrente para motores e circuitos de motores difere um pouco da proteção para cargas que não são motores. O método mais comum para proporcionar proteção contra sobrecorrente para uma carga diferente de um motor é o uso de disjuntores que combinam proteção de sobrecorrente de curto-circuito e proteção de falha à terra. No entanto, em geral esta não é a melhor escolha para motores porque eles absorvem uma grande quantidade de corrente na partida, normalmente cerca de 6 vezes a corrente a plena carga do motor. Com raras exceções, o melhor método para proporcionar proteção contra sobrecorrente de motores é separar os dispositivos de proteção contra sobrecarga dos dispositivos de proteção contra curto-circuito e falha à terra, como ilustrado na Figura 8-3. Os dispositivos de proteção contra sobrecarga do motor, como aquecedores e dispositivos térmicos integrais, protegem o motor, seus equipamentos de acionamento e os condutores do circuito do motor da sobrecarga e do aquecimento excessivo resultante, mas não oferecem proteção contra correntes de curto-circuito ou de falhas à terra. Esse é o trabalho dos disjuntores do alimentador e das derivações. Este arranjo torna os cálculos de motor diferentes dos utilizados para outros tipos de cargas.

O **Artigo 430 do NEC, Parte IV** explica os requisitos para proteção contra curto-circuito e falha à terra no circuito de derivação. O NEC exige que a proteção do circuito de derivação para circuitos de motores proteja os condutores do circuito, os dispositivos de acionamento, bem como o próprio motor contra sobrecorrentes devido a curtos-circuitos ou falhas à terra. O dispositivo de proteção (disjuntor ou fusível) para um circuito de derivação específico para um motor deve ser capaz de transportar a corrente de partida do motor sem abrir o circuito. O NEC coloca os valores máximos sobre as especificações ou configuração destes dispositivos, conforme a Tabela 430.52. Um dispositivo de proteção que tem uma especificação ou configuração que não excede o

corrente dos outros motores alimentados. Quando dois ou mais motores de mesma especificação são acionados por um alimentador, um dos motores será considerado o maior, sobre o qual se calcula os 125%, e os outros serão adicionados a 100%.

Uma vez determinada a capacidade de corrente necessária do condutor, a tabela NEC 310.16 pode ser usada para determinar a dimensão segundo o American Wire Gauge (AWG) ou mil circular mil (MCM). A Tabela NEC 310.16 se aplica a situações onde há três ou menos condutores de corrente em um único cabo. Devemos selecionar a coluna que mostra o cabo (identificado por uma letra que designa o material isolante) que pretendemos usar, e escolher entre cobre e alumínio. Tenha em mente que as espessuras de todos os condutores calculadas com base na capacidade de corrente são mínimas, levando em consideração apenas a elevação de temperatura. Os cálculos não levam em conta a queda de tensão durante a partida, ou a queda de tensão durante o funcionamento do motor. Tais considerações muitas vezes requerem o aumento da espessura dos condutores do circuito elétrico.

EXEMPLO 8-2

Problema:

Três motores trifásicos de 460 V com especificações de 50, 30 e 10 hp compartilham o mesmo alimentador (Figura 8-2). Usando a sua edição do NEC, determine a capacidade de corrente necessária para dimensionar os condutores de alimentação.

Solução:

Motor de 50 hp – A Tabela NEC 430.250 mostra a FLC como 65 A.

Motor de 30 hp – A Tabela NEC 430.250 mostra a FLC como 40 A.

Motor de 10 hp – A Tabela NEC 430.250 mostra a FLC como 14 A.

Logo, a capacidade de corrente exigida para os condutores de alimentação é (1,25)(65) + 40 + 14 = 135,25 A.

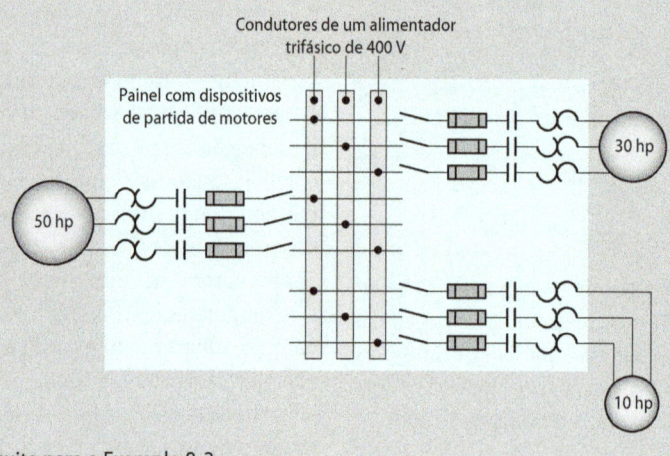

Figura 8-2 Circuito para o Exemplo 8-2.

---

valor calculado de acordo com os valores dados na Tabela 430.52 deve ser usado. Nos casos em que os valores não correspondem às especificações padrão de fusíveis, às especificações dos disjuntores não reajustáveis ou às configurações possíveis de disjuntores ajustáveis, e o próximo valor inferior não é adequado para transportar a corrente do motor, a próxima especificação ou configuração superior pode ser usada. As especificações padrão de fusíveis e disjuntores são listadas no Artigo 240.6 do NEC.

Um disjuntor de desarme instantâneo responde a um valor predeterminado de sobrecarga sem qualquer ação de retardo proposital. A maioria dos disjuntores tem uma característica de tempo de retardo inversa. Com um disjuntor de tempo inverso, quanto maior for a sobrecorrente, menor o tempo necessário para o disjuntor desarmar e abrir o circuito.

Os fusíveis sem retardo de tempo proporcionam excelente proteção contra curto-circuito. Quando ocorre uma sobrecorrente, o calor se acumula rapidamente no fusível. Os fusíveis sem retardo de tempo costumam manter a condução de corrente cerca de 5 vezes a sua especificação por aproximadamente ¼ segundo; depois disso, o elemento de transporte de corrente derrete. Os fusíveis com retardo de tempo fornecem proteção contra sobrecarga e curto-circuito e, em geral, permitem a pas-

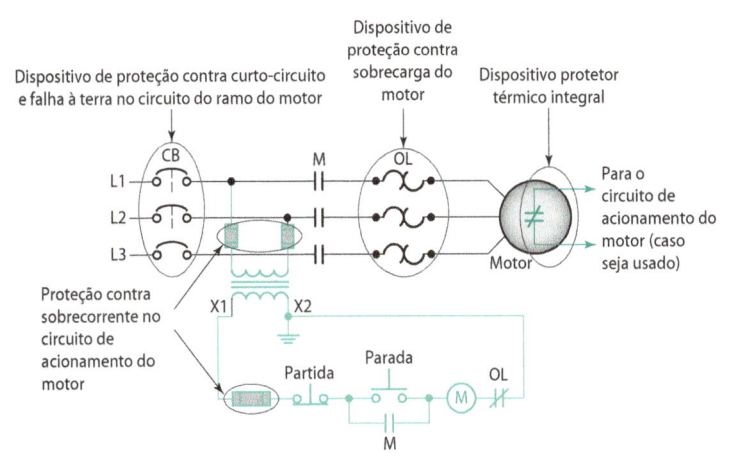

Figura 8-3 Proteção do circuito do ramo do motor.

sagem de uma corrente 5 vezes a nominal por um máximo de 10 segundos para possibilitar a partida dos motores.

O **Artigo 430 do NEC, Parte III** aborda a proteção contra sobrecarga em circuitos de derivação e do motor. A condição de sobrecarga do motor é causada por excesso de carga aplicada ao eixo do motor. Por exemplo, quando uma serra é usada, se a placa estiver úmida ou o corte for muito profundo, o motor pode ficar sobrecarregado e mais lento. O fluxo de corrente nos enrolamentos vai aumentar e aquecer o motor além da sua temperatura de projeto. Uma bomba presa ou uma carga extra pesada em um guincho terá o mesmo efeito sobre o motor. A proteção contra sobrecarga também protege contra a partida de um motor com o rotor bloqueado e contra a perda de uma fase em um sistema trifásico. A proteção contra sobrecarga *não* é projetada para romper o circuito ou pode não ser capaz de interrompê-lo em caso de curto-circuito ou falha à terra.

Os motores são obrigados a ter proteção contra sobrecarga dentro do próprio motor ou em algum lugar próximo ao motor no lado da linha. Esta proteção contra sobrecarga é na realidade uma proteção do motor, dos condutores e da maior parte do circuito à frente das sobrecargas. Uma sobrecarga no circuito desarmará os dispositivos de sobrecarga no circuito, protegendo assim o circuito de condições de sobrecarga. Na maioria das aplicações, a proteção contra sobrecorrente é fornecida por relés de sobrecarga no sistema de acionamento do motor. Todos os motores trifásicos, exceto aqueles protegidos por outros meios aprovados, como detectores do tipo integral, devem ser fornecidos com três unidades de sobrecarga, uma em cada fase.

EXEMPLO 8-3

Problema:

Determine a especificação do disjuntor de tempo inverso a ser usado para proteger um circuito do ramo de um motor trifásico de gaiola de esquilo de 10 hp e 208 V contra curto-circuito e falha à terra.

Solução:
A Tabela 430.250 do NEC mostra a FLC do motor como 30,8 A. A Tabela 430.52 do NEC mostra a especificação máxima para um disjuntor de tempo inverso de 250% da FLC.
$30,8 \times 2,5 = 77$ A

Como esse valor não é padrão, 80 A pode ser usado se um disjuntor de tempo inverso de 70 A não for adequado.

A especificação de corrente a plena carga (FLA) na placa de identificação do motor é utilizada, em vez das tabelas do NEC, para dimensionar as sobrecargas para o motor. Usando esses dados, as tabelas fornecidas pelos fabricantes dos dispositivos de partida são consultadas para determinar a unidade correta do dispositivo térmico do relé de sobrecarga para um tipo particular de relé em uso. Segundo o Artigo 430 do NEC, é necessário o uso de um dispositivo de sobrecarga separado que seja sensível à corrente do motor. Esse dispositivo deve ser selecionado para desarmar em um valor não maior do que 125% da especificação de corrente a plena carga dada na placa de identificação do motor. Quando o elemento térmico selecionado de acordo com o Artigo 430.32 do NEC não for suficiente para a partida do motor ou para a condição de carga, pode ser usado um elemento térmico de especificação maior, desde que a corrente de desarme do relé de sobrecarga não exceda 140% da especificação de corrente a plena carga da placa de identificação do motor.

Os circuitos de acionamento do motor transportam a corrente que controla o funcionamento do controlador, mas não a corrente principal de alimentação do motor. A alimentação destes circuitos pode ser derivada do circuito do motor ou fornecida a partir de uma fonte separada. O artigo 430.72 do NEC lida com a proteção de sobrecorrente de circuitos de acionamento de motores derivados do circuito do motor e o artigo 725.23 é usado para outras fontes de alimentação. Onde for desejada uma tensão mais baixa, um transformador de acionamento pode ser instalado em qualquer dos dois métodos de alimentação utilizados.

Seleção de um controlador de motor

Um controlador de motor é qualquer dispositivo utilizado diretamente para a partida e a parada de um motor elétrico ao fechar e abrir o circuito da alimentação principal do motor. O controlador pode ser uma chave, um dispositivo de partida ou outro tipo semelhante de dispositivo de acionamento. A Figura 8-4 ilustra exemplos de controladores de motor. Um dispositivo de partida magnético que consiste em um contator e um relé de sobrecarga é considerado um controlador. Um botão de pressão adequadamente especificado que permite que um motor monofásico ligue e desligue também é considerado um controlador de motor. O uso de botões de pressão é permitido como controlador de motor, e também como meio de desconexão. Um dispositivo de partida de estado sólido ou uma unidade de acionamento CA ou CC também é classificado como um controlador de motor. Com controladores de estado sólido, são os elementos de alimentação do circuito, como um TRIAC ou SCR, que atendem à definição de controlador.

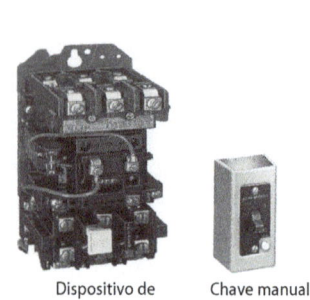

Figura 8-4 Exemplos de controladores de motor.
Foto cedida pela Rockwell Automation, www.rockwellautomation.com.

Dispositivo de partida magnético — Chave manual — Inversor de frequência

A especificação de um controlador de motor ou dispositivo de partida está diretamente relacionada à sua dimensão NEMA, com as especificações elétricas de cada um fornecidas pelas folhas de dados do fabricante. Um invólucro de um controlador deve ser marcado com a identificação do fabricante a especificação de tensão, corrente ou potência. O **Artigo 430 do NEC, Parte VII** detalha os requisitos para os controladores de motor. A seguir estão alguns dos destaques desta seção:

- O circuito de derivação e um dispositivo de falha à terra podem ser usados como controlador de motores estacionários de 1/8 hp ou menos que normalmente não funcionam de forma contínua e não podem ser danificados por sobrecarga ou problema na partida. Um bom exemplo disso seria um motor de relógio.
- Um plugue e uma tomada podem ser usados como controlador para motores portáteis de 1/3 hp ou menos.
- Um controlador deve ser capaz de realizar a partida e a parada do motor que controla, bem como de interromper a corrente de rotor travado do motor.
- A menos que um disjuntor de tempo inverso ou uma chave em caixa moldada seja usado, os controladores devem ter especificação de potência na tensão aplicada não inferior à especificação de potência do motor.
- Para motores estacionários com especificação de 2 hp ou menos e 300 V ou menos, o controlador pode ser um dos seguintes:

1. Uma chave de uso geral que tenha uma especificação de corrente não inferior a duas vezes a especificação de corrente a plena carga do motor.
2. Em circuitos CA, um botão de pressão de uso geral adequado apenas para uso em CA (não botões de pressão de uso geral CA/CC), onde a especificação de corrente a plena carga não seja maior do que 80% da especificação de corrente da chave.

- Um controlador que também não serve como meio de desconexão deve abrir apenas a quantidade de condutores do circuito do motor necessária para parar o motor, isto é, um condutor para os circuitos de motor CC ou monofásicos e dois condutores para um circuito de motor trifásico.
- Controladores individuais devem ser fornecidos para cada motor, a menos que o motor seja menos de 600 V, ou se houver uma única máquina com vários motores, ou um único dispositivo de sobrecorrente, ou um grupo de motores situados em uma única sala, à vista do controlador.

Meio de desconexão para motores e controladores

A capacidade de trabalhar de forma segura em um motor, um controlador de motor ou qualquer tipo de equipamento motorizado começa com a possibilidade de desligar a alimentação do motor e do seu equipamento relacionado. O **Artigo 430 do NEC, Parte IX** aborda os requisitos para os meios de desconexão de um motor. O código exige que seja fornecido um meio (uma chave no circuito do motor especificada em potência ou um disjuntor) em cada circuito do motor para desconectar o motor e seu controlador de todos os condutores de alimentação não aterrados. Todas as chaves de desconexão devem indicar claramente que estão abertas (OFF) ou fechadas (ON) e não é permitido que algum polo opere independentemente. Dispositivos de desconexão separados e controladores podem ser montados no mesmo painel ou estar contidos no mesmo invólucro, como uma combinação chave-fusível e uma unidade de dispositivo de partida magnético (Figura 8-5).

Os meios de desconexão diferentes de dispositivos de proteção contra curto-circuito e falha à terra no

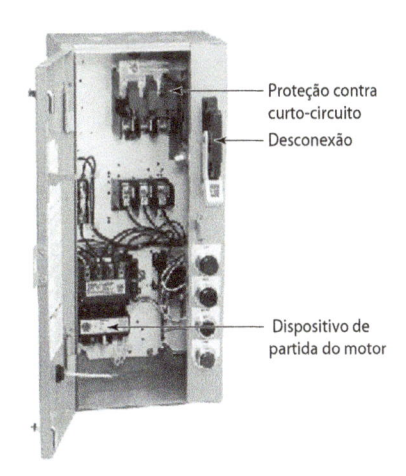

Figura 8-5 Combinação de chave-fusível com dispositivo de partida magnético.
Foto cedida pela Siemens, www.siemens.com.

circuito de derivação são usados como chave de segurança para desconectar o circuito do motor. Eles devem estar à vista do motor e ser sem fusíveis. Se uma pessoa estiver trabalhando no motor, a desconexão estará onde esta pessoa possa vê-la. Isso protege a pessoa de uma partida acidental do motor. Se um dispositivo de proteção contra curto-circuito e falha à terra for usado como meio de desconexão e não estiver à vista do motor, ele deve ser capaz de ser bloqueado na posição aberta. O NEC define "à vista" como visível e não mais de 50 pés (15 m) distante do motor, como ilustra a Figura 8-6.

Para circuitos de motor especificados para 600 V ou menos, os meios de desconexão devem ser de pelo menos 115% da corrente a plena carga (FLC) do motor. Os meios de desconexão dos circuitos de derivação podem ser fusíveis ou disjuntores. As chaves de desconexão de motores são especificadas em volts, ampères e hp. Se for especificada em termos de potência (hp), a chave de desconexão deve ter uma especificação de potência igual ou maior que a especificação de potência do motor na tensão aplicável. Para motores estacionários especificados para mais de 40 hp CC ou 100 hp CA, uma chave de uso geral ou isolante pode ser usada, mas deve ser claramente identificada com "**NÃO ACIONE SOB CARGA**". Uma chave isolante se destina a isolar um circuito elétrico de sua fonte de alimentação; ela não tem

> **EXEMPLO 8-4**
>
> **Problema:**
>
> Determine a especificação de corrente da chave de desconexão do motor necessária para um motor trifásico de 125 hp e 460 V.
>
> **Solução:**
> A Tabela 430.250 do NEC mostra a FLC do motor como 156 A. A Tabela 430.110 do NEC define que o meio de desconexão do motor tenha uma especificação de corrente de pelo menos 115% da especificação FLC do motor.
> 156 A × 1,15 = 179 A
>
> Logo, uma chave de desconexão de 200 A é necessária.

especificação de interrupção e deve ser utilizada apenas após o circuito ter sido aberto por algum outro meio.

Construção de um circuito de acionamento

Um circuito de acionamento do motor transporta sinais elétricos direcionando a ação do controlador, mas não possui o circuito de alimentação principal. O circuito de acionamento geralmente tem como carga a bobina do dispositivo de partida magnético do motor, um contator magnético ou um relé. O **Artigo 430 do NEC, Parte VI** abrange os requisitos para circuitos de acionamento de motores. Os circuitos de acionamento associados com o comando de motores podem ser extremamente complexos e variam muito com a aplicação. Os elementos do circuito de acionamento incluem todos os equipamentos e dispositivos relacionados com a função do circuito: condutores, calha, bobina do contator, fonte de alimentação do circuito, dispositivos de proteção contra sobrecorrente e todos os dispositivos de comutação que acionam as bobinas.

Os circuitos de acionamento do motor podem estar na mesma tensão que o motor até 600 V, ou

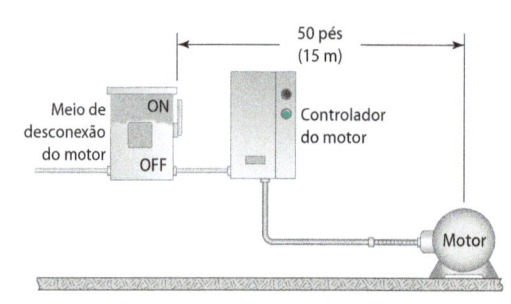

Figura 8-6 Os meios de desconexão devem estar localizados à vista do controlador, do motor e do local de acionamento das máquinas.

ser reduzidos por meio de um transformador de acionamento. Muitas vezes é utilizado um transformador de acionamento, especialmente quando o circuito de acionamento se estende além do controlador. Por exemplo, um motor de 460 V com um circuito de acionamento externo de 120 V é muito mais fácil e mais seguro de lidar.

Onde um lado do circuito de acionamento do motor é aterrado, o projeto do circuito de acionamento tem de impedir a partida do motor por uma falha à terra na fiação do circuito de acionamento. Esta regra deve ser observada para qualquer circuito de acionamento que tenha um lado aterrado. Se um lado do botão de partida estiver aterrado, como mostra a Figura 8-7a, uma falha à terra entre a bobina e o botão de partida pode colocar em curto-circuito o circuito de partida e acionar o motor. Ao mudar o ramo da fase, como mostra a Figura 8-7b, a partida do motor por uma falha de aterramento acidental pode ser efetivamente eliminada. Outro requisito para os circuitos de acionamento é que uma falha à terra não anule os dispositivos de desligamento manual ou automático de segurança.

O Artigo 430.74 do NEC requer que os circuitos de acionamento de motores sejam dispostos de modo que eles sejam desconectados de todas as fontes de alimentação quando o meio de desconexão estiver na posição aberta.

- Quando o circuito de acionamento do motor é alimentado a partir do circuito do ramo do motor, o meio de desconexão do controlador pode servir como meio de desconexão do circuito de acionamento.
- Quando o circuito de acionamento do motor é alimentado a partir de uma fonte diferente do circuito do ramo do motor, o meio de desconexão do circuito de acionamento do motor tem de estar situado imediatamente adjacente ao meio de desconexão do controlador.
- Quando for usado um transformador para obter uma redução de tensão para o circuito de acionamento do motor e o transformador estiver localizado dentro do compartimento do controlador do motor, o transformador tem de ser conectado ao lado da carga do meio de desconexão do circuito de acionamento do motor. O transformador de acionamento tem de ser protegido em conformidade com o Artigo 430.72 do NEC.

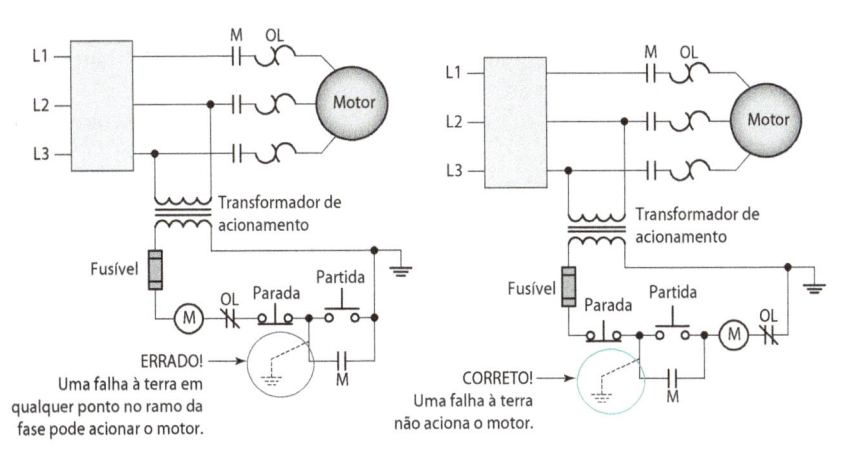

Figura 8-7 O projeto do circuito de acionamento tem de evitar que o motor seja acionado por uma falha à terra no circuito de acionamento.

(a) Conexão do circuito de acionamento incorreta
(b) Conexão do circuito de acionamento correta

Parte 1

Questões de revisão

1. Cite sete elementos básicos de um circuito elétrico do motor abordados no artigo 430 do NEC.
2. Apresente duas razões para que os condutores do circuito do ramo do motor sejam obrigados a ter uma capacidade de corrente igual ou superior a 125% da corrente nominal do motor.
3. Compare os termos de referência utilizados na definição de FLC e FLA.
4. Determine a corrente nominal e a capacidade de corrente necessária para um motor trifásico de gaiola de 15 hp e 575 V.
5. Dois motores trifásicos de 25 hp e 460 V compartilham o mesmo alimentador. Qual é a capacidade de corrente necessária para dimensionar os condutores do alimentador?
6. Dois motores trifásicos de 30 hp e um motor de 40 hp, todos de 460 V, gaiola de esquilo e regime contínuo, estão em um único alimentador.
   a. Qual é a capacidade de corrente necessária para dimensionar os condutores do alimentador?
   b. Qual é a dimensão THWM necessária para os condutores de cobre?
7. De que forma as características de carga de um motor diferem das de um sistema de iluminação e de outras cargas?
8. Compare o tipo de proteção contra sobrecorrente utilizado para cargas com e sem motor.
9. Um motor trifásico de 30 hp e 460 V está protegido contra curto-circuito e falha à terra por fusíveis sem retardo.
   a. Qual é a corrente a plena carga deste motor de acordo com a Tabela 430.250?
   b. Qual é a capacidade máxima do fusível exigida conforme a Tabela 430.52?
   c. Que capacidade do fusível padrão seria selecionada conforme o Artigo 240.6?
10. Compare o funcionamento de disjuntores de desarme imediato e de tempo inverso.
11. Compare o funcionamento de fusíveis de ação rápida e retardada.
12. Cite três tipos de proteção contra sobrecarga para motores.
13. Quantas unidades de sobrecarga são necessárias para um motor trifásico?
14. Explique o processo seguido na escolha da capacidade dos elementos térmicos para um determinado motor e dispositivo de partida.
15. Liste três tipos comuns de controladores de motores.
16. Como um controlador é dimensionado em função da especificação de potência do motor?
17. Um plugue e uma tomada podem ser usados como controlador para que tipo de motor?
18. Qual é a regra básica com relação à localização dos meios de desconexão do motor?
19. O que deve ser feito se os dispositivos de proteção contra falha à terra e curto circuito usados como meio de desconexão não estão nas proximidades do motor?
20. Determine a especificação de corrente de uma chave de desconexão necessária para um motor trifásico de 40 hp e 460 V.
21. Liste três dispositivos que normalmente servem como carga para um circuito de acionamento de motor.
22. Que questões de segurança devem ser abordadas no projeto de um circuito de acionamento de motor quando um lado do circuito de acionamento está aterrado?

» Parte 2

» Partida do motor

Na partida, cada motor age como um gerador. Esta ação geradora produz uma tensão oposta, ou contrária, à tensão aplicada que reduz a intensidade da corrente fornecida ao motor. A tensão gerada no motor é denominada força contraeletromotriz (FCEM) e resulta de o rotor cortar as linhas de força magnéticas.

Na partida do motor, entretanto, antes de ele começar a girar, não há nenhuma FCEM para limitar a corrente, de modo que inicialmente há uma corrente de partida alta, ou de rotor bloqueado. O termo *corrente de rotor bloqueado* deriva do fato de que o seu valor é determinado bloqueando o eixo do motor, de modo que ele não pode girar e, em seguida, aplicando a tensão nominal do motor e medindo a corrente. Embora a corrente de partida possa ser até 6 vezes a corrente nominal, ela dura apenas uma fração de segundo (Figura 8-8).

O principal fator na determinação dos valores da tensão e corrente opostas geradas no motor é a sua velocidade. Portanto, todos os motores tendem a absorver muito mais corrente durante a partida (corrente de partida) do que quando estão girando na velocidade de operação (corrente de trabalho). Se a carga colocada no motor diminui a velocidade, menos corrente é gerada e haverá mais fluxo de corrente aplicada. Isto é, quanto maior a carga sobre o motor, mais lentamente o motor girará e mais corrente aplicada percorrerá seus enrolamentos. Se o motor estiver bloqueado ou impedido de girar de alguma forma, a condição de rotor travado é criada e a corrente aplicada se torna muito elevada. Esta corrente elevada provocará a queima do motor rapidamente.

Partida com tensão de linha de motores de indução CA

Um dispositivo de partida com tensão máxima, ou tensão de linha, é projetado para aplicar toda a tensão de linha no motor logo na partida. Se a corrente de partida alta não afeta o sistema de alimentação e as máquinas têm alto torque de partida, então a partida com tensão máxima pode ser aceitável. Os dispositivos de partida com tensão máxima podem ser do tipo manual ou magnético. Os dispositivos de partida manual são operados manualmente e consistem em uma chave ON/OFF com um conjunto de contatos para cada fase e proteção contra sobrecarga do motor. Visto que não é usada uma bobina para fechamento elétrico, os contatos do dispositivo de partida permanecem fechados durante uma interrupção de alimentação. Quando a alimentação é restaurada, imediatamente ocorre a partida do motor.

Os dispositivos de partida manuais para motores monofásicos e de potência fracionária são encontrados em uma variedade de aplicações nas áreas residencial, comercial e industrial. A Figura 8-9 mostra um dispositivo de partida de motor que consiste em uma chave ON/OFF manual de ação

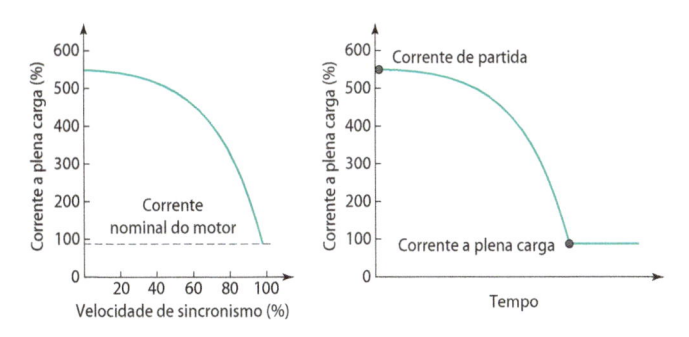

Figura 8-8 Corrente de partida é reduzida à medida que o motor acelera.

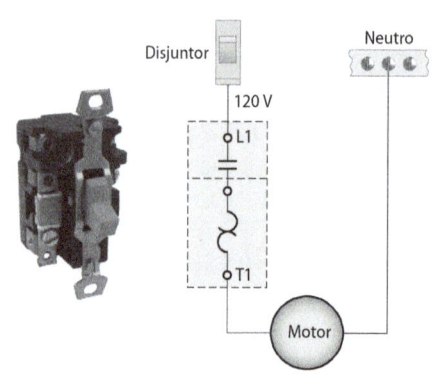

Figura 8-9 Dispositivo de partida de motor manual de um polo e potência fracionária.
Material e *copyrights* associados são de propriedade da Schneider Electric, que permitiu o uso.

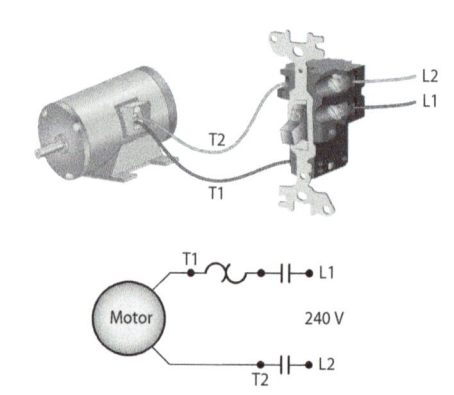

Figura 8-10 Dispositivo de partida de motor manual de dois polos.

rápida, um polo e potência fracionária com proteção contra sobrecarga. Quando a chave é movida para a posição ON ou de partida, o motor é conectado diretamente na linha em série com o contato do dispositivo de partida e o dispositivo de proteção térmica de sobrecarga (OL). Quanto maior a corrente que flui pelo circuito, maior a elevação da temperatura do dispositivo de sobrecarga térmico e, em um ponto predeterminado de temperatura, o dispositivo atua abrindo o contato. Quando uma sobrecarga é detectada, o dispositivo de partida se move automaticamente para a posição central para indicar que os contatos foram abertos por causa da sobrecarga e o motor não está mais operando. Os contatos do dispositivo de partida não podem ser fechados novamente até que o relé de sobrecarga seja rearmado manualmente. O dispositivo de partida é rearmado movendo-se a alavanca para a posição totalmente desligado após permitir que o elemento térmico esfrie por cerca de dois minutos.

Os dispositivos de partida de motor manuais estão disponíveis com um polo, dois polos e três polos. A Figura 8-10 mostra um dispositivo de partida de motor de dois polos com um único elemento térmico para proteção dos enrolamentos do motor. Os dispositivos de acionamento especificados para a tensão de linha, como termostatos, chaves de nível e relés, são usados para ligar e desligar o motor quando uma operação automática é desejada.

O dispositivo de partida manual de três polos mostrado na Figura 8-11 oferece três elementos térmicos de sobrecarga para proteger os enrolamentos do motor. Este dispositivo de partida é acionado ao apertar o botão na parte frontal do invólucro que opera mecanicamente o dispositivo de partida. Quando um relé de sobrecarga desarma, o mecanismo do dispositivo de partida solta, abrindo os contatos para parar o motor. Os contatos não podem ser fechados novamente até que o mecanismo do dispositivo de partida seja rearmado pressionando o botão de parada (STOP); primeiro, no entanto, os elementos térmicos precisam de tempo para esfriar. Estes dispositivos de partida são projetados para partidas pouco frequentes de pequenos motores CA (10 hp ou menos) em tensões nominais entre 120 e 600 V.

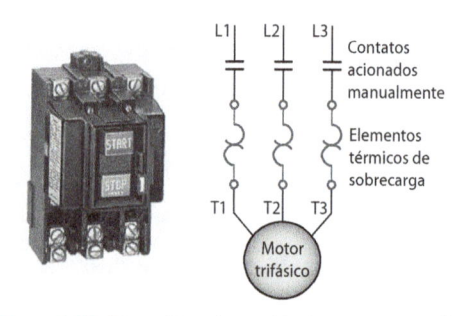

Figura 8-11 Dispositivo de partida de motor manual de três polos.

Os contatos do circuito de potência dos dispositivos de partida de motores manuais não são afetados por queda de tensão, consequentemente, eles permanecem na posição fechada quando a fonte de alimentação falha. Quando o motor está funcionando e a tensão de alimentação falha, o motor para e reinicia automaticamente quando a tensão de alimentação é restaurada. Isso coloca estes dispositivos de partida na classificação de *sem tensão de liberação*. Além disso, os dispositivos de partida manuais devem ser montados próximos dos motores controlados. A operação por acionamento remoto não é possível, como ocorre com dispositivos de partida magnéticos.

Diferentemente do dispositivo de partida manual, no qual os contatos de potência são fechados manualmente, os contatos do dispositivo de partida magnético de motor são fechados energizando uma bobina de retenção, o que permite o uso de acionamento automático e remoto do motor. Com o acionamento magnético, as botoeiras são montadas nas proximidades, mas os dispositivos secundários de acionamento automático podem ser montados em qualquer lugar na máquina.

A Figura 8-12 mostra um diagrama de um dispositivo de partida magnético conectado na linha CA. O funcionamento do circuito é resumido a seguir:

- O transformador de acionamento é alimentado por duas das três fases. Este transformador reduz a tensão para um valor útil mais comum quando se usa lâmpadas, temporizadores ou chaves remotas que não são especificados para tensões maiores.
- Quando o botão de partida é pressionado, a bobina M energiza fechando todos os contatos M. Estes contatos em série com o motor se fecham para completar o caminho para a corrente chegar ao motor. Estes contatos fazem parte do circuito de potência e devem ser projetados para lidar com a corrente nominal de carga do motor. O contato de retenção M (conectado no botão de partida) também fecha, selando o circuito da bobina quando o botão de partida é liberado. Esse contato faz parte do circuito de acionamento; como tal, ele precisa lidar com um nível pequeno de corrente necessário para energizar a bobina.
- O dispositivo de partida tem três elementos térmicos de sobrecarga, um em cada fase. O contato do relé de sobrecarga (OL), que é normalmente fechado (NF), se abre automaticamente quando uma corrente de sobrecarga é detectada em qualquer fase para energizar a bobina M e parar o motor.
- O motor pode receber o comando de partida ou parada a partir de vários locais adicionando um botão de partida em paralelo e um botão de parada em série.

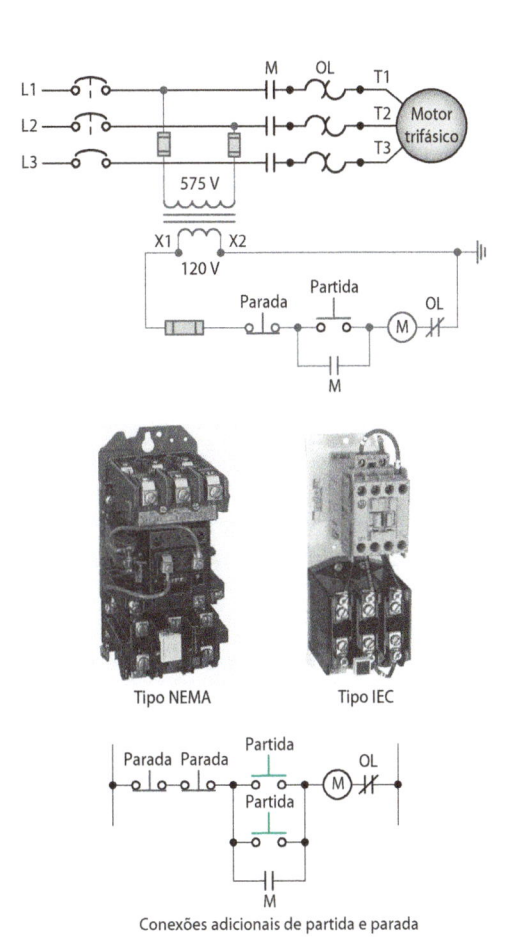

Figura 8-12 Dispositivo de partida magnético conectado diretamente na linha.
Foto cedida pela Rockwell Automation, www.rockwellautomation.com.

- Estes dispositivos de partida estão disponíveis com especificações IEC e NEMA.

O circuito na Figura 8-13 é usado para dar partida em dois motores conectados diretamente na tensão de linha. Para reduzir a intensidade da corrente de partida, o circuito foi projetado para que haja um curto intervalo de tempo entre as partidas dos motores 1 e 2. O funcionamento é resumido a seguir:

- A partida do primeiro motor é feita pressionando o botão de partida conectado em uma configuração de acionamento a três fios ao dispositivo de partida do motor M1.
- A alimentação é aplicada ao motor 1 e à bobina do temporizador para ligar TR.
- Após o tempo predefinido, os contatos NA do temporizador RT se fecham para energizar a bobina do dispositivo de partida M2, proporcionando a partida do segundo motor.
- Os dois motores podem ser parados pressionando o botão de parada.

O NEC requer que todos os motores tenham um meio de desconexão projetado para desativar a alimentação do motor ou do dispositivo de partida do motor. Um dispositivo de partida com componentes combinados, como mostrado na Figura 8-14, consiste em uma chave de segurança e um dispositivo de partida magnético de motor colocados em um mesmo gabinete. A tampa do gabinete é intertravada com a chave manual externa do meio de desconexão. A porta não pode ser aberta enquanto o meio de desconexão estiver fechado. Quando o meio de desconexão estiver aberto, todas as partes do dispositivo de partida estarão acessíveis, no entanto, o perigo é reduzido porque os componentes facilmente acessíveis do dispositivo de partida não estarão conectados à rede elétrica. Dispositivos auxiliares, como indicadores luminosos e botões, também podem ser montados no painel. Os dispositivos de partida com componentes combinados oferecem redução de espaço e custo em relação à utilização de componentes separados.

Partida de motores de indução com tensão reduzida

Há duas razões principais para usar uma tensão reduzida na partida de um motor:

- Ela limita as perturbações da linha.
- Ela reduz o torque excessivo no equipamento acionado.

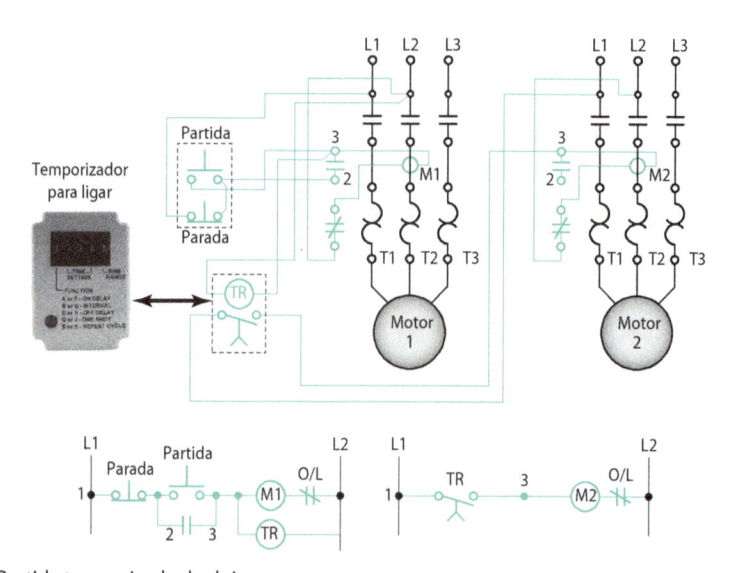

Figura 8-13 Partida temporizada de dois motores.
Material e *copyrights* associados são de propriedade da Schneider Electric, que permitiu o uso.

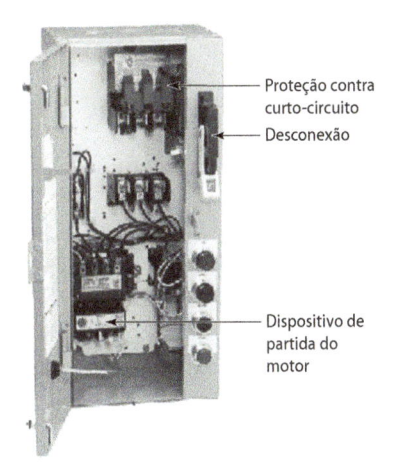

Figura 8-14 Dispositivo de partida com componentes combinados.
Foto cedida pela Siemens, www.siemens.com.

Na partida de um motor com tensão máxima, a corrente absorvida a partir da linha de alimentação é comumente 600% da corrente a plena carga. O pico de elevada corrente de partida de um motor de grande porte poderia causar quedas de tensão de linha e blecaute (apagão). Além de altas correntes de partida, o motor também produz torques de partida que são maiores que o torque a plena carga. Em muitas aplicações, o torque de partida pode causar danos mecânicos, como ruptura de correia, corrente ou acoplamento. Quando uma tensão reduzida é aplicada a um motor em repouso, tanto a corrente absorvida pelo motor quanto o torque produzido são reduzidos. A Tabela 8-1 apresenta a relação de tensão, corrente e torque para um motor com projeto B segundo a NEMA.

Restrições de corrente da concessionária de energia elétrica, bem como da capacidade dos barramentos da planta, podem exigir que motores acima de uma determinada potência tenham a partida com tensão reduzida. As cargas de alta inércia podem exigir o controle de aceleração do motor e da carga. Se a carga acionada ou o sistema de distribuição de potência não puder aceitar uma partida com tensão plena, algum tipo de esquema de tensão reduzida ou partida suave deve ser utilizado. Entre os dispositivos de partida com tensão reduzida estão as resistências no primário, os autotransformadores, a partida estrela-triângulo, a partida com enrolamento parcial e os dispositivos de estado sólido. Estes dispositivos podem ser usados apenas quando um torque de partida baixo for aceitável.

Tabela 8-1 *Características de tensão, corrente e torque de motores de projeto B segundo a NEMA*

Método de partida	% de tensão nos terminais do motor	Corrente de partida do motor como porcentagem de:		Corrente de linha como porcentagem de:		Torque de partida do motor como porcentagem de:	
		Corrente de rotor bloqueado	Corrente a plena carga	Corrente de rotor bloqueado	Corrente a plena carga	Corrente de rotor bloqueado	Corrente a plena carga
Tensão plena	100	100	600	100	600	100	180
Autotransformador							
Derivação de 80%	80	80	480	64	307	64	115
Derivação de 65%	65	65	390	42	164	42	76
Derivação de 50%	50	50	300	25	75	25	45
Enrolamento parcial	100	65	390	65	390	50	90
Estrela-triângulo	100	33	198	33	198	33	60
Estado sólido	0–100	0–100	0–600	0–100	0–600	0–100	0–180

Partida com resistência no primário

A tensão reduzida é obtida na resistência primária no sistema de partida, por meio de resistências conectadas em série com cada terminal do estator do motor durante o período de partida. A queda de tensão nas resistências produz uma tensão reduzida nos terminais do motor. Em um tempo definido depois de o motor ser conectado à linha através das resistências, os contatos do temporizador se fecham; isso coloca em curto-circuito os resistores de partida e aplica a tensão total ao motor. Aplicações típicas incluem transportadores, equipamentos acionados por correia e equipamentos acionados por engrenagens.

A Figura 8-15 mostra um sistema de partida com tensão reduzida por resistência primária. O seu funcionamento é resumido a seguir:

- Pressionar o botão de partida energiza a bobina M do dispositivo de partida e a bobina TR do temporizador. O motor inicia a partida através dos resistores nas três linhas de entrada. Parte da tensão de linha fica nos resistores, com o motor recebendo cerca de 75 a 80% da tensão total da linha.
- Quando o motor acelera, ele passa a receber mais tensão de linha.
- Em um tempo definido, os contatos do temporizador para ligar se fecham para energizar a bobina do contator C. Isso fecha os contatos C, colocando em curto-circuito os resistores e aplicando a tensão total no motor. O valor dos resistores é escolhido para proporcionar o torque de partida adequado, minimizando a corrente de partida.
- A melhoria das características de partida com algumas cargas pode ser obtida com o uso de alguns estágios de resistências em curto-circuito. Este tipo de partida com tensão reduzida é limitado pela quantidade de calor que os resistores podem dissipar.

Partida com autotransformador

Em vez de resistores, a partida com autotransformador usa um autotransformador (transformador de um enrolamento) abaixador para reduzir a tensão da linha. Esse tipo de partida oferece maior redução da corrente de linha que qualquer método de partida com redução de tensão. As múltiplas derivações no transformador permitem que tensão, corrente e torque sejam ajustados para satisfazer diversas condições de partida. Próximo da transição, na partida, o motor nunca é desconectado da linha durante a aceleração. As aplicações típicas incluem trituradores, ventoinhas, transportadores e misturadores.

A Figura 8-16 mostra um circuito de partida com autotransformador. O seu funcionamento é resumido a seguir:

- O fechamento do botão de partida energiza a bobina TR do temporizador para ligar.
- O contato de controle de memória TR1 se fecha para selar e manter a bobina TR do temporizador.
- O contato TR2 se fecha para energizar a bobina do contator C2.
- O contato auxiliar normalmente aberto C2 se fecha para energizar a bobina do contator C3.
- Os contatos da alimentação principal de C2 e C3 se fecham e o motor é conectado à linha de alimentação através das derivações do autotransformador.

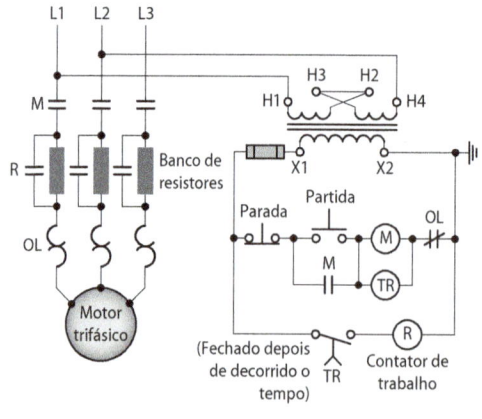

Figura 8-15 Sistema de partida com resistência primária.

C3 normalmente aberto se fecha, selando e mantendo a bobina do contator C3.
- Depois do tempo programado, o temporizador para ligar é ativado.
- Os contatos normalmente fechados e temporizados de TR4 se abrem para desenergizar a bobina do contator C2 e retorna todos os contatos C2 para seu estado desenergizado.
- O contato normalmente aberto de TR3, temporizado, se fecha para energizar a bobina do contator C1.
- O contato auxiliar C1 normalmente fechado se abre para desenergizar a bobina do contator C3.
- O resultado é a desenergização dos contatores C2 e C3 e a energização do contator C1, o que proporciona a conexão do motor à tensão de linha total.
- Durante a transição da partida para a tensão total de linha, o motor não é desligado do circuito, proporcionando transição de circuito fechado.

Partida estrela-triângulo

A partida estrela-triângulo (também conhecida como partida Y-Δ) envolve a conexão dos enrolamentos do motor primeiro em estrela durante a partida e, em seguida, em triângulo após o motor ter acelerado (Figura 8-17). A partida estrela-triângulo pode ser utilizada com motores trifásicos de corrente alternada em que os seis terminais dos enrolamentos do estator estão disponíveis (em alguns motores, apenas três terminais são acessíveis). Conectado em uma configuração estrela, a partida do motor ocorre com uma corrente de partida significativamente menor do que se os en-

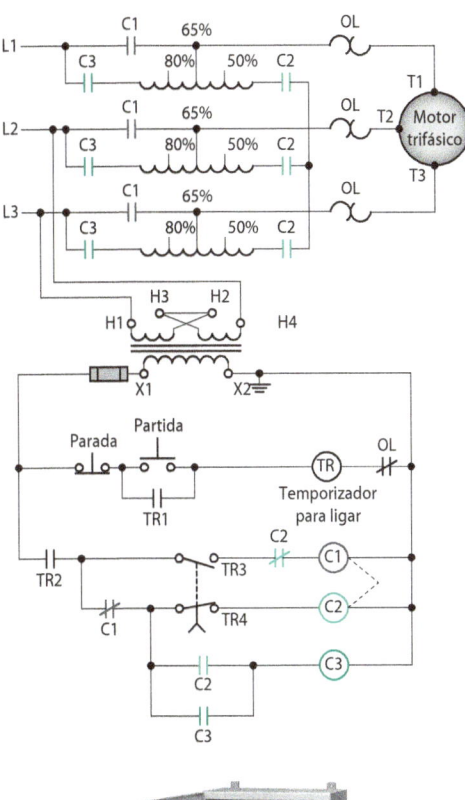

Figura 8-16 Dispositivo de partida com autotransformador.
Foto cedida pela Rockwell Automation, www.rockwellautomation.com.

- Os contatos auxiliares C2 normalmente fechados são abertos neste ponto, proporcionando um intertravamento elétrico que evita que C1 e C2 sejam energizados ao mesmo tempo. O intertravamento mecânico também é fornecido entre estes dois contatores pois esta condição de circuito sobrecarregaria o transformador. Além disso, o contato de acionamento

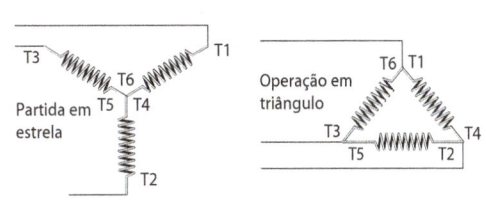

Figura 8-17 Conexões em estrela e triângulo dos enrolamentos do motor.

rolamentos do motor fossem conectados em uma configuração delta. As aplicações típicas incluem equipamentos de condicionamento de ar central, compressores e transportadores.

A Figura 8-18 mostra um circuito de partida estrela-triângulo. A transição de estrela para triângulo é feita por meio de três contatores e um temporizador. Os dois contatores que ficam fechados durante a operação normal são muitas vezes denominados contator principal (M1) e contator triângulo (M2). O terceiro contator (S) é o contator estrela, que transporta a corrente em estrela somente enquanto o motor está conectado em estrela. O funcionamento do circuito é resumido a seguir:

- Quando o botão de partida é pressionado, a bobina do contator S é energizada.
- Os contatos de potência principais de S se fecham, conectando os enrolamentos do motor na configuração estrela (ou Y).
- O contato auxiliar S normalmente aberto se fecha para energizar a bobina do temporizador TR e a bobina do contator M1.
- Os contatos de potência principais M1 se fecham para aplicar tensão aos enrolamentos do motor conectados em estrela.
- Os contatos auxiliares NA de S e M1 se fecham para selar e manter a bobina do temporizador S ativada.
- Depois de decorrido o período de temporização, os contatos TR mudam de estado para desenergizar a bobina do contator S e energizar a bobina do contator M2.
- Os contatos de potência principais de S, que mantêm os enrolamentos do motor na configuração estrela, se abrem.
- Os contatos M2 se fecham e conectam os enrolamentos do motor na configuração triângulo. O motor continua então a trabalhar conectado em triângulo.
- Na maioria dos sistemas de partida estrela-triângulo, os contatores S e M2 são elétrica e mecanicamente intertravados. Se os dois contatores fossem energizados ao mesmo tempo, o resultado seria um curto-circuito entre linhas.
- Com este tipo de partida com "transição aberta", há uma período de tempo muito curto em que não é aplicada tensão ao motor durante a transição entre as conexões estrela e triângulo. Esta condição pode causar surtos de corrente ou distúrbios na fonte de alimentação. A magnitude dos surtos é proporcional à

Figura 8-18 Partida estrela-triângulo.
Foto cedida pela Rockwell Automation, www.rockwellautomation.com.

diferença de fase entre a tensão gerada pelo motor em funcionamento e a fonte de alimentação. Estes transientes podem, em alguns casos, afetar outros equipamentos que sejam sensíveis a surtos de corrente.

Partida por enrolamento parcial

Os sistemas de partida com tensão reduzida por enrolamento parcial, ou fase dividida, são usados em motores de gaiola de esquilo com enrolamentos para dupla tensão de operação, como um motor de 230/460 V. A energia é aplicada a uma parte dos enrolamentos do motor na partida e, em seguida, é conectada às bobinas restantes para velocidade normal. Estes motores têm dois conjuntos de enrolamentos conectados em paralelo para tensão de operação menor e conectados em série para tensão de operação maior. Na *tensão menor*, a partida do motor é feita energizando primeiro apenas um enrolamento, limitando a corrente e o torque de partida a aproximadamente metade do valor com tensão máxima. O segundo enrolamento é então conectado em paralelo assim que o motor se aproxima da velocidade de operação. Visto que um conjunto de enrolamentos tem maior impedância (resistência CA) do que os dois conectados em paralelo, flui uma corrente de surto menor na partida. Por definição estrita, a partida por enrolamento parcial não é na verdade uma partida por tensão reduzida, já que a tensão total é aplicada ao motor a todo instante desde a aceleração até a velocidade normal. O motor deve ser operado na tensão menor, pois a tensão maior rapidamente danificaria o motor.

O sistema de partida por enrolamento parcial é o tipo mais barato de partida por tensão reduzida e utiliza um circuito de acionamento simplificado. No entanto, requerem um projeto de motor especial e não têm ajustes para corrente ou torque. Este método de partida pode não ser adequado para aplicações com cargas mais pesadas por causa da redução do torque de partida. As aplicações típicas incluem ventiladores e sopradores de baixa inércia, bombas de baixa inércia, equipamentos de refrigeração e compressores.

A Figura 8-19 mostra um circuito de partida por enrolamento parcial. A operação do circuito é resumida a seguir:

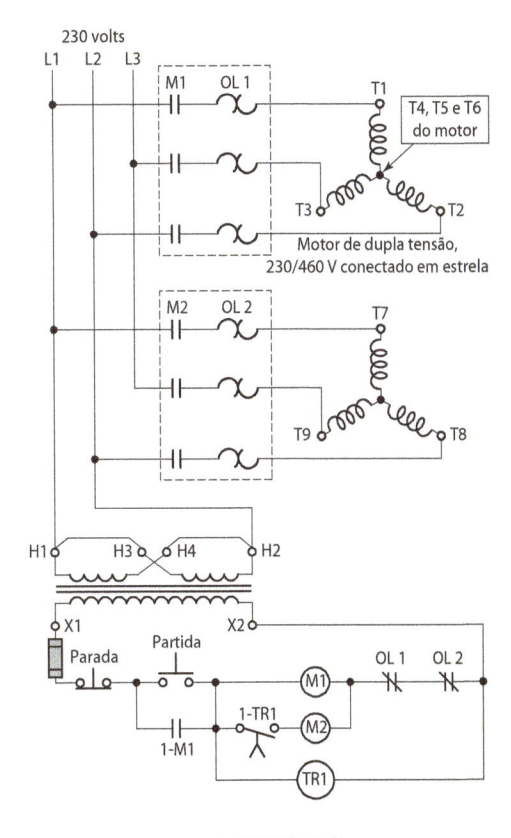

Figura 8-19 Circuito de partida com enrolamento parcial.
Foto cedida pela Rockwell Automation, www.rockwellautomation.com.

- Na maioria dos casos, o sistema de partida opera com um motor de dupla tensão, 230/460 V, conectado em estrela e operando em 230 V.
- Quando o botão de partida é pressionado, a bobina M1 do dispositivo de partida e a bobina do temporizador para ligar TR1 são energizadas.
- O contato de memória auxiliar 1M-1 se fecha para selar e manter as bobinas M1 e TR1.
- Os três contatos principais M1 se fecham, promovendo a partida do motor com corrente e torque reduzidos usando metade dos enrolamentos em estrela.
- Depois de um período de tempo determinado, o contato temporizado 1-TR1 se fecha e energiza a bobina do dispositivo de partida M2.
- Os três contatos principais M2 se fecham, aplicando tensão no segundo conjunto de enrolamentos em estrela.
- Agora os dois enrolamentos do motor estão conectados em paralelo com a fonte de alimentação e têm corrente e torque total.
- Uma vez que o motor está em funcionamento normal, sua corrente a plena carga está dividida entre os dois conjuntos de enrolamentos e o sistema de partida. O dispositivo de sobrecarga deve ser dimensionado para o enrolamento que ele serve.
- É de extrema importância conectar os terminais do motor (T1, T2, T3, T7, T8 e T9) adequadamente aos terminais do sistema de partida. O enrolamento do motor, T1-T2-T3, deve ser tratado como um motor trifásico que, quando conectado, terá um sentido de rotação definido. Quando o enrolamento T7-T8-T9 do motor estiver conectado, deve produzir a mesma rotação. Se por um erro eventual T8 e T9 forem trocados, o segundo enrolamento tentará alterar a rotação do motor. Fluirá então uma corrente extremamente alta, danificando o equipamento.

Transição de aberto para fechado entre a partida e a operação normal

Os sistemas de partida eletromecânicos com tensão reduzida devem fazer uma transição da tensão reduzida para a total em algum ponto no ciclo de partida. Neste ponto, comumente há um surto de corrente na linha. A dimensão do surto depende do tipo de transição utilizado e da velocidade do motor no ponto de transição.

A Figura 8-20 mostra as curvas de corrente de transição para sistemas de partida com tensão reduzida. Existem dois métodos de transição da tensão reduzida para a tensão total: transição de circuito aberto e transição de circuito fechado. A transição de circuito aberto significa que o motor é realmente desconectado da linha por um breve período quando ocorre a transição. Com a transição de circuito fechado, o motor permanece conectado à linha durante a transição. A transição aberta produz um surto maior de corrente, pois o motor é momentaneamente desconectado da linha. A transição fechada é preferível em relação à transição aberta porque provoca menos distúrbios elétricos. No entanto, a comutação é mais cara e complexa.

Partida suave

Os dispositivos de partida suave (*soft starter*) de estado sólido limitam a corrente e o torque de partida do motor ao aplicar uma tensão em rampa (aumentada gradualmente) durante o tempo de partida selecionado. Os *soft starters* são utilizados em operações que requerem partida e parada suaves de motores e máquinas acionadas. A Figura 8-21 ilustra a tensão de transição e as curvas de corrente para *soft starters*. O tempo para atingir a tensão total pode ser ajustável, em geral de 2 a 30 segundos. Como resultado, não há um grande surto de corrente quando o controlador está configurado corretamente de acordo com a carga. A limitação de corrente é utilizada quando é necessário limitar o valor máximo da corrente de partida, sendo ajustável de 200 a 400% da corrente à plena carga.

Figura 8-20 Transição da tensão reduzida para a tensão máxima.

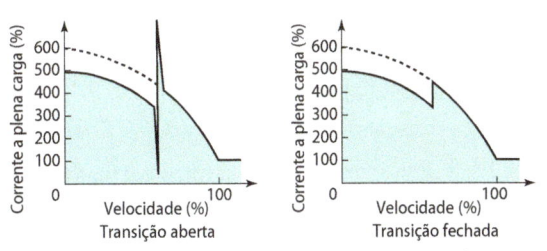

(a) Transição de circuito aberto *versus* transição de circuito fechado

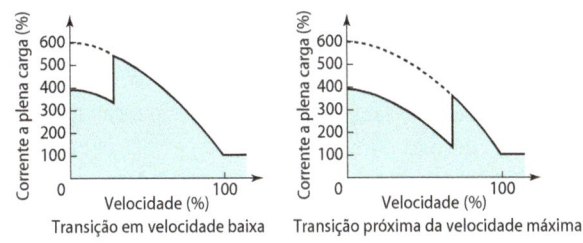

(b) Transição em baixa velocidade *versus* transição em velocidade próxima da máxima

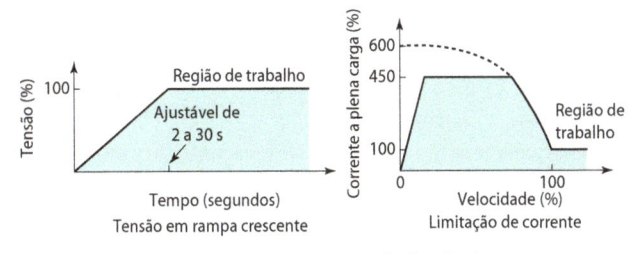

Figura 8-21 Partida suave com tensão em rampa crescente e limitação de corrente.

A Figura 8-22 mostra o diagrama para uma partida com *soft starter*. Os diferentes modos de operação normais para este controlador são:

Soft Start Este método abrange as aplicações mais gerais. É ajustado pelo usuário um torque inicial para o motor. A partir do nível de torque inicial, a tensão de saída do motor é aumentada linearmente durante o tempo da rampa de aceleração, que é ajustável pelo usuário.

Impulso inicial selecionável O recurso impulso inicial fornece um impulso na partida para vencer a inércia de cargas que podem exigir um pulso de torque alto para sair do repouso. Ele destina-se a proporcionar um pulso de corrente para um período selecionado.

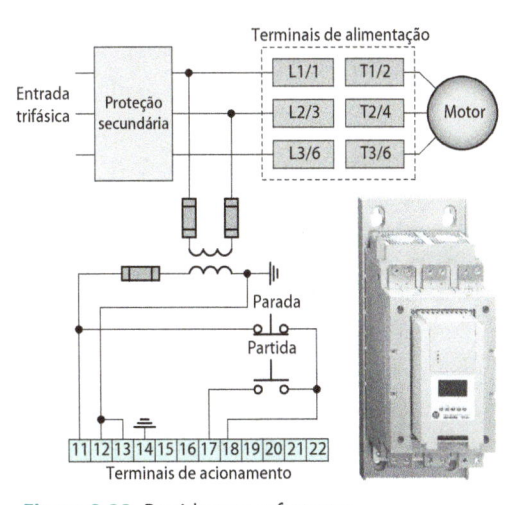

Figura 8-22 Partida com *soft starter*.
Foto cedida pela Rockwell Automation, www.rockwellautomation.com.

Partida com limitação de corrente Este método fornece partida com limitação de corrente, sendo utilizado quando é necessário limitar a corrente máxima de partida. A corrente de partida, bem como o tempo de partida com limitação de corrente são ajustáveis pelo usuário.

Partida com rampa dupla Este método de partida é útil em aplicações com cargas variáveis, torque de partida e requisitos de tempo de partida. A partida com rampa dupla oferece ao usuário a possibilidade de escolher entre dois perfis de partida com tempos de rampa e torques ajustáveis separadamente.

Partida com tensão máxima Este método é usado em aplicações que exigem partida com a tensão da linha. O controlador funciona como um contator de estado sólido. A corrente máxima de partida e o torque do rotor bloqueado são realizados. Este controlador pode ser programado para fornecer tensão máxima de partida em que a tensão de saída para o motor atinge a tensão máxima em ¼ de segundo.

Aceleração com velocidade linear Com este modo de aceleração, um sistema de realimentação em malha fechada mantém a aceleração do motor a uma taxa constante. O sinal de realimentação necessário é fornecido por um tacômetro CC acoplado ao motor.

Baixa velocidade predefinida Este método é usado em aplicações que requeiram uma velocidade baixa para o posicionamento de material. A velocidade baixa predefinida pode ser ajustada para um valor baixo, 7% da velocidade base, ou alto, 15% da velocidade base.

Parada suave A opção de parada suave é utilizada em aplicações que requerem um tempo de parada prolongado. O tempo da rampa decrescente de tensão é ajustável de 0 a 120 segundos. A carga para quando a tensão diminui a um ponto em que o torque da carga é maior que o torque do motor.

Partida de motor CC

Assim como em motores CA, os sistemas de partida manual ou com contatores magnéticos de potência fracionária podem ser usados para a partida com tensão de linha de pequenos motores CC. Uma grande diferença entre os sistemas de partida de motores CA e CC são os requisitos elétricos e mecânicos necessários para suprimir os arcos criados na abertura e no fechamento de contatos sob carga. Para combater arcos prolongados em circuitos CC, o contator do mecanismo de comutação é construído de modo que os contatos se separem rapidamente e com espaço de ar suficiente para a extinção do arco logo que possível na abertura. A Figura 8-23 mostra o diagrama esquemático para um sistema de partida CC com tensão de linha que usa um acionamento a três fios. Para ajudar na extinção do arco, o sistema de partida é equipado com três contatos de potência conectados em série.

No momento da partida de um motor CC, a armadura está parada e não há FCEM gerada. O único componente para limitar a corrente de partida é a resistência da armadura, que, na maioria dos motores de corrente contínua, é um valor muito baixo. Os tipos mais comuns de dispositivos de partida de motores CC com tensão reduzida incluem aceleração com tempo definido, corrente, FCEM e tensão variável. A Figura 8-24 mostra um sistema de partida CC de dois estágios com resistor e tempo

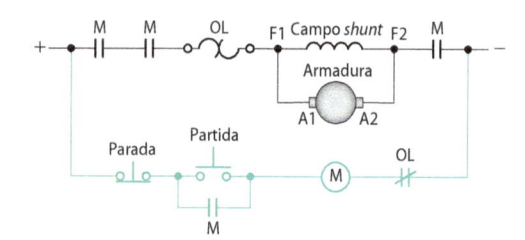

Figura 8-23 Partida de motor CC com a tensão de linha.

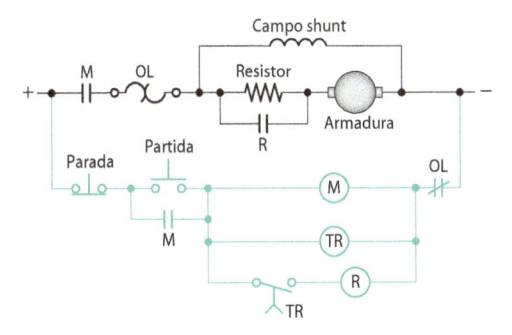

Figura 8-24 Partida de motor CC com tensão reduzida em um tempo definido.

definido. Quando os contatos de potência M se fecham, a tensão de linha é aplicada ao campo *shunt* enquanto o resistor é conectado em série com a armadura. Depois de um tempo definido, o contator R fecha, colocando em curto-circuito o resistor, permitindo que o motor funcione na velocidade base. Isso dá um torque suave no motor sem criar um grande surto de corrente. O funcionamento do circuito é resumido a seguir:

- Pressionar o botão de partida energiza as bobinas M e TR.
- O contato M auxiliar de memória se fecha para selar e manter as bobinas M e TR.
- Os contatos principais de M se fecham, iniciando a partida do motor com corrente e torque reduzidos por meio de um resistor conectado em série com a armadura.
- Depois de um período de tempo determinado, o contato TR temporizado se fecha para energizar a bobina do contator R.
- O contato R se fecha, colocando em curto-circuito o resistor e permitindo que a tensão de linha total seja aplicada à armadura.
- O método de partida é de transição fechada.
- O resistor de partida pode ser colocado em curto-circuito em um ou mais estágios, dependendo da capacidade do motor e da suavidade desejada na aceleração.
- O campo *shunt* tem tensão de linha máxima aplicada a ele em qualquer momento que o motor estiver ligado.

A Figura 8-25 ilustra a aceleração com tensão variável de um motor *shunt* CC utilizando um controlador de tensão de armadura baseado no retificador controlado de silício (SCR). O SCR proporciona um método útil de conversão de tensão CA em tensão CC variável. Um SCR é um dispositivo semicondutor que tem três terminais: anodo, catodo e porta. Com a aplicação de um sinal no terminal da porta em um preciso instante de tempo, é possível controlar a intensidade de corrente que passa pelo SCR ou bloqueá-la durante um ciclo, no que é conhecido como controle de fase. Quanto menor o tempo, menor a tensão CC aplicada à armadura. O campo *shunt* é alimentado a partir de uma fonte CC separada e tem plena tensão aplicada a qualquer momento que o motor estiver ligado.

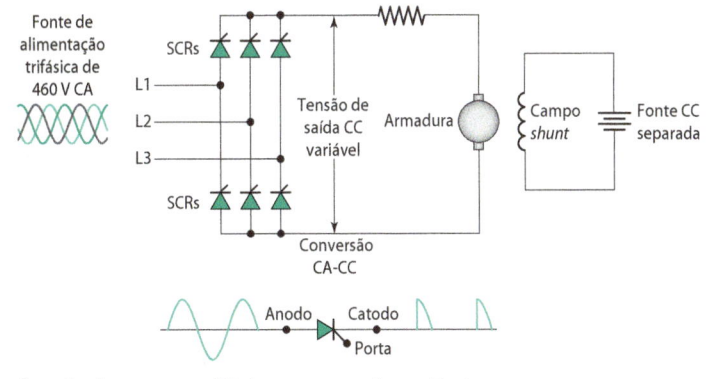

Figura 8-25 Aceleração de um motor CC *shunt* com tensão variável.

Parte 2

Questões de revisão

1. Por que existe uma corrente alta na partida de um motor?
2. Compare o valor da corrente de partida do motor com o da corrente a plena carga (nominal).
3. O que produz a condição de rotor bloqueado em um motor?
4. Como é projetado um sistema de partida com tensão máxima de um motor?
5. Compare como são acionados os contatos principais de um dispositivo de partida manual e de um magnético.
6. Explique o termo *liberação sem tensão* que se aplica a dispositivos de partida manuais.
7. Um dispositivo de partida magnético com tensão de linha é acionado por um módulo de botoeira de partida/parada. Se for acrescentado um segundo módulo de botoeira de partida/parada, como os botões adicionais são conectados em relação aos já existentes?
8. O que é a combinação em dispositivo de partida de motor?
9. Cite duas razões para o uso de partida com tensão reduzida.
10. Descreva o funcionamento de um sistema de partida com resistência primária de um motor de indução.
11. Descreva o funcionamento de um sistema de partida com autotransformador de um motor de indução.
12. Descreva o funcionamento de um sistema de partida estrela-triângulo de um motor de indução.
13. Descreva o funcionamento de um sistema de partida com enrolamento parcial de um motor de indução.
14. Que tipo de transição com tensão reduzida resulta em menor distúrbio elétrico?
15. Explique o termo *rampa* que se aplica à partida suave de um motor.
16. Descreva o funcionamento de um sistema de partida com tensão reduzida e tempo definido de um motor CC.
17. Explique o termo *controle de fase* que se aplica a um controlador de tensão de armadura que usa SCR.

Parte 3

❯❯ Operações de inversão e pulsar em um motor

Inversão de motor de indução CA

Inversão de um motor de indução trifásico

Determinadas aplicações requerem que um motor funcione nos dois sentidos de rotação. A troca de quaisquer dois fios de um motor de indução trifásico provoca a inversão no sentido de rotação. A indústria tem como padrão a troca entre a fase A (linha 1) e a fase C (linha 3), enquanto a fase B (linha 2) permanece como está. Os dispositivos de partida com inversão são usados para realizar automaticamente esta inversão de fase.

O circuito de alimentação de um dispositivo de partida magnético trifásico de um motor com tensão de linha e inversão de rotação é mostrado na Figura 8-26. Este dispositivo de partida é construído usando dois contatores de três polos com um único relé de sobrecarga. O contator da esquerda é geralmente denominado contator direto, e o da direita, contator inverso. O circuito de alimentação dos dois contatores é interconectado usando barramentos ou fios jumper. Os contatos de potência (F) do contator direto, quando fechados, conec-

que os contatores direto e inverso sejam ativados ao mesmo tempo.

O intertravamento mecânico vem normalmente instalado de fábrica e utiliza um sistema de alavancas para evitar que os dois contatores sejam ativados ao mesmo tempo. A linha tracejada, como ilustrado na Figura 8-27, indica que as bobinas F e R não podem fechar os contatos simultaneamente por causa da ação de intertravamento mecânico do dispositivo. Por exemplo, a energização da bobina do contator direto move uma alavanca a fim de bloquear fisicamente o movimento do contator inverso. Mesmo se a bobina do contator inverso for energizada, os contatos não se fecham por causa do intertravamento mecânico que bloqueia fisicamente o contator inverso.

A bobina do contator direto deve ser desenergizada antes de o contator reverso operar. O mesmo cenário se aplica se o contator inverso estiver energizado. Sabe-se que o intertravamento mecânico pode falhar e, por essa razão, um intertravamento elétrico é usado para proteção adicional.

A maioria dos dispositivos de partida com inversão utiliza contatos auxiliares operados pelas bobinas direta e inversa para proporcionar intertravamento elétrico. Quando a bobina é energizada, a armação do contator se move e ativa os contatos auxiliares montados no contator. Os contatos auxiliares são conectados ao circuito de acionamento do motor e o estado dos contatos (normalmente aberto ou fechado) está associado com a bobina do contator.

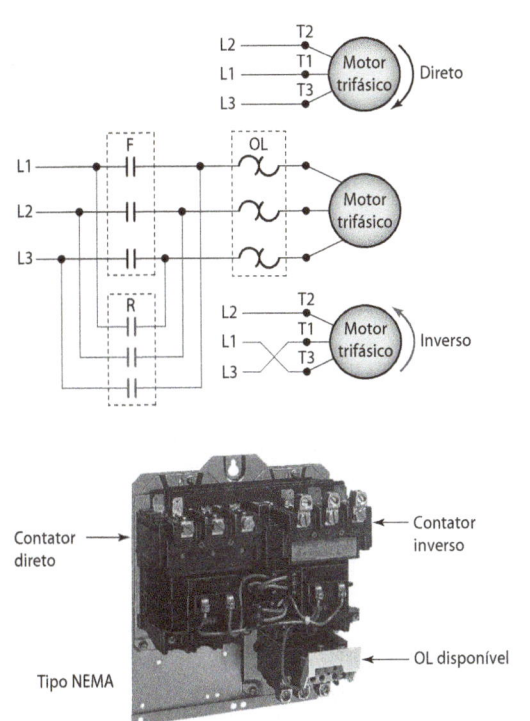

Figura 8-26 Dispositivo de partida magnético de motor trifásico com tensão de linha.
Foto cedida pela Rockwell Automation. www.rockwellautomation.com.

tam L1, L2 e L3 aos terminais T1, T2 e T3 do motor, respectivamente. Os contatos de potência (R) do contator inverso, quando fechados, conectam L1 ao terminal T3 do motor e L3 ao terminal T1, fazendo o motor funcionar no sentido direto de rotação. Seja por meio da operação do contator direto ou inverso, as conexões de potência chegam ao mesmo conjunto de relés de sobrecarga. Apenas um conjunto destes relés é necessário, visto que os enrolamentos do motor devem ser protegidos para o mesmo nível de corrente, independentemente do sentido de rotação.

Quando o sentido de rotação do motor é invertido, é essencial que os dois contatores *não* sejam energizados ao mesmo tempo. A ativação dos dois contatores causaria um curto-circuito, visto que duas linhas são invertidas em um contator. São usados intertravamentos mecânico e elétrico para evitar

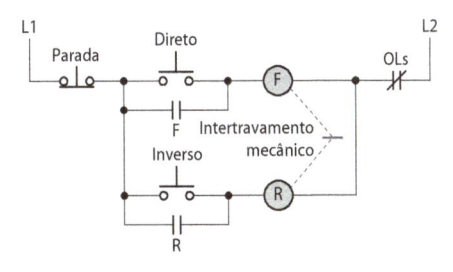

Figura 8-27 Intertravamento mecânico dos contatores direto e inverso.

O circuito de acionamento na Figura 8-28 ilustra como funciona o intertravamento com contato auxiliar e é resumido a seguir:

- O contato normalmente fechado controlado pela bobina direta está conectado em série com a bobina inversa.
- O contato normalmente fechado controlado pela bobina inversa está conectado em série com a bobina direta.
- Quando a bobina direta é energizada, o contato normalmente fechado em série com a bobina inversa se abre para evitar que a bobina inversa seja energizada.
- Quando a bobina inversa é energizada, o contato normalmente fechado em série com a bobina direta se abre para evitar que a bobina direta seja energizada.
- Para inverter o sentido de rotação do motor com este circuito de acionamento, o operador deve pressionar o botão de parada para desenergizar a bobina respectiva, fechando de novo o respectivo contato normalmente fechado.
- Os dispositivos de partida com inversão vêm geralmente com o intertravamento elétrico montado de fábrica.
- Os intertravamentos mecânico e elétrico dos dispositivos de partida oferecem proteção suficiente para a maioria dos circuitos de acionamento de inversão de rotação do motor.

O intertravamento elétrico de botão utiliza um sistema de contatos reversíveis, NA e NF, nos botões DIRETO e INVERSO. O circuito de acionamento na Figura 8-29 ilustra como funciona o intertravamento dos botões e é resumido a seguir:

- O intertravamento é feito ao conectar o contato normalmente fechado do botão INVERSO em série com o contato normalmente aberto do botão DIRETO.
- O contato normalmente fechado do botão INVERSO funciona como outro botão de parada no circuito direto.
- O contato normalmente aberto no botão INVERSO é usado como botão de partida no circuito de inversão.
- Quando o botão INVERSO é pressionado, o seu contato normalmente fechado abre o circuito da bobina do ramo direto e ao mesmo tempo o seu contato normalmente fechado completa o circuito da bobina do ramo inverso.

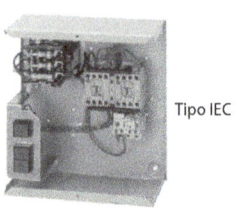

Figura 8-28 Dispositivo de partida magnético de motor com inversão e intertravamento elétrico. Foto cedida pela Omron Industrial Automation, www.ia.omron.com.

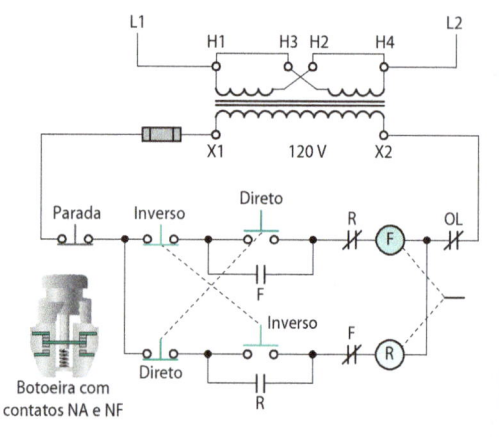

Figura 8-29 Intertravamento com botoeira.

- Quando o botão DIRETO é pressionado, seu contato normalmente fechado abre o circuito da bobina do ramo inverso e ao mesmo tempo o seu contato normalmente fechado completa o circuito da bobina do ramo direto.
- O motor inverte o sentido imediatamente sem que o botão de parada seja pressionado. Tenha cuidado na reversão de motores grandes, pois o impacto brusco da inversão pode danificar o equipamento que o motor aciona. Correntes de surto altas podem causar danos no motor e no controlador se o motor for invertido sem permitir um tempo suficiente para que a velocidade do motor diminua.
- O intertravamento de botões deve ser usado em conjunção com os intertravamentos mecânico e elétrico e se destina a complementar estes métodos, e não substituí-los.

As chaves fim de curso podem ser usadas para limitar o deslocamento de portas, transportadores, guindastes, mesas de trabalho de máquinas-ferramenta e dispositivos similares acionados eletricamente. O circuito de acionamento na Figura 8-30 ilustra como as chaves fim de curso são incorporadas em um circuito de inversão de rotação para limitar o deslocamento. O funcionamento do circuito é resumido a seguir:

- Ao pressionar o botão DIRETO a bobina F é energizada.
- O contato F auxiliar se fecha para selar e manter a bobina F.
- O contato F de intertravamento auxiliar se abre para isolar o circuito de inversão.
- Os contatos F de potência se fecham e o motor gira no sentido direto.
- Se o botão de parada ou a chave fim de curso forem acionados, o circuito de manutenção da bobina F se abre, desenergizando a bobina e retornando todos os contatos F para o seu estado normal desenergizado.
- Ao pressionar o botão INVERSO, a bobina R é energizada.
- O contato R auxiliar se fecha para selar e manter a bobina R.
- O contato R auxiliar de intertravamento se abre para isolar o circuito do ramo direto.
- Os contatos R de potência se fecham e o motor gira no sentido inverso.
- Se o botão de parada ou a chave fim de curso forem acionados, o circuito de manutenção da bobina R se abre, desenergizando a bobina e retornando todos os contatos R para o seu estado normal desenergizado.
- A localização das chaves fim de curso no circuito permite que um sentido de deslocamento seja parado se o motor estiver acionando um dispositivo que limita seu deslocamento. O sentido oposto não é afetado por uma chave fim de curso sendo aberta. Assim que a rotação do motor é invertida e o atuador não mantém mais a chave fim de curso aberta, ela retorna para a sua posição normalmente fechada.

A Figura 8-31 mostra como um motor monofásico com partida por capacitor é conectado para funcionar nos sentidos direto e inverso. O sentido de rotação é alterado trocando os terminais do enrolamento de partida, enquanto os terminais do en-

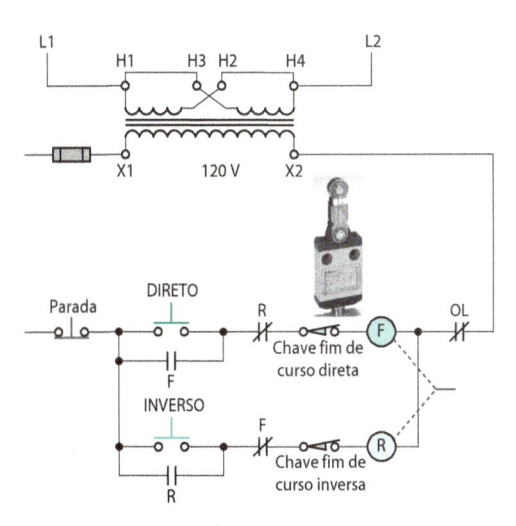

Figura 8-30 Chaves fim de curso incorporadas a um circuito de partida com inversão para limitar um deslocamento.
Foto cedida pela Omron Industrial Automation, www.ia.omron.com.

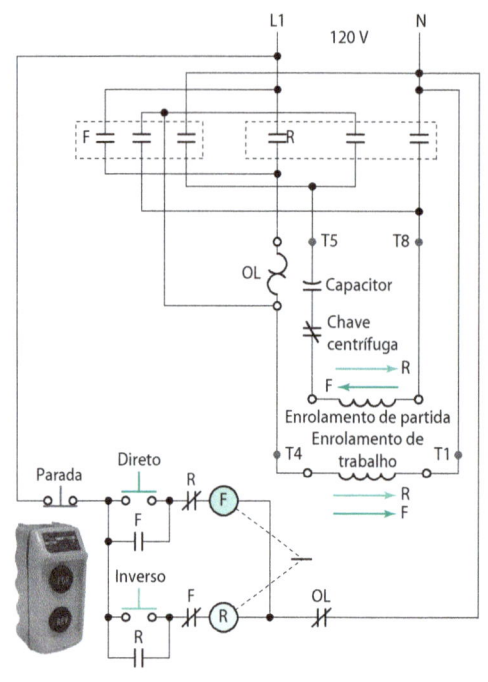

Figura 8-31 Inversão de rotação de um motor monofásico.
Material e *copyrights* associados são de propriedade da Schneider Electric, que permitiu o uso.

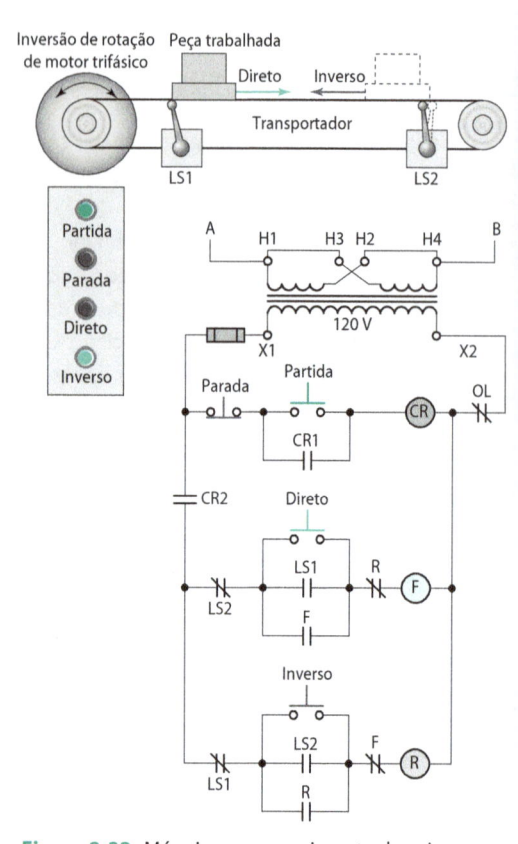

Figura 8-32 Máquina com movimento de vai e vem.

rolamento de trabalho permanecem nas mesmas posições. Ao contrário de um motor trifásico, deve-se permitir que um motor monofásico com partida por capacitor diminua a velocidade antes de qualquer tentativa de reverter o sentido de rotação. A chave centrífuga no circuito do enrolamento de partida se abre com cerca de 75% da velocidade do motor e deve-se permitir que ela se feche antes que o motor seja invertido.

Certas operações de máquinas-ferramenta requerem uma ação repetida de movimento para frente e para trás. A Figura 8-32 ilustra um processo de uma máquina com movimento de vai e vem, que utiliza duas chaves fim de curso para proporcionar um acionamento automático do motor. Cada chave fim de curso (LS1 e LS2) tem dois conjuntos de contatos, um normalmente aberto e outro normalmente fechado. O funcionamento do circuito é resumido a seguir:

- Os botões de partida e parada são usados para iniciar e finalizar o acionamento automático do motor pelas chaves fim de curso.
- O contato CR1 é usado para manter o circuito controlado pelo relé durante a operação do circuito.
- O contato CR2 é usado para ligar e desligar a linha do circuito de acionamento direto e inverso.
- O uso do relé de acionamento e dos botões de partida e parada também fornece proteção de baixa tensão, isto é, o motor parará quando houver um falha de alimentação e não reiniciará automaticamente quando a tensão de alimentação for restaurada.
- O contato normalmente fechado da chave fim de curso LS2 age como a parada para o controlador do movimento direto e o contato nor-

malmente aberto da chave fim de curso LS1 age como o contato de partida para o controlador do movimento direto. O contato auxiliar do dispositivo de acionamento do movimento direto está conectado em paralelo com o contato normalmente aberto da chave fim de curso LS1 para manter o circuito operando durante o funcionamento do motor no sentido direto.

- O contato normalmente fechado da chave fim de curso LS1 é conectado como um contato de parada para o dispositivo de acionamento no sentido inverso, e o contato normalmente aberto da chave fim de curso LS2 é conectado como um contato de partida para o dispositivo de acionamento no sentido inverso. O contato auxiliar do dispositivo de acionamento no sentido inverso é conectado em paralelo com os contatos normalmente abertos da chave fim de curso LS2 para manter o circuito enquanto o motor está funcionando em sentido inverso.
- O intertravamento elétrico é realizado pela adição de um contato normalmente fechado em série com cada dispositivo de partida relativo ao sentido de rotação oposto do motor.
- A inversão do sentido de rotação do motor é fornecida pela ação das chaves fim de curso. Quando a chave fim de curso LS1 é movida de sua posição normal, o contato normalmente aberto se fecha, energizando a bobina F, e o contato normalmente fechado se abre, desligando a bobina R. A ação inversa é realizada pela chave fim de curso LS2, invertendo assim a rotação em qualquer sentido.
- Os botões DIRETO e INVERSO fornecem um meio de acionar o motor no sentido direto ou inverso para que as chaves fim de curso possam assumir o controle automático.

Inversão de rotação de motores CC

A inversão de um motor CC pode ser realizada de duas maneiras:

- Invertendo o sentido da corrente de armadura e mantendo o sentido da corrente de campo.
- Invertendo o sentido da corrente de campo e mantendo o sentido da corrente de armadura.

A maioria dos motores de corrente contínua são invertidos alternando o sentido do fluxo de corrente através da armadura. A ação de comutação geralmente ocorre na armadura porque a armadura tem uma indutância muito menor que a do campo. A indutância mais baixa provoca menos arcos na comutação dos contatos quando o motor inverte seu sentido de rotação.

A Figura 8-33 mostra o circuito de potência para a inversão de rotação de um motor CC usando acionamento eletromecânico e eletrônico. Para a operação eletromecânica, o contator do sentido direto faz a corrente fluir através da armadura em um sentido, e o contator do sentido inverso faz a corrente fluir através da armadura no sentido oposto. Para o acionamento eletrônico de estado sólido, dois conjuntos de SCRs são fornecidos. Um conjunto é usado para que a corrente passe pela armadura em um

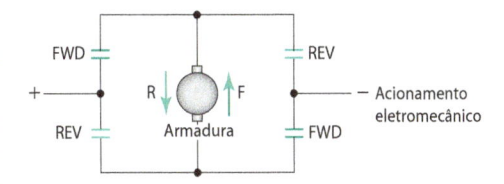

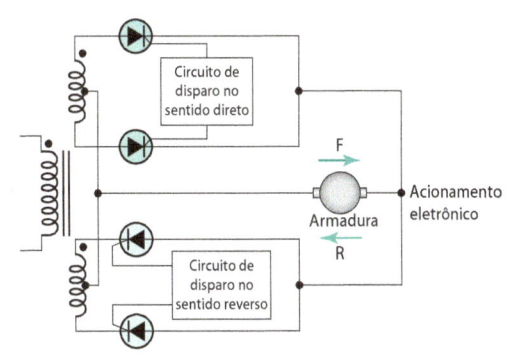

Figura 8-33 Circuito de potência para a reversão de um motor CC.

sentido, e o segundo conjunto é usado para que a corrente passe pela armadura no sentido oposto.

Pulsar

Pulsar (às vezes chamado avanço em saltos) é a operação momentânea de um motor com a finalidade de realizar pequenos movimentos da máquina acionada. Trata-se de uma operação em que o motor funciona quando o botão é pressionado e para quando o botão é liberado. Pulsar é usado para a partida e parada frequentes de um motor por curtos períodos de tempo.

O circuito com um botão pulsar mostrado na Figura 8-34 utiliza um circuito de acionamento de partida/parada padrão com um botão pulsar de contato duplo: um contato normalmente fechado e um normalmente aberto. O funcionamento do circuito é resumido a seguir:

- Ao pressionar o botão de partida, a bobina M do dispositivo de partida é energizada, fechando os contatos principais M para iniciar o movimento do motor, e o contato M auxiliar se fecha para manter o circuito da bobina M.
- Com a bobina M desenergizada e o botão pulsar pressionado, um circuito é completado para a bobina M contornando o contato M auxiliar.
- Os contatos principais de M se fecham para acionar o motor, mas o circuito de manutenção está incompleto, pois o contato normalmente fechado do botão pulsar está aberto.
- Como resultado, a bobina M do dispositivo de partida não é selada; em vez disso, ela pode permanecer energizada apenas enquanto o botão pulsar estiver totalmente pressionado.
- Com a liberação rápida do botão pulsar, pode ocorrer de os contatos normalmente fechados se fecharem de novo antes que o contato M de manutenção do dispositivo de partida se abra e, assim, o motor continuaria operando. Em certas aplicações, isso poderia ser perigoso para os trabalhadores e as máquinas.

O circuito pulsar com relé de acionamento mostrado na Figura 8-35 é muito mais seguro que o anterior. Um botão pulsar com um contato simples é utilizado; além disso, o circuito inclui um relé de acionamento pulsar (CR). O funcionamento do circuito é resumido a seguir:

- Ao pressionar o botão de partida, um circuito para a bobina CR é completado e os contatos CR1 e CR2 se fecham.

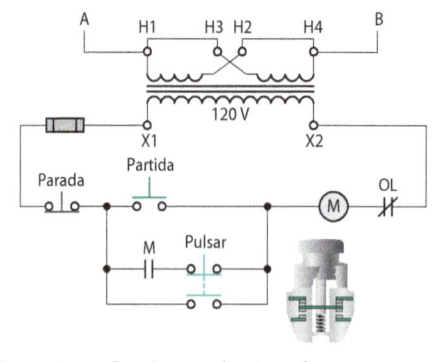

Figura 8-34 Circuito com botão pulsar.

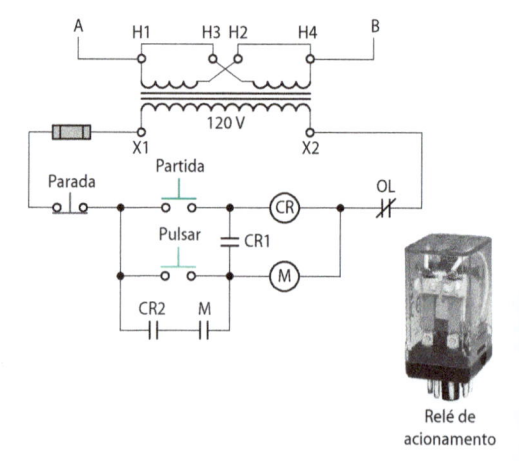

Figura 8-35 Circuito pulsar com relé de acionamento. Foto cedida pela IDEC Corporation, www.IDEC.com/usa, relé RR.

- O contato CR1 completa o circuito para a bobina M, promovendo a partida do motor.
- O contato de manutenção M se fecha; isso mantém o circuito para a bobina M.
- Ao pressionar o botão pulsar, apenas a bobina M é energizada, promovendo a partida do motor. Os dois contatos CR permanecem abertos e a bobina CR é desenergizada. A bobina M não permanecerá energizada quando o botão pulsar for liberado.

A Figura 8-36 mostra a utilização de uma chave seletora no circuito de acionamento com a função pulsar. O botão de partida também tem a função de botão pulsar. O funcionamento do circuito é resumido a seguir:

- Quando a chave seletora é colocada na posição de operação, o circuito de manutenção não é interrompido. Se o botão de partida for pressionado, o circuito da bobina M é completado e mantido.

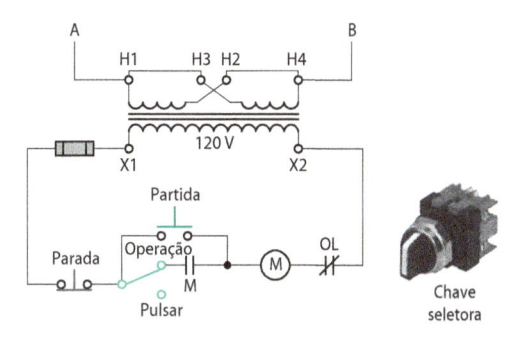

Figura 8-36 Circuito de acionamento pulsar com partida/parada/seletor.
Foto cedida pela Rockwell Automation, www.rockwellautomation.com.

- Ao girar a chave seletora para a posição pulsar, o circuito de manutenção se abre. Ao pressionar o botão de partida, o circuito da bobina M é completado, mas o circuito de manutenção está aberto. Quando o botão de partida é liberado, a bobina M é desenergizada.

Parte 3

Questões de revisão

1. Como o sentido de rotação de um motor trifásico pode ser invertido?
2. Um dispositivo de partida eletromagnético de um motor com reversão é constituído de quais componentes?
3. O que ocorreria se os dois contatores de um dispositivo de partida de motor com inversão fossem energizados ao mesmo tempo?
4. Explique o funcionamento do intertravamento mecânico em um dispositivo de partida magnético de motor com inversão.
5. Explique como fornecer intertravamento elétrico usando contatos auxiliares.
6. Que tipos de botões com funções direto e inverso são usados para intertravamento entre os botões?
7. Como é realizada a inversão de rotação em um motor monofásico com partida por capacitor usando um dispositivo de partida magnético de motor?
8. Por que a maioria dos motores CC tem a rotação invertida comutando-se o sentido da corrente na armadura e não no enrolamento de campo?
9. Qual é a aplicação de um acionamento pulsar?

» Parte 4

» Operação de parada de um motor

O método mais comum para parar um motor é remover a tensão de alimentação, o que permite que o motor e a carga rodem livremente até parar. No entanto, em algumas aplicações, o motor deve ser parado de forma mais rápida ou mantido em uma posição por algum tipo de dispositivo de bloqueio. A frenagem elétrica usa os enrolamentos do motor para produzir um torque de retardamento. A energia cinética do rotor e da carga é dissipada na forma de calor nas barras do rotor do motor.

Torque frenante e proteção contra torque frenante

O torque frenante faz parar um motor polifásico rapidamente ao conectar momentaneamente o motor para rotação inversa enquanto o motor ainda está girando no sentido direto. Isso age como uma força retardadora para parada e reversão rápida de rotação do motor. O torque frenante produz mais calor que a maioria das aplicações de serviço normal. As especificações NEMA exigem que os dispositivos de partida utilizados para tais aplicações tenham redução de potência. Ou seja, o dispositivo de partida para reversão a ser selecionado deve ser de capacidade um pouco maior quando for usado em torque frenante para parar ou reverter a uma taxa de mais de cinco vezes por minuto.

Uma chave de velocidade zero conectada ao circuito de acionamento de um dispositivo de partida de reversão padrão pode ser usada para aplicar um torque frenante automático em um motor. Uma chave de velocidade zero é mostrada na Figura 8-37. A chave é acoplada ao eixo da máquina cujo motor deve receber um torque frenante. A chave de velocidade zero impede o motor de reverter depois de chegar a parar. En-

Figura 8-37 Chave de velocidade zero.
Foto cedida pela Rockwell Automation, www.rockwellautomation.com.

quanto a chave de velocidade zero gira, uma força centrífuga ou uma embreagem magnética abre ou fecha seus contatos, dependendo do uso pretendido. Cada chave de velocidade zero tem uma faixa de velocidade de operação especificada em que os contatos serão comutados; por exemplo, 50 a 200 RPM.

O esquema de acionamento na Figura 8-38 mostra um circuito de acionamento para aplicar um torque frenante no sentido direto. O funcionamento do circuito é resumido a seguir:

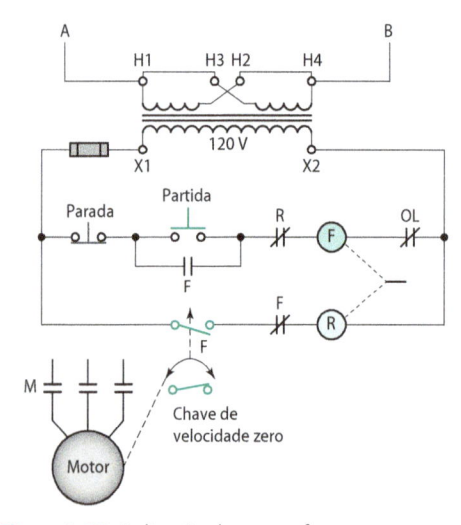

Figura 8-38 Aplicação de torque frenante em um motor para fazê-lo parar.

- Pressionar o botão de partida fecha e sela o contator do sentido direto. Como resultado, o motor gira no sentido direto.
- O contato F auxiliar normalmente fechado abre o circuito da bobina do contator do sentido inverso.
- O contato do sentido direto da chave de velocidade se fecha.
- Pressionar o botão de parada desenergiza o contator do sentido direto.
- O contator do sentido inverso é energizado e o motor recebe um torque frenante.
- A velocidade do motor diminui até o valor especificado para a chave de velocidade, ponto no qual o contato do sentido direto se abre e desenergiza o contator do sentido inverso.
- Este contator é usado apenas para parar o motor utilizando o torque frenante; ele não é usado para girar o motor no sentido inverso.

O torque de inversão brusco aplicado quando um motor de grande capacidade tem a rotação invertida (sem reduzir a velocidade do motor) pode danificar a máquina acionada, e a corrente extremamente alta pode afetar o sistema de distribuição. A proteção contra o torque frenante é obtida quando um dispositivo impede a aplicação de um torque contrário até que a velocidade do motor seja reduzida a um valor aceitável.

O circuito de proteção contra torque frenante na Figura 8-39 serve para impedir a inversão do motor antes de o motor ter reduzido a velocidade para próximo de zero. Nesta aplicação, o motor pode ter a rotação invertida, mas não ser submetido a um torque frenante. O funcionamento do circuito é resumido a seguir:

- Pressionar o botão do sentido direto completa o circuito para a bobina F, fechando os contatos F de potência e fazendo o motor funcionar em rotação no sentido direto.
- O contato F da chave de velocidade zero abre devido à rotação do motor no sentido direto.
- Pressionar o botão de parada desenergiza a bobina F, que abre os contatos F de potência, fazendo o motor diminuir a velocidade.
- Pressionar o botão do sentido inverso não completará o circuito para a bobina R até que a chave de velocidade zero F feche novamente.
- Como resultado, quando a rotação do equipamento atinge uma velocidade próxima de zero, o circuito inverso pode ser energizado e o motor funcionará na rotação reversa.

Frenagem dinâmica

A frenagem dinâmica é feita ao reconectar um motor em funcionamento para atuar como um gerador imediatamente após ser desligado, parando rapidamente o motor. A ação geradora converte a energia eletromecânica de rotação em energia elétrica que pode ser dissipada como calor em um resistor. A frenagem dinâmica de um motor CC é necessária porque os motores CC são muitas vezes usados para elevação e movimentação de cargas pesadas que podem ser difíceis de parar.

O circuito mostrado na Figura 8-40 ilustra como a frenagem dinâmica é aplicada a um motor CC. O funcionamento do circuito é resumido a seguir:

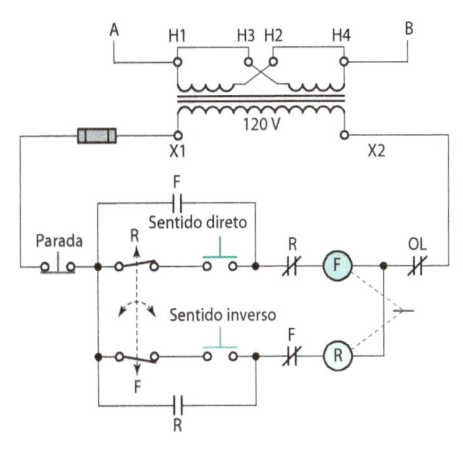

Figura 8-39 Circuito de proteção contra torque frenante.

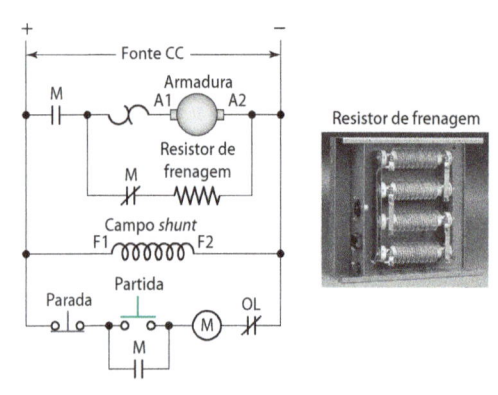

Figura 8-40 Frenagem dinâmica aplicada a um motor CC.
Foto cedida pela Post Glover, www.postglover.com.

- Suponha que o motor está operando e o botão de parada foi pressionado.
- A bobina M do dispositivo de partida desenergiza para abrir os contatos M de potência normalmente abertos conectados na armadura do motor.
- Ao mesmo tempo, os contatos M de potência normalmente fechados se fecham para completar o circuito de frenagem em torno da armadura através do resistor de frenagem, que funciona como uma carga.
- O enrolamento do campo *shunt* do motor CC continua conectado à fonte de alimentação.
- A armadura gera uma tensão CFEM, que faz a corrente fluir através do resistor e da armadura. Quanto menor o valor ôhmico do resistor de frenagem, maior a taxa na qual a energia é dissipada e mais rápido o motor entra em repouso.

Frenagem por injeção CC

A frenagem por injeção é um método de frenagem em que uma corrente contínua é aplicada aos enrolamentos estacionários de um motor CA depois de a tensão alternada aplicada ser removida. A tensão CC injetada cria um campo magnético no enrolamento do estator do motor que não muda de polaridade. Por sua vez, este campo magnético constante no estator cria um campo magnético no rotor. Como o campo magnético do estator não muda de polaridade, ele tentará parar o rotor quando os campos magnéticos estiverem alinhados (N com S e S com N).

O circuito da Figura 8-41 é um exemplo de como a frenagem por injeção CC é aplicada a um motor de indução CA trifásico. O funcionamento do circuito é resumido a seguir:

- A tensão de injeção CC é obtida de um circuito retificador em ponte de onda completa, que muda a tensão da linha de CA para CC.
- Ao pressionar o botão de partida, a bobina M do dispositivo de partida e a bobina TR do temporizador para desligar são energizadas.
- O contato M1 auxiliar normalmente aberto se fecha para manter a corrente na bobina do dispositivo de partida, e o contato M2 auxiliar normalmente fechado se abre para interromper a corrente na bobina B.

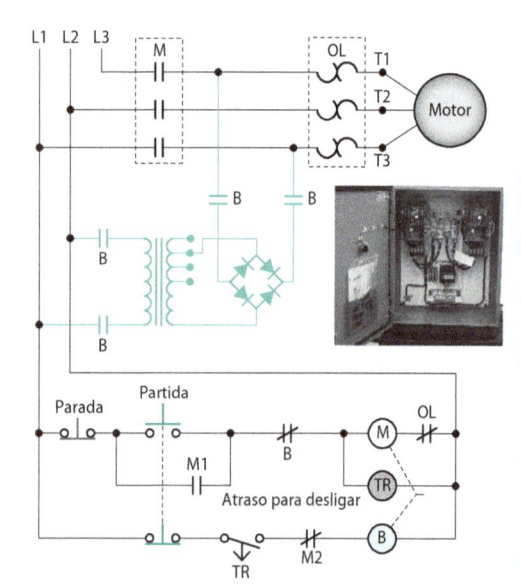

Figura 8-41 Frenagem por injeção CC aplicada a um motor de indução CA.
Foto cedida pela Systems Directions, www.systems-directions.com.

- O contato TR normalmente aberto do temporizador para desligar permanece fechado todo o tempo enquanto o motor estiver em funcionamento.
- Quando o botão de parada é pressionado, a bobina M do dispositivo de partida e a bobina TR do temporizador para desligar são desenergizadas.
- A bobina B de frenagem é energizada através do contato TR fechado.
- Todos os contatos B se fecham para aplicar uma alimentação CC de frenagem nas duas fases do enrolamento do estator do motor.
- A bobina B é desenergizada após terminar a temporização do contato TR. O contato de temporização é ajustado para permanecer fechado até que o motor pare completamente.
- Um transformador com derivações no enrolamento é usado neste circuito para ajustar a intensidade do torque de frenagem aplicado ao motor.
- O dispositivo de partida (M) do motor e o contator de frenagem (B) são intertravados mecânica e eletricamente de forma que as fontes CA e CC não sejam conectadas ao motor ao mesmo tempo.

Freios de atrito eletromecânico

Ao contrário do torque frenante ou da frenagem dinâmica, o freio de atrito eletromecânico consegue manter o eixo do motor estacionário após a parada do motor. A Figura 8-42 mostra um tambor eletromecânico e um freio de atrito do tipo sapata utilizado em um motor série CC. O tambor de freio é fixado no eixo do motor e as sapatas de freio são usadas para manter o tambor de freio em uma posição. O freio é acionado por uma mola e liberado por um solenoide. Quando o motor está funcionando, o solenoide é energizado para superar a tensão da mola, mantendo assim as sapatas do freio sem contato com o tambor. Quando o motor é desligado, o solenoide é desenergizado e as sapatas do freio são aplicadas ao tambor pela força da mola. A bobina de operação do freio está conectada em série com a armadura do motor e desarma e arma em resposta à corrente do motor. Este tipo de frenagem é à prova de falhas pois o freio é aplicado em caso de uma falha elétrica.

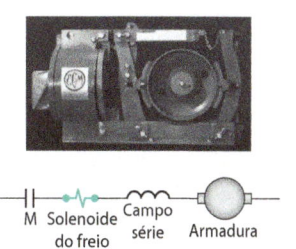

Figura 8-42 Tambor eletromecânico e freio de atrito tipo sapata utilizado em unidades de acionamento de motor série CC.
Foto cedida pela EC&M, The Electric Controller and Manufacturing Company, www.ecandm.net.

Os freios de motor CA são comumente usados como freios de estacionamento para manter a carga em uma posição, ou como freios para desacelerar uma carga. As aplicações incluem manipulação de materiais, processamento de alimentos e equipamentos de manipulação de bagagens. Estes motores estão acoplados diretamente a um freio eletromagnético CA, como mostra a Figura 8-43. Quando a fonte de alimentação é desligada, o motor para instantaneamente e mantém a carga. A maioria vem equipada com um dispositivo de liberação manual externo, o que permite que a carga acionada seja movida sem energizar o motor.

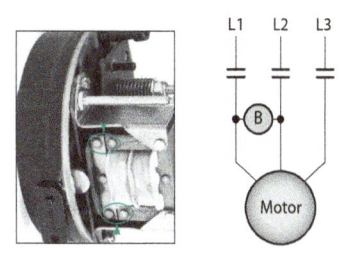

Figura 8-43 Freio eletromagnético CA.
Foto cedida pela Warner Electric, www.warnerelectric.com.

Parte 4

Questões de revisão

1. Como o torque frenante é usado para parar um motor?
2. Explique como funciona uma chave de velocidade zero em um circuito de proteção contra torque frenante.
3. Que tipo de dispositivo de partida é necessário para implementar um torque frenante no sentido direto de um motor?
4. Como a frenagem dinâmica é usada para parar um motor?
5. Como a frenagem CC é usada para parar um motor?
6. Como um freio de atrito eletromecânico é acionado e liberado?

» Parte 5

» Velocidade de motor

Motores de múltiplas velocidades

A velocidade de um motor de indução depende do número de polos montados no motor e da frequência da fonte de alimentação. Um motor de uma velocidade tem uma velocidade especificada na qual opera quando alimentado com a tensão e a frequência da placa de identificação. Um motor de múltiplas velocidades pode operar em mais de uma velocidade, dependendo de como conectamos sua alimentação. Os motores de múltiplas velocidades em geral possuem duas velocidades para escolher, mas podem ter mais.

As diferentes velocidades de um motor de múltiplas velocidades são selecionadas pela conexão externa dos terminais do enrolamento do estator do motor a um dispositivo de partida de múltiplas velocidades. Um dispositivo de partida é necessário para cada velocidade do motor e cada dispositivo de partida deve ser intertravado para impedir que mais de um dispositivo de partida seja ativado ao mesmo tempo. Os motores de múltiplas velocidades estão disponíveis em duas versões básicas: polo consequente e enrolamento separado. Um motor de enrolamento separado tem um enrolamento para cada velocidade, enquanto um motor de polo consequente tem um enrolamento para cada duas velocidades.

O dispositivo de partida para um motor de polo consequente de duas velocidades requer uma unidade de três polos e uma de cinco polos. Os dispositivos de partida para motores de enrolamento separado de duas velocidades consistem em dois dispositivos de partida de três polos padrão intertravados mecânica e eletricamente e montados em um único invólucro. A Figura 8-44 mostra um dispositivo de partida IEC para um motor de enrolamento separado de duas velocidades montado de fábrica. Várias configurações de fábrica e montadas em campo são usadas. A constituição do dispositivo de partida é a seguinte:

- Dispositivos de partida de velocidade alta e velocidade baixa, intertravados mecânica e eletricamente um com o outro.
- Dois conjuntos de relés de sobrecarga, um para o circuito de velocidade alta e um para o circuito de velocidade baixa, para assegurar proteção adequada em cada faixa de velocidade.
- Um painel de acionamento articulado contendo botão de velocidade alta, botão de velocidade baixa, chave seletora off/alta/baixa, rearme

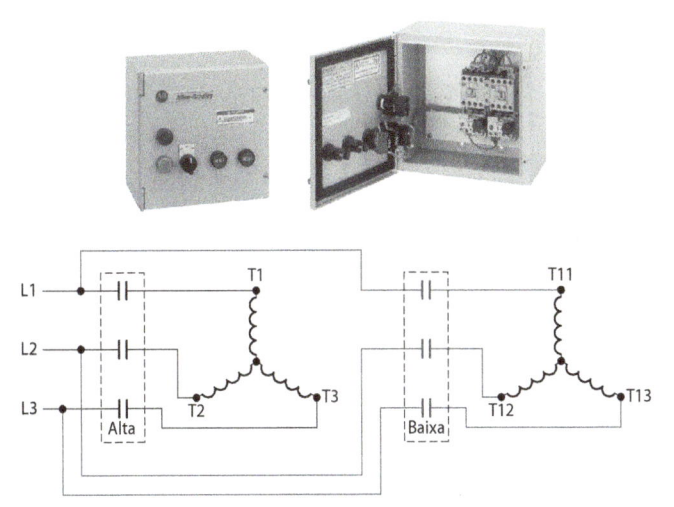

Figura 8-44 Dispositivo de partida de motor de enrolamentos separados de duas velocidades conectado direto na linha.
Foto cedida pela Rockwell Automation, www.rockwellautomation.com.

do relé de sobrecarga de velocidade alta e rearme do relé de sobrecarga de velocidade baixa.

Na maioria dos casos, um motor de indução trifásico, duas velocidades, seis terminais e gaiola de esquilo é uma aplicação comum de um motor de múltiplas velocidades. Um exemplo seria uma máquina de quatro polos (com velocidade síncrona de 1800 RPM) conectada para operar a 1800 RPM (alta) e 900 RPM (baixa). É importante conectar cuidadosamente os terminais do motor ao dispositivo de partida conforme mostrado na placa de identificação do motor ou no diagrama de conexões. Certifique-se de testar cada conexão de velocidade separadamente para o sentido de rotação antes de conectar a carga mecânica.

O NEC exige que se proteja cada enrolamento ou conexão contra sobrecargas e curtos. Para atender a essa exigência:

- Use sobrecargas separadas para cada enrolamento.
- Dimensione os condutores do circuito secundário que alimentam cada enrolamento para a corrente a plena carga do enrolamento de maior corrente a plena carga.
- Garanta que a especificação de potência do controlador não seja menos que a necessária para o enrolamento com a maior especificação de potência.

Motores de rotor bobinado

A construção de motores de rotor bobinado difere da dos motores de gaiola de esquilo basicamente no projeto do rotor. O rotor bobinado é construído com enrolamentos que são trazidos para fora do motor através de anéis coletores sobre o eixo do motor. Estes enrolamentos são conectados a um controlador, que coloca resistores variáveis em série com os enrolamentos. Ao alterar o valor do resistor externo conectado ao circuito do rotor, a velocidade do motor pode ser variada (quanto menor a resistência, maior a velocidade). Os motores de rotor bobinado são mais comuns na faixa de 300 hp e superior em aplicações onde usar um motor de gaiola de esquilo pode resultar em uma corrente de partida muito elevada para a capacidade do sistema de alimentação.

A Figura 8-45 mostra o circuito de alimentação para um controlador magnético de um motor de rotor bobinado. Ele consiste em um dispositivo de

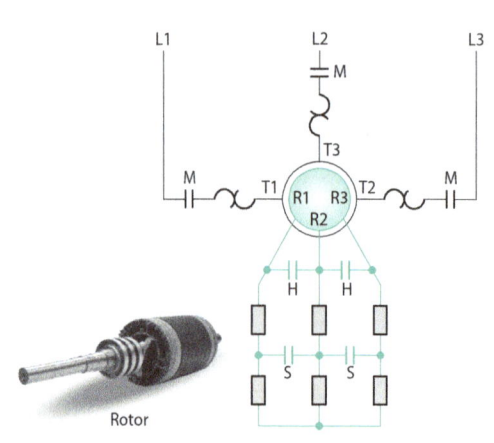

Figura 8-45 Controlador magnético de motor de rotor bobinado.
Foto cedida pela GE Energy, www.gemotors.com.

- Ao operar na velocidade baixa, os contatores S e H estão abertos, e a resistência total é inserida no circuito secundário do rotor.
- Quando o contator S fecha, ele retira parte da resistência total do circuito do rotor e, como resultado, a velocidade aumenta.
- Quando o contator H fecha, toda a resistência no circuito secundário do motor é retirada, assim, o motor funciona à velocidade máxima.

partida magnético (M), que conecta o circuito primário na linha, e dois contatores de aceleração secundários (S e H), os quais controlam a velocidade. O funcionamento do circuito é resumido a seguir:

Uma desvantagem do uso de resistência para controlar a velocidade de um motor de indução de rotor bobinado é que muito calor é dissipado nos resistores. Portanto, a eficiência é baixa. Além disso, a regulação de velocidade é ineficiente; para um determinado valor de resistência, a velocidade varia consideravelmente se a carga mecânica variar. Os controladores de rotor bobinado modernos utilizam dispositivos de estado sólido para obter acionamento sem degraus. Estes controladores podem incorporar tiristores (semicondutores) que ocupam o lugar dos contatores magnéticos.

Parte 5

Questões de revisão

1. Como são determinadas as diferentes velocidades de um motor de múltiplas velocidades?
2. Compare o número de polos necessários para os dispositivos de partida de um motor trifásico de duas velocidades com enrolamentos separados e polos consequentes.
3. De acordo com o NEC, que especificação de corrente deve ser usada quando se dimensiona os condutores do circuito secundário para a instalação de um motor de múltiplas velocidades?
4. De que maneira difere a construção de motores de rotor bobinado e de gaiola de esquilo?
5. Explique a relação entre a velocidade e a resistência dos resistores externos de um motor de indução de rotor bobinado.

Situações de análise de defeitos

1. Quais problemas podem ser encontrados quando fusíveis ou disjuntores são dimensionados muito abaixo de uma aplicação específica?
2. Qual pode ser a consequência se um dispositivo de partida CC for substituído por um CA com especificações similares de tensão e corrente dos contatos principais?

3. De que forma uma operação de pulsar excessiva pode ter um efeito negativo na operação de um dispositivo de partida e de um motor?

4. Por que é importante testar cada conexão separadamente de um motor de múltiplas velocidades quanto ao sentido de rotação antes de conectar a carga mecânica?

Tópicos para discussão e questões de raciocínio crítico

1. Determine cada um dos parâmetros a seguir para um motor trifásico de 10 hp, 208 V e fator de serviço 1,15.
    a. Corrente do motor a plena carga.
    b. Dimensionamento THWN CU necessário dos condutores do circuito de derivação.
    c. Capacidade do fusível (elemento duplo) a ser utilizado como proteção contra curto-circuito e falha à terra no circuito de derivação do motor.
    d. Especificação de corrente necessária para a chave de desconexão do motor.
    e. Especificação de corrente para o relé de sobrecarga localizado no controlador do motor.

2. Explique por que fusíveis e disjuntores não podem ser utilizados para proteção contra sobrecargas.

3. Por que botões de parada devem ser do tipo normalmente fechado?

4. Por que as fontes de alimentação CA e CC de um circuito de frenagem por injeção CC não podem ser conectadas ao motor ao mesmo tempo?

capítulo 9

A eletrônica no acionamento de motores

Os sistemas e controle eletrônicos têm conquistado uma grande aceitação na indústria de acionamento de motores; consequentemente, tornou-se essencial se familiarizar com os dispositivos eletrônicos de potência. Este capítulo apresenta uma visão geral de diodos, transistores, tiristores e circuitos integrados (CIs), bem como suas aplicações no acionamento de motores.

Objetivos do capítulo

- Apresentar o funcionamento e a aplicação de diferentes tipos de diodos.
- Demonstrar o funcionamento e a aplicação de diferentes tipos de transistores.
- Apresentar o funcionamento e a aplicação de diferentes tipos de tiristores.
- Demonstrar o funcionamento e a função de diferentes tipos de circuitos integrados.

›› Parte 1

›› Diodos semicondutores

Funcionamento do diodo

O diodo de junção PN, mostrado na Figura 9-1, é o mais básico dos dispositivos semicondutores. Esse diodo é formado por um processo de dopagem no qual são criados materiais semicondutores tipo N e tipo P no mesmo componente. Um material semicondutor tipo N tem elétrons (representados como cargas negativas) como portadores de corrente, enquanto o tipo P tem lacunas (representadas como cargas positivas) como portadores de corrente. Os materiais tipo N e tipo P trocam cargas na junção dos dois materiais, criando uma fina região de depleção que se comporta como um isolante. Os terminais do diodo são identificados como anodo (conectado ao material tipo P) e catodo (conectado ao material tipo N).

A principal característica operacional de um diodo é que ele permite a passagem de corrente em uma direção e bloqueia a corrente no sentido contrário. Quando usado em um circuito CC, o diodo permite ou impede o fluxo de corrente, dependendo da polaridade da tensão aplicada. A Figura 9-2 ilustra dois modos básicos de funcionamento de um diodo: polarização direta e polarização reversa. A tensão de polarização direta força os portadores de corrente positivos e negativos para a junção, o que faz a região de depleção entrar em colapso para permitir o fluxo de corrente. Uma tensão de polarização inversa alarga a região de depleção, de modo que o diodo não conduz. Em outras palavras, o diodo conduz corrente quando o anodo é positivo em relação ao catodo (estado de polarização direta) e bloqueia a corrente quando o anodo é negativo em relação ao catodo (estado de polarização reversa).

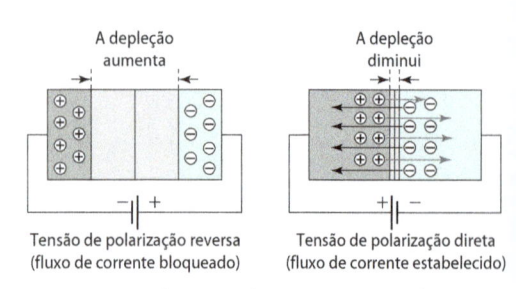

Figura 9-2 Polarização direta e reversa do diodo.

Diodo retificador

A retificação é o processo de conversão de CA para CC. Como os diodos permitem o fluxo de corrente em apenas um sentido, eles são usados como retificadores. Existem várias maneiras de conectar os diodos para fazer um retificador que converta CA em CC. A Figura 9-3 mostra o esquema para um circuito retificador de meia onda monofásico. O funcionamento do circuito é resumido a seguir:

- A entrada CA é aplicada ao primário do transformador; a tensão do secundário alimenta o retificador e a resistência de carga.
- Durante o semiciclo positivo da onda de entrada CA, o lado do anodo do diodo é positivo.
- O diodo está então polarizado diretamente, permitindo que ele conduza uma corrente para a carga. Como o diodo se comporta como uma chave fechada durante esse tempo, o semiciclo positivo aparece na carga.
- Durante o semiciclo negativo da onda de entrada CA, o lado do anodo do diodo é negativo.
- O diodo agora está polarizado inversamente; como resultado, nenhuma corrente pode fluir através dele. O diodo se comporta como uma chave aberta durante esse tempo, de forma que nenhuma tensão aparece na carga.

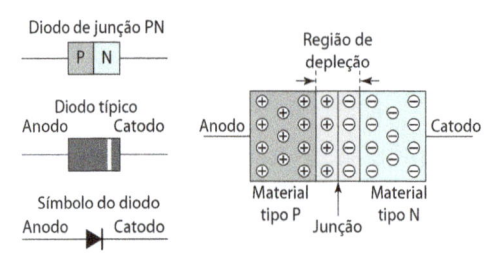

Figura 9-1 Diodo de junção PN.

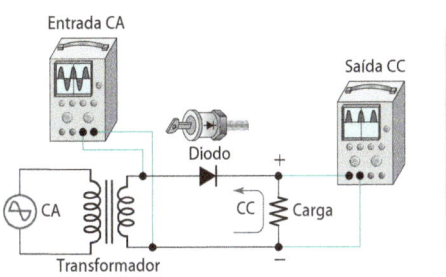

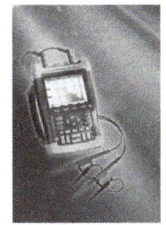

Figura 9-3 Circuito retificador de meia onda monofásico.
Foto cedida pela Fluke, www.fluke.com. Reproduzido com permissão.

- Assim, a aplicação de uma tensão alternada ao circuito produz uma tensão contínua pulsante na carga.

Os diodos podem ser testados com um ohmímetro quanto a defeitos de curto-circuito ou circuito aberto. Ele deve mostrar continuidade quando as pontas de prova do ohmímetro estiverem conectadas ao diodo em um sentido, porém não indicará continuidade no outro sentido. Se ele não mostra continuidade em qualquer dos sentidos, o diodo está aberto. Se ele mostra continuidade em ambos os sentidos, o diodo está em curto-circuito.

As cargas indutivas, como as bobinas de relés e solenoides, produzem uma tensão transiente alta no desligamento. Esta tensão indutiva pode ser particularmente prejudicial a componentes sensíveis do circuito, como transistores e circuitos integrados. Um diodo limitador, ou de supressão de pico, conectado em paralelo com a carga indutiva pode ser utilizado para limitar a quantidade de tensão transiente presente no circuito. O circuito com diodo de grampeamento na Figura 9-4 ilustra como um diodo é usado para a supressão da tensão indutiva da bobina de um relé. O funcionamento do circuito é resumido a seguir:

- O diodo se comporta como uma válvula de uma via para o fluxo de corrente.
- Quando a chave fim de curso é fechada, o diodo está polarizado reversamente.
- A corrente elétrica não pode fluir através do diodo, de modo que flui através da bobina do relé (o sentido da corrente indicado é o real).
- Quando a chave fim de curso abre, uma tensão que se opõe à tensão original aplicada é gerada pelo colapso do campo magnético da bobina.
- O diodo agora está polarizado diretamente e a corrente flui pelo diodo, e não pelos contatos da chave fim de curso, suprimindo o pico de tensão alta.
- Quanto mais rapidamente a corrente é desligada, maior é a tensão induzida. Sem o diodo, a tensão induzida poderia chegar a várias centenas ou mesmo milhares de volts.
- É importante notar que o diodo deve ser conectado na polarização reversa em relação à fonte de tensão CC. Operar o circuito com o diodo incorretamente conectado em polarização direta criará um curto-circuito na bobina do relé que pode danificar tanto o diodo quanto a chave.

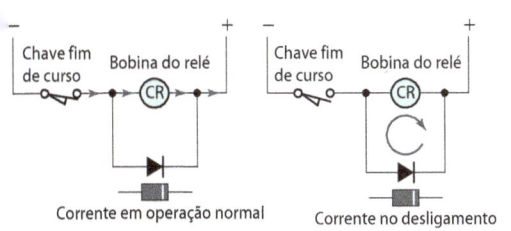

Figura 9-4 Diodo conectado para suprimir tensão indutiva.

O retificador de meia-onda faz uso de apenas metade da onda CA de entrada. Uma corrente contínua menos pulsante e de maior valor médio pode ser produzida ao retificar os dois semiciclos da onda de entrada CA. Tal circuito retificador é conhecido como retificador de onda completa. Um retificador em ponte utiliza quatro diodos em um arranjo em ponte para alcançar retificação de onda completa. Esta é uma configuração bastante empregada, tanto com diodos individuais quanto com pontes de diodos em um único componente, onde a ponte de diodos é conectada internamente. Os retificadores em ponte são usados em frenagem por injeção CC de motores CA para converter a tensão da linha CA para CC, a qual é então aplicada ao estator para fins de frenagem. O esquema de um retificador de onda completa em ponte monofásico é mostrado na Figura 9-5. O funcionamento do circuito é resumido a seguir:

- Durante o semiciclo positivo, os anodos de D1 e D2 são positivos (polarização direta), enquanto os anodos de D3 e D4 são negativos (polarização reversa). O fluxo de elétrons, a partir do lado negativo da linha, passa por D1 para a carga e, em seguida, passa por D2 de volta para o outro lado da linha.
- Durante o próximo semiciclo, a polaridade da tensão de linha CA inverte. Como resultado, os diodos D3 e D4 são polarizados diretamente. O fluxo de elétrons agora é do lado negativo da linha, passando por D3, pela carga e, em seguida, por D4 e de volta para o outro lado da linha. Note que, durante este semiciclo, a corrente flui através da carga no mesmo sentido, produzindo uma corrente contínua pulsante de onda completa.

Alguns tipos de cargas de corrente contínua, como motores, relés e solenoides, operam sem problemas com tensão CC pulsante, porém outras cargas eletrônicas não. As pulsações, ou ondulações, da tensão contínua podem ser removidas por um circuito de filtro. Os circuitos de filtro podem ser constituídos por capacitores, indutores e resistores conectados em diferentes configurações. O esquema para um simples circuito com filtro capacitivo de meia onda é mostrado na Figura 9-6. A filtragem é realizada pela alternância de carga e descarga do capacitor. O funcionamento do circuito é resumido a seguir:

- O capacitor está conectado em paralelo com a saída CC do retificador.
- Sem o capacitor, a tensão de saída é CC pulsante de meia onda normal.
- Com o capacitor instalado, a cada semiciclo positivo da fonte CA, a tensão no capacitor de filtro e na resistência de carga aumenta para o valor de pico da tensão alternada.
- No semiciclo negativo, o capacitor carregado fornece a corrente para a carga para proporcionar uma tensão de saída CC mais constante.
- A variação na tensão de carga, ou ondulação, é dependente do valor do capacitor e da carga. Quanto maior o capacitor, menor a tensão de ondulação.

Para cargas que demandam grandes correntes, como as exigidas para aplicações industriais, a saída CC é gerada a partir de uma fonte trifásica. Usando uma fonte trifásica, é possível obter uma baixa ondulação de saída CC com uma pequena filtragem. A Figura 9-7 mostra um circuito retificador em ponte trifásico de onda completa. O funcionamento do circuito é resumido a seguir:

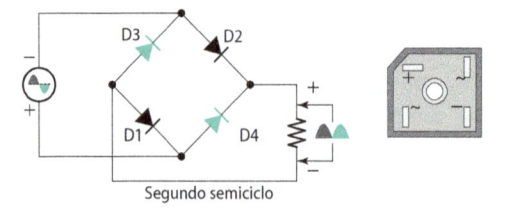

Figura 9-5 Circuito retificador de onda completa em ponte monofásico.
Foto cedida pela Fairchild Semiconductor, www.fairchild-semi.com.

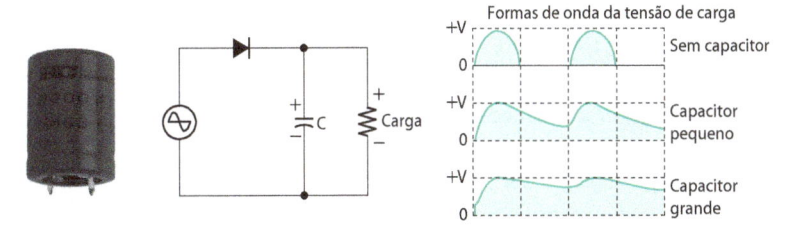

Figura 9-6 Filtro com capacitor.
Foto cedida pela Vishay Intertechnology, www.vishay.com.

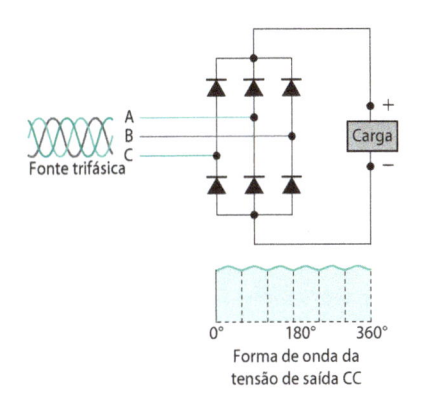

Figura 9-7 Retificador de onda completa em ponte trifásico.

- Os seis diodos são conectados em uma configuração em ponte, semelhante à ponte retificadora monofásica para produzir CC.
- Os catodos do banco de diodos superior são conectados ao barramento de saída CC positivo.
- Os anodos do banco de diodos inferior são conectados ao barramento CC negativo.
- Cada diodo conduz em sucessão, enquanto os dois restantes estão em corte.
- Cada pulso de saída CC tem duração de 60°.
- A tensão de saída nunca fica abaixo de um certo nível de tensão.

Diodo Zener

Um diodo Zener permite o fluxo de corrente no sentido direto como um diodo comum, mas também em sentido inverso, se a tensão for maior que a tensão de ruptura, conhecida como tensão Zener. Esta corrente de polarização reversa destruiria um diodo comum, mas o diodo Zener é projetado para lidar com isso. A especificação do valor de tensão de um diodo Zener indica a tensão em que o diodo começa a conduzir quando polarizado reversamente.

Os diodos Zener são usados para fornecer uma tensão de referência fixa a partir de uma tensão de alimentação que varia. Estes diodos comumente são encontrados em sistemas de acionamento de motores com realimentação para fornecer um nível fixo de tensão de referência em circuitos de fontes de alimentação reguladas. A Figura 9-8 mostra um circuito de um regulador com diodo Zener. O funcionamento do circuito é resumido a seguir:

- A tensão de entrada deve ser maior que a tensão Zener especificada.
- O diodo Zener é conectado em série com um resistor para permitir o fluxo de uma corrente de polarização reversa suficiente para o Zener operar.
- A queda de tensão no diodo Zener é igual à especificação de tensão do diodo Zener.

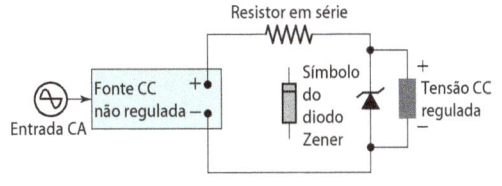

Figura 9-8 Circuito de um regulador com diodo Zener.

- A queda de tensão no resistor em série é igual à diferença entre a tensão de entrada e a tensão Zener.
- A tensão no diodo Zener permanece constante à medida que a tensão de entrada varia dentro de um intervalo especificado.
- A variação na tensão de entrada aparece sobre o resistor em série.

Dois diodos Zener em antissérie podem suprimir tensões de transientes prejudiciais em uma linha CA. Um varistor de óxido metálico (MOV – *metal oxide varistor*) tem a função de suprimir surtos de tensão da mesma maneira que diodos Zener em antissérie. O circuito da Figura 9-9 é utilizado para suprimir transientes de tensão CA. O módulo varistor mostrado foi construído para ser montado diretamente nos terminais de bobinas de contatores e dispositivos de partida com bobinas de 120 ou 240 V CA. O funcionamento do circuito é resumido a seguir:

- Cada diodo Zener funciona como um circuito aberto até que a tensão no Zener exceda seu valor nominal.
- Qualquer pico instantâneo de tensão maior faz o diodo Zener funcionar como um curto-circuito que ignora esta tensão, afastando-a do restante do circuito.
- É recomendado que o dispositivo de supressão seja posicionado tão próximo quanto possível do dispositivo de carga.

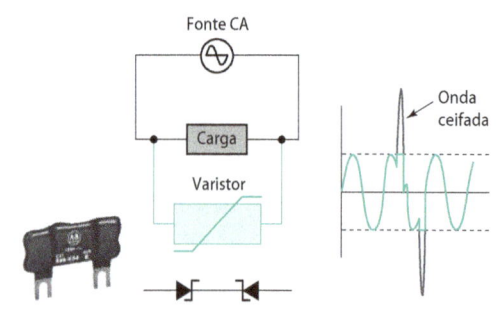

Figura 9-9 Supressão de transientes em tensão CA. Foto cedida pela Rockwell Automation, www.rockwellautomation.com.

Diodo emissor de luz

O diodo emissor de luz (LED – *light-emitting diode*) é outro importante tipo de diodo. Um LED contém uma junção PN que emite luz quando há condução de corrente. Quando polarizado diretamente, a energia dos elétrons que flui através da resistência da junção é convertida diretamente em energia luminosa. Como o diodo emissor de luz é um diodo, a corrente fluirá apenas quando o LED for polarizado diretamente. O diodo emissor de luz deve ser operado dentro de sua tensão e corrente especificadas para evitar danos irreversíveis. A Figura 9-10 ilustra um circuito simples com um LED em série com um resistor que limita a tensão e a corrente aos valores desejados.

As principais vantagens de usar um LED como fonte de luz, em vez de uma lâmpada comum, são o consumo de energia bem menor, uma expectativa de vida útil muito maior e a alta velocidade de operação. Os diodos de silício convencional convertem energia elétrica em calor. Os diodos de arsenieto de gálio convertem energia elétrica em calor e luz infravermelha. Este tipo de diodo é chamado diodo emissor de infravermelho (IRED – *infrared-emitting diode*). A luz infravermelha não é visível para o olho humano. Dopando o arsenieto de gálio com outros materiais, os fabricantes conseguiram LEDs que emitem luz visível como vermelho, verde, amarelo e azul. Os diodos emissores de luz são usados em lâmpadas piloto e *displays* digitais. A Figura 9-11 mostra um *display* numérico de LEDs formando os sete segmentos. Energizando os segmentos corretos, os números 0 a 9 podem ser exibidos.

Fotodiodos

Os fotodiodos são diodos de junção PN especificamente projetados para a detecção de luz e que produzem fluxo de corrente quando absorvem a luz (a energia da luz passa através da lente que expõe a junção). O fotodiodo é projetado para operar com polarização reversa. Neste dispositivo,

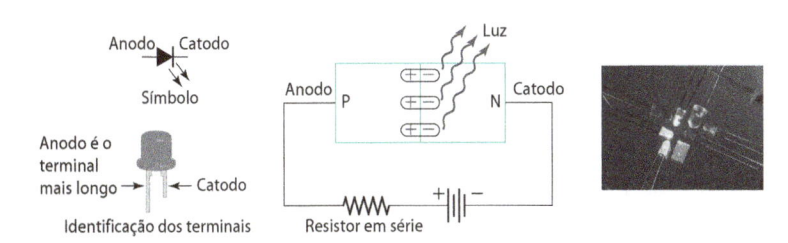

Figura 9-10 Diodo emissor de luz (LED).
Foto cedida pela Gilway International Light, www.gilway.com.

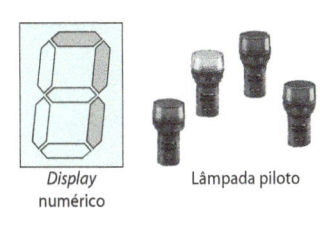

Figura 9-11 LEDs como fontes de luz.
Foto cedida pela Automation Systems Interconnect, www.asi-ez.com.

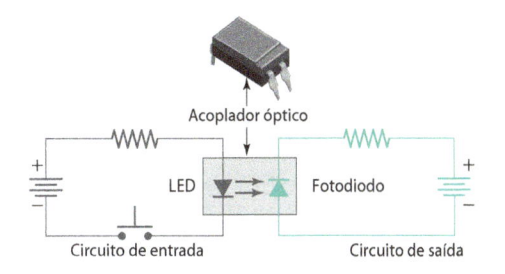

Figura 9-12 Circuito com acoplador óptico.

a corrente de fuga na polarização reversa aumenta com a intensidade da luz. Portanto, um fotodiodo exibe uma resistência muito alta sem luz na entrada, e uma resistência baixa com a presença de luz na entrada.

Há muitas situações em que sinais e dados precisam ser transferidos de uma parte do equipamento para outra, sem que seja feita uma conexão elétrica direta. Muitas vezes isso ocorre porque a origem e o destino estão em níveis muito diferentes de tensão, como um microprocessador que funciona a partir de 5 V CC, mas está sendo usado para controlar um circuito que é comutado em 240 V CA. Em tais situações, o enlace entre os dois deve ser isolado, para proteger o microprocessador contra danos de sobretensão.

O circuito da Figura 9-12 usa um fotodiodo como parte do encapsulamento de um acoplador óptico (também conhecido como optoisolador) que contém um LED e um fotodiodo. Os acopladores ópticos são usados para isolar eletricamente um circuito de outro. A única coisa que conecta os dois circuitos é a luz, de modo que eles estão eletricamente isolados um do outro. Os acopladores ópticos normalmente vêm em um pequeno encapsulamento de circuito integrado e são uma combinação de um transmissor óptico (LED) e um receptor óptico, como um fotodiodo. O funcionamento do circuito é resumido a seguir:

- O LED é polarizado diretamente, enquanto o fotodiodo é polarizado reversamente.
- Com o botão aberto, o LED está desligado. Nenhuma luz entra no fotodiodo e nenhuma corrente flui no circuito de entrada.
- A resistência do fotodiodo é elevada, de modo que pouca ou nenhuma corrente flui através do circuito de saída.
- Quando o botão de entrada é fechado, o LED é polarizado diretamente e é ligado.
- A luz entra no fotodiodo de modo que a sua resistência diminui, fazendo circular corrente na carga de saída.

Parte 1

Questões de revisão

1. Compare os tipos de portadores de corrente associados aos materiais semicondutores tipo N e P.
2. Cite a característica básica de funcionamento de um diodo.
3. Como um diodo é testado usando um ohmímetro?
4. O que determina se um diodo é polarizado direta ou reversamente?
5. Sob que condição um diodo é considerado conectado em polarização direta?
6. Qual é a função de um diodo retificador?
7. Explique o processo pelo qual um retificador de meia onda monofásico converte CA em CC.
8. Qual é o propósito de um diodo limitador ou de supressão de picos?
9. Um retificador de meia onda monofásico é substituído pelo tipo em ponte de onda completa. De que forma isso altera a saída CC?
10. Como funciona um capacitor de filtro para suavizar a pulsação (ondulação) associada com circuitos retificadores?
11. Que vantagens são obtidas com o uso de retificadores trifásicos em relação aos monofásicos?
12. De que maneira o funcionamento de um diodo Zener difere de um diodo comum?
13. Os diodos Zener são comumente usados em circuitos de regulação de tensão. Que característica operacional do diodo Zener o torna útil para este tipo de aplicação?
14. Cite o princípio de funcionamento de um LED.
15. Quantos LEDs estão integrados em um *display* numérico de LED de um dígito?
16. Explique como um fotodiodo é projetado para detectar a luz.

Parte 2

Transistores

O transistor é um dispositivo semicondutor de três terminais normalmente usado para amplificar um sinal, ou ligar e desligar um circuito. A amplificação é o processo de aumentar o tamanho de um pequeno sinal. Os transistores são utilizados como chaves em acionadores de motores elétricos para controlar a tensão e a corrente aplicada aos motores. Os transistores são capazes de comutação extremamente rápida, sem partes móveis. Existem dois tipos gerais de transistores em uso hoje: o transistor bipolar (muitas vezes denominado transistor de junção bipolar, ou TJB) e o transistor de efeito de campo (FET – *field-effect transistor*). Outro uso comum dos transistores é como parte de circuitos integrados (CIs). Como exemplo, um *chip* de microprocessador de um computador pode conter até 3,5 milhões de transistores.

Transistor de junção bipolar (TJB)

Em sua forma mais básica, os transistores bipolares consistem em um par de diodos de junção PN unidos em antissérie, como ilustra a Figura 9-13. Ele consiste em três seções de semicondutores: um emissor (E), uma base (B) e um coletor (C). A região da base é muito fina, de modo que uma pequena corrente nesta região pode ser utilizada para controlar um fluxo de corrente maior entre as regiões da base e do coletor. Há dois tipos de transistores TJB padrão, NPN e PNP, com símbolos de circuito diferentes. As letras referem-se às camadas de ma-

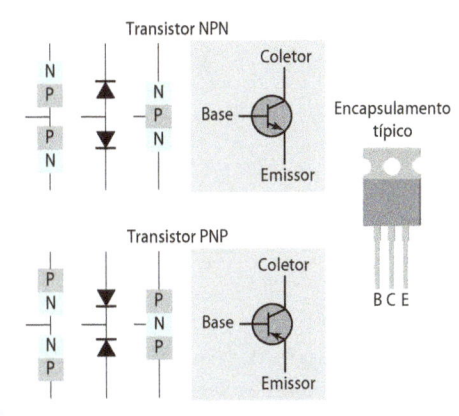

Figura 9-13 Transistor de junção bipolar (TJB).

terial semicondutor usadas para construir o transistor. Os transistores NPN e PNP operam de modo semelhante e a sua maior diferença é o sentido do fluxo de corrente através do coletor e emissor. Os transistores bipolares são assim chamados porque a corrente controlada deve passar por dois tipos de material semicondutor, P e N.

O TJB é um amplificador de corrente pois o fluxo de uma corrente da base para o emissor resulta em um fluxo de corrente maior do coletor para o emissor. Isso, com efeito, é amplificação de corrente, com o ganho de corrente conhecido como *beta* do transistor. O circuito mostrado na Figura 9-14 ilustra como um TJB é usado como amplificador de corrente para amplificar um pequeno sinal de corrente de um sensor fotovoltaico. O funcionamento do circuito é resumido a seguir:

- O transistor está conectado a duas fontes CC diferentes: a tensão de alimentação e a tensão gerada pelo sensor fotovoltaico quando exposto à luz.
- Estas fontes de tensão estão conectadas de modo que a junção base-emissor seja polarizada diretamente, e a junção emissor-coletor, polarizada reversamente.
- A corrente no terminal da base é chamada corrente de base, e a corrente no terminal do coletor é chamada corrente de coletor.
- Essa configuração do transistor é chamada emissor-comum porque os circuitos de base e de coletor compartilham o terminal do emissor como um ponto de conexão comum.
- A intensidade da corrente de base determina a intensidade da corrente de coletor.
- Sem corrente de base, ou seja, sem luz incidindo sobre o sensor fotovoltaico, não há corrente de coletor (normalmente desligado).
- Um pequeno aumento na corrente de base, gerado pelo sensor fotovoltaico, resulta em um aumento muito maior na corrente de coletor; assim, a corrente de base age no controle da corrente de coletor.
- O fator de amplificação de corrente, ou ganho, é a razão entre a corrente de coletor e a corrente de base; neste caso, 100 mA dividido por 2 mA, ou 50.

Quando um transistor é utilizado como uma chave, ele tem apenas dois estados de funcionamento: ligado e desligado. Os transistores bipolares não podem comutar cargas CA diretamente e, em geral, eles não são uma boa escolha para a comutação de tensões ou correntes altas. Nestes casos, muitas vezes emprega-se um relé em conjunto com um transistor de baixa potência. O transistor comuta corrente da bobina do relé, enquanto os contatos da bobina comutam a corrente para a carga. O circuito mostrado na Figura 9-15 ilustra como um TJB é utilizado para controlar uma carga CA. O funcionamento do circuito é resumido a seguir:

- Um transistor de baixa potência é usado para comutar a corrente na bobina do relé.
- Com a chave de proximidade aberta, não há corrente de base ou de coletor, de modo que

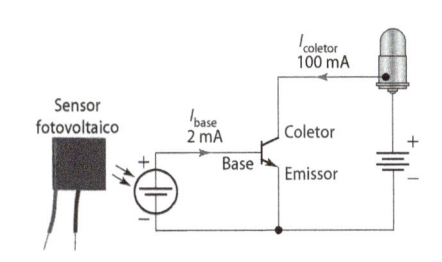

Figura 9-14 Amplificação de corrente com TJB.
Foto cedida pela All Electronics, www.allelectronics.com.

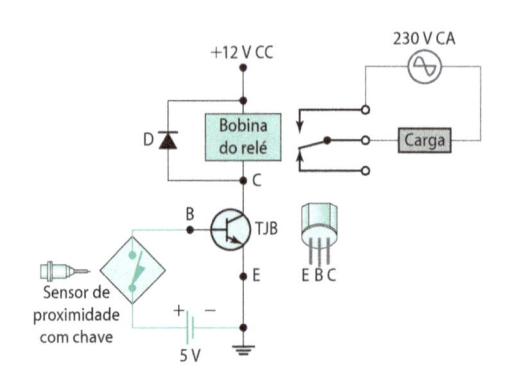

Figura 9-15 Um TJB comutando uma carga CA.

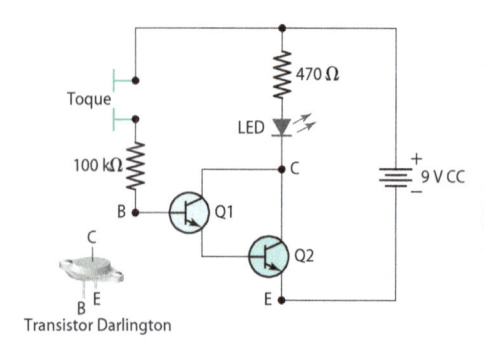

Figura 9-16 Transistor Darlington como parte de um circuito com chave de toque.

o transistor está desligado. A bobina do relé está desenergizada e a tensão na carga está desligada por causa dos contatos NA do relé.
- Quando o transistor está no estado desligado, a corrente de coletor é zero, a queda de tensão entre coletor e emissor é de 12 V e a tensão na bobina do relé é 0 V.
- A chave de proximidade, ao fechar, estabelece uma pequena corrente de base que faz a corrente de coletor ser máxima e corresponder a um ponto denominado saturação, pois não é possível passar uma corrente maior.
- A bobina do relé é energizada e seus contatos NA se fecham, ligando a carga.
- Quando o transistor está em estado ligado, a corrente de coletor está no seu valor máximo, e a tensão entre coletor e emissor diminui para próximo de zero, enquanto na bobina do relé ela aumenta para cerca de 12 V.
- O diodo limitador evita que a tensão induzida no desligamento se torne suficientemente elevada para danificar o transistor.

O transistor Darlington (muitas vezes chamado par Darlington) é um dispositivo semicondutor que combina dois transistores bipolares em um único dispositivo, de modo que a corrente amplificada pelo primeiro transistor é amplificada ainda mais pelo segundo. O ganho de corrente total é igual aos ganhos dos transistores individuais multiplicados entre si. A Figura 9-16 mostra um transistor Darlington como parte de um circuito com chave de toque. O funcionamento do circuito é resumido a seguir:

- Os pares Darlington são encapsulados com três terminais, como um único transistor.
- A base do transistor Q1 está conectada a um dos eletrodos da chave de toque.
- Colocar o dedo na placa de toque permite que uma pequena quantidade de corrente passe através da pele e estabeleça um fluxo de corrente através do circuito de base de Q1 e o coloque em saturação.
- A corrente amplificada por Q1 é amplificada ainda mais por Q2 para ligar o LED.

Assim como os diodos de junção, os transistores bipolares de junção são sensíveis à luz. Os fototransistores são projetados especificamente para tirar proveito deste fato. O fototransistor mais comum é um transistor bipolar NPN com a junção PN coletor-base sensível à luz. Quando esta junção é exposta à luz, ela cria um fluxo de corrente de controle que liga o transistor. Os fotodiodos desempenham uma função semelhante, porém com um ganho muito menor. A Figura 9-17 mostra um fototransistor empregado como parte de um isolador óptico encontrado em um circuito de um módulo de entrada CA de um controlador lógico programável (CLP). O funcionamento do circuito é resumido a seguir:

- Quando o botão é fechado, 120 V CA é aplicado na ponte retificadora através dos resistores R1 e R2.

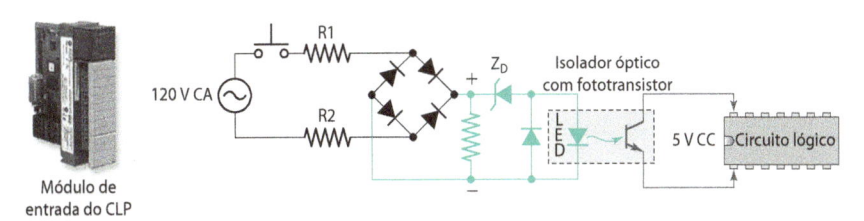

Figura 9-17 Fototransistor empregado como parte de um isolador óptico encontrado no circuito de um módulo de entrada CA de um controlador lógico programável (CLP).
Foto cedida pela Rockwell Automation, www.rockwellautomation.com.

- Isso produz um nível de tensão CC baixo que é aplicado no LED do isolador óptico.
- A especificação de tensão do diodo Zener (Z_D) define o nível mínimo de tensão que pode ser detectado.
- Quando a luz do diodo emissor de luz atinge o fototransistor, este entra em condução, e o estado do botão é comunicado na forma de nível lógico, ou nível baixo de tensão CC, para o processador.
- O isolador óptico não apenas separa a tensão de entrada CA alta dos circuitos lógicos, mas também evita danos ao processador por meio de transientes de tensão.

Transistor de efeito de campo

O transistor bipolar de junção é um dispositivo controlado por corrente, enquanto o transistor de efeito de campo (FET – *field-effect transistor*) é um dispositivo controlado por tensão. O transistor de efeito de campo praticamente não utiliza corrente de entrada. Em vez disso, o fluxo de corrente de saída é controlado por um *campo elétrico* variável, que é criado pela aplicação de uma tensão. Esta é a origem do termo *efeito de campo*. O transistor de efeito de campo foi projetado para contornar as duas grandes desvantagens do transistor de junção bipolar: a baixa velocidade de comutação e a alta potência de acionamento, que são impostas pela corrente de base.

O transistor de efeito de campo de junção (JFET) mostrado na Figura 9-18, é construído com uma barra de material tipo N e uma porta de material tipo P. Como o material do canal é do tipo N, o dis-

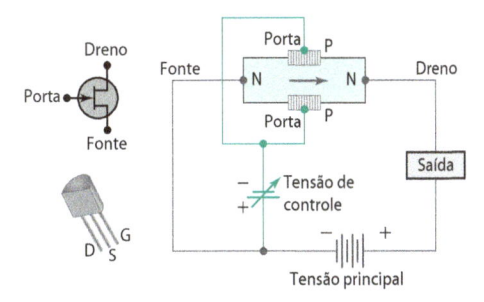

Figura 9-18 Transistor de efeito de campo de junção (JFET).

positivo é chamado JFET de canal N. Os JFETs têm três conexões, ou terminais: fonte, porta e dreno, que correspondem ao emissor, à base e ao coletor do transistor bipolar, respectivamente. Os nomes dos terminais se referem às suas funções. O terminal da porta (*gate*) pode ser pensado como o controle de abertura e fechamento de uma porta fisicamente. Esta porta permite que os elétrons fluam ou tenham a passagem bloqueada pela criação ou eliminação de um canal entre a fonte e o dreno. Os transistores de efeito de campo são unipolares; a corrente que flui por eles tem apenas um tipo de material semicondutor. Isso contrasta com os transistores bipolares, que têm corrente fluindo pelas regiões tipo N e P. Existem também JFETs canal P que usam material tipo P no canal e tipo N na porta. A principal diferença entre os tipos N e P é que as polaridades de tensão são opostas.

O JFET opera no modo depleção, o que significa que ele está normalmente ligado. Se uma fonte de tensão for conectada entre os terminais de fonte e dreno e nenhuma fonte de tensão for conectada no terminal da porta, a corrente fica livre para fluir através do canal. A Figura 9-19 ilustra o controle de tensão de porta na corrente em um JFET canal N. O funcionamento do circuito é resumido a seguir:

- As polaridades normais para polarização do JFET canal N são conforme indicado. Note que o JFET opera normalmente com a tensão de controle conectada na junção entre fonte e porta polarizada reversamente. O resultado é uma impedância de entrada muito elevada.
- Se a tensão de alimentação for conectada entre fonte e dreno e nenhuma tensão de controle for conectada na porta, os elétrons ficam livres para fluir através do canal.
- Uma tensão negativa conectada na porta aumenta a resistência do canal e diminui a intensidade da corrente que flui entre fonte e dreno.
- Assim, a tensão de porta controla a intensidade da corrente de dreno, e o controle desta corrente é quase sem consumo de potência.
- Continuar a aumentar a tensão de porta negativa até o ponto de constrição (*pinch-off*) reduz a corrente de dreno a um valor muito baixo, efetivamente zero.

Transistor de efeito de campo de semicondutor de óxido metálico [MOSFET]

O transistor de efeito de campo de semicondutor de óxido metálico (MOSFET) é de longe o transistor de efeito de campo mais comum. Os transistores de efeito de campo não necessitam de qualquer corrente de porta para funcionar, de modo que a estrutura da porta pode ser completamente isolada do canal. A porta de um JFET consiste em uma junção com polarização reversa, enquanto a porta de um MOSFET consiste em um eletrodo de metal isolado do canal por óxido metálico. A porta isolada de um MOSFET tem impedância de entrada muito mais elevada que a de um JFET, de modo que é ainda menos carga para os circuitos anteriores. Como a camada de óxido é extremamente fina, o MOSFET é suscetível à destruição por cargas eletrostáticas. São necessárias precauções especiais durante o manuseio ou transporte de dispositivos MOS.

O MOSFET pode ser feito com um canal P ou N. A ação de cada um é a mesma, porém as polaridades são invertidas. Além disso, há dois tipos de MOSFETs: MOSFETs de modo depleção, ou tipo D, e MOSFETs de modo melhoria, ou tipo E. Os símbolos usados para os MOSFETs de depleção canais N e P são mostrados na Figura 9-20. O canal é representado como uma linha contínua para indicar que o circuito entre o dreno e a fonte é normalmente completo, e que o dispositivo é normalmente ligado.

A tensão de porta em um circuito de MOSFET pode ser de qualquer polaridade, visto que não é usada uma junção de diodo, o que possibilita a operação no modo melhoria. O modo melhoria do MOSFET é normalmente desligado, o que significa que, se a tensão for conectada entre dreno e fonte e nenhuma tensão estiver conectada à porta, não haverá fluxo de corrente através do dispositivo. A tensão de porta adequada vai atrair portadores para a região de porta e formar um canal condutor.

Tensão de porta zero (Toda a corrente passa) | Tensão de porta negativa (Passa menos corrente) | A tensão de porta negativa aumenta até a constrição (Nenhuma corrente passa)

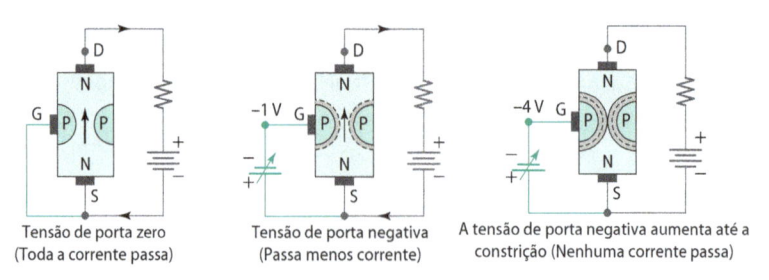

Figura 9-19 A tensão de porta controla a corrente.

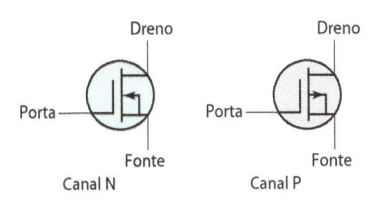

Figura 9-20 MOSFETs de modo depleção.

Deste modo, o canal é considerado "melhorado", ou auxiliado, pela tensão de porta. A Figura 9-21 mostra os símbolos esquemáticos utilizados para MOSFETs de modo melhoria. Note que, ao contrário dos símbolos do modo depleção, a linha da fonte para o dreno é tracejada, o que implica que o dispositivo está normalmente desligado.

A Figura 9-22 mostra um MOSFET de modo melhoria usado como parte de um circuito temporizador para desligar. Como o fluxo de corrente de porta é desprezível, uma ampla variedade de períodos de retardo de tempo, de minutos a horas, é possível. O funcionamento do circuito é resumido a seguir:

- Com a chave inicialmente aberta, é aplicada uma tensão entre o dreno e a fonte, mas não há tensão aplicada entre a porta e a fonte. Portanto, nenhuma corrente flui através do MOSFET, e a bobina do relé fica desenergizada.
- Fechar a chave resulta em uma tensão positiva aplicada à porta, o que coloca o MOSFET em condução para energizar a bobina do relé e comutar o estado de seus contatos.
- Ao mesmo tempo, o capacitor é carregado até 24 V CC.

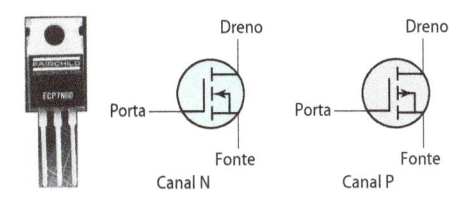

Figura 9-21 MOSFETs de modo melhoria.
Foto cedida pela Fairchild Semiconductor, www.fairchildsemi.com.

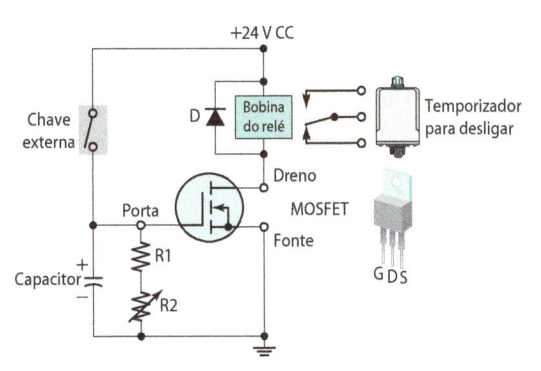

Figura 9-22 Circuito temporizador para desligar com MOSFET.

- O circuito permanece neste estado com a bobina do relé energizada, desde que a chave permaneça fechada.
- Quando a chave for aberta, a ação de temporização é iniciada.
- O circuito de porta positiva conectado à fonte de 24 V é aberto.
- A carga positiva armazenada no capacitor mantém o MOSFET ligado.
- O capacitor começa a descarregar sua energia armazenada através de R1 e R2 enquanto ainda mantém uma tensão positiva na porta.
- O MOSFET e a bobina do relé continuam a conduzir corrente durante o tempo que leva para o capacitor descarregar.
- A taxa de descarga e, assim, o tempo de atraso, é ajustada através da variação da resistência de R2. Aumentar a resistência diminuirá a taxa de descarga e aumentará o período de tempo. A diminuição da resistência terá o efeito oposto.

Os MOSFETs de potência projetados para lidar com intensidades de corrente maiores são utilizados em alguns controladores de velocidade de motores CC. Para este tipo de aplicação, o MOSFET é usado para comutar a tensão CC aplicada ligando e desligando muito rapidamente. A velocidade de um motor de corrente contínua é diretamente proporcional à tensão aplicada à armadura. Com a comutação da tensão de linha do motor CC, é possível controlar a tensão média aplicada à armadura do motor.

A Figura 9-23 mostra um MOSFET de potência de modo melhoria usado como parte de um circuito *chopper* (recortador). Neste circuito, a fonte de tensão é "cortada" pelo MOSFET para produzir uma tensão média em algum ponto entre 0 e 100% da tensão de alimentação CC. O funcionamento do circuito é resumido a seguir:

- A fonte de tensão de CC e a tensão de campo do motor são fixas, e a tensão aplicada à armadura do motor é variada pelo MOSFET usando uma técnica chamada modulação por largura de pulso (PWM – *pulse-width modulation*).
- A modulação por largura de pulso funciona aplicando uma série de pulsos de onda quadrada na porta.
- A velocidade do motor é controlada pelo acionamento do motor com pulsos curtos. Estes pulsos têm duração variável para alterar a velocidade do motor. Quanto maior a duração dos pulsos, mais rápido o motor gira e vice-versa.
- Ao ajustar o ciclo de trabalho do sinal de porta (modulando a largura do pulso), a fração de tempo em que o MOSFET está ligado pode ser variada, junto com a tensão média na armadura do motor e, consequentemente, a velocidade do motor.
- O diodo (às vezes chamado diodo roda livre) está ligado em polarização inversa para proporcionar um caminho de descarga para o campo magnético em colapso quando a tensão na armadura do motor é desligada.

Transistor bipolar de porta isolada (IGBT)

O transistor bipolar de porta isolada (IGBT – *insulated-gate bipolar transistor*) é uma associação entre um transistor bipolar e um MOSFET pois combina os atributos positivos de ambos. Os TJBs têm baixa resistência no estado ligado, mas têm tempos de comutação relativamente longos, especialmente para desligar. Os MOSFETs podem ser ligados e desligados muito mais rápido, mas a sua resistência no estado ligado é maior. Os IGBTs têm menor perda de potência no estado ligado, além de maior velocidade de comutação, permitindo que o acionador eletrônico do motor funcione em frequências de comutação muito mais elevadas e controle mais potência.

Os dois símbolos esquemáticos utilizados para representar um IGBT tipo N e o seu circuito equivalente são mostrados na Figura 9-24. Note que o IGBT tem uma porta, como um MOSFET, contudo tem um emissor e um coletor, como um TJB. O circuito equivalente é representado por um transistor PNP, onde a corrente de base é controlada por um transistor MOS. Em essência, o IGFET controla a corrente de base de um TJB, que lida com a corrente de carga principal entre coletor e emissor. Dessa forma, o ganho de corrente é extremamente elevado (visto que a porta isolada do IGFET praticamente não consome corrente do circuito de controle), mas a queda de tensão entre coletor e emissor du-

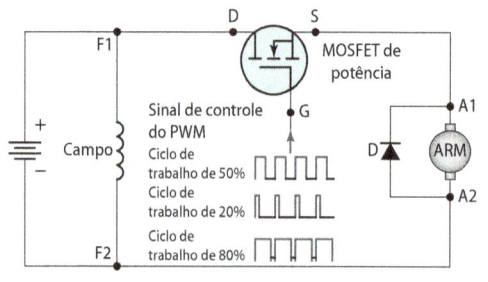

Figura 9-23 MOSFET de potência usado como parte de um circuito *chopper*.

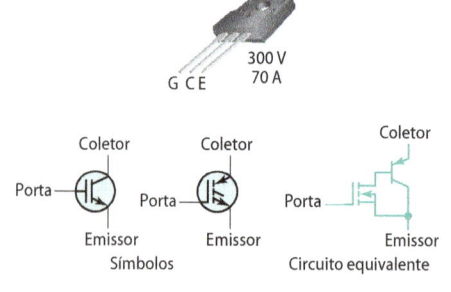

Figura 9-24 Transistor bipolar de porta isolada (IGBT) tipo N.
Foto cedida pela Fairchild Semiconductor, www.fairchild-semi.com.

rante a condução plena é tão baixa quanto a de um TJB comum.

Como as aplicações para componentes IGBT continuam a expandir rapidamente, os fabricantes de semicondutores estão respondendo ao fornecer IGBTs tanto em encapsulamentos discretos (individuais) quanto modulares. A Figura 9-25 mostra um módulo eletrônico de potência que abriga dois transistores de potência bipolares de portas isoladas e os diodos correspondentes. Este encapsulamento fornece uma maneira fácil para resfriar os dispositivos e para conectá-los ao circuito externo.

A Figura 9-26 mostra como os IGBTs são usados em uma unidade de acionamento de motor CA de frequência variável. Um inversor de frequência controla a velocidade de um motor CA ao variar a frequência fornecida ao motor. Além disso, esta unidade de acionamento também regula a tensão de saída na proporção da frequência de saída para fornecer uma relação relativamente constante entre tensão e frequência (V/Hz), conforme exigido pelas características do motor CA para produzir torque adequado. O seis IGBTs conseguem operar em uma velocidade de comutação muito alta e talvez precisem comutar a tensão para o motor milhares de vezes por segundo. O funcionamento do circuito é resumido a seguir:

- A seção de entrada do inversor de frequência é o conversor. Ele contém seis diodos, dispostos em uma ponte elétrica. Os diodos convertem a tensão de alimentação trifásica CA em CC.
- A seção seguinte – o barramento CC – "vê" uma tensão CC fixa.
- O indutor (L) e o capacitor (C) trabalham em conjunto para filtrar qualquer componente CA da forma de onda CC. Quanto mais suave a forma de onda CC, mais "limpa" (sem ondulações) será a forma de onda de saída da unidade de acionamento.
- O barramento CC alimenta o inversor, que é a seção final da unidade de acionamento. Como o nome indica, esta seção inverte a tensão CC de volta para CA. Mas ele faz isso de modo que a tensão e a frequência de saída variam.
- A parte do circuito de controle envolvida coordena a comutação dos dispositivos IGBT, geralmente através de uma placa de controle lógico que determina o disparo dos componentes de potência na sequência correta.

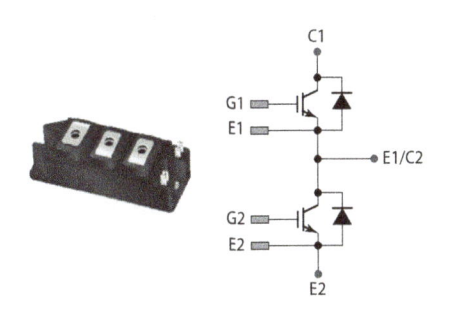

Figura 9-25 Módulo de potência de transistor bipolar de porta isolada (IGBT).
Foto cedida pela Fairchild Semiconductor, www.fairchildsemi.com.

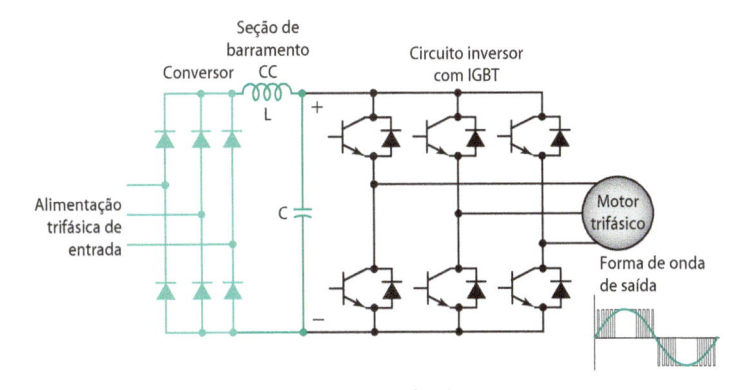

Figura 9-26 IGBTs usados em um motor de acionamento eletrônico.

Parte 2

Questões de revisão

1. Explique as duas principais funções de um transistor.
2. Quais são os dois tipos gerais de transistores?
3. Explique brevemente como o fluxo de corrente através de um transistor de junção bipolar é controlado.
4. Indique os dois tipos de transistores bipolares.
5. Que nomes são usados para identificar os três terminais de um TJB?
6. Explique o termo *ganho de corrente*, conforme se aplica a um TJB.
7. Descreva a constituição de um transistor Darlington.
8. Explique resumidamente como o fluxo de corrente através de um fototransistor é controlado.
9. Como o fluxo de corrente através de um transistor de efeito de campo é controlado?
10. Apresente duas vantagens dos transistores de efeito de campo em relação aos tipos bipolares.
11. Que nomes são usados para identificar os três terminais de um transistor de efeito de campo de junção?
12. Qual é a principal diferença entre a operação de JFETs canal N e canal P?
13. Por que os transistores de efeito de campo são denominados unipolares?
14. Os JFETs são caracterizados como dispositivos normalmente ligados. O que isso significa?
15. Compare a estrutura de porta de um JFET e de um MOSFET.
16. De que maneira a operação de um MOSFET de modo depleção difere da de um MOSFET de modo melhoria?
17. Explique resumidamente como um MOSFET de potência opera em um circuito *chopper* de uma unidade eletrônica de acionamento de motor CC.
18. Como é controlado o fluxo de corrente através de um transistor bipolar de porta isolada?
19. Que nomes são usados para identificar os três terminais de um IGBT?
20. Quais características do IGBT fazem dele o transistor escolhido para aplicações de controle eletrônico de potência de motores?
21. Quais são as vantagens do encapsulamento modular de dispositivos eletrônicos de potência?
22. Explique resumidamente como um IGBT de potência opera como um inversor em uma unidade eletrônica de acionamento de motor CA.

Parte 3

≫ Tiristores

Tiristor é um termo genérico para uma ampla gama de componentes semicondutores utilizados na comutação eletrônica. Assim como uma chave mecânica, ele tem apenas dois estados: ON (em condução) e OFF (em corte). Os tiristores não possuem um comportamento linear entre os dois estados como os transistores. Além de comutação, eles também podem ser utilizados para ajustar a quantidade de potência aplicada à carga.

Os tiristores são utilizados principalmente onde estão envolvidas correntes e tensões altas. Eles são usados com frequência para o controle de correntes alternadas, em que a mudança da polaridade da corrente desliga automaticamente o dispositivo. O retificador controlado de silício e o TRIAC são os dispositivos tiristores mais utilizados.

Retificadores controlados de silício (SCRs)

Os retificadores controlados de silício (SCRs – *silicon controlled rectifiers*) são semelhantes aos diodos de silício com exceção de um terceiro terminal (porta ou gatilho) que controla, ou liga, o SCR. Basicamente, o SCR é um dispositivo semicondutor de quatro camadas (PNPN) composto de anodo (A), catodo (K) e porta (G), como mostra a Figura 9-27. Entre os estilos de encapsulamentos comuns de SCR estão o rosqueável, o disco e o de terminal flexível. Os SCRs funcionam como chaves para ligar ou desligar pequenas ou grandes potências. Os SCRs de alta corrente que podem operar com correntes de carga de milhares de ampères têm algum tipo de dissipador de calor para dissipar o calor gerado pelo dispositivo.

Na sua função, o SCR tem muito em comum com um diodo. Como o diodo, ele conduz a corrente em apenas um sentido quando polarizado diretamente (anodo mais positivo que o catodo). Ele é diferente do diodo devido à presença de um terminal de porta (G), que é usado para ligar o dispositivo. Ele requer uma tensão positiva momentânea (polarização direta) aplicada à porta para ligá-lo. Quando ligado, ele conduz como um diodo para uma polaridade de corrente. Se ele não for disparado, ele não conduzirá corrente, independentemente de estar polarizado diretamente.

O diagrama esquemático de um circuito de comutação de SCR alimentado a partir de uma fonte de corrente contínua é mostrado na Figura 9-28. O funcionamento do circuito é resumido a seguir:

- O anodo está conectado de modo a ser positivo em relação ao catodo (polarizado diretamente).

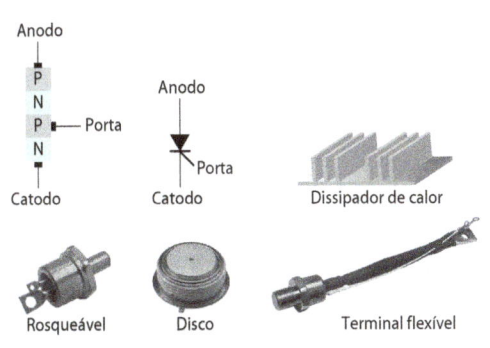

Figura 9-27 Retificador controlado de silício (SCR). Fotos cedidas pela Vishay Intertechnology, www.vishay.com.

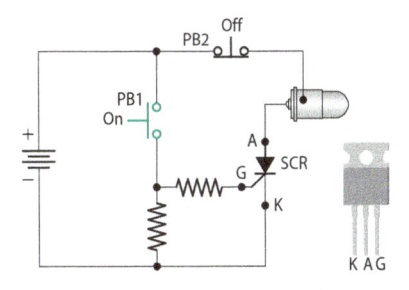

Figura 9-28 SCR alimentado por uma fonte de corrente contínua.

- O fechamento momentâneo do botão PB1 aplica uma tensão positiva com corrente limitada na porta do SCR, o que liga o circuito anodo-catodo, ligando a lâmpada.
- Uma vez ligado o SCR, ele permanece assim, mesmo após a tensão de porta ser removida. A única maneira de o SCR desligar é reduzir a corrente anodo-catodo a zero ao remover a fonte de tensão do circuito anodo-catodo.
- Ao pressionar momentaneamente o botão PB2, o circuito anodo-catodo é aberto, desligando a lâmpada.
- É importante notar que o circuito de anodo para catodo liga em apenas um sentido. Isso ocorre somente quando ele é polarizado com o anodo mais positivo que o catodo e uma tensão positiva for aplicada à porta.

O problema de desligamento do SCR não ocorre em circuitos de corrente alternada. O SCR é automaticamente desligado durante cada ciclo quando a tensão CA no SCR se aproxima de zero. À medida que a tensão zero se aproxima, a corrente de anodo fica abaixo do valor da corrente de manutenção. O SCR permanece desligado durante todo o semiciclo CA negativo porque está polarizado reversamente.

O diagrama esquemático de um circuito de comutação de SCR alimentado a partir de uma fonte CA é mostrado na Figura 9-29. Como o SCR é um retificador, ele pode conduzir apenas metade da onda CA de entrada. Portanto, a potência máxima fornecida à carga é de 50%; a sua forma de onda é CC

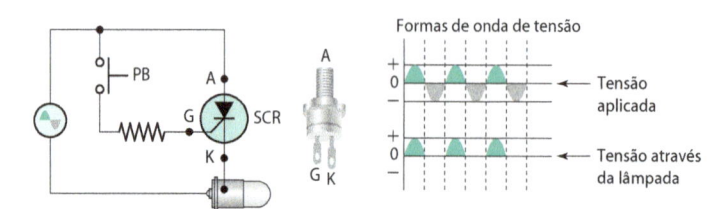

Figura 9-29 SCR alimentado por uma fonte CA.

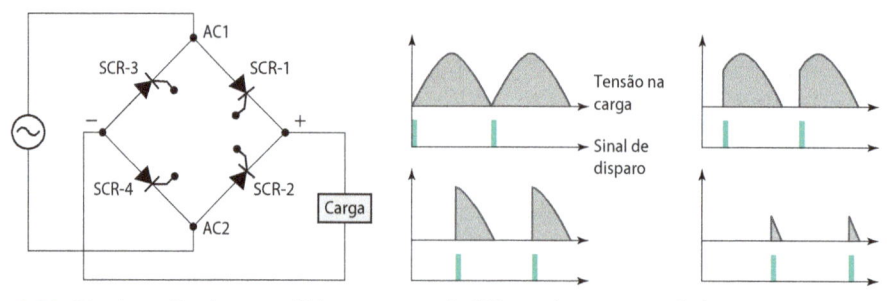

Figura 9-30 Circuito retificador monofásico em ponte de SCRs totalmente controlado.

pulsante. O funcionamento do circuito é resumido a seguir:

- O circuito anodo-catodo pode ser ligado somente durante a metade do ciclo, quando o anodo é positivo (polarizado diretamente).
- Com o botão aberto, sem corrente de porta, o circuito anodo-catodo permanece desligado.
- Mantendo o botão pressionado (contatos fechados), os circuitos porta-catodo e anodo-catodo são polarizados diretamente ao mesmo tempo. Isso produz uma meia onda pulsante de corrente contínua através da carga da lâmpada.
- Quando o botão for liberado, a corrente anodo-catodo é automaticamente desligada quando a tensão CA diminui a zero na onda senoidal.

Quando o SCR é conectado a uma fonte de corrente alternada, ele também serve para variar a quantidade de potência fornecida a uma carga pelo controle do ângulo de fase. A Figura 9-30 mostra o circuito de um retificador monofásico em ponte de SCRs totalmente controlado. A principal finalidade deste circuito é fornecer uma tensão CC de saída variável para a carga. O funcionamento do circuito é resumido a seguir:

- Um pulso de disparo é aplicado à porta no momento necessário para ligar o SCR. Este pulso é relativamente curto e em geral é aplicado à porta através de um transformador de pulso.
- O circuito tem dois pares de SCRs com SCR-1 e SCR-4 formando um par e SCR-2 e SCR-3 sendo o outro par.
- Durante a metade positiva da forma de onda de entrada CA, SCR-1 e SCR-4 podem ser disparados para entrar em condução.
- Durante a segunda metade negativa da forma de onda de entrada CA, SCR-2 e SCR-3 podem ser disparados para entrar em condução.
- A potência é regulada por meio do avanço ou atraso do ponto no qual cada par de SCRs é ligado dentro de cada semiciclo.
- Ainda que o sentido da corrente da fonte alterne de um semiciclo para o outro, a corrente na carga permanece no mesmo sentido.

Os SCRs são utilizados com frequência em dispositivos de partida de motores para reduzir a tensão fornecida ao motor CA na partida. A Figura 9-31 mostra um circuito de controle de redução de tensão de estado sólido formado por dois contatores: um contator de partida e um de trabalho. O SCR é um dispositivo unidirecional pois conduz a corrente em um único sentido. Nesta aplicação, a operação bidirecional é obtida com a conexão de dois SCRs em antiparalelo (também conhecido como paralelo reverso). Usando a conexão antiparalela, com um circuito de disparo adequado para cada porta, as metades positiva e negativa de uma onda senoidal podem ser controladas em condução. O funcionamento do circuito é resumido a seguir:

- Na partida do motor, os contatos de partida (C1) se fecham e uma tensão reduzida é aplicada ao motor através dos SCRs conectados em antiparalelo.
- O disparo dos SCRs é controlado por circuitos lógicos que cortam a alimentação aplicada de modo que apenas uma parte da onda senoidal é aplicada ao motor.
- Os circuitos lógicos podem ser programados para responder a qualquer um dos sensores a fim de controlar a tensão: rampa de tempo interna, realimentação do sensor de corrente ou realimentação do tacômetro.
- A tensão é aumentada até que o SCR é disparado no ponto de interseção zero e o motor recebe a tensão de linha total.
- Neste ponto, os contatos de trabalho (C2) se fecham e o motor é conectado diretamente na linha e trabalha com tensão de alimentação máxima aplicada aos terminais do motor.

Os SCRs geralmente falham e entram em curto-circuito em vez de abrirem. Os SCRs em curto-circuito são detectáveis com uma verificação usando um ohmímetro. Meça a resistência anodo-catodo nos sentidos direto e reverso; um SCR em bom estado deve indicar um valor de resistência próximo do infinito em ambos os sentidos.

Os SCRs de pequena e média capacidade também podem ser disparados com um ohmímetro.

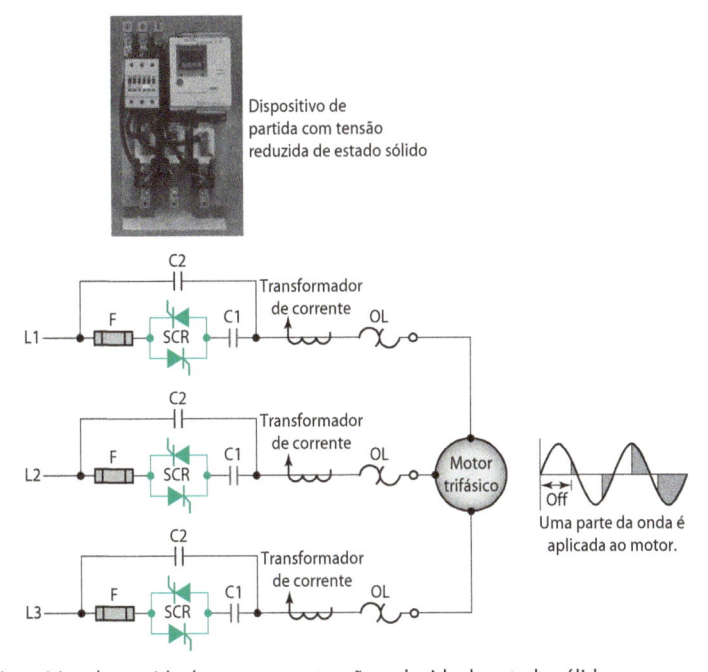

Figura 9-31 Dispositivo de partida de motor com tensão reduzida de estado sólido.
Foto cedida pela General Electric Industrial, www.geindustrial.com.

Para isso, polarize diretamente o SCR com o ohmímetro conectando o terminal positivo no anodo e o negativo no catodo. Momentaneamente toque o terminal da porta no anodo; isso fornecerá uma pequena tensão positiva à porta reduzindo a indicação da resistência anodo-catodo a um valor baixo. Mesmo depois de remover a tensão da porta, o SCR permanece em condução. A desconexão da ponta de prova do medidor a partir do anodo ou do catodo fará o SCR voltar ao seu estado de corte. Neste teste, a resistência do medidor funciona como carga para o SCR. Em SCRs de maior capacidade, o dispositivo pode não se manter em condução porque a corrente do medidor está abaixo da corrente de manutenção do SCR. Medidores especiais são necessários para SCRs de maior capacidade para proporcionar um valor de tensão de porta adequado e fornecer ao SCR uma corrente de anodo suficiente para mantê-lo em condução. Os SCRs do tipo disco precisam ser comprimidos em um dissipador de calor (para estabelecer as conexões internas para o semicondutor) antes de serem testados ou operados.

TRIAC

O TRIAC é um dispositivo de três terminais que equivale essencialmente a dois SCRs conectados em antiparalelo (em paralelo mas com a polaridade invertida) e com as suas portas conectadas entre si. O resultado é uma chave eletrônica bidirecional que serve para fornecer corrente de carga durante os dois semiciclos da tensão CA de alimentação. Os terminais de um TRIAC, mostrados na Figura 9-32, são denominados terminal principal 1 (MT1), terminal principal 2 (MT2) e porta (G). Os terminais são designados dessa maneira visto que, quando ligado, o TRIAC funciona como dois diodos em oposição e qualquer um dos terminais funciona como catodo ou anodo. A corrente de porta é usada para controle da corrente entre MT1 e MT2. Do terminal MT1 para MT2, a corrente deve passar através de uma série de camadas NPNP ou PNPN.

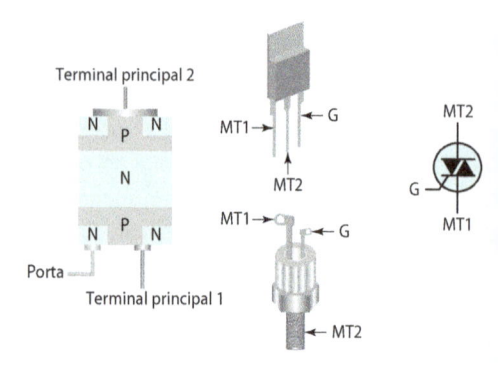

Figura 9-32 TRIAC.

A porta é conectada na mesma extremidade que MT1, o que é importante lembrar quando conectamos o circuito de controle do TRIAC. O terminal MT1 é o ponto de referência para a medição de tensão e corrente no terminal de porta.

O TRIAC pode ser disparado para entrar em condução por uma tensão positiva ou negativa aplicada ao seu terminal de porta. Uma vez disparado, o dispositivo continua a conduzir até a corrente através dele ficar abaixo de um determinado valor de limiar, como no final de um semiciclo da tensão de alimentação CA principal. Isso torna o TRIAC conveniente para comutação de cargas CA. O TRIAC é um componente quase ideal para controlar a potência CA na carga com um regime de serviço (on/off) alto. O uso de um TRIAC elimina completamente o repique do contato e o desgaste associado a relés eletromecânicos convencionais. O esquema de um circuito de comutação com TRIAC é mostrado na Figura 9-33. A saída máxima é obtida ao utilizar os dois semiciclos da tensão CA de entrada. O funcionamento do circuito é resumido a seguir:

- O circuito oferece um acionamento aleatório (em qualquer ponto do semiciclo) rápido de cargas CA.
- Quando a chave é fechada, uma corrente de controle pequena dispara o TRIAC, levando-o à condução. O resistor R1 limita a corrente de porta a um pequeno valor de controle de acionamento.

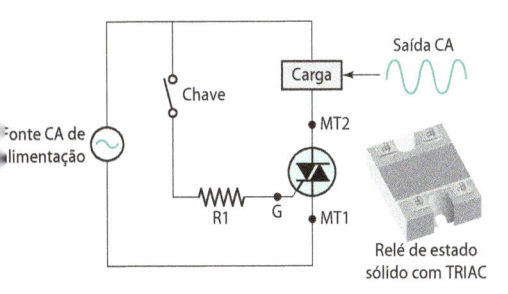

Figura 9-33 Circuito de comutação com TRIAC.
Foto cedida pela Picker Components, www.pickercomponents.com.

- Quando a chave é aberta, o TRIAC desliga quando a tensão CA de alimentação e a corrente de manutenção diminuem para zero, ou quando a polaridade é invertida.
- Desta forma, grandes correntes podem ser controladas, mesmo com uma pequena chave, pois a chave deverá lidar apenas com a pequena corrente de controle necessária para ligar o TRIAC.

O módulo de saída de um controlador lógico programável (CLP), serve como uma ligação entre o microprocessador do CLP e o dispositivo de carga no campo. A Figura 9-34 mostra um TRIAC utilizado para comutar tensão e corrente CA altas, controlando o estado ON/OFF da lâmpada. O acoplador óptico separa o sinal de saída do circuito do processador do PLC da carga no campo. O funcionamento do circuito é resumido a seguir:

- Como parte do seu funcionamento normal, o processador define as saídas em ON ou OFF de acordo com o programa lógico.
- Quando o processador comanda a lâmpada para que seja ligada, uma pequena tensão é aplicada no LED do acoplador óptico.
- O LED emite luz, que liga o fototransistor.
- Isso por sua vez liga o TRIAC, que acende a lâmpada.

O circuito esquemático da Figura 9-35 ilustra como um TRIAC serve para controlar a quantidade de energia aplicada a uma carga CA. Quando usado para este tipo de aplicação, é necessário que a lógica de controle dispare o circuito de forma a assegurar que o TRIAC conduza no momento adequado. O funcionamento do circuito é resumido a seguir:

- O circuito de disparo controla o ponto da forma de onda CA em que o TRIAC é ligado. Ele controla na saída um valor proporcional de uma porcentagem de cada semiciclo da tensão de alimentação.
- A forma de onda resultante ainda é CA, mas o valor médio da corrente é ajustável.
- Visto que o gatilho pode disparar corrente em qualquer sentido, o TRIAC é um controlador de potência eficiente desde um valor de potência praticamente zero até o máximo.

Figura 9-34 Módulo de saída de um CLP com comutação por TRIAC.

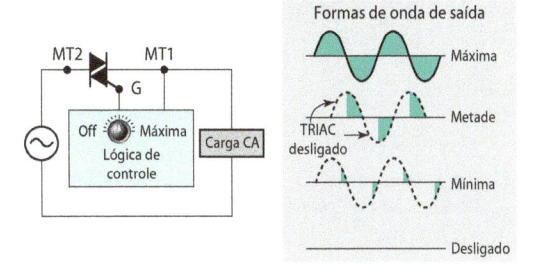

Figura 9-35 Circuito de controle CA variável com TRIAC.

- Em circuitos de motores universais, a variação da corrente produz variação da velocidade do motor.

O DIAC é um dispositivo de dois terminais que funciona como dois diodos conectados em antissérie (em série e sentidos opostos). A corrente percorre o DIAC (em qualquer sentido) quando a tensão nele alcança uma *tensão de ruptura* especificada (nominal). O pulso de corrente produzido quando o DIAC muda do estado de corte para o de condução é usado para o disparo de porta de um SCR ou TRIAC.

Em geral, os *dimmers* de luz são fabricados com um TRIAC como o dispositivo de controle de potência. Um *dimmer* de luz funciona essencialmente recortando partes da tensão CA, o que permite que apenas partes da forma de onda passem para a lâmpada. O brilho da lâmpada é determinado pela potência transferida a ela, de modo que quanto mais a forma de onda é cortada, menor o brilho da lâmpada. A Figura 9-36 mostra um circuito simplificado de um *dimmer* com TRIAC/DIAC para uma lâmpada incandescente. O funcionamento do circuito é resumido a seguir:

- Com o resistor variável em seu menor valor (mínima resistência), o capacitor se carrega rapidamente logo no início de cada semiciclo da tensão alternada.
- Quando a tensão através do capacitor atinge a tensão de ruptura do DIAC, o capacitor se descarrega através da porta do TRIAC.
- Assim, o TRIAC conduz no início de cada semiciclo e permanece ligado até o final de cada semiciclo.
- Como resultado, o fluxo de corrente flui através da lâmpada durante a maior parte de cada semiciclo e produza máxima luminosidade da lâmpada.
- Se a resistência do resistor variável for aumentada, o tempo necessário para carregar o capacitor até a tensão de ruptura do DIAC aumenta.
- Isso faz o TRIAC disparar mais tarde em cada semiciclo. Assim, o período em que a corrente flui através da lâmpada é reduzido, e menos luz é emitida.
- O DIAC impede qualquer corrente de porta até que a tensão de disparo atinja um determinado nível repetível em qualquer sentido.

A especificação de tensão e corrente média dos TRIACs é muito menor que a dos para SCRs. Além disso, os TRIACs são projetados para operar em frequências de comutação muito menores que as dos SCRs e têm mais dificuldade em comutar potência para cargas altamente indutivas.

Os TRIACs, assim como os SCRs, geralmente falham entrando em curto-circuito em vez de abrirem. Os TRIACs em curto-circuito podem ser detectados em um teste com ohmímetro. Meça a resistência entre MT1 e MT2 nos dois sentidos; para um TRIAC em bom estado, o ohmímetro deve indicar um valor próximo de infinito nos dois sentidos. Assim como os SCRs, os TRIACs podem apresentar outras falhas – possivelmente peculiares – de modo que sua substituição por outro pode ser necessária para descartar todas as possibilidades.

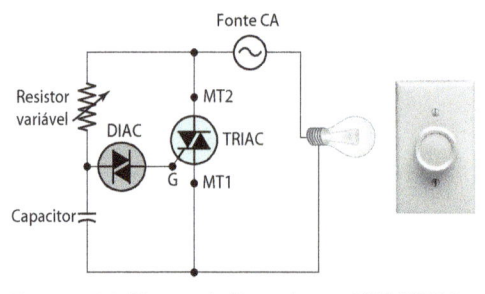

Figura 9-36 *Dimmer* de lâmpada com TRIAC/DIAC. Foto cedida pela The Leviton Manufacturing Company, www.leviton.com.

Parte 3

Questões de revisão

1. De que forma o funcionamento de um tiristor difere de um transistor?
2. Quais são os dois tipos de tiristores mais comuns?
3. Quais são as semelhanças e diferenças entre um SCR e um diodo?
4. Compare como o controle de um SCR difere quando funciona a partir de uma fonte CA e a partir de uma fonte CC.
5. Cite os três estilos de encapsulamentos comuns de SCRs.
6. De que forma dois SCRs são conectados em antiparalelo e qual é a finalidade dessa conexão?
7. Cite o tipo de falha (curto ou aberto) mais comum para SCRs e TRIACs. Como um ohmímetro pode ser usado para testar esse tipo de defeito?
8. Os SCRs são dispositivos unidirecionais enquanto os TRIACs são bidirecionais. O que isso significa?
9. De que maneira o disparo na porta de um SCR difere no caso de um TRIAC?
10. Liste algumas das vantagens de comutação de cargas CA com um relé de estado sólido baseado em TRIAC em relação ao tipo eletromecânico.
11. Apresente uma breve explicação de como um TRIAC é operado para controlar a quantidade de potência aplicada a uma carga CA.
12. Em que situação um DIAC conduz corrente?
13. Cite algumas das limitações dos TRIACs em comparação com os SCRs.

Parte 4

Circuitos integrados (CIs)

Fabricação

Um circuito integrado (CI), por vezes denominado *chip*, é uma pastilha de semicondutores na qual milhares ou milhões de resistores, capacitores e transistores minúsculos são fabricados. Os *chips* em circuitos integrados fornecem uma função de um circuito completo em um pequeno encapsulamento com pinos de conexões de entradas e saídas, conforme ilustra a Figura 9-37. A maioria dos circuitos integrados fornece a mesma funcionalidade que circuitos semicondutores "separados" em níveis mais elevados de confiabilidade e com uma fração do custo. Geralmente, a construção de circuitos com componentes separados é favorecida somente quando os níveis de tensão e dissipação de energia são demasiado elevados para os circuitos integrados lidarem.

Os circuitos integrados são categorizados como digitais ou analógicos, de acordo com a sua aplicação pretendida. Os CIs digitais operam com sinais ON/OFF que têm apenas dois estados diferentes, denominados baixo (lógica 0) e alto (lógica 1). Os CIs analógicos contêm circuitos de amplificação e sinais capazes de um número ilimitado de estados. Os processos analógicos e digitais podem ser entendidos a partir de uma simples comparação entre um *dimmer* e um interruptor de luz. Um *dimmer*

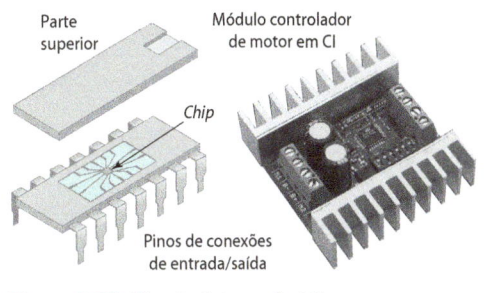

Figura 9-37 Circuito integrado (CI).
Foto cedida pela Dimension Engineering, www.dimensionengineering.com.

de luz envolve um processo analógico, que varia a intensidade da luz de apagada a totalmente acesa. O funcionamento de um interruptor de luz padrão, por outro lado, envolve um processo digital; o interruptor pode colocar a lâmpada em apenas dois estados, apagada ou acesa.

CIs amplificadores operacionais

Os CIs amplificadores operacionais (muitas vezes chamados *AOP*) ocupam o lugar de amplificadores que antes exigiam muitos componentes separados. Estes amplificadores são muitas vezes utilizados em conjunto com sinais de sensores conectados em circuitos de controle. Um AOP é basicamente um amplificador de alto ganho que serve para amplificar sinais CA ou CC de baixa amplitude. O símbolo esquemático para um AOP é um triângulo, mostrado na Figura 9-38. O triângulo simboliza o sentido e aponta da entrada para a saída. As ligações associadas a um AOP são resumidas a seguir:

- O AOP tem duas entradas e uma única saída. A entrada inversora (−) produz uma saída que é 180° defasada da entrada. A segunda entrada, chamada entrada não inversora (+), produz uma saída que está em fase com a entrada.
- Os terminais de alimentação CC são identificados como +V e −V. Todos os AOPs precisam de algum tipo de fonte de alimentação, mas alguns diagramas não mostram os terminais de alimentação, uma vez que se supõe que eles são sempre conectados na fonte de alimentação. A fonte de alimentação é determinada pelo tipo de saída que o AOP precisa produzir. Por exemplo, se o sinal de saída necessita produzir tensões tanto positivas como negativas, então a fonte de alimentação será do tipo simétrica ou diferencial, com tensões tanto positivas como negativas e um ponto comum (GND). Se o AOP precisa produzir tensões apenas positivas, então a fonte de alimentação será do tipo CC padrão, ou tradicional.

O AOP é conectado de diversas formas para desempenhar funções diferentes. A Figura 9-39 mostra o diagrama esquemático de um circuito com o AOP 741 configurado como um *amplificador CA inversor*. Uma fonte de alimentação tipo simétrica, que consiste em uma alimentação positiva e em uma alimentação negativa igual e oposta, é utilizada para alimentar o circuito. O funcionamento do circuito é resumido a seguir:

- Dois resistores, R1 e R2, definem o valor do ganho de tensão do amplificador.
- O resistor R2 é chamado resistor de entrada e o resistor R1 é chamado resistor de realimentação.

Figura 9-38 Amplificador operacional (AOP).
Foto cedida pela Digi-Key Corporation, www.digikey.com.

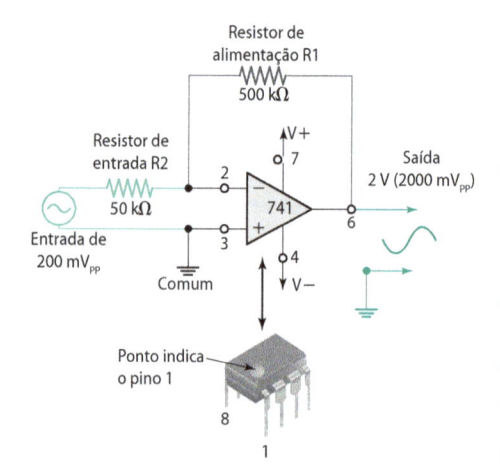

Figura 9-39 Circuito amplificador de tensão com o AOP 741.

- A razão entre os valores de R2 e R1 (R2/R1) define o ganho de tensão do amplificador.
- O AOP amplifica a tensão CA de entrada que recebe e inverte a sua polaridade.
- O sinal de saída é 180° defasado do sinal de entrada.
- O ganho do AOP para o circuito é calculado como:

$$\text{Ganho do AOP} = \frac{R1}{R2} = \frac{500\ k\Omega}{50\ k\Omega} = 10$$

A Figura 9-40 mostra o diagrama esquemático de um circuito amplificador operacional configurado como um *amplificador diferencial* ou *comparador de tensão* em que o seu sinal de saída é a diferença entre os dois sinais ou tensões de entrada, V2 e V1. Um resistor dependente da luz (LDR – *light-dependent resistor*) é usado para detectar o nível de luz. Quando o LDR não é iluminado, sua resistência é muito elevada, mas uma vez iluminado, sua resistência diminui drasticamente. O circuito funciona com uma fonte de alimentação CC padrão e sem um circuito de realimentação. O funcionamento do circuito é resumido a seguir:

- A combinação dos resistores R1 e R2 produz uma tensão de referência (V2) na entrada inversora, definida pela relação entre os dois resistores.
- A combinação de LDR e R3 produz a tensão variável na entrada não inversora (V1).
- Quando o nível de luz detectado pelo LDR diminui e a tensão de saída variável V1 fica abaixo da tensão de referência V2, a saída do AOP atinge um nível baixo, desativando o relé e a carga conectada.
- Do mesmo modo, conforme o nível de luz aumenta, a saída comuta de volta para o nível alto, ativando o relé.
- O valor predefinido do resistor R3 pode ser ajustado para cima ou para baixo para aumentar ou diminuir a resistência; desta forma, podemos tornar o circuito mais ou menos sensível.

CI temporizador 555

O CI temporizador 555 é usado como um temporizador em circuitos que necessitam de temporizações de precisão, e como um oscilador para fornecer os pulsos necessários para operar circuitos digitais. A Figura 9-41 mostra a pinagem e o diagrama em bloco funcional do *chip* 555. O circuito interno do *chip* é constituído por um complexo labirinto de transistores, diodos e resistores.

O interruptor de iluminação com temporização, mostrado na Figura 9-42a, é uma aplicação ideal para lâmpadas ligadas sem necessidade ou que são ligadas e esquecidas. O botão de ajuste do tempo é posicionado conforme o período em que a iluminação será mantida ligada; por exemplo, de 1 minuto a 18 horas. A temporização inicia quando a chave é fechada. Após decorrer o tempo ajustado, a iluminação é desligada de forma automática independentemente de a chave estar aberta ou fechada. A Figura 9-42b mostra um diagrama de um temporizador que usa um 555. O funcionamento do circuito é resumido a seguir:

- O período de tempo é determinado pelo valor dos dois componentes externos de temporização, R e C.
- Quando a chave é aberta, o capacitor externo é mantido descarregado (curto-circuito) por um transistor dentro do temporizador.

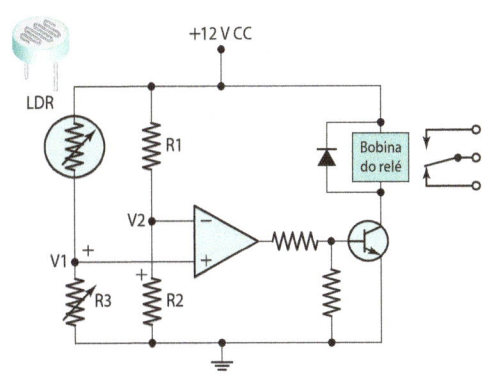

Figura 9-40 Circuito amplificador operacional configurado como um comparador de tensão.

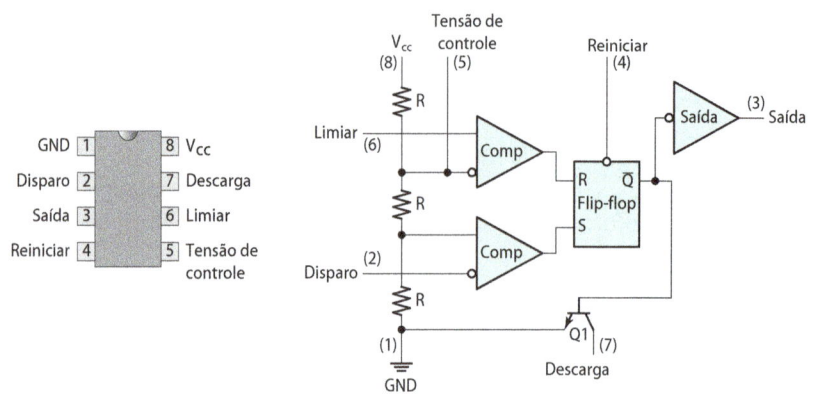

Figura 9-41 O CI temporizador 555.

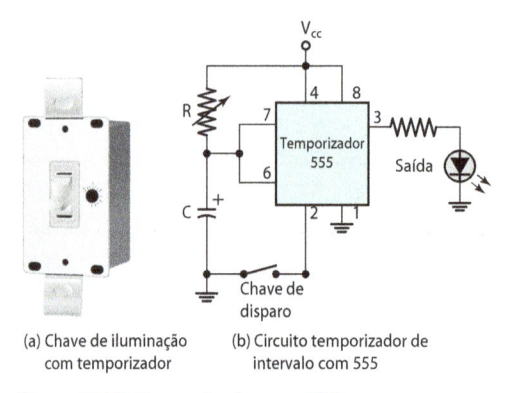

Figura 9-42 Temporizador com 555.

(a) Chave de iluminação com temporizador
(b) Circuito temporizador de intervalo com 555

- Quando a chave é fechada, ela libera o curto-circuito através do capacitor e aciona o LED. Neste ponto, o período de temporização é iniciado.
- O capacitor C começa a ser carregado através do resistor R.
- Quando a carga no capacitor atinge dois terços da fonte de tensão, o período de tempo termina e o LED é automaticamente desligado.
- Ao mesmo tempo, o capacitor descarrega e fica pronto para a próxima sequência de disparo.

Um método comum de controle de velocidade de motor CC é a modulação por largura de pulso (PWM). A modulação por largura de pulso é o processo de comutação da alimentação de um dispositivo ligando-o e desligando-o em uma dada frequência, com variação dos tempos ON e OFF. A relação entre estes tempos é conhecida como *ciclo de trabalho*. A Figura 9-43 mostra o temporizador 555 utilizado como um oscilador modulado por largura de pulso que controla a velocidade de um pequeno motor CC de ímã permanente. Embora a maior parte dos acionadores de motores CC use um microcontrolador para gerar os sinais PWM necessários, o circuito PWM com 555 mostrado vai ajudá-lo a entender como funciona este tipo de acionamento de motor. O funcionamento do circuito é resumido a seguir:

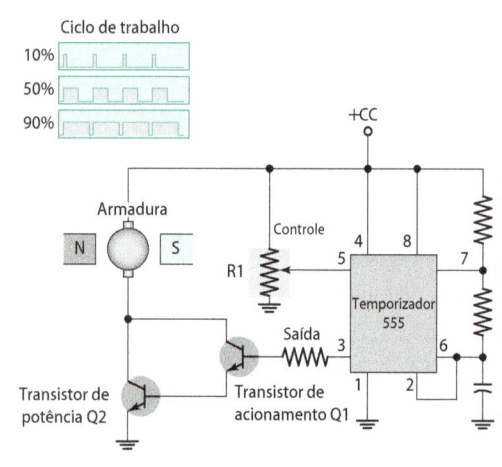

Figura 9-43 Controlador de velocidade de motor com 555.

- A tensão aplicada na armadura é o valor médio determinado pelo período de tempo em que o transistor Q2 é ligado em relação ao tempo em que ele está desligado (ciclo de trabalho).
- O potenciômetro R1 controla o período de tempo que a saída do temporizador será ON que, por sua vez, controla a velocidade do motor.
- Se o cursor de R1 for ajustado para a maior tensão positiva, a saída será ligada (ON) por um período de tempo maior que o período OFF.

Microcontrolador

Um controlador eletrônico de motor inclui meios para partida e parada do motor, seleção de rotação direta e reversa, seleção e regulação de velocidade, regulação ou limitação de torque e proteção contra sobrecargas e falhas. Conforme os circuitos integrados evoluíram, todos os componentes necessários para um controlador foram incorporados no *chip* de um microcontrolador. Um microcontrolador (também chamado controlador de sinais digitais) é um circuito integrado em escala muito ampla que funciona como um computador completo em um *chip*, contendo processador, memória e funções de entrada/saída.

A Figura 9-44 mostra um CI microcontrolador que pode ser usado em uma variedade de aplicações de controle.

Os microcontroladores com frequência são "embutidos", ou construídos fisicamente dentro do dispositivo que eles controlam, como mostra a Figura 9-45. Um microcontrolador embutido é projetado para fazer alguma tarefa específica, em vez de ser um computador de propósito geral que executa múltiplas tarefas. O *software* escrito para os sistemas embutidos é muitas vezes denominado *firmware*, e é armazenado em memórias apenas de leitura ou memórias *flash* em vez de uma unidade de disco. Os microcontroladores muitas vezes operam com recursos de *hardware* de computador restritos: com ou sem um pequeno teclado e tela, e uma pequena memória.

Figura 9-44 Microcontrolador utilizado em aplicações de acionamento de motor.
Foto cedida pela Embest Info & Tech Co., Ltd.

Figura 9-45 Microcontrolador embutido.
Foto cedida pela Mosaic Industries, www.mosaic-industries.com.

O diagrama em bloco da Figura 9-46 mostra um microcontrolador utilizado para controlar a operação da seção inversora de um inversor de frequência de motor CA. A velocidade de rotação de um motor CA de indução é determinada pela frequência CA aplicada ao estator, não pela tensão aplicada. No entanto, a tensão do estator também deve diminuir para evitar um fluxo de corrente excessiva no estator em baixas frequências. O microcontrolador controla a tensão e a frequência e define a tensão adequada do estator para qualquer frequência de entrada dada. Duas correntes de fase são medidas e retornam ao microcontrolador junto com

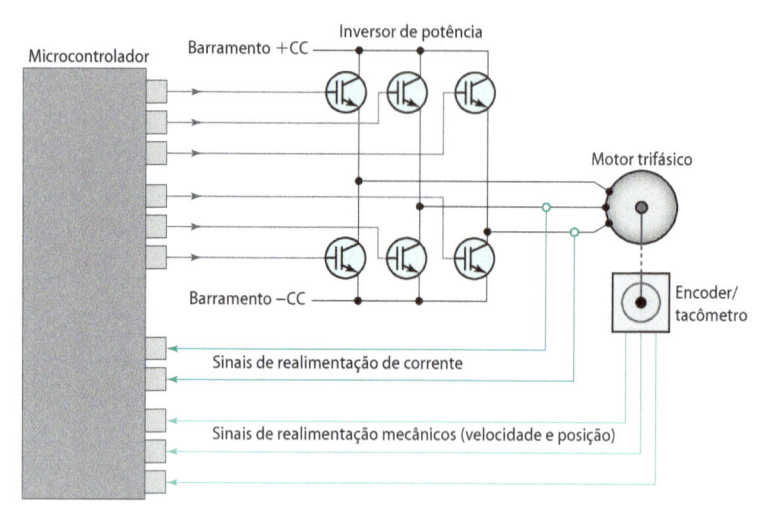

Figura 9-46 Microcontrolador usado para controlar a operação da seção inversora de um inversor de frequência para motor CA.

as informações de velocidade do rotor e posição angular a partir do encoder/tacômetro.

Descarga eletrostática (ESD)

Carga estática é uma carga elétrica desequilibrada em repouso, comumente criada pelo atrito de superfícies isolantes ou por atração à distância. Uma superfície ganha elétrons, enquanto a outra perde elétrons. Isso resulta em uma condição elétrica de desequilíbrio conhecida como carga estática. Quando uma carga estática se move de uma superfície para outra, ela torna-se uma descarga eletrostática (ESD – *electrostatic discharge*). A Figura 9-47 mostra um exemplo comum de ESD. Quando uma pessoa (negativamente carregada) entra em contato com um objeto positivamente carregado ou aterrado, os elétrons se movem de um para o outro. A ESD, que é um pouco incômoda, mas certamente inofensiva para os seres humanos, pode ser letal para dispositivos eletrônicos sensíveis.

Todos os circuitos integrados são sensíveis à descarga eletrostática em algum grau. Se uma descarga estática ocorre em uma intensidade suficiente, alguns danos ou degradação (um CI é enfraquecido e muitas vezes apresentará uma falha mais tarde) em geral ocorrem.

O dano é principalmente devido ao fluxo de corrente através dos CIs durante a descarga. Basicamente o que acontece é que muito calor é gerado em um volume localizado significativamente mais rápido do que ele pode ser removido, conduzindo a uma temperatura que excede os limites seguros de operação do material.

A Figura 9-48 mostra uma pulseira antiestática utilizada para evitar que uma carga estática se acumule no corpo ao aterrar com segurança uma pessoa que trabalha com equipamentos eletrônicos sensíveis. A pulseira é conectada à terra através de um cabo enrolado retrátil e um resistor. Uma pulseira de aterramento aprovada tem uma resistência incorporada, por isso descarrega a eletricidade estática, mas evita um risco de choque quando o profissional trabalha com tensões de circuito mais baixas.

Figura 9-47 A descarga eletrostática (ESD).
Foto cedida pela RTP Company, www.rtpcompany.com.

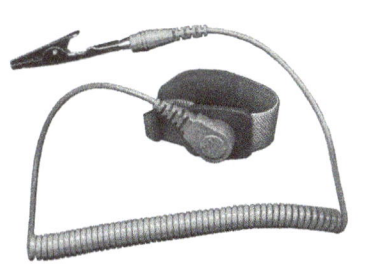

Figura 9-48 Pulseira antiestática.
Foto cedida pela Electronix Express, www.elexp.com.

Outras precauções que devem ser tomadas quando se trabalha com circuitos integrados incluem:

- Nunca manuseie CIs sensíveis pelos seus terminais.
- Mantenha sua área de trabalho limpa, especialmente de plásticos comuns.
- Manuseie placas de circuito impresso pelos cantos externos.
- Sempre transporte e armazene CIs sensíveis e placas de controle em embalagens antiestáticas.

Lógica digital

Os circuitos lógicos realizam operações em sinais digitais. Em circuitos de lógica digital ou binária, existem apenas dois valores, 0 e 1. Logicamente, podemos usar esses dois números, ou especificar que:

0 = falso = não = off = aberto = baixo
1 = verdadeiro = sim = on = fechado = alto

Usando o sistema de lógica binária de dois valores, cada condição deve ser verdadeira ou falsa, mas não pode ser parcialmente verdadeira ou parcialmente falsa. Embora essa abordagem pareça limitada, ela pode ser expandida para expressar relações muito complexas e interações entre qualquer número de condições. Uma das razões para a popularidade dos circuitos lógicos digitais é que eles fornecem circuitos eletrônicos estáveis que podem comutar para frente e para trás entre dois estados claramente definidos, sem ambiguidade. Os circuitos integrados são a maneira menos dispendiosa de fazer portas lógicas em grandes volumes. Eles são utilizados em controladores programáveis para resolver lógica complexa.

Lógica é a capacidade de tomar decisões quando um ou mais fatores devem ser levados em conta antes que uma ação seja tomada. Os circuitos digitais são construídos a partir de pequenos circuitos eletrônicos chamados portas lógicas. A **porta AND** é um circuito lógico que tem duas ou mais entradas e uma única saída. A Figura 9-49 mostra os símbolos tradicional e IEC utilizados para uma porta AND de duas entradas. O funcionamento da porta AND é resumido na tabela. Esta tabela, denominada tabela-verdade, mostra a saída para cada entrada possível. A lógica básica que se aplica é que se todas as entradas forem 1, a saída será 1. Se qualquer entrada for 0, a saída será 0.

Uma **porta OR** produz uma saída 1 se qualquer uma de suas entradas são 1s. A saída é 0 se todas as entradas são 0s. Uma porta OR pode ter duas ou mais entradas; sua saída é verdadeira se pelo menos uma das entradas for verdadeira. A Figura 9-50 mostra os símbolos tradicional e IEC utilizados para uma porta OR de duas entradas junto com a sua tabela-verdade.

O circuito lógico mais simples é o **circuito NOT**. Ele executa a função chamada inversão, ou com-

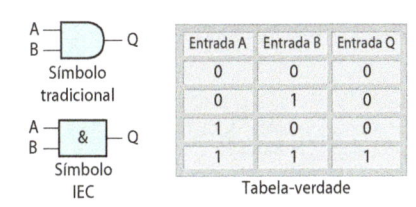

Entrada A	Entrada B	Entrada Q
0	0	0
0	1	0
1	0	0
1	1	1

Figura 9-49 Porta AND de duas entradas.

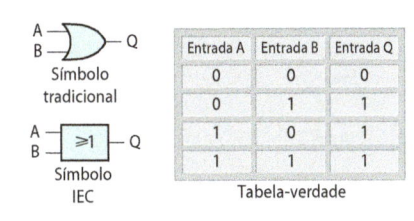

Entrada A	Entrada B	Entrada Q
0	0	0
0	1	1
1	0	1
1	1	1

Figura 9-50 Porta OR de duas entradas.

plementação, e é geralmente chamado inversor. A finalidade do inversor é fazer o estado de saída ser oposto ao da entrada. A Figura 9-51 mostra os símbolos tradicional e IEC usados para uma função NOT junto com sua tabela-verdade. Ao contrário das funções das portas AND e OR, a função NOT pode ter apenas uma entrada. Se um 1 é aplicado à entrada de um inversor, um 0 aparece na sua saída. A entrada para um inversor é identificada como A e a saída como $\overline{A}$ (leia "NOT A" ou "A barrado"). A barra sobre a letra indica o complemento de A. Como o inversor tem apenas uma entrada, apenas duas combinações de entrada são possíveis.

Uma **porta NAND** é uma combinação de um inversor com uma porta AND. Ela é chamada porta NAND por causa da função NOT-AND que ela realiza. A Figura 9-52 mostra os símbolos tradicional e IEC usados para uma porta NAND de duas entradas, junto com sua tabela-verdade. O pequeno círculo na extremidade da saída do símbolo significa a inversão da função AND. Note que a saída da porta NAND é o complemento da saída de uma porta AND. Uma porta NAND pode ter duas ou mais entradas. Qualquer 0 nas entradas produz uma saída 1. A porta NAND é a função lógica mais usada. Isso porque ela serve para construir uma porta AND, uma porta OR, inversor ou qualquer combinação destas funções.

Uma **porta NOR** é uma combinação de um inversor e uma porta OR. Seu nome é derivado de sua função NOT-OR. A Figura 9-53 mostra os símbolos tradicional e IEC usados para representar uma porta NOR de duas entradas junto com a sua tabela-verdade. A saída da porta NOR é o complemento da saída da função OR. A saída Q é 1 se nenhuma das entradas A ou B for 1. A porta NOR pode ter duas ou mais entradas e sua saída é 1 apenas se nenhuma entrada for 1.

O termo lógica por *conexão física* (*hard wired logic*) se refere a funções lógicas determinadas pela forma como os dispositivos são interligados. A lógica por conexão física é fixa pois é mutável apenas alterando a maneira como os dispositivos são conectados. Já a lógica programável, como a utilizada em controladores lógicos programáveis (CLPs), baseia-se nas funções lógicas básicas, que são facilmente alteradas modificando o programa. Os CLPs usam funções lógicas individualmente ou em combinação para formar instruções que determinarão se um dispositivo deve ser ligado ou desligado.

A Figura 9-54 mostra um circuito com conexões físicas e o programa lógico para CLP equivalente para uma função de controle lógico AND. As duas entradas normalmente abertas das chaves fim de curso (LS1 e LS2) devem ser fechadas para energizar a válvula solenoide de saída. Esta lógica de controle é implementada em um circuito com conexões físicas ao conectar as duas chaves fim de curso e a válvula solenoide em série. O programa para CLP utiliza os mesmos dispositivos de entrada (LS1 e LS2) e saída (SOL) conectados ao PLC, mas implementa a lógica pelo programa, e não pela conexão de dispositivos físicos.

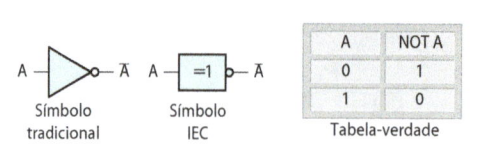

A	NOT A
0	1
1	0

Figura 9-51 A função NOT.

Entrada A	Entrada B	Entrada Q
0	0	1
0	1	1
1	0	1
1	1	0

Figura 9-52 Porta NAND de duas entradas.

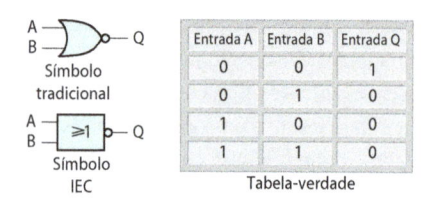

Entrada A	Entrada B	Entrada Q
0	0	1
0	1	0
1	0	0
1	1	0

Figura 9-53 Porta NOR de duas entradas.

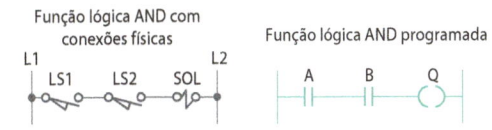

Figura 9-54 Circuito com dispositivos físicos e o programa lógico equivalente para CLP para uma função lógica AND.

A Figura 9-55 mostra um circuito com conexões físicas e o programa equivalente para CLP para uma função lógica OR. Qualquer um dos dois botões normalmente aberto (PB1 *ou* PB2) é fechado para energizar a bobina do contator (C). Esta lógica de controle é implementada no circuito com conexões físicas ao conectar os dois botões de pressão de entrada em paralelo entre si para controlar a bobina de saída. O programa de CLP usa os mesmos dispositivos de entrada (PB1 e PB2) e de saída (C) conectados ao CLP, mas implementa a lógica pelo programa, e não pelas conexões físicas.

A lógica AND e OR usa dispositivos de entrada normalmente abertos que devem ser fechados para fornecer o sinal que energiza a carga. A lógica NOT energiza a carga quando o sinal de controle estiver desligado. A Figura 9-56 mostra um circuito com conexões físicas e o programa lógico para CLP equivalente para uma função de controle lógico NOT. Este exemplo é o da função NOT usada para o acionamento da lâmpada interna de uma geladeira. Quando a porta é aberta, a lâmpada liga automaticamente. O interruptor que controla a lâmpada é do tipo normalmente fechado que é mantido aberto com a porta fechada. Quando a porta é aberta, o interruptor retorna ao seu estado normal fechado e a carga (lâmpada) é energizada. Para que a carga permaneça energizada, *não* pode haver sinal a partir da entrada de chave. Para manter a lâmpada ligada, o contato normalmente fechado não deve mudar o seu estado.

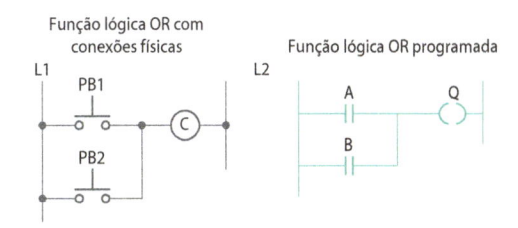

Figura 9-55 Circuito com dispositivos físicos e o programa lógico equivalente para CLP para uma função lógica OR.

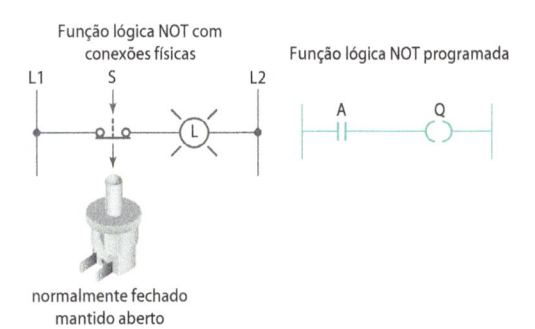

Figura 9-56 Circuito com dispositivos físicos e o programa de lógica para CLP equivalente para a função de controle lógico NOT.

Parte 4

Questões de revisão

1. Descreva a composição de um circuito integrado.
2. Que vantagens um CI têm em relação aos componentes separados na construção de circuitos?
3. Que tipo de circuito não é adequado para a integração em um chip?
4. Compare o funcionamento dos circuitos integrados digital e analógico.
5. O que é um amplificador operacional?

6. Um amplificador operacional está configurado como um amplificador de tensão. Como o ganho do circuito é determinado?
7. Explique o funcionamento de um AOP quando configurado como um comparador de tensão.
8. Quais são as duas principais aplicações para o CI temporizador 555?
9. Explique brevemente como funciona um circuito temporizador de intervalo com 555.
10. Um temporizador 555 é configurado como um modulador por largura de pulso para variar a velocidade de um motor CC. Como ele funciona para alterar a velocidade do motor?
11. Liste algumas das tarefas de controle que um microcontrolador projetado para acionar um motor elétrico talvez precise executar.
12. A que se refere o termo microcontrolador *embutido*?
13. Explique o papel de um microcontrolador quando usado para controlar a seção de inversão de um inversor de frequência de motor CA.
14. De que forma uma descarga eletrostática pode danificar um circuito integrado?
15. Liste algumas das precauções que devem ser tomadas ao manusear CIs sensíveis.
16. O que os termos lógica 0 e lógica 1 representam?
17. O que torna o circuito digital tão popular?
18. É desejável ter uma lâmpada ligada quando um de três interruptores for fechado. Que função lógica de controle poderia ser usada?
19. Que função lógica de controle energiza a carga quando o sinal de acionamento está desligado?
20. Que função lógica de controle é usada para implementar cinco entradas ligadas em série com o requisito de que todas devem estar fechadas para energizar a carga?
21. Compare como a lógica com dispositivos físicos difere da lógica programável.

Situações de análise de defeitos

1. Um dos diodos de um retificador monofásico de onda completa está erroneamente ligado invertido na configuração de ponte. Que efeito isso terá sobre a tensão de saída CC resultante e sobre o fluxo de corrente através dos diodos?
2. A resistência do isolamento de um motor acionado por uma unidade eletrônica deve ser testada usando um megômetro. Qual precaução deve ser tomada? Por quê?
3. Se o TRIAC no circuito interno de um *dimmer* de lâmpada estiver com defeito (curto-circuito), qual seria o efeito mais provável sobre o funcionamento do circuito?
4. De que forma a abordagem de análise de defeitos para circuitos integrados difere da utilizada para um circuito construído com componentes separados?

Tópicos para discussão e questões de raciocínio crítico

1. Qual circuito deveria ser incorporado a um módulo com luz piloto LED para operar diretamente a partir de uma fonte CA de 240 V?
2. A melhor fonte para verificar o funcionamento correto de componentes eletrônicos modulares é o manual de operação. Por quê?
3. Quais são as vantagens de usar um TRIAC em vez de um reostato em aplicações de controle de intensidade (*dimmer*) de lâmpadas?

capítulo 10

Instalação de inversor de frequência e CLP

As duas mais importantes tecnologias emergentes associadas ao acionamento de motores são o inversor de frequência e o controlador lógico programável (CLP). O inversor de frequência (também conhecido como unidade de acionamento de velocidade variável) permite que o motor acione cargas que operam em uma ampla faixa de velocidades. Conforme os requisitos da carga, o acionamento da velocidade do motor pode aumentar a eficiência e o desempenho de uma instalação de motores. Um controlador lógico programável (CLP) é uma espécie de computador normalmente utilizado em aplicações de acionamento de motor. Os circuitos de acionamento de motor tradicionais são montagens físicas de componentes, enquanto um acionamento com CLP é baseado em programação. Este capítulo aborda os requisitos de instalação destes sistemas eletrônicos.

Objetivos do capítulo

» Apresentar o funcionamento, a instalação e a configuração de um inversor de frequência para motores CA.

» Descrever o funcionamento, a instalação e a configuração de uma unidade de acionamento de motores CC.

» Mostrar o funcionamento, a instalação e a configuração de um CLP no acionamento de motores.

» *Parte 1*

» Fundamentos do acionamento de motores CA

A função primária de qualquer acionamento de velocidade variável eletrônico é o acionamento de velocidade, torque, aceleração, desaceleração e sentido de rotação de uma máquina. Ao contrário dos sistemas de velocidade constante, uma unidade de acionamento de velocidade variável permite a seleção de um número infinito de velocidades dentro de sua faixa de operação.

O uso de inversores de frequência em sistemas de bombas e ventiladores pode aumentar muito a eficiência. As tecnologias ultrapassadas frequentemente usavam borboletas ou amortecedores para interromper o fluxo como um meio de controlá-lo. O fluido ou ar era retido pela borboleta ou amortecedor, mas a energia utilizada para mover o fluido ou o ar era inutilmente dissipada. Este desperdício de energia era contabilizado e pago. Operar um sistema desta forma é como dirigir um carro com o acelerador totalmente pressionado, enquanto se controla a velocidade com o freio. Por outro lado, uma unidade de acionamento de velocidade eletrônica permite um acionamento preciso do motor. No caso de ventiladores e bombas centrífugos, há uma economia significativa da energia necessária para acionar a carga.

A Figura 10-1 mostra um inversor de frequência para um motor CA utilizado em aplicações de baixo consumo. As conexões de alimentação consistem nos condutores de alimentação da unidade (L/L1 e N/L2) e nos condutores de alimentação do motor (U/T1, V/T2 e W/T3). A designação da América do Norte para os condutores de carga é T1, T2 e T3; a designação europeia para os condutores de carga é U, V e W. Enquanto a alimentação da unidade é por fonte monofásica, a saída para o motor é trifásica. As conexões de acionamento consistem em entradas e saídas conectadas à barra de terminais de acionamento. Várias configurações de conexões de acionamento são usadas, dependendo da marca do controlador e da aplicação específica. A proteção do circuito secundário por meio de disjuntor ou chave seccionadora e fusíveis deve ser fornecida para cumprir determinações do NEC (National Electric Code) e de normas locais.

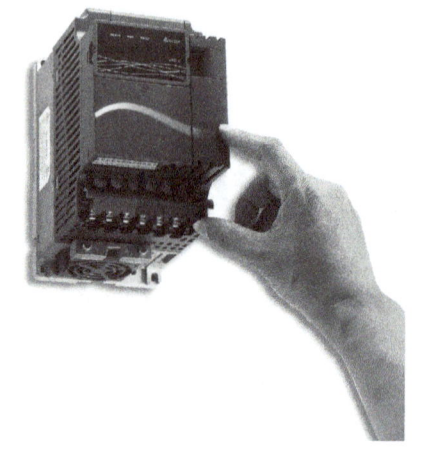

Figura 10-1 Inversor de frequência para um motor CA usado em aplicações de menor potência.
Foto cedida pela Delta Products Corporation, www.delta-americas.com.

Inversores de frequência

Os motores de indução de gaiola de esquilo são os motores trifásicos mais comuns utilizados em aplicações comerciais e industriais. O método preferido de acionamento de velocidade para os motores de indução de gaiola de esquilo é alterar a frequência da tensão de alimentação. Visto que a base de operação da unidade é variar a frequência para o motor, a fim de variar a velocidade, o nome mais adequado para o sistema é unidade de frequência variável (VFD – *variable-frequency drive*). No entanto, outros nomes utilizados para referência a esse tipo de unidade incluem unidade de velocidade ajustável (ASD – *adjustable-speed drive*), unidade de frequência ajustável (AFD – *adjustable-frequency drive*) unidade de velocidade variável (VSD – *variable-speed drive*) e conversor de frequência (FC – *frequency converter*)*.

---

* N. de T.: No Brasil é muito usado o termo inversor de frequência.

Um inversor de frequência controla a velocidade, o torque e o sentido de rotação de um motor de indução CA. Ele recebe uma entrada CA de tensão e frequência fixas e a converte em uma saída CA de tensão e frequência variáveis. A Figura 10-2 mostra o diagrama em bloco do controlador de um inversor de frequência trifásico. A função de cada bloco é descrita a seguir:

- **Conversor:** Um retificador de onda completa que converte a tensão CA aplicada em CC.
- **Barramento CC:** Conecta a saída do retificador na entrada do inversor. O barramento CC funciona como um filtro para suavizar a saída irregular e com ondulação, a fim de garantir que a saída retificada se assemelhe a uma tensão CC o mais pura possível.
- **Inversor:** O inversor recebe uma tensão CC filtrada a partir do barramento CC e a converte em uma forma de onda CC pulsante. Com o acionamento da saída do inversor, a forma de onda CC pulsante pode simular uma forma de onda CA de frequências diferentes.
- **Lógica de acionamento:** o sistema de acionamento gera os pulsos necessários para controlar o disparo dos dispositivos semicondutores de potência, como SCRs e transistores. Um circuito de acionamento bastante complexo coordena a comutação dos dispositivos de potência, geralmente por meio de uma placa de acionamento

que determina o disparo dos componentes de potência na sequência correta. Um microprocessador incorporado é usado para toda lógica interna e necessidades de decisão.

Às vezes denominado primeiro estágio do inversor de frequência, o conversor é normalmente um retificador de onda completa em ponte trifásico. No entanto, uma das vantagens do inversor de frequência é sua capacidade de acionar um motor trifásico a partir de uma fonte CA monofásica. Fundamental neste processo é a retificação de uma entrada CA em uma saída CC. Neste ponto da retificação, a tensão CC não tem características de fase; o inversor de frequência simplesmente produz uma forma de onda de tensão CC pulsante. A unidade inverte a forma de onda CC em três diferentes desenhos de forma de onda moduladas por largura de pulso que reproduzem a forma de onda CA trifásica. A Figura 10-3 mostra conexões trifásica e monofásica na entrada do conversor. Os níveis de tensão CA de entrada, diferentes dos necessários para acionar o motor, requerem que a seção do conversor aumente ou diminua a tensão para o nível de operação adequado do motor. Como exemplo, uma unidade de motor elétrico alimentada com 115 V CA que precisa fornecer 230 V CA para o motor necessita de um transformador capaz de elevar a tensão de entrada.

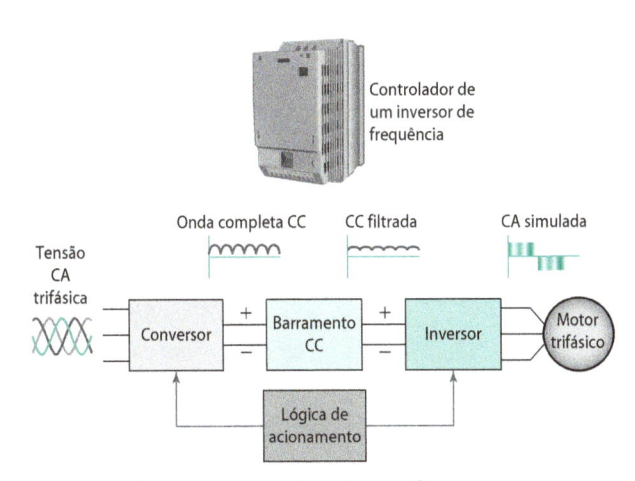

Figura 10-2 Diagrama em bloco de um inversor de frequência trifásico.

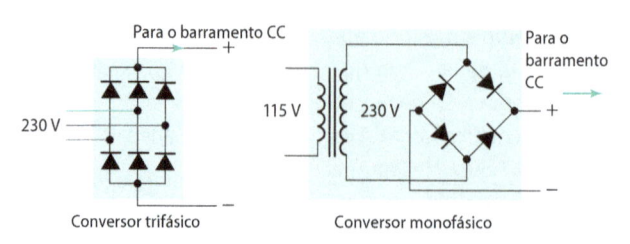

Figura 10-3 Conexões de entrada de conversores trifásicos e monofásicos.

O inversor de frequência oferece uma alternativa a outras formas de conversão de potência em áreas onde a alimentação trifásica não está disponível. Como converte a alimentação CA em CC, o inversor de frequência não se importa se sua fonte é monofásica ou trifásica. Independentemente da alimentação de entrada, sua saída sempre será trifásica. No entanto, o dimensionamento da unidade é um fator, visto que ela deve ser capaz de retificar uma fonte monofásica de corrente maior. Como regra, a maioria dos fabricantes recomenda a duplicação da capacidade trifásica normal de uma unidade que vai operar em uma entrada monofásica. A operação monofásica é limitada aos motores de menor potência. Alguns fabricantes oferecem modelos apenas para entrada monofásica e outros que são especificados para entrada monofásica e trifásica.

Após a retificação de onda completa da alimentação CA no inversor de frequência, a saída CC passa por um barramento CC. A Figura 10-4 mostra as conexões de um indutor (*L*) e de um capacitor (*C*) no barramento CC. Eles trabalham juntos para filtrar qualquer componente CA da forma de onda CC.

O principal elemento de armazenamento de energia são os capacitores do barramento. Qualquer ondulação que não for suavizada na saída aparecerá como distorção na forma de onda de saída do motor. A maioria dos fabricantes de inversores de frequência fornece um terminal especial para medição de tensão no barramento CC. Com uma entrada de 460 V CA podemos medir uma tensão CC média de aproximadamente 650 a 680 V CC. O valor CC é calculado com base no valor quadrático médio (RMS – *root mean square*) da tensão da linha e multiplicando por 1,414. Uma tensão de mais de 4 V CA no barramento pode indicar um problema no capacitor de filtragem ou na ponte de diodos na seção do conversor.

O inversor é a parte final de um inversor de frequência. Este é o ponto onde a tensão do barramento CC é ligada (ON) e desligada (OFF) em intervalos específicos. Ao fazer isso, a alimentação CC é transformada em três canais de alimentação CA que um motor CA usa para funcionar. Os inversores atuais usam transistores bipolares de porta isolada (IGBTs – *insulated-gate bipolar transistors*) para ligar e desligar o barramento CC. A Figura 10-5 mostra um diagrama simplificado das três seções de um inversor de frequência. A lógica de acionamento e a seção do inversor controlam a tensão e frequência de saída para o motor. Seis transistores de comutação são utilizados na seção do inversor. A lógica de acionamento usa um microcontrolador para ligar e desligar os transistores no instante adequado. O principal objetivo do inversor de frequência é variar a velocidade do motor enquanto fornece uma onda de corrente mais próxima de uma onda senoidal.

Figura 10-4 Conexões de um indutor e de um capacitor no barramento CC.

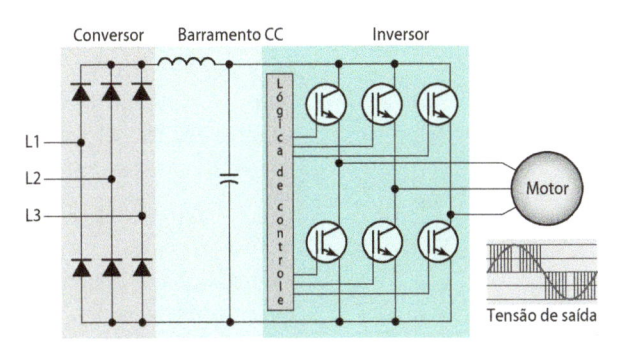

Figura 10-5 As três seções de um inversor de frequência.

Na implementação mais simples do sistema, dois IGBTs são colocados em série na fonte CC e são ligados e desligados para gerar uma das três fases para a motor. Dois outros circuitos idênticos geram as outras duas fases. A Figura 10-6 mostra um sistema simplificado de um inversor com modulação por largura de pulso (PWM – *pulse-width modulation*). Foram usadas chaves para ilustrar como os transistores são comutados para produzir uma fase (A ou B) da saída trifásica. A tensão de saída é comutada de positivo para negativo abrindo e fechando as chaves em uma sequência específica de etapas. O funcionamento deste sistema é resumido a seguir:

- Durante as etapas 1 e 2, as chaves transistorizadas Q1 e Q4 são fechadas.
- A tensão da fase A para a B é positiva.
- Durante a etapa 3, as chaves transistorizadas Q1 e Q3 são fechadas.
- A diferença de tensão entre as fases A e B é igual a zero, o que resulta em uma tensão de saída zero.
- Durante as etapas 4 e 5, as chaves transistorizadas Q2 e Q3 são fechadas.
- Isso resulta em uma tensão negativa entre as fases A e B.
- As outras etapas continuam de forma semelhante.
- A tensão de saída é dependente do estado das chaves (abertas ou fechadas), e a frequência é dependente da velocidade de comutação.

A Figura 10-7 mostra a onda senoidal (CA) da tensão de linha, sobreposta à saída do inversor pulsada, ou CA simulada. Observe que os pulsos são de mesma altura, porque a tensão do barramento CC que a unidade utiliza para criar estes pulsos é constante. A tensão de saída é variada ao alterar a largura e a polaridade dos pulsos comutados. A frequência de saída é ajustada ao variar o tempo do ciclo de comutação. A corrente resultante em um motor indutivo simula uma onda senoidal da frequência de saída desejada. A maioria dos multímetros que mede valores os RMS verdadeiros é

Figura 10-6 Circuito simplificado de um inversor PWM.

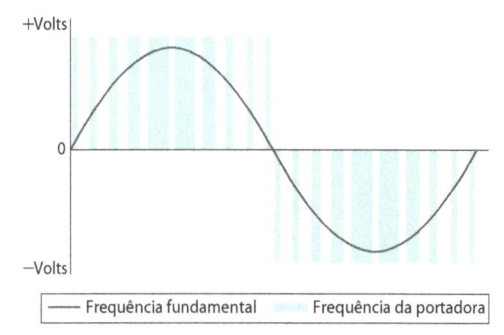

Figura 10-7 Tensão de linha senoidal sobreposta à saída do inversor PWM.

rápida o suficiente para medir os valores RMS de tensão e corrente PWM.

Existem duas frequências associadas com um inversor de frequência PWM: a frequência fundamental e a frequência da portadora. A frequência *fundamental* é a frequência variável que um motor utiliza para variar a velocidade. Em um inversor de frequência típico, a frequência fundamental varia de poucos hertz até algumas centenas de hertz. A reatância indutiva de um circuito magnético CA é diretamente proporcional à frequência ($X_L = 2\pi fL$). Portanto, quando a frequência aplicada a um motor de indução é reduzida, a tensão aplicada deve ser reduzida para limitar a corrente absorvida pelo motor nas frequências reduzidas. O acionamento microprocessado ajusta a forma de onda da tensão de saída de modo a alterar simultaneamente a tensão e frequência para manter constante a relação volts/hertz.

A frequência da *portadora* (também conhecida como frequência de comutação) é a frequência de comutação do PWM, sendo uma frequência fixa substancialmente maior que a frequência fundamental. Essa comutação de alta velocidade produz a clássica reclamação associada aos inversores de frequência. Quanto maior a frequência da portadora, melhor a aproximação senoidal da forma de onda da corrente de saída. Entretanto, quanto maior a frequência de comutação, menor a eficiência do inversor de frequência devido ao aumento no aquecimento dos transistores de potência. Esta frequência para inversores de frequência está na faixa de 2 a 16 kHz. Ajustar a frequência de portadora automaticamente de acordo com a variação da carga e da temperatura resultará em um funcionamento mais silencioso.

O *motor para uso com inversores*, mostrado na Figura 10-8, é projetado para otimizar o desempenho na operação em conjunto com inversores de frequência. Um motor para uso com inversores suporta os picos de tensão maiores produzidos pelos inversores de frequência e trabalha em velocidades muito lentas sem superaquecimento.

As unidades de acionamento com SCR são geralmente usadas para controlar motores CC, mas o sistema também é empregado em inversores de frequência CA mais antigos. Os primeiros tipos de inversores de frequência usavam retificadores controlados de silício (SCRs) para realizar a comutação. Conforme foram disponibilizados para tensões e correntes maiores, os transistores de comutação mais rápidos se tornaram os componentes de comutação preferidos para utilização em circuitos inversores.

O acionamento de velocidade pode ser em *malha aberta*, onde nenhuma realimentação da velocidade atual do motor é usada, ou em *malha fechada*, onde é usada a realimentação de velocidade para uma regulação de velocidade mais precisa. A forma como um motor reage depende muito das condições de carga. Um inversor de frequência de malha aberta nada sabe sobre as condições de carga;

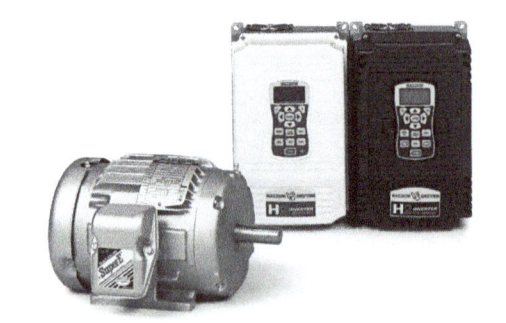

Figura 10-8 Motor para uso com inversores e sistemas de acionamento.
Foto cedida pela ©Baldor Electric Company, www.baldor.com.

ele apenas informa ao motor o que fazer. Se, por exemplo, ele fornece 43 Hz para o motor, e o motor gira a uma velocidade equivalente a 40 Hz, a malha aberta não sabe. Em um acionamento em malha fechada, o controlador informa ao motor o que fazer, em seguida verifica se ele fez isso, e então altera o comando para corrigir qualquer erro. Muitas vezes um tacômetro é usado para fornecer a realimentação necessária em um sistema em malha fechada. O tacômetro é acoplado ao motor, conforme ilustrado na Figura 10-9, e produz um sinal de realimentação de velocidade que é usado pelo controlador. No acionamento em malha fechada, uma alteração na carga demandada é compensada por um ajuste na alimentação fornecida ao motor, que atua para manter uma velocidade constante.

Em geral, as unidades de acionamento CA controlam a velocidade do motor variando a frequência da corrente de alimentação do motor. Ainda que a frequência possa ser variada de modos diferentes, os dois métodos de acionamento de velocidade mais comuns em uso atualmente são volts por hertz (V/Hz) e vetorial de fluxo.

Unidades de acionamento com acionamento volts por hertz

Dos métodos de acionamento de velocidade, a tecnologia volts por hertz é a mais econômica e a mais fácil de aplicar. A unidade de acionamento V/Hz controla a velocidade do eixo pela variação da tensão e da frequência do sinal de alimentação do motor. O acionamento volts por hertz em sua forma mais simples toma o comando de velocidade de referência a partir de uma fonte externa e varia a tensão e a frequência aplicadas ao motor. Ao manter a relação V/Hz constante, a unidade de acionamento controla a velocidade do motor conectado. As unidades de acionamento volts por hertz funcionam bem em aplicações em que a carga é previsível e não muda rapidamente, como em ventiladores e bombas.

A fim de evitar o superaquecimento, a tensão aplicada ao motor deve ser diminuída na mesma intensidade que a frequência. O acionamento V/Hz funciona em malha aberta sem um dispositivo de realimentação. A relação entre tensão e frequência é denominada volts por hertz (V/Hz). Para determinar esta relação, basta dividir a tensão pela frequência dada na placa de identificação do motor. Por exemplo, a relação volt por hertz para um motor de 460 volts e 60 Hz é calculada da seguinte forma:

$$V/Hz = \frac{Tensão}{Frequência} = \frac{460\ V}{60\ Hz} = 7{,}67\ V/Hz$$

O acionamento volts por hertz fornece uma relação de tensão linear (uma linha reta) para a frequência de um motor desde 0 RPM até a velocidade base. Isso é ilustrado na Figura 10-10 usando como exemplo um motor de 460 V CA e 60 Hz. A relação volts por hertz de 7,67 é fornecida ao motor em qualquer frequência entre 0 e 60 Hz. Se a frequência aplicada for reduzida para 30 Hz, a velocidade do eixo diminuirá para metade da original. Nesta situação, a unidade de acionamento V/Hz também reduz

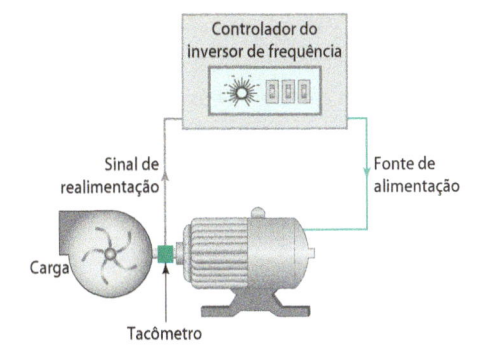

Figura 10-9 Sistema de acionamento em malha fechada.

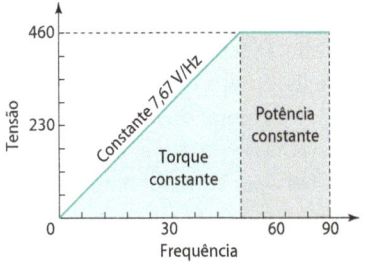

Figura 10-10 Acionamento V/Hz de um motor de 460 V CA e 60 Hz.

a tensão pela metade (neste caso, 230 V CA) para manter a relação de 7,67 V/Hz, o que permite que o motor continue a produzir o torque especificado. A potência aumenta e o torque permanece constante até a velocidade base; no entanto, acima da velocidade base (ou seja, acima da frequência de 60 Hz), o torque diminui, enquanto a potência permanece constante. Isso é facilmente entendido pela relação entre potência, velocidade e torque: potência = torque $\times$ velocidade $\times$ K, onde K é uma constante.

O acionamento volts por hertz de um motor de indução CA é baseado no princípio de que, para manter constante o fluxo magnético no motor, a magnitude da tensão terminal deve aumentar quase proporcionalmente à frequência aplicada. Essa é apenas uma relação aproximada e as unidades de acionamento volts por hertz projetadas podem incluir os seguintes refinamentos:

- **Reforçador de tensão de baixa frequência** (também chamado compensação *IR*) – Abaixo de 15 Hz a tensão aplicada ao motor é reforçada para compensar a perda de potência que um motor CA tem em baixas velocidades e aumentar a capacidade de torque de partida.
- **Compensação de escorregamento em estado estacionário** – Aumenta a frequência com base na medida de corrente para dar uma melhor regulação de velocidade em estado estacionário.
- **Compensação de estabilidade** – Supera instabilidades em médias frequências evidentes em motores de alta eficiência.

Unidade de acionamento com acionamento vetorial de fluxo

Uma unidade de acionamento com acionamento vetorial de fluxo usa a realimentação do que está acontecendo no motor para alterar a saída da unidade de acionamento. No entanto, ela ainda se baseia no princípio volts por hertz para controlar o motor. Estas técnicas combinadas controlam não apenas a magnitude do fluxo do motor, mas também sua orientação, por isso o nome acionamento vetorial de fluxo. O método de acionamento vetorial de fluxo proporciona velocidade e acionamento de torque mais precisos do motor.

O acionamento vetorial de fluxo melhora a técnica de acionamento V/Hz ao proporcionar o acionamento da magnitude e do ângulo entre tensão e corrente. As unidades de acionamento volts por hertz controlam apenas a magnitude. As unidades de acionamento vetoriais estão disponíveis em dois tipos: *malha aberta* e *malha fechada*, em função da forma como elas obtêm as informações de realimentação. A denominação malha aberta é um equívoco, porque o sistema é, na verdade, em malha fechada, mas a realimentação é interna ao inversor de frequência, em vez de externa por meio de um encoder. Por esta razão, há uma tendência a se referir a unidades de acionamento em malha aberta como unidades de acionamento com *acionamento vetorial sem sensor*. Este tipo de acionamento remove uma importante fonte de complexidade e simplifica a instalação da unidade de acionamento.

O diagrama em bloco de uma unidade de acionamento com acionamento vetorial de fluxo sem sensor é mostrado na Figura 10-11. Seu funcionamento é resumido a seguir:

- O escorregamento é a diferença entre a velocidade do rotor e a velocidade síncrona do campo magnético e é necessário para produzir o torque do motor. O bloco *estimador de escorregamento* mantém a velocidade do rotor do motor próxima da velocidade desejada.
- O bloco *estimador de corrente de torque* determina o percentual de corrente que está em fase com a tensão, fornecendo uma corrente de torque aproximada. Isso é usado para estimar a quantidade de escorregamento, proporcionando melhor acionamento de velocidade sob carga.
- O *ângulo V* controla a intensidade da corrente total do motor que vai para o fluxo do motor habilitado pelo estimador de corrente de torque. Por meio do acionamento deste ângulo, a operação em baixa velocidade e o acionamento de torque são melhorados em comparação com unidades V/Hz padrão.

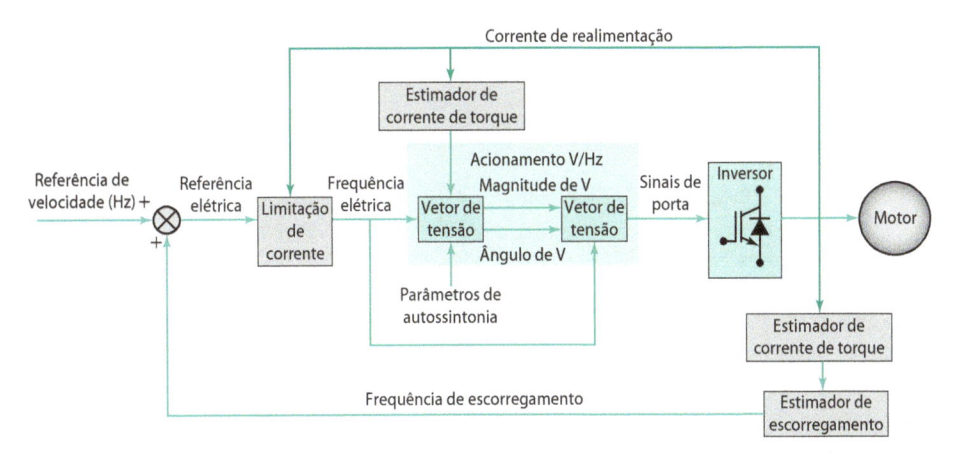

Figura 10-11 Diagrama em bloco de uma unidade de acionamento com acionamento vetorial sem sensor.

- O *acionamento vetorial de fluxo* mantém o princípio V/Hz e acrescenta blocos para melhorar o desempenho da unidade de acionamento.
- O *separador de corrente* busca identificar as correntes que produzem o fluxo e o torque no motor e disponibiliza esses valores para outros blocos na unidade de acionamento.
- O *bloco de limitação de corrente* monitora a corrente do motor e altera o comando de frequência quando a corrente do motor exceder um valor predeterminado.

Uma verdadeira unidade de acionamento vetorial em malha fechada usa um encoder montado no motor ou um sensor similar para fornecer ao microprocessador uma indicação da posição do eixo. A posição e a velocidade do rotor do motor são monitoradas em tempo real por um encoder digital para determinar e controlar a velocidade, o torque e a potência real produzidos pelo motor. A Figura 10-12 mostra uma unidade de acionamento com acionamento vetorial de fluxo e um encoder montado no motor usados em aplicações com unidades de acionamento CA com acionamento vetorial. O encoder funciona ao enviar pulsos digitais de volta para a unidade de acionamento indicando a velocidade e o sentido de rotação. O processador conta os pulsos e usa esses dados junto com as informações sobre o próprio motor a fim de controlar o torque do motor e a velocidade de operação

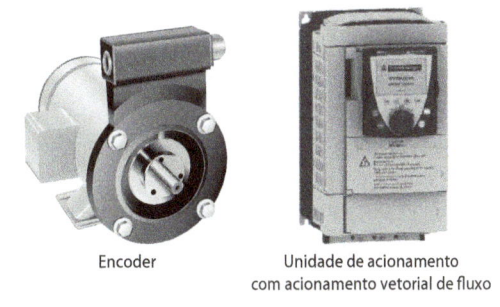

Encoder   Unidade de acionamento com acionamento vetorial de fluxo

Figura 10-12 Unidade de acionamento com acionamento vetorial de fluxo e encoder.
Material e *copyrights* associados são de propriedade da Schneider Electric, que permitiu o uso.

associada. Os encoders mais comuns fornecem 1.024 pulsos por revolução. Para se proteger contra interferência eletromagnética (EMI), o cabo entre o encoder e a unidade de acionamento deve ser blindado e contínuo.

Uma verdadeira unidade de acionamento com acionamento vetorial em malha fechada também desenvolve em um motor CA torque máximo contínuo em velocidade zero, algo que antes apenas as unidades de acionamento CC eram capazes de fazer. Isso torna as unidades CA adequadas para aplicações em içamento e guindaste onde o motor deve produzir torque máximo antes que o freio seja liberado ou a carga comece a cair e não possa ser parada.

Parte 1

Questões de revisão

1. Cite a função de acionamento básica comum de um inversor de frequência.
2. Qual é o método preferido para a alteração da velocidade de um motor de indução de gaiola de esquilo?
3. Indique a função principal de cada uma das seguintes partes de um inversor de frequência: (a) conversor, (B) barramento CC, (c) inversor, (d) lógica de acionamento.
4. Explique como é possível para um inversor de frequência acionar um motor trifásico a partir de uma fonte de alimentação monofásica.
5. Calcule a tensão média do barramento CC para uma tensão de linha de 230 V CA.
6. Que componente é o elemento principal de armazenamento de energia do barramento CC?
7. Que tipos de transistores são usados atualmente na seção do inversor de frequência?
8. Como a tensão de saída do inversor é variada?
9. Como a frequência de saída do inversor é variada?
10. Qual é a diferença entre a frequência fundamental e a frequência portadora em um inversor de frequência?
11. De que forma um motor que trabalha com inversor de frequência difere de um motor padrão?
12. Compare o acionamento de motor em malha aberta e em malha fechada.
13. Explique como é controlada a tensão de saída de um inversor de frequência que usa o método de acionamento volts por hertz.
14. Calcule o V/Hz para um motor de 230 V e 60 Hz.
15. Como um acionamento vetorial de fluxo melhora a técnica de acionamento V/Hz?

›› Parte 2

›› Instalação de um inversor de frequência e parâmetros de programação

Um planejamento cuidadoso para a instalação de um inversor de frequência ajudará a evitar muitos problemas. Siga as instruções do fabricante do inversor de frequência quanto aos requisitos necessários e opcionais para a instalação. Considerações importantes incluem os requisitos de temperatura e de qualidade da linha de alimentação, conexões elétricas, aterramento, proteção de falhas, proteção do motor e parâmetros ambientais.

Seleção da unidade de acionamento

Na seleção de uma unidade de acionamento, deve-se considerar as características da carga da máquina acionada. As três categorias básicas de carga são resumidas a seguir:

- Cargas de torque constante exigem um motor de torque e são essencialmente cargas de atrito, como unidades de tração e transportadores.
- Cargas de torque variável requerem muito menos torque em baixas velocidades do que em altas. As cargas que exibem características de torque variável incluem ventiladores centrífugos, bombas e sopradores.
- Cargas de choque (impacto) exigem um motor para operar em condições de carga normal

seguidas da aplicação súbita de uma grande carga. Um exemplo seria uma carga de impacto súbito que resulta de uma embreagem de engate que aplica uma grande carga ao motor (como ocorre durante uma partida com carga). Esse pico de corrente poderia desarmar o inversor de frequência como resultado de uma falha de corrente excessiva do motor.

Reatores de linha e de carga

Um reator de um inversor de frequência, como mostra a Figura 10-13, é basicamente um indutor instalado na entrada ou na saída da unidade de acionamento. Os reatores de linha estabilizam a forma de onda da corrente no lado de entrada do inversor de frequência, reduzindo a distorção harmônica e a sobrecarga em equipamentos elétricos a montante. Harmônicos são tensões de alta frequência e distorções de corrente dentro do sistema de alimentação normalmente causadas por cargas não lineares que não têm consumo constante de corrente, mas consomem corrente em pulsos. Os inversores de frequência criam harmônicos quando convertem CA em CC e CC de volta para CA.

Ao absorver os picos de tensão de linha e preencher algumas depressões, os reatores de linha e de carga evitam problemas de sobretensão e subtensão. Os reatores de carga, conectados entre o inversor de frequência e o motor, amortecem os picos de sobretensão e reduzem o aquecimento do motor e o ruído audível. Um reator de carga ajuda a prolongar a vida útil do motor e a aumentar a distância que o motor pode ficar da unidade de acionamento.

Localização

A localização é uma consideração importante na instalação de inversores de frequência, pois tem um efeito significativo no desempenho da unidade de acionamento e na confiabilidade. As considerações de localização são resumidas a seguir:

- Monte a unidade de acionamento perto do motor. Um comprimento excessivo de cabo entre o inversor de frequência e o motor pode resultar em picos de tensão muito elevados nos terminais do motor. É importante verificar o tamanho máximo do cabo indicado nas especificações da unidade de acionamento quando se instala unidades de acionamento em motores de indução CA. Tensões excessivas reduzem a expectativa de vida do sistema de isolação, especialmente em motores que não trabalham com inversão.
- O invólucro da unidade de acionamento deve ser bem ventilado ou ficar em um ambiente com clima controlado, pois o excesso de calor danifica os componentes do inversor de frequência ao longo do tempo. Grandes flutuações na temperatura ambiente resultam na formação de condensação dentro dos invólucros das unidades de acionamento e, possivelmente, danificam os componentes.
- Locais úmidos, corrosivos e com poeira, vibração constante e luz solar direta devem ser evitados.
- O local deve ter uma iluminação adequada e um espaço de trabalho suficiente para realizar a manutenção na unidade de acionamento. O Artigo 110 do NEC lista os requisitos do espaço de trabalho e de iluminação.

Painéis

Uma vez escolhido um local adequado, é importante selecionar o tipo de painel NEMA apropriado com base no uso e na manutenção. Os painéis de fábrica para inversores de frequência, como o mostrado na Figura 10-14, devem ter uma especificação NEMA adequada ao nível de proteção para o ambiente.

Técnicas de montagem

Comumente os inversores de frequência pequenos são montados em ranhuras em *racks* ou em

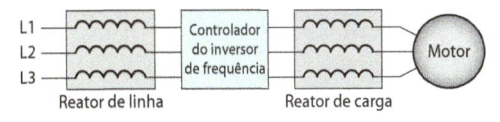

Figura 10-13 Reator de inversor de frequência.

Figura 10-14 Inversor de frequência montado dentro de um painel.
Foto cedida pela Nova Dynamics Limited, www.ndl.ns.ca.

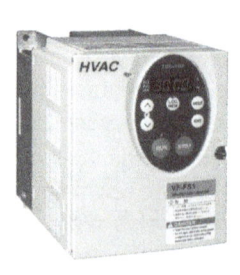

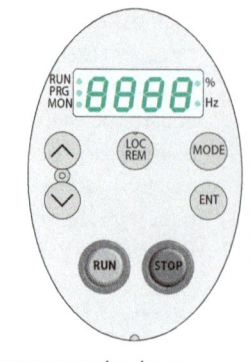

Figura 10-16 Interface com o operador de um inversor de frequência.
Foto cedida pela Toshiba International Corporation, Industrial Division.

trilhos DIN, como ilustrado na Figura 10-15. Os grampos de fixação ao trilho DIN são construídos nas aletas do dissipador de calor no qual o inversor de frequência é montado, o que os torna de fácil instalação em quadros de comando. Os inversores de frequência maiores geralmente têm um orifício de montagem para acomodar prendedores individuais. O método de fixação deve ser adequado para suportar o peso da unidade e permitir o fluxo livre de ar através do dissipador de calor; o fluxo de ar em algumas aplicações é auxiliado por um ventilador.

Interface com o operador

A interface com o operador de um inversor de frequência, mostrada na Figura 10-16, fornece um meio para o operador iniciar e parar o motor e ajustar a velocidade de operação. Funções de acionamento adicionais incluem a inversão e a comutação entre velocidade manual e automática a partir de um sinal de acionamento de processo externo. A interface com o operador muitas vezes inclui um *display* alfanumérico e/ou luzes de indicação e medidores para fornecer informações sobre o funcionamento da unidade de acionamento. Quando montado dentro de outro painel, um teclado com *display* de operação remota pode ser conectado via cabo e montado a uma distância curta do controlador.

Uma porta de comunicação está normalmente disponível para permitir que o inversor de frequência seja configurado, ajustado, monitorado e controlado usando um computador pessoal (PC). Um *software* baseado em PC oferece uma maior flexibilidade, pois informações mais detalhadas sobre os parâmetros da unidade de acionamento podem ser visualizadas simultaneamente no monitor. Os modos de operação incluem PROGRAM, MONITOR e RUN. Os dados acessíveis em tempo real são:

- Frequência de saída
- Tensão de saída
- Corrente de saída
- RPM do motor
- Quilowatts do motor
- Volts do barramento CC

Trilho DIN e grampo de fixação

Figura 10-15 Técnica de montagem de um inversor de frequência.
Foto cedida pela Winford Engineering, LLC., www.winford.com.

- Definições de parâmetros
- Falhas

Interferência eletromagnética

Interferência eletromagnética (EMI – *electromagnetic interference*), também chamada ruído elétrico, são os sinais indesejados gerados por equipamentos elétricos e eletrônicos. Os problemas de EMI em unidades de acionamento variam desde a transmissão de dados corrompidos até danos elétricos na unidade de acionamento do motor. As unidades de acionamento modernas que utilizam chaves IGBT para o acionamento de frequência do motor são muito eficientes por causa de suas elevadas velocidades de comutação. Infelizmente, alta velocidade de comutação também resulta em uma geração de EMI muito maior. Todos os fabricantes de unidades de acionamento detalham os procedimentos de instalação que devem ser seguidos, a fim de evitar ruído excessivo em ambos os lados da unidade de acionamento. Alguns desses procedimentos de supressão de ruído incluem:

- Usar um cabo de alimentação blindado, como o mostrado na Figura 10-17, para conectar o inversor de frequência ao motor.
- Usar um filtro de EMI embutido ou externo.
- Usar a fiação de acionamento torcida para fornecer um acoplamento capacitivo equilibrado.
- Usar um cabo blindado para retornar a corrente que flui na blindagem de volta para a fonte, em vez de ser através dos fios que transportam o sinal.
- Manter uma separação de pelo menos 8 polegadas (20 cm) entre as fiações de acionamento e de potência ao ar livre, em conduítes ou em bandejas de cabos.
- Usar uma indutância de modo comum com múltiplas espiras para o sinal e a blindagem.
- Usar módulos de isolamento óptico para comunicações de sinal de acionamento.

A capacitância linha-linha e linha-terra é inerente em todos os cabos do motor. Quanto mais longo for o cabo, maior será esta capacitância. Picos de tensão ocorrem nas saídas de unidades de acionamento PWM devido a correntes que carregam as capacitâncias do cabo. As tensões mais elevadas, como 460 V CA, junto com capacitâncias maiores, resultam em picos de tensões maiores e que podem encurtar a vida de inversores e motores. Por esta razão, o comprimento do cabo deve ser limitado ao recomendado pelo fabricante.

Condutores de alimentação (x3)
Fios de cobre recozido mole, flexível, trançado e estanhado segundo a Tabela 11 do IEEE 1580.

Isolação (2 kV)
Poliolefina Gexol® reticulada retardante de chama em conformidade com os requisitos para tipo P do IEEE 1580 e tipo X110 do UL 1309/CSA 245.
Cor: Cinza com a fase impressa I. D. (preto-branco-vermelho)

Revestimento de proteção (opcional)
Trama de fio formando um revestimento de proteção segundo o IEEE 1580 e UL 1309/CSA 245. Padrão de bronze. Alumínio ou cobre estanhado disponível mediante solicitação.

Condutores de terra (x3)
Cobre estanhado flexível recozido mole de acordo com a Tabela 11 do IEEE 1580. Gexol® isolado e dimensionado segundo o UL 1277.
Cor: Verde

Blindagem
Trança de cobre estanhado acrescida de fita de alumínio/poliéster com cobertura de 100%.

Capa
Composto termoplástico preto, de grau ártico, retardante de chama e resistente à luz solar, produtos químicos, petróleo e desgaste conforme UL 1309/CSA 245 e IEEE 1580.

Revestimento (opcional)
Composto termoplástico preto, de grau ártico, retardante de chama e resistente à luz solar, produtos químicos, petróleo e desgaste conforme UL 1309/CSA 245 e IEEE 1580.

Figura 10-17 Cabo de alimentação blindado para inversor de frequência.

Aterramento

A Figura 10-18 ilustra os requisitos gerais de aterramento para um inversor de frequência. O aterramento adequado desempenha um papel fundamental na segurança e na operação confiável do sistema inversor de frequência. As unidades de acionamento de motores, os motores e os equipamentos relacionados devem ser aterrados e conectados segundo os requisitos do Artigo 250 do NEC. O terra de segurança da unidade de acionamento deve ser conectado ao terra do sistema. A impedância do terra deve estar de acordo com as exigências do NEC, a fim de fornecer um poten-

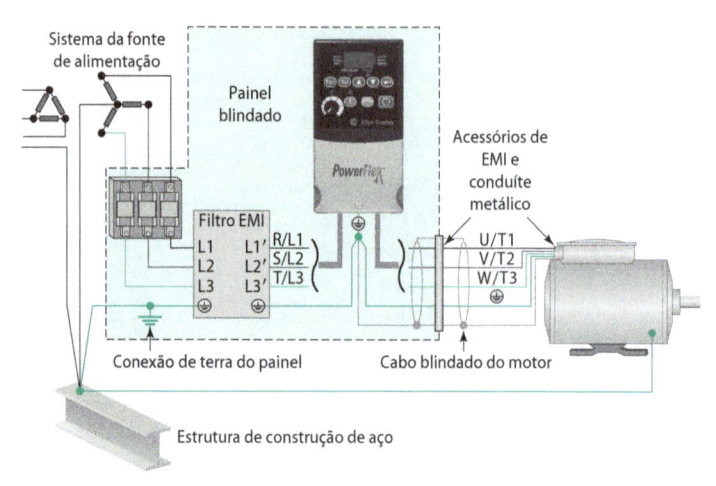

Figura 10-18 Requisitos gerais de aterramento para um inversor de frequência.
Foto cedida pela Rockwell Automation, www.rockwellautomation.com.

cial igual entre todas as superfícies metálicas e um caminho de baixa impedância para ativar dispositivos de sobrecorrente e reduzir a interferência eletromagnética.

Contator de desvio

Um contator de desvio (*bypass*) é utilizado no caso de uma falha da unidade de acionamento para uma rápida manutenção de emergência. A Figura 10-19 mostra um diagrama da ligação do circuito de alimentação de um contator de desvio de um inversor de frequência. O contator de isolação elétrica isola a unidade durante a operação de desvio e é mecânica e eletricamente intertravado com o contator de desvio para garantir que ambos não possam ser fechados ao mesmo tempo. Em uma avaria detectada do inversor de frequência, o circuito de acionamento automaticamente abre o contator de isolamento da unidade e fecha o contator de desvio para manter o motor ligado à fonte. Quando a transferência automática para a operação de desvio ocorre, o motor continua a funcionar na velocidade máxima. O contator de isolamento da unidade de acionamento deve ser aberto durante o fechamento do contator de desvio de modo que a alimentação CA não alimente a saída do inversor de frequência, causando dano. A chave automática para o desvio garante que não haverá tempo de inatividade e interrupção do serviço para cargas críticas. Por exemplo, em aplicações de HVAC, isso permite manter o aquecimento ou arrefecimento todo o tempo.

Meios de desconexão

A segurança na operação e manutenção exige que todos os equipamentos acionados por motores tenham um meio de desconexão total da fonte de alimentação. Este é um requisito do NEC e do OSHA. Tal como acontece com dispositivos de partida, para reduzir o custo e o tamanho, a maioria dos fabricantes de inversores de frequência não fornece uma chave seccionadora como parte do pacote de sua unidade padrão. Se a desconexão

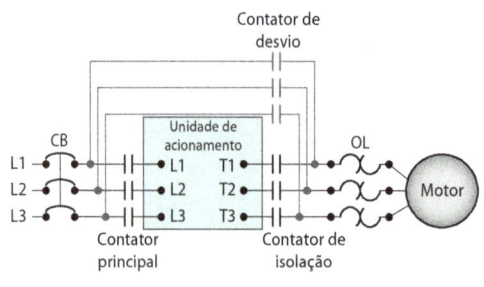

Figura 10-19 Conexão do circuito de potência do contator de desvio de um inversor de frequência.

opcional da entrada não for especificada, deve-se instalar uma chave ou disjuntor separado. O Artigo 430.102 do NEC inclui requisitos para meios de desconexão para o próprio motor e para o controlador do motor; ambos os conjuntos de requisitos devem ser satisfeitos. As regras são as seguintes:

- Abaixo de 600 V, os meios de desconexão do controlador devem estar à vista (e a uma distância inferior a 15 m, de acordo com definições) do controlador do motor, como especificado no Artigo 430.102 (A).
- Não é necessário que o controlador esteja à vista do motor.
- Os meios de desconexão do controlador são igualmente admitidos como meios de desconexão do motor, de acordo com o Artigo 430.102 (B).
- Os meios de desconexão do motor devem estar à vista do motor. Veja as exceções no Artigo 430.102 (B) que permitem que os meios de desconexão do motor estejam mais distantes. Essas exceções, se for o caso, permitiriam uma desconexão bloqueável que serviria como desconexão tanto do motor quanto do controlador quando não estivesse à vista do motor.

Proteção do motor

Além de controlar a velocidade, os inversores de frequência também podem funcionar como dispositivos de proteção do motor. Alguns inversores de frequência têm proteção contra curto-circuito (geralmente sob a forma de fusíveis) já instalada pelo fabricante, como mostrado no inversor de frequência na Figura 10-20. A seleção e o dimensionamento destes fusíveis é crítica para a proteção de semicondutores no caso de uma falha. As recomendações do fabricante devem ser seguidas na instalação ou substituição dos fusíveis para assegurar uma atuação rápida dos fusíveis no caso de uma falha.

Na maioria das aplicações, a própria unidade de acionamento fornece proteção do motor contra sobrecarga. No entanto, o cabo do alimentador

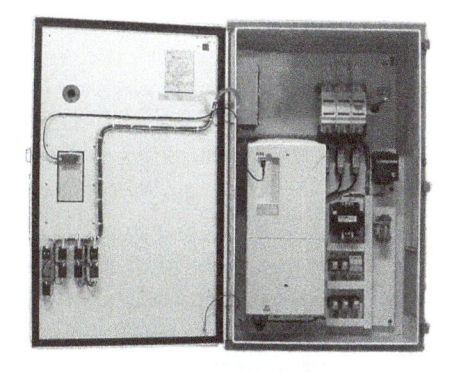

Figura 10-20 Inversor de frequência típico.
Foto cedida pela Joliet Technologies, www.joliettech.com.

não pode ser preservado pela proteção interna do inversor de frequência. A unidade de acionamento do motor fornece proteção com base nas informações da placa de identificação do motor que são programadas na unidade. Os controladores incorporam muitas funções complexas de proteção, como:

- Prevenção de falha
- Limitação de corrente e proteção contra sobrecorrente
- Proteção contra curto-circuito
- Proteção contra subtensão e sobretensão
- Proteção contra falha à terra
- Proteção contra falta de fase na fonte de alimentação
- Proteção térmica do motor pelo sensoriamento da temperatura do enrolamento do motor

Quando um inversor de frequência não é aprovado para proteção contra sobrecarga, ou se vários motores são alimentados a partir da unidade de acionamento, um ou mais relés de sobrecarga externos devem ser fornecidos. A prática mais comum é usar um relé de sobrecorrente do motor que preservará as três fases e protegerá contra a falta de uma delas.

Frenagem

Com motores de corrente alternada, há uma energia excessiva gerada quando a carga aciona o motor durante a desaceleração, em vez de o motor acionar a carga. Esta energia volta para a unidade de acionamento e resulta em um aumento da tensão no barramento CC. Se a tensão no barramento for muito elevada, a unidade de acionamento será danificada. Dependendo do projeto, um inversor de frequência pode redirecionar esse excesso de energia através de resistências ou de volta para a fonte de alimentação CA.

Quando a frenagem dinâmica é usada, a unidade de acionamento conecta a resistência de frenagem no barramento CC, como mostra a Figura 10-21, para absorver o excesso de energia. Para motores de potências menores, a resistência é embutida na unidade de acionamento. Bancos de resistências externos são usados para motores de potências maiores para dissipar o calor elevado.

A frenagem regenerativa é semelhante à frenagem dinâmica, exceto que o excesso de energia é redirecionado de volta para a fonte CA. Os inversores de frequência projetados para usar a frenagem regenerativa devem ter um estágio de entrada capaz de controlar a corrente regenerativa. Com esta opção, os diodos no conversor em ponte são substituídos por módulos IGBT. Os módulos IGBT são comutados pela lógica de acionamento e operam nos modos de motorização e regenerativo.

A frenagem por injeção CC é um recurso padrão em diversos inversores de frequência. Como o termo indica, a frenagem por injeção CC gera forças eletromagnéticas no motor quando o controlador, no modo STOP, injeta corrente contínua nos enrolamentos do estator – depois de ter cortado a alimentação de corrente alternada em duas fases do estator – desligando assim a rotação normal do campo magnético. A maioria dos sistemas de frenagem por injeção CC tem a capacidade de ajustar o tempo de operação e o torque máximo a ser aplicado. Eles geralmente começam a frenagem quando detectam

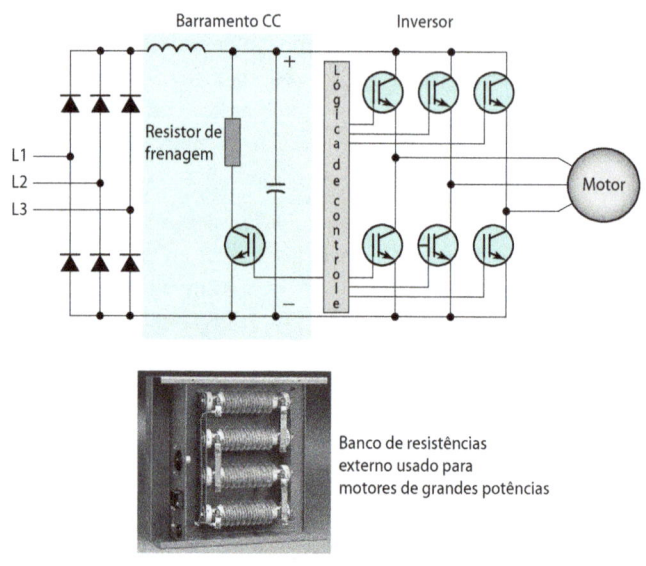

Figura 10-21 Frenagem dinâmica aplicada a um inversor de frequência.
Foto cedida pela Post Glover, www.postglover.com.

que o motor não está mais recebendo um comando de operação e vêm equipados com *hardware* para impedir que o motor receba outro comando de operação até que a frenagem seja concluída.

Acionamento em rampa

Os inversores de frequência oferecem muitas das mesmas vantagens dos sistemas de partida com tensão reduzida e partida suave (*soft starter*). O recurso de aceleração com velocidade programada encontrado nos inversores de frequência é similar à função de partida suave dos *soft starters*. No entanto, a aceleração com velocidade programada nos inversores de frequência tem uma aceleração muito mais suave que nos *soft starters*, que geralmente é feita em etapas. Na partida suave em um inversor de frequência, a frequência da alimentação do motor é inicialmente reduzida e elevada durante um tempo pré-programado. Os inversores de frequência com capacidade de partida suave substituíram muitos dos tipos mais antigos de partida com tensão reduzida. Enquanto os inversores de frequência oferecem a capacidade de partida suave, os *soft starters* não podem ser considerados inversores de frequência.

O acionamento em rampa é a capacidade de um inversor de frequência aumentar ou diminuir gradualmente a tensão e a frequência em um motor CA. Isso acelera e desacelera o motor suavemente, como mostra a Figura 10-22, com menos esforço sobre o motor e a carga. O acionamento em rampa é geralmente uma aceleração mais suave do que os aumentos em etapas utilizados nos *soft starters*. O tempo predefinido para a aceleração em rampa pode ser de alguns segundos a 120 segundos ou mais, dependendo das capacidades da unidade.

A desaceleração temporizada é uma função de um inversor de frequência que fornece uma desaceleração suave, levando o motor a parar completamente em um tempo predefinido. A aceleração e a desaceleração são programáveis separadamente. Dependendo dos parâmetros da unidade, os tempos de desaceleração podem variar desde frações de segundo (quando utilizado com frenagem dinâmica) para mais de 120 segundos.

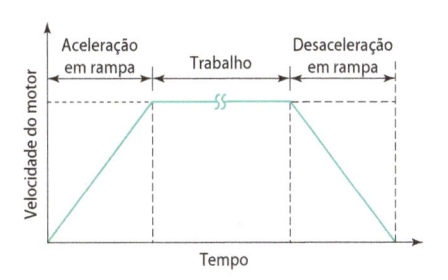

Figura 10-22 Aceleração e desaceleração em rampa de um inversor de frequência.

A função de desaceleração é aplicada em processos que requerem paradas suaves, mas que aconteçam dentro de um determinado período de tempo.

Entradas e saídas de acionamento

A Figura 10-23 ilustra as entradas de acionamento e alimentação e as saídas encontradas em um inversor de frequência. A fonte de alimentação trifásica é conectada aos terminais de entrada L1, L2 e L3, e os condutores de alimentação do motor são conectados nos terminais de saída para o motor T1, T2 e T3. Os terminais de linha e do motor passam por circuitos eletrônicos, de modo que não há uma conexão direta entre eles, como ocorre com um sistema de partida direta (com a tensão da linha).

A maioria dos inversores de frequência contém réguas de bornes para conexões externas de entradas e saídas analógicas e digitais. A quantidade e os tipos de entradas e saídas variam com a complexidade da unidade de acionamento e servem como um meio de comparação entre os fabricantes de inversores de frequência. As entradas e saídas de inversores de frequência são sinais digitais ou analógicos. As entradas e saídas digitais têm dois estados (ligado ou desligado), enquanto as entradas e saídas analógicas têm muitos estados que variam em um intervalo de valores.

Entradas digitais

As entradas digitais são utilizadas para a interface da unidade de acionamento com dispositivos

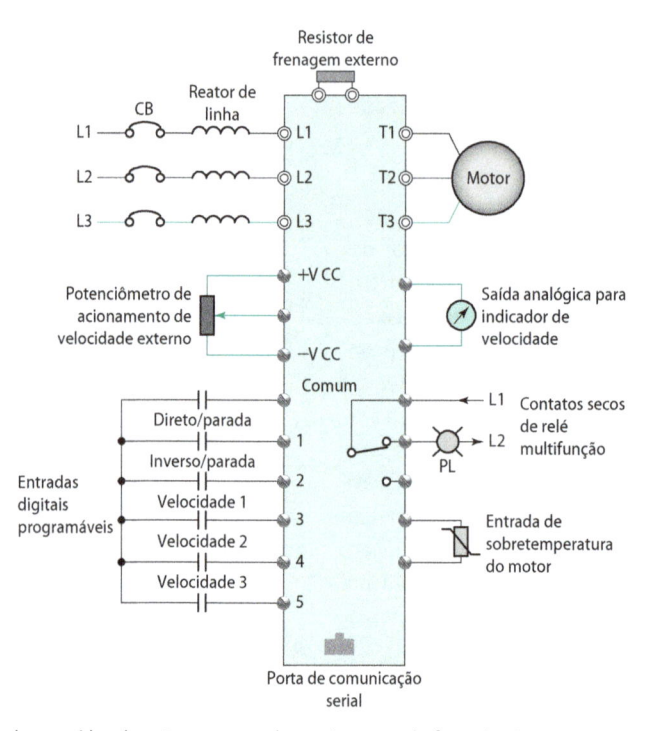

Figura 10-23 Entradas e saídas de acionamento de um inversor de frequência.

como botoeiras, chaves seletoras, contatos de relé, e módulos de saídas digitais de CLPs. Cada entrada digital pode ter uma função pré-atribuída a ela, como partida/parada, direto/inverso, falha externa e seleções de velocidade predefinidas. Por exemplo, se um motor deve funcionar em três diferentes velocidades, um relé ou chave de contato poderia fechar e enviar sinais para pontos de entradas digitais separados que alterariam a velocidade do motor para o valor pré-ajustado.

A Figura 10-24 mostra as conexões de entrada digitais para o acionamento a dois ou três fios com as funções de parada, sentido direto, sentido inverso e pulsar. Como os inversores de frequência são dispositivos eletrônicos, eles só podem ter uma rotação de fase de saída de cada vez. Portanto, o intertravamento, como exigido em dispositivos eletromecânicos, não é necessário para as operações direto/inverso de inversores de frequência. Entradas também podem ser programadas para o acionamento a dois ou três fios a fim de acomodar os métodos de partida per-

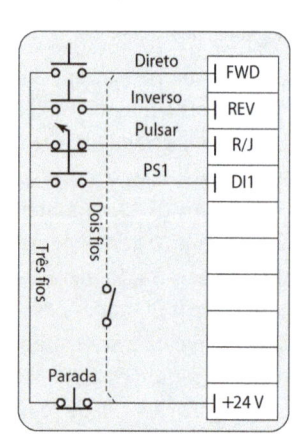

Figura 10-24 Conexões digitais de entrada para dois ou três fios com as funções de acionamento parada, direto, inverso e pulsar.

manentes ou momentâneos. Note que a lógica de acionamento é determinada e executada pelo programa no interior da unidade de acionamento e não por dispositivos de acionamento físicos interligados.

Saídas digitai/relé. As saídas digital/relé são sinais de duas posições (on/off) enviados pelo inversor de frequência a dispositivos como lâmpadas piloto, alarmes, relés auxiliares, solenoides e módulos de entrada digital de CLPs. As saídas digitais têm uma tensão (por exemplo, 24 V CC) que vem a partir deles. As saídas de relés, conhecidas como contatos "secos", comutam alguma coisa externa, fechando ou abrindo outro potencial. As saídas de relés são normalmente especificadas para tensões CA ou CC.

Entradas analógicas. As entradas analógicas são utilizadas para fazer a interface da unidade de acionamento com um sinal externo. Por exemplo, um potenciômetro de acionamento externo de velocidade com um sinal de 0 a 10 V CC ou 4 a 20 mA.

Saídas analógicas. As saídas analógicas são sinais de modulação enviados pelo inversor de frequência para um dispositivo, como um medidor que poderia exibir a velocidade ou corrente.

Placa de identificação do motor

As especificações do motor são programadas no inversor de frequência para garantir o desempenho ideal da unidade, bem como a proteção adequada contra falhas e sobrecarga. Isso pode incluir os seguintes itens encontrados na placa de identificação, conforme ilustrado na Figura 10-25, ou derivados por meio de medidas:

- **Frequência (hertz)** – Frequência necessária indicada na placa de identificação para que o motor atinja a velocidade base. O valor padrão é normalmente de 60 Hz.
- **Velocidade (RPM)** – Velocidade máxima indicada na placa de identificação na qual o motor deve girar.
- **Corrente a plena carga (ampères)** – Corrente máxima, indicada na placa de identificação, que o motor pode utilizar; corrente a plena carga (FLA) e ampères a plena carga (FLC) são o mesmo que a corrente nominal do motor.
- **Tensão de alimentação (volts)** – Tensão, indicada na placa de identificação, que o motor precisa para alcançar o máximo torque.
- **Especificação de potência (hp ou kW)** – A especificação na placa de identificação de motores fabricados nos Estados Unidos expressa em hp, e nos equipamentos fabricados na Europa em quilowatts (kW). A potência pode ser convertida da seguinte forma: 1 hp = 0,746 kW.

Motor de indução com regime de velocidade ajustável	
MODELO 5KAF	NO. SERIAL
POTÊNCIA 400HP	TIPO KAF CARCAÇA TEAO
RPM BASE 1200	ARMAÇÃO 6811
AMPÈRES 368 SENO	ROLAMENTO DA EXTREMIDADE SKF 6319
VOLTS 575 V(MAX.) 575	LUBRIFICAÇÃO GRAXA
FASE 3 HERTZ 40	LUBRIFICANTE
REND. (%) 0,9567 FP. 0,85	ROLAMENTO DA EXTREMIDADE OPOSTA SKF 6319
FATOR DE SERVIÇO 1,15 SENO 1,0 ASD	LUBRIFICAÇÃO GRAXA
CLASSE DE ISOLAÇÃO F	LUBRIFICANTE
ELEVAÇÃO MAX. TEMP. 80 °C PARA FS ESTATOR	PRESSÃO DO ÓLEO A PSI
ESPECIFICAÇÃO DE TEMPO CONTÍNUO	VAZÃO DO ÓLEO A GPM/BRG
TIPO DE INVERSOR IGBT-PWM	TEMP. AMB. (°C) 40 MAX MIN
ALTITUDE 1000 (M)	DATA DE FABRICAÇÃO:
ADEQUADO PARA OPERAÇÃO DE 120 A 1200 RPM COM TORQUE CONSTANTE	
ADEQUADO PARA OPERAÇÃO DE 1200 A 1800 RPM COM POTÊNCIA CONSTANTE	
ADEQUADO PARA OPERAÇÃO DE A RPM COM TORQUE VARIÁVEL	
VOLTS/HERTZ CONSTANTE PARA 1200 RPM	

Figura 10-25 Inserção de dados de identificação do motor.

- **Corrente de magnetização do motor (ampères)** – Corrente que o motor absorve quando opera sem carga na tensão e frequência especificadas na placa de identificação. Se não for especificada, ela pode ser medida usando um alicate-amperímetro true-RMS.
- **Resistência do estator do motor (ohms)** – Resistência CC do estator entre quaisquer duas fases. Se não for especificada, ela pode ser medida com um ohmímetro.

Redução de potência

A redução de potência de um inversor de frequência quer dizer o uso de uma unidade de acionamento de capacidade maior que uma normalmente empregada na aplicação. A redução de potência é necessária quando a unidade de acionamento opera fora da faixa de operação normal especificada pelo fabricante. A maioria dos fabricantes oferece fatores de redução de potência quando a unidade opera fora da temperatura, tensão e altitude especificadas. Como exemplo, a redução de potência deve ser considerada quando a unidade está instalada em uma altitude elevada, superior a 1000 metros. O efeito de arrefecimento da unidade é deteriorado devido à densidade reduzida do ar em grandes altitudes.

Tipos de inversores de frequência

A evolução da tecnologia das unidades de acionamento CA permitiu muitas mudanças em um espaço de tempo relativamente pequeno. Como resultado, unidades mais recentes com maior funcionalidade já estão disponíveis. A maioria dos inversores de frequência fabricados atualmente são unidades com modulação por largura de pulso que convertem a linha de alimentação de 60 Hz em corrente contínua, e então pulsam a tensão de saída durante períodos de tempo diferentes para imitar uma corrente alternada na frequência desejada. Muitos inversores de frequência mais antigos eram diferenciados pelo tipo de circuito inversor utilizado na unidade. Dois tipos anteriores de unidades foram o *inversor do tipo fonte de tensão* e o *inversor do tipo fonte de corrente*.

A Figura 10-26 mostra um circuito simplificado de um inversor do tipo fonte de tensão (VSI), também chamado inversor de tensão variável (VVI). Este inversor utiliza uma ponte conversora com retificador controlado de silício (SCR) para converter a tensão CA de entrada em CC. Os SCRs proporcionam um meio de controlar o valor da tensão CC retificada. O armazenamento de energia entre o conversor CC e o inversor é realizado por capacitores. A seção do inversor utiliza seis SCRs. A lógica de acionamento (não mostrada) utiliza um microprocessador para ligar e desligar os SCRs, fornecendo tensão e frequência variáveis ao motor. Este tipo de comutação é muitas vezes denominado seis etapas, porque são necessários seis estágios de 60° para completar um ciclo de 360°. Embora o motor "prefira" uma onda senoidal suave, uma saída de seis etapas pode ser satisfatoriamente usada. A principal desvantagem é a pulsação no torque, que ocorre cada vez que um SCR é comutado. As pulsações podem ser perceptíveis em baixas velocidades, como variações de velocidade do motor. Estas variações de velocidade são algumas vezes denominadas variações dentadas. A forma de onda

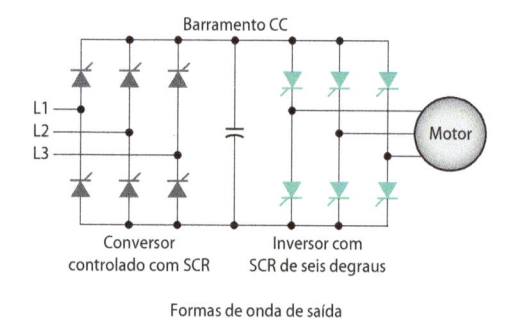

Figura 10-26 Circuito simplificado de um inversor do tipo fonte de tensão (VSI).

não senoidal de corrente causa o aquecimento adicional do motor, o que requer um motor com redução de potência. A unidade de acionamento com inversor do tipo fonte de tensão pode operar qualquer número de motores até a potência nominal total da unidade.

Com um inversor do tipo fonte de corrente, a fonte de alimentação CC é configurada como uma fonte de corrente, em vez de uma fonte de tensão. Essas unidades empregam um sistema em malha fechada que monitora a velocidade real do motor e a compara com a velocidade de referência predefinida, criando um sinal de erro que é usado para aumentar ou diminuir a corrente do motor. A Figura 10-27 mostra o circuito simplificado de um inversor tipo fonte de corrente (CSI). O conversor é conectado ao inversor por um indutor de alta indutância em série. Este indutor se opõe a qualquer mudança na corrente e tem um valor de indutância suficientemente elevado que a corrente contínua é forçada a ser quase constante. Como resultado, a saída produzida é quase uma onda quadrada de corrente. Os inversores do tipo fonte de corrente são utilizados para unidades de acionamento de grandes capacidades (cerca de 200 hp) por causa de sua simplicidade, capacidade de frenagem regenerativa, confiabilidade e baixo custo. Visto que os inversores do tipo fonte de corrente monitoram a velocidade real do motor, eles servem para controlar apenas um único motor correspondente com as características que combinam com a unidade de acionamento.

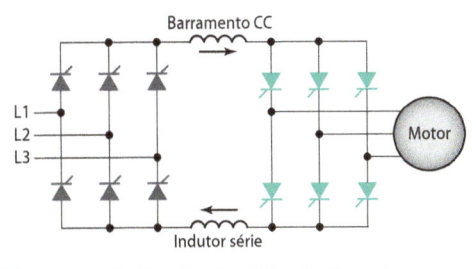

Acionamento PID

A maioria das aplicações de inversores de frequência exige que o motor CA gire em uma velocidade específica, conforme ajustada pelo teclado, pelo potenciômetro de velocidade ou pela entrada analógica. Algumas unidades de acionamento oferecem uma opção alternativa que permite um acionamento de processo preciso por meio de um controlador de *setpoint* (valor de referência), ou modo PID de operação. Muitos inversores de frequência vêm equipados com um controlador proporcional-integral-derivativo (PID). A malha PID é usada para manter uma variável de processo, como a velocidade, conforme ilustra a Figura 10-28. A velocidade desejada, ou *setpoint* (o termo mais comum), e os valores de velocidade reais são entradas para um ponto de soma. Estes dois sinais são opostos em polaridade e produzem um erro, ou desvio, zero sempre que a velocidade desejada for igual à velocidade real. Se os dois sinais são de valores diferentes, o sinal de erro tem um valor positivo ou negativo, dependendo se a velocidade real for maior ou menor que a velocidade desejada. Este sinal de erro é a entrada para o controlador PID. Os termos proporcional, integral e derivado descrevem três funções matemáticas básicas que são então aplicadas ao sinal de erro. A saída PID reage ao erro e emite uma frequência para tentar reduzir o valor de erro a zero. A função do contro-

Figura 10-27 Circuito simplificado de um inversor tipo fonte de corrente (CSI).

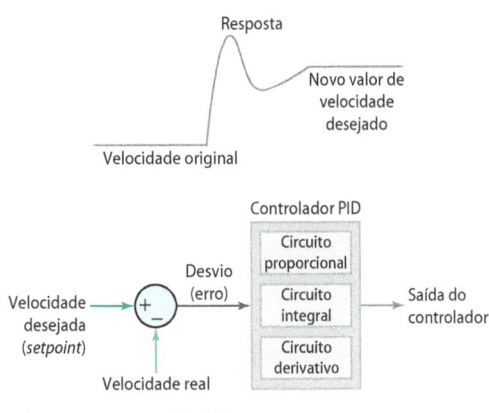

Figura 10-28 Malha PID.

lador é ajustar a velocidade de forma rápida, com um mínimo de sobressinal (*overshoot*) ou oscilações. A sintonia do controlador PID envolve ajustes de tempo e ganho dimensionados para melhorar o desempenho e resulta em uma resposta rápida, com um mínimo de sobressinal, permitindo que o motor se estabeleça rapidamente na nova velocidade. Algumas unidades de acionamento têm uma função PID com sintonia automática (*autotune*) projetada para facilitar o processo de sintonia.

Programação de parâmetros

O programa principal da unidade de acionamento está contido no *firmware* do processador e normalmente não é acessível ao usuário do inversor de frequência. Um parâmetro é uma variável associada ao modo de operar da unidade de acionamento que pode ser programada ou ajustada. Os parâmetros fornecem um grau de configuração, de forma que o usuário pode personalizar a unidade de acionamento para adequar os requisitos do motor específico e do equipamento acionado. O número de parâmetros pode variar de 50 para as unidades de acionamento de pequenas capacidades, até mais de 200 para as mais complexas e de maior capacidade. Alguns inversores de frequência fornecem capacidades de *upload/download* e de cópia de parâmetros. Entre os parâmetros de configuração mais comuns estão:

- Velocidades pré-programadas
- Velocidades mínima e máxima
- Taxas de aceleração e desaceleração
- Modos de acionamento remoto a dois e três fios
- Modos de parada: rampa, inércia e injeção CC
- Aumento automático de torque
- Limite de corrente
- Entrada pulsar configurável
- Configurações V/Hz
- Frequência portadora
- Senha de programa

Os inversores de frequência vêm com configurações padrão de fábrica para a maioria dos parâmetros que são mais moderados por natureza. As configurações de valor padrão simplificam o procedimento de partida. No entanto, os parâmetros para os dados de identificação do motor não são ajustados pela fábrica (a menos que a unidade de acionamento tenha sido adquirida junto com o motor) e devem ser inseridos no campo. Em geral existem três tipos de parâmetros:

- **Sintonizável em tempo real** – Os parâmetros podem ser ajustados ou alterados enquanto a unidade de acionamento está em funcionamento ou parada.
- **Configurável** – Parâmetros podem ser ajustados ou alterados somente enquanto a unidade de acionamento está parada.
- **Apenas de leitura** – Parâmetros que não podem ser ajustados.

A Figura 10-29 mostra um teclado integral com um *display* de LED usado para programar e operar localmente uma unidade de pequena capacidade. O *display* mostra o número de um parâmetro ou o seu valor. O menu de parâmetros da unidade de acionamento descreve o que o número do parâmetro representa e que seleções numéricas ou opções para o parâmetro estão disponíveis. O formato do menu de parâmetros varia entre marcas e modelos. Esta unidade tem dois tipos de parâme-

Figura 10-29 Teclado integral com um *display* de LED utilizado para programar e operar localmente uma unidade de acionamento de pequena capacidade.
Foto cedida pela Rockwell Automation, www.rockwellautomation.com.

tros: parâmetros de programa (P-00 a P-64), que configuram a operação da unidade de acionamento, e parâmetros de exibição (d-00 a d-64), os quais exibem informações. Exemplos de parâmetros de programa são:

P-00 velocidade mínima – Use este parâmetro para definir a menor frequência que o inversor produzirá. A configuração padrão é 0.

P-01 velocidade máxima – Use este parâmetro para definir a maior frequência que o inversor produzirá. A configuração padrão é 60 Hz.

P-02 corrente de sobrecarga do motor – Ajuste este parâmetro conforme a especificação de corrente a plena carga na placa de identificação do motor. A configuração padrão é 100% da corrente do inversor especificada.

P-30 tempo de aceleração – Utilize este parâmetro para definir o tempo que o inversor levará para ir de 0 Hz à velocidade máxima. A configuração padrão é 5,0 segundos.

Exemplos de parâmetros de exibição são:

d-00 frequência de comando – Este parâmetro representa a frequência que o inversor é comandado a fornecer na saída.

d-01 frequência de saída – Este parâmetro representa a frequência de saída nos terminais do motor.

d-02-corrente de saída – Este parâmetro representa a corrente do motor.

d-03 tensão de barramento – Este parâmetro representa o nível de tensão no barramento CC.

Diagnóstico e análise de defeitos

A maioria dos inversores de frequência vêm equipados com acionamentos de autodiagnóstico para ajudar a rastrear a fonte dos problemas. Sempre observe as seguintes precauções ao fazer a análise de defeitos na unidade de acionamento:

- Pare o inversor.
- Desconecte, sinalize e bloqueie a alimentação CA antes de trabalhar no inversor.
- Certifique-se de que não há tensão presente nos terminais de entrada da alimentação CA (Figura 10-30). É importante lembrar que os capacitores do barramento CC retêm perigosas tensões depois de a alimentação de entrada ser desconectada. Portanto, aguarde 5 minutos para os capacitores do barramento CC se descarregarem, uma vez desligada a alimentação. Verifique a tensão com um voltímetro para garantir que os capacitores estão descarregados antes de tocar qualquer dos componentes internos.

Alguns indicadores de problemas são:

LEDs fornecem uma indicação rápida de problemas. Normalmente, uma luz brilhante constante significa que tudo está funcionando corretamente. Luzes amarelas ou vermelhas piscando indicam um problema com o inversor que deve ser verificado. Consulte o manual do operador para a unidade específica a fim de determinar o que significa uma determinada luz piscando.

Alarmes indicam as condições que podem afetar o funcionamento do inversor ou o desempenho da aplicação. Eles são desativados automaticamente quando a condição que causou o alarme não está mais presente. Os alarmes configuráveis alertam o operador para condições que, se não tratadas, podem levar a uma falha do inversor. O inversor continua a operar durante a condição de alarme, e

Figura 10-30 Profissional realizando medições em um inversor de frequência.
Foto cedida pela Fluke, www.fluke.com.

os alarmes, podem ser habilitados ou desabilitados pelo programador ou operador.

Os alarmes não configuráveis alertam o operador sobre condições causadas por programação incorreta e evitam a partida do inversor até que o problema seja resolvido. Estes alarmes não podem ser desativados.

As definições de parâmetros de falha indicam as condições dentro do inversor que exigem atenção imediata. O inversor responde a uma falha por inércia até parar e desligar a alimentação de saída para o motor. As falhas de autorrearme rearmam automaticamente se, depois de um tempo, a condição que causou a falha não está mais presente. O inversor é então reiniciado. As falhas não reinicializáveis podem exigir reparos no inversor ou no motor; a falha deve ser corrigida antes que possa ser desmarcada. As falhas configuráveis pelo usuário podem ser habilitadas e desabilitadas para anunciar ou ignorar uma condição de falha.

As filas de falhas normalmente mantêm um histórico de falhas. As filas mantêm apenas um número limitado de entradas e, portanto, quando a fila está cheia, falhas mais antigas são descartadas quando novas falhas ocorrem. O sistema em geral atribui uma indicação de data e hora para a falha de forma que os programadores ou operadores possam determinar quando ocorreu uma falha em relação à última vez que o inversor foi energizado.

Uma lista completa com todos os tipos de falhas e as ações corretivas apropriadas em geral é encontrada no manual do operador de um determinado inversor de frequência. A seguir são apresentados exemplos de códigos de falha típicos e ações corretivas:

Código do *display*	Descrição da falha	Causa da falha	Ação corretiva
CF	Subtensão	Tensão da linha de entrada baixa. Ausência temporária da tensão na linha de entrada.	Verifique se a tensão da linha de entrada está dentro das especificações de operação.
OL	Sobrecarga no motor	Carga excessiva	Reduza a carga
J1, J2 ou J2	Curto-circuito à terra	Fase A, B ou C.	Verifique se as conexões de saída estão corretas. Verifique se as fases de saída não estão aterradas. Verifique se o motor não está danificado.
OH	Sobretemperatura	Operação em ambiente muito quente. Ventilação bloqueada ou fora de operação. Carga excessiva	Verifique se a temperatura ambiente é menor do que 50ºC. Verifique o espaço livre acima e abaixo do inversor. Verifique se há obstrução no ventilador. Reduza a frequência portadora. Reduza a carga.

Parte 2

Questões de revisão

1. Compare as características de torque de cargas constantes, variáveis e de impacto.
2. Explique a função de reatores conectados em série com a linha no lado da carga de um inversor de frequência.
3. Enumere os fatores que devem ser levados em conta na seleção do local para uma unidade de acionamento de motor elétrico.
4. Qual é o propósito de um painel para o inversor de frequência?
5. Qual é a função da interface com o operador em um inversor de frequência?
6. Como os efeitos da interferência eletromagnética são minimizados em uma instalação de um inversor de frequência?
7. Além da queda na linha, por que o comprimento do cabo entre um inversor PWM e o motor deve ser mínimo?
8. Por que é necessário um aterramento adequado para a operação segura e confiável de um sistema de inversor de frequência?
9. Um contator de desvio que trabalha em conjunto com um contator de isolamento é utilizado em certas instalações de inversores de frequência. Qual é a finalidade desta combinação de contatores e como eles trabalham juntos para conseguir isso?
10. Descreva as exigências padrão básicas para os meios de desconexão para o controlador e o motor de um inversor de frequência.
11. Resuma os tipos de funções internas de proteção que podem ser programadas em um inversor de frequência.
12. Compare o funcionamento dos sistemas de frenagem dinâmica, regenerativa e de injeção CC.
13. A aceleração e a desaceleração em rampa são duas características importantes de um inversor de frequência. Apresente uma breve explicação de cada uma.
14. Compare os sinais de acionamento digitais e analógicos de entrada e saída de um inversor de frequência.
15. Liste as funções típicas predefinidas que podem ser atribuídas às entradas digitais.
16. Por que o intertravamento direto/inverso não é necessário em inversores de frequência?
17. Compare como a lógica de acionamento é implementada em um sistema de partida com dispositivo físico eletromagnético e em um inversor de frequência.
18. Explique o termo contato seco em relação a uma saída do tipo relé em um inversor de frequência.
19. Liste as informações típicas da placa de identificação do motor que precisam ser programadas em um inversor de frequência.
20. Explique o termo *redução de potência* conforme se aplica a um inversor de frequência e liste os fatores que podem exigir que uma unidade de acionamento tenha a sua potência reduzida.
21. Compare inversores de frequência dos tipos PWM, VVI e CSI.
22. Descreva como o *setpoint* (valor de referência) é mantido em uma malha de acionamento PID.
23. Explique o termo *parâmetro* que se aplica a um inversor de frequência.
24. Liste alguns parâmetros ajustáveis comuns associados com inversores de frequência.
25. Qual é a diferença entre os parâmetros de programa e de *display*?
26. Qual é o perigo potencial para a segurança que está associado com os capacitores no barramento CC?
27. Quando os LEDs são usados como indicadores de problemas, o que um brilho constante indica em comparação com um intermitente?
28. Compare o funcionamento dos parâmetros de falha reinicializáveis automaticamente, dos não reinicializáveis e dos configuráveis pelo usuário.
29. Explique o termo *fila de falhas* que se aplica a um inversor de frequência.

❯❯ *Parte 3*

❯❯ Fundamentos de unidades de acionamento de motores CC

Aplicações

A tecnologia de unidades de acionamento CC é a forma mais antiga de acionamento elétrico de velocidade. A velocidade de um motor de corrente contínua é a mais simples de controlar, e pode ser variada ao longo de um intervalo muito grande. Estas unidades foram projetadas para lidar com aplicações como:

Bobinadeiras/molinetes – Nas operações de bobinadeiras com motor, manter a tensão é muito importante. Os motores CC são capazes de operar na corrente nominal ao longo de um amplo intervalo de velocidades, incluindo velocidades baixas.

Grua/guindaste – As unidades de acionamento CC oferecem várias vantagens em aplicações que operam em velocidades baixas, como gruas e guindastes. As vantagens incluem precisão em baixa velocidade, capacidade de sobrecarga de curta duração, tamanho e acionamento de torque. A Figura 10-31 mostra um motor CC de guindaste e uma unidade de acionamento usada em aplicações de içamento em que uma carga de grande inércia está presente. A energia gerada a partir do motor CC é usada para frenagem, e o excesso de energia retorna para a linha CA. Esta potência ajuda a reduzir a necessidade de energia e dispensa resistores de frenagem dinâmica que produzem calor. Uma corrente de pico de pelo menos 250% está disponível para cargas em um curto intervalo de tempo.

Mineração/perfuração – O acionamento de um motor CC é muitas vezes preferido em aplicações de alta potência, necessárias na indústria de mineração e perfuração. Para este tipo de aplicação, as unidades de acionamento CC oferecem vantagens no tamanho e no custo. Elas são robustas, confiáveis e comprovadas pela indústria.

Figura 10-31 Unidade de acionamento e motor CC. Foto cedida pela ©Baldor Electric Company, www.baldor.com.

Unidades de acionamento CC – princípios de funcionamento

As unidades de acionamento eletrônicas CC variam a velocidade de motores CC com mais eficiência e regulação de velocidade do que os circuitos de acionamento com resistência. Visto que a velocidade de um motor CC é diretamente proporcional à tensão de armadura e inversamente proporcional à corrente de campo, a tensão de armadura ou a corrente de campo pode ser usada para controlar a velocidade. Para inverter o sentido de rotação de um motor de corrente contínua, a polaridade da armadura pode ser invertida (Figura 10-32), ou então a polaridade do campo.

O diagrama em bloco de um sistema de acionamento CC constituído por um motor de corrente contínua e um controlador eletrônico é mostrado na Figura 10-33. O motor *shunt* é construído com enrolamentos de armadura e de campo. Uma classificação comum dos motores CC é pelo tipo de enrolamento de excitação de campo. Os motores CC de enrolamento *shunt* representam o tipo mais

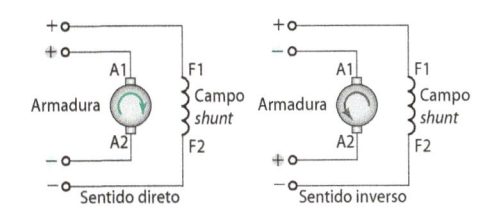

Figura 10-32 Mudança no sentido de rotação pela inversão da polaridade da armadura.

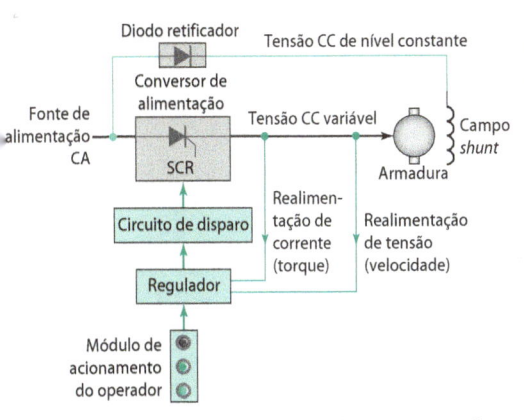

Figura 10-33 Diagrama em bloco de um sistema de acionamento CC.

usado para unidades de acionamento de velocidade. Na maioria dos casos, o enrolamento do campo shunt é excitado, como mostrado, com um nível de tensão constante a partir do controlador. O SCR (retificador controlado de silício), também conhecido como tiristor, da seção de conversão de alimentação converte a tensão CA fixa da fonte de alimentação em uma tensão ajustável CC de saída que é aplicada à armadura do motor CC. O acionamento de velocidade feito pela regulação da tensão de armadura do motor. A velocidade do motor é diretamente proporcional à tensão aplicada à armadura.

A principal função de uma unidade de acionamento CC é converter a tensão CA fixa aplicada em uma tensão CC variável retificada. Os semicondutores de comutação do tipo SCR fornecem um método conveniente para realizar isso. Eles fornecem uma potência de saída controlável por meio do acionamento do ângulo de fase. O ângulo de disparo, ou o momento no qual o SCR é disparado para entrar em condução, está sincronizado com a rotação de fase da fonte de alimentação CA, como ilustra a Figura 10-34. A quantidade de tensão CC retificada é controlada pela temporização do pulso de corrente de entrada da porta. Aplicar uma corrente de porta perto do início do ciclo senoidal resulta em uma tensão média maior aplicada à armadura do motor. Uma corrente de porta aplicada mais tarde no ciclo senoidal resulta em uma tensão CC de saída média menor. O efeito é semelhante a uma chave de alta velocidade capaz de ser ligada e desligada em um número infinito de pontos dentro de cada semiciclo. Isso ocorre a uma taxa de 60 vezes por segundo em uma linha de 60 Hz, para fornecer uma quantidade precisa de energia para o motor.

Entrada monofásica – unidade de acionamento CC

As unidades de acionamento CC com acionamento por tensão de armadura são unidades de torque constante capazes de proporcionar torque nominal do motor em qualquer velocidade até a velocidade nominal base do motor. Os circuitos de retificador totalmente controlado são construídos com SCRs. A Figura 10-35 mostra um retificador em ponte de SCRs totalmente controlado e alimentado por uma fonte CA monofásica. Os SCRs retificam a tensão de alimentação (convertendo a tensão de CA para CC), bem como contro-

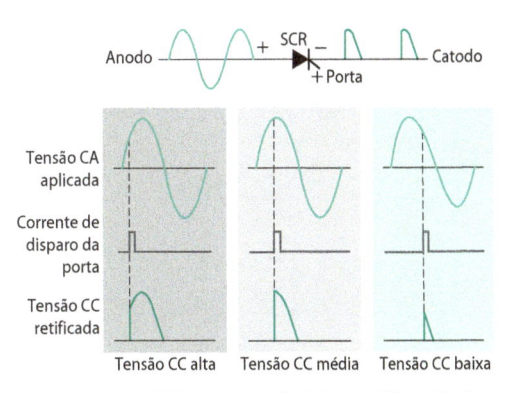

Figura 10-34 SCR converte de CA para CC variável.

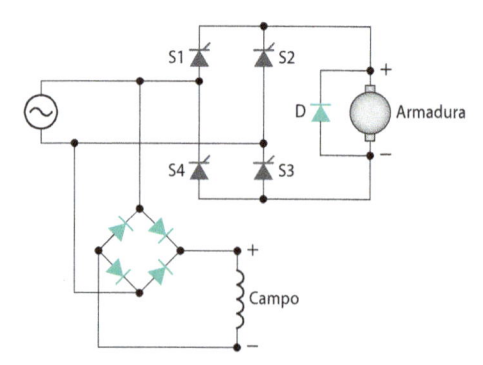

Figura 10-35 Retificador em ponte com SCRs totalmente controlado alimentado por uma fonte CA monofásica.

lam o nível de tensão CC de saída. Neste circuito, os retificadores controlados de silício S1 e S3 são disparados na metade positiva da forma de onda de entrada e S2 e S4 na metade negativa. O diodo roda livre (*freewheeling*) D (também chamado diodo supressor) é conectado na armadura para fornecer um caminho para a liberação de energia armazenada na armadura quando a tensão aplicada diminui a zero. Um retificador em ponte de diodo separado é usado para converter a corrente alternada em uma corrente contínua constante necessária para o circuito de campo.

Os retificadores em ponte controlados monofásicos são normalmente utilizados em unidades CC de pequenas potências, como a mostrada na Figura 10-36. O diagrama de terminais mostra a entrada e a saída de potência e as terminações de acionamento disponíveis para utilização com a unidade. Entre suas características estão:

- Acionamento de velocidade ou torque
- Entrada de tacômetro
- Entrada com fusível
- Monitoramento de velocidade ou corrente (0 a 10 V CC ou 4 a 20 mA)

Entrada trifásica – unidade de acionamento CC

Os retificadores em ponte controlados não estão limitados a projetos monofásicos. Na maioria dos

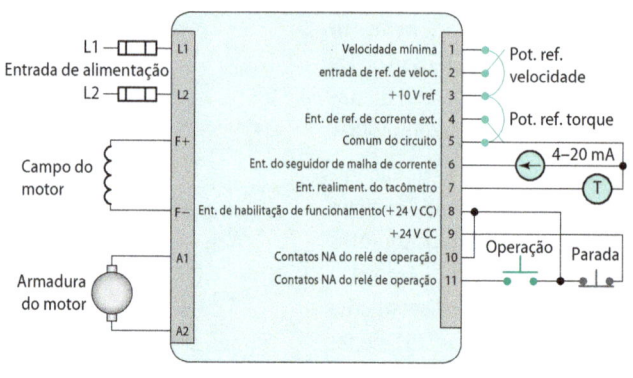

Figura 10-36 Unidade de acionamento CC para pequenas potências.
Foto cedida pela Emerson Industrial Automation, Control Techniques America LLC, www.emersonct.com.

sistemas de acionamento comerciais e industriais, a alimentação CA está disponível na forma trifásica para máxima potência e eficiência. Em geral seis SCRs são conectados entre si, como mostra a Figura 10-37, para construir um retificador trifásico totalmente controlado. Este circuito retificador tem três terminais conectados na tensão trifásica. Ele pode ser visto como um circuito em ponte com duas metades, a metade positiva que consiste nos SCRs S1, S3, S5, e a metade negativa que consiste nos SCRs S2, S4 e S6. Em qualquer momento em que há fluxo de corrente, um SCR de cada metade conduz.

A tensão CC de saída variável do retificador alimenta a armadura do motor para colocá-lo na velocidade desejada. O ângulo de disparo dos SCRs no retificador em ponte, junto com os valores máximos positivo e negativo da senoide CA, determinam o valor da tensão de armadura do motor. O motor consome corrente a partir da fonte de alimentação trifásica CA na proporção da quantidade de carga mecânica aplicada ao eixo do motor. Ao contrário de unidades de acionamento CA, o desvio que retira a unidade para acionar o motor não é possível.

Os painéis de unidades de acionamento de potências maiores muitas vezes consistem em um módulo de alimentação montado em um chassi com fusíveis e desconexão na linha. Este projeto simplifica a montagem e facilita a conexão dos cabos de alimentação. A Figura 10-38 mostra uma unidade de acionamento CC de entrada trifásica com as seguintes especificações de alimentação da unidade:

- Tensão nominal de linha trifásica – 230/460 V CA
- Variação de tensão – +15%, −10% do valor nominal
- Frequência de linha nominal – 50 ou 60 ciclos por segundo
- Tensão CC para linha de 230 V CA: tensão de armadura de 240 V CC; tensão de campo de 150 V CC
- Tensão CC para linha de 460 V CA: tensão de armadura de 500 V CC; tensão de campo de 300 V CC

Acionamento por tensão de campo

Para controlar a velocidade de um motor CC em um valor abaixo da velocidade base, a tensão aplicada à armadura do motor é variada, enquanto a tensão de campo é mantida em seu valor nominal. Para controlar a velocidade em um valor acima da sua velocidade base, a armadura é alimentada com sua tensão nominal e o campo é enfraquecido. Por esta razão, um regulador de campo de tensão variável adicional, como ilustra a Figura 10-39, é necessário para unidades de acionamento CC com acionamento por tensão de campo. Enfraquecimento de campo é o ato de reduzir a corrente aplicada ao campo *shunt* do motor CC. Esta ação enfraquece a intensidade do campo magnético e, assim, aumenta a velocidade do motor. O campo enfraquecido reduz a FCEM gerada na armadura, portanto, a corrente de armadura e a velocidade aumentam. A detecção de falta de campo deve ser fornecida em todas as unidades de acionamento CC para proteger contra velocidade excessiva do motor devido à ausência da corrente de campo do motor.

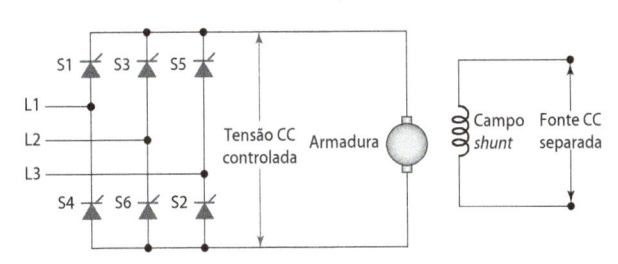

Figura 10-37 Retificador trifásico totalmente controlado.

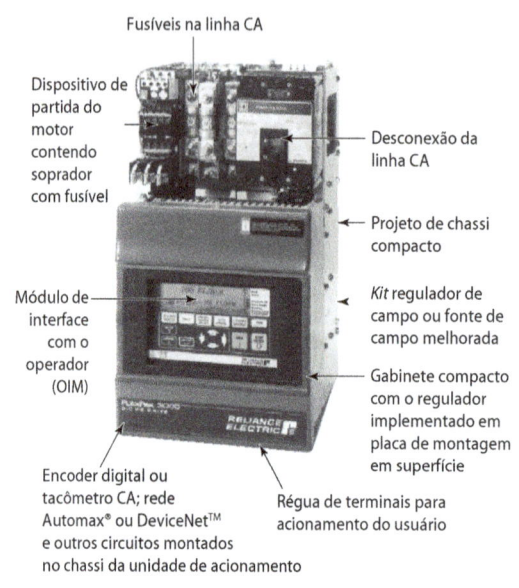

Figura 10-38 Unidade de acionamento CC de entrada trifásica.
Foto cedida pela Rockwell Automation, www.rockwellautomation.com.

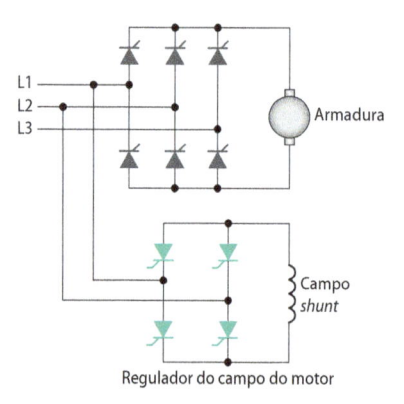

Figura 10-39 Unidade de acionamento CC de motor com regulador de campo.

As unidades de acionamento CC com motores controlados pelo campo fornecem acionamento de tensão de campo e armadura automaticamente coordenado para aplicações de faixas de velocidade estendida e potência constante. O motor é controlado pela tensão de armadura para torque constante, operação de potência variável na velocidade base, onde é transferido para o acionamento de campo para potência constante, operação de torque variável para a velocidade máxima do motor.

Unidades de acionamento CC regenerativas e não regenerativas

As unidades de acionamento CC não regenerativas, também conhecidas como unidades de um quadrante, giram apenas em um sentido e não têm capacidades inerentes de frenagem. A parada do motor é feita removendo a tensão e permitindo que ele pare por inércia. Em geral as unidades não regenerativas operam cargas de alta fricção, como misturadores, em que a carga exerce uma frenagem natural forte. Em aplicações onde é necessária uma frenagem rápida suplementar e/ou inversão do motor, a frenagem dinâmica e o circuito de sentido direto e inverso, como indicado na Figura 10-40, podem ser implementados externamente. A frenagem dinâmica (DB – *dynamic braking*) requer a adição de um contator DB e de resistências DB que dissipam a energia de frenagem na forma de calor. A adição de um contator eletromecânico (magnético) de reversão ou de uma chave manual permite a inversão da polaridade do controlador e, portanto, o sentido de rotação da armadura do motor. O contator de inversão do campo também pode ser instalado para proporcionar rotação bidirecional ao inverter a polaridade do campo *shunt*.

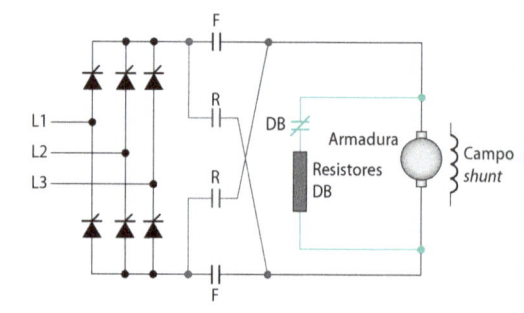

Figura 10-40 Unidade de acionamento CC não regenerativa com frenagem dinâmica externa e contatores de reversão.

Todos os motores CC também são geradores de corrente contínua. O termo regenerativo descreve a capacidade da unidade, sob condições de frenagem, de converter a energia gerada pelo motor em energia elétrica, que é retornada (ou regenerada) para a fonte de alimentação CA. As unidades de acionamento CC regenerativas operam nos quatro quadrantes apenas eletronicamente, sem o uso de contatores de comutação eletromecânica:

- **Quadrante I** – A unidade oferece torque direto, o motor gira no sentido direto (modo de monitoração de operação). Esta é a condição normal, fornecendo alimentação a uma carga semelhante à de um sistema de partida de motor.
- **Quadrante II** – A unidade oferece torque inverso, o motor gira no sentido direto (modo de operação de geração). Esta é uma condição regenerativa, em que a própria unidade absorve energia a partir da carga, tal como uma carga de grande inércia ou de desaceleração.
- **Quadrante III** – A unidade de acionamento oferece torque reverso, motor em rotação reversa (modo de operação de motorização). Basicamente o mesmo que no quadrante I e semelhante a um sistema de partida com reversão.
- **Quadrante IV** – A unidade de acionamento oferece torque no sentido direto e rotação do motor no sentido inverso (modo de operação de geração). Esta é a outra condição regenerativa, onde, mais uma vez, a unidade absorve energia da carga a fim de levar o motor para a velocidade zero.

Uma unidade de acionamento CC não regenerativa de um único quadrante tem uma ponte de alimentação com seis SCRs usados para controlar o nível de tensão aplicada na armadura do motor. A unidade não regenerativa pode funcionar apenas no modo motorização e requer a comutação física dos terminais da armadura ou do campo para inverter o sentido do torque. Uma unidade de acionamento CC regenerativa de quatro quadrantes tem dois conjuntos completos de pontes de alimentação, com 12 SCRs controlados conectados em antiparalelo, como ilustra a Figura 10-41. Uma ponte controla o torque no sentido direto, e a outra, no sentido reverso. Durante a operação, uma única ponte está ativa de cada vez. Para o acionamento do motor no sentido direto, a ponte do sentido direto controla a alimentação do motor. Para o acionamento do motor no sentido reverso, a ponte do sentido reverso controla o motor.

Gruas e guindastes usam unidades de acionamento CC regenerativas para segurar "cargas de grande inércia", como um peso elevado (Figura 10-42), ou o volante de uma máquina. Sempre que a inércia da carga do motor for maior que a inércia do rotor do motor, a carga aciona o motor e é chamada carga de grande inércia. Este tipo de carga resulta em uma ação geradora dentro do motor, o que faz o motor enviar corrente para a unidade de acionamento. A frenagem regenerativa é resumida a seguir:

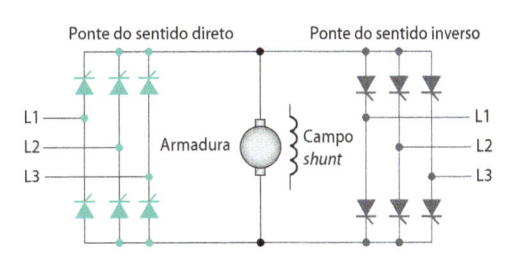

Figura 10-41 Unidade de acionamento CC regenerativa de quatro quadrantes.

Figura 10-42 Carga de grande inércia para o motor.

- Durante a operação normal, no sentido direto, a ponte correspondente funciona como um retificador, alimentando o motor. Durante este período, os pulsos de porta são retidos na ponte do sentido inverso, de modo que ela fica inativa.
- Quando a velocidade do motor é reduzida, o circuito de acionamento retém os pulsos na ponte do sentido direto e, simultaneamente, aplica pulsos na ponte do sentido inverso.

Durante este período, o motor funciona como um gerador, e a ponte do sentido inverso conduz corrente através da armadura no sentido inverso de volta para a linha CA. Esta corrente inverte o torque, e a velocidade do motor diminui rapidamente.

A regeneração e a frenagem dinâmica diminuem a rotação do motor CC e de sua carga. No entanto, existem significativas diferenças de tempo de parada e controlabilidade durante a parada, e questões de segurança, dependendo de como se define o que deve acontecer em condições de emergência. A frenagem regenerativa para a carga sem problemas e mais rápido do que um freio dinâmico considerando requisitos de parada rápida ou de emergência. Além disso, a frenagem regenerativa gera energia para a fonte se a carga for de grande inércia.

Programação de parâmetros

Os parâmetros de programação associados com as unidades de acionamento CC são extensivos e semelhantes aos utilizados em conjunto com unidades de acionamentos CA. Um painel de operador é usado para a programação de parâmetros de configuração de acionamento e de funcionamento para uma unidade de acionamento CC (Figura 10-43).

Velocidade de referência

Este sinal é derivado de uma fonte de tensão fixa estreitamente regulada aplicada a um potenciômetro. O potenciômetro tem a capacidade de receber uma tensão fixa e, por meio de divisão,

Painel do operador   Unidade de acionamento CC

Figura 10-43 Painel do operador utilizado para a programação de parâmetros de configuração de acionamento e de funcionamento de uma unidade de acionamento CC.
Fotos cedidas pela Siemens, www.siemens.com.

reduzi-la para qualquer valor, por exemplo, 10 a 0 V, dependendo do ponto de ajuste. Uma entrada de 10 V para a unidade de acionamento a partir do potenciômetro de velocidade corresponde à máxima velocidade do motor e 0 V corresponde à velocidade zero. De modo similar, qualquer velocidade entre zero e a máxima pode ser obtida ajustando o acionamento de velocidade para o ponto apropriado.

Informação de realimentação de velocidade

A fim de "fechar a malha" e controlar a velocidade do motor com precisão, é necessário fornecer ao acionamento um sinal de realimentação relacionado com a velocidade do motor. O método padrão em um acionamento simples é monitorar a tensão de armadura e alimentá-la de volta para a unidade de acionamento para comparação com o sinal de entrada de referência (*setpoint*). O sistema com realimentação da tensão de armadura é geralmente conhecido como *unidade de tensão regulada*.

Um segundo método, e mais preciso, de obtenção da informação de realimentação da velocidade do motor é a partir da montagem de um tacômetro no motor. A saída deste tacômetro está diretamente relacionada com a velocidade do motor. Quando a realimentação do tacômetro é usada, a unidade é conhecida como *unidade de acionamento de velocidade regulada*.

Em algumas unidades digitais de alto desempenho recentes, a realimentação pode vir de um encoder montado no motor que realimenta pulsos de tensão a uma taxa relacionada com a velocidade do motor. Estes pulsos são contados, processados digitalmente e comparados com o valor de referência (*setpoint*), e um sinal de erro é produzido para regular a tensão de armadura e a velocidade.

Informação de realimentação de corrente

A segunda fonte de informação de realimentação é obtida pelo monitoramento da corrente de armadura do motor. Trata-se de uma indicação precisa do torque exigido pela carga. O sinal de realimentação de corrente é utilizado para eliminar a queda de velocidade que normalmente ocorre com o aumento de torque da carga sobre o motor e para limitar a corrente em um valor que proteja os semicondutores de potência contra danos. A ação de limitação de corrente da maioria dos acionamentos é ajustável e normalmente chamada *limitação de corrente* ou *limitação de torque*.

Velocidade mínima

Na maioria dos casos, quando o controlador é instalado inicialmente, o potenciômetro de velocidade pode ser posicionado para o ponto mais baixo e a tensão de saída a partir do controlador será zero, parando o motor. No entanto, existem situações em que isso não é desejável. Por exemplo, há algumas aplicações que precisam ser mantidas em funcionamento a uma velocidade mínima e aceleradas até a velocidade de operação, conforme necessário. O ajuste de velocidade mínima típico é de 30% da velocidade base do motor.

Velocidade máxima

O ajuste da velocidade máxima configura a velocidade máxima atingível. Em alguns casos, é desejável limitar a velocidade do motor (e a velocidade da máquina) para algum valor menor do que poderia estar disponível nesta configuração máxima. O ajuste máximo permite que isso seja feito.

Compensação IR

Apesar de um motor CC apresentar principalmente carga indutiva, há sempre uma pequena quantidade de resistência fixa no circuito da armadura. A compensação *IR* é um método para ajustar a queda na velocidade de um motor devido à resistência da armadura. Isso ajuda a estabilizar a velocidade do motor desde a condição sem carga até a carga plena. A compensação *IR* deve ser aplicada apenas a unidades de acionamento de tensão regulada.

Tempo de aceleração

Como o próprio nome indica, o ajuste do tempo de aceleração prolonga ou reduz o tempo em que o motor vai da velocidade zero até a velocidade ajustada. Ele também regula o tempo necessário para mudar a velocidade de um ajuste (por exemplo, 40%) para outro (por exemplo, 80%).

Tempo de desaceleração

O ajuste de tempo de desaceleração permite que as cargas sejam desaceleradas ao longo de um período de tempo prolongado. Por exemplo, se a alimentação for removida do motor e ele para em 3 segundos, então o ajuste do tempo de desaceleração permitirá que você ajuste este tempo, em geral dentro de um intervalo de 0,5 a 30 segundos.

Parte 3

Questões de revisão

1. Liste três tipos de operações onde as unidades de acionamento CC são geralmente encontradas.
2. Como a velocidade de um motor de corrente contínua pode ser variada?
3. Quais são as duas principais funções dos semicondutores tipo SCR usados no conversor de uma unidade de acionamento CC?
4. Explique como o acionamento do ângulo de fase do SCR funciona para variar a saída CC a partir de um SCR.
5. As unidades de acionamento CC controladas pela tensão de armadura são classificadas como unidades de torque constante. O que isso quer dizer?
6. Por que é usada alimentação CA trifásica, em vez de monofásica, para alimentar a maioria das unidades de acionamento CC comerciais e industriais?
7. Cite as informações de tensão da linha de entrada e de saída para a carga que devem ser especificadas para uma unidade de acionamento CC.
8. Como a velocidade de um motor CC pode ser aumentada acima da sua velocidade base?
9. Por que a proteção contra a falta de campo deve ser implementada em todas as unidades de acionamento CC?
10. Compare as capacidades de frenagem de unidades de acionamento CC regenerativas e não regenerativas.
11. Uma unidade de acionamento CC regenerativa requer duas pontes de alimentação. Por quê?
12. Explique o que significa uma carga de grande inércia.
13. Quais são as vantagens da frenagem regenerativa em relação à frenagem dinâmica?
14. Como a velocidade desejada de uma unidade de acionamento é normalmente definida?
15. Cite três métodos usados pelas unidades de acionamento CC para enviar uma informação de realimentação do motor de volta para o regulador da unidade de acionamento.
16. Quais funções necessitam de um monitoramento da corrente de armadura do motor?
17. Sob que condições de funcionamento o parâmetro de ajuste de velocidade mínima deve ser utilizado?
18. Sob que condições de funcionamento o parâmetro de ajuste de velocidade máxima deve ser utilizado?
19. A compensação *IR* é um parâmetro encontrado na maioria das unidades de acionamento CC. Qual é o seu propósito?
20. O que, além do tempo que o motor leva para ir de zero à velocidade ajustada, o tempo de aceleração regula?

Parte 4

Controladores lógicos programáveis (CLPs)

Seções de CLPs e configurações

Um controlador lógico programável (CLP) é um computador industrial capaz de ser programado para executar funções de acionamento. O controlador programável eliminou grande parte da fiação associada a circuitos de acionamento convencionais de relé. Outros benefícios dos CLPs incluem fácil programação e instalação, resposta de acionamento rápida, compatibilidade de rede, vantagens em testes e análise de defeitos e alta confiabilidade. Os controladores lógicos programáveis são agora a tecnologia de acionamento de processos industriais mais utilizada.

A Figura 10-44 mostra as seções principais de um sistema controlador lógico programável. Suas funções básicas são resumidas a seguir:

Fonte de alimentação A fonte de alimentação de um sistema de CLP converte a tensão da linha CA (ou, em algumas aplicações, uma fonte de tensão CC) em baixa tensão CC exigida pelo processador e pelos módulos de I/O (entrada/saída). Além das tensões requeridas para a operação interna desses componentes, a fonte de alimentação em determinadas aplicações também pode fornecer uma tensão CC baixa para cargas externas. As fontes de alimentação estão disponíveis para diferentes tensões de entrada, incluindo 120 V CA, 240 V CA, 24 V CA e 24 V CC. A especificação da corrente de saída necessária que a fonte de alimentação fornece à carga é baseada no tipo de processador, no número e nos tipos de módulos de entrada/saída (I/O), e em quaisquer cargas externas que podem ser ligadas à fonte de alimentação.

Unidade de processamento A unidade central de processamento (CPU), também chamada processador, e a memória associada formam a inteligência de um sistema CLP. Ao contrário de outros módulos que simplesmente direcionam sinais de entrada e saída, a CPU avalia o estado das entradas, de saídas e de outros dados à medida que executa o programa armazenado. A CPU então envia sinais para atualizar o estado das saídas. Os processadores são especificados quanto à sua capacidade de memória disponível e I/O, bem como aos diferentes tipos disponíveis e números de instruções de programação.

Módulo de entrada Os módulos de entrada e saída permitem que o CLP monitore e acionamento o sistema em funcionamento. A principal função de um módulo de entrada é receber os sinais de entrada de dispositivos de campo, chaves ou sensores, e convertê-los em sinais lógicos que podem ser usados pela CPU. Além disso, o módulo de entrada fornece isolamento elétrico entre os dispositivos de entrada de campo e o CLP. Os tipos de módulos de entrada necessários dependem dos tipos de dispositivos de entrada utilizados. Alguns módulos de entrada respondem às entradas digitais, também chamadas entradas separadas, que estão ativadas (ON) ou desativadas (OFF). Outros módulos de entrada respondem a sinais analógicos que representam condições como uma faixa de tensão ou corrente.

Módulos de saída Os módulos de saída controlam o sistema ao acionar dispositivos de partida de motores, contatores, solenoides e semelhantes. Eles convertem os sinais de acionamento a partir da CPU em valores digitais ou analógicos que servem para controlar vários

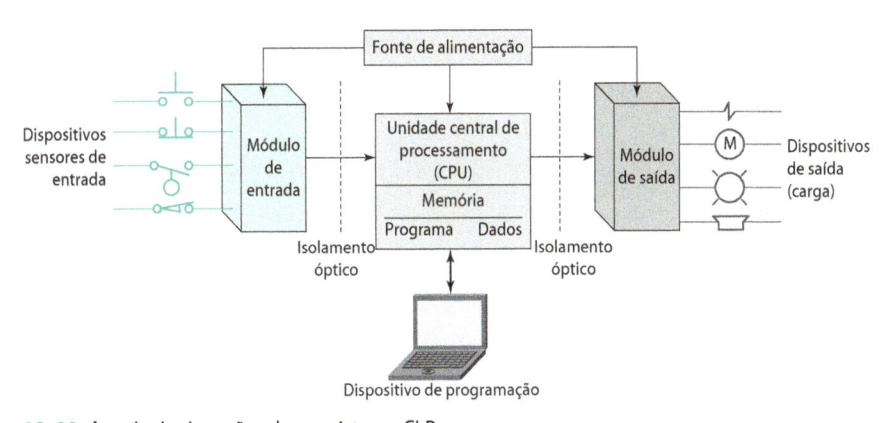

Figura 10-44 As principais seções de um sistema CLP.

dispositivos de saída de campo (cargas). Eles também fornecem isolamento elétrico entre os dispositivos de entrada de campo e o CLP.

Dispositivo de programação O dispositivo de programação é usado para inserir ou alterar o programa do CLP ou para monitorar ou alterar valores armazenados. Uma vez inserido, o programa é armazenado na CPU. Um computador pessoal (PC) é o dispositivo de programação mais utilizado e se comunica com a CPU através de portas de comunicação.

Os CLPs fixos e pequenos, como o Micro CLP mostrado na Figura 10-45, são unidades autônomas, autossuficientes. Um controlador fixo consiste em uma fonte de alimentação, processador (CPU) e um número fixo de entradas/saídas (I/Os) em uma única unidade. Eles são construídos em um encapsulamento sem separação e sem unidades removíveis. O número de pontos de I/O disponíveis varia e geralmente pode ser ampliado com módulos de expansão. Os controladores fixos são menores e menos dispendiosos, porém limitados a aplicações menores e menos complexas.

Um CLP modular, como mostra a Figura 10-46, é constituído por diversos componentes físicos. Ele consiste em um rack ou chassi, fonte de alimentação, processador (CPU) e módulos de I/O. O chassi é dividido em compartimentos nos quais os módulos separados podem ser conectados. O conjunto completo fornece todas as funções de acionamento necessárias para uma determinada aplicação. Este recurso aumenta as opções e a flexibilidade do sistema. Podemos escolher entre uma variedade de módulos disponíveis pelo fabricante e combiná-los da maneira que desejarmos.

Figura 10-46 Controlador programável modular. Foto cedida pela Rockwell Automation, www.rockwellautomation.com.

Figura 10-45 Controlador programável fixo. Foto cedida pela Siemens, www.siemens.com.

Programação em lógica ladder

Um *programa* é uma série de instruções desenvolvidas pelo usuário que coordenam as ações executadas pelo CLP. Uma *linguagem de programação* estabelece regras para combinar as instruções para que produzam as ações desejadas. A lógica ladder de relés (RLL) é a linguagem de programação padrão usada em CLPs e sua origem é baseada no acionamento com relés eletromecânicos. O programa de lógica ladder representa graficamente linhas de contatos, bobinas e blocos de instruções especiais.

A Figura 10-47 mostra o diagrama elétrico tradicional para um circuito de partida/parada de um motor montado com dispositivos físicos. O diagrama consiste em duas linhas de alimentação verticais com uma única linha horizontal (degrau). Cada degrau contém pelo menos um dispositivo de carga que é controlado, como também as condições que controlam o dispositivo. Diz-se que o degrau tem continuidade elétrica sempre que um percurso de corrente é estabelecido entre L1 e L2. Pressionar a botoeira de partida resulta em continuidade elétrica para energizar a bobina do dispositivo de partida (M) e fechar o contato de selo (M1). Após

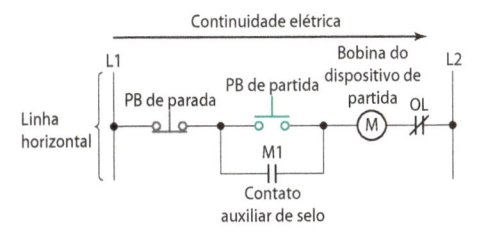

Figura 10-47 Circuito de partida/parada com dispositivos físicos.

a botoeira de partida ser liberada, a continuidade elétrica é mantida pelo contato de selo. Quando a botoeira de parada é pressionada, a continuidade elétrica é perdida e a bobina do dispositivo de partida é desenergizada.

Em um diagrama elétrico, os símbolos representam dispositivos reais. Neste diagrama, o estado elétrico dos dispositivos é descrito como aberto/fechado ou ON/OFF. No programa de lógica ladder, as instruções são falso/verdadeiro ou binárias (0/1). As três instruções básicas de CLP (Figura 10-48) são:

XIC – Instrução examine se fechado
XIO – Instrução examine se aberto
OTE – Instrução energizar a saída

Cada um dos pontos de conexão de entrada e saída em um CLP tem um "endereço" associado a ele. Este endereço indica qual entrada do CLP está conectada a um dispositivo de entrada e qual saída do CLP aciona um dispositivo de saída. Entre os tipos de formatos de endereçamento estão os baseados em *rack*/*slot* e os baseados em *tag*. Os formatos de endereçamento podem variar entre módulos de CLP produzidos pela mesma empresa. Dois fabricantes diferentes de CLP também não têm formatos de endereçamento idênticos. Entender o esquema de endereçamento usado é de suma importância quando se trata de programação e conexões físicas. CLPs com I/O fixo em geral têm todos os seus locais de entrada e saída predefinidos.

A Figura 10-49 ilustra como as instruções básicas de um CLP são aplicadas em um circuito de partida/parada de motor via programa, que parece e funciona como um circuito elétrico feito com dispositivos físicos. O funcionamento do programa é resumido a seguir:

- A botoeira de parada NF, quando fechada, faz a instrução de parada (I1) ser verdadeira.
- Fechar a botoeira de partida faz a instrução de partida (I2) ser verdadeira e estabelece continuidade lógica na linha horizontal.
- A continuidade lógica na linha horizontal energiza a bobina do dispositivo de partida do motor.
- O contato auxiliar (M1) do dispositivo de partida se fecha, tornando a sua instrução (I3) verdadeira.
- Após a botoeira de partida ser liberada, a continuidade elétrica é mantida pela instrução I3 verdadeira.

A Figura 10-50 ilustra as conexões físicas de um CLP típico, com notação de entrada/saída, projetado para implementar o acionamento de partida/parada do motor. Um controlador fixo com oito entradas fixas predefinidas (I1 a I8) e quatro saídas de relé fixas predefinidas (Q1 a Q4) é usado para controlar e monitorar a operação de partida/parada do motor. O trabalho é realizado da seguinte forma:

- A fonte de alimentação está conectada aos terminais L1 e L2 do controlador.
- O contato do relé da saída NA Q1, a bobina do dispositivo de partida e o contato do relé OL

Instrução	Símbolo	Estado
XIC Examine se fechado	⊣ ⊢	Se o dispositivo de entrada estiver aberto, a instrução é falsa. Se o dispositivo de entrada estiver fechado, a instrução é verdadeira.
XIO Examine se aberto	⊣/⊢	Se o dispositivo de entrada estiver aberto, a instrução é verdadeira. Se o dispositivo de entrada estiver fechado, a instrução é falsa.
OTE Energizar a saída	─( )─	Se a linha horizontal tem uma continuidade lógica, a saída é energizada. Se a linha horizontal não tem uma continuidade lógica, a saída é desenergizada.

Figura 10-48 Instruções básicas de um CLP.

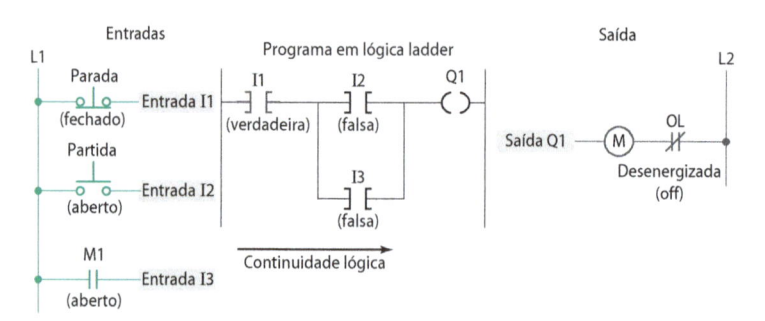

Figura 10-49 Circuito de partida/parada programado.

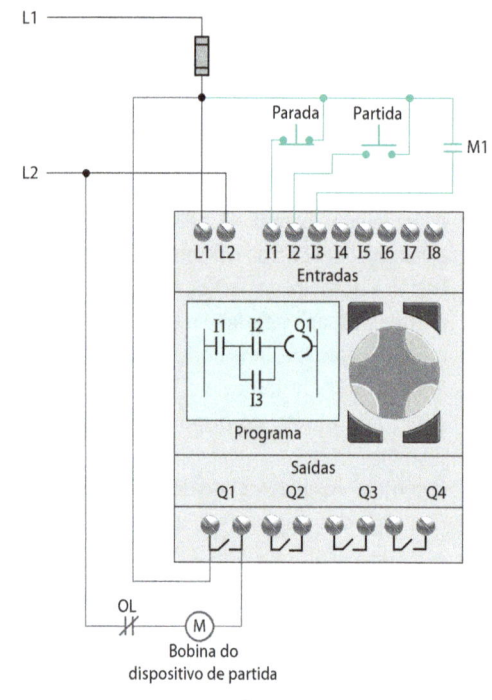

Figura 10-50 Conexões físicas do CLP projetado para implementar o acionamento de partida/parada de um motor.

são conectados fisicamente em série entre L1 e L2.
- As botoeiras de parada e partida e o contato de selo M1 são entradas conectadas em I1, I2 e I3, respectivamente, enquanto a bobina do dispositivo de partida do motor é conectada na saída Q1.

- O programa de lógica ladder é inserido usando o teclado frontal e o *display* LCD ou um computador pessoal conectado via porta de comunicação.
- O CLP é energizado e colocado no modo de execução (run) para controlar o sistema.

A Figura 10-51 ilustra o programa original de partida/parada do motor modificado para incluir lâmpadas piloto remotas de espera e execução. O funcionamento das lâmpadas piloto é resumido a seguir:

- Os contatos programados de Q1, examinados se estão abertos ou fechados, são referenciados ao endereço Q1, que é a bobina do dispositivo de partida.
- Quando a saída Q1 não é energizada, a instrução que examina se Q1 está aberta será verdadeira, estabelecendo continuidade na linha horizontal e energizando a saída Q2 para ligar a lâmpada piloto de espera.
- Além disso, quando a saída Q1 não é energizada, a instrução que examina se Q1 está fechada será falsa; não há continuidade na linha horizontal, de modo que a lâmpada piloto de execução conectada na saída Q2 será desenergizada.
- Quando a saída Q1 é energizada, a instrução que examina se Q1 está aberta retorna falso e a instrução que examina se Q1 está fechada retorna verdadeiro. Isso resulta no desligamento da lâmpada piloto de espera e no ligamento da lâmpada piloto de execução.

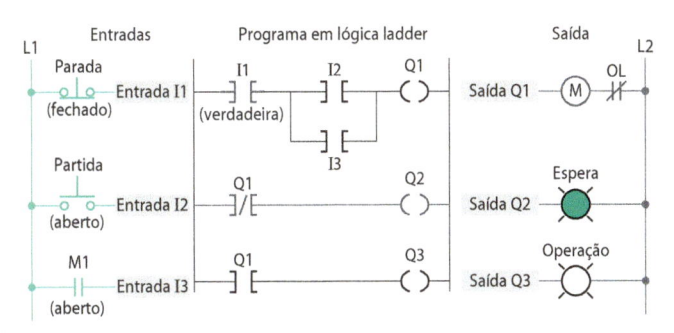

Figura 10-51 Circuito de partida/parada programado com lâmpadas piloto remotas de espera e de operação.

O termo *conexões físicas* se refere às funções de acionamento lógico determinadas pela forma como os dispositivos são interconectados. A lógica de conexões físicas é fixa; ela é modificada apenas alterando a forma como os dispositivos são interconectados. Em contrapartida, o acionamento programável é baseado em funções lógicas, as quais são programadas e facilmente alteradas. A Figura 10-52 mostra as mudanças físicas que seriam necessárias, além das mudanças no programa, a fim de implementar o acionamento do motor com lâmpadas piloto de espera e de execução. Toda a conexão física existente permanece intacta. Apenas as conexões novas necessárias são implementadas a partir das lâmpadas piloto remotas para as saídas Q2 e Q3.

Considerações de segurança precisam ser desenvolvidas como parte do programa do CLP. Uma delas envolve o uso do contato de selo do dispositivo de partida do motor no lugar de um contato programado referenciado na instrução da bobina de saída. O uso do estado do contato auxiliar do dispositivo de partida gerado no campo é mais seguro porque fornece uma resposta positiva para o processador sobre o estado exato do motor. Suponha, por exemplo, que o contato OL do sistema de partida se abre sob condição de sobrecarga. O motor, naturalmente, pararia de funcionar porque a alimentação seria desligada da bobina do dispositivo de partida. Se o programa fosse implementado utilizando uma instrução de contato NA referenciada à instrução da bobina de saída como selo para o circuito, o processador nunca saberia que a alimentação do motor havia sido desligada. Quando o relé de sobrecarga (OL) fosse reinicializado, a partida do motor seria instantânea, criando uma operação potencialmente insegura.

Outra consideração de segurança está relacionada às conexões físicas da botoeira de parada. Esta botoeira é geralmente considerada uma função de segurança, bem como uma função de operação. Como tal, ela deveria ser conectada por meio de uma botoeira NF e programada para uma condição de verificação se fechada. Usar uma botoeira

Figura 10-52 Mudanças nas conexões para incluir lâmpadas piloto remotas.

NA programada para uma verificação da condição desligada produziria a mesma lógica, mas não é considerada segura. Suponha que a última configuração fosse usada. Se, por alguma sequência de eventos, o circuito entre a botoeira e o ponto de entrada fosse aberto, a botoeira de parada poderia ser pressionada para sempre, mas a lógica do CLP nunca reagiria a um comando de parada porque a entrada nunca seria verdadeira. O mesmo ocorreria se a alimentação fosse desligada da botoeira de parada no circuito de acionamento. Se a configuração NF for usada, o ponto de entrada recebe alimentação continuamente, a menos que a função de parada seja desejada. Qualquer falha nas conexões do circuito de parada, ou uma perda de alimentação do circuito, seria efetivamente equivalente a uma parada intencional.

Temporizadores programáveis

Uma das instruções mais usadas em CLP, depois de bobinas e contatos, é o temporizador (*timer*). Os temporizadores são funções programáveis que acompanham o tempo e fornecem respostas diferentes dependendo do tempo decorrido. Eles operam de uma maneira semelhante aos temporizadores com dispositivos físicos eletromecânicos. Embora cada fabricante possa representar instruções diferentes no diagrama ladder, a maioria opera da mesma maneira. Instruções de temporizador de CLPs comuns incluem:

Temporizador para ligar (TON) é uma instrução de programação utilizada para atrasar a partida de uma máquina ou processo por um período de tempo definido.

Temporizador para desligar (TOF) é uma instrução de programação utilizada para atrasar o desligamento de uma máquina ou processo por um período de tempo definido.

Temporizador retentivo (RTO) é uma instrução de programação utilizada para controlar o período de tempo de operação de uma máquina ou para encerrar um processo depois de um período de tempo acumulado de falhas recorrentes.

Os temporizadores em controladores programáveis são instruções de saída. A Figura 10-53 mostra a instrução de um temporizador para ligar usada pelos controladores da Allen-Bradley SLC-500. Os seguintes parâmetros estão associados com esta instrução de temporização:

- **Tipo de temporizador.** TON (temporização para ligar).
- **Número do temporizador.** Endereço T4:0.
- **Base de tempo.** 1,0 segundo. A base de tempo do temporizador determina a duração de cada intervalo de tempo base. Os intervalos de tempo são acumulados ou contados pelo temporizador.
- **Tempo predefinido.** 15. Usado com o tempo base para definir o período de tempo para ligar. Neste caso, o período de tempo seria de 15 segundos (1 segundo x 15).
- **Valor acumulado.** O tempo que passou desde a inicialização do cronômetro.
- **(EN) – Bit de habilitação.** É verdadeiro sempre que a instrução do temporizador for verdadeira.
- **(DN) – Tempo atingido.** Muda de estado sempre que o valor acumulado atinge o valor predefinido.

O temporizador mais utilizado é o tipo temporizador para ligar, que serve para ligar ou desligar a saída após o temporizador ter sido carregado por um período de tempo predefinido. A Figura 10-54 ilustra o funcionamento de um típico temporizador para ligar programável. O funcionamento do temporizador é resumido a seguir:

- Enquanto a chave na entrada A for verdadeira (fechada), o temporizador para ligar T4:0 in-

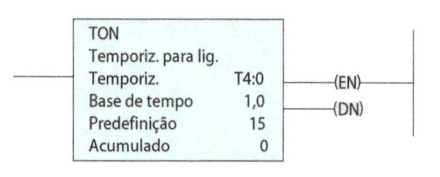

```
TON
Temporiz. para lig.
Temporiz.        T4:0    —(EN)
Base de tempo    1,0     —(DN)
Predefinição     15
Acumulado        0
```

Figura 10-53 Instrução de temporizador para ligar.

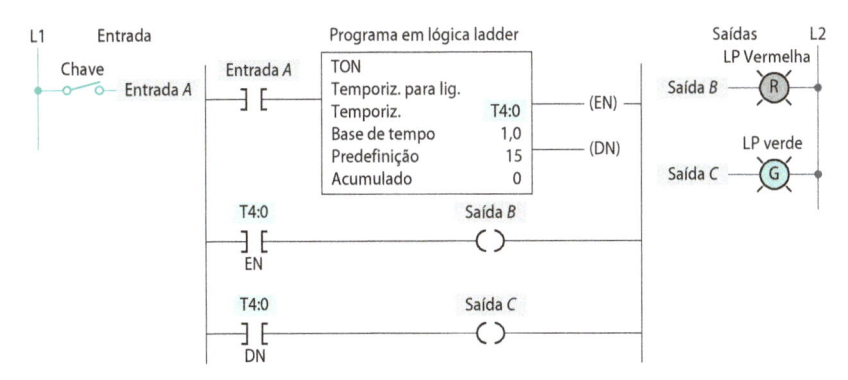

Figura 10-54 Temporizador para ligar programado.

crementa a cada segundo em direção ao valor preestabelecido de 15 segundos.
- Enquanto a chave na entrada A for verdadeira (fechada), o bit de habilitação (EN) do temporizador será verdadeiro ou definido como 1. Com a continuidade na linha horizontal estabelecida, a luz piloto verde na saída C será energizada (ligada) todo o tempo que a chave estiver fechada.
- O número atual de segundos decorridos será mostrado na parte do valor acumulado da instrução.

- Quando o valor acumulado é igual ao valor predefinido, o bit de tempo atingido (DN) do temporizador será verdadeiro ou definido como 1. A continuidade na linha horizontal é estabelecida e a lâmpada piloto vermelha na saída B é energizada (ligada).
- O processador redefine o tempo acumulado em zero quando a condição da linha horizontal for falsa, independentemente de a temporização ter expirado ou não.

A Figura 10-55 mostra as conexões do temporizador para ligar implementadas usando o controla-

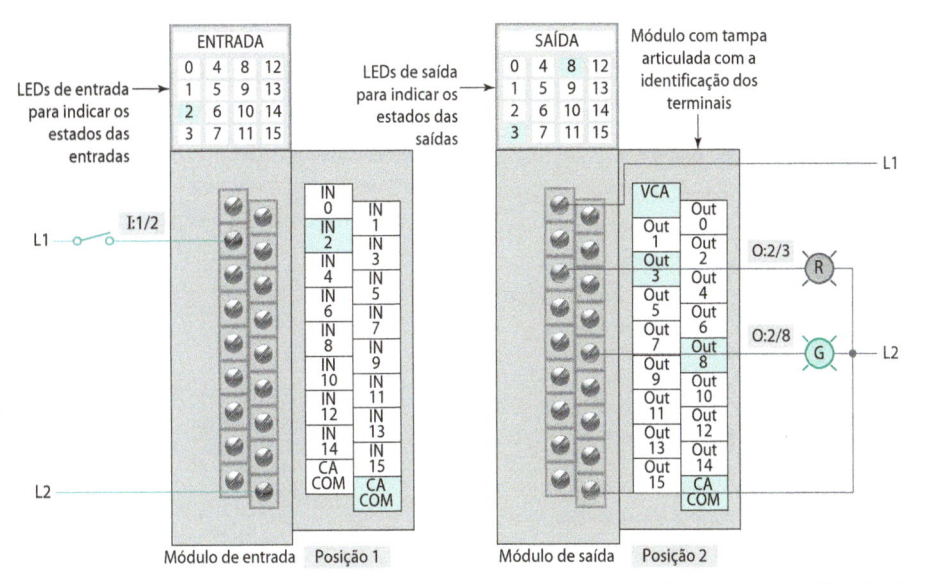

Figura 10-55 Conexões do temporizador para ligar usando o controlador modular SLC 500 da Allen-Bradley.

dor modular SLC 500 da Allen-Bradley com endereçamento da posição (*slot*) do módulo. Um módulo de entrada CA de 16 pontos (0 a 15) é conectado na posição (*slot*) 1, e um módulo de saída CA de 16 pontos (0 a 15), na posição (*slot*) 2 do chassi de rack único. As conexões mostradas no formato de endereço são as seguintes:

- **Endereço I:1/2** (chave na entrada A). A letra I indica que se trata de uma entrada, o dígito 1 indica que o módulo de entrada CA está na posição (*slot*) 1, e o dígito 2 indica o terminal do módulo ao qual ele está conectado.

- **Endereço O:2/3** (LP vermelha na saída B). A letra O indica que é uma saída, o dígito 2 indica que o módulo de saída CA está na posição (*slot*) 2, e o dígito 3 indica o terminal do módulo ao qual ele está conectado.

- **Endereço O:2/8** (LP verde na saída C). A letra O indica que é uma saída, o dígito 2 indica que o módulo de saída CA está na posição (*slot*) 2, e o dígito 8 indica o terminal do módulo ao qual ele está conectado.

Contadores programáveis

A maioria dos fabricantes de CLPs oferece contadores como parte de seu conjunto de instruções. Um contador programável pode contar, calcular ou manter um registro do número de vezes que um evento acontece. Uma das aplicações mais comuns dos contadores é a contagem do número de itens que se movem em um determinado ponto. Os dois tipos de contadores são o contador crescente (CTU) e o contador decrescente (CTD). As instruções de contadores crescentes são utilizadas isoladamente ou em conjunto com instruções de contadores decrescentes que têm o mesmo endereço.

Os contadores, como os temporizadores, em um controlador programável são instruções de saída. Algumas semelhanças são as seguintes:

- Um temporizador e um contador têm um acumulador. Para um temporizador, o acumulador é o número de intervalos da base de tempo que a instrução contou. Para um contador, o acumulador é o número de transições de falso para verdadeiro que tenham ocorrido.

- Um temporizador e um contador têm um valor predefinido. O valor predefinido é o valor definido que inserimos na instrução do temporizador ou contador. Quando o valor acumulado torna-se igual ou maior que o valor predefinido, o bit de estado de valor atingido (DN) é definido como 1.

A Figura 10-56 mostra uma instrução de contador padrão usada por controladores Allen-Bradley. Os parâmetros a seguir são associados com esta instrução de contador:

- **Tipo de contador.** Contador crescente (CTU).
- **Número do contador.** Endereço C5:1.
- **Valor predefinido.** 7.
- **Valor acumulado.** Inicialmente fixado em 0.
- **(CU) – bit de habilitação.** É verdadeiro sempre que as condições da linha horizontal para o contador são verdadeiras.
- **(DN) – valor atingido.** Muda de estado sempre que o valor acumulado atinge o valor predefinido.
- **(OV) – bit de overflow.** É verdadeiro sempre que a contagem do contador passa do seu valor máximo.
- **(RES) – redefinir.** Instrução com o mesmo endereço que o contador que está sendo reajustado usada para retornar valores do acumulador do contador para zero.

Os contadores crescentes são usados quando a contagem total é necessária. O número armazenado no acumulador do contador é incrementado cada vez que a lógica da linha horizontal do contador vai de falso para verdadeiro. Portanto, ela pode

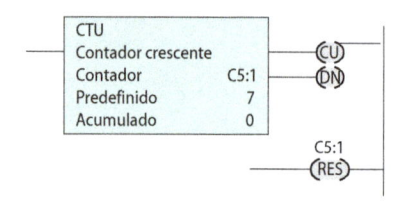

```
CTU
Contador crescente          (CU)
Contador           C5:1     (DN)
Predefinido           7
Acumulado             0
                            C5:1
                           (RES)
```

Figura 10-56 Instrução de contador crescente (CTU).

ser utilizada para contar as transições de falso para verdadeiro de uma instrução de entrada e, em seguida, disparar um evento após um número predefinido de contagens ou transições. A instrução de saída do contador crescente será incrementada em 1 a cada vez que o evento contado ocorrer.

A Figura 10-57 ilustra o funcionamento de um contador crescente programável usado para ligar a lâmpada piloto vermelha e desligar a lâmpada piloto verde após uma contagem acumulada de 7. A Figura 10-58 mostra as conexões para o contador crescente implementado usando o controlador modular SLC 500 da Allen-Bradley com endereçamento baseado na posição (*slot*). O funcionamento do programa é resumido a seguir:

- O acionamento de PB1 (entrada I:1/0) proporciona as transições dos pulsos de OFF para ON que são contadas pelo contador.
- O valor predefinido do contador é definido como 7.
- Cada transição de falso para verdadeiro da linha 1 incrementa o valor acumulado do contador em 1.
- Após 7 pulsos ou contagens, quando o valor predefinido do contador for igual ao valor do contador acumulado, a saída DN é energizada.
- Como resultado, a linha 2 torna-se verdadeira e energiza a saída O:2/0 para ligar a lâmpada piloto vermelha.

- Ao mesmo tempo, a linha 3 torna-se falsa e desenergiza a saída O:2/1 para desligar a lâmpada piloto verde.
- O contador é reinicializado acionando PB2 (entrada I:1/1) e retorna a contagem acumulada para zero.
- A contagem pode reiniciar quando a linha 4 for falsa novamente.

A instrução de saída do contador decrescente conta decrescente ou decrementa 1 cada vez que for contado um evento. Os contadores decrescentes (CTDs) são usados quando há um número predefinido de itens (ou eventos) e o número deve ser diminuído (ou decrementado) conforme os itens são retirados ou os eventos ocorrem. Um exemplo de uma aplicação de contador decrescente é o monitoramento do número de peças que saem de um almoxarifado.

Muitas vezes, o contador decrescente é usado com um contador crescente para formar um contador crescente/decrescente. Uma aplicação de um contador crescente/decrescente é a contagem do número de carros que entram e saem de um estacionamento. A Figura 10-59 mostra um programa de CLP que serve para implementar esta aplicação. O funcionamento do programa é resumido a seguir:

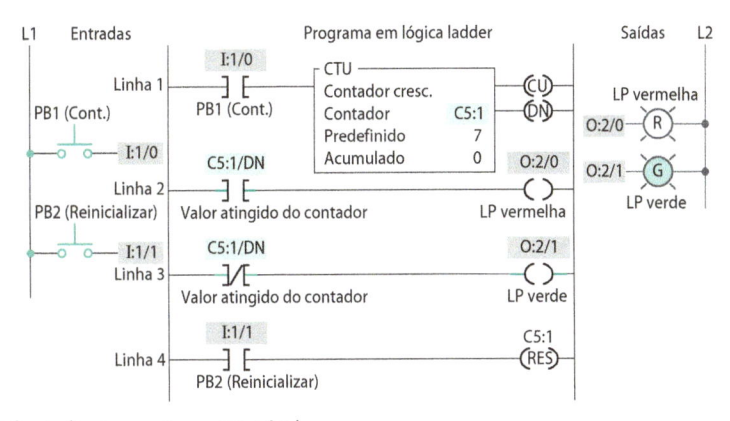

Figura 10-57 Contador crescente programável.

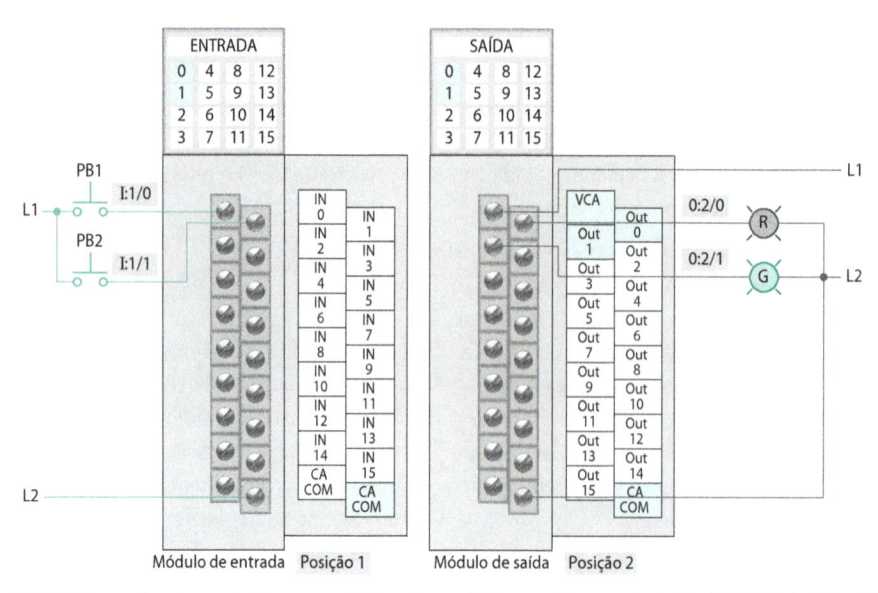

Figura 10-58 Conexões do contador crescente implementado usando o controlador SLC 500 da Allen-Bradley.

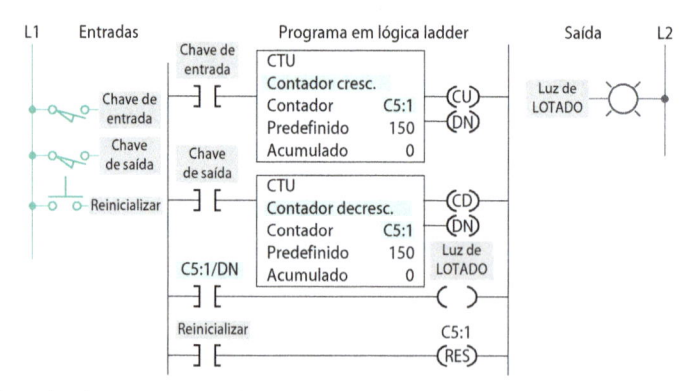

Figura 10-59 Contador de carros em estacionamento.

- Conforme os carros entram, eles acionam a instrução de saída do contador crescente e incrementam a contagem acumulada em 1.
- Por outro lado, conforme os carros saem, eles acionam a instrução de saída do contador decrescente e decrementam a contagem acumulada em 1.

- Como os contadores crescente e decrescente têm o mesmo endereço, o valor acumulado será o mesmo para os dois.
- Sempre que o valor acumulado for igual ao valor predefinido, a saída do contador é energizada para ligar a luz LOTADO.
- Um botão de reinicialização foi implementado para redefinir a contagem acumulada.

Parte 4

Questões de revisão

1. O que é um controlador lógico programável e como ele é utilizado em aplicações de motores?
2. Liste as cinco partes principais de um sistema de CLP junto com a função de cada uma delas.
3. Cite as vantagens dos CLPs modulares e fixos.
4. Explique a função de um programa de CLP.
5. Compare como os estados dos dispositivos são indicados no diagrama elétrico e em um programa de lógica ladder.
6. Quando a continuidade lógica ocorre em uma linha de um programa de lógica ladder de um CLP?
7. Compare o acionamento implementado com conexões físicas e o acionamento programável.
8. Por razões de segurança, um circuito de partida/parada programado é sempre conectado usando a botoeira de parada do tipo NF. Por quê?
9. Compare como os temporizadores eletromecânicos e os programáveis funcionam.
10. Cite a(s) instrução(ões) de temporizador associada(s) com cada um dos seguintes:
    a. Tempo decorrido desde a última vez que o temporizador foi redefinido.
    b. Período de tempo para ligar.
    c. Contato que muda de estado após o tempo expirar.
11. Qual seria o endereço correto para uma botoeira conectada no terminal 4, posição 1 de um controlador CLP modular SCL 500 de *rack* único?
12. Liste três funções comuns que os contadores programáveis realizam.
13. O que o acumulador de um contador programável conta?
14. Como um contador programável é reiniciado em zero?
15. Explique o princípio de funcionamento de um contador crescente/decrescente.

Situações de análise de defeitos

1. A maioria dos fabricantes de inversores de frequência fornece um terminal especial para medição de tensão no barramento CC. As medições de tensão de barramento poderiam ser usadas para verificar o quê?
2. Para cada um dos problemas de um determinado inversor de frequência a seguir, liste as ações gerais a fim de determinar o problema.
   a. O motor não inicia – não há tensão de saída no motor.
   b. A unidade de acionamento entra em funcionamento, mas o motor não gira – uma velocidade de 0 Hz é exibida.
   c. O motor não acelera corretamente.
3. Qual pode ser a consequência do ajuste do tempo de aceleração de uma unidade de acionamento CC em um valor muito baixo?
4. Um contato NF de uma chave fim de curso é programado para operar uma válvula solenoide como parte de um sistema de acionamento de um motor. Esta chave fim de curso deve ser substituída por uma do tipo NA. Que alteração, se for o caso, deve ser feita no circuito para que ele funcione como antes com a nova chave fim de curso instalada?

Tópicos para discussão e questões de raciocínio crítico

1. Os inversores de frequência estão disponíveis com uma ampla seleção de características. Faça uma pesquisa de fornecedores na Internet e prepare um relatório sobre os recursos padrão e opcionais do inversor de frequência escolhido ou indicado pelo professor.
2. Em que situação poderíamos querer copiar as configurações dos parâmetros de uma unidade de acionamento se essa opção estivesse disponível?
3. O uso de um circuito contator de desvio para uma unidade de acionamento CC não é uma opção a ser considerada. Explique o porquê.
4. Três motores devem entrar em operação em sequência com um tempo de atraso de 10 s entre eles. Elabore um programa de CLP que realize essa operação.
5. Um estacionamento tem uma entrada e duas saídas. Elabore um programa de CLP que monitore o número de veículos no estacionamento em qualquer momento.

Índice

A

Aceleração de tensão variável, 252-253
Aceleração de velocidade linear, 250-252
Acionamento em rampa, 318-320
Acopladores ópticos, 276-278
Acoplamento
    análise de defeitos, 166-168
    por meio de engrenagens ou polias/correias, 157-161
Agenda de inspeções periódicas, 164
Alarmes, inversor de frequência, 324-327
Alavanca angular, parte de um contator, 180-181
Alimentação de subestações, 54-56
Alimentadores, 55-57
Alinhamento
    análise de defeitos, 166-168
    de bobinas de contator, 183-184
    de motor e carga, 157-161
Alinhamento de eixo, 158-161
Alinhamento de roldana, 158-161
Alta tensão, 54-55
American Wire Gauge (AWG), 232-233
Ampacidade, 56-58
Ampères a plena carga (FLA), 149-151, 321-323
Amplificadores diferenciais, 294-295
Amplificadores inversores, 294-295
Análise de defeitos de inversores de frequência, 324-327
Análise de defeitos em motores, 165-172
    diagrama ladder para, 170-172
    fluxogramas para, 168-171
    guias para, 165-170
    instrumentos para, 165-168
Ângulo V, 310-311

Aquecimento excessivo, 165-167
ASDs (*ver* Inversores de frequência)
Aterramento
    análise de defeitos, 168-170
    com proteção contra choque, 7-11
    de inversores de frequência, 315-316
    de quadros de distribuição terminais, 59--61
    de transformadores de controle, 70-73
    e instalação de motor, 161-162
Atuadores, 105-111
    motores de passo, 108-110
    relés, 105-106
    servomotores, 108-111
    solenoides, 105-108
    válvulas solenoide, 106-110
Autotransformadores, 64-65, 74
Autotransformadores variáveis, 74
AWG (American Wire Gauge), 232-233

B

Babbitt, 160-161
Badalo, 180-181
Baixa velocidade predefinida, 250-252
Bandejas de cabos, 56-58
Barra de terminais, 60-61
Barramento CC, 304-309
Barramento de aterramento de equipamento, 59-61
Barramentos trifásicos, 60-61
Bloco de conversão, inversor de frequência, 146-149, 304-306
Bloco de limitação de corrente, 310-311
Bloco de um inversor, 31-32, 304-307
Bloco estimador de corrente de torque, 310-311
Bloco retificador, 31-32
Blocos de contato, 82-84

Bloqueio, 10-14
Bobina magnética de extinção de arco elétrico, 185-187
Bobinadeira, 326-327
Bobinas
    de contator, 180-184
    de sombreamento, 182-184
    de extinção de arco, 185-187
Botoeira
    definição, 46-47
    programação segura de, 340-343
Botoeira tipo momentânea, 82-84
Botoeiras, 80-85
Botões de parada, 340-343

C

Cabos de alimentação blindados, 314-315
Campo magnético rotativo, 130-133
Campos magnéticos, 114-115
Canadian Standards Association (CSA), 154-156
Capacitor de divisão permanente, 35-36
Capacitor de dois valores, 35-36
Capacitor de partida, 35-36
Carcaças abertas, 154-156
Carga RC (resistor/capacitor), 215-216
Cargas
    análise de defeitos, 166-170
    comutação, 176-180
    requisitos para seleção de motores para, 152-154
Cargas de alta inércia, 153-154
Cargas de potência constante, 152-154
Cargas de torque constante, 152-153
Cargas de torque variável, 152-153
Cargas indutivas, 273-274
Cargas monofásicas, 66-67
Cargas trifásicas, 66-67

CCM (*ver* Circuito de controle de motor)
CE (*Conformité Européene*), 154-156
Centrais de controle de motores, 61-64
CFs (conversores de frequência), 304-305
Chave de velocidade zero, 261-263
Chave fim de curso com came rotativo, 89-90
Chaves, 79-92
Chaves acionadas manualmente, 79-86
  botoeiras, 80-85
  chaves de dois estados, 80-81
  chaves seletoras, 46-47, 85-86
  chaves tambor, 85-86
  dispositivos de controle principal/secundário, 79-81
  luzes piloto, 84-86
Chaves acionadas mecanicamente, 86-92
  chaves de nível e de fluxo, 91-92
  chaves de pressão, 90-91
  chaves fim de curso, 86-90, 256-260
  dispositivos de controle de temperatura, 89-91
Chaves centrífugas, 141-143
Chaves de ação rápida, 87-90
Chaves de desconexão de motores, 236-239
Chaves de parada de emergência, 82-85
Chaves de temperatura com tubo capilar, 89-91
Choque elétrico, 1-4
Ciclo de serviço, 43-44, 153-154, 295-296
Circuito de controle de motor com relé, 105-106
Circuito de ramo do motor (*ver* Circuitos elétricos do motor)
Circuito de teste de SCR, 191-193
Circuito NOT, 299-300
Circuito *snubber*, 191-194
Circuito *snubber* com SCR, 191-194
Circuitos de controle
  contatores magnéticos, 176-177
  requisitos do NEC para, 237-240
Circuitos de controle de motores (CCMs), 231-268
  para parada de motores, 261-266
  para partida de motores, 240-253
  para pulsar motores, 254-260
  para reversão de motores, 254-260

para velocidade de motores, 265-268
  projeto/elementos/função de, 237-240
  requisitos de instalação do NEC, 231-240
Circuitos de filtro, 273-275
Circuitos de iluminação, contatores para, 179-181
Circuitos de potência, 176-177
Circuitos elétricos do motor, 231-240
  dimensionamento de condutor, 232-233
  meios de desconexão para, 236-239
  proteção de, 232-237
  seleção de controlador para, 236-237
Circuitos integrados (CIs), 293-301
  amplificador operacional (AOP), 293-295
  descarga eletrostática, 298-300
  fabricação de, 293-294
  lógica digital, 299-301
  microcontrolador, 296-299
  temporizador 555, 295-297
Circuitos terminais, 56-58
CIs sensores de temperatura, 101-103
Classe de disparo, 197-198
Classe de isolação, 41-43, 153-154
Classificações de encapsulamento NEMA, 190-192
Classificações de encapsulamentos IEC, 190-192
CLPs (*ver* Controladores lógicos programáveis)
CLPs modulares, 337-339
Comparadores de tensão, 294-295
Compensação de escorregamento em estado estacionário, 309-310
Compensação de estabilidade, 309-310
Compensação *IR*, 335-336
Comutação, 118-120
Comutação de seis etapas, 321-323
Comutador principal, 55-56
Comutadores, 165-167
Conduítes, 56-58
Condutores aterrados, 9-10
Condutores de aterramento do equipamento, 9-10
Condutores de comutação de SCR do tipo disco, 191-192
Conexões
  elétricas e de instalação do motor, 161-162

Conexões de motor CC, 32-35
Conexões de motor de duas tensões, 36-38
Conexões de motores CA, 33-40
  dupla tensão, 36-38
  monofásicos, 33-38
  múltiplas velocidades, 36-40
  trifásicos, 36-38
Conexões de motores de múltiplas velocidades, 36-40
Conexões de motores trifásicos, 36-38
Conexões dos terminais do motor, 31-40
  classificação de motores, 31-33
  em motores CA, 33-40
  em motores CC, 32-35
Conexões elétricas, 161-162
Conexões físicas (termo), 340-342
Conformité Européene (CE), 156-157
Contadores, 344-347
Contadores crescentes, 344-347
Contadores decrescentes, 344-347
Contato auxiliar, 44-46
Contator de ação horizontal, 180-181
Contatores, 175-194
  de estado sólido, 190-194
  definição, 44-46, 175-176
  encapsulamentos, 190-191
  especificações, 187-191
Contatores a vácuo, 185-187
Contatores CA-1, 188-189
Contatores CA-3, 188-189
Contatores CA-4, 188-189
Contatores CA, 188-189
Contatores CC
Contatores CC-1, 188-189
Contatores CC-2, 188-189
Contatores CC-3, 188-189
Contatores CC-5, 188-191
Contatores de desvio, 315-316
Contatores de estado sólido de um polo, 190-193
Contatores de finalidades específicas, 178-179
Contatores eletricamente retidos, 178-179
Contatores IEC, 176-178
Contatores magnéticos, 175-187
  com supressão de arcos, 183-187
  comutação de cargas com, 176-180
  definição, 46-47
  partes de, 179-184
Contatores magnéticos de três polos, 176-177

Contatores mecanicamente retidos, 178-180
Contatos de prata, 183-184
Contatos de relé, 208-211
Contatos de selo no dispositivo de partida de motor, 340-342
Controladores de sinais digitais (DSCs) (*ver* Microcontroladores)
Controladores lógicos programáveis (CLPs), 336-347
   programação de contador, 344-347
   programação de temporizador, 341-345
   programação em lógica ladder, 337-343
   seções/configurações de, 336-339
Controladores PID (proporcional-integral-derivativo), 323-324
Controladores programáveis fixos, 337-339
Controladores proporcional-integral-derivativo (PID), 323-324
Controle de tensão, 176-178
Controle de velocidade, 307-310
Controle de velocidade em malha aberta, 307-309
Controle de velocidade em malha fechada, 307-310
Controle do circuito de aquecimento, 178-179
Controle por tensão de campo, 331-332
Controle programável, 340-342
Controle remoto, 46-47
Controle vetorial de fluxo, 310-311
Controles a dois fios, 176-178
Controles a três fios, 176-178
Conversores de frequência (CFs), 304-305
Correias, 157-161
Correias em Y, 158-161
Corrente
   e seleção de motor, 149-151
   magnitude/efeito relativo da, 2-4
   transformador, 64-68
   transmissão, 54-55
Corrente a plena carga (FLC), 66-68, 199-200, 321-323
Corrente a plena carga no primário, 66-68
Corrente a plena carga no secundário, 68
Corrente de armadura, 124-126
Corrente de fator de serviço, 149-151
Corrente de linha, 71-73
Corrente de magnetização, 66-67

Corrente de magnetização de motor, 321-323
Corrente de partida, 134-136
Corrente de placa, 149-151
Corrente de rotor bloqueado, 44-46, 134-136, 149-151, 240-241
Corrente do enrolamento primário, 66-67
Corrente do enrolamento secundário, 66-67
Correntes parasitas, 183-184
CPUs (Unidades centrais de processamento), 336-337
Critérios de seleção de motores, 149-157
   carcaças, 154-156
   corrente, 149-151
   dimensão de carcaça, 151-152
   eficiência, 151-152
   eficiência energética, 151-152
   especificação de potência mecânica, 149-151
   especificação de temperatura do motor, 153-154
   frequência, 152-153
   letra de identificação do projeto, 151-152
   letras do código NEMA, 149-152
   métrica para motores, 154-157
   regime de serviço, 153-154
   requisitos de carga, 152-154
   torque, 153-156
   velocidade a plena carga, 152-153
CSA (Canadian Standards Association), 154-156
CSIs (*ver* Inversores do tipo fonte de corrente)
Curvas características de torque-velocidade:
   para motores CC compostos, 122-123
   para motores CC *shunt*, 120-122

D

Dedução de ponto quente, 153-154
Definições de parâmetros de falha, 326-327
Derivações, 74
Desalinhamento angular, 158-161
Desalinhamento paralelo, 158-161
Descarga eletrostática (ESD), 298-300
Deslocamento de fase, 141-142
Detector de temperatura resistivo (RTDs), 100-103
DIACs, 291-293

Diagramas elétricos, 19-50
   conexões dos terminais do motor, 31-40
   diagramas de conexões, 27-30, 44-46
   diagramas em bloco, 31-32
   diagramas ladder de motores, 20-27
   diagramas unifilares, 29-32
   dispositivos de partida de motor, 47-50
   placa de identificação de motor, 40-46
   símbolos, 19-21
   terminologia de motor, 44-47
   termos/abreviações de motores, 20-22
Dimensionamento de condutor
   do circuito elétrico do motor, 232-233
   e instalação de motores, 161-164
Dimensões de carcaça, 44-46, 151-152
Dimmers de luz, 291-293
Dimmers de luz com TRIAC/DIAC, 291-293
Diodos emissores de luz (LEDs), 275-278, 324-325
Diodos retificadores, 272-275
Diodos semicondutores, 271-278
   emissor de luz, 275-278, 324-325
   fotodiodo, 276-278
   funcionamento, 271-273
   junção PN, 271-273
   retificador, 272-275
   Zener, 274-277
Disjuntores
   desarmados, 166-168
   para transformador de controle, 71-73
Dispositivo de partida para reversão de motor CC série, 122-124
Dispositivo de partida por enrolamento parcial, 249-251
Dispositivo de partida suave, 250-252
Dispositivos de controle auxiliares
   contatores com, 176-178
   função de, 80-81
   para dispositivos de partida de motores, 244-245
Dispositivos de controle de motores, 79-111
   atuadores, 105-111
   chaves, 79-92
   meios de desconexão para, 236-239

seleção de, 236-237
sensores, 93-105
símbolos usados para, 21-23
Dispositivos de controle de temperatura, 89-91
Dispositivos de controle primário, 79-81
Dispositivos de impulso inicial selecionáveis, 250-252
Dispositivos de partida, 193-203
   definição, 46-47
   diagramas elétricos de, 47-50
   magnéticos, 47-50, 193-196
   manuais, 47-49
   proteção contra sobrecorrente em, 195-197
   relés de sobrecarga em, 196-203
Dispositivos de partida automáticos, 44-46
Dispositivos de partida com autotransformador, 246-247
Dispositivos de partida com limitação de corrente, 250-252
Dispositivos de partida com rampa dupla, 250-252
Dispositivos de partida com tensão plena (de linha), 44-46, 241-245
Dispositivos de partida de motor manuais, 47-49, 241-244
Dispositivos de partida de motores de indução trifásicos, 254-260
Dispositivos de partida de múltiplas velocidades, 46-47
Dispositivos de partida de tensão reduzida, 244-252
   autotransformador, 246-247
   definição, 46-47
   enrolamento parcial, 249-251
   estado sólido, 288-290
   estrela-triângulo, 246-248
   motor CC, 250-253
   motor de indução, 244-246
   resistência no primário, 245-246
   suave, 250-252
   transição aberto/fechado em, 250-251
Dispositivos de partida direta (ver Dispositivos de partida com tensão plena)
Dispositivos de partida em estrela-triângulo, 246-248
Dispositivos de partida magnéticos de motor, 47-50, 193-196, 243-244
Dispositivos de partida sem tensão de liberação, 243-244
DSCs (controladores de sinais digitais) (ver Microcontroladores)

E

EDM (máquina de descarga elétrica), 161-162
Eficiência, 44-46, 151-152
Eletrodo de aterramento, 9-11
Eletroduto, 56-58
Eletroduto do tipo encaixe, 54-55
Eletrodutos de baixa impedância (duto de barramento), 56-58
Eletromagnetismo, 114-115
Eletrônica de potência, 128-129
Eletrônica no controle de motores, 271-301
   circuitos integrados, 293-301
   diodos semicondutores, 271-278
   tiristores, 285-293
   transistores, 278-286
Elevação de temperatura, 41-43, 153-154
EMI (ver Interferência eletromagnética)
EMRs (ver Relés de controle eletromecânico)
Encapsulamento NEMA tipo 1, 190-191
Encapsulamento NEMA tipo 12, 190-191
Encapsulamento NEMA tipo 4/4X, 190-191
Encapsulamento NEMA tipo 7, 190-191
Encapsulamento NEMA tipo 9, 190-191
Encapsulamentos
   de dispositivos de partida magnéticos de motores, 193-194
   e seleção de motores, 154-156
   informação da placa de identificação do motor
   para contatores, 190-191
   para inversores de frequência, 313-314
   para transformadores, 62-64
   tipos de, 81-82
Enchimento/esvaziamento de um tanque, 108-110
Encoders, 103-104
Enfraquecimento do campo, 127-128
Engrenagens, 157-161
Enrolamentos
   análise de defeitos, 168-170
   com defeito, 166-168
   primário/secundário, 62-65
Enrolamentos de partida, 139-142
Enrolamentos de trabalho, 139-142
Entrada de alimentação a partir da concessionária, 55-57
Entradas analógicas, 320-321
Entradas e saídas de controle
   entradas digitais, 319-321
   inversor de frequência, 319-321
Equipamento de proteção individual, 4-7
   equipamento de proteção emborrachado, 4-7
   guia de utilização para, 4-6
   protetor facial, 6-7
   sonda de curto-circuito, 6-7
   vara de manobra em linha viva, 6-7
   vestuário de proteção, 6-7
Escorregamento, 46-47
Escovas, 165-167
ESD (ver Descarga eletrostática)
Espaços confinados, 6-9
Especificação de corrente, 41-43
Especificação de fase, 41-43
Especificação de potência, 43-44
Especificação de tensão, 40-43
Especificação FLA, 232-233
Especificação FLC, 232-233
Especificações de contator NEMA, 187-189
Especificações de potência
   de transformadores, 66-68
   inversores de frequência, 321-323
   mecânica, 149-151
Especificações de temperatura, motor, 153-154
Especificações IEC para contatores, 188-191
Eutético (termo), 198-199

F

Fabricante, 40-41
Fator de potência (FP), 44-46
Fator de serviço, 43-44
FCEM (ver Força contraeletromotriz)
FETs (ver Transistor de efeito de campo)
Fila de falhas, 326-327
Filtros capacitivos, 274-275
Filtros CC, 147-149
FLA (ver Ampères a plena carga)
FLC (ver Corrente a plena carga)
Fluxogramas de análise de defeitos, 168-171
Fonte de alimentação, 336-337
Força contraeletromotriz (FCEM), 123-126, 240-241
Fórmula da lei de Ohm, 2-4
Fotodiodos, 276-278
Fototransistores, 280-281
FP (fator de potência), 44-46

Frenagem
  atrito eletromecânico, 264-266
  de inversores de frequência, 316-319
  dinâmica, 262-265, 318-319
  injeção CC, 264-265, 318-319
  regenerativa, 318-319, 332-335
Frenagem por injeção, 264-265, 318-319
Frequência, 152-153, 320-321
Frequência de linha, 41-43
Frequência fundamental, 307-309
Frequência portadora, 307-309
Função lógica AND, 227-229, 300-301
Função lógica NAND, 229-230
Função lógica NOR, 229-230
Função lógica NOT, 227-230, 300-301
Função lógica OR, 227-229, 300-301
Funções de lógica combinacional, 227-230
Funções mecânicas, representação, 26-27
Fundação para instalação de motores, 157-159
Fusíveis, 71-73, 166-168
Fusíveis de dois elementos, 202-203

G

Geradores CC, 332-333
Geradores tacométricos, 101-103
Gruas, 326-327, 332-335
Guias de análise de defeitos, 165-170
Guinchos, 326-327, 332-335

H

Harmônicos, 311-314

I

Identificações de conexões com registro, 26-27
IEC (International Electrotechnical Commission), 16-17
IEEE (Institute of Electrical and Electronics Engineers), 16-17
IGBTs (*ver* Transistores bipolares de porta isolada)
Indicadores de disparo, 197-198
Informação de realimentação de corrente, 333-336
Informação de realimentação de velocidade, 333-335
Instalação de inversores de frequência, 311-314
  acionamento em rampa, 318-320
  aterramento, 315-316

contator de desvio, 315-316
controle PID, 323-324
dados da placa de identificação do motor, 320
diagnóstico/análise de defeitos, 324-327
encapsulamentos, 313-314
entradas/saídas de controle, 319-321
frenagem, 316-319
interface com o operador, 314-315
interferência eletromagnética, 314-316
localização, 313-314
meios de desconexão, 316-318
programação de parâmetros, 323-325
proteção de motor, 316-318
reatores de linha/carga, 311-314
redução de potência, 321-323
técnicas de montagem, 313-314
tipos de inversores de frequência, 321-324
Instalação de motores, 157-164
  alinhamento de motor/carga, 157-161
  aterramento, 161-162
  conexões elétricas, 161-162
  dimensionamento de condutor, 161-164
  fundação, 157-159
  montagem, 157-159
  níveis/equilíbrio de tensão, 163-164
  proteção térmica embutida, 163-164
  rolamentos, 158-162
Institute of Electrical and Electronics Engineers (IEEE), 16-17
Instrução OTE (energizar a saída), 337-340
Instrução XIC (examine se fechado), 337-340
Instrução XIO (examine se aberto), 337-340
Interferência eletromagnética (EMI), 314-316
International Electrotechnical Commission (IEC), 16-17
Interrupção (termo), 210-211
Intertravamento de botoeira, 256-257
Inversão (de motores), 146-147, 254-260
  de motores CC, 258-260
  de motores de indução CA, 254-260

Inversor de frequência CA, 303-313
  frequência variável, 304-310
  vetorial de fluxo, 309-313
  volts por hertz, 309-310
Inversores, 147-149
Inversores de frequência, 311-327
  acionamento em rampa de, 318-320
  aterramento de, 315-316
  CA, 146-149, 304-310
  contatores de desvio para, 315-316
  controle I/O em, 319-321
  controle PID de, 323-324
  dados da placa de identificação do motor sobre, 320-323
  diagnóstico/análise de defeitos de, 324-327
  encapsulamentos para, 313-314
  frenagem de, 316-319
  interface do operador com, 314-315
  interferência eletromagnética nos, 314-316
  localização de, 313-314
  meios de desconexão para, 316-318
  montagem de, 313-314
  programação de parâmetros de, 323-325
  proteção de motor para, 316-318
  reator de linha/carga, 311-314
  redução de potência de, 321-323
  seleção de, 311-313
  tipos de, 321-324
Inversores de tensão variável (VVIs), 321-323
Inversores do tipo fonte de corrente (CSIs), 321-324
Inversores do tipo fonte de tensão (VSIs), 321-323
Isolação do enrolamento, 165-167

J

JFETs (*ver* Transistores de efeito de campo de junção)

L

Lâmpada piloto do tipo *push-to-test*, 84-86
Lâmpadas piloto, 84-86
Lâmpadas piloto com transformadores, 84-85
LBT (liberação de baixa tensão), 46-47
LDRs (resistores dependentes da luz), 294-295

LEDs (*ver* Diodos emissores de luz)
Letra do código NEMA, 43-44, 150-152
Liberação de baixa tensão (LBT), 46-47
Ligação, 9-11
Limite de corrente, 335-336
Limites de torque, 335-336
Limpeza, 165-167
Linguagem de programação, 337-339
Linhas de fluxo, 114-115
Lógica de controle em inversores de frequência, 304-307
Lógica de controle de relé, 226-230
   entradas/saídas, 226-229
      função AND, 227-229
      função NAND, 229-230
      função NOR, 229-230
      função NOT, 227-230
      função OR, 227-229
      funções combinacionais, 227-230
Lógica digital, 299-301
Lubrificação, 165-167

M

Magnetismo, 113-115
Mancais tipo manga, 158-161
Mancal tipo manga dividido, 160-161
Manutenção de motor, 164-167
   cuidados com escova/comutador, 165-167
   e número de partidas excessivo, 165-167
   inspeções periódicas programadas, 164
   limpeza, 165-167
   secagem, 165-167
   teste de isolação do enrolamento, 165-167
   verificação de aquecimento/ruído/vibração excessiva, 165-167
   verificação de lubrificação, 165-167
Máquina com movimento de vai e vem, 257-260
Máquina de descarga elétrica (EDM), 161-162
Material semicondutor tipo N, 271-273
Material semicondutor tipo P, 271-273
MCM (mil circular mil), 232-233
Medidores de vazão do tipo alvo, 103-105
Medidores de vazão magnéticos, 104-105
Medidores de vazão tipo turbina, 103-104

Meios de desconexão
   para dispositivos de partida de motores, 243-245
   para inversores de frequência, 316-318
   requisitos do NEC para instalação de motores para, 236-239
Métodos de comutação, 212-215
Métrica para motores, 154-157
Microchaves fim de curso, 87-90
Microcontroladores, 296-299
Microcontroladores embutidos, 296-297
Mil circular mil (MCM), 232-233
Mineração, 326-327
Modulação por largura de pulso (PWM), 147-149
Módulo de botoeira, 81-82
Módulo de entrada, 336-337
Módulo de saída, 336-337
Módulo de supressão RC, 182-183
Módulos de comutação com SCR, 191-192
Montados na face, 157-159
Montagem
   inversor de frequência, 313-314
   motor, 157-159
Montagem em base resiliente, 157-159
Montagem em base rígida, 157-159
Montagem na face C – NEMA, 157-159
MOSFETs (*ver* Transistores de efeito de campo de semicondutor de óxido metálico)
MOSFETs de modo depleção, 281-283
MOSFETs de modo melhoria, 281-285
MOSFETs de potência, 283-285
Motor com capacitor de partida, 142-144
Motor queimado, 166-168
Motores, unidades de acionamento (*ver* Unidades de acionamento de motores)
Motores
   abreviações para os termos usados em, 20-22
   classificação de, 31-33, 116-117
   instalação de, 157-164
   meios de desconexão para, 236-239
   parada de (*ver* Parada (de motores))
   partida de (*ver* Partida (de motores))
   requisitos de instalação do NEC para, 231-240

Motores à prova de explosão, 154-156
Motores abertos à prova de gotejamento (ODP), 154-156
Motores CA monofásicos, 139-147
   fase dividida, 139-143
   fase dividida com capacitor, 142-146
   polos sombreados, 144-146
   universal, 144-147
Motores CA trifásicos, 130-139
   indução, 132-138
   rotação do campo magnético em, 130-133
   síncronos, 136-139
Motores CC, 118-129
   compostos, 121-123
   força contraeletromotriz em, 123-126
   ímã permanente, 118-121
   partida, 250-253
   reação da armadura em, 124-127
   regulação de velocidade em, 125-127
   reversão de, 258-260
   sentido de rotação de, 122-124
   série, 120-121
   unidades de acionamento para, 127-129
   variação de velocidade em, 125-128
Motores CC sem escovas, 110-111
Motores CC *shunt*, 120-122
   reversão de, 123-124
   variação de velocidade em, 127-128
Motores com acionamento direto, 157-159
Motores com capacitor de partida de duas velocidades, 143-144
Motores com capacitor de partida/capacitor de trabalho, 143-146
Motores com capacitor permanente, 143-144
Motores de eficiência energética, 151-152
Motores de fase dividida, 139-143
Motores de fase dividida com capacitor, 142-146
Motores de fase dividida de dupla tensão, 142-143
Motores de indução
   CA, 132-138, 241-245, 254-260
   CA trifásicos, 132-138
   gaiola de esquilo, 132-138
   inversão, 254-260

para operar com inversor, 148-149
partida com tensão plena CA, 241-245
partida com tensão reduzida, 244-252
rotor bobinado, 136-138
Motores de indução CA
   partida com tensão máxima de, 241-245
   reversão de, 254-260
Motores de múltiplas velocidades, 265-267
Motores de passo, 108-110
Motores de polos sombreados, 144-146
Motores de propósito geral, 153-154
Motores de rotor bobinado
   indução, 136-138
   velocidade de, 266-268
Motores de serviço contínuo, 153-154
Motores de serviço intermitente, 153-154
Motores elétricos, 113-172
   CC, 118-129
   eletromagnetismo em, 114-115
   instalação de, 157-164
   magnetismo em, 113-115
   manutenção/análise de defeitos de, 164-172
   monofásicos CA, 139-147
   princípios de, 113-117
   rotação em, 114-117
   seleção de, 149-157
   trifásicos CA, 130-139
   unidade de acionamento de motor CA, 146-149
Motores monofásicos
   conexões para, 33-38
   inversão de, 257-258
Motores ODP (à prova de gotejamento), 154-156
Motores para locais perigosos, 154-156
Motores para uso com inversores, 148-149, 307-309
Motores *shunt* excitados separadamente, 121-122
Motores totalmente fechados, 154-156
Motores totalmente fechados arrefecidos por ventilador (TEFC), 154-156
Motores totalmente fechados sem ventilação (TENV), 154-156
Motores universais, 144-147
MOV (varistor de óxido metálico), 275-277

N
NA (normalmente aberto), 80-81
NF (normalmente fechado), 80-81
Normas e padrões do setor de energia elétrica, 13-17
   IEC, 16-17
   IEEE, 16-17
   NEC, 13-15
   NEMA, 16-17
   NFPA, 14-15
   NRTL, 14-15
   OSHA, 13-14
Núcleo, 62-64
Numeração de fio, 25-26
Numeração NEMA, 60-61

O
OLs (*ver* Relés de sobrecarga)
OSHA (Occupational Safety and Health Administration), 13-14

P
Parada (de motores), 261-266
   frenagem dinâmica, 262-265
   frenagem por atrito eletromecânico, 264-266
   frenagem por injeção CC, 264-265
   torque frenante/proteção contra torque frenante, 261-264
Parada suave, 250-252
Parâmetros apenas de leitura, 323-324
Parâmetros configuráveis, 323-324
Parâmetros de *display*, 323-324
Parâmetros sintonizáveis em tempo real, 321-323
Partida (de motores), 240-253
   com tensão máxima de motores de indução CA, 241-245
   com tensão reduzida de motores de indução, 244-252
   excessiva, 165-167
   motores CC, 250-253
Partida com resistência no primário, 245-246
Partida com tensão máxima, 250-252
Partida de motor CC com tensão reduzida em um tempo definido, 252-253
Partida suave, 250-252
PBT (proteção de baixa tensão), 44-46
Peças soltas, 166-170
Perdas mecânicas, 151-152
Perdas na resistência do rotor e do estator, 151-152
Perdas no cobre, 151-152

Perdas no núcleo, 151-152
Perdas parasitas, 151-152
Perfuração, 326-327
Placa de rótulo, 82-84
Placa de rótulo do operador, 82-84
Placas de identificação de motores, 40-46
   carcaça, 43-46
   classe de isolação, 41-43
   classificação NEC, 43-44
   diagramas de conexões, 44-46
   dimensão de carcaça, 44-46
   eficiência, 44-46
   elevação de temperatura, 41-43
   especificação de corrente, 41-43
   especificação de fase, 41-43
   especificação de potência, 43-44
   especificação de tensão, 40-43
   fabricante, 40-41
   fator de potência, 44-46
   fator de serviço, 43-44
   frequência de linha, 41-43
   informação opcional em, 43-46
   inversor de frequência, 320-323
   letra de identificação do projeto, 43-44
   proteção térmica, 44-46
   regime de serviço, 43-44
   requisitos do NEC para, 40-44
   temperatura ambiente, 41-43
   velocidade, 41-43
Polaridade, 69-70
Polaridade aditiva, 69-70
Polaridade subtrativa, 69-70
Polarização direta, 272-273
Polarização reversa, 272-273
Polias, 157-161
Polos, número de, 208-209
Ponto de liberação, 94-95
Ponto de operação, 94-95
Porta AND, 299-300
Porta NAND, 299-301
Porta NOR, 300-301
Porta OR, 299-300
Posições de contatos de relé, 208-209
Potência real, 66-67
Potência reativa (VAR), 66-67
Potenciômetros, 333-335
Programação de contadores, 344-347
Programação de dispositivo, 336-337
Programação de parâmetros
   de inversores de frequência, 323-325
   de unidades de acionamento de motores CC, 333-336
Programação de temporizadores, 341-345

Programação em lógica ladder, 337-343
Projeto B de motores, 244-246
Projeto B de motores de indução de gaiola de esquilo, 133-134
Projeto B de motores de indução de gaiola de esquilo NEMA, 133-134
Projeto B de motores NEMA, 244-246
Projeto C de motores de indução de gaiola de esquilo, 133-134
Projeto C de motores de indução de gaiola de esquilo NEMA, 133-134
Projeto D de motores de indução de gaiola de esquilo, 133-134
Projeto D de motores de indução de gaiola de esquilo NEMA, 133-134
Proteção
   baixa tensão, 44-46
   curto-circuito, 196-197
   equipamento pessoal de, 4-7
   falha à terra, 196-197
   instalação de inversor de frequência, 316-318
   motor, 316-318
   sobrecarga, 168-170, 232-237
   sobrecorrente, 195-197
   sobrecurso, 87-89
   térmica, 44-46, 163-164
Proteção contra choque elétrico, 4-17
   aterramento/ligação permanente, 7-11
   bloqueio/sinalização, 10-14
   equipamento de proteção individual para, 4-7
   fundamentos da, 6-7
   normas/padrões para, 13-17
Proteção contra torque frenante, 262-264
Proteção de baixa tensão (PBT), 44-46
Proteção térmica com rearme automático, 163-164
Proteção térmica com rearme manual, 164
Proteção térmica embutida, 163-164
Protetor facial, 6-7
Protetores contra sobrecarga, defeito em, 168-170
Pulsar, 44-46, 254-260
Pulseira antiestática, 298-299
PWM (modulação por largura de pulso), 147-149

Q

Quadrante I, 332-333
Quadrante II, 332-333
Quadrante III, 332-333
Quadrante IV, 332-333
Quadro de distribuição primário, 56-60
Quadro de distribuição terminal, 59-61
Quadro de distribuição terminal tipo disjuntor principal, 60-61
Quando de distribuição terminal tipo conector principal, 60-61
Queimadura por contato térmico, 3-4
Queimaduras, 3-4
Queimaduras de arco, 3-4
Queimaduras elétricas, 3-4
Quilovolt-ampère (kVA), 66-68

R

Rampa de arco, 183-184
Reação da armadura, 124-127
Reatores de carga, 313-314
Reatores de linha, 311-314
Redução de potência (de inversores de frequência), 321-323
Reforçador de tensão de baixa frequência, 309-310
Refrigeração insuficiente, 166-168
Regra, 165-167
Regra da mão direita para o motor, 115-116
Regra da mão esquerda para o condutor, 114-115
Regulação de velocidade, 125-127
Relação de espiras, 64-67
Relação de tensão, 64-67
Relé de sobrecarga classe 10, 197-198
Relé de sobrecarga classe 30, 197-198
Relé de sobrecarga tipo liga de fusão, 198-199
Relé DPDT de conexão cruzada, 225-226
Relés, 205-230
   atuador, 105-106
   controle eletromecânico, 205-211
   definição, 46-47
   estado sólido, 210-215
   lógica de controle para, 226-230
Relés biestáveis, 221-226
   alternância, 224-226
   aplicações de, 222-225
   magnéticos, 222-224
   mecânicos, 221-224
Relés de acionamento instantâneo, 214-215
Relés de alternância (impulso) 224-226
Relés de comutação de pico, 212-215
Relés de comutação zero, 212-215
Relés de controle eletromecânico (EMRs), 205-211
   aplicações para, 207-209
   estilos/especificações de, 207-211
   funcionamento de, 205-208
Relés de estado sólido (SSRs), 210-215
   especificações para, 211-213
   funcionamento de, 210-213
   métodos de comutação de, 212-215
Relés de impulso (ver Relés de alternância)
Relés de sobrecarga (OLs)
   contatores com, 176-178
   definição, 46-47
   desarme, 166-168
   eletrônicos, 201-203
   em dispositivos de partida de motores, 193-194, 196-203
   fusíveis de dois elementos como, 202-203
   térmicos, 197-200
Relés de sobrecarga térmicos tipo bimetálico, 198-200
Relés de temporização, 214-221
   acionamento de motores, 215-216
   amortecedores, 215-216
   CLP, 220-221
   estado sólido, 215-218
   monoestável, 219-220
   multifunção, 220-221
   para desligar, 217-220
   para ligar, 216-218
   reinicialização, 219-221
Relés do tipo cubo de gelo, 207-209
Relés eletromecânicos, 105-106
Requisitos do NEC de instalação de circuitos de controle de motores, 231-240
   circuitos de controle, 237-240
   dimensionamento de condutor, 232-237
   meios de desconexão, 236-239
   proteção do motor, 232-237
   seleção, 236-237
Requisitos do NEC de placa de identificação, 40-44
Resistência do estator do motor, 321-323
Resistores dependentes da luz (LDRs), 294-295
Resolução, 108-110

Retificadores controlados de silício (SCRs), 286-290
   controle a três fios com SSR e, 212-213
   em contatores de estado sólido, 191-194
Retificadores de meia-onda, 273-274
Retificadores de onda completa, 273-275
Retificadores em ponte, 273-275, 288-289
Reversão de motor CC composto, 123-124
Revoluções por minuto (RPM), 36-38
Rolamentos, 158-162
   análise de defeitos, 166-168
   anel ranhurado, 161-162
   esferas, 160-162
   manga, 158-161
   roletes, 161-162
Rotação
   em motores elétricos, 114-117
   sentido de, 122-124
Rotação do motor, 114-117
RPM (rotações por minuto), 36-38
RTDs (*ver* Detectores de temperatura resistivos)
RTOs (temporizadores retentivos), 341-343
Ruído excessivo, 165-167

S

Saídas analógicas, 320-321
Saídas digital/relé, 320-321
SCR de comutação rosqueável, 191-192
SCR de comutação tipo disco, 191-192
SCR de controle de cruzamento zero, 193-194
SCR disparado, 191-193
SCRs (*ver* Retificadores controlados de silício)
Secagem (de motores), 165-167
Seção da base (B), 278-279
Seção de controle de unidades de acionamento de motores CC, 128-129
Seção de distribuição de baixa tensão, 55-56
Seção de potência de unidades de acionamento de motor CC, 128-129
Seção do coletor (C), 278-279
Seção emissor (E), 278-279
Seções de transformadores, 55-56
Segurança, programas de CLP e, 340-343

Segurança, sinais, 4-6
Segurança no local de trabalho, 1-17
   aterramento/ligação permanente, 7-11
   bloqueio/sinalização, 10-14
   normas/padrões elétricos, 13-17
   proteção contra choque elétrico, 1-9
Sensor de varredura retrorreflexivo polarizado, 96-97
Sensor magnético *pickup*, 101-104
Sensores, 93-105
   efeito Hall, 97-100
   fotoelétrico, 95-97
   proximidade, 93-96
   temperatura na forma de CI, 101-103
   ultrassônico, 99-100
   varredura retrorreflexiva, 96-99
   velocidade/posição, 101-104
Sensores de efeito Hall digitais, 97-100
Sensores de efeito Hall do tipo analógico, 97-99
Sensores de fibra óptica, 97-99
Sensores de medição de vazão, 103-105
   medidores de vazão alvo, 103-105
   medidores de vazão magnéticos, 104-105
   medidores de vazão tipo turbina, 103-104
Sensores de posição, 101-104
Sensores de proximidade, 93-96
   capacitivo, 94-96
   indutivo, 93-95
Sensores de temperatura, 99-103
   detectores de temperatura resistivos, 100-103
   termistores, 101-103
   termopares, 99-101
Sensores de varredura por difusão, 96-97
Sensores de velocidade, 101-104
Sentido de rotação, 122-124
Separador de corrente, 310-311
Servomotores, 108-111
Servomotores CC sem escova, 110-111
Servomotores de malha fechada, 108-111
Servomotores em malha aberta, 108-110
Símbolos, 19-21
Sinais de segurança, 4-6
Sinalização, 10-14
Síncronos, motores CA trifásicos, 136-139

Sistema de aterramento, 59-60
Sistema numérico de referência cruzada, 25-26
Sistemas de alimentação, 53-64
   central de controle de motores, 61-64
   quadro de distribuição primário/ quadro de distribuição terminal, 56-61
   sistemas de distribuição, 55-58
   sistemas de transmissão, 53-55
   subestações, 54-56
Sobrecarga mecânica, 166-168
Solenoides, 105-108
Solenoides CA, 106-108
Solenoides lineares, 106-108
Solenoides rotativos, 106-108
Sondas de curto-circuito, 6-7
SSRs (*ver* relés de estado sólido)
SSRs cubo de gelo, 210-212
SSRs do tipo disco, 210-212
Supressão de arco, 183-187

T

Tacômetros, 307-310
TEFC (motores totalmente fechados arrefecidos por ventilador), 154-156
Temperatura ambiente, 41-43, 153-154, 166-170
Tempo de aceleração, 335-336
Tempo de desaceleração, 335-336
Temporizadores
   definição, 46-47
   funções de, 216-221
   programação, 341-345
Temporizadores assimétricos, 220-221
Temporizadores de amortecedores, 215-216
Temporizadores de CLP, 220-221
Temporizadores de reciclagem, 219-221
Temporizadores monoestáveis, 219-220
Temporizadores multifuncionais, 220-221
Temporizadores para acionamento de motores, 215-216
Temporizadores para desligar (TOFs), 217-220, 341-343
Temporizadores para ligar (TONs), 216-218, 341-345
Temporizadores pneumáticos, 215-216
Temporizadores retentivos (RTOs), 341-343

Temporizadores simétricos, 220-221
Tensão
   baixa/nula, 166-168
   bobina de contator, 180-183
   fonte de, 166-168
   níveis/equilíbrio no motor, 163-164
Tensão de alimentação, 321-323
Tensão de fase, 71-73
Tensão de linha senoidal, 307-309
Tensão de ruptura, 291-293
Tensões desequilibradas de motores, 163-164
TENV (motores totalmente fechados sem ventilação), 154-156
Terminologia de motores, 13-14, 44-47
Termistores, 101-103
Termopares, 99-101
Tiristores, 285-305
   retificadores controlados de silício, 286-290
   TRIACs, 289-293
TOFs (ver Temporizadores para desligar)
TONs (ver Temporizadores para ligar)
Torque
   definição, 46-47
   motor, 115-116
   na seleção de motor, 153-156
Torque a plena carga, 154-156
Torque de partida, 153-154
Torque de rotor bloqueado, 153-154
Torque frenante, 46-47, 261-264
Torque máximo, 154-156
Torque mínimo, 154-156
Transformação de tensão triângulo-estrela, 72-73
Transformador de corrente, 75, 201-202
Transformadores, 53-54, 62-75
   especificação de potência de, 66-68
   funcionamento de, 62-65
   instrumentos com, 74-75
   monofásicos, 69-73
   polaridade de, 69-70
   princípios de, 62-68
   tensão/corrente/relação de espiras em, 64-67
   trifásicos, 71-74
Transformadores abaixadores, 65-66
Transformadores com derivações múltiplas no primário, 70-71
Transformadores conectados em estrela, 71-73
Transformadores conectados em triângulo, 71-73
Transformadores de controle abaixadores, 69-71

Transformadores de controle primário, 69-73
Transformadores de isolação, 64-65
Transformadores de potencial, 74, 75
Transformadores de rede de distribuição, 54-55
Transformadores primários de duas derivações, 70-71
Transistores, 278-286
   de efeito de campo, 280-283
   de semicondutor de óxido metálico de efeito de campo, 281-285
   junção bipolar, 278-281
Transistores bipolares de porta isolada (IGBTs), 284-286
Transistores Darlington (par Darlington), 279-281
Transistores de efeito de campo de junção (FETs), 280-283
Transistores de efeito de campo de semicondutor de óxido metálico (MOSFETs), 281-285
TRIACs, 289-293
Trifásicos, motores CA (ver Motores CA trifásicos)

U

UL (Underwriters Laboratories), 154-156
Unidade de acionamento CC com entrada monofásica, 328-331
Unidade de acionamento vetorial de fluxo, 309-313
Unidade de acionamento vetorial em malha fechada, 310-313
Unidade de processamento, 336-337
Unidades centrais de processamento (CPUs), 336-337
Unidades de acionamento CC de entrada trifásica, 330-332
Unidades de acionamento CC não regenerativas, 332-335
Unidades de acionamento CC regenerativas, 332-335
Unidades de acionamento de motor CC, 127-129, 327-336
   aplicações para, 327-328
   controle de tensão de campo, 331-332
   diagramas em bloco de, 328-330
   entrada monofásica, 328-331
   entrada trifásica, 330-332
   princípios de operação, 327-330
   programação de parâmetros, 333-336

   tempo de desaceleração, 335-336
   unidades de acionamento CC não regenerativas/regenerativas, 332-335
Unidades de acionamento de motores inversor de frequência, 146-149, 304-327
Unidades de acionamento de motores CA, 146-149, 304-313
   frequência variável, 146-149, 304-310
   motor para operar com inversor, 148-149
   vetorial de fluxo, 309-313
   volts por hertz, 309-310
Unidades de acionamento de tensão regulada, 333-335
Unidades de acionamento de velocidade ajustável CC, 327-336
Unidades de acionamento de velocidade regulada, 333-335
Unidades de acionamento V/Hz (volts por hertz), 309-310
Unidades de acionamento vetoriais em malha aberta, 310-311
Unidades de acionamento vetorial sem sensores, 310-311
Unidades de acionamento volts por hertz (V/Hz), 309-310
Unidades de frequência ajustável, 178-179
Unidades de velocidade ajustável, 303-336
   CA, 303-313
   CC, 321-336
Unidades de velocidade variável (VSDs), 304-305

V

VA (ver Volt-ampère)
Valores de resistência do corpo, 2-4
Válvulas solenoide, 106-110
Vara de manobra em linha viva, 6-7
Varistor de óxido metálico (MOV), 275-277
Varredura de proximidade, 96-97
Varredura por interrupção de feixe, 95-97
Velocidade (de motores), 265-268
   a plena carga, 152-153
   base, 125-127
   de motores de múltiplas velocidades, 265-267
   de motores de rotor bobinado, 266-268

informação da placa de
   identificação sobre, 41-43
inversor de frequência, 321-323
máxima/mínima, 335-336
real, 131-132
variação de, 125-128
Velocidade
   dados de placa de identificação
      sobre, 41-43
   predefinida, 250-252
   sem carga, 120-121
   síncrona, 131-133
   variação de, 125-128, 146-147
Velocidade de referência, 333-335
Velocidade real (de motores CA), 131-132
Velocidade variável
   em motores CC, 125-128
   em motores universais, 146-147
Vestuário de proteção, 6-7
VFDs (ver Inversores de frequência)
Vibração excessiva, 165-167

Volt-ampères (VA), 66-68
VSDs (unidades de acionamento de velocidade variável), 304-305
VSIs (inversores do tipo fonte de tensão), 321-323
VVIs (inversores de tensão variável), 321-323

Z

Zona de histerese, 94-95